彩色示例（正文 5.4 节）

color 宏包

彩色文字：

```
% \usepackage{color}
\color{red}红色文字夹杂%
\textcolor{blue}{蓝色}文字
```

红色文字夹杂**蓝色**文字

彩色盒子：

```
\colorbox{yellow}{黄色盒子} \\
\fcolorbox{black}{green}{黑框绿盒子}
```

黄色盒子
黑框绿盒子

color 宏包中预定义的原色：

- 黑白颜色：黑 black、白 white
- 色光三原色：红 red、绿 green、蓝 blue
- 印刷三原色：青 cyan、品红 magenta、黄 yellow

不同色彩模型：

```
\textcolor[gray]{0.5}{50\% 灰色} \\
\color[rgb]{0.6,0.6,0}暗黄色
```

50% 灰色
暗黄色

使用预定义色彩名称：

```
% \usepackage[dvipsnames]{color}
\textcolor{Purple}{紫色文字}
```

紫色文字

xcolor 宏包

颜色表达式：

```
\textcolor{purple!70}{淡紫色}\\
{\color{blue!60!black}60\% 蓝与 40\% 黑混合的深蓝色}\\
\colorbox{-red}{青色与红色互补}
```

淡紫色
60% 蓝与 40% 黑混合的深蓝色
青色与红色互补

U0299707

定义新色彩：

```
\colorlet{darkred}{red!50!black}
\textcolor{darkred}{定义暗红色}
```

定义暗红色

black	gray	olive	teal
blue	green	orange	violet
brown	lightgray	pink	white
cyan	lime	purple	yellow
darkgray	magenta	red	

xcolor 基本可用的色彩

GreenYellow	RubineRed	RoyalPurple	Emerald
Yellow	WildStrawberry	BlueViolet	JungleGreen
Goldenrod	Salmon	Periwinkle	SeaGreen
Dandelion	CarnationPink	CadetBlue	Green
Apricot	Magenta	CornflowerBlue	ForestGreen
Peach	VioletRed	MidnightBlue	PineGreen
Melon	Rhodamine	NavyBlue	LimeGreen
YellowOrange	Mulberry	RoyalBlue	YellowGreen
Orange	RedViolet	Blue	SpringGreen
BurntOrange	Fuchsia	Cerulean	OliveGreen
Bittersweet	Lavender	Cyan	RawSienna
RedOrange	Thistle	ProcessBlue	Sepia
Mahogany	Orchid	SkyBlue	Brown
Maroon	DarkOrchid	Turquoise	Tan
BrickRed	Purple	TealBlue	Gray
Red	Plum	Aquamarine	Black
OrangeRed	Violet	BlueGreen	White

PostScript 预定义的色彩名称，可通过 dvipsnames 选项以任意驱动使用

LaTeX 入门

刘海洋 编著

電子工業出版社
Publishing House of Electronics Industry
北京 • BEIJING

内 容 简 介

LaTeX 已经成为国际上数学、物理、计算机等科技领域专业排版的实际标准，其他领域（化学、生物、工程、语言学等）也有大量用户。本书内容取材广泛，涵盖了正文组织、自动化工具、数学公式、图表制作、幻灯片演示、错误处理等方面。考虑到 LaTeX 也是不断进化的，本书从数以千计的 LaTeX 工具宏包中进行甄选，选择较新而且实用的版本来讲解排版技巧。

为了方便读者的学习，本书给出了大量的实例和一定量的习题，并且还提供了案例代码。书中的示例大部分来自作者多年的实际排版案例，读者不断练习，肯定能掌握 LaTeX 的排版技能。

本书适合数学、物理、计算机、化学、生物、工程等专业的学生、工程师和教师阅读，也适合中学数学教师。此外，本书还适合对 LaTeX 排版有兴趣的人员。

未经许可，不得以任何方式复制或抄袭本书之部分或全部内容。
版权所有，侵权必究。

图书在版编目（CIP）数据

LaTeX 入门 / 刘海洋编著. —北京：电子工业出版社，2013.6
ISBN 978-7-121-20208-7

Ⅰ. ①L… Ⅱ. ①刘… Ⅲ. ①排版－应用软件 Ⅳ.①TS803.23

中国版本图书馆 CIP 数据核字（2013）第 079359 号

策划编辑：张月萍
责任编辑：高洪霞
印　　刷：三河市君旺印务有限公司
装　　订：三河市君旺印务有限公司
出版发行：电子工业出版社
　　　　　北京市海淀区万寿路 173 信箱　邮编 100036
开　　本：787×980　1/16　印张：36.25　字数：632 千字　彩插：1
版　　次：2013 年 6 月第 1 版
印　　次：2024 年11月第 31 次印刷
定　　价：79.00 元

凡所购买电子工业出版社图书有缺损问题，请向购买书店调换。若书店售缺，请与本社发行部联系，联系及邮购电话：（010）88254888，88258888。

质量投诉请发邮件至 zlts@phei.com.cn，盗版侵权举报请发邮件至 dbqq@phei.com.cn。

本书咨询联系方式：（010）51260888-819，faq@phei.com.cn。

序

看了本书的样稿后使人感到印象深刻。本书充分反映了 TEX 的最新进展，尽管 TEX 的生命力是顽强的，TEX 的基本命令系统也是稳定的，但是它对非西方语言的扩展以及输出格式等都随着计算机技术的发展以及科技文献传播方式的变化而不断推陈出新，这也正是 TEX 能经久不衰的生命力所在。因此推广 TEX 的书也需要与时俱进。我们写的《LATEX 入门与提高》的第二版至今已有 7 年了，可惜它的作者或者已退休，或者兴趣转移，不可能再作更新。我一直期待能有人出来写一本反映最新发展的 TEX 入门书作为我们那本书的补充及更新。现在看到了刘海洋的《LATEX 入门》，觉得这正是我所期望的，甚至超过了我的期望。本书文笔活泼，阅读起来像是面对一位向你细细讲解的和蔼老师，他了解你的需求和会遇到的难点，使你爱不择手，而不像一般的软件说明书，只管板着脸罗列一大堆用法，不管你是否需要或是否理解。但是本书作者又很严谨，许多内容都有出处，好像一篇科研论文。不过说到底，这是一本面向读者需求的学习指导书，并非 TEX 的说明书。这正是想学习 TEX 的人最想要的书。而且第 8 章还讲到了更深入的技巧。因此本书的适用范围可以从初学者直至想自己设计版面或宏的高级应用者。大家都能从本书学到很多东西。尽管国内在 TEX 的普及与发展方面与西方发达国家相比还有很大的差距，但是感谢许多热心的 TEX 爱好者及他们的网站的努力，TEX 在中国的推广也是富有成效的。越来越多的研究生用 TEX 写作论文或向期刊投稿，并且在答辩或演示时也广泛使用 TEX 生成的 PDF。希望本书的出版能为 TEX 在中国的普及作出新的贡献。

陈志杰

华东师范大学数学系教授

2013 年 3 月 5 日

前言

提到 LaTeX，便不能不说起它的基础 TeX。TeX 是诞生于 20 世纪 70 年代末到 80 年代初的一款计算机排版软件，用来排版高质量的书籍，特别是包含有数学公式的书籍[124; 126]。TeX 以追求高质量为目标，很早就实现了矢量描述的计算机字体、细致的分页断行算法和数学排版功能，因其数学排版能力得到了学术界的广泛使用，也启发了不少后来复杂的商业计算机排版软件。有趣的是，这样一款排版软件却并非在排版业界产生，而是由计算机科学家高德纳教授在修订其七卷本巨著《计算机程序设计艺术》的前三卷[127–129] 时，为了排版这一部书籍而产生的。这是一部花费高德纳几乎毕生精力的巨著，直到今天仍在撰写，然而在照相排版技术刚刚兴起的 1976 年，新的计算机系统却无法提供与传统手工排版相媲美的质量。面对这种情况，高德纳抱怨道[130]：

> 我不知道怎么办。我花了整整 15 年写这些书，可要是这么难看，我就再也不写了。我怎么能对这样的作品引以为豪呢？

从翌年开始，高德纳就在其学生、友人的帮助下，开发 TeX 排版软件。直到 8 年后 TeX 软件功能完备，他才又回到撰写书籍的工作中去。这段历史一直被引为 TeX 和高德纳的传奇，有“十年磨一剑”之称。TeX 原本是用于个人的排版软件，这也引出了 TeX 与其他专业排版软件的一点重大的区别，就是 TeX 主要是由书籍、文章的作者本人来使用的，它是面向作者的。因此，TeX 有许多方便作者的自定义功能，使用也简单方便，很快受到作者们的青睐，排版自己的学术书籍。

LaTeX 肇始于 20 世纪 80 年代初，也是 Leslie Lamport 博士为了编写他自己的一部书籍而设计的[137]。LaTeX 实际上就是用 TeX 语言编写的一组宏代码，拥有比原来的 TeX 格式（Plain TeX）更为规范的命令和一整套预定义的格式，隐藏了不少排版方面的细节，可以让完全不懂排版理论的学者们也可以比较容易地将书籍和文稿排版出来。LaTeX 一出，很快更为风靡，在 1994 年 LaTeX 2ε 完善之后，现在已经成为国际上数学、物理、计算机等科技领域专业排版的事实标准，其他领域（化学、生物、工程、语言学等）也有大量用户。相关专业的学术期刊也都主要接受 LaTeX 作为投稿格式。

既然 TeX/LaTeX 主要是面向作者本人的排版软件，本书的目标对象也就以学术文章的作者为主，也就是需要经常编写 LaTeX 稿件的高校师生和科研院所的研究人员。本书的内容选择以满足学术排版需求为准，阅读本书后读者应该不仅能应对各种学术投稿的简单需要，也将有能力排版一般的学术书籍，并使用 LaTeX 完成简单的学术报告幻灯片。不过，本书也力图广泛取材，让排版公司的工人、中学数学教师或是用 LaTeX 作笔记的电脑程序员都能有所得。

本书虽然名为"入门"，假定读者没有任何使用 TeX 的经验，但为了避免读者逡巡于门外而不入，也力图使内容详实可靠，为更深入地使用 LaTeX 打好基础。在编写本书时，作者追求以下几个目标：

- **内容广泛** 本书从软件安装和最基本的示例讲起，然后按正文组织、自动化工具、数学公式、图表制做、幻灯片演示、错误处理等方面详述 LaTeX 的功能和使用，最后收束于 LaTeX 的扩展、相关工具和资源。LaTeX 的基本内容并不多，功能也很有限，但经过 20 多年的发展，现代 LaTeX 文档的一大特点是大量使用工具宏包来完成复杂的工作。本书也力图体现这一特点，全书过半的篇幅都在讲解各种重要的 LaTeX 宏包和工具。本书正文共有 564 页，作为一本入门书已是嫌多，但仍不可能包罗 LaTeX 的所有方面，未免有遗珠之憾，只能留待读者自己学习了。
- **取材从新** TeX 最初的一个设计目标是良好的稳定性，希望在多年前编写的文档在最新的系统中排版仍能得到完全相同的结果，各种排版命令的语义保持稳定，TeX 也确实做到了这一点。然而 LaTeX 是一个更为开放的系统，与其他软件一样，它是在不断进化的。不仅其内核从最初的 LaTeX 2.09 到 LaTeX 2_ε 再到正在开发中的 LaTeX3 不断变化，而且还有数以千计的工具宏包在不断更新，完成各种复杂的排版功能。实现 TeX 语言的 TeX 引擎，也在不断增添新的功能。为了反映这种变化，本书作者也尽量对内容加以甄别，选取较新并且实用的软件工具加以介绍。
- **切合实用** 为了增强实用性，本书给出了大量实例和一定量的习题。第 1 章和第 6 章提供了两段完整的文档源代码，而其他章节也给出了大量的代码示例。代码示例和习题很多都源自作者历年来收集的各类实际的排版问题，相信对于本书的读者也会有所裨益。

为了照顾不同层次的读者，本书按 LaTeX 的不同功能编排章节，章节之间没有严格的顺序关系，阅读本书也不必完全依照章节顺序。

- 希望快速上手的初学者应首先阅读第 1 章，安装好 TeX 软件并在 1.2 节学习基本的实例，然后就可以模仿实例编写自己的 LaTeX 文档了，等到实际需要时再翻到对应的章节了解具体内容。
- 希望系统学习 LaTeX 的读者可以从前往后依次阅读。书中一些段落前，或整个一节之前有一个危险标记，说明这一段或一节内容较难或者依赖后面章节的内容，在初次阅读时可以略过，可以在读完基本内容后再来了解这部分内容。还有一些段落前有两个危险标记，则表示这些内容中部分已经超出本书的范围，通常需要参见书中引用的其他文档才能完全理解。

- 具有一定 LaTeX 经验的读者可以根据自己的需要查找有用的内容，书后的索引将有助于找到特定的概念或命令，而每章末尾的注记与书后的文献列表则可以帮助读者找到本书中未能详述的内容。

本书使用不同的字体表示不同的内容。在正文中，使用等宽字体表示代码，如 \alpha 命令、equation 环境；用无衬线字体表示宏包名称，如 amsmath 宏包、beamer 文档类；用尖括号内的楷体（西文斜体）表示参数，如 ⟨长度⟩、⟨*key*⟩。在表示 LaTeX 命令或环境的语法形式时，则使用加粗的等宽字体，如：

\usefont{⟨编码⟩}{⟨族⟩}{⟨系列⟩}{⟨形状⟩}

书中给出了大量示例代码。大部分示例以左右对照的方式给出，左侧灰色框中是代码，右侧白色框中是代码的排版效果，例如：

0-1

```
$\Delta = b^2 - 4ac$
```

$\Delta = b^2 - 4ac$

较长的示例则以上下对照的方式给出，如：

0-2

```
\[
  x_{1,2} = \frac{-b \pm \sqrt{b^2 - 4ac}}{2a}
\]
```

$$x_{1,2} = \frac{-b \pm \sqrt{b^2 - 4ac}}{2a}$$

还有一些代码示例没有直接的排版结果，则只给出源代码。如上所示，示例通常会有一个编号以方便引用。部分较长的示例还会有行号以方便说明。有一些示例本身就是用来展示错误用法的，书中会用问号作为行号来提醒读者注意，像下面这样：

```
? 5% 到 15%。
```

还有个别示例（例 3-1-9、例 6-1-2）涉及比较艰深的内部代码，只需要读者在特定情况下照抄使用，书中会用感叹号作为行号标识出来。

本书中所有带编号的示例和第 1 章、第 6 章的两个大的例子会随书附带，也可以在 CTeX 论坛网站上获取。

书中在部分章节后面安排了一些题外的内容，在标题前用书籍符号标示（如右），内容用楷体字印刷。这些内容游离于本书的主线之外，主要介绍一些背景知识，读者可根据自己的兴趣选择阅读。

此外，在部分章节后还设置了少量的练习题，用铅笔符号标示（如右），读者可据此检查自己是否掌握了正文中的内容。这些题目并非为了把读者难住，大部分练习在书末都有解答或提示。

在本书编写过程中，许多朋友都为作者提供了无私的帮助。韩建成阅读了本书早期的草稿和初稿，在结构和内容方面都提出了宝贵的意见和建议；赵劲松和李清阅读了本书的初稿，并在内容上给出了详细的建议与勘误；江疆和王越在阅读初稿后，对本书的内容和格式都提出了宝贵的意见。本书的编写一直受到在 CTeX 论坛与水木社区 TeX 版上网友们的关注和支持，论坛中对 LaTeX 具体问题的大量讨论时常能启发作者的思路，为成书提供了重要的素材。在此，作者向所有关心本书的人们致以真诚的感谢！

作者已尽力使本书准确可靠，但受精力和水平所限，书中的错误在所难免。欢迎读者指出书中的技术上的、文字上的或是排版上的任何错误。有关本书的各种问题，可发送电子邮件至 info@dozan.cn 联系本书出版策划。

刘海洋

目录

第1章 熟悉 LATEX

LATEX 是一种基于 TEX 的文档排版系统。TEX 只这么交错起伏的几个字母，便道出了“排版”二字的几分意味：精确、复杂、注重细节和品位。而 LATEX 则为了减轻这种写作、排版一肩挑的负担，把大片排版的格式细节隐藏在若干样式之后，以内容的逻辑结构统帅纷繁的格式，遂成为现在最流行的科技写作——尤其是数学写作的工具之一。

无论你是因为心慕 LATEX 漂亮的输出结果，还是因为要写论文投稿被逼上梁山，都不得不面对一个事实：LATEX 是一种并不简单的计算机语言，不能只点点鼠标就弄好一篇漂亮的文章，也不是一两个小时的泛泛了解就尽能对付得过去的①。还得拿出点上学搞研究时的那股钻研劲儿，才能通过手指下的键盘，编排出整齐漂亮的文章来。

LATEX 的读音和写法

TEX 一名源自 technology 的希腊词根 τεχ，TEX 之父高德纳教授②近乎固执地要求[126] 它的发音必须是（按国际音标）[tɛx]，尽管英语中它常被读做 [tɛk]。（同样，高德纳教授也近乎固执地要求别人说他的姓 Knuth 时不要丢掉“K”，叫他 Ka-NOOTH，尽管在英语环境他时常会变成 Nooth 教授。）对比汉语，TEX 的发音近似于“泰赫”，而且可以用汉语拼音准确地拼出来：têh（或许老一辈的人习惯用注音：ㄊㄝㄏ）。

① 是的，有一个著名的入门教程就叫《112 分钟学会 LATEX》[187]。不过这个分钟其实是以页码计算的，粗粗浏览一遍还远算不上学会。而且即使掌握了这个教程中的内容，仍然可能在实际写作中遇到许多难以解决的问题。本书同样不打算让你能迅速变成一个高手。

② Donald Ervin Knuth，Stanford 大学计算机程序设计艺术荣誉教授，Turing 奖和 von Neumann 奖得主。高德纳是他的中文名字。TEX 系统就是高德纳为了排版他的七卷本著作《计算机程序设计艺术》而编制的。

LaTeX 这个名字则是把 LaTeX 之父 Lamport 博士[①]的姓和 TeX 混合得到的。所以 LaTeX 大约应该读成“拉泰赫”。不过人们仍然按着自己的理解和拼写发音习惯去读它：['lɑːtɛk]、['leɪtɛk] 或是 [lɑː'tɛk]，甚至不怎么合理的 ['leɪtɛks]。好在 Lamport 并不介意 LaTeX 到底被读做什么。“读音最好由习惯决定，而不是法令。”——Lamport 如是说 [136, § 1.3]。

两个创始人对于名称和读音的不同态度或许多少说明了这样一个事实：LaTeX 相对原始的 TeX 更少关注排版的细节，因此 LaTeX 在很多时候并不充当专业排版软件的角色，而只是一个文档编写工具。而当人们在 LaTeX 中也抱以追求完美的态度并用到一些平时不大使用的命令时，通常总说这是在 TeX 层面排版——尽管 LaTeX 本身正是运行于 TeX 之上的。

类似地，TeX 和 LaTeX 字母错位的排印也体现出一种面向排版的专业态度，即使在字符难以错位的场合，也应该按大小写交错写成 TeX 和 LaTeX。

现在我们使用的 LaTeX 格式版本为 2_ε，意思是超出了第 2 版，接近却没有达到第 3 版，因此写成 LaTeX 2_ε。在只能使用普通字符的场合，一般写成 LaTeX2e。

1.1 让 LaTeX 跑起来

学习 LaTeX 的第一步就是上手试一试，让 LaTeX 跑起来。首先安装 TeX 系统及其他一些必要的软件，然后跑一个测试的例子。下面的几节包含了一大堆具体软件安装和使用的内容，虽然有些烦琐，但这是使用 LaTeX 进行写作的必要前提。如果你早已做好这些准备，或者在读本书以前就已经迫不及待地做了不少尝试的话，可以直接跳到第 32 页 1.2 节开始第一个实际规模的例子。

1.1.1 LaTeX 的发行版及其安装

TeX/LaTeX 并不是单独的程序，现在的 TeX 系统都是复杂的软件包，里面包含各种排版的引擎、编译脚本、格式转换工具、管理界面、配置文件、支持工具、字体及数以千计的宏包和文档。一个 TeX 发行版（Distribution）就是把所有这样的部件都集合起来，打包发布的软件。

尽管内容庞杂，但现在的 TeX 发行版的安装还是非常方便的。下面将介绍两个最为流行的发行版，一是 1.1.1.1 节的 CTeX 套装，二是 1.1.1.2 节的 TeX Live。前者是

① Leslie Lamport 博士，微软研究院资深研究员，Dijkstra 奖得主。

Windows 系统下的软件，后者则可以用在各种常见的桌面操作系统上。对 Windows 用户来说，两个发行版并没有显著的优劣之分，你可以任选一个安装使用。

请注意：下面介绍的发行版都是在写作本书时最新的版本。然而当你读到这一段时，软件可能已经更新，界面也可能会有些不同。不过不用担心，安装的过程和使用方法大体上都是一样的。

1.1.1.1 CTeX 套装

CTeX 套装是由中国科学院的吴凌云制作并维护的一个面向中文用户的 Windows 系统下的发行版。这个发行版事实上是对另一个发行版 MiKTeX 的再包装，除了 MiKTeX 主体以外，CTeX 套装增加了 WinEdt 作为主要编辑器，以及 PDF 预览器 SumatraPDF，PostScript 文件预览器 GSview，PostScript 解释器 GhostScript，一些旧的中文支持包和工具（如 CCT 系统）和其他一些有关中文的额外配置（如额外中文字体配置）。

CTeX 套装或许是中文 LaTeX 用户最常用的发行版了。它一直以安装简单、容易上手著称。CTeX 套装有基本版和完全版之分，基本版只包含一些基本安装的 MiKTeX 系统，实际使用中缺少的宏包会在编译时自动下载安装，或由用户自己选择手工安装；而完全版则包含了完整的 MiKTeX 所有组件。对于一般用户，建议使用完全版的 CTeX 套装，这不仅避免了编译时因缺少宏包还要临时下载的问题，而且完全版中包含的诸多文档资料对于用户也很有用。只要从 `http://www.ctex.org/CTeXDownload` 下载对应版本的安装文件，就可以直接进行安装，见图 1.1。

CTeX 套装安装好后，会在“开始”菜单增加一个项目，里面有多个子项目。其中 WinEdt[①] 和 MiKTeX 目录下的 TeXworks 是最主要的 LaTeX 编辑器，多数时间我们都将在这两个编辑器之中工作。如果你已经完成安装，现在就可以跳到第 13 页 1.1.2 节开始熟悉使用编辑器了。

“开始”菜单中的其他项目也值得注意。

☞ **FontSetup**

为 CTeX 套装重新安装 CJK 宏包使用的中文字体。CTeX 套装使用 Windows 操作系统所安装的中文字体进行配置，默认支持宋体、黑体、仿宋、楷体、隶书、幼圆 6 种，其中前 4 种是中文版 Windows 预装的字体，后两种是中文版 Office 系统预装的字体。如果系统没有安装对应的字体，则不能进行配置安装。

☞ **Uninstall CTeX**

卸载 CTeX 套装。

---

① WinEdt 是商业共享软件，用户可以免费试用一个月。

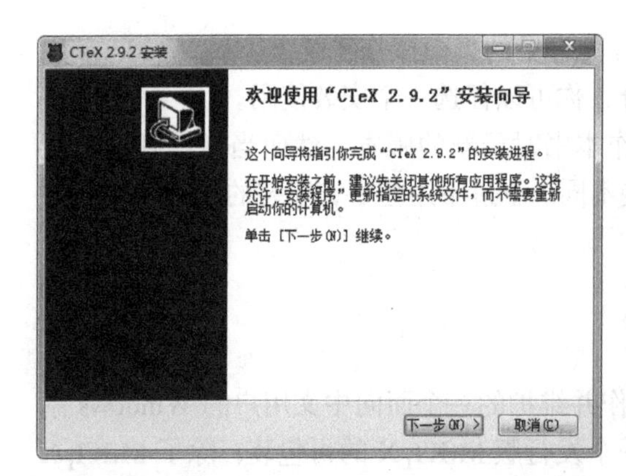

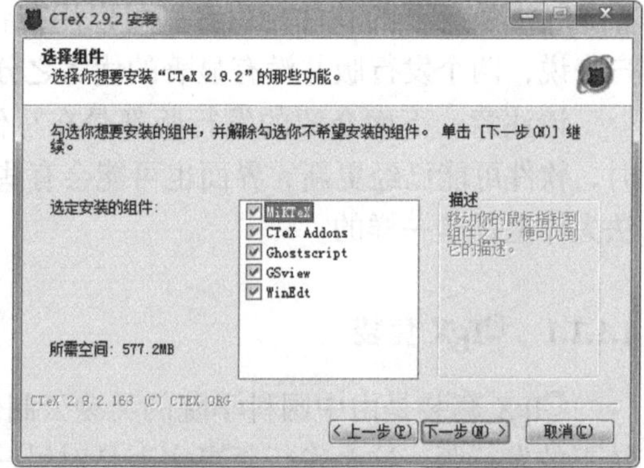

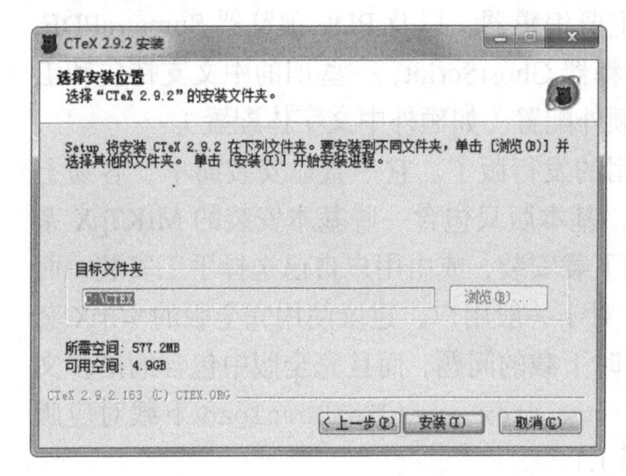

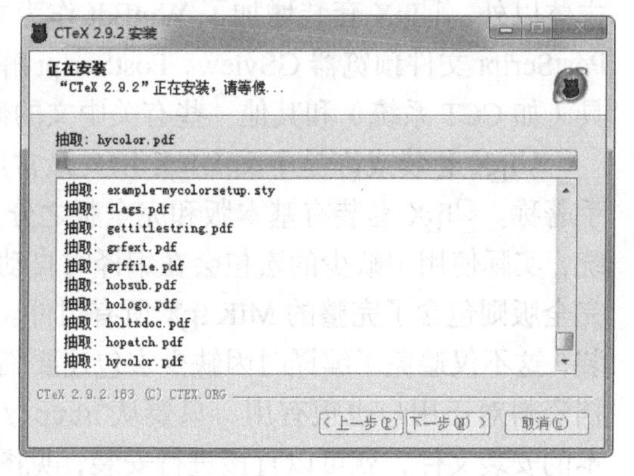

图 1.1 在 Windows 7 中安装 CTeX 套装 2.9

☞ **GhostScript**

GhostScript 程序是 PostScript 的解释器，许多 TeX 程序都依赖它工作。在命令行下经常还可以使用它转换一些图像格式。

☞ **Ghostgum**

这个目录里面是 PostScript 文件 .ps 和 .eps 的查看工具 GSview①，类似于 TeX Live 中的 PS_View。也可以用它来查看 PDF 文件，不过效果没有 Adobe Reader 好。安装后 .ps 和 .eps 文件会与这个程序关联。

☞ **Help**

里面是一些由 CTeX 套装所附带的额外的帮助文档。包括一个常见问题集[308]（CTeX FAQ）、《LaTeX 2ε 插图指南》[204]（Graphics）、一个入门文档 lshort[187]（LaTeX Short）、一个 LaTeX 参考手册[23]（LaTeX2e Reference Manual）、《LaTeX Com-

① GSview 是一个发布于 AFPL 协议下的开源免费软件，运行时可能会有注册的弹窗，但软件本身是无须注册的，不影响使用。

panion》第八章数学公式部分[166]（Mathematics）、一份符号大全[192]（Symbols）和英文的常见问题集[270]（UK TeX FAQ）。

不过遗憾的是，这里提供的部分资料有些陈旧。CTeX 的常见问题集已经几年没有更新，关于中文处理的内容大大落后于现在的实际情况；《LaTeX 2_ε 插图指南》也是翻译自几年前的文档，个别内容已经有所变化。本书涵盖了上面内容文档中除符号表外的大多数内容。但无论如何，这里选取的几个文档可以说是日常使用中最实用的一些，还是值得一看的。

☞ **MiKTeX**

MiKTeX 目录下有好几个项目。Previewer 是 MiKTeX 的 DVI 文件预览器，叫做 Yap，类似于 TeX Live 中的 DVIOUT，不过我们很少会用它；TeXworks 是一个小巧好用的编辑器；Help 目录下是 MiKTeX 这个发行版本身的文档；Maintenance 和 Maintenance (Admin) 目录中是 MiKTeX 的对 Windows 当前用户和所有用户的配置工具；而 MiKTeX on the Web 目录中则是 MiKTeX 网站的快捷方式。

这里需要详细说明的是 MiKTeX 的配置工具（Maintenance，如图 1.2 所示）。其中有三项：Package Manager 是 MiKTeX 的包管理工具；Settings 将打开 MiKTeX 的配置选项 MiKTeX Options；而 Update 则是 MiKTeX 的在线升级程序。

☞ **Package Manager**

利用包管理器（Package Manager）可以查看和检索 MiKTeX 共有哪些宏包，已经安装了哪些宏包，也可以在线安装和删除各种宏包。所有宏包都有一个简单的介绍和分类，对于喜欢刨根问底，打算了解自己计算机上到底安装了什么东西的人来说，包管理器是一个很好的切入口。如果要安装新宏包，请注意首先选好 MiKTeX 的软件仓库（Repository）并进行同步（Synchronize）。软件仓库通常选取一个 CTAN 网站镜像的 MiKTeX 目录，如 CTeX 网站的镜像。

☞ **Settings**

MiKTeX 选项（MiKTeX Options）里面是一些关于 MiKTeX 发行版的整体配置。

在 General 选项卡中，可以刷新文件名数据库（Refresh FNDB）或更新格式（Update Formats），这通常用在手工安装或更新了宏包和工具的时候；可以设置默认的纸张大小；也可以设置在编译时缺少宏包时是不是自动在线安装（这是 MiKTeX 系统的特色功能）。

在 Roots 选项卡中，可以查看、改变或增加 TeX 的根目录。每个 TeX 根目录下的目录树结构都是基本相同的，只有按照这种结构放置的文件才能被正

Name	Category	Size	Packaged on	Installed on	Title
metago	\Applications\Graphics	90224	2008-08-28		MetaPost outpu
metalogo	\Formats\LaTeX\LaTeX contrib	110210	2009-09-11		Extended TeX lo
metaobj	\Applications\Graphics	1322759	2007-08-27		MetaPost packa
metaplot	\Uncategorized	334773	2005-06-25		
metapost-exam...	\Documentation	128727	2001-10-03		Example drawir
metatex	\Formats\LaTeX\LaTeX contrib	218867	2004-08-15		METATeX comr
metauml	\Uncategorized	701259	2006-03-25		MetaPost librar
method	\Formats\LaTeX\LaTeX contrib	46026	2001-05-14		Typeset methoc
mex	\Language Support\Polish	194278	2006-05-19		A Polish format
mf-ps	\Applications\Graphics	155559	2001-05-14		A MetaFont-Pos
mff	\Formats\LaTeX\LaTeX contrib	300098	2001-05-14		
mflogo	\Fonts\METAFONT Fonts	53183	2001-05-14	2009-09-12	LaTeX support
mfnfss	\Formats\LaTeX\LaTeX contrib	70253	2001-05-14		
mfpic	\Applications\Graphics	2211195	2009-11-27		Draw MetaFont
mfpic4ode	\Formats\LaTeX\LaTeX contrib	579177	2009-04-21		Macros to draw

(a) 包管理器（Package Manager）

(b) 选项设置（Options）

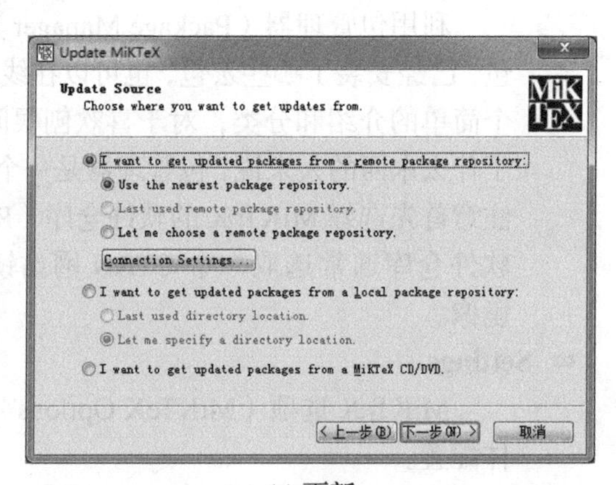

(c) 更新

图 1.2 MiKTeX 配置工具

确找到并使用。这种树结构一般称为 TDS 结构（TeX Directory Structure，参见 [269]）。一般用户自己编写的文件和一些从第三方得到的宏包、字体、文档等，都放在单独的 TDS 根目录中，在 CTeX 套装中安装目录下的 CTEX 目录就是这样一个 TDS 根目录。

Formats 选项卡用来管理 TeX 系统的编译格式。TeX 和相关的宏语言可能有多种格式（format），INITEX 等程序为每个格式以预编译的方式生成一些二进制格式的信息，并与对应的编译命令（如 pdflatex、mpost 等）结合起来。一般没有必要修改这里的内容。

Language 选项卡可以管理一些语言（不包括中文，主要是西方语言）的支持文件。Packages 选项卡与包管理器的功能类似。可以查看和修改已安装的 MiKTeX 包。

☞ **Update MiKTeX**

这是 MiKTeX 的升级程序，可以用于更新宏包或升级整个 MiKTeX 系统。CTeX 套装的主体就是 MiKTeX，因此可以不重装 CTeX 套装，直接使用 MiKTeX 的升级程序完成除旧式中文支持和编辑器配置外的大部分升级工作。

1.1.1.2 TeX Live

TeX Live 是由 TUG（TeX User Group，TeX 用户组）发布的一个发行版。TeX Live 可以在类 UNIX/Linux、Mac OS X 和 Windows 等不同的操作系统平台下安装使用，并且提供相当可靠的工作环境[①]。TeX Live 可以安装到硬盘上运行，也可以经过便携（portable）方式安装刻录在光盘上直接运行（故有“Live”之称）。

有两种安装 TeX Live 的方式：一是从 TeX Live 光盘进行安装，二是从网络在线安装。不同操作系统下安装设置 TeX Live 的方式基本一样，这里仍以 Windows 操作系统为例进行演示。

一、从光盘安装

TeX Live 一般以安装光盘镜像的方式在互联网上发布。光盘镜像文件可以从 TUG[②] 或 CTAN[③] 网站上下载。可以把镜像文件刻录到 DVD 光盘上使用，也可以直接加载到虚拟光驱上进行安装。

---

① 例如在中文支持方面，旧版本 MiKTeX 的中文字体配置一直有一些错误，所以 CTeX 套装做了进一步配置才正确支持中文；而 TeX Live 就没有这种问题。

② http://www.tug.org/texlive/

③ CTAN 有很多镜像网站，参见 8.3.2 节，国内常用的镜像是 CTeX 网站的 FTP 镜像：ftp://ftp.ctex.org/mirrors/CTAN/systems/texlive/Images/。

装入光盘后，安装程序会自动运行（见图 1.3）。如果系统禁用了自动运行，可以手动执行光盘根目录的 `install-tl.bat` 安装。只要选择好安装的位置，不断单击“下一步”按钮就可以安装 TeX Live 了。

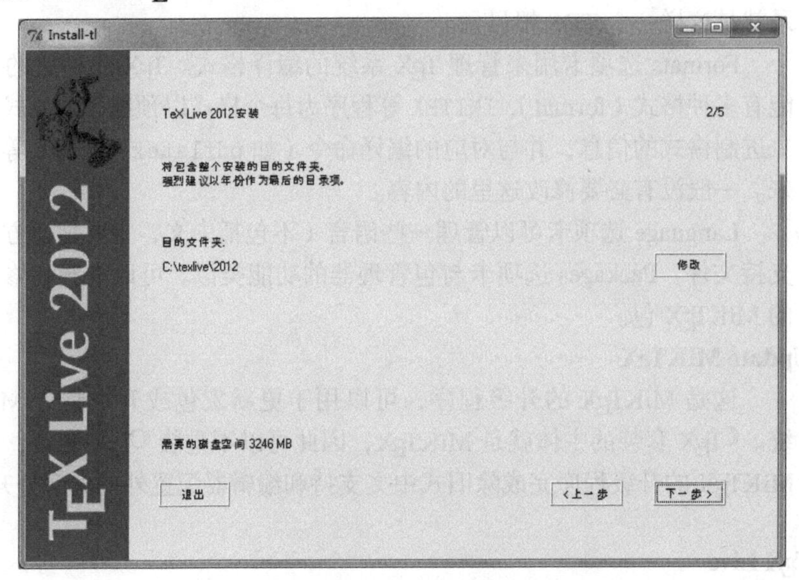

图 1.3 在 Windows 7 下安装 TeX Live 2012

如果对 TeX 系统已经比较熟悉，还可以运行光盘根目录的 `install-tl-advanced.bat` 进行可定制安装（见图 1.4）。此时，除了安装的位置以外，还可以从预置的几种安装方案中选择某种进行安装，可以选择安装的语言、宏包、工具、文档集合，或进行进一步的安装配置。例如，如果要在服务器上安装后台服务，不想让 TeX 系统占用太大的空间，可以去掉所有的文档和源代码，只选择安装少量必需的宏包和工具，只用原来几分之一的硬盘空间安装一份基本可用的系统。

对于 Linux 系统的用户，还需要设置环境变量并为 XeTeX 配置字体。设置 Linux 环境变量的方式参见 [25, § 3.4]，我建议偷懒的用户在安装时选择在标准路径下创建符号链接的选项，这样就不必设置环境变量了。下面则需要为 XeTeX 配置字体，让操作系统的 fontconfig 库能找到 TeX Live 附带的字体，按下面步骤操作：

1. 进入 TeX Live 的 `TEXMFSYSVAR/fonts/conf/` 目录（其中 `TEXMFSYSVAR` 是一个变量，在定制安装时选定。其默认值为 `/usr/local/texlive/2012/texmf-var/`），将里面的 `texlive-fontconfig.conf` 文件改名为 `09-texlive.conf`，复制到 `/etc/fonts/conf.d/` 目录。可以在命令行下（参见 1.1.2.3 节）执行命令：

```
sudo cp /usr/local/texlive/2012/texmf-var/etc/fonts/texlive-fontconfig.conf \
```

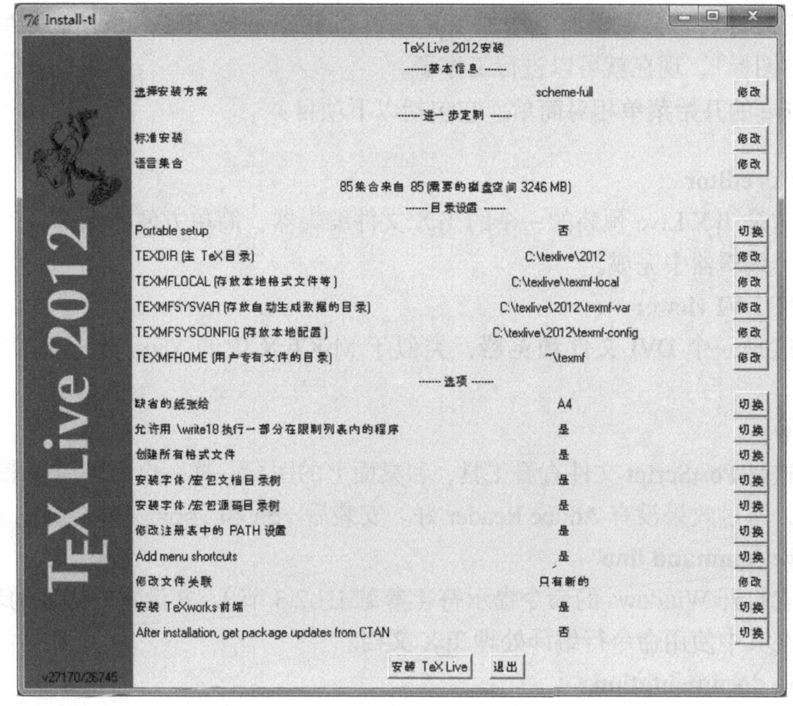

图 1.4　定制安装 TeX Live 2012

```
/etc/fonts/conf.d/09-texlive.conf
```

2. 刷新 fontconfig 的字体缓存，执行命令：

```
sudo fc-cache -fsv
```

如果一切正常，你会看到屏幕上提示缓存了 TeX Live 一些目录中的字体。

这一配置过程也将使你可以在其他程序中使用 TeX Live 所安装的几百种字体。在类 UNIX 系统下安装 TeX Live 的过程比在 Windows 下略显复杂，希望这个情况在以后能有所改观。

此外，如果希望 pdfTeX、dvipdfmx 等程序能正确找到操作系统中安装的字体，或让 XeTeX 能按字体文件名找到系统字体，还需要设置正确的 `OSFONTDIR` 变量。TeX Live 会对 Windows 系统自动设置这一变量，对 Linux 等系统也需要手工修改。新建或修改在 TeX Live 安装目录（如 `/usr/local/texlive/2012/`）下的配置文件 `texmf.cnf`，在里面修改 `OSFONTDIR` 变量的值，典型的值如：

```
OSFONTDIR = /usr/share/fonts//;/usr/local/share/fonts//;~/.fonts//
```

程序安装好后，会在桌面上增加 TeX 编辑器 TeXworks 和 PostScript 文件查看工具 PS_View 的图标[1]，现在就可以进行工作了。

TeX Live 的开始菜单相对简单。它包括以下项目：

☞ **TeXworks editor**

这是 TeX Live 预装的一个的 TeX 文件编辑器，简单方便。大部分工作都可以在这个编辑器中完成。

☞ **DVIOUT DVI viewer**

这是一个 DVI 文件预览器，类似于 MiKTeX 中的 Yap。不过我们很少会用到它。

☞ **PS_View**

这是 PostScript 文件查看工具，和桌面上的图标一样。也可以用它来查看 PDF 文件，不过效果没有 Adobe Reader 好。安装后 `.ps` 和 `.eps` 文件会与它关联。

☞ **TeX Live command line**

它打开 Windows 的命令提示符（参见 1.1.2.3 节），并设置好必要的环境变量，可以在其中使用命令行编译处理 TeX 文档。

☞ **TeX Live documentation**

这是一个 HTML 页面的链接，里面是 TeX Live 系统中所有 PDF 或 HTML 格式的文档列表。在首页你可以找到几种语言（包括简体中文）的 TeX Live 发行版文档，以及到近 2000 份各种文档的列表的链接——这份有一公里长的列表多少说明了 TeX Live 是一个多么复杂的系统，以及它在完全安装时为什么占用了这么大的空间。当然，你不需要读完里面的所有文档才能学会使用 LaTeX，不过你会发现在工作中总需要时不时地查看里面的东西（参见 8.3.1 节）。

☞ **TeXdoc GUI**

这是一个常用文档的列表，不过以图形界面的方式把文档分成若干类别，还可以搜索（见图 1.5）。这里面直接列出的宏包数量较少，用来简单浏览可以，但如果要查看更多的内容，最好使用其文件搜索功能或利用命令行 texdoc 工具（参见 8.3.1 节）。

☞ **TeX Live Manager**

这是 TeX Live 管理工具的图形界面（见图 1.6），简称 tlmgr。管理工具也可以在命令行下用 `tlmgr` 命令运行，用 `tlmgr gui` 可以在命令行下打开图形界面。

[1] TeXworks 和 PS_View 是在 Windows 下安装的附加软件。在其他操作系统如 Linux 中，通常都已经安装或容易从其他途径安装类似的软件，如 Kile 和 Evince。

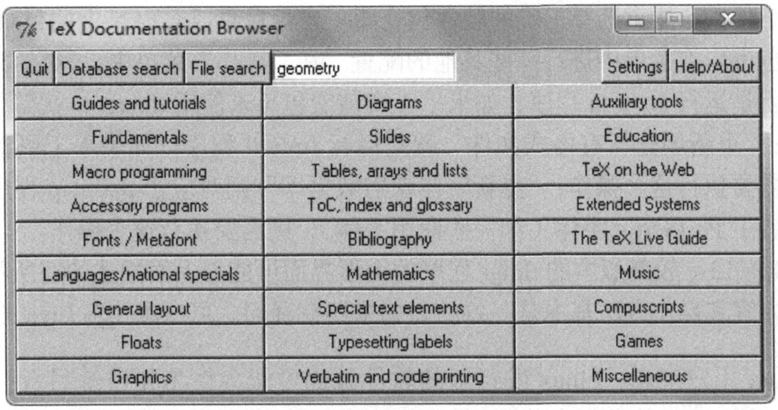

TeX Documentation Browser

Quit | Database search | File search | geometry | Settings | Help/About

Guides and tutorials	Diagrams	Auxiliary tools
Fundamentals	Slides	Education
Macro programming	Tables, arrays and lists	TeX on the Web
Accessory programs	ToC, index and glossary	Extended Systems
Fonts / Metafont	Bibliography	The TeX Live Guide
Languages/national specials	Mathematics	Music
General layout	Special text elements	Compuscripts
Floats	Typesetting labels	Games
Graphics	Verbatim and code printing	Miscellaneous

图 1.5　TeXdoc GUI

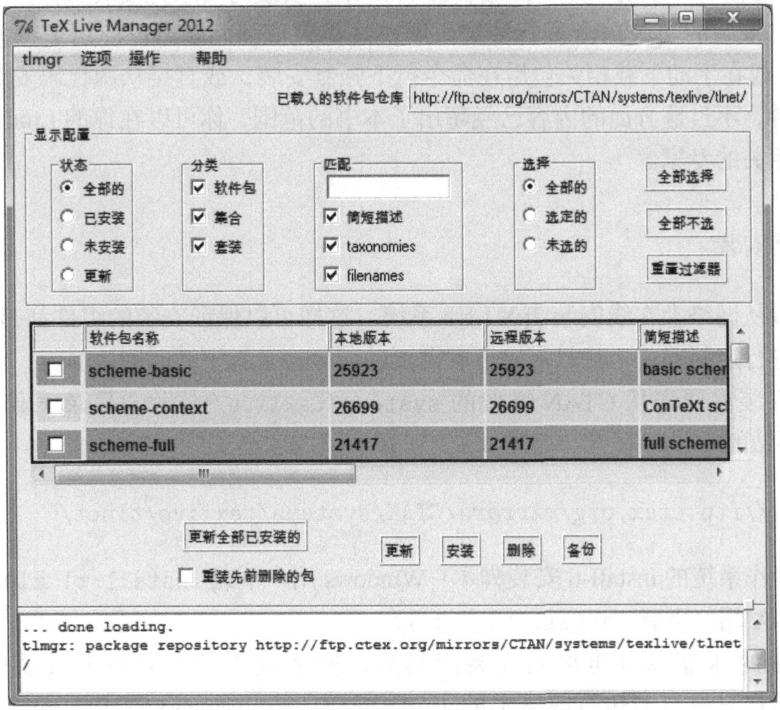

TeX Live Manager 2012

tlmgr　选项　操作　帮助

已载入的软件包仓库 http://ftp.ctex.org/mirrors/CTAN/systems/texlive/tlnet/

显示配置

状态：全部的　已安装　未安装　更新

分类：软件包　集合　套装

匹配：简短描述　taxonomies　filenames

选择：全部的　选定的　未选的

全部选择　全部不选　重置过滤器

	软件包名称	本地版本	远程版本	简短描述
☐	scheme-basic	25923	25923	basic schen
☐	scheme-context	26699	26699	ConTeXt sc
☐	scheme-full	21417	21417	full scheme

更新全部已安装的　更新　安装　删除　备份

☐ 重装先前删除的包

```
... done loading.
tlmgr: package repository http://ftp.ctex.org/mirrors/CTAN/systems/texlive/tlnet
/
```

图 1.6　TeX Live Manager（TeX Live 管理工具）

可以用 tlmgr 从网络上或光盘中安装、删除或更新宏包及组件，在开始安装或更新组件前，注意选择正确的软件包仓库（光盘目录或 CTAN 上的目录）并载入。

也可以在菜单中进行一些其他的配置。在“操作”菜单中，“更新文件名数据库”就是运行 texhash 程序，如果手工安装宏包（未使用 tlmgr），就需要执行这个操作；“重新创建所有格式文件”就是运行 fmtutil 程序，如果手工更新了一些程序，需要执行这个操作；“更新字体映射数据库”则对应于 updmap 程序，如果手工安装了 PostScript 字体（如一些商用字体），则需要执行这个操作。

TEX Live 较新版本的 tlmgr 程序的图形界面可能与上面描述的有所不同，但配置的内容和操作方法基本是一致的。如果还有疑问，可参阅 TEX Live 的手册[25]。

对 Linux 用户来说，Linux 发行版的软件源也可能会将 TEX Live 另行打包，以方便通过 Linux 的软件源安装，例如 Ubuntu Linux 的软件源里面就有若干以 texlive 开头的 apt 包。操作系统自带的 TEX Live 往往比较陈旧或被分割简化，特别是难以利用 CTAN 源更新，不过好处是安装起来更容易些。我建议最好还是自己安装[25]。许多 Linux 软件依赖 TEX 系统（如 TEX 编辑器 Kile），在安装时要求先安装操作系统的 texlive 包，与自己安装的 TEX Live 发行冲突。解决这类包依赖问题可以使用虚拟包（dummy package），或在手动下载相关包后在命令行下强制安装，或直接从源代码安装依赖 TEX Live 的软件，不过这方面的内容已经超出了本书的范围，你可以在你的 Linux 发行版的社区请教相关的专家。

二、从网络安装

也可以从网络上在线安装 TEX Live 系统。这样可以保证安装的组件都是最新版本，而且如果进行定制安装，就只需要下载需要的部分，节省下载时间。

网络安装需要先从 CTAN 镜像的 `systems/texlive/tlnet/` 目录下载安装工具。如 CTEX 网站的 CTAN 镜像（参见 8.3.2 节）：

```
http://ftp.ctex.org/mirrors/CTAN/systems/texlive/tlnet/
```

下载对应操作系统的 install-tl 安装脚本：Windows 用户下载 `install-tl.zip`，Linux 和其他类 UNIX 用户下载 `install-tl.tar.gz`。

从下载的压缩包解压得到安装工具后，安装过程与在光盘上安装完全一样。Windows 用户只要双击执行解压出的 `install-tl.bat` 或 `install-tl-advanced.bat` 就会出现图 1.3 或图 1.4 的安装界面了，按提示进行安装，程序会自动从网络上下载所需的文件进行安装。如果网络比较快的话，用这种方式安装不比用光盘安装慢多少。

默认情况下，安装程序会自动选择较近的 CTAN 镜像服务器，不过教育网用户可能不方便访问国外的网站，需要在命令行手工指定国内的 CTAN 镜像服务器地址。例如运行如下命令从 CTeX 网站安装 TeX Live：

```
install-tl -repository http://ftp.ctex.org/mirrors/CTAN/systems/texlive/tlnet/
```

1.1.2　编辑器与周边工具

1.1.2.1　编辑器举例——TeXworks

像其他计算机语言一样，LaTeX 使用纯文本描述，因而任何能编辑纯文本的编辑器都能编辑 LaTeX 文档，如 Windows 系统的记事本、写字板，Linux 下的 VI、GEdit。不过，使用专门为 LaTeX 设计或配置的编辑器，进行语法高亮、命令补全、信息提示、文档排版等工作，会使工作方便许多。

LaTeX 代码编辑器有很多，大致可以分为两类：一是主要为 TeX/LaTeX 代码编辑而专门设计的编辑器，二是可以为 TeX/LaTeX 代码编辑配置或安装插件的通用代码编辑器。前者如 WinEdt、TeXworks、TeXMaker、Kile，后者如 Emacs、VIM、Eclipse、SciTE 等。通常前一种编辑器配置和使用更简单些，下面主要以 TeXworks 为例说明编辑器的一些简单配置。其他大部分编辑器在基本功能和设置上都大同小异，不难举一反三。

TeXworks 是 MiKTeX 和 Windows 系统下 TeX Live 预装的编辑器，也是国际 TeX 用户组（TUG）发布并推荐的入门级编辑器。Linux 系统下 TeX Live 没有自动安装 TeXworks 编辑器，你可以到 TeXworks 的网站[①]自己下载安装。

TeXworks 的界面非常简洁（见图 1.7）：它分为两部分，左侧是 TeX 源文件的编辑器窗口，右侧是生成的 PDF 文件的预览窗口。左边的编辑器窗口最上面是标题栏和标准菜单项，接着是工具栏，中间最大的编辑区，最下面则是显示行列号的状态栏。右边的预览窗口把编辑区换成了 PDF 预览区。

除了文本编辑区，编辑器窗口中最常用的是工具栏。工具栏的最左边的按钮是整个编辑器最为重要的“排版”按钮，它调用具体的命令把输入的 TeX 源文件编译为对应的 PDF 结果，刷新右边 PDF 文件的显示。紧靠排版按钮右边的下拉菜单用来选择排版时所使用的命令，通常对应一条单一的命令（如 TeX Live 中的版本或自己单独下载安装的版本），但也可以配置为好几条复合命令（如 CTeX 套装或纯 MiKTeX 中的版本）。通常我们使用最多的排版命令是“XeLaTeX”或“PDFLaTeX”，视具体情况而定。使用排版按钮时，未保存的文档会自动保存。工具栏剩下的按钮则是一系列常见的标准按钮：新建、打开、保存；撤销、重做；剪切、复制、粘贴；查找和替换，不必多说。

① http://code.google.com/p/texworks/

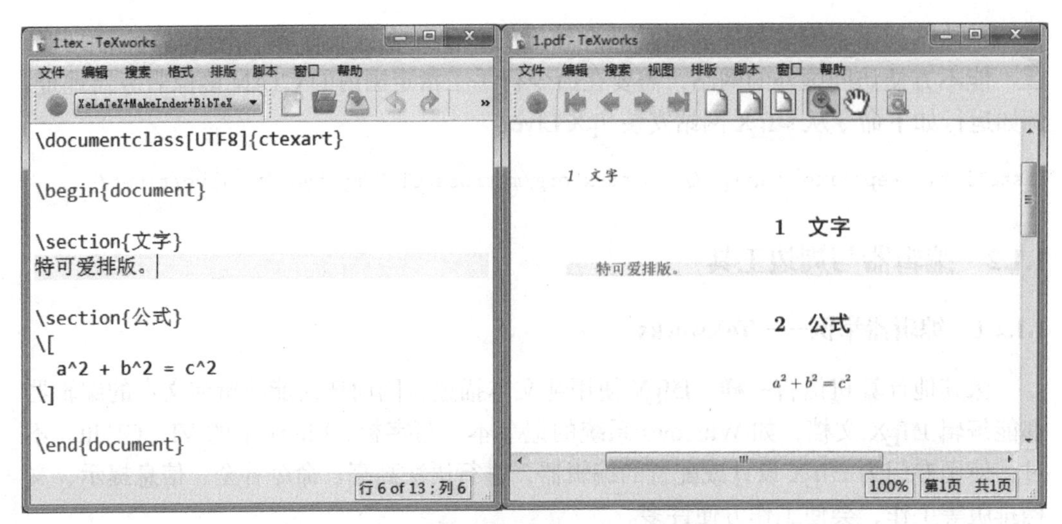

图 1.7 CTeX 套装中的 TeXworks 界面

PDF 预览窗口的工具栏也是一排按钮。最前面的排版按钮与编辑区的功能一样。右面是 4 个向前后翻页的按钮；而后是显示比例的按钮；再后面是放大工具、滚屏工具；最后是 PDF 文本查找工具。

使用 TeXworks 也非常简单：

1. 在编辑区输入 TeX 源文件（如在图 1.7 中的编辑区看到的就是一个简单的例子）；
2. 单击“保存”按钮，给源文件起名并保存在正确的位置（如 `1.tex`）；
3. 在排版按钮旁的下拉菜单中选择“XeLaTeX”，单击排版按钮，查看结果。

编译时在文本编辑区下方的“控制台输出”面板会显示编译进度和信息。如果编译过程有错误或提示输入，程序会停下来等待处理。如果编译结束无误，控制台输出面板会自动关闭，而在预览窗口会显示新的 PDF 的结果。

在文本编辑区或 PDF 预览区用 Ctrl 加鼠标左键单击可以从源文件查找 PDF 文件的对应位置；或反过来从 PDF 文件查找 TeX 源文件的位置。这个功能称为 TeX 文档的正反向查找，对编写长文档特别有用。正反向查找是由 SyncTeX 机制实现的，需要源代码编辑器、PDF 阅读器和 TeX 输出程序的共同参与，一些旧的发行版或程序可能并不支持。

TeXworks 支持自动补全功能。输入一个助记词或命令的一部分，再按 Tab 键，则 TeXworks 会根据配置补全整个命令或是环境；连续按 Tab 键可以切换补全的不同形式。例如，输入 `\doc` 再按 Tab 键，会补全命令 `\documentclass{}`；使用 `beq` 补全则可以得到公式环境：

```
\begin{equation}

\end{equation}•
```

光标移动在环境中央等待输入，再次按下 Ctrl + Tab 组合键则可以跳转到后面的圆点处继续下面内容的输入，而不需要使用方向键。

下面来看 TeXworks 中的一些常见的配置。

刚刚安装的 TeXworks 通常会使用很小的字体，而且可能没有语法高亮等功能，给编辑工作带来许多不便。在 TeXworks 的“格式”菜单中，“字体”项可以用来临时更改显示的字体，而“语法高亮显示”项可以临时控制如何进行语法高亮。如图 1.7 中设置的就是 12 磅的 Consolas 字体。要使字体和语法高亮的设置对所有文档生效，则应该改变 TeXworks 的默认选项。单击 TeXworks “编辑”菜单的最后一项“选项”，将弹出 TeXworks 首选项窗口（见图 1.8）。在“编辑器”选项卡中，可以设置编辑器默认的字体及字号，下面则有语法高亮、自动缩进等格式。

图 1.8 TeXworks 编辑器选项设置

TeXworks 支持多种语言界面和多种文字编码。TeXworks 默认的界面会与操作系统的默认语言（Locale 设置）一致，可以在选项设置窗口的“一般”（General）选项卡中设置程序的界面语言为中文。在“编辑器”选项卡中则有“编码”选项（见图 1.8），一般应该选择 TeXworks 的默认值，即 UTF-8 编码，编辑器保存和打开文件将默认使用此编码。

TeXworks 选项设置窗口的“排版”选项卡（见图 1.9）可以用来设置 TeXworks 的“排版”按钮所执行的命令。在图1.9(a) 中选择对应的处理工具，单击“编辑…”按钮，就可以在弹出的窗口（见图1.9(b)）中设定对应的命令及参数。参数中使用的变量，可参见 TeXworks 的帮助文档。

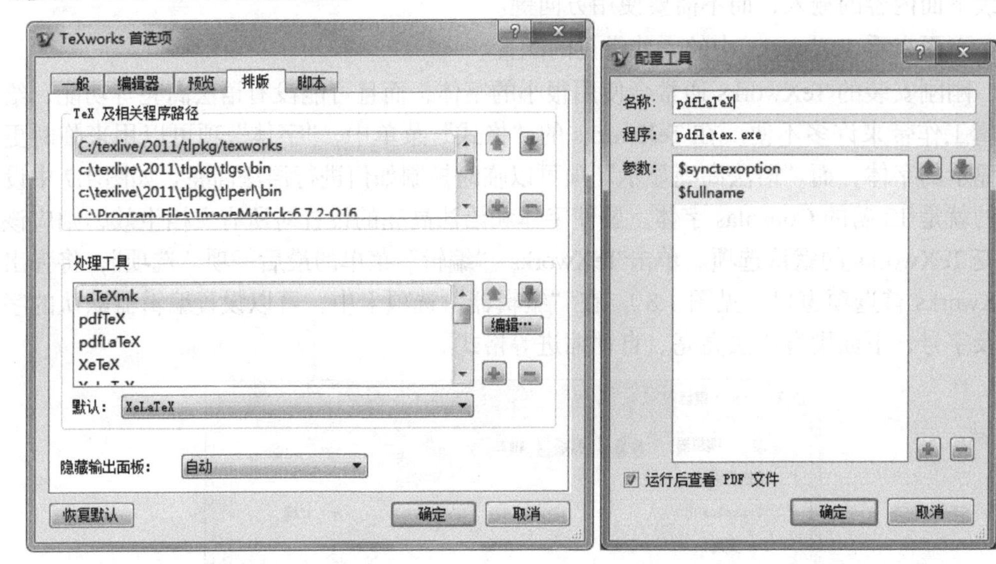

(a) TeXworks 排版选项　　(b) TeXworks 工具配置：PDFLaTeX

图 1.9　TeXworks 排版选项设置

文字编码与 Unicode

在使用 TeX 编辑器时，必须注意的是文档保存的文字编码。如果编码使用错误，轻则遇到“乱码”，重则干脆程序运行错误。我们前面所说的“UTF-8”编码，就是现在最为常用的编码之一。

文字在计算机内部都是以数字的形式表示、存储和传输的，人们圈定一些在计算机中使用的字符，称为字符集（character set），一个字符通常就用它在字符集中的序号来表示。不过由于在计算机中数字的二进制表示也有不同的格式，因而相同的字符集也可能有不同的二进制表示方式，也就是字符编码（character encoding）。IBM 公司以前给自己系统中每种编码编一个号，即所谓代码页（code page），后来其他计算机厂商如微软、Oracle 都把自己的字符编码用代码页的方式给出，不过使用的代码页编号都不一样。我们通常见到的代码页，都是微软公司的编号。字符集、字符编码、代码页这些概念，在很多时候都不加区分，可以混用。

最早的字符编码可以追溯到前计算机时代的电脑码，莫尔斯码（Morse code）和国际二号电码（ITA2）是以前最常用的电报编码。莫尔斯码是变长编码，常用字符短些，不常用的长些；国际二号电码则是定长编码，一共 32 个字符，每个字符用 5 位滴答表示（相当于 5 位二进制数）。汉字电报码是 1869 年发明的，以后略加修改，用 4 位十进制数表示一个汉字，直到今天汉语电报还用的是这套编码（不过现在还用电报的人已经几乎没有了）。

计算机领域早期编码的典范是美国信息交换标准代码（American Standard Code for Information Interchange），也就是大名鼎鼎的 ASCII 编码。ASCII 使用 7 位二进制数表示 128 个符号（包括数字、字母、标点符号和一些控制符）。现代计算机使用 8 位的字节，用一个字节表示一个符号，可以把剩下的一位用作校验，也可以扩展为 256 个符号，表示其他一些西方语言中的字符或图形符号。ASCII 码可算是计算机中使用最为广泛的编码方式，高德纳最早的 TeX 程序使用的就是 ASCII 编码处理文档。

除了 IBM 等大公司在不断为不同的语言发展不同的字符集和编码，国际标准化组织（ISO）也试图确定标准的 ACSII 扩展方式，于是有了 ISO 8859 标准。ISO 8859 给不同的字母语言使用不同的扩展编码，实际产生了 16 种编码，如 ISO 8859-1（西欧）、ISO 8859-2（中欧）、ISO 8859-5（西里尔字母，如俄语）。为不同的语言使用不同的扩展方式，在当年大约是为了把编码限定在一个字节之内，不过现在看来几乎是在把水搅浑，因为不同的编码实在是太多了。

8 位编码并不足以表示像汉字这样庞大的字符集。中国、日本和韩国这些使用表意文字的国家都纷纷推出自己的字符集。中国于 1980 年推出了国家标准 GB 2312，包括 7445 个字符，其中有 6763 个汉字；GB 2312 字符集通常使用 EUC-CN 编码，也常被称为 GB 2312 编码。这些字符用来排版当然不够用（方正公司就为自己的产品研发了专用的 748 编码），1993 年发布了与 Unicode 1.1 相当的 GB 13000。GB 13000 没有得到推广，实际应用的却是与 GB 13000 字符数量相当的 GBK（K 是扩展的意思），有 21 886 个字符。GBK 编码不是正式标准，然而应用十分广泛，Windows 95 之后的微软操作系统都支持 GBK 编码。2000 年 3 月又发布了标准 GB 18030-2000，Windows XP 就支持这一字符集；2005 年 11 月的 GB 18030-2005 则成为强制执行的标准，于是从 Windows Vista 之后的版本都是基于 GB 18030 编码的系统。GB 18030 两个版本的字符集实际来自 Unicode 3.0 和 4.1，前者包括 27 533 个字符，后者包括 76 556 个字符。GB 18030 到 GBK 到 GB 2312 到 ASCII，编码都是向下兼容的。

ISO 于 1990 年推出了通用字符集（Universal Character Set，UCS）标准 ISO 10646，包括 UCS-2 和 UCS-4 两种长度的编码；1991 年一个叫做通用码协会（Unicode Consortium）的组织发布了 Unicode 1.0 标准。两个组织都打算把全世界所有文字的符号都用同一套字符集和编码统一起来。后来两个组织协作起来，从 Unicode 2.0 起，Unicode 就符合 ISO 10646 了。2012 年 1 月发布的 Unicode 6.1 已经定义了 110 181 个字符，包括世界上 100 种文字，而且还在不断修订扩充之中。Unicode 已渐次成为字符编码的新方向，包括 GB 18030 也可以看做是 Unicode 字符集的一种编码格式。除了 UCS-2 和 UCS-4，Unicode 标准还提出了多种编码形式，称为 Unicode 交换格式（Unicode Transformation Format, UTF）：主要包括变长的 UTF-8、UTF-16 和定长的 UTF-32 编码。UTF-8 编码与 ASCII 编码向下兼容，因而最为常用。

TeX 系统原本只支持 ASCII 编码。但只要设置好超过 127 的数字对应的符号，所有扩展 ASCII 编码都能正确排版，如 ISO 8859 的各种标准。汉字编码 GB 2312、GBK 和 UTF-8 都是兼容 ASCII 的多字节编码，因而在 LaTeX 中通过 CJK 宏包也可以通过特殊的方式，把多个字符对应到一个汉字上，支持中文的排版。

CJK 宏包这种支持多字节编码的方法是一种黑客手段。后来 TeX 的新实现 XeTeX 和 LuaTeX 都直接支持 UTF-8 编码，新的中文排版方式也自 2007 年起随着这两种新排版引擎应运而生。LuaLaTeX 的本地化支持目前还暂处在起步阶段，本书将着重介绍基于 XeTeX 的方式。

1.1.2.2 PDF 阅读器

CTeX 套装和 TeX Live 都已经预装了 DVI 文件和 PostScript 文件的阅读器。然而却没有安装最重要的 PDF 格式阅读器。现在使用 TeX 系统基本上最终都将输出 PDF 格式的结果，而且 TeX 系统中的大部分文档也都是 PDF 格式的，因此一个 PDF 阅读器是不可或缺的。

PostScript 阅读器 GSview 和 PS_View 也都可以当做 PDF 阅读器来使用，不过效果不是很好。我们使用 PDF 阅读器主要有两个目的，一是在编辑文档过程中随时查看编译的效果，这对于编辑复杂公式、插图以及幻灯片来说都非常重要；二是为了阅读 PDF 格式的文档资料，或查看自己编写文档的最终效果。这两个目的各有不同的要求，前者要求快捷方便，最好还能在 PDF 的效果与 TeX 源文件之间方便地切换检索；后者则要求显示准确美观、功能全面。

要满足第一个要求，编辑器 TeXworks 内置的显示功能最为方便（见图 1.7）。TeXworks 把源代码和 PDF 结果左右排开，对照显示，TeX 代码编译后右边的 PDF 文件就会更新。而且可以用 Ctrl 加鼠标左键单击进行从源文件到 PDF 文件或从 PDF 文件到源文件的正反向查找。

CTeX 套装还预装了 SumatraPDF 阅读器用来在 WinEdt 中预览 TeX 文件的编译结果。SumatraPDF 是一个很小的 PDF 阅读器，同样支持用鼠标双击进行 PDF 的反向搜索。

CTeX 套装和 TeX Live 都没有预装能满足第二个要求的阅读器。我们建议使用 Adobe Reader 最新的版本（在 Linux 系统中通常称为 acroread）。Adobe Reader 是官方免费提供的 PDF 格式的阅读器，通常它的显示效果最好，支持全面的 PDF 特性（如 JavaScript 脚本、动画、3D 对象等，而且这些很可能在 LaTeX 制作的幻灯中用到）。其他一些常见的 PDF 阅读器，如 Foxit Reader，则可能在一些功能上有所欠缺。

如果你还没有安装 Adobe Reader，可以直接从 Adobe 的官方网站，或几乎任何软件下载站点得到并安装。不必抱怨它占用上百 MB 的安装空间：除了一些高级功能的插件，Adobe Reader 还提供了许多种高质量的 OpenType 中西文字体，这些都可以在你未来的排版中用到。

PS 格式和 PDF 格式

PS 是 PostScript 的简称。PostScript 是 Adobe 公司于 1984 年发布的一种页面描述语言，自 1985 年苹果公司的 LaserWriter 打印机开始，此后的很多高档激光打印机都带有 PostScript 语言的解释器，可以直接打印 PostScript 语言描述的文档。PostScript 遂逐渐成为电子与桌面出版的标准格式，并一直延伸到整个出版业，风靡一时。就连国内的北大方正公司的排版系统也是以变形的 PostScript 格式输出，并沿用至今。

“PostScript” 这个名字多少体现了这个语言的特点：它是一种基于后缀表达式和栈操作的解释型计算机语言[4]。如表达式 $1 + 2$ 就被写成

```
1 2 add
```

而

```
0 0 moveto
100 100 lineto
```

则是在描述从坐标 $(0, 0)$ 到 $(100, 100)$ 的直线路径。使用这种后缀语法原本是为了方便计算机芯片高效解释 PostScript 这种复杂的语言，大部分 PostScript

也都是由其他计算机程序自动生成的。不过，富于经验的老手可以就凭着这种看起来有些怪异的语法直接画出图来，这种技艺也一直延伸到 5.5.2 节将要讲到的 PSTricks 宏包。

PostScript 拥有强大的图形能力，可以用一段 PostScript 语言的代码表示很复杂的图形。然而作为一门完整的计算机语言 PostScript 过于复杂，因而有了所谓封装的 PostScript（Encapsulated PostScript）格式，即 EPS 格式。EPS 格式的文件也是一段 PostScript 代码，但只能表示一页，而且加上了诸多限制，成为一种专门用来存储可以嵌入其他应用中的图形格式。TeX 的许多输出引擎都支持这种图形格式，我们将在 5.2 节回到这个话题。

由于在电子出版领域的地位，PostScript 一度成为 TeX 系统最重要的输出格式，至今在网络上仍能见到大量 TeX 产生的 PostScript 格式的书籍和文章，一些期刊也一直要求以能生成 PostScript 格式的 TeX 文档投稿。然而随着新一代廉价的喷墨打印机的出现，需要复杂解释芯片的 PostScript 打印机逐渐式微；而网络技术的发展进一步催生了电子文档交换的需求，PDF——Portable Document Format（可移植文档格式）便应运而生。PDF 由 Adobe 公司于 1993 年发布，它是 Adobe Acrobat 系列产品的原生文件格式，并随着文件格式的公开和阅读器 Adobe Reader 免费的发放，迅速风靡起来。

PDF 与 PostScript 使用相同的 Adobe 图形模型，可以得到与 PostScript 相同的输出效果，而在程序语言方面则比 PostScript 大为削减，并增强文档格式结构化，可以更迅速地由计算机处理。尽管 PDF 最初只是 PostScript 削减功能适应电子文档处理的结果，但 PDF 转而在电子文档功能如交互式表单、多媒体嵌入等方面大下功夫，并不断进行各方面的扩充，最终成为一种比 PostScript 还复杂的格式（描述 PDF 1.7 的手册 [5] 比描述 PostScript 1.3 的文档 [4] 要厚得多）。PDF 也继 PostScript 之后成为现在新一代的电子出版业的事实标准。

现代的 TeX 输出引擎几乎都以 PDF 为输出格式。同时 PDF 格式也可以像 EPS 格式一样作为图形格式被 TeX 和其他软件使用。现在能够输出 PDF 图形的软件和支持嵌入 PDF 图形的 TeX 引擎比 EPS 格式的还要多些，PDF 也成为现在 TeX 系统中最重要的图形格式。

1.1.2.3　命令行工具

一、命令行

尽管大多数常用编译操作可以在编辑器中完成，CTeX 和 TeX Live 也都给出了一些图形界面的配置工具，但 TeX 发行版的主体仍然是命令行下的程序。不了解命令行，就难以了解 TeX 的处理流程，也不能很好地使用诸如 Makeindex 这样的基本 LaTeX 工具。因此，有必要对命令行和一些命令行工具的使用作一了解。

命令行是以文字方式与计算机交互的方式，与图形方式相对。在 Windows 系统[1]中，命令行通常由命令解释程序 `cmd.exe` 处理；在 Linux 及其他类 UNIX 操作系统中，命令解释程序称为壳（Shell），最常见的壳是 Bash。在命令行下可以执行一些基本的文件操作，也可以运行其他程序，批处理脚本也是由命令行解释程序执行的。Linux 中 shell 的使用一般远比在 Windows 中频繁，因此这里仍以 Windows 为例。

Windows 中默认的命令行解释程序 `cmd.exe` 可以从“开始”菜单的“附件”项中找到，叫做“命令提示符”[2]（见图 1.10）；也可以直接运行（利用“开始”菜单的“运行”项或组合键 Win + R）`cmd.exe` 进入。如果使用频繁，可以在桌面或快速启动栏建立快捷方式，或设定快捷键随时使用。

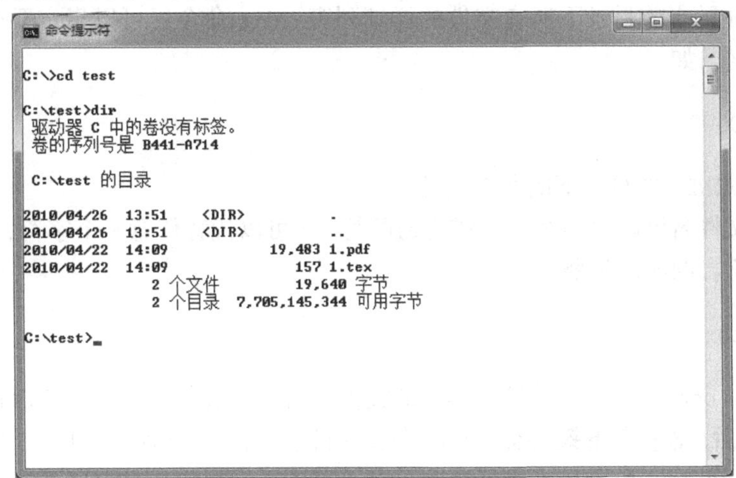

图 1.10　Windows 命令提示符（默认是黑底白字，这里为显示清晰改为白底黑字）

使用 TeX 经常需要在特定文件所在的目录（文件夹）进行命令行操作，可以把进入命令行的操作添加到 Windows 资源管理器鼠标右键菜单中。这可以通过修改

[1] 指 Windows NT 及 Windows 2000 以后的版本，包括 Windows XP、Windows Vista、Windows 7 等。

[2] 从 DOS 系统开始使用计算机的人时常称 Windows 的命令解释程序为 DOS 窗口，这对于 Windows 9x 及更早的 Windows 是对的，但以后版本的 Windows 则不再包括 DOS。新的命令行解释器只是在外观和命令上像是 DOS。

Windows 注册表来完成。将下面的内容保存到一个后缀为 .reg 的文件中，双击导入注册表，或手工按其中的内容建立对应的注册表项，可以为当前用户添加“进入命令行”的右键菜单：

```
Windows Registry Editor Version 5.00
[HKEY_CURRENT_USER\Software\Classes\*\shell\进入命令行\command]
@="cmd"
[HKEY_CURRENT_USER\Software\Classes\Folder\shell\进入命令行\command]
@="cmd /k cd \"%1\""
```

打开命令行窗口后，会显示命令提示符。默认的命令提示符由当前盘符、目录（即文件夹）和一个大于号 > 组成，如

```
C:\>
```

表示当前目录是 C 盘的根目录。在 > 后面的光标等待输入命令，Windows 命令行命令和文件名不区分大小写，输入一行命令后按回车键即开始执行。

使用最频繁的命令是列文件列表命令 dir（directory 的缩写），直接输入 dir 后按回车键就会显示当前目录下所有文件的详细列表。dir 命令后可以指定要列出的盘符、目录和文件名，如

```
dir C:\WINDOWS
```

将列出 C 盘 WINDOWS 目录下的所有文件。

目录和文件名可以使用 ? 和 * 作为通配符。? 可以代替任意一个字符，* 可以代替任意多个字符。例如，命令

```
dir book*.tex
```

将列出所有以 book 开头，后缀为 .tex 的文件。目录和文件名可以用 Tab 键自动补全，如输入 book 后，连按 Tab 键将交替地补全当前目录所有以 book 开头的文件。有两个特殊的目录名 . 和 ..，分别用来表示当前目录（可省略不写）和当前目录的上一层目录。

cd 命令（或 chdir，change directory 的缩写）用来改变当前所在的目录。如

```
cd pictures
```

将进入当前目录下的 pictures 目录（如果有的话），而从 C 盘用命令

```
cd \WINDOWS\Fonts
```

则进入 Windows 的字体目录。注意更换盘符不能用 cd 命令，而要单独使用 ⟨盘符⟩ 后加符号 : 进入，如输入

```
D:
cd \test
```

将进入 D 盘根目录下的 test 目录。

把多个命令行写到一个文件里面，保存为后缀为 .bat 或 .cmd 的文件，就得到一个批处理文件（又称批处理脚本）。在命令行下可以像运行其他程序一样调用批处理文件，也可以在图形界面鼠标点击批处理文件执行。批处理可以一次完成多项任务，如完成多道工序的 TeX 源文件编译工作。批处理还提供命令行参数、变量定义、条件判断等简单的编程功能，详细内容可参见微软的联机帮助。

二、GhostScript

GhostScript 是一种 PostScript 的解释器，它的主体也是命令行工具。Windows 版本的 MiKTeX 和 TeX Live 都附带安装了一个简化版本的 GhostScript，CTeX 套装则另行安装了一份完全的 GhostScript。

MiKTeX 附带的 GhostScript 程序名为 mgs，TeX Live 中的程序则名为 rungs。一般无论是 Linux 用户还是 Windows 用户，最好还是单独下载安装完全版本的 GhostScript，因为一些 LaTeX 输出引擎有时仍会调用它，Linux 用户可以使用系统软件源中的版本，Windows 用户可以在

http://code.google.com/p/ghostscript/downloads/list

下载安装包。

可以用 GhostScript 查看 PostScript 或 PDF 格式的文件，PostScript 文件查看器 GSview 和 PS_View 都是调用 GhostScript 工作的。GhostScript 更常用的功能则是进行文档格式转换，做 PS、PDF 格式的相互转换，或把它们转换为点阵图片格式，如 PDF 输出引擎 DVIPDFMx 就会在处理 EPS 图片时自动调用 GhostScript。

GhostScript 为一些常用的转换提供简单的命令行，最常见的是从 .ps 到 .pdf 文件的转换，可以用 ps2pdf 命令完成，如：

```
ps2pdf foo.ps
```

命令会将 foo.ps 文件转换为 foo.pdf 文件。类似的命令还包括 pdf2ps 和 eps2eps 等。

GSview 程序为 GhostScript 的格式转换功能提供了一些图形界面的接口，在 File 菜单下的“PS to EPS”项目，就是用来把 .ps 文件转换为 .eps 文件的；而 File 菜单下的“Convert...”项目（见图 1.11），则可以完成 GhostScript 支持的各种转换。

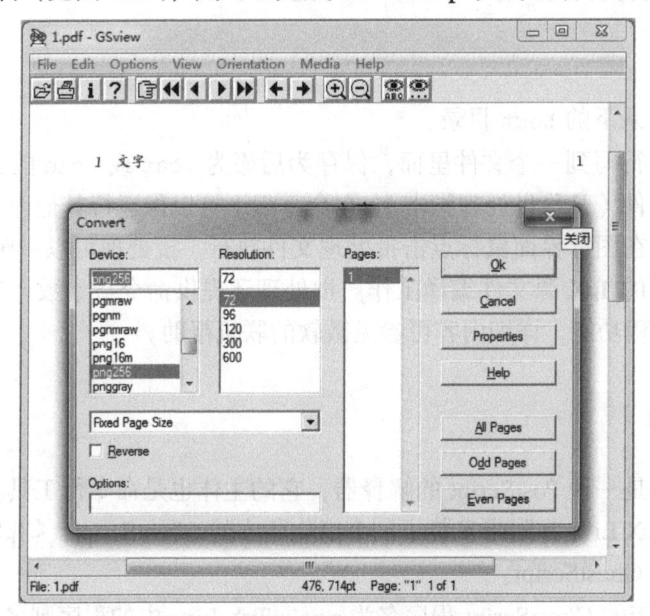

图 1.11 使用 GSview 转换文件格式

所有显示和转换的工作都可以通过 GhostScript 的主程序完成。GhostScript 的主程序是一个命令行程序，在 Windows 下名叫 gswin32c.exe（64 位的版本下名字为 gswin64c.exe），在 Linux 等系统下通常就叫做 gs，也可以使用 TeX Live 的 rungs 或 MiKTeX 的 mgs，这里统一用 GS 表示。一个调用 GS 的命令通常带有许多命令行参数，以完成各种复杂的操作，例如，

```
GS -dBATCH foo.eps
```

将使 GhostScript 在屏幕上显示 foo.eps 的内容并退出；下面的命令（第一行末的 \ 并不存在，只表示延续到下一行）：

```
GS -q -sDEVICE=png256 -dEPSCrop -r128 -dGraphicsAlphaBits=4 \
    -dTextAlphaBits=4 -o bar.png foo.eps
```

则把 foo.eps 转换为 256 色 PNG 图像 bar.png，使用 128 dpi 的分辨率，剪裁到适当大小，并对文字和图像做边缘抗锯齿处理。关于 GhostScript 的详细命令行参数可以参考 GhostScript 的联机文档。

三、ImageMagick

ImageMagick 是一款优秀的基于命令行的位图处理软件，可以在超过 100 种不同的图像格式之间转换，或对图像进行各种变换和处理。熟悉平面设计的人可以把它看做是 Adobe Photoshop 这类软件的一些图像滤镜的命令行版本。ImageMagick 并不直接与 TeX 相关，但 TeX 用户经常用它来做一些有关图形转换的工作，个别与 TeX 相关的软件（如 Asymptote）也会调用 ImageMagick。

ImageMagick 是自由软件，可以在

```
http://www.imagemagick.org/
```

下载安装。Windows 用户一般下载标注为“Win32 dynamic at 16 bits-per-pixel”的版本安装，Linux 等类 UNIX 操作系统可以下载二进制包或源代码编译，也可以直接使用系统软件源中的版本。

在 Windows 下安装 ImageMagick 会在开始菜单项中找到它的帮助文档和 ImageMagick 中唯一的图形界面程序 IMDisplay。但注意 IMDisplay 只是一个图片查看器，并不具备任何 ImageMagick 的图像处理功能，我们主要还是在命令行下使用 ImageMagick。

ImageMagick 是个很复杂的软件，包括 10 多个不同的命令行工具，具有 200 多种不同的命令行参数。这里只介绍 ImageMagick 最基本的图像类型转换功能，也是最常用的功能，更详细的功能可以参见 ImageMagick 的联机帮助文件。

命令 convert 用于图像的转换，即把一幅图像转换为另一幅图像，尽管功能复杂，但基本的使用方法是十分简明的，如：

```
convert foo.bmp bar.png
```

是将 BMP 格式的图像 foo.bmp 转换为 PNG 格式的图像 bar.png，类似地，

```
convert foo.eps bar.pdf
```

则是把 EPS 格式的图片 foo.eps 转换为 PDF 格式的图片 bar.pdf。不过 ImageMagick 在处理涉及 PostScript 和 PDF 格式的图片时，内部实际还是调用 GhostScript 来完成的，这时可以把它看做是 GhostScript 命令的一种方便的变形。

获取命令行帮助

熟练的用户使用命令行完成一些工作比使用图形界面的软件更高效快捷。不过对于刚接触命令行不久的人来说，命令行的最大问题就是记不住命令的用法，因此应该了解如何在命令行下获取帮助信息。

专门的联机文档或在线文档是比较通用的帮助形式，如在 Windows 下，由“开始”菜单进入联机帮助，以“命令行”、“cmd”等关键字搜索，很容易就能得到详尽的命令行帮助。有时帮助文档则以专门的文件存储，如 GhostScript 和 ImageMagick 在 Windows 下都提供网页形式的帮助文档，可以在“开始”菜单找到。也有许多程序提供 CHM、PDF 等格式的文档。

另一种方式是直接在命令行下得到帮助，这通常是通过特殊的命令行参数得到的。通常，Windows 命令行的基本命令可以在命令后加 /? 参数获得帮助。如输入

```
dir /?
```

将会在屏幕上得到 dir 命令的帮助信息：

```
显示目录中的文件和子目录列表。

DIR [drive:][path][filename] [/A[[:]attributes]] [/B] [/C] [/D] [/L] [/N]
  [/O[[:]sortorder]] [/P] [/Q] [/S] [/T[[:]timefield]] [/W] [/X] [/4]


  [drive:][path][filename]
              指定要列出的驱动器、目录和/或文件。
........................
```

来自类 UNIX 系统的程序命令行选项以 - 开头，命令行帮助通常可在命令后加 --help 得到。如输入

```
convert --help
```

将会在屏幕上得到 ImageMagick 的所有命令行选项的说明（会非常长）。

类 UNIX 系统在命令行下有一个 man 命令，可以用来调出文档。如用

```
man ls
```

将在命令行中直接调出 ls 命令（相当于 Windows 中的 dir 命令）的详细帮助，类似的文档程序还有 info。在 Windows 中，用 help 命令可以达到类似的效果，不过效果和使用 /? 选项相同。TeX 系统继承了 UNIX 中 man 的用法，也提供了一个 texdoc 程序，可以在命令行下调出 TeX 宏包、工具和字体等的文档，参见 8.3 节。

1.1.3　"Happy TeXing" 与 "特可爱排版"

在做完所有的准备工作以后，我们来一起运行一个简单的例子，测试整个系统。

首先，打开你的 TeX 编辑器，如 TeXworks，新建一个文件，输入下面的内容（不包括行号）：

```
\documentclass{article}

\begin{document}
This is my first document.

Happy \TeX ing!
\end{document}
```

1-1-1

新建一个测试用的目录，将刚刚输入的文件保存到这个目录里面，选择 PDFLaTeX 或 XeLaTeX 的命令，点击编辑器上的对应的排版按钮（见图 1.7）。如果一切顺利，将在 PDF 预览窗口看到编译的结果，内容类似下面的样子：

> This is my first document.
>
> Happy TeXing!

如果你使用的不是 TeXworks，而是 WinEdt 这类不带 PDF 预览功能的编辑器，点击排版按钮后可能会弹出一个 PDF 阅读器的窗口，显示出上面的页面，也可能你需要手工再点击打开 PDF 文件的按钮来查看排版的结果。

这个文件中有一些以反斜杠 \ 开头的语句，大多没有出现在最终的 PDF 文档中。虽然我们以前并没有接触过这些语句，不过不难猜测其涵义：`\documentclass{article}` 声明了文档的类型是一篇文章；`\begin{document}` 和 `\end{document}` 语句标识出正文的范围；至于正文中的 `\TeX`，看结果就知道它表示 "TeX" 这个高低不平的符号。这就是我们的第一个例子，看起来很简单。

可是，如果你马上兴致勃勃地把里面的内容换成汉字，再点击按钮看结果时，就会发现汉字并没有出现在 PDF 文档中，只有英文字符出现。这是因为 TeX 原本是面向西文写作的，默认并没有加载中文字体。

通过更换文档类型，下面这个稍稍复杂的例子可以正确显示出中文（这正是图 1.7 和图 1.12 中的例子）：

```
\documentclass[UTF8]{ctexart}
\begin{document}
```

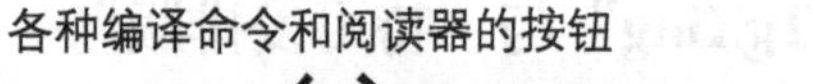

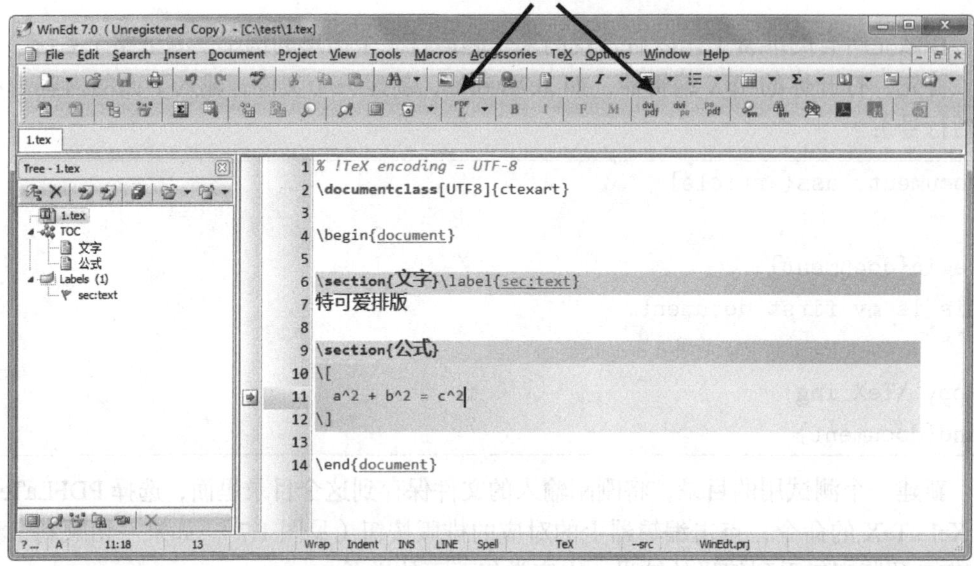

图 1.12 CTeX 套装 2.9 中的 WinEdt 7 编辑器。WinEdt 的界面比 TeXworks 要复杂得多，有各种命令的编译按钮和许多额外的工具

```
3  \section{文字}
4  特可爱排版。
5  \section{数学}
6  \[
7    a^2 + b^2 = c^2
8  \]
9  \end{document}
```
1-1-2

注意文档保存时要使用 UTF-8 编码，这是 TeXworks 的默认值，但 WinEdt 可能需要在保存时选择[①]，编译后的结果如图 1.13 所示。

这段代码也不难看懂[②]：文档类换成了 ctexart，即中文 TeX 的文章（article）类型，这个文档类使得中文可以正确地显示[③]；在 ctexart 前面的 [UTF8] 是使用这个文档类的选项，表明了中文所使用的编码；两个 \section 命令各自生成了一节的标题；

① 不同版本的 WinEdt 设置不同，WinEdt 7 开始以 UTF-8 为默认编码，但 CTeX 套装可能仍然配置为本地的 GBK 编码。不同版本在使用时需要仔细查看。

② 唔……也许使你最费解的是“特可爱”。这其实是 TeX 的谐音，也有双关的意味。

③ ctexart 文档类默认使用中文版 Windows 所预装的字体。对于 Linux 等其他系统的命令，可能需要不同的设定才能正确显示汉字，参见 2.4.1 节。

1 文字

特可爱排版。

2 数学

$$a^2 + b^2 = c^2$$

图 1.13 最简单的 LaTeX 文档

唯一不大直观的是由 \[和 \] 包裹起来的数学公式，不过 LaTeX 数学公式的能力太出名了，你一定早听说过它了。

上面两个简单的例子给了我们一个 LaTeX 的直观印象，而且正确运行它们或许能增强你学习 LaTeX 的信心。粗略地看，LaTeX 是一种标记式排版语言[①]，有相关背景的人大概会觉得 LaTeX 的代码与 HTML 代码有很多相似之处，整个文档通过一些标记（命令）分成结构化的部分。LaTeX 的命令以反斜线 \ 开头，命令一般用英文单词命名，有的可以带参数。通过一个程序的处理，我们称为编译过程，LaTeX 源代码就能生成对应的输出结果，通常就是一个 PDF 文档。

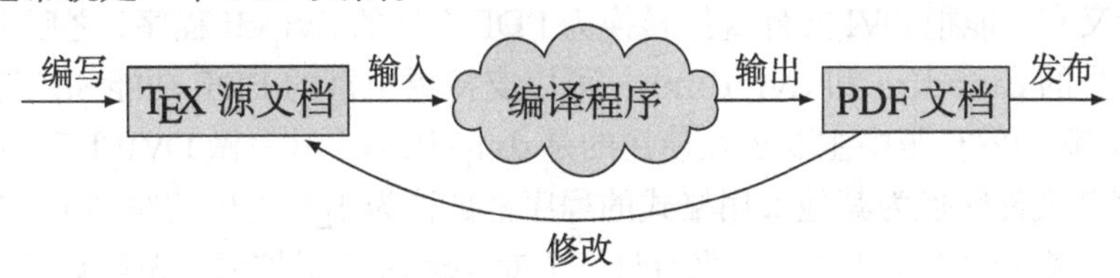

图 1.14 LaTeX 文档的写作流程

LaTeX 文档的写作流程见图 1.14。通常这个过程都是自动化完成的，编写 TeX 源文档通常是在专门的 TeX 编辑器中进行，例如 TeXworks 和 WinEdt，而后按下一个按钮，源文件就被送给 TeX 的编译程序进行处理，输出 PDF 文件，此时编辑器调用 PDF 阅读器查看结果。如果出了问题，需要根据输出的结果或程序的错误信息修改源文件或编译方式。

练 习

① 严格来说，TeX/LaTeX 并不是 HTML、XML 那样的标记语言，而是主要基于字符串代换的宏语言。不过 TeX，尤其是 LaTeX 的格式与标记语言的用法很像，在很多情况下也可以把它看做标记语言。

1.1 不使用专用编辑器，只用普通的文本编辑器录入上面的例子，然后在命令行下编译 TeX 文档，查看运行的结果。

1

编译程序

TeXworks、WinEdt 等编辑器里面给出了许多编译程序的按钮，往往让人有目不暇接的感觉，如果你留心来自各种书籍、文档和网络的资料，上面介绍的编译方法五花八门。如果是使用命令行编译，则输入起来更觉头疼，那么，这些不同的编译程序做了什么？该如何选择和使用呢？

高德纳设计的 TeX 原本只是一个相对简单的程序，命令 `tex` 就会调用最基本的 TeX 程序[①]。它使用高德纳在 [126] 中描述的一个相对简单的格式 Plain TeX 进行排版。`tex` 读入 TeX 源文档，输出一种称为“设备无关”的（DeVice Independent）格式，即 DVI 文件，DVI 文件在过去是 TeX 的标准输出格式，但功能比较受限，不能嵌入字体和图形等，在 PostScript 和 PDF 流行之后，DVI 格式就主要成为一种到 PS 或 PDF 格式的中间格式了。

程序 Dvips 将 DVI 文件转换为 PostScript 文件，可以直接拿到支持 PostScript 的打印机上打印，也可以通过 GhostScript 的 ps2pdf 或 Adobe Acrobat 提供的 Distiller 等程序再从 PostScript 文件转换为 PDF 文件。PDF 流行以后又有了能把 DVI 文件直接转换为 PDF 文件的 dvipdf 程序，之后出现了更为先进的 dvipdfm 和 dvipdfmx，可以支持更丰富的 PDF 功能和东亚字体等，现在新的发行版中主要还在使用的是 dvipdfmx（常写做 DVIPDFMx）。这类把 DVI 文件转换为其他实用格式的程序常被称为 TeX 输出的驱动（driver）。

除了最初的 TeX 程序，后来有许多人对 TeX 进行了扩展。先是有了 ε-TeX，后来在 ε-TeX 的基础上，Hàn Thế Thành 设计了能直接输出 PDF 格式的 pdfTeX。不过 pdfTeX 程序也保留了输出 DVI 格式的能力，因而现在很多输出 DVI 格式的命令内部也是使用的 pdfTeX 程序。pdfTeX 的后继是 LuaTeX，这是一种把脚本语言 Lua 和 TeX 结合起来的程序。ε-TeX 的另一发展则是 XeTeX（纯文本写成 XeTeX）程序，它将中间层 DVI 格式扩充为更强大的 xdv 格式，一般会直接调用 dvipdfmx 的后继 xdvipdfmx，直接输出 PDF 格式。LuaTeX 和 XeTeX 都将原来 TeX 支持的 ACSII 编码改为 UTF-8 编码，并且可以更方便地使用各种字体。TeX 程序连同这些扩展常被称为不同的 TeX 引擎（engine）。

有关 TeX 的各种软件及其关系的更详细的说明，可参见 Trautmann [266]。

① 有的发行版是使用 Plain TeX 格式并输出 DVI 文件的 pdfTeX 程序。

不同的引擎都可以编译 Plain TeX、LaTeX 或是 ConTeXt[①] 等不同格式的文档，不同的组合就使用不同的命令，见表 1.1，我们主要关注 pdfTeX 和 XeTeX 引擎使用 LaTeX 格式的命令。

表 1.1 各类引擎和格式使用的 TeX 命令。具体命令随发行版版本不同可能有一些变化

命令 格式 / 引擎	Plain TeX	LaTeX	ConTeXt	
TeX	tex			输出 DVI
pdfTeX	etex	**latex**		输出 DVI
	pdftex	**pdflatex**	texexec	输出 PDF
XeTeX	xetex	**xelatex**	特殊参数	输出 PDF
LuaTeX	luatex	lualatex	context	输出 PDF

使用 LaTeX 格式的排版得到 PDF 文件的方式也有好几种（见图 1.15）。其中使用 latex + dvips 的方式最为古老，不便于中文文档的排版，现在一些西文期刊仍然要求这样排版。其他几种方式都能较好地进行中文排版。用 latex 和 pdflatex 命令排版在处理中文时都使用 CJK 宏包的机制，而 xelatex 则使用新的 xeCJK 宏包的机制。功能上 xelatex 最为方便，尤其是在处理中文时；而用 pdflatex 编译，一些宏包的兼容性更好一些。不过本书的大部分内容并不限于图 1.15 中的任何一种模式，只是在处理中文时，将主要讨论 xelatex。

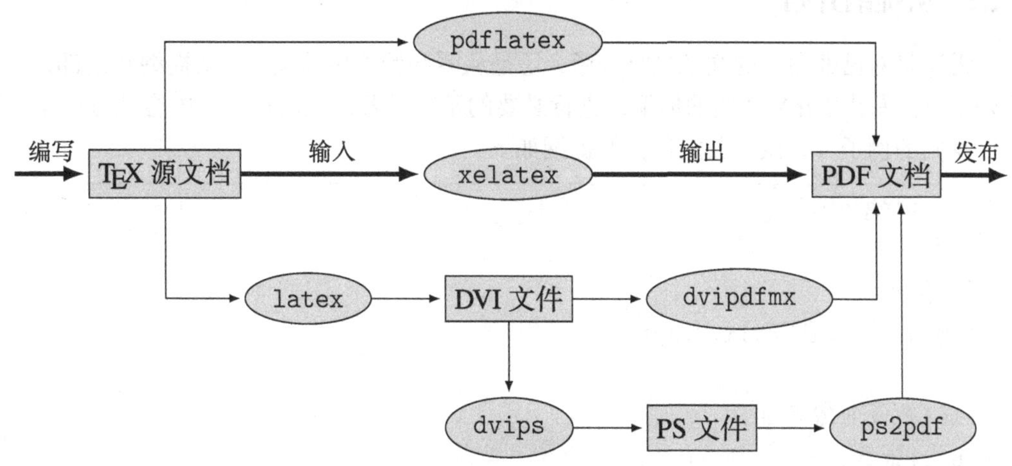

图 1.15 使用各种引擎编译 LaTeX 文档的简要流程。在处理中文时，我们以 xelatex 为主

① 不同于 LaTeX，ConTeXt 是一种把 TeX 和脚本语言紧密结合的格式，LuaTeX 程序就主要用于 ConTeXt 格式。

1.2 从一个例子说起

这一节将研究一个相对实际的例子。在这个简化的例子中，我们将看到在真正的写作排版工作中时常遇到的一些模式、问题的解决思路。有一些代码或许一时难以理解，不要担心，我们将在后续的章节里面详细讨论。

1.2.1 确定目标

现在来把话题限定在初等平面几何，假定我们要写一篇关于勾股定理的短文，短文是一般的科技论文的模式，结构上包括标题、摘要、目录、几节的正文和最后的参考文献；内容包括文字、公式、图形、表格等。短文的格式很平凡，没有什么特别的地方，但也足够实际，可以代表大多数使用 LaTeX 的人日常接触最多的文档类型，只不过现实中的例子在内容上比这里的例子更丰富、更深刻。

为了能在书中方便地显示这个例子，我们把短文的页面设置得很小，四页拼成一页，完成后的样子见图 1.16。如果你以前已经对 LaTeX 有一些基础，不妨自己动手试排一下这个小例子（不偷看本章后面的说明），看看你能否准确高效地完成这个例子；即使你对 LaTeX 的实际了解还仅限于 1.1.3 节中的简单介绍，也不妨考虑一下，在这个极其简单的例子中，有哪些内容需要表现，它们对应的形式是什么，需要注意哪些问题。

1.2.2 从提纲开始

无论是对已经写好的文章进行排版，还是从零开始直接写文章，从提纲开始都是一个好主意。写出 LaTeX 文档的框架，进行必要的基本设置，然后再填入内容就方便了。

我们的例子《杂谈勾股定理》的提纲如下：

```
1  %-*- coding: UTF-8 -*-
2  % gougu.tex
3  % 勾股定理
4  \documentclass[UTF8]{ctexart}
5
6  \title{杂谈勾股定理}
7  \author{张三}
8  \date{\today}
9
10 \bibliographystyle{plain}
```

杂谈勾股定理

张三

2010 年 11 月 5 日

摘要

这是一篇关于勾股定理的小短文。

目录

1 勾股定理在古代

西方称勾股定理为毕达哥拉斯定理，将勾股定理的发现归功于公元前 6 世纪的毕达哥拉斯学派 [1]。该学派得到了一个法则，可以求出可排成直角三角形三边的三元数组。毕达哥拉斯学派没有书面著作，该定理的严格表述和证明则见于欧几里德[1]《几何原本》的命题 47：“直角三角形斜边上的正方形等于两直角边上的两个正方形之和。”证明是用面积做的。

我国《周髀算经》载商高（约公元前 12 世纪）答周公问：

> 勾广三，股修四，径隅五。

又载陈子（约公元前 7–6 世纪）答荣方问：

> 若求邪至日者，以日下为勾，日高为股，勾股各自乘，并而开方除之，得邪至日。

都较古希腊更早。后者已经明确道出勾股定理的一般形式。图 1 是我国古代对勾股定理的一种证明 [2]。

[1] 欧几里德，约公元前 330–275 年。

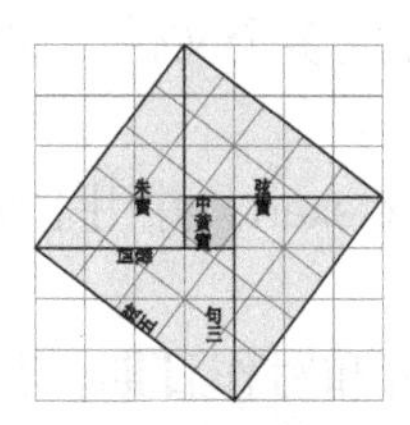

图 1: 宋赵爽在《周髀算经》注中作的弦图（仿制），该图给出了勾股定理的一个极具对称美的证明。

2 勾股定理的近代形式

勾股定理可以用现代语言表述如下：

定理 1 (勾股定理) *直角三角形斜边的平方等于两腰的平方和。*

可以用符号语言表述为：设直角三角形 ABC，其中 $\angle C = 90°$，则有

$$AB^2 = BC^2 + AC^2. \qquad (1)$$

满足式 (1) 的整数称为*勾股数*。第 1 节所说毕达哥拉斯学派得到的三元数组就是勾股数。下表列出一些较小的勾股数：

直角边 a	直角边 b	斜边 c
3	4	5
5	12	13

$(a^2 + b^2 = c^2)$

参考文献

[1] 克莱因. *古今数学思想*. 上海科学技术出版社, 2002.

[2] 曲安京. 商高、赵爽与刘徽关于勾股定理的证明. *数学传播*, 20(3), 1998.

[3] 矢野健太郎. *几何的有名定理*. 上海科学技术出版社, 1986.

图 1.16 完整排版的小例子

```
11
12 \begin{document}
13
14 \maketitle
15 \tableofcontents
16 \section{勾股定理在古代}
17 \section{勾股定理的近代形式}
18 \bibliography{math}
19
20 \end{document}
```

源文件中的一些东西我们已经见过了，也有一些是没见过的。但可以看出整个文章的框架，现逐条进行说明：

- 前面以百分号 % 开头的行是注释。在 TeX 中，源文件一行中百分号后面的内容都会被忽略。这里有三行注释，第 1 行表明了这个文件的编码是 UTF-8，这对中文文档往往非常有用[①]；第 2 行是源文件的文件名 `gougu.tex`；第 3 行则说明了源文件的内容。注释并不是 TeX 源文件必需的，这里对文件内容的注释似乎与文档标题重复，不过对于比较大的文档，源文件往往分成多个文件，这类说明性的文字就十分重要了。
- 第 4 行是文档类，因为是中文的短文，所以使用 ctexart，并用 `[UTF8]` 选项说明编码。(参见 2.4.1 节)
- 第 6 行至第 8 行，声明了整个文章的标题、作者和写作日期，其中 `\today` 当然是“今天”的日期。这些信息并不马上出现在编译的结果中，而要通过第 14 行的 `\maketitle` 排版。(参见 2.3.1 节)
- 第 10 行的 `\bibliographystyle` 声明参考文献的格式。(参见 3.3.1 节)

  以上在 `\begin{document}` 之前的部分称为导言区 (preamble)，导言区通常用来对文档的性质做一些设置，或自定义一些命令。
- 第 12 行和第 20 行以 `\begin{document}` 和 `\end{document}` 声明了一个 `document` 环境，里面是论文的正文部分，也就是直接输出的部分。
- 第 14 行的 `\maketitle` 命令实际输出论文标题。(参见 2.3.1 节)
- 第 15 行的 `\tableofcontents` 命令输出目录。(参见 3.1.1 节)

① 这里用的其实是一种特定格式的特殊注释，源自 Emacs 编辑器，WinEdt 与一些 UNIX 下的编辑器可以根据这种注释自动判断文件的编码，不过这里使用这种格式主要为了好看。TeXworks 也有这种功能的注释，只是格式不同。

- 第 16 至 17 行两个 \section 开始新的一节。（参见 2.3.2 节）
- 最后第 18 行的 \bibliography{math} 则是提示 TeX 从文献数据库 math 中获取文献信息，打印参考文献列表。（参见 3.3.1 节）

为了格式上的清晰，源文件中适当使用了一些空行作为分隔。在正文外的部分，空行不表示任何意义。

这里的提纲非常简单，整个文档也没有什么复杂的层次结构。编译提纲将得到只有一些标题的文件。我们并没有写任何编号或数字，所有编号，包括目录和页码都是自动生成的。注意这里要生成目录至少需要编译两次，让 LaTeX 有机会读完整个论文来计算目录结构。

1.2.3 填写正文

```
1 西方称勾股定理为毕达哥拉斯定理，将勾股定理的发现归功于公元前␣6␣世纪的
2 毕达哥拉斯学派。该学派得到了一个法则，可以求出可排成直角三角形三边的三
3 元数组。毕达哥拉斯学派没有书面著作，该定理的严格表述和证明则见于欧几里
4 德《几何原本》的命题␣47：“直角三角形斜边上的正方形等于两直角边上的两
5 个正方形之和。”证明是用面积做的。
6
7 我国《周髀算经》载商高（约公元前␣12␣世纪）答周公问……
```

填写正文的部分看起来比较容易，就是直接填写大段的文字，不过仔细查看代码，也有如下一些要注意的地方（这里用 ␣ 表示空格）。

- 使用空行分段。单个换行并不会使文字另起一段，而只是起到使源代码更易读的作用（上面的代码每行 35 个汉字）。空白行，也就是至多有空格的行，会使文字另起一段。空行只起分段作用，使用很多空行并不起任何增大段间距的作用。
- 段前不用打空格，LaTeX 会自动完成文字的缩进。即使手工在前面打了空格，LaTeX 也会将其忽略，事实上它会忽略每行开始的所有空格。也不要使用全角的汉字空格，这通常会使排版的效果变得糟糕。
- 通常汉字后面的空格会被忽略，其他符号后面的空格则保留，因而用左␣右就得到连续的“左右”，但 left␣right 则输出有空格的“left right”。单个的换行就相当于一个空格，因此源代码中大段文字可以安全地分成短行。空格只起分隔单词或符号的作用，使用很多空格并不起任何增大字词间距的作用。

  使用 xelatex 编译文档时，ctexart 文档类会调用 xeCJK 宏包，自动处理汉字与其他符号之间的距离，无论你有没有在它们之间加上正确的空格，这是十分方

便的。不过，在源代码中仍然可以给汉字与其他符号之间加上一个空格，这会令代码更加清晰。

换行与空格的使用，正是在 LaTeX 中文字排版最基本的部分，却也是最容易被忽略的。现在你的心思可能早已经飘到脚注和《周髀算经》的引用这些显眼的地方了，但在进行下一步之前最好还是巩固一下前面的内容。

练 习

1.2 从你最喜欢的小说中找几段文字，使用 LaTeX 排版。如果有某些特殊符号（比如注释符号 %）造成了问题，可以暂时将其去掉。

1.2.4 命令与环境

继续排版短文的第 1 节，我们来处理脚注和引用内容。

脚注是在正文“欧几里德”的后面用脚注命令 `\footnote` 得到的（参见 2.2.7 节）：

```
……见于欧几里德\footnote{欧几里德，约公元前 330--275 年。}《几何
原本》的……
```

在这里，`\footnote` 后面花括号内的部分是命令的参数，也就是脚注的内容。

文中还使用 `\emph` 命令改变字体形状，表示强调（emphasis）的内容：

```
……的整数称为\emph{勾股数}。
```

一个 LaTeX 命令（宏）的格式为：

无参数： **\command**
有 n 个参数： **\command**{$\langle arg_1\rangle$}{$\langle arg_2\rangle$}…{$\langle arg_n\rangle$}
有可选参数： **\command**[$\langle arg_{opt}\rangle$]{$\langle arg_1\rangle$}{$\langle arg_2\rangle$}…{$\langle arg_n\rangle$}

命令都以反斜线 \ 开头，后接命令名，命令名或者是一串字母，或是单个符号。命令可以带一些参数，通常用花括号括起来。如果命令参数只有一个字符（不包括空格），花括号可以省略不写。可选参数如果出现，则用方括号括起来。这里的脚注命令 `\footnote` 就是带有一个参数的命令，前面见到的 `\documentclass` 命令就是一个能带可选参数的命令。

引用的内容则是在正文中使用 `quote` 环境得到的：

```
……答周公问：
\begin{quote}
勾广三，股修四，径隅五。
\end{quote}
又载陈子（约公元前 7--6 世纪）答荣方问：
\begin{quote}
若求邪至日者，以日下为勾，日高为股，勾股各自乘，并而开方除之，得邪至日。
\end{quote}
都较古希腊更早。……
```

quote 环境即以 \begin{quote} 和 \end{quote} 为起止位置的部分。它将环境中的内容单独分行，增加缩进和上下间距排印，以突出引用的部分（参见 2.2.2 节）。

不过，如果只使用 quote 环境，并不能达到预想的效果：quote 环境并不改变引用内容的字体。因此还需要再使用改变字体的命令，即：

```
\begin{quote}
\zihao{-5}\kaishu 引用的内容。
\end{quote}
```

引用的内容。

这里，\zihao 是有一个参数的命令，选择字号（-5 就是小五号）；而 \kaishu 则是没有参数的命令，把字体切换为楷书，注意用空格把命令和后面的文字分开（参见 2.1.3 节和 2.1.4 节）。

类似地，文章的摘要也是在 \maketitle 之后用 abstract 环境生成的：

```
\begin{abstract}
这是一篇关于勾股定理的小短文。
\end{abstract}
```

摘要环境预设的格式已经满足我们的要求，不必再修改了。

上面使用的选择字体字号的命令与之前的脚注命令不同。\footnote{⟨内容⟩} 只在原地发生效果，即生成脚注；但 \zihao{⟨字号⟩} 与 \kaishu 命令则会影响后面的所有文字，直到整个分组结束，这种命令又称为声明（declaration）。

分组限定了声明的作用范围。一个 LaTeX 环境自然就是一个分组（group），因此前面的字号、字体命令会影响整个 quote 环境。除了使用环境，也可以用成对的花括号 { } 直接产生一个分组。

LaTeX 环境（environment）的一般格式是：

1

```
\begin{⟨环境名⟩}
⟨环境内容⟩
\end{⟨环境名⟩}
```

有的环境也有参数或可选参数，格式为：

```
\begin{⟨环境名⟩}[⟨可选参数⟩]{⟨参数⟩}...{⟨参数⟩}
⟨环境内容⟩
\end{⟨环境名⟩}
```

quote 环境是无参数的，后面我们很快会在制作表格时遇到有参数的环境。

文章第二节的定理，是用一类定理环境输出的（参见 2.2.4 节）。定理环境是一类环境，在使用前需要先在导言区做定义：

```
\newtheorem{thm}{定理}
```

这就定义了一个 thm 的环境。定理环境可以有一个可选参数，就是定理的名字，于是前面的勾股定理就可以由新定义的 thm 环境得到：

```
\begin{thm}[勾股定理]
直角三角形斜边的平方等于两腰的平方和。

可以用符号语言表述为……
\end{thm}
```

最后来注意一个小细节，前面在表示起迄年份时，用了两个减号 --，这在 LaTeX 中将输出一个“en dash”，即宽度与字母“n”相当的短线，通常用来表示数字的范围[12、35]。

1.2.5 遭遇数学公式

现在来看我们最关心的问题——输入数学公式，这大概是多数使用 LaTeX 的人花费精力最多的地方了。

最简单的输入公式的办法是把公式用一对美元符号 $ $ 括起来，如使用 $a+b$ 就得到漂亮的 $a+b$，而不是直接输入 a+b 得到的干巴巴的 a+b。这种夹在行文中的公式称为“正文公式”（in-text formula）或“行内公式”（inline formula）。

对比较长或比较重要的公式，一般则单独居中写在一行；为了方便引用，经常还给公式编号。这种公式被称作“显示公式”或“列表公式”（displayed formula），使用 equation 环境就可以方便地输入这种公式：

```
\begin{equation}
  a(b+c) = ab + ac
\end{equation}
```

$$a(b+c) = ab + ac \qquad (1.1)$$

1-2-1

键盘上没有的符号，就需要使用一个命令来输入。例如表示“角”的符号 $\angle$，就可以用 \angle 输入。命令的名字通常也就是符号的名字，“角”的符号是 \angle，希腊字母 π 也就用其拉丁拼写 \pi①。用命令表示的数学符号在 LaTeX 中使用起来与用键盘输入的数学符号用起来并没有什么区别：

```
$\angle ACB = \pi / 2$
```

$\angle ACB = \pi/2$

1-2-2

数学公式不止是符号的堆砌，还具有一定的数学结构，如上下标、分式、根式等。在勾股定理的表述中，就用到了上标结构表示乘方：

```
\begin{equation}
AB^2 = BC^2 + AC^2.
\end{equation}
```

$$AB^2 = BC^2 + AC^2. \qquad (1.2)$$

1-2-3

符号 ^ 用来引入一个上标，而 _ 则引入一个下标，它们用起来差不多等同于一个带一个参数的命令，因此多个字符的上下标需要用花括号分组，如 `$2^{10}=1024$` 得到 $2^{10} = 1024$。

怎么输入 90°？如果去查 4.3 节的数学符号表，你可能一无所获，由于 LaTeX 默认的数学字体中，并没有一个专用于表示角度的符号，自然也没有这个命令。角度的符号 ° 是通过上标输入的：`$^\circ$`。这里 \circ 其实是一个通常用来表示函数复合的二元运算符“∘”，我们把它的上标借用来表示角度，90° 可以使用 `$90^\circ$` 输入。

这篇小短文用到的数学公式暂且就只有这么多，我们将在第 4 章再来深入讨论这个话题。

1.2.6　使用图表

准备图表比起输入文字和公式就要麻烦一些了，很多人能驾驭十分复杂的数学公式，却往往在图表问题上一筹莫展。这篇关于勾股定理的短文使用的图表形式都比较简单，但也是典型的。

① ISO 标准对科技文档要求常数 π 使用直立体，不能用斜体，这个例子不考虑这些。相关问题见 4.3.1 节。

首先来看插图。在 LaTeX 中使用插图有两种途径，一是插入事先准备好的图片，二是使用 LaTeX 代码直接在文档中画图。大部分情况下都是使用插入外部图片的方式，只在一些特别的情况大量用代码作图（如数学的交换图）。

插图功能不是由 LaTeX 的内核直接提供，而是由 graphicx 宏包提供的。要使用 graphicx 宏包的插图功能，需要在源文件的导言区使用 \usepackage 命令引入宏包：

```
\documentclass{ctexart}
\usepackage{graphicx}
% ……导言区其他内容
```

引入 graphicx 宏包后，就可以使用 \includegraphics 命令插图了：

1-2-4

```
\includegraphics[width=3cm]{xiantu.pdf}
```

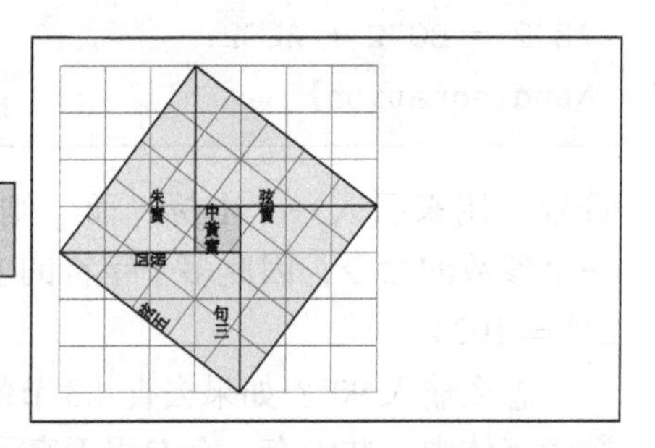

这里 \includegraphics 有两个参数，方括号中的可选参数 width=3cm 设置图形在文档中显示的宽度为 3 cm，而第二个参数 xiantu.pdf 则是图形的文件名（放在源文件所在目录）。有最常见的情况，图形使用其他画图工具做好，但在制作的时候尺寸不符合文章的要求，需要在插图时设置参数缩放到指定的大小。还有一些类似的参数，如 scale=⟨*放缩因子*⟩、height=⟨*高度*⟩ 等，我们在这篇小短文中实际使用的是 scale=0.6。插图命令支持的图形文件格式与所使用的编译程序有关，这篇中文文章使用 xelatex 命令编译，支持的图形格式包括 PDF、PNG、JPG、EPS 等，这里的图形实际是利用 Asymptote 语言制作的（参见 5.5.3 节）。

插入的图形就是一个有内容的矩形盒子，在正文中和一个很大的字符没有多少区别。因此如果把插图和文件混在一起，就会出现这样的情况：

```
文字文字
\includegraphics[width=3cm]{xiantu.pdf}
text text
```

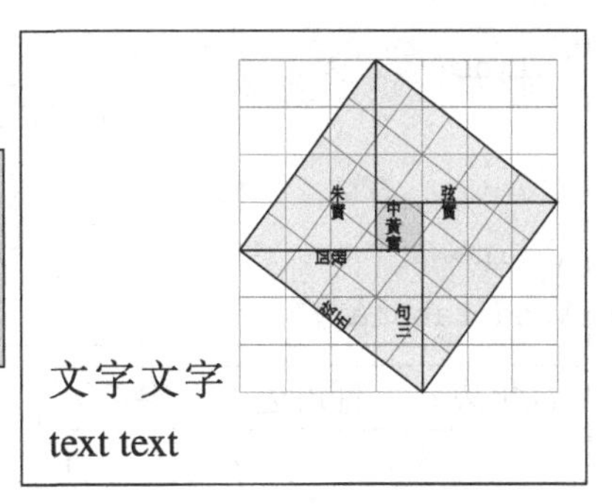

除了一些很小的标志图形，我们很少把插图直接夹在文字之中，而是使用单独的环境列出。而且很大的图形如果固定位置，会给分页造成困难。因此，通常都把图形放在一个可以变动相对位置的环境中，称为浮动体（float）。在浮动体中还可以给图形加入说明性的标题，因此，在《杂谈勾股定理》中实际是使用下面的代码插图的：

```
\begin{figure}[ht]
  \centering
  \includegraphics[scale=0.6]{xiantu.pdf}
  \caption{宋赵爽在《周髀算经》注中作的弦图（仿制），该图给出了勾股定
  理的一个极具对称美的证明。}
  \label{fig:xiantu}
\end{figure}
```

在上面的代码中，第 1 行和第 7 行使用了 figure 环境，就是插图使用的浮动体环境。figure 环境有可选参数 [ht]，表示浮动体可以出现在环境周围的文本所在处（here）和一页的顶部（top）。figure 环境内部相当于普通的段落（默认没有缩进）；第 2 行用声明 \centering 表示后面的内容居中；第 3 行插入图形；第 4 行和第 5 行使用 \caption 命令给插图加上自动编号和标题；第 6 行的 \label 命令则给图形定义一个标签，使用这个标签就可以在文章的其他地方引用 \caption 产生的编号（编号引用我们会在后面讲到）。这段插图的代码非常格式化，在绝大多数情况下，文章中的插图都是用与这里几乎完全相同的代码插入的。

下面再来看表格。插图可以用其他软件做好插入，但表格一般都还是直接在 LaTeX 里面完成的。制作表格，需要确定的是表格的行、列对齐模式和表格线，这是由 tabular 环境完成的：

```
\begin{tabular}{|rrr|}
\hline
直角边 $a$ & 直角边 $b$ & 斜边 $c$ \\
```

```
4  \hline
5        3 &          4 &         5 \\
6        5 &         12 &        13 \\
7  \hline
8  \end{tabular}
```

直角边 a	直角边 b	斜边 c
3	4	5
5	12	13

tabular 环境有一个参数，里面声明了表格中列的模式。在前面的表格中，|rrr| 表示表格有三列，都是右对齐，在第一列前面和第三列后面各有一条垂直的表格线。在 tabular 环境内部，行与行之间用命令 \\ 隔开，每行内部的表项则用符号 & 隔开。表格中的横线则是用命令 \hline 产生的。

表格与 \includegraphics 命令得到的插图一样，都是一个比较大的盒子。一般也放在浮动环境中，即 table 环境，参数与大体的使用格式也与 figure 环境差不多，只是 \caption 命令得到的标题是“表”而不是“图”。在《杂谈勾股定理》中，我们稍稍改变了一下 figure 环境通常的内容：

1-2-5

```
1  \begin{table}[H]
2  \begin{tabular}{|rrr|}
3  \hline
4  直角边 $a$ & 直角边 $b$ & 斜边 $c$\\
5  \hline
6  3 & 4 & 5 \\
7  5 & 12 & 13 \\
8  \hline
9  \end{tabular}%
10 \qquad
11 ($a^2 + b^2 = c^2$)
12 \end{table}
```

直角边 a	直角边 b	斜边 c
3	4	5
5	12	13

$(a^2 + b^2 = c^2)$

这里并没有给表格加标题，也没有把内容居中，而是把表格和一个公式并排排开，中间使用一个 \qquad 分隔。命令 \qquad 产生长为 2 em（大约两个“M”的宽度）的空白。因为我们已经使用 \qquad 生成足够长度的空格了，所以再用 \end{tabular} 后的注释符取消换行产生的一个多余的空格，这正好达到我们预想的效果。

之所以使用这种方式放置表格，是因为在正文中表格前面写道：

> ……下表列出一些较小的勾股数：

也就是说表格和正文是直接连在一起的，而且后面的公式也说明了表格的意义，自然就不再需要多余的标题了，这么一来表格就与正文连在一起，不允许再浮动了，因而这里本来是不应该使用浮动的 table 环境的，但我们仍然用了 table 环境，在表示位置的参数处使用了 [H]，表示“就放在这里，不浮动”。[H] 选项并不是标准 LaTeX 的 table 环境使用的参数，而是由 float 宏包提供的特殊功能。因此要让上面的代码正确运行，还要在导言区使用 \usepackage{float}。在这种表格很小（不影响分页），行文又要求连贯的场合，float 宏包的这种不浮动的图表环境是很有用的。

1.2.7　自动化工具

到目前为止，《杂谈勾股定理》这篇小文的大部分内容已经排完了，如果把前面提到的所有代码结合起来，装进一个文件中，差不多就能得到一篇完整的文章——这里说“差不多”，其实还缺少一些重要的东西，最明显的就是参考文献列表。

你一定已经注意到了，在前面文档的提纲中，我们已经用 \bibliographystyle 命令声明了参考文献的格式，又用 \bibliography 命令要求打印出参考文献列表。不过，这只是使用 BibTeX 处理文献的一个空架子，我们尚没有定义“参考文献数据库”，自然也不会产生任何文献列表。

BibTeX 使用的参考文献数据库其实就是一个后缀为 .bib 的文件。我们的《杂谈勾股定理》使用了一个包含 3 条文献的数据库文件 math.bib，内容如下：

```
% This file was created with JabRef 2.6.
% Encoding: UTF8

@BOOK{Kline,
  title = {古今数学思想},
  publisher = {上海科学技术出版社},
```

1

```
  year = {2002},
  author = {克莱因}
}

@ARTICLE{quanjing,
  author = {曲安京},
  title = {商高、赵爽与刘徽关于勾股定理的证明},
  journal = {数学传播},
  year = {1998},
  volume = {20},
  number = {3}
}

@BOOK{Shiye,
  title = {几何的有名定理},
  publisher = {上海科学技术出版社},
  year = {1986},
  author = {矢野健太郎}
}
```

正如上面所看到的，一个文献数据库文件的格式并不复杂，每则文献包括类型、引用标签、标题、作者、出版年、出版社等信息，可以直接手工输入。不过，正像前面数据库文件的注释（以 % 开头的两行）所显示的那样，这个数据库文件并不是直接输入上面的文件内容得到的，而是使用文献管理工具 JabRef 制作的（见图 1.17），参见 3.3.2 节。

在现实中，BIBTEX 数据库经常并不需要我们自己录入，而可以从相关学科的网站直接下载或是从其他类型的文献数据库转换得到。即使是在需要我们自己录入的情况下，使用 JabRef 这种软件来管理也更方便，不易出错。

BIBTEX 是一个专用于处理 LATEX 文档文献列表的程序，使用 BIBTEX 处理文献时，编译 gougu.tex 这一个文档的步骤就增加为四次运行程序（或点击四次按钮）：

```
xelatex gougu.tex
bibtex gougu.aux
xelatex gougu.tex
xelatex gougu.tex
```

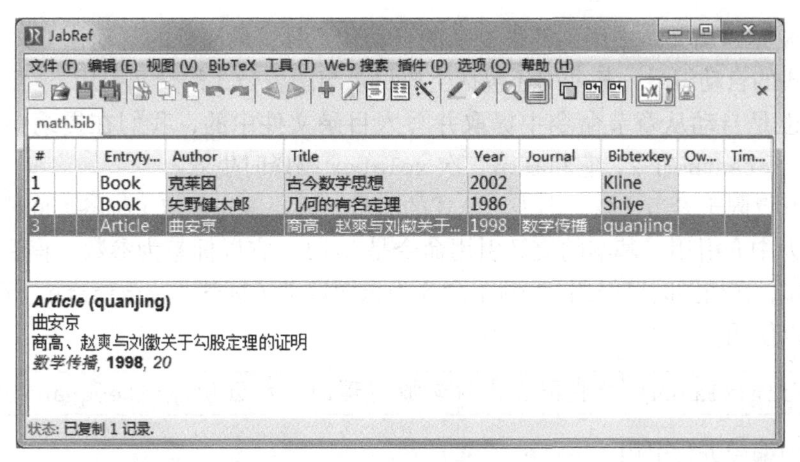

图 1.17　在 Windows 7 下用 JabRef 打开 math.bib

第一次运行 xelatex 为 BibTeX 准备好辅助文件，确定数据库中的哪些文献将被列出来。然后 bibtex 处理辅助文件 gougu.aux，从文献数据库中选取文献，按指定的格式生成文献列表的 LaTeX 代码。后面两次 xelatex 再读入文献列表代码并生成正确的引用信息。这种利用多趟编译处理辅助文件的方式看起来有些复杂，但这是使用自动文献生成的代价之一，不过好处也是明显的，文献的管理、文献列表的排序和排版格式等都能高效漂亮地完成。

如果现在就使用上面的步骤编译，你仍然会一无所获，因为还没有选择要列出的文献。LaTeX 只选择被引用的文献。引用文献的方法是在正文中使用 \cite 命令，如：

```
西方称勾股定理为毕达哥拉斯定理，将勾股定理的发现归功于公元前 6 世纪的
毕达哥拉斯学派 \cite{Kline}。

……是我国古代对勾股定理的一种证明 \cite{quanjing}。
```

\cite 命令的参数 Kline 和 quanjing 分别是其中两篇的引用标签，也就是在 math.bib 中每个条目第一行出现的东西。使用 \cite 命令会在引用的位置显示文献在列表中的编号（它在第 3 次 xelatex 编译后才能确定），同时在辅助文件中说明某文献将被引用。如果要在列表中显示并不直接引用的文献，可以使用 \nocite 命令，一般是把它放在 \bibliography 之前，像我们这篇文章中一样：

```
\nocite{Shiye}
\bibliography{math}
```

有了上面的引用代码，加上完整的数据库文件，通过多步编译，最终就能得到 1.2.1 节中看到的文献列表了。

1

BIBTEX 是这篇文章中用到的最复杂的自动化工具，最简单的自动化工具则是页码、定理和公式的自动编号，其余的还包括生成目录与图表公式的交叉引用。

目录也是自动从章节命令中提取并写入目录文件中的，我们在提纲中就使用了 `\tableofcontents` 命令，它将在第二次 `xelatex` 编译时生效。

引用不仅限于参考文献。图表、公式的编号，只要事先设定了标签，同样可以通过辅助文件为中介引用。基本的交叉引用命令是 `\ref`，它以标签为参数，得到被引用的编号。例如，在插图时已经用 `\label` 命令为弦图定义了标签 `fig:xiantu`，于是，在正文中就可以使用

```
图 \ref{fig:xiantu} 是我国古代对勾股定理的一种证明 \cite{quanjing}。
```

来对弦图的编号进行引用。

公式编号的引用也可照此办理，不过需要先在公式中定义标签：

```
\begin{equation}\label{eq:gougu}
AB^2 = BC^2 + AC^2.
\end{equation}
```

而后在正文中以 `(\ref{eq:gougu})` 引用。实际中引用公式非常常用，数学宏包 amsmath 就定义了 `\eqref` 命令，专门用于公式的引用，并能产生括号：

```
% 导言区使用 \usepackage{amsmath}
满足式 \eqref{eq:gougu} 的整数称为\emph{勾股数}。
```

练 习

1.3 除了引用文献，《杂谈勾股定理》中共有三处交叉引用，除了引用插图和公式，在第 2 节的定理后面还引用了第 1 节的编号，试写出相关的代码。

1.2.8 设计文章的格式

写到这里，原先的提纲骨架已经变成一篇完整的文章，似乎已经没有什么可说的了。然而，TEX 的精神是精益求精、追求完美，如果我们对比 1.2.1 节的目标来审视我们现在排版的结果，还是会发现有些不同，如标题的字体还需要修正，目录中少了“参考文献”一项，插图标题的字体、字号和对齐都不正确等。更重要的还有，1.2.1 节预设的文章页面很小，页边距也非常紧凑，与现在宽大的页面大相径庭。这些都属于文章的整体格式，需要进一步的设计完善。

绝大部分设计工作是在文章的导言区通过一些命令定义和参数设定来完成的，但往往相当复杂，好在其中的大多数工作可以通过使用一些宏包来简化，前面已经用到过 graphicx、float、amsmath 几种宏包完成一些工作，这里也要用到几种。

设计页面尺寸可以使用 geometry 宏包（参见 2.4.2 节）：

```
\usepackage{geometry}
\geometry{a6paper,centering,scale=0.8}
```

这是最简单的设定方式，定义页面使用 A6 纸大小，版心居中，长宽占页面的 0.8 倍。

改变图表标题格式可以使用 caption 宏包（参见 5.3.2 节）：

```
\usepackage[format=hang,font=small,textfont=it]{caption}
```

设定图表所有标题使用悬挂对齐方式（即编号向左突出），整体用小字号，而标题文本使用斜体（对汉字来说就是楷书）。

增加目录的项目则可以用 tocbibind 宏包：

```
\usepackage[nottoc]{tocbibind}
```

宏包默认会在目录中加入目录项本身、参考文献、索引等项目。这里使用 nottoc 选项取消了在目录中显示目录本身。

标题和作者的字体可以直接在 \title、\author 命令中设定，因为标题本身就是用这些命令在导言区定义的：

```
\title{\heiti 杂谈勾股定理}
\author{\kaishu 张三}
\date{\today}
```

其中 \heiti 是和 \kaishu 类似的中文字体命令，把字体切换为黑体。

这篇短文到这里就全部排完了，不过，正文中表示引用的 quote 环境里面还夹杂着字体命令，这种散落在各处的格式设置很难看清，而且不方便修改。为了解决这个问题，可以利用 \newenvironment 命令定义一个新的环境，在原来 quote 的基础上再增加格式控制：

```
\newenvironment{myquote}
  {\begin{quote}\kaishu\zihao{-5}}
  {\end{quote}}
```

这里，\newenvironment 有三个参数，第一个参数是环境的名字，后两个参数分别是在环境开始和末尾处的代码，因此，就可以用新环境

```
\begin{myquote}
勾广三，股修四，径隅五。
\end{myquote}
```

来代替原来的 quote 环境了。如果此时需要更改引用的格式，那么只需要在导言区修改 myquote 的定义，而不必在全文中搜索所有的 quote 环境的使用了。

类似地，原来数学公式中角度的单位 ^\circ 也很不直观，可以用 \newcommand 命令定义一个新的命令 \degree：

```
\newcommand\degree{^\circ}
```

其中，\newcommand 命令的两个参数分别是新命令和新命令的定义，于是我们就可以用 $90\degree$ 来代替原来不直观的 90° 了。

在整篇文章编排结束之际，我们还是使用自定义的环境 myquote 和自定义的命令 \degree 代替了文中出现的特殊格式控制。类似地，在设定插图标题的字体时，并没有把字体、字号的命令塞进 \caption 命令的参数中，而是使用 caption 宏包统一设置。这样看起来比最“直接”的做法要多绕一道弯子，但好处是更清晰和更容易修改格式。这篇短文排在普通 A4 大小的纸张上只有一两页，还看不出什么特别的好处，但当你开始编写和维护几十上百页的长文档时，在设计阶段所付出的精力就会得到回报了。

LaTeX 是一种结构化的排版语言，在填写标准格式的模板时（就像我们填写 1.2.2 节所列的提纲一样）可以忽略编号、格式等许多具体细节。在文档排版中应该主动追求内容与格式的分离，在 document 环境之内避免直接使用诸如字体字号、对齐缩进的格式控制命令，而代之以有具体意义的环境和命令，让文档变得清晰。这种模式化的操作能提高工作效率，许多 LaTeX 的拥护者把这种工作方式称为“所想即所得①”。可是不要忘记，机器还远没有智能化到想人之所想的程度，LaTeX 也不能阻止我们编排出效果糟糕、代码混乱的文章，要得到好的文章，无论是在内容上还是排版形式上，都得靠我们自己。

练 习

1.4 收集这一节关于《杂谈勾股定理》的全部代码，把它们整理成完整的文档，编译运行，看看能不能得到与 1.2.1 节完全一样的效果。

① What you think is what you get. 区别于图形化工具的“所见即所得”（What you see is what you get）模式。尽管关于孰好孰坏多有争论，但实际上两种方式各有其优缺点和适用场合。

本章注记

关于 TeX 的经典文献是 Knuth [126]。关于 LaTeX 的经典文献是 Lamport [136]、Mittelbach and Goossens [166]。

LaTeX 有很多优秀的简短入门书籍或文档可以免费获得，尤其常见的如 Indian TeX Users Group [112]、Oetiker et al. [188]，其中 [188] 有中文译本 [187]；中文的短篇文档如黄新刚（Alpha Huang）[318]。这些书籍或文档只有本书的几分之一篇幅，可能更容易读完。

与本书程度接近的英文书籍可参见 van Dongen [65]、Grätzer [90]、Kopka and Daly [134]。

关于 MiKTeX 2.9 的进一步信息可参见 Schenk [226]；关于 TeX Live 2012 的详细信息可参见 Berry [25]。有关 CTeX 中文套装的信息和讨论，可前往 CTeX 论坛[1]查询。

① http://bbs.ctex.org/

第
2
章

组织你的文本

从这一章开始，我们将要深入 LaTeX 编辑的各个方面。首先来看 LaTeX 文档中文本的编辑和组织，在探究中，我们会从一个空格、一个标点开始分析，但深入细节的同时也不要忘记整个文档的结构和组织性，要见树木更见森林。

2.1 文字与符号

2.1.1 字斟句酌

简单正文的输入没有太多特别之处，TeX 传统上使用扩展 ASCII 字符集①，较新的 TeX 引擎使用 UTF-8 编码。在接受的字符集之内，除了个别特殊符号，大部分字符可以直接录入。

2.1.1.1 从字母表到单词

LaTeX 可以从标准键盘上直接打出 26 个字母的大小写形式，当然，从字母表到单词只有一步之遥，即用空格和标点把字母分开。但事实上总免不了要遇到一些稀奇古怪的词汇或人名，试试输入下面的词：

café Gödel Antonín Dvořák Øster Vrå Kırkağaç

或者这些：

① 旧的中文处理方式使用 CJK 宏包，它的 GBK 等编码支持是实际也是在扩展 ASCII 字符集上工作的，只是使用特殊的方式把两个扩展 ASCII 字符拼接为一个汉字。

χαϊδεύης　　Крюкова

上面的例子中，前一组词都是来自拉丁字母，但明显增加了许多符号；后一组则是希腊语词汇和俄语人名。我们常用的字母表包括扩展的拉丁字母、希腊字母和西里尔字母（Cyrillic alphabet），这比标准键盘上所能直接输入的 52 个字母要多得多。不过不用担心，数以万计的汉字我们也搞定了，区区几个字母也不在话下。

解决输入超过 ASCII 码范围的字母的问题有传统和现代两类方案，先来看一下现代的方案。

现代的方案就是使用 UTF-8 编码直接输入。在 XƎTEX 这样的排版引擎下，UTF-8 编码是原生的，不需要任何多余的设置：

```
% UTF-8 编码
café\quad Gödel\quad Antonín Dvořák

χαϊδεύης\qquad Крюкова
```

café　Gödel　Antonín Dvořák
χαϊδεύης　　Крюкова

2-1-1

不过，要想正确地输入、显示并输出所有这些符号，仍然不是一件简单的事。

输入特殊的字母需要计算机键盘布局或输入法的支持，例如在法语键盘中（一般可以在操作系统中设置），标准键盘 7890 位置上的字符分别是 è _ ç à，这种键盘布局对需要大量录入法语的人来说特别有用。如果不方便使用特殊键盘来设置，操作系统或编辑器往往还提供了“字符映射表”一类的程序或插件，可以用鼠标选取一些字符输入；中文输入法的软键盘也可以用来输入一小部分特殊的外文字母。

显示 ASCII 以外的字母表需要编辑器所使用的字体的支持。大部分西文字体都支持扩展拉丁字母，如 è、ç，但不是所有字体都有希腊字母和西里尔字母，即使是一些罕用的拉丁字母（如 ř）也有可能有缺失。编辑器常用的等宽字体中，Windows 和 Mac 系统都预装的 Courier New，Windows 下的 Consolas、Lucida Sans Typewriter 等都能显示上面所列的所有字母，Linux 下常用的 Bitstream Vera Sans Mono、Inconsolata 则只支持到扩展拉丁字母，因此配置编辑器时也需要仔细选择。

最后但却最重要的是，TEX 系统输出时所使用的字体，也必须要能直接显示这些字母。LATEX 默认的 Computer Modern 在一个字体中只覆盖很小的字符集，XƎLATEX 下使用 fontspec 宏包默认的 Latin Modern 字体要好得多，一般都支持到拉丁字母（这通常就足够了），但希腊、西里尔等字母需要更换其他字体。要完整显示其他语言的字母，就必须频繁地更换不同的字体，或在 TEX 中使用覆盖更大字符集的字体（更换字体参见 2.1.3 节）。比如，为了能正确显示前面例子中的三种字母，我们在前面已经设置了 Windows 系统预装的 Times New Roman 字体。

而传统的解决方案是使用特殊的命令，给字母加上重音的标记，使用特殊字母或者整体更换字母表。

所谓重音（accents），是指加在字母上的标记，实际包括抑音符、锐音符、抑扬符等等多种符号。LaTeX 支持的重音记号及其命令见表 2.1，命令名称大多取象形的符号。将重音加之于普通的拉丁字母上，可以得到一大批扩展的拉丁字母。

表 2.1 LaTeX 中的重音命令，以字母 o 为例

ò	`` \`o ``	ó	\'o	ô	\^o	ö	\"o
õ	\~o	ō	\=o	ȯ	\.o	ŏ	\u{o}
ǒ	\v{o}	ő	\H{o}	o͡o	\t{oo}	o̊	\r{o}
o̧	\c{o}	ọ	\d{o}	o̲	\b{o}		

使用命令可以输入的 LaTeX 字母，见表 2.2。其中 ı, ȷ 就是字母 i, j，只是在加上重音命令时需要去掉上面的点。ij, IJ, SS 是字母连写，在默认的字体中没有区别。

表 2.2 LaTeX 中的特殊字母

Å	\AA	å	\aa	Æ	\AE	æ	\ae
Œ	\OE	œ	\oe	SS	\SS	ß	\ss
IJ	\IJ	ij	\ij	Ł	\L	ł	\l
Ø	\O	ø	\o	ı	\i	ȷ	\j

如果还要输入希腊字母和西里尔字母，默认的字体就不够用了，需要更换其他编码和字体。为此，LaTeX 提供了 babel 宏包，可以方便同时访问多种语言的字母表。babel 宏包可带有一个或多个语言的可选参数，支持不同的语言，如

2-1-2

```
\usepackage[greek,english]{babel}
```

将使用英语和希腊语，其中最后一个参数的英语是默认语言，此时希腊语就可以用 ASCII 字符代替：

```
\textgreek{abcde}
```

上述代码输出 αβςδε，需要少量俄文的西里尔字母，可以换用 OT2 编码的字体（参见 2.1.3 节）得到，例如：

2-1-3

```
% 导言区 \usepackage[OT2,OT1]{fontenc}
{\fontencoding{OT2}\selectfont ABCabc}
```

АБЦабц

如果排版全文是俄文的文章，也可以用 `russian` 参数使用 babel 宏包，不过输入时就不使用 ASCII 码，而使用俄文专用的编码。由于这些语言较少使用，这里不做更多说明，可参见 [31、245、278]。

使用 pdfTEX 这样的传统排版引擎也可以使用 UTF-8 编码输入文字，此时需要使用 inputenc 宏包并选用 `utf8` 选项，它会将 UTF-8 的输入编码自动转换为当前字体编码所对应的符号，字体编码的设置仍然与原来一样，如：

```
% coding: utf-8
% pdflatex 命令编译
\documentclass{article}
\usepackage[OT2,T1]{fontenc}
\usepackage[utf8]{inputenc}
\begin{document}
café \qquad Gödel
{\fontencoding{OT2}\selectfont Крюкова}
\end{document}
```

2-1-4

LATEX 在排版中会将单词中的一些字母连写为一个符号，即连字（ligature）。连字的有无和多少一般是由使用的字体决定的，在默认的 Computer Modern 或 Latin Modern 字体中，小写字母组合 `ff`, `fi`, `fl`, `ffi`, `ffl` 都有连字[①]：

```
differ find flight difficult ruffle
```

differ find flight difficult ruffle

2-1-5

本书中主要使用的 Times 字体则只有 `fi` 和 `fl` 的连字（fi, fl），而一些专业字体可能使用的更多：

fb fh fj fk ffb ffh ffj ffk ct st sp Th

偶尔出于意义或美观的考虑，需要取消连字。此时可以使用空的分组，或借用 \/ 命令（参见 2.1.3 节）：

```
shelfful shelf{}ful shelf\/ful
```

shelfful shelfful shelfful

2-1-6

但注意 LuaTEX 引擎下不能使用空的分组取消连字。

使用 XƎTEX 引擎、OpenType 字体时，可以方便地使用 fontspec 宏包的 `Ligature` 字体选项选择连字的有无和程度，参见 [212]。

① 这也是排版中最为基本的五种连字。大部分连字都出现在字母 f 之后，这是因为字母 f 的实际内容通常会超出自己的字符边界，不使用连字时可能会与相邻字母挤在一起。

练 习

2.1 使用 LaTeX 输入前面特殊拉丁字母的例子：

café Gödel Antonín Dvořák Øster Vrå Kırkağaç

2

2.1.1.2 正确使用标点

在键盘上，可以直接使用的标点符号有 16 种：

```
, . ; : ! ? ` ' ( ) [ ] - / * @
```

标点 `, . ; : ! ?` 用来分隔句子或部分句子，在每个标点之后应该加上空格，以保证正确的距离和换行。在特殊情况下，这些标点与空格还有一些更微妙的关系，参见 2.1.1.3 节。

引号在 LaTeX 中用 ` 和 ' 两个符号表示。单引号就用一遍，双引号用两遍。如果遇到单引号与双引号连续出现的情形，则在中间用 `\,` 命令分开：

2-1-7

```
``\,`A' or `B?'\,'' he asked.
```

“ ‘A’ or ‘B?’ ” he asked.

这里 `\,` 命令产生很小的间距，注意 LaTeX 并不会忽略以符号命名的宏前后的空格，所以在它前后都不要加多余的空格。符号 ' 同时也是表示所有格和省字的撇号（apostrophe，如 “It’s Knuth’s book.”）。

引号和括号通常要在前后加空格分隔单词。逗号、句号等标点何时放在引号和括号内，何时放在引号和括号外，可参见英文写作的格式指导 [12、282]。

除了在数学模式中表示减号，符号 - 在 LaTeX 正文中也有多种用途：单独使用时它是连字符（hyphen）；两个连用（--），是 en dash，用来表示数字范围；三个连用（---），是 em dash，即破折号①：

2-1-8

```
An inter-word dash or, hyphen, as in X-ray.

A medium dash for number ranges, like 1--2.

A punctuation dash---like this.
```

An inter-word dash or, hyphen, as in X-ray.

A medium dash for number ranges, like 1–2.

A punctuation dash—like this.

① en 和 em 指符号的宽度，详见 2.1.5 节。

不过，按中文写作的习惯，表示数字范围也常使用符号 ~（数学模式的符号 `$\sim$`），有时也用汉字的全角破折号或半个汉字破折号。

西文的省略号（ellipsis）使用 `\ldots` 或 `\dots` 命令产生，相比直接输入三个句号，它所略微拉开的间距要合理得多：

```
Good: One, two, three\ldots

Bad: One, two, three...
```

Good: One, two, three…

Bad: One, two, three...

2-1-9

`\ldots` 与 `\dots` 命令在正文中是等价的，它们会在每个点后面增加一个小的间距，因而直接在 `\ldots` 后面再加逗号、句号、叹号等标点，也能得到正确的间距。西文省略号的用法在不同的格式手册中往往有详细规定[12、35]，通常在句中使用时，前后要加空格，而在句末使用则应该使用 4 个点。这是因为 `\ldots` 的后面也有间距，所以使用 `H\ldots.` 能得到正确的"H...."，但直接使用 `H \ldots\ H` 却将得到错误的间距"H ... H"（后一个间距比前一个大）。解决的办法是把省略号放进数学模式：

```
She $\ldots$ she got it.

I've no idea\ldots.
```

She . . . she got it.

I've no idea. . . .

2-1-10

标准键盘上不能直接录入的标点符号有 10 个，它们占据了主键盘上面一排的一大半：

```
~ # $ % ^ & { } _ \
```

它们都有特殊作用，其中的许多我们已经熟知：数学模式符号 `$`、注释符 `%`、上标 `^`、分组 `{ }`、宏命令 `\`。剩下的符号中，`~` 是带子，`#` 用在宏定义中，`&` 用于表格对齐，而 `_` 表示数学模式的下标，我们也将会在后面的章节中陆续遇到。要在正文中使用这些符号，大部分是在前面加 `\`，只有个别例外：

```
\# \quad \$ \quad \% \quad \& \quad
\{ \quad \} \quad \_ \quad
\textbackslash
```

$ % & { } _ \

2-1-11

可以用没有字母的重音 `\~{}` 和 `\^{}` 输出 ˜ 和 ˆ，但这两个符号一般不直接在普通正文中出现，而出现在其他地方：可以是重音符号；可以出现在程序代码中（就像现在看到的 `~` 和 `^`），参见 2.2.5 节使用抄录；此外还有一个数学符号 ∼，参见 4.3.3 节。

符号

| < > + =

虽然可以接受，但它们一般用在数学公式中，其文本形式的效果不好或有错，一般并不使用它们。键盘上的双引号 " 一般也极少使用在正文中，而常被另外定义移作他用。

中文使用的标点与西文标点不同，中文写作使用全角标点：

句号	。或．	逗号	，	顿号	、	分号	；
冒号	：	问号	？	感叹号	！	间隔号[1]	·
单引号	‘ ’	双引号	“ ”	单书名号	〈〉	双书名号	《》
括号	（）［］〔〕						
省略号	……	破折号	——				

在计算机中使用中文输入法录入全角标点是通常是很直接的。特别需要说明的是破折号 (——) 和省略号 (……)，它们都占两个中文字符，在大部分输入法中可以使用 Shift 键加减号 - 和数字 6 键得到。

在科技文章中，为与数字、字母区分，中文的句号一般也使用一个圆点表示，此时应该使用全角的“．”而非混用西文句号。这个标点在大部分中文输入法下可能不易输入，可以先统一使用句号“。”，最后统一替换。

也有一种科技文章的写作风格，是中文与西文统一使用西文的标点，只有顿号、破折号和省略号仍用中文标点。但这样做可能造成标点大小、位置与汉字对不准，以及字体风格的不统一，应该小心使用。

LaTeX 并不会自动处理好汉字标点的宽度和间距，甚至不能保证标点的禁则（如句号不允许出现在一行的开始）。使用 XeTeX 作为排版引擎时，中文标点一般是由 xeCJK 宏包控制的。xeCJK 提供了多种标点格式[2]，默认是全角式，即所有标点占一个汉字宽度，只在行末和个别标点之间进行标点挤压。还支持其他一些标点格式，可以使用 `\punctstyle` 命令修改：

---

① 在较早版本的 xeCJK 中间隔号被看做是西文标点，需要用 `\xeCJKsetcharclass{`·}{`·}{1}` 命令把它设置为汉字符号。参见 2.2.5 节。

② 旧的中文处理方式使用 CJK 宏包处理汉字，CJKpunct 宏包处理标点的禁则和间距。CJKpunct 也可以使用 `\punctstyle` 命令设定标点的格式，用法和 xeCJK 宏包类似。

\punctstyle{quanjiao} 全角式，所有标点全角，有挤压。例如，“标点挤压”。又如《标点符号用法》。
\punctstyle{banjiao} 半角式，所有的标点半角，有挤压。例如，“标点挤压”。又如《标点符号用法》。
\punctstyle{kaiming} 开明式，部分的标点半角，有挤压。例如，“标点挤压”。又如《标点符号用法》。
\punctstyle{hangmobanjiao} 行末半角式，仅行末挤压。例如，“标点挤压”。又如《标点符号用法》。
\punctstyle{plain} 无格式，只有禁则，无挤压。例如，“标点挤压”。又如《标点符号用法》。

2.1.1.3　看不见的字符——空格与换行

文本中的空格起分隔单词的作用，任意多个空格与一个空格的功能相同；只有字符后面的空格是有效的，每行最前面的空格则被忽略，这样有利于复杂代码的对齐；单个换行也被看做是一个空格。例如（我们仍用 ␣ 表示空格）：

```
This␣is␣␣␣␣␣a␣short
sentence.␣␣␣This␣is
␣␣␣␣␣␣␣␣␣␣␣another.
```

This is a short sentence. This is another.

2-1-12

以字母命名的宏，后面空格会被忽略。如果需要在命令后面使用空格，可以使用 \␣，它表示两个普通单词间的空格距离；也可以在命令后加一个空的分组 {}，有时也可以把命令用一个分组包裹起来：

```
Happy␣\TeX␣ing.␣Happy␣\TeX\␣ing.
Happy␣\TeX{}␣ing.␣Happy␣{\TeX}␣ing.
```

Happy TEXing. Happy TEX ing.
Happy TEX ing. Happy TEX ing.

2-1-13

有一种不可打断的空格，在 TEX 中被称为带子（ties），用 ~ 表示。TEX 禁止在这种空格之间分行，因而可以用来表示一些不宜分开的情况，例如[126, Chapter 6]：

```
Question~1          % 名称与编号间
Donald~E. Knuth     % 教名之间，但姓可以断行
Mr.~Knuth           % 称谓缩写与名字间
function~$f(x)$     % 名字后的短公式
1,~2, and~3         % 序列的部分符号间
```

2-1-14

西文的逗号、句号、分号等标点后面应该加空格，这不仅能保证正确的间距，也能保证正确的换行。这是因为标点后如果没有空格，就不能换行。LaTeX 在西文句末（包括句号 . 问号 ? 和叹号 ! ）后面使用的距离会比单词间的距离大些，这在上面的例子中已经可以看到。更确切地说，LaTeX 把大写字母后的点看做是缩写标记，把小写字母后的点看做是句子结束，并对它们使用不同的间距；但偶尔也有大写字母结束的句子，或小写字母的缩写，这时就必须明确告诉 LaTeX 使用普通单词间的空格 \␣，或用 \@. 指明 . 是大写字母后的句末。例如：

2-1-15

```
A␣sentence.␣And␣another.

U.S.A.␣means␣United␣States␣Army?

Tinker␣et␣al.\␣made␣the␣double␣play.

Roman␣number␣XII\@.␣Yes.
```

A sentence. And another.
U.S.A. means United States Army?
Tinker et al. made the double play.
Roman number XII. Yes.

有时也需要整体禁止这种在标点后的不同的间距，法语排版的习惯就是如此。此时可以使用 \frenchspacing 命令来禁止标点后的额外间距。

汉字后的空格会被忽略[①]。使用 xelatex 编译中文文档时，汉字和其他内容之间如果没有空格，xeCJK 宏包会自动添加[②]：

2-1-16

```
中文和English的混排效果
并不依赖于␣space␣的有无。
```

中文和 English 的混排效果并不依赖于 space 的有无。

个别时候需要忽略汉字与其他内容之间由 xeCJK 自动产生的空格，这时可以把汉字放进一个盒子里面：

2-1-17

```
\mbox{条目}-a 不同于条目-b
```

条目-a 不同于条目 -b

① 旧的中文处理方式使用 CJK 宏包。它的 CJK* 环境忽略汉字后面的空格，而 CJK 环境则保留。

② 使用 CJK 方式处理中文时，汉字与其他内容之间的间距必须手工控制，常用的办法是使用 CJK* 环境，并用 \CJKtilde 命令改变符号 ~ 的意义，表示汉字与其他内容间的距离，TeX 中的带子改用 \nbs 命令表示。可以手工在合适的地方加 ~ 表示间距，或用命令行工具 cctspace 添加。这是 ctex 宏包及文档类不使用 XeTeX 时的默认设置。另一种较好的方式是使用 CJKspace 宏包，它忽略汉字间的空格，保留其他空格，从而可以用较自然的方式书写，但这类方式都不如在 XeTeX 引擎下方便。

还有时需要完全禁用汉字与其他内容之间的空格（例如在本书所有 TeX 代码中），这时可以使用 \CJKsetecglue 手工设置汉字与其他内容之间的内容为空（默认是一个空格）：

```
\CJKsetecglue{}
汉字word
```

汉字word

2-1-18

在空格之中，最神奇的一种可能就是被称为幻影（phantom）的空格。幻影命令 \phantom 有一个参数，作用是产生与参数内容一样大小的空盒子，没有内容，就像是参数的一个幻影一样。偶尔可以使用幻影完成一些特殊的占位和对齐效果：

```
幻影\phantom{参数}速速隐形

幻影参数速速显形
```

幻影　　速速隐形
幻影参数速速显形

2-1-19

类似地有 \hphantom 和 \vphantom，分别表示水平方向和垂直方向的幻影（在另一个方向大小为零）。

空行，即用连续两个换行表示分段，段与段之间会自动得到合适的缩进。任意多个空行与一个空行的效果相同。

分段也可以用 \par 命令生成，这种用法一般只在命令或环境定义的内部使用，而普通行文中不宜出现。与连续的空行类似，连续的 \par 命令也只产生一次分段效果。

除了分段，也可以让 LaTeX 直接另起一行，并不分段。有两种相关的命令：\\ 命令直接另起一行，上一行保持原来的样子；而 \linebreak 则指定一行的断点，上一行仍按完整一行散开对齐：

```
这是一行文字\\另一行

这是一行文字\linebreak 另一行
```

这是一行文字
另一行
这 是 一 行 文 字
另一行

2-1-20

\\ 一般用在特殊的环境中，如排版诗歌的 verse 环境（2.2.2 节），特别是在对齐（2.2.6 节）、表格（5.1.1 节）和数学公式（4.4 节）中使用广泛，但很少用在普通正文的行文中；\linebreak 命令则用在对个别不太合适分行的手工精细调整上。为了完成精细调整分行的功能，\linebreak 可以带一个从 0 到 4 的可选参数，表示建议断行的程度，0 表示允许断行，默认的 4 表示必须断行。类似地，也有一个 \nolinebreak 命令，只是参数意义与 \linebreak 相反。注意在正常的行文中，这两个命令都不会被用到。

\\ 命令可以带一个可选的长度参数，表示换行后增加的额外垂直间距。如 \\[2cm]。因此必须注意在命令 \\ 后面如果确实需要使用方括号（即使括号在下一行），则应该在 \\ 后面加空的分组以示分隔，否则会发生错误，这种情况在数学公式中非常常见：

2-1-21

```
\begin{align*}
[2 - (3+5)]\times 7 &= 42 \\{}
[2 + (3-5)]\times 7 &= 0
\end{align*}
```

$$[2-(3+5)]\times 7=42$$
$$[2+(3-5)]\times 7=0$$

练 习

2.2 LaTeX 用命令 \# \$ \% 表示符号 # $ %，为什么给反斜线 \ 用了 \textbackslash 这么复杂的名称？

2.1.2 特殊符号

除了一般的文字，有时还需要使用一些特殊的符号，其中在正文中最为常用的如表 2.3 所示。

表 2.3 正文常用的部分特殊符号

§	\S	†	\dag	‡	\ddag	¶	\P
©	\copyright	®	\textregistered	™	\texttrademark	£	\pounds
•	\textbullet						

上面的几种符号中，不带 \text 前缀的是在文本模式和数学模式通用的。特殊符号依赖于当前使用的字体，上面所列举的是在 LaTeX 默认字体设置下的效果。

LaTeX 定义了一批常用的符号命令，但实际使用时仍然捉襟见肘。在不同的字体包中，也定义了其他大量的符号，例如最常用的 LaTeX 的基本工具宏包 textcomp 就定义了大量用于文本的符号，例如欧元符号 \texteuro (€)、千分符 \textperthousand (‰) 等；tipa 宏包提供了国际音标字体的访问（比如 [ˈlɑtɛk]）；dingbat、bbding、pifont 等宏包提供了许多指示、装饰性的小符号，如 ☞，等等。在这里一一枚举所有这些宏包和命令既冗长无味，也没有必要，Pakin 编写的“LaTeX 符号大全”[192] 是查找各种古怪符号的绝佳参考，它收集了约 70 个宏包的近 6000 个文本或数学符号，日常使用的各种符号一般都能在上面找到，同时这个文档也讲述了符号字体的一些一般知识及制作新符号的办法。

使用宏包来调用特殊符号时，需要注意的是，有些宏包只提供符号命令（如 bbding），可以随意使用；有些宏包提供一套符号字体的选择方式（如 tipa），可以通过与此符号对应的 ASCII 符号或符号的数字编码来使用符号；有些宏包则实际上是完整的正文字体包（如 fourier），使用它会整体改变全文的默认字体，同时提供一些额外的符号。“符号大全”[192] 对这些情况并没有仔细区分，可能需要再查看相应符号宏包的文档才能进一步了解它们的用法和注意事项。

xunicode 宏包重定义了 XƎTEX 的 UTF-8 编码下（EU1 字体编码）的大量符号的命令，使得在新编码下，\textbullet 之类的命令也能正常工作，而 \'e 这样的复合重音标记也会自动转为字体中带重音的字母。xunicode 宏包会自动被 fontspec 或 ctex 宏包载入，但在旧的系统下可能需要手工完成。不过，当字体本身缺少需要的符号时，需要的符号就无法显示，即使使用的是 \'e 这样的复合形式，你也可能需要更换其他字体或切换编码（参见 2.1.3 节）来显示这些符号。

其实，使用 XƎTEX 引擎时，输入特殊符号最简捷的办法就是在 UTF-8 编码下直接输入：

```
® © £ § ¶ † ‡ • ™ € ‰
```

® © £ § ¶ † ‡ • ™ € ‰

2-1-22

当然，与输入特殊字母一样，这种方式也要求输入法、编辑器字体和输出字体的共同支持。通过更换字体（参见 2.1.3 节），可以用输入任何可以找得到的符号。

即使并非使用 XƎTEX 引擎，依然可能直接输入标准 ASCII 编码以外的特殊符号。这依然需要使用比 ASCII 更大的输入编码。inputenc 宏包[116] 允许使用诸如 ascii（默认值，ASCII）、latin1（ISO 8859-1）、utf8（UTF-8）等参数表示使用的输入编码。用这种方式也可以直接输入特殊字母与特殊符号，不过这里的 UTF-8 编码也只支持西方的拼音文字，无法支持汉字。

使用 XƎTEX 或其他引擎直接指定字体输入特殊符号时，一个很大的问题是，并非所有符号都可以用键盘输入，即使借助特殊输入法、字符映射表等工具输入了这些符号，在源代码编辑器中仍然可能无法显示。为此，LATEX 提供了命令 \symbol 来直接用符号在字体中的编码来输入符号。\symbol 命令带有一个参数，就是一个表示字符编码的数字。在 TEX 中数字除了普通的十进制，也可以用八进制、十六进制或编码对应的字符本身来表示，其语法形式如表 2.4 所示。其中字符形式中的字符如果是特殊字符，需要在前面加 \ 转义，如用 \symbol{`\%} 就得到 % 本身，与 \% 类似。

表 2.4 TeX 中不同的数字表示形式

表示法	语法形式	例
十进制	⟨数字⟩	90
十六进制	"⟨数字⟩	"5A
八进制	'⟨数字⟩	'132
字符形式	`⟨字符⟩	`Z

要得到字符的编码，对于传统的 TeX 字体，可以参见字体的符号码表，许多字体宏包（如 txfonts）在文档中都列出了很长的字体符号码表，选定字体后，就可以利用 \symbol 命令输入用键盘难以输入的符号，例如：

2-1-23

```
\usefont{T1}{t1xr}{m}{n}
\symbol{"DE}\symbol{"FE}
```

Þþ

而对于 XeTeX 调用的 OpenType、TrueType 字体，一般编码均为 Unicode，可以查通用的 Unicode 码表或利用字符映射表等外部工具，查看符号的编码，输入对应的符号，例如：

2-1-24

```
\symbol{28450}\symbol{35486}
```

漢語

使用这种方式，就可以只使用 ASCII 编码的源文件，排版出任何字体中的任何符号。

2.1.3 字体

2.1.3.1 字体的坐标

当我们说“换一个字体”时，指的是什么呢？可能是想换掉文字的整体感觉，如 TEXT 与 TEXT；可能是想把直立的文字改为倾斜的，如 TEXT 与 *TEXT*；可能是想把细的文字改为粗的，如 TEXT 与 **TEXT**；可能是想把包含一些符号的字体改为包含另一些符号的，如 TEXT 与 θεχθ；还可能只是想改变字体的大小，如 TEXT 与 TEXT。——尽管所使用的文字内容都是一样的（TEXT）。

上面说的五种不同的性质，在 LaTeX 中一起决定了文字的最终输出效果。字号（font size），即文字大小，常常被独立出来，看做不同于字体的单独的性质（参见 2.1.4 节）；字体编码（font encoding），即字体包含的符号也较少直接设定。使用最多的是其他的三种性质，即字体族（font family）、字体形状（font shape）、字体系列[①]（font series）。

① 通常指字体的重量（weight，即粗细）和宽度（width）。

LaTeX 提供了带参数和命令和字体声明两类修改字体的命令，前者用于少量字体的更换，后者用于分组或环境中字体的整体更换。例如：

```
\textit{Italic font test}

{\bfseries Bold font test}
```

Italic font test

Bold font test

2-1-25

预定义命令的字体族有 3 种：罗马字体族（roman family）、无衬线字体族（sans serif family）和打字机字体族（typewriter family）。其命令为：

字体族	带参数命令	声明命令	效果
罗马	\textrm{⟨文字⟩}	\rmfamily	Roman font family
无衬线	\textsf{⟨文字⟩}	\sffamily	Sans serif font family
打字机	\texttt{⟨文字⟩}	\ttfamily	`Typewriter font family`

正文默认使用罗马字体族。字体族一般对应一组风格相似，适于一起使用的成套字体。

预定义命令的字体形状有 4 种：直立形状（upright shape，也称为 roman shape）、意大利形状（italic shape）、倾斜形状（slanted shape）、小型大写形状（small capitals shape）。其命令为：

字体形状	带参数命令	声明命令	效果（Latin Modern Roman 字体族）
直立	\textup{⟨文字⟩}	\upshape	Upright shape
意大利	\textit{⟨文字⟩}	\itshape	*Italic shape*
倾斜	\textsl{⟨文字⟩}	\slshape	*Slanted shape*
小型大写	\textsc{⟨文字⟩}	\scshape	SMALL CAPITALS SHAPE

正文默认使用直立字体形状。注意其中倾斜形状和意大利形状的区别，倾斜形状差不多是直接对符号倾斜产生的，而通常所说的“斜体”往往是指意大利形状，它类似于更加圆滑的手写体。因为数学公式中的字体一般使用意大利形状，因而与数学混排时倾斜形状不会与公式中的字母混淆；在标题、参考文献中也有使用倾斜形状的。并非所有字体族都有这么多种形状，除了 LaTeX 默认的 Computer Modern 和 Latin Modern，大多数字体都只有意大利形状与倾斜形状中的一种（比如本书使用的 Times 字体）；很多字体也可能缺少小型大写字母的符号。另一方面，一些其他字体可能也会提供更多的字体形状，如 Venturis ADF 系列字体[206] 就提供倾斜的小型大写（italic small capitals）、空心（outline）等形状。

预定义命令的字体系列有中等（medium）和加宽加粗（bold extended）两类：

字体系列	带参数命令	声明命令	效果
中等	\textmd{⟨文字⟩}	\mdseries	Medium series
加宽加粗	\textbf{⟨文字⟩}	\bfseries	**Bold extended series**

2

正文默认使用中等字体系列。两个命令表示的意义对不同套的字体可能有所区别，如命令 \textbf 和 \bfseries 对默认的字体选择加宽加粗的字体系列，但对一些字体则是选择加粗（bold）或半粗（demi-bold）字体系列。

字体的这三种性质有如确定字体的三维坐标，同一维度内的性质不能重叠，但不同类的性质则可以叠加。三种性质的组合效果见表 2.5。

表 2.5 字体的坐标：族、形状和系列。字体族、形状和系列用声明形式的字体命令表示。这里以 Latin Modern 字体为例，这是 XeLaTeX 的字体默认值。表中实际共有 17 种不同的字体，如果使用其他的字体，表中的缺项可能会有所不同

字体族	\rmfamily		\sffamily		\ttfamily	
系列 / 形状	\mdseries	\bfseries	\mdseries	\bfseries	\mdseries	\bfseries
\upshape	Text	**Text**	Text	**Text**	Text	**Text**
\itshape	*Text*	***Text***	同 *slanted*	同 ***slanted***	*Text*	同 ***slanted***
\slshape	*Text*	***Text***	*Text*	***Text***	*Text*	***Text***
\scshape	TEXT	缺	缺	缺	TEXT	缺

除了上面列举的这些字体命令，还有 \textnormal{⟨文字⟩} 和 \normalfont 命令用来把字体设置为“普通”的格式。默认情况下，普通字体相当于 \rmfamily \mdseries \upshape 的效果。普通字体特别适用于在复杂的字体环境中恢复普通的字体，尤其是在宏定义这类不知道外部字体设置的情况下，如：

2-1-26

```
\sffamily
\textbf{This is a paragraph of bold and
\textit{italic font, sometimes returning
to \textnormal{normal font} is necessary.}}
```

This is a paragraph of bold and *italic font, sometimes returning to* normal font ***is necessary.***

使用斜体声明（\itshape、\slshape）时，最后一个倾斜的字母会超出右边界，使得后面的文字与它相距过紧，而用带参数的命令（\textit、\textsl）就可以自动修正这个距离，也可以手工使用 \/ 命令进行这种倾斜校正（italic correction），如：

```
{\itshape M}M

\textit{M}M

{\itshape M\/}M
```

*M*M

*M*M

*M*M

2-1-27

倾斜校正命令 \/ 会在字母后面加上一个小的距离，其大小由具体的字体和符号来决定[126, Chapter 4]。倾斜校正一般只用在声明形式的斜体命令，但偶尔也使用它取消连字（参见 2.1.1.1 节），也可以用来校正一些粗体字母和引号之间的距离（当然最好还是使用带参数的命令形式）：

```
Bold `{\bfseries leaf}'

Bold `{\bfseries leaf\/}'

Bold `\textbf{leaf}'
```

Bold ‘**leaf**’

Bold ‘**leaf**’

Bold ‘**leaf**’

2-1-28

在很少的情况下，\textit 自动加入的倾斜校正是不必要的，此时可以使用 \nocorr 命令禁止校正，如：

```
\textit{M}M

\textit{M\nocorr}M
```

*M*M

*M*M

2-1-29

也可以使用 \renewcommand 重定义 \nocorrlist 命令设置不对特定字符校正，LaTeX 默认定义不对句号和逗号校正，相当于已经定义了：

```
\newcommand\nocorrlist{,.}
```

中文字体通常没有西文字体那样复杂的成套的变体，各个字体之间一般都是独立的，只有少数字体有不同重量的成套字体。因此，对于中文字体，一般只使用不同的字体族进行区分。xeCJK 和 CJK 宏包机制下，中文字体的选择命令和西文字体是分离的，选择中文字体族使用 \CJKfamily 命令，如：

```
{\CJKfamily{zhhei}这是黑体}

{\CJKfamily{zhkai}这是楷书}
```

这是黑体

这是楷书

2-1-30

中文的字体族，根据不同的系统和使用方式各有不同。在 ctex 宏包及文档类下有一些预定义，在默认情况下（`winfonts` 选项）针对 Windows 常用字体配置了的四种字体族：`zhsong`（宋体）、`zhhei`（黑体）、`zhkai`（楷书）、`zhfs`（仿宋）①；如果使用了其他选项，则可能会有不同的字体②，为了方便使用，ctex 宏包提供了简化的命令：

2-1-31

```
{\songti 宋体}  \quad {\heiti 黑体} \quad
{\fangsong 仿宋} \quad {\kaishu 楷书}
```

宋体 **黑体** 仿宋 楷书

ctex 宏包及文档类（如 ctexart）另外定义了一些组合字体，可以让中文也具备使用粗体（`\bfseries`）和意大利体（`\itshape`）的功能，并且重定义 `\rmfamily` 使它同时对中文起作用。默认的中文字体族是 `rm`，其正常字体是宋体，粗体是黑体，意大利体是楷体，如：

2-1-32

```
% ctex 宏包下默认相当于 \CJKfamily{rm}
% \rmfamily 或 \textrm 也会同时设置此字体
中文字体的\textbf{粗体}与\textit{斜体}
```

中文字体的**粗体**与*斜体*

类似地，`\sffamily`（对应 `sf` 中文字体族）和 `\ttfamily`（对应 `tt` 中文字体族）也可以同时作用于西文和中文，分别相当于幼圆和仿宋体。

LaTeX 的这种利用相互正交的几种性质来区分字体的方式，称为新字体选择方案[142]（New Font Selection Scheme, NFSS）。当然，NFSS 最早于 1989 年发布，现在也并不新了；它是针对 Plain TeX 和旧版本的 LaTeX 2.09 中直接指定具体字体旧方案而说的。在旧的字体选择方式中，一个字体命令对应一个单一的字体，甚至有些字体命令对应的字体的大小也是确定的，如在 Plain TeX 和旧的 LaTeX 2.09 格式中，命令 `\rm`, `\bf`, `\it` 分别表示使用 Computer Modern 的普通罗马字体、粗罗马字体和意大利体，但使用 `\bf\it` 并不能得到加粗的意大利体，而仍然只是一个 `\it` 的效果。NFSS 改变了这种不便的使用方式。现在，出于对旧文档的兼容考虑，现在的版本 LaTeX 2_ε 在标准文档类中也保留了 `\rm`, `\bf`, `\it`, `\sc`, `\sl`, `\sf`, `\tt` 等命令（以及数学模式下的 `\mit`, `\cal` 命令），请不要在文档中使用它们。

NFSS 为字体划分了编码、族、系列、形状、尺寸等多个正交属性，这些属性各自可以用一个简短的符号来表示，如字体编码有 OT1, T1, OML, OMS, OMX, U 等；

① 对 CJK 方式还有 `zhli`（隶书）以及 `zhyou`（幼圆）。

② 本书描述 ctex 宏包 1.02c 版，使用 XeTeX 方式处理中文时的字体选择。除了默认的 `winfonts` 选项，还有 `adobefonts` 和 `nofonts` 选项。在 `adobefonts` 选项下有宋、黑、楷、仿宋四种字体可用；而 `nofonts` 选项则没有预定义的字体族和命令，只有自行定义后才能使用，参见 2.1.3.2 节。

字体族有 cmr, cmss, cmtt, cmm, cmsy, cmex 等；字体系列有 m, b, bx, sb, c 等；字体形状有 n, it, sl, sc 等，由具体的字体可以有不同的定义，常用的标准定义可参见 NFSS 的标准文档 [142]、Adobe PostScript 字体文档 [229, § 8]。LaTeX 提供了更原始的命令：

\fontencoding{⟨编码⟩**}**
\fontfamily{⟨族⟩**}**
\fontseries{⟨系列⟩**}**
\fontshape{⟨形状⟩**}**
\fontsize{⟨大小⟩**}{**⟨基本行距⟩**}**　　（两个参数均为长度，单位是 pt 时可省略）

通过这些命令来使用这些基本属性，需要在后面加 \selectfont 命令使它们生效，如：

```
\fontencoding{OT1}\fontfamily{pzc}
\fontseries{mb}\fontshape{it}
\fontsize{14}{17}\selectfont
PostScript New Century Schoolbook
```

PostScript New Century Schoolbook

2-1-33

也可以使用

\usefont{⟨编码⟩**}{**⟨族⟩**}{**⟨系列⟩**}{**⟨形状⟩**}**

一次性选择某个字体，如：

```
\usefont{T1}{pbk}{db}{n}
PostScript Bookman Demibold Normal
```

PostScript Bookman Demibold Normal

2-1-34

2.1.3.2　使用更多字体

使用 \rmfamily, \bfseries, \itshape 或 \kaishu 这类命令，只能选择预定义的少数几种字体。对于西文，就是 Computer Modern 或 Latin Modern 系列的几款成套的字体；对于中文，就是 6 种预定义的 Windows 字体。这些对于简单的文章并没有问题，但如果想要改变文章的字体风格（For example, Palatino），或者缺少预设的字体文件（如中文 Linux 用户就不会有 Windows 预装的中文字体），那么就需要用到预设之外的更多字体。

选择非默认的字体有两类方法：当不使用 XeTeX 引擎时，可以通过字体宏包或 LaTeX 底层字体命令调用在 TeX 系统中预先安装好的字体；当使用 XeTeX 引擎时，可以调用操作系统安装的中西文字体。由于质量可靠的中文字体几乎都是商用的，因此 TEX 系统中只安装了很少几种质量较差的中文字体，一般总要调用操作系统所安装的字体来使用 XeTeX 引擎的功能。

一个 TEX 发行版通常都同时安装了大量西文字体，直接使用 LaTeX 底层命令（参见 2.1.3.1 节末尾）指定字体通常比较难用，特别是一些字体同时还包括对应的数学字体和符号命令的设置，非常烦琐，因此很多西文字体都做成了方便调用的字体宏包，可以直接更换整套的西文字体（或数学字体）。其中，最为常见的要求是把整套字体换为 Times Roman 的衬线字体（罗马体）或 Helvetica 的无衬线字体，Times 字体也能与中文宋体能很好地配合。有好几个宏包可以达到这个目的，最简单的是 times 宏包[229]，只更换正文字体，没有更换配套的数学字体，很少使用；mathptmx 在 times 宏包[229] 的基础上增加了数学字体的支持；效果最好的免费字体则是 txfonts 宏包[220]，对整套西文字体和数学符号给出了完整的解决方案。使用字体宏包非常简单，通常只要导入此宏包即可：

```
\documentclass{article}
\usepackage{txfonts}
\begin{document}
Test text
\end{document}
```

2-1-35

txfonts 的效果见图 2.1。

Theorem 1 (Cauchy's Theorem) Let f be holomorphic on a closed disc $\overline{D}(z_0, R)$, $R > 0$. Let C_R be the circle bounding the disc. Then f has a power series expansion

$$f(z) = \sum_{n=0}^{\infty} \frac{(z - z_0)^n}{2\pi\mathrm{i}} \int_{C_R} \frac{f(\zeta)}{(\zeta - z_0)^{n+1}} \mathrm{d}\zeta.$$

图 2.1 Times 字体效果（txfonts）

为文章的不同部分选用字体应该协调配合，因此通常带有配套数学字体的字体包是最为常用的，但有时也需要分别定义正文字体和与之配套的数学字体，此时就必须手工指定不同的字体包。例如使用高德纳的 Concrete 正文字体与 Zapf 的 Euler 数学字体配合时（这正是 Concrete 字体设计时的用法[87]），就需要综合使用字体包 ccfonts 和 euler，效果见图 2.2：

```
\documentclass{article}
\usepackage[T1]{fontenc}
\usepackage{ccfonts,eulervm}
```

```
\begin{document}
Test text
\end{document}
```

2-1-36

Theorem 1 (Cauchy's Theorem) Let f be holomorphic on a closed disc $\overline{D}(z_0, R)$, $R > 0$. Let C_R be the circle bounding the disc. Then f has a power series expansion

$$f(z) = \sum_{n=0}^{\infty} \frac{(z - z_0)^n}{2\pi i} \int_{C_R} \frac{f(\zeta)}{(\zeta - z_0)^{n+1}} d\zeta.$$

图 2.2　Concrete 和 Euler 字体效果（T1 编码，ccfonts, euler）

这一字体组合比较清晰，它与无衬线字体包（如 arev, cmbright 等）都比较适合于在幻灯片演示中使用。

在使用 Concrete 与 Euler 字体时，我们使用了一个新的宏包 fontenc 来选择字体的编码。fontenc 宏包可以包含多个选项，表示文档所使用的正文字体编码，最后一个选项的编码是文档默认使用的编码。字体的编码决定字体包含的符号，同一族的字体可能会有不同编码的版本。除了 XeLaTeX 使用的 Unicode 编码（在 NFSS 中一般是 EU1），传统的 LaTeX 字体编码有一般正文字体 OT1、扩展正文字体 T1、数学字母 OML、数学符号 OMS、数学符号扩展 OMX 等。需要手工设置的通常只有正文字体的编码，默认的正文字体编码是 OT1，而扩展编码 T1 则包含更多的符号，特别是带重音的拉丁字母等。许多字体包都要求使用 T1 编码，才能获得最好的效果，在字体包的说明文档中一般都会提及。注意字体编码是指符号在字体中位置的编码，与输入文档时使用的文档编码不是一回事。

初用 LaTeX 的最大的问题往往是并不知道 LaTeX 中有哪些字体可用，因为作为一门排版语言，LaTeX 并没有把可用的字体放在一个下拉菜单中等待选择，因此必须自己查看 TeX 发行版的字体安装目录[①]或综述性的字体文档。一个带有说明、例子、使用方法和详细功能比较的综述性字体文档是 Hartke [100]，里面介绍了 20 多种带有数学支持的免费 TeX 字体。该文档在 TeX Live 和 CTeX 套装中都有收录，是使用成套字体的很好的参考。一个收录更为全面的 LaTeX 字体目录是 Jørgensen [118]，它展示了 Linux 源中的 TeX Live 所能使用的近 200 种西文字体族。

① 一般是 TeX 安装目录下的 fonts 目录，不过除了 OpenType 和 TrueType 格式的字体，其他字体很不好认。Type 1 格式的字体名可参见 Berry [22]，但使用方法仍然需要另外查看说明。

下面来看现代的方法，使用 XeTeX 来选择字体。在 XeLaTeX 中，主要使用 fontspec 宏包的机制来调用字体。最基本的是设置正文罗马字体族、无衬线字体族和打字机字体族的命令：

\setmainfont[⟨可选选项⟩]{⟨字体名⟩}
\setsansfont[⟨可选选项⟩]{⟨字体名⟩}
\setmonofont[⟨可选选项⟩]{⟨字体名⟩}
（可用的可选选项参见 fontspec 文档 Robertson and Hosny [212]）

例如：

```
% 在导言区设置全文字体为 Windows 提供的
% Times New Roman, Verdana, Courier New 字体
\usepackage{fontspec}
\setmainfont{Times New Roman}
\setsansfont{Verdana}
\setmonofont{Courier New}
```

2-1-37

此时 \rmfamily, \sffamily 和 \ttfamily 就分别对应设置的三种字体，而且 fontspec 会自动找到并匹配对应的粗体、斜体等变体，尽量使 \bfseries, \itshape 等命令也有效。

也可以定义新的字体族命令：

\newfontfamily⟨命令⟩[⟨可选选项⟩]{⟨字体名⟩}

例如为 Java 运行库附带的 Lucida Sans 字体定义一个命令 \lucidasans：

```
% 导言区使用
\newfontfamily\lucidasans{Lucida Sans}
% 正文使用
{\lucidasans This is Lucida Sans.}
```

2-1-38

This is Lucida Sans.

XeLaTeX 下中文字体的设置使用 xeCJK 宏包[310]（ctex 宏包或文档类会自动调用它）。xeCJK 提供了与 fontspec 对应的中文字体设置命令：

\setCJKmainfont[⟨可选选项⟩]{⟨字体名⟩}
\setCJKsansfont[⟨可选选项⟩]{⟨字体名⟩}
\setCJKmonofont[⟨可选选项⟩]{⟨字体名⟩}
\setCJKfamilyfont{⟨中文字体族⟩}[⟨可选选项⟩]{⟨字体名⟩}

这些命令对于 Linux 等系统下的中文用户特别有用，因为 ctex 宏包默认是针对 Windows 的字体配置的，可以用 nofonts 选项禁用预定义的中文字体设置而来自己定义字体。例如使用文鼎公司免费发布的字体：

```
% 在导言区设置全文字体为“文鼎ＰＬ报宋二GBK”
% 并设置中文的 kai 字体族为“文鼎ＰＬ简中楷”
\setCJKmainfont{AR PLBaosong2GBK Light}
\setCJKfamilyfont{kai}{AR PL KaitiM GB}
```

此后使用 \CJKfamily{kai} 就会使用文鼎的楷体。

fontspec 所能使用的字体是 fontconfig 库所能找到的所有字体，也就是在 TEX 发行版和操作系统中所安装的字体，通常是 OpenType 和 TrueType 的字体，也包括一些 PostScript 格式字体，需要注意的就是要使用正确的字体名。字体的列表可以在命令行下使用 fc-list 命令来列出，通常列出的字体信息会非常多，不能在一屏内完全显示，Windows 下还会因编码不统一而出现乱码，此时可以利用命令重定向操作符把结果输出到文件中：

```
fc-list > fontlist.txt
```

fc-list 命令输出的结果类似这样（这里只选取了一小部分，并稍做重新排列）：

```
Minion Pro:style=Bold
Minion Pro:style=Bold Italic
Minion Pro:style=Italic
Minion Pro:style=Regular
Times New Roman:style=cursiva,kurzíva,kursiv,Πλάγια,Italic,
  Kursivoitu,Italique,Dőlt,Corsivo,Cursief,kursywa,Itálico,
  Курсив,İtalik,Poševno,nghiêng,Etzana
Times New Roman:style=Negreta cursiva,tučné kurzíva,
  fed kursiv,Fett Kursiv,Έντονα Πλάγια,Bold Italic,
  Negrita Cursiva,Lihavoitu Kursivoi,Gras Italique,
  Félkövér dőlt,Grassetto Corsivo,Vet Cursief,Halvfet Kursiv,
  Pogrubiona kursywa,Negrito Itálico,Полужирный Курсив,
  Tučná kurzíva,Fet Kursiv,Kalın İtalik,Krepko poševno,
  nghiêng đậm,Lodi etzana
Times New Roman:style=Negreta,tučné,fed,Fett,Έντονα,Bold,
  Negrita,Lihavoitu,Gras,Félkövér,Grassetto,Vet,Halvfet,
```

```
  Pogrubiona,Negrito,Полужирный,Fet,Kalın,Krepko,đậm,Lodia
Times New Roman:style=Normal,obyčejné,Standard,Κανονικά,
  Regular,Normaali,Normál,Normale,Standaard,Normalny,Обычный,
  Normálne,Navadno,thường,Arrunta
宋体,SimSun:style=Regular
黑体,SimHei:style=Normal,obyčejné,Standard,Κανονικά,Regular,
  Normaali,Normál,Normale,Standaard,Normalny,Обычный,
  Normálne,Navadno,Arrunta
文鼎PL报宋二GBK,AR PLBaosong2GBK Light:style=Regular
文鼎PL简中楷,AR PL KaitiM GB:style=Regular
```

fc-list 列出的是字体名（对应于字体族）和同族字体变体（对应于 LaTeX 的字体系列和形状）。在冒号前面的是字体族名称，style= 后面的是字体的变体，用逗号分隔开的是同一个字体（或变体）在不同语言下的名称。如这里的 Minion Pro 字体就有 Regular（对应于 \mdseries\upshape）、Italic（对应于 \mdseries\itshape）、Bold（对应于 \bfseries\upshape）、Bold Italic（对应于 \bfseries\itshape）这 4 种变体，而几种中文字体都没有变体。通常 fontspec 宏包会自动处理好字体的变体，因此只要知道前面的字体名称。

fc-list 可以带许多参数来控制输出的格式。例如，我们通常只需要字体族名，而不需要变体的名称，就可以加 -f "%{family}\n" 选项只输出字体族；又如，使用 :lang=zh 选项可以只输出中文字体，而 :outline 则可以只显示矢量字体。下面的命令就可以将所有中文字体族的列表输出到 zhfont.txt 中：

```
fc-list -f "%{family}\n" :lang=zh > zhfont.txt
```

fontspec 宏包为字体，尤其是 OpenType 字体提供了多种字体性质的选项。例如 Minion Pro 字体使用带斜线的数字 0，以与字母 O 区分：

2-1-39

```
\newfontfamily\minion[Numbers=SlashedZero]{Minion Pro}
\minion 100, OK.
```

100, OK.

字体选项的选择可参见 Goossens and Rahtz [86]、Robertson and Hosny [212]，OpenType 字体提供的性质可通过命令行工具 otfinfo 或 opentype-info 宏包查看。

对中文字体来说，尤其有用的一组 fontspec 命令选项是设置斜体、粗体、粗斜体的选项 ItalicFont, BoldFont, BoldItalicFont，这几个选项可以把字体的变体用另一种字体来代替。如可以设置正文字体为宋体，其粗体为黑体、斜体为楷体、粗斜体为隶书，以弥补中文字体一般没有一族成套变体的问题：

```
\setCJKmainfont[BoldFont=SimHei,ItalicFont=KaiTi,
  BoldItalicFont=LiSu]{SimSun}
```

ctex 宏包默认设置 Windows 字体时正是采用类似的方法。如果不指定中文字体的变体形式，ctex 调用 xeCJK 时会增加选项使用伪粗体和伪斜体代替。不过中文排版没有斜体的概念，因此在非 Windows 环境一般也都需要设置这种中文的复合字体，避免斜体的使用。

fontspec 主要用于设置正文字体，通常不用来设置数学字体，不过一些数学字体（如 \mathrm）默认与正文字体一致，则正文字体的设置会影响到数学字体。fontspec 的 \setmathrm, \setmathsf, \setmathtt 等命令可以用来以与正文同样的方式设置这些受影响的数学字体，它们的用法和 \setmainfont 等命令类似。此外，fontspec 宏包的 no-math 选项可以禁用其对数学字体的所有影响（包括 \setmahtrm 等命令的作用），在加载许多数学字体包时，这个选项都会自动生效，对于不自动加载 no-math 选项的宏包，我们可以自己加上这个选项。为了使用正确的字体编码，fontspec 应该放在数学字体包的后面。当然，fontspec 几乎总会令字体宏包原来的正文字体设置失效，可以使用 fontspec 的方式再另行设置搭配的字体，例如：

```
\documentclass{article}
\usepackage{ccfonts}% 公式使用 Concrete 系列字体
\usepackage[no-math]{fontspec}% \mathrm 等也使用 Concrete 系列字体
\setmainfont{Latin Modern Mono Prop}% 正文使用 Ladin Modern Mono 字体
```

2-1-40

处理中文时的情况可能更复杂一些。如果使用 xeCJK 或 ctex/ctexcap 宏包，可以在它们之前使用数学字体包，需要时可以带 no-math 选项加载 fontspec，用法和前面西文的文档类似。使用 ctex 中文文档类时，如果需要，fontspec 的 no-math 选项可以传递给文档类。当 fontspec 是由文档类加载时，就不可能在这之前加载数学字体包了，但由于个别字体包会改变字体编码，此时可能需要在数学字体包之后以 EU1 编码为最后一个选项加载 fontenc 宏包，以保证使用正确的字体编码，例如：

```
\documentclass[no-math]{ctexart}
\usepackage[utopia]{mathdesign}% 数字字体使用 mathdesign 与 Utopia
\usepackage[EU1]{fontenc}% 恢复正文字体的 Unicode 编码
\setmainfont{Utopia Std}% 正文字体使用 OpenType 格式的 Adobe Utopia
```

2-1-41

在使用数学字体包时同时加载对应的 OpenType 或 TrueType 格式的正文字体，是在 XƎLaTeX 下使用复杂字体的一般方法。

一种更方便的方式是使用传统的字体包设置全文的字体（数学或正文字体），只把其他字体（如汉字）留给 fontspec 和 xeCJK。也就是说，我们要将旧的字体选择机制和新的字体选择机制混合使用，这同样可以做到，与前面的区别仅仅是使用 fontenc 宏包将传统的非 Unicode 字体编码设置为默认的编码，即最后一个选项①。这种方法不影响使用 fontspec 中 `\newfontfamily` 声明的字体和 xeCJK 声明的汉字字体。但 `\setmainfont`, `\setsansfont` 和 `\setmonofont` 这三个命令会因字体编码而失效，需要时在文档中使用 `\fontencoding` 命令临时切换编码，或者直接重定义 `\rmfamily`、`\sffamily` 和 `\ttfamily`，让它们增加切换编码的功能。下面给出一个在设置字体方面比较复杂的例子，以西文的 T1 编码为默认编码调用 fourier 字体包，西文用 fontspec 的两种方式定义其他字体，汉字也使用 OpenType 的字体：

```
\documentclass[UTF8]{ctexart}
% 西文正文和数学字体
\let\hbar\relax % 解决 xunicode 与 fourier 的符号冲突
\usepackage{fourier}
% 设置默认编码为 T1，以支持 fourier 宏包
\usepackage[T1]{fontenc}
% 定义新的西文 Times 字体族
\newfontfamily\timesnew{Times New Roman}
% 设置西文等宽字体，并重定义 \ttfamily 来切换到 EU1 编码
\setmonofont{Consolas}
\let\oldttfamily\ttfamily
\def\ttfamily{\oldttfamily\fontencoding{EU1}\selectfont}
% 设置中文字体
\setCJKmainfont{Adobe Kaiti Std}
\begin{document}
Utopia text and $\sum math$ fonts.

汉字楷书与 {\timesnew Times New Roman} 字体。

\texttt{Consolas 0123}
```

① 这种方法在旧版本的 fontspec 宏包中会失效，如果遇到问题，最好更新 TEX 系统。

```
\end{document}
```

2-1-42

XƎLaTeX 通常不影响符号字体包的使用，但偶尔会因为字体编码不同而造成问题；注意 LaTeX 在同一时刻只能使用一种字体编码，多种字体编码要手工切换。例如，通常由 fontspec 自动加载的 xunicode 宏包会把国际音标字体包 tipa[314] 的功能对应到 Unicode 编码字体上，但这会使原来的 \textipa 命令改用 fontspec 管理的 Unicode 编码字体。因此默认的正文字体 Latin Modern 因为符号不全就不能用于国际音标输出，而应该改用包含音标符号的字体，如 Linux Libertine O、Times New Roman 等。例如：

```
% XeLaTeX 编译
\documentclass[UTF8]{ctexart}
% 不需要 tipa 宏包，xunicode 已经实现其功能
\setmainfont{CMU Serif} % Computer Modern Roman 的 Unicode 版本
\begin{document}
\LaTeX{} 读音为 \textipa{["lA:tEx]}。
\end{document}
```

2-1-43

如果不愿意使用 OpenType 或 TrueType 格式的 Unicode 编码国际音标字体，仍然可以在 XƎLaTeX 下使用 T3 编码的 tipa 的功能：

```
% XeLaTeX 编译
\documentclass[UTF8]{ctexart}
\usepackage{tipa}% 宏包已经正确加载 fontenc
% \mytipa 的定义参考原来的 \textipa 的旧定义，手工切换编码
\newcommand\mytipa[1]{{\fontencoding{T3}\selectfont#1}}
\begin{document}
\LaTeX{} 读音为 \mytipa{["lA:tEx]}。
\end{document}
```

2-1-44

有时调用一个字体并没有对应的字体包，就必须通过文档了解字体在 NFSS 下的坐标，手工进行选定。在 2.1.3.1 节中我们已经见到了这一点，如使用 Computer Modern 的 Fibonacci 字体[169]，就可以直接设置字体族：

```
\fontfamily{cmfib}\selectfont
Computer Modern Fibonacci Roman
```

Computer Modern Fibonacci Roman

2-1-45

而如果要将 Fibonacci 字体设置为全文的默认字体，并且让 \rmfamily 和 \textrm 都指向 Fibonacci 字体，就需要在导言区重定义默认的罗马字体族 \rmdefault：

2-1-46

```
% 导言区修改全文默认字体 Computer Modern Fibonacci 字体族
\renewcommand\rmdefault{cmfib}
```

类似地，可以重定义 \sfdefault 和 \ttdefault 来修改 \sffamily 和 \ttfamily 表示的字体族。进一步，如果希望让全文的默认字体是无衬线的字体族，那么还可以重定义 \familydefault，如：

2-1-47

```
% 导言区修改全文默认字体为无衬线字体族 phv (Helvetica)
\renewcommand\familydefault{\sfdefault}
\renewcommand\sfdefault{phv}
```

重定义 \sfdefault 正是 helvet 宏包的主要工作。当然，在有对应宏包的情况下，还是应该尽量使用宏包提供的功能，这样可能有针对特定字体的更详细的设置。

类似地，较新版本的 xeCJK 也提供了 \CJKrmdefault, \CJKsfdefault, \CJKttdefault 和 \CJKfamilydefault 命令，其用法与 NFSS 中的几个命令类似。在排版中文文档时，如果重定义了 \familydefault 设置全文为无衬线字体族，那么也应该同时设置中文：

2-1-48

```
\renewcommand\CJKfamilydefault{\CJKsfdefault}
```

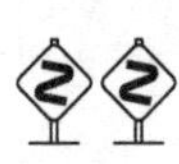

最后介绍一个有用的宏包 fonttable[290]，可以用它输出字体的符号表，这对于使用 \symbol 命令时查找符号代码特别有用。在导言区使用

```
\usepackage{fonttable}
```

之后，就可以使用命令

\fonttable{⟨原始字体名⟩}
\xfonttable{⟨编码⟩}{⟨族⟩}{⟨系列⟩}{⟨形状⟩}

得到字体的符号表。例如，我们可以列举出 OT1 编码下 Latin Modern Roman 的字体符号表：

2-1-49

```
\xfonttable{OT1}{lmr}{m}{n}
```

	'0	'1	'2	'3	'4	'5	'6	'7	
'00x	Γ 0	Δ 1	Θ 2	Λ 3	Ξ 4	Π 5	Σ 6	Υ 7	"0x
'01x	Φ 8	Ψ 9	Ω 10	ff 11	fi 12	fl 13	ffi 14	ffl 15	
'02x	ı 16	ȷ 17	` 18	´ 19	ˇ 20	˘ 21	¯ 22	˚ 23	"1x
'03x	¸ 24	ß 25	æ 26	œ 27	ø 28	Æ 29	Œ 30	Ø 31	
'04x	- 32	! 33	” 34	# 35	$ 36	% 37	& 38	’ 39	"2x
'05x	(40	) 41	* 42	+ 43	, 44	- 45	. 46	/ 47	
'06x	0 48	1 49	2 50	3 51	4 52	5 53	6 54	7 55	"3x
'07x	8 56	9 57	: 58	; 59	¡ 60	= 61	¿ 62	? 63	
'10x	@ 64	A 65	B 66	C 67	D 68	E 69	F 70	G 71	"4x
'11x	H 72	I 73	J 74	K 75	L 76	M 77	N 78	O 79	
'12x	P 80	Q 81	R 82	S 83	T 84	U 85	V 86	W 87	"5x
'13x	X 88	Y 89	Z 90	[91	“ 92	] 93	ˆ 94	˙ 95	
'14x	‘ 96	a 97	b 98	c 99	d 100	e 101	f 102	g 103	"6x
'15x	h 104	i 105	j 106	k 107	l 108	m 109	n 110	o 111	
'16x	p 112	q 113	r 114	s 115	t 116	u 117	v 118	w 119	"7x
'17x	x 120	y 121	z 122	– 123	— 124	˝ 125	˜ 126	¨ 127	
'20x	Ă 128	Ą 129	Ć 130	Č 131	Ď 132	Ě 133	Ę 134	Ğ 135	"8x
'21x	Ĺ 136	Ľ 137	Ł 138	Ń 139	Ň 140	Ŋ 141	Ő 142	Ŕ 143	
'22x	Ř 144	Ś 145	Š 146	Ş 147	Ť 148	Ţ 149	Ű 150	Ů 151	"9x
'23x	Ÿ 152	Ź 153	Ž 154	Ż 155	Ĳ 156	İ 157	đ 158	§ 159	
'24x	ă 160	ą 161	ć 162	č 163	ď 164	ě 165	ę 166	ğ 167	"Ax
'25x	ĺ 168	ľ 169	ł 170	ń 171	ň 172	ŋ 173	ő 174	ŕ 175	
'26x	ř 176	ś 177	š 178	ş 179	ť 180	ţ 181	ű 182	• 183	"Bx
'27x	ÿ 184	ź 185	ž 186	ż 187	ĳ 188	· 189	″ 190	£ 191	
'30x	À 192	Á 193	Â 194	Ã 195	Ä 196	Å 197	« 198	Ç 199	"Cx
'31x	È 200	É 201	Ê 202	Ë 203	Ì 204	Í 205	Î 206	Ï 207	
'32x	Ð 208	Ñ 209	Ò 210	Ó 211	Ô 212	Õ 213	Ö 214	» 215	"Dx
'33x	‰ 216	Ù 217	Ú 218	Û 219	Ü 220	Ý 221	Þ 222	SS 223	
'34x	à 224	á 225	â 226	ã 227	ä 228	å 229	_ 230	ç 231	"Ex
'35x	è 232	é 233	ê 234	ë 235	ì 236	í 237	î 238	ï 239	
'36x	ð 240	ñ 241	ò 242	ó 243	ô 244	õ 245	ö 246	∢ 247	"Fx
'37x	∅ 248	ù 249	ú 250	û 251	ü 252	ý 253	þ 254	„ 255	
	"8	"9	"A	"B	"C	"D	"E	"F	

2.1.3.3 强调文字

现在回到我们最初认识的第一个字体命令：\emph。\emph 命令表示强调，用于把直立体改为意大利体，把意大利体改为直立体：

2-1-50

```
You \emph{should} use fonts carefully.

\textit{%
You \emph{should} use fonts carefully.}
```

You *should* use fonts carefully.
You should *use fonts carefully.*

与其他字体命令一样，\emph 也有一个声明形式，可以用在分组或环境中：

2-1-51

```
This is {\em emphasized\/} text.
```

This is *emphasized* text.

但注意此时要在合适的地方使用倾斜校正命令 \/。

在西文中通常使用意大利体表示夹在正文中的强调词句[35]，这种轻微的字体变化不像粗体那样显眼突兀，因而与正文可以良好的切合。不过，有时仍然使用大写、小型大写或粗体进行更醒目的强调，比如在参考文献的一些项目、书籍索引中的部分页码，或其他类似的内容。假设我们需要用粗体表示比 \emph 更强烈的强调，就可以为此定义一个新的 \Emph 命令，实际内容就是 \textbf：

2-1-52

```
\newcommand\Emph{\textbf}
This is \Emph{emphasized} text.
```

This is **emphasized** text.

下画线是另一种颇具手稿风格的强调方式，LaTeX 命令 \underline 可以给文字或公式加下画线：

2-1-53

```
\underline{Emphasized} text and
\underline{another}.
```

Emphasized text and another.

不过 \underline 的一个很大的缺点是下画线的部分不能换行，如果仔细看上面的例子还会发现下画线与文字的距离不整齐。ulem 宏包[17] 的 \uline 命令解决了这些问题，使用并且把默认的 \emph 命令也改为使用下画线的方式：

```
% 导言区用 \usepackage{ulem}
\uline{Emphasized} text and \uline{another}.

A \emph{very very very very very very very
very very very very very} long sentence.
```

Emphasized text and another.
A very very very very very very very very very very very very long sentence.

2-1-54

如果不希望用下画线代替标准的 \emph 命令定义，可以给 ulem 宏包加 normalem 参数，或使用 \normalem 和 \ULforem 命令切换两种强调。

除了下画线，ulem 宏包也提供了其他一些修饰文字的命令：

```
\uuline{urgent}\qquad \uwave{boat}\qquad
\sout{wrong}\qquad \xout{removed}\qquad
\dashuline{dashing}\qquad \dotuline{dotty}
```

urgent　boat　wrong
removed　dashing　dotty

2-1-55

CJKfntef 宏包[244] 对汉字也提供了类似的功能，同时也进行了一些扩充①：

```
\CJKunderdot{汉字，下加点}\\
\CJKunderline{汉字，下画线} \\
\CJKunderdblline{汉字，下画线} \\
\CJKunderwave{汉字，下画线} \\
\CJKsout{汉字，删除线}\\
\CJKxout{汉字，删除线}
```

汉字，下加点
汉字，下画线
汉字，下画线
汉字，下画线
汉字，删除线
汉字，删除线

2-1-56

此外，CJKfntef 还提供了指定宽度，让汉字分散对齐的环境：

```
\begin{CJKfilltwosides}{5cm}
汉字，分散对齐
\end{CJKfilltwosides}
```

汉　字，　分　散　对　齐

2-1-57

使用 CJKfntef 宏包后 \emph 命令也被改为下画线的格式，同样可以用 \normalem 改回原来的意大利体定义。在 ctex 宏包及文档类中，可以使用 fntef 选项调用 CJKfntef，此时 \emph 的定义不会被改变为下画线格式。同时也可以使用 \CTEXunderline 等以 \CTEX 开头的命令代替以 \CJK 开头的命令，如：

① 新版本的 CJKfntef 还提供了自定义符号和自定义距离的功能，参见其源代码。

2-1-58

```
\emph{汉字，强调}\\
\CTEXunderdot{汉字，加点}
```

汉字，强调
汉字，加点

练习

2

2.3 soul 宏包[81] 提供了 \hl 命令实现对参数的强调，当没有彩色时它与 ulem 一样用下画线强调，而有彩色支持时它的效果则是荧光高亮显示。但是，soul 宏包的实现机制较为脆弱，与现在各种中文支持方式都无法一起正常使用。查看文档 Arseneau [17]，试利用 ulem 宏包实现用黄色高亮强调的命令 \hl。（提示：利用下画线）

从 METAFONT 到 OpenType

使用各种字体是任何排版软件都应具备的重要功能。今天 TeX 引擎可以使用很多格式的字体，如 METAFONT, PostScript, TrueType, OpenType 等，这些又都是些什么呢？

高德纳教授最初设计 TeX 系统时，也同时为 TeX 设计了配套的字体格式和字体描述语言，这就是 METAFONT。TeX 默认 Computer Modern 系列字体就是使用 METAFONT 描述的。METAFONT，顾名思义，就是“元字体”，它是一门通过曲线路径描述字体信息的宏语言[125]，把字符用坐标绘图的方式“画出来”。例如 cryst 字体中的一个箭头符号 → 就是用下面的代码画出来的：

```
beginchar(9,120u#,68u#,0);
"2, 0 Grad";
z1=(0u,37u); z2=(88u,37u); z3=(88u,31u); z4=(0,31u);
z5=(116u,34u); z6=(73u,17u); z7=(72u,19u);
z8=(84u,34u); z9=(72u,49u); z10=(73u,51u);
fill z10{dir -28}..{dir -15}z5..z5{dir -165}..{dir -152}z6
    --z7--z8--z9--cycle;
fill z1--z2--z3--z4--cycle;
labels(range 1 thru 6);
endchar;
```

METAFONT 使用坐标作图的命令描述字符的曲线，然后把曲线计算为三次 Bézier 样条，再转换为光栅格式的通用字体文件（generic font）.gf，同时生成 TeX 字体度量文件（TeX font metric）.tfm。TeX 引擎从 .tfm 文件中读入字符尺寸信息，生成 DVI 文件；驱动程序在打印输出或屏幕显示时从 .gf 文件（一般转换为压缩的 .pk 文件）中读入字符图形信息，生成最终打印或显示的结果。尽管 METAFONT 在描述字符时使用的是曲线方式，但生成的结果却是光栅点阵形式的，在字体放大和使用电子文档时质量不够好；而且这种用数学坐标的方式描述符号很不直观，因此，现在 METAFONT 格式的字体使用得越来越少了。倒是 METAFONT 这种绘图方式，催生了绘图语言 METAPOST 的产生。

Adobe 公司推出 PostScript 时，也定义了 PostScript 字体的格式，Type 1 和 Type 3 是其中的两个类型[4]。很多高质量的商业字体都是 PostScript Type 1 格式的，它支持字体信息的微调（hinting），后来当 Adobe 开放 Type 1 格式的使用后，TEX 中原来用 METAFONT 描述的字体也都纷纷转换为 Type 1 字体了。Type 3 格式不支持微调，不过也可以表示点阵字体，当输出 PostScript 或 PDF 文件时，METAFONT 生成的 PK 字体就被转换为 Type 3 格式。Type 1 字体一般使用 .pfb 后缀作为字体扩展名，用 .afm 作为字体度量文件的扩展名，不过 TEX 使用时仍然要使用转换得到的 .tfm 度量文件。目前输出 PostScript 或 PDF 文件的 TEX 驱动和引擎都支持 PostScript 字体。

TrueType 是苹果公司与 Adobe 竞争而于 1991 年发布的字体格式，微软得到授权后，它已成为 Windows 操作系统中最为常见的字体格式；OpenType 是微软公司和 Adobe 公司于 1996 年发布的字体格式，它继承了 PostScript 字体的许多特性。TrueType 字体以 .ttf 和 .ttc 为后缀，OpenType 字体以 .otf 和 .ttf 为后缀。新的驱动和引擎 dvipdfmx, pdfTEX, XƎTEX 和 LuaTEX 都支持 TrueType 和 OpenType 字体格式，不过 dvipdfmx 和 pdfTEX 使用 TrueType 和 OpenType 时仍然需要事先生成 .tfm 文件并进行配置，功能上也有一些限制，而 XƎTEX 和 LuaTEX 则支持直接读取系统字体及全部 OpenType 字体特性。

2.1.4 字号与行距

字号指文字的大小，它原本是字体的性质，也被 NFSS 作为字体的坐标之一。例如 Computer Modern Roman 字体族的中等直立体就有 5, 6, 7, 8, 9, 10, 12, 17 点共 8 种大小的不同字号，其中点（point, pt）是长度单位，为 1/72.27 英寸（inch）。不过当可缩放的矢量字体流行起来以后，字体只有一款，通过缩放达到不同的尺寸，字号也就经常作为独立于字体的单独性质了。

基本的 LATEX 提供了 10 个简单的声明式命令调整文字的大小：

\tiny	tiny	\Large	larger
\scriptsize	script size	\LARGE	even larger
\footnotesize	footnote size	\huge	huge
\small	small	\Huge	largest
\normalsize	normal size		
\large	large		

例如：

2-1-59

```
The text can be {\Large larger}.
```

The text can be larger.

字号命令表示的具体尺寸随着所使用的文档类和大小选项的不同而不同（见表 2.7）。在标准 LaTeX 文档类 article, report 和 book 中，可以设置文档类选项 10pt, 11pt 和 12pt，全局地设置文档的字号，默认为 10pt，即 \normalsize 的大小为 10 pt，这个数值表示字体中一个 \quad 的长度，通常也就是整个符号所占盒子的高度（对汉字来说，一般也相当于汉字宽度）。

上述字号选项除了会修改文字大小外，同时对 \normalsize、\small 和 \footnotesize 也会修改文字的基本行距（默认是文字大小的 1.2 倍）、列表环境的各种间距（参见 2.2.3.3 节）、显示数学公式的垂直间距（参见 4.5.3 节）。因此这些命令比原始的 \fontsize、\zihao 更方便使用。

中文字号可以使用同样的命令设置（字号命令不区分中西文）。不过为了明确字号的具体大小，也可以使用 ctex 宏包或 ctexart 等文档类提供的 \zihao 命令设置。\zihao 命令带一个参数，表示中文的字号，它影响分组或环境内命令后面所有的文字。\zihao 命令可用的参数见表 2.6。

类似地，ctexart, ctexrep 和 ctexbook 文档类也提供了两个选项 c5size 和 cs4size 影响全文的文字大小和 \normalsize 等命令的意义（见表 2.7）。c5size 和 cs4size 分别表示 \normalsize 为五号字和小四号字，默认为 c5size。

LaTeX 中的行距是与字号直接相关的。在设置字号时，同时也就设置了基本行距为文字大小的 1.2 倍。行距一词指的是一行文字的基线（base line）到下一行文字的基线的距离。

abc hij xyz 基线

行距 = 因子 × 基本行距

abc hij xyz

基线

表 2.6　中文字号

命令	大小（bp）	意义
\zihao{0}	42	初号
\zihao{-0}	36	小初号
\zihao{1}	26	一号
\zihao{-1}	24	小一号
\zihao{2}	22	二号
\zihao{-2}	18	小二号
\zihao{3}	16	三号
\zihao{-3}	15	小三号
\zihao{4}	14	四号
\zihao{-4}	12	小四号
\zihao{5}	10.5	五号
\zihao{-5}	9	小五号
\zihao{6}	7.5	六号
\zihao{-6}	6.5	小六号
\zihao{7}	5.5	七号
\zihao{8}	5	八号

表 2.7 不同文档类选项下的字号命令。这里给出不同字号命令对应的字号尺寸。正文的默认字号是 \normalfont。西文文档类默认选项是 10pt，字体尺寸以 pt 为单位；ctex 文档类的默认选项是 c5size，使用中文字号

命令	10pt	11pt	12pt	c5size	cs4size
\tiny	5	6	6	七	小六
\scriptsize	7	8	8	小六	六
\footnotesize	8	9	10	六	小五
\small	9	10	10.95	小五	五
\normalsize	10	10.95	12	五	小四
\large	12	12	14.4	小四	小三
\Large	14.4	14.4	17.28	小三	小二
\LARGE	17.28	17.28	20.74	小二	二
\huge	20.74	20.74	24.88	二	小一
\Huge	24.88	24.88	24.88	一	一

可以使用命令

\linespread{⟨因子⟩}

来设置实际行距为基本行距的倍数① 。与许多其他底层字体命令一样，它也在 \selectfont 命令（或等效的字体变更）后生效。对 article 等标准文档类来说，默认值为 1，即行距是字号大小的 1.2 倍；而对 ctexart 等中文文档类来说，默认值为 1.3，即行距是字号大小的 1.56 倍。

setspace 宏包[265] 提供了一组命令和环境，用于在修改行距因子的同时保证数学公式、浮动体、脚注间距的值也相对合理。基本的命令是 \setstretch{⟨因子⟩}，大致相当于使用了 \linespread 后再加 \selectfont 生效。除此之外，setspace 也提供了几个环境用来产生宏包定义的单倍、一倍半和双倍行距，不过要注意其“倍数”的意义并不是 \setstretch 的行距因子，而是指行距相比字号尺寸的倍数，这也与其他一些软件（如微软的字处理器 Word②）不同，见表 2.8。

可以使用 2.1.3.1 节的 \fontsize 直接指定文字的字号和基本行距，注意这里字号和基本行距是 NFSS 坐标中的一部分，只有在使用了 \selectfont 后才能生效。

① 一些较早的书籍会使用重定义 \baselinestretch 命令的方式设置行距因子，这种方法并非 LaTeX 2ε 推荐的方式，我们这里使用更容易掌握的方式。

② Word 中段落设置 *n* 倍行距的概念与标准 LaTeX 的 \linespread 是一样的，也是加之于基本行距的因子。

表 2.8　setspace 提供的命令和环境

命令形式	环境形式	意义
\setstretch	spacing	与 \linespread 功能相当
\singlespacing	singlespace	正常行距
\onehalfspacing	onehalfspace	基线间距是字号大小的 1.5 倍
\doublespacing	doublespace	基线间距是字号大小的 2 倍

除了设置两行基线间的距离，TEX 还提供了两个基本尺寸，用来设置两行文字内容间的距离。TEX 中行距默认由基线间的距离 \baselineskip 控制（LATEX 的 \fontsize 和 \linespread 间接控制 \baselineskip）。\lineskiplimit 是一个界限值，当前一行盒子的底部与后一行盒子的顶部距离小于这个界限时，行距改由 \lineskip 控制，它将设置行距，使得前一行底到后一行顶的距离等于 \lineskip。在文档中设置合适的 \lineskiplimit 和 \lineskip 值可以避免两行因包含太高的内容（如分式 $\frac{1}{2}$）而距离过紧，如本书的设置为：

```
\setlength\lineskiplimit{2.625bp} % 五号字 1/4 字高
\setlength\lineskip{2.625bp}
```

2-1-60

即要求两行间至少有 ¼ 五号字字号高度的距离。

2.1.5　水平间距与盒子

2.1.5.1　水平间距

现在我们来继续 2.1.1.3 节有关空格的话题，来说说如何正确地产生和使用水平间距。

说到长度，就不能不说说单位。在 TEX 中，可以使用长度单位有以下几种：

- pt　point 点（欧美传统排版的长度单位，有时叫做“磅”）
- pc　pica（1 pc = 12 pt，相当于四号字大小）
- in　inch 英寸（1 in = 72.27 pt）
- bp　big point 大点（在 PostScript 等其他电子排版领域的 point 都指大点，1 in = 72 bp）
- cm　centimeter 厘米（2.54 cm = 1 in）
- mm　millimeter 毫米（10 mm = 1 cm）

dd didot point（欧洲大陆使用，1157 dd = 1238 pt）
cc cicero（欧洲大陆使用，pica 的对应物，1 cc = 12 dd）
sp scaled point（TeX 中最小的长度单位，所有长度都是它的倍数，65 536 sp = 1 pt）
em 全身（字号对应的长度，等于一个 \quad 的长度，也称为“全方”。本义是大写字母 M 的宽度）
ex x-height（与字号相关，由字体定义。本义是小写字母 x 的高度）

一个长度必须数字和单位齐全，正确的长度如下所示：

```
2cm    1.5pc    -.1cm    + 72.dd    1234567sp
```

在正文中可以使用下面的命令表示不可换行的水平间距：

\thinspace 或 \,	0.1667 em	→|←
\negthinspace	–0.1667 em	
\enspace	0.5 em	→|←
\nobreakspace 或 ~	空格	→|←

可以使用下面的命令表示可以换行的水平间距：

\quad	1 em	→| |←
\qquad	2 em	→| |←
\enskip	0.5 em	→|←
\␣	空格	→|←

使用水平间距的命令要注意适用，例如 \, 是不可断行的，因而就不适用于分隔很长的内容，但用来代替逗号给长数字分段就很合适[①]：

2-1-61

```
1\,234\,567\,890
```

1 234 567 890

负距离 \negthinspace 则可以用来细调符号距离，或拼接两个符号，如把两个“剑号”拼起来：

2-1-62

```
\newcommand\dbldag{\dag\negthinspace\dag}
\dbldag\ versus \dag\dag
```

†† versus ††

① 当然，对于输出数字如果要更多的效果，还可以使用 fancynum, numprint 等宏包。使用这类专门的宏包通常总会更方便，效果也更好。

而正如前面已经多次见到的，分隔词组经常使用可断行的而距离也比较大的 \quad 和 \qquad。

当上面的命令中没有合适的距离时，可以用 \hspace{距离} 命令来产生指定的水平间距（这里 \, 则用来分隔数字和单位）：

```
Space\hspace{1cm}1\,cm
```

Space　　　1 cm

2-1-63

\hspace 命令产生的距离是可断行的。\hspace 的作用是分隔左右的内容，在某些只有一边有内容的地方（如强制断行的行首），LaTeX 会忽略 \hspace 产生的距离，此时可以用带星号的命令 \hspace*{距离} 阻止距离被忽略：

```
text\\
\hspace{1cm}text\\
\hspace*{1cm}text
```

text
text
　　text

2-1-64

\hspace 可以产生随内容可伸缩的距离，即所谓胶（glue）或者橡皮长度（rubber length，又称弹性长度）。橡皮长度的语法是：

⟨普通长度⟩ **plus** ⟨可伸长长度⟩ **minus** ⟨可缩短长度⟩

单词间的空格、标点后的距离都是橡皮长度，这样才能保证在分行时行末的对齐，因此在定义经常出现的距离时应该使用橡皮长度。如：

```
\newcommand\test{longggggggg%
  \hspace{2em plus 1em minus 0.25em}}
\test\test\test\test\test\test\test\test
```

longggggggg　　longggggggg
longggggggg　　longggggggg
longggggggg　　longggggggg
longggggggg　　longggggggg

2-1-65

有一种特殊的橡皮长度 \fill，它可以从零开始无限延伸，此时橡皮长度就真的像是一个弹簧，可以用它来把几个内容均匀排列在一行之中：

```
left\hspace{\fill}middle%
\hfill right
```

left　　　middle　　　right

2-1-66

\hfill 命令是 \hspace{\fill} 的简写，还可以使用 \stretch{⟨倍数⟩} 产生具有指定"弹力"的橡皮长度，如 \stretch{2} 就相当于两倍的 \fill：

2-1-67

```
left\hspace{\stretch{2}}$2/3$%
\hspace{\fill}right
```

left 2/3 right

\hrulefill 和 \dotfill 与 \hfill 功能类似，只是中间的内容使用横线或圆点填充：

2-1-68

```
left\hrulefill middle\dotfill right
```

left_________middle . . . . right

LaTeX 预定义了一些长度变量控制排版的参数，可以通过 \setlength 命令来设置。例如段前的缩进：

2-1-69

```
\setlength\parindent{8em}
Paragraph indent can be very wide in \LaTeX.
```

Paragraph indent can be very wide in LaTeX.

我们在后面的章节会陆续见到这类长度变量。还可以用 \addtolength 命令在长度变量上做累加，如：

2-1-70

```
Para\par
\addtolength\parindent{2em}Para\par
\addtolength\parindent{2em}Para\par
```

Para
Para
Para

长度变量的改变在当前分组或环境内起效，因此不必担心在一个环境内的设置会影响到外面的内容，也可以使用分组使变量的改变局部化。

可以用 \newlength 命令定义自己的长度变量，这样就可以在不同的地方反复使用：

```
\newlength\mylen  \setlength\mylen{2em}
```

这在自定义的一些环境中是十分有用的。

2.1.5.2 盒子

盒子（box）是 TeX 中的基本处理单位，一个字符、一行文字、一个页面、一张表格在 TeX 中都是一个盒子。回到活字印刷时代或许有助于理解盒子的概念：一个活字就表示一个字符，一行活字排好就用钢条分隔固定成为一行，一整页排完也固定在金属框内。TeX 也是这样，组字成行，组行为页，小盒子用胶粘连成为大盒子，逐步构成完整的篇章。

TeX 可以处在不同的工作模式下，在不同的工作模式下产生不同的盒子。最基本的模式的水平模式（如在组字成行的时候）和垂直模式（如在组行成页的时候），水平模式下把小盒子水平排列组成大盒子，垂直模式下把小盒子垂直排列组成大盒子；此外还有更为复杂的数学模式，此时小盒子会构成复杂的数学结构。通常 TeX 根据内容自动切换不同的模式，完成这些复杂的工作；不过也可以使用命令进入指定的模式生成盒子，我们现在只看最简单的水平模式下的盒子。

最简单的命令是 \mbox{⟨内容⟩}，它产生一个盒子，内容以左右模式排列。可以用它表示不允许断行的内容，如果不在行末看不出它与其他内容的区别：

```
\mbox{cannot be broken}
```

cannot be broken

2-1-71

\makebox 与 \mbox 类似，但可以带两个可选参数，指定盒子的宽度和对齐方式：

\makebox[⟨宽度⟩][⟨位置⟩]{⟨内容⟩}

对齐参数可取 **c**（中）、**l**（左）、**r**（右）、**s**（分散），默认居中。

例如：

```
\makebox[1em]{\textbullet}text \\
\makebox[5cm][s]{some stretched text}
```

• text
some　　　stretched　　　text

2-1-72

甚至可以使用 \makebox 产生宽度为 0 的盒子，产生重叠（overlap）的效果：

```
% word 左侧与盒子基点对齐
\makebox[0pt][l]{word}文字
```

word文字（重叠）

不过，LaTeX 已经提供了两个命令来专门生成重叠的效果，即 \llap 和 \rlap。这两个命令分别把参数中的内容向当前位置的左侧和右侧重叠：

```
语言文字\llap{word}\\
\rlap{word}语言文字
```

语言文字word（重叠）
word语言文字（重叠）

2-1-73

命令 \fbox 和 \framebox 产生带边框的盒子，语法与 \mbox 和 \makebox 类似：

```
\fbox{framed} \\
\framebox[3cm][s]{framed box}
```

framed
framed　　　box

2-1-74

边框与内容的距离由长度变量 \fboxsep 控制（默认为 3 pt）：

2-1-75

```
\setlength\fboxsep{0pt} \fbox{tight}
\setlength\fboxsep{1em} \fbox{loose}
```

tight loose

边框线的粗细则由长度变量 \fboxrule 控制（默认为 0.4 pt）。

可以用 \newsavebox⟨命令⟩ 声明盒子变量，用

\sbox⟨命令⟩{⟨内容⟩}

\savebox⟨命令⟩[⟨宽度⟩][⟨对齐⟩]{⟨内容⟩}

\begin{lrbox}⟨命令⟩ ⟨内容⟩ \end{lrbox}

给盒子变量赋值，在文章中使用 \usebox⟨命令⟩ 反复使用：

2-1-76

```
\newsavebox\mybox % 通常在导言区定义
\sbox\mybox{test text}
\usebox\mybox \fbox{\usebox\mybox}
```

test text test text

\savebox 与 \sbox 的区别类似 \makebox 与 \mbox 的区别，基本功能相同，只是增加了宽度和对齐的选项。

盒子变量中一般保存比较复杂的内容。特别是可以使用 lrbox 环境保存抄录环境（参见 2.2.5 节）等难以放在其他命令参数中的内容作进一步的处理[①]（见 124 页例 2-2-73）：

2-1-77

```
\newsavebox\verbbox % 通常在导言区定义
\begin{lrbox}\verbbox
\verb|#$%^&{}|
\end{lrbox}
\usebox\verbbox \fbox{\usebox\verbbox}
```

#$%^&{} #$%^&{}

TEX 中的每个盒子都有其宽度（width）、高度（height）和深度（depth），高度和深度以基点（base）为界：

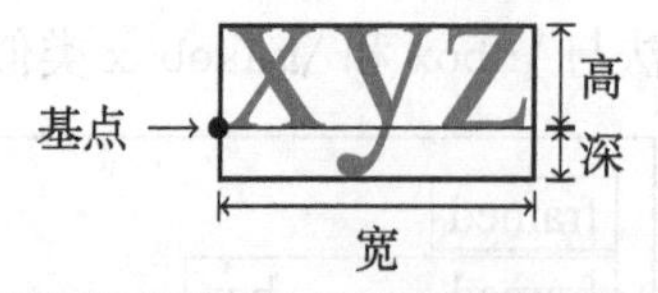

① 不过，这个功能可以直接使用 fancyvrb 宏包的 \SaveVerb 和 \UseVerb 命令。

可以用

\settowidth⟨长度变量⟩{⟨内容⟩}
\settoheight⟨长度变量⟩{⟨内容⟩}
\settodepth⟨长度变量⟩{⟨内容⟩}

把内容的宽度、高度或深度赋值给长度变量。也可以用

\wd⟨盒子变量⟩ \ht⟨盒子变量⟩ \dp⟨盒子变量⟩

分别得到盒子的宽度、高度和深度。

除此之外，在 \makebox、\framebox 等盒子命令的参数中，也可以使用 \width、\height、\depth、\totalheight 来分别表示盒子内容的自然宽度、高度、深度，以及高度和深度之和。例如，下面的例子产生一个带边框的盒子，其总宽度恰好是文字自然宽度的 2 倍：

```
\framebox[2\width]{带边框}
```

带边框

2-1-78

2.2 段落与文本环境

2.2.1 正文段落

我们已经知道，LaTeX 使用空行表示分段，在自定义命令中，也常用 \par 命令分段。自然段是 LaTeX 最基本的正文分划方式。

在 2.1.5 节已经看到，每个自然段在第一行有一个固定的缩进，可以由长度变量 \parindent 控制。在西文标准文档类（如 article）中，每个章节的第一段是不缩进的，而中文文档类（如 ctexart）则每段缩进，并自动设置段落缩进为两个汉字宽。如果要在某一段开头临时禁用缩进，可以在段前使用 \noindent 命令；而如果要在本来没有缩进的地方使用缩进，可以用 \indent 命令产生一个长为 \parindent 的缩进。在西文文档中，可以使用 indentfirst 宏包启用章节首段的缩进。

除了段落首行缩进，另一个关于分段的重要参数是段与段之间的垂直距离，这由变量 \parskip 控制。\parskip 的默认值是橡皮长度 0pt plus 1pt，在中文排版中常常使用

```
\setlength\parskip{0pt}
```

2-2-1

把段间距定义为固定长度，禁止段落间距离伸长。当然有时为了文字清晰，也常设置一个较大的 \parskip。

段落最明显的属性是对齐方式。LaTeX 的段落默认是两端均匀对齐的，也可以改为左对齐、右对齐或居中格式。\raggedright 命令设置段落左对齐（ragged right 意谓右边界参差不齐），这在双栏文档一行非常窄的时候特别有用，此时强求均匀对齐会使单词间的距离过大，十分难看，如下所示：

```
English words like `technology' stem from a
Greek root beginning with the letters τεχ\dots
```

English words like 'technology' stem from a Greek root beginning with the letters τεχ…

而如果使用左对齐就可以解决这个问题：

2-2-2

```
\raggedright
English words like `technology' stem from a
Greek root beginning with the letters τεχ\dots
```

English words like 'technology' stem from a Greek root beginning with the letters τεχ…

类似地，右对齐使用 \raggedleft 命令，居中使用 \centering 命令。右对齐常常用于排版签名、日期、格言警句等；居中的段落则有强调的意味。

LaTeX 提供了三个环境来排版不同对齐方式的文字：flushleft 环境左对齐、flushright 环境右对齐和 center 环境居中。这几个环境会在段落前后增加一小段垂直间距以示强调，对于少量的段落，它们不会影响前后的文字，因此比 \raggedright 等命令更常用一些。不过如果不想要额外的垂直间距，则不应该使用它们，如：

```
\begin{center}
居中
\end{center}
```

居中

2-2-3

在默认的段落设置下，LaTeX 可能会在单词的两个音节中间断行，并在前一行末尾加上连字符，即所谓断词（用连字号连接，hyphenation）。例如：

This is a hyphen-
ation test.

TeX 的断词算法通常工作得很好，不需要人为干预，不过仍然可能会有一些特殊的单词是 TeX 不能正确处理的，此时可以在单词中使用 \- 命令告诉 LaTeX 可能的断点，如 man\-u\-script。还可以使用 \hyphenation 命令在导言区全局地设置断点列表，如：

```
\hyphenation{man-u-script com-pu-ter gym-na-sium}
```

2-2-4

断词只在均匀对齐的段落中起作用，左对齐的段落就没有断词。使用 \sloppy 命令可以允许段落中更大的空格，从而禁用断词功能；与之相对的命令是 \fussy，让段落恢复默认的较严格的间距。更多地是使用等效的 sloppypar 环境，把允许更宽松间距的文本段放在环境中。以 none 选项使用 hyphenat 宏包[284] 可以更好地禁用断词，宏包也提供了有关打字机字体的断词功能。ragged2e 宏包[230] 则可以在左对齐（\RaggedRight）、右对齐（\RaggedLeft）或居中（\Centering）的段落中使用断词，这样可以得到更合理的段落：

```
% 导言区 \usepackage{ragged2e}
\RaggedRight
English words like `technology' stem from a
Greek root beginning with the letters τεχ\dots
```

English words
like ‘tech-
nology’ stem
from a Greek
root beginning
with the letters
τεχ…

2-2-5

ragged2e 宏包还提供了 \justifying 命令回到均匀对齐的段落，以及对应的 Center, FlushLeft, FlushRight, justify 环境，作为标准 LaTeX 命令和环境的补充。

对付西文文本参差不齐的小短行，一个有力的工具是 microtype 宏包[227]。这个宏包利用 pdfTeX 的功能，可以通过调整单词内的字母间距改善 TeX 的分行效果。当排版西文文档时可以总打开此宏包的功能，不过当前版本暂不支持 XeTeX①。

可以使用长度变量 \leftskip 和 \rightskip 来控制段落的宽度，如果是局部修改，注意把整个段落放在一个分组里面，或定义为单独的环境。例如：

2-2-6

```
\setlength\leftskip{4em}
\setlength\rightskip{1em}
These parameters tell \TeX{} how much glue
to place at the left and at the right end
of each line of the current paragraph.
```

These parameters tell TeX how much glue to place at the left and at the right end of each line of the current paragraph.

上面介绍的只是基本的段落形状。使用原始 TeX 命令 \parshape（参见 Abrahams et al. [1]、Knuth [126]），LaTeX 还可以排版出更为特殊形状的段落，但 \parshape 命令使用起来比较复杂，这里不作介绍。较为常用的一种特殊段落是“悬挂缩进”，它可以由命令 \hangafter 和 \hangindent 控制，例如：

2-2-7

```
\hangindent=5pc \hangafter=-2
These two parameters jointly specify
``hanging indentation'' for a paragraph.
The hanging indentation indicates to \TeX{}
that certain lines of the paragraph should
be indented and the remaining lines should
have their normal width.
```

These two parameters jointly specify “hanging indentation” for a paragraph. The hanging indentation indicates to TeX that certain lines of the paragraph should be indented and the remaining lines should have their normal width.

正的 \hangindent 作用于段落左侧，负的 \hangindent 作用于段落右侧；正的 \hangafter 作用于段落的 n 行之后，负的 \hangafter 作用于段落的前 n 行。\hangindent 和 \hangafter 的设置只对当前段起作用。

lettrine 宏包[79] 利用特殊的段落形状产生首字下沉的效果，例如：

① microtype 宏包 v2.5 以后的版本支持 XeTeX 引擎，但目前没有正式发布，需要用户从 http://tlcontrib.metatex.org/ 等网站单独安装测试版本。

```
% 导言区 \usepackage{lettrine}
\lettrine{T}{he} \TeX{} in \LaTeX{} refers
to Donald Knuth's \TeX{} typesetting system.
The \LaTeX{} program is a special version of
\TeX{} that understands \LaTeX{} commands.
```

THE TEX in LATEX refers to Donald Knuth's TEX typesetting system. The LATEX program is a special version of TEX that understands LATEX commands.

2-2-8

shapepar 宏包[15] 提供了 \parshape 命令的一个较为方便的语法接口，特别是定义了一些预定义的形状，可以方便地排出一些有趣的效果：

```
% 导言区 \usepackage{shapepar}
\heartpar{%
  绿草苍苍，白雾茫茫，有位佳人，在水一方。
  绿草萋萋，白雾迷离，有位佳人，靠水而居。
  我愿逆流而上，依偎在她身旁。无奈前有险滩，道路又远又长。
  我愿顺流而下，找寻她的方向。却见依稀仿佛，她在水的中央。
  我愿逆流而上，与她轻言细语。无奈前有险滩，道路曲折无已。
  我愿顺流而下，找寻她的足迹。却见仿佛依稀，她在水中伫立。}
```

2-2-9

绿草苍苍，白 雾茫茫，有位
佳人，在水一方。绿 草萋萋，白雾迷离，
有位佳人，靠水而居。我愿逆流而上，依偎
在她身旁。无奈前有险滩，道路又远又长。
我愿顺流而下，找寻她的方向。却见依稀
仿佛，她在水的中央。我愿逆流而上，与
她轻言细语。无奈前有险滩，道路曲
折无已。我愿顺流而下，找寻她
的足迹。却见仿佛依稀，
她在水中伫立。
♡

2.2.2 文本环境

有几种常用的特殊文本段落类型，在 LATEX 中以文本环境的形式给出，它们是引用环境、诗歌环境和摘要环境。

引用环境有两种，分别是 quote 环境和 quotation 环境。quote 环境在段前没有首行的缩进，每段话的左右边距比正文大一些，通常用于小段内容的引用：

2-2-10

```
前文……
\begin{quote}
学而时习之，不亦说乎？
有朋自远方来，不亦乐乎？
\end{quote}
后文……
```

前文……

学而时习之，不亦说乎？有朋自远方来，不亦乐乎？

后文……

而 quotation 环境则在每段前有首行缩进，因而适用于多段的文字引用：

2-2-11

```
前文……
\begin{quotation}
学而时习之，不亦说乎？
有朋自远方来，不亦乐乎？

默而识之，学而不厌，诲人不倦，
何有于我哉？
\end{quotation}
后文……
```

前文……

学而时习之，不亦说乎？有朋自远方来，不亦乐乎？

默而识之，学而不厌，诲人不倦，何有于我哉？

后文……

verse 环境用来排版诗歌韵文：

2-2-12

```
\begin{verse}
段内使用 \verb=\\= 换行，\\
分段仍用空行。

过长的行会在折行时悬挂缩进，
就像现在这一句。
\end{verse}
```

段内使用 \\ 换行，
分段仍用空行。

过长的行会在折行时悬挂缩进，就像现在这一句。

摘要环境 abstract 是 article 和 report 文档类（包括中文的 ctexart 和 ctexrep）定义的，它产生一个类似 quotation 的小号字环境，并增加标题：

```
\begin{abstract}
本书讲解 \LaTeX{} 的使用。
\end{abstract}
```

摘要

本书讲解 LaTeX 的使用。

2-2-13

摘要的标题由 \abstractname 定义，英文默认是“Abstract”，中文是“摘要”。可以通过重定义 \abstractname 来设置，在 ctex 文档类中也可以使用 \CTEXoptions 设置[58]，如：

```
\CTEXoptions[abstractname={摘\quad 要}]
```

2-2-14

2.2.3　列表环境

2.2.3.1　基本列表环境

列表是常用的本文格式。LaTeX 标准文档类提供了三种列表环境：编号的 enumerate 环境、不编号的 itemize 环境和使用关键字的 description 环境。在列表环境内部使用 \item 命令开始一个列表项，它可以带一个可选参数表示手动编号或关键字。

enumerate 环境使用数字自动编号：

```
\begin{enumerate}
  \item 中文
  \item English
  \item Français
\end{enumerate}
```

1. 中文
2. English
3. Français

2-2-15

itemize 环境不编号，但会在每个条目前面加一个符号以示标记：

```
\begin{itemize}
  \item 中文
  \item English
  \item Français
\end{itemize}
```

- 中文
- English
- Français

2-2-16

description 环境总是使用 \item 命令的可选参数，把它作为条目的关键字加粗显示：

2-2-17

```
\begin{description}
  \item[中文] 中国的语言文字
  \item[English] The language of England
  \item[Français] La langue de France
\end{description}
```

中文 中国的语言文字

English The language of England

Français La langue de France

2

上面三种列表环境可以嵌套使用（至多四层），LaTeX 会自动处理不同层次的缩进和编号，如 enumerate 环境：

2-2-18

```
\begin{enumerate}
  \item 中文
  \begin{enumerate}
    \item 古代汉语
    \item 现代汉语
    \begin{enumerate}
      \item 口语
      \begin{enumerate}
        \item 普通话
        \item 方言
      \end{enumerate}
      \item 书面语
    \end{enumerate}
  \end{enumerate}
  \item English
  \item Français
\end{enumerate}
```

1. 中文
    (a) 古代汉语
    (b) 现代汉语
        i. 口语
            A. 普通话
            B. 方言
        ii. 书面语
2. English
3. Français

所有条目都以 \item 命令开头。使用 \item 命令的可选参数可以为 enumerate 环境或 itemize 环境临时手工设置编号或标志符号，如：

```
\begin{enumerate}
  \item 中文
  \item[1a.] 汉语
  \item English
\end{enumerate}
```

1. 中文

1a. 汉语

2. English

2-2-19

```
\begin{itemize}
  \item[\dag] 中文
  \item English
  \item Français
\end{itemize}
```

† 中文

• English

• Français

2-2-20

2.2.3.2 计数器与编号

enumerate 环境的编号是由一组计数器（counter）控制的。当 LaTeX 进入一个 enumerate 环境时，就把计数器清零；每遇到一个没有可选参数的 \item 命令，就让计数器的值加 1，然后把计数器的值作为编号输出，达到自动编号的目的。4 个不同嵌套层次的 enumerate 环境使用不同的计数器，分别是 enumi, enumii, enumiii 和 enumiv。LaTeX 的计数器都有一个对应的命令 \the计数器名，用来输出计数器的值，如第一级 enumerate 环境使用 \theenumi：

```
\begin{enumerate}
  \item 这是编号 \theenumi
  \item 这是编号 \theenumi
\end{enumerate}
```

1. 这是编号 1

2. 这是编号 2

2-2-21

而 enumerate 环境又定义了命令 \labelenumi、\labelenumii、\labelenumiii、\labelenumiv 输出条目实际的标签，一般就是在编号后面增加一个标点。有关 enumerate 编号命令的汇总见表 2.9。

LaTeX 计数器的值可以使用命令 \arabic, \roman, \Roman, \alph, \Alph 或 \fnsymbol 带上计数器参数输出，它们分别表示阿拉伯数字、小大写罗马数字、小大写字母、特殊符号[①]：

① ctex 宏包及文档类还提供了 \chinese 命令，生成汉字的数字。

表 2.9 enumerate 环境的编号和标签

嵌套层次	计数器	计数器输出		条目标签	
		命令	默认值	命令	默认值
1	enumi	\theenumi	\arabic{enumi}	\labelenumi	\theenumi.
2	enumii	\theenumii	\alph{enumi}	\labelenumii	(\theenumii)
3	enumiii	\theenumiii	\roman{enumi}	\labelenumiii	\theenumiii.
4	enumiv	\theenumiv	\Alph{enumi}	\labelenumiv	\theenumiv.

2-2-22

```
\begin{enumerate}
\item 编号
  \arabic{enumi}, \roman{enumi}, \Roman{enumi},
  \alph{enumi}, \Alph{enumi}, \fnsymbol{enumi}
\item 编号
  \arabic{enumi}, \roman{enumi}, \Roman{enumi},
  \alph{enumi}, \Alph{enumi}, \fnsymbol{enumi}
\item 编号
  \arabic{enumi}, \roman{enumi}, \Roman{enumi},
  \alph{enumi}, \Alph{enumi}, \fnsymbol{enumi}
\end{enumerate}
```

1. 编号 1, i, I, a, A, *
2. 编号 2, ii, II, b, B, †
3. 编号 3, iii, III, c, C, ‡

因此，可以通过重定义 \theenumi（默认定义是 \arabic{enumi}）和 \labelenumi（默认定义是 \theenumi.）等命令，控制 enumerate 环境的编号：

2-2-23

```
\renewcommand\theenumi{\roman{enumi}}
\renewcommand\labelenumi{(\theenumi)}
\begin{enumerate}
  \item 使用中文
  \item Using English
\end{enumerate}
```

(i) 使用中文

(ii) Using English

计数器在 LaTeX 中非常常用，除了列表环境的编号以外，页码、章节和图表的编号等也是由计数器控制的。如页码的计数器是 page，因此现在这句话在第 \thepage 页，即在第 100 页。

可以自定义计数器完成一些工作。新定义计数器用 \newcounter 命令，给计数器赋值用 \setcounter 命令，计数器自增用 \stepcounter 命令，给计数器的值加上一个数用 \addtocounter 命令。例如我们仿照 enumerate 环境的编号过程：

```
% 计数器设置，通常在导言区
\newcounter{mycnt}
\setcounter{mycnt}{0}                      % 默认值就是 0
\renewcommand\themycnt{\arabic{mycnt}}  % 默认值就是阿拉伯数字
% 计数器使用，通常做成自定义命令的一部分
\stepcounter{mycnt}\themycnt 输出计数器值为 1；
\stepcounter{mycnt}\themycnt 输出计数器值为 2；
\addtocounter{mycnt}{1}\themycnt 输出计数器值为 3；
\addtocounter{mycnt}{-1}\themycnt 输出计数器值为 2；
\addtocounter{mycnt}{-1}\themycnt 输出计数器值为 1。
```

2-2-24

\refstepcounter 命令与 \stepcounter 功能类似，并且会将当前 \label 命令设置为对应的计数器（参见 3.2 节），因而在自动编号的命令或环境的定义中更为常用。在 \addtocounter 的参数等需要用到数字的地方，可以使用 \value{⟨计数器⟩} 使用计数器的数值①。

\newcounter 命令还可以在后面增加一个可选参数，内容是一个已有的计数器，表示新计数器会随着旧计数器的自增而自动清零。这特别适合定义每个章节独立的编号，例如：

```
\newcounter{quiz}[section]
\renewcommand\thequiz{\thesection-\arabic{quiz}}
```

2-2-25

amsmath 提供了 \numberwithin{⟨计数器$_1$⟩}{⟨计数器$_2$⟩} 命令，扩展了 \newcounter 自动清零的功能，用来让已有的计数器 ⟨计数器$_1$⟩ 随 ⟨计数器$_2$⟩ 的增加而清零重编号，同时定义其编号格式[7]，如让数学方程按节编号：

```
\usepackage{amsmath}
\numberwithin{equation}{section}
```

2-2-26

chngcntr 宏包[289] 提供了类似功能的命令 \counterwithin，以及相反功能的命令 \counterwithout，用来取消计数器间的关联。

① 事实上，\value 命令得到的是 LaTeX 计数器对应的原始 TeX 数字寄存器。

计数器不仅可以用于编号，也能用于复杂的条件控制和循环，ifthen 宏包就提供了有关条件判断和循环的功能，而 calc 宏包则提供了有关长度（参见 2.1.5 节）和计数器的一些简单运算功能。可参见文档 Carlisle [47]、Thorup et al. [262]。

2.2.3.3 定制列表环境

*

与 enumerate 环境（见表 2.9）类似，itemize 环境也使用一组命令来控制前面的标签，见表 2.10。不过 itemize 环境比较简单，没有编号。

表 2.10 itemize 环境的标签

嵌套层次	命令	默认值	效果
1	\labelitemi	\textbullet	•
2	\labelitemii	\normalfont\bfseries \textendash	–
3	\labelitemiii	\textasteriskcentered	*
4	\labelitemiv	\textperiodcentered	·

description 环境相对比较简单，它使用 \descriptionlabel 命令来控制标签的输出格式。\descriptionlabel 在标准文件类中的原始定义如下[139]：

```
\newcommand*\descriptionlabel[1]{\hspace\labelsep
                                 \normalfont\bfseries #1}
```

这是一个带有一个参数的命令，参数是标签的文本。标签前面的间距 \labelsep 默认为 0.5 em。可以修改 \descriptionlabel 命令得到不同效果的 description 环境：

```
{% 使用分组让 \descriptionlabel 的修改局部化
\renewcommand\descriptionlabel[1]{\normalfont\Large\itshape
  \textbullet\ #1}
\begin{description}
  \item[标签] 可以修改 \verb=\descriptionlabel= 改变标签的格式。
  \item[其他] 其他格式的也可以参考后面的列表环境修改。
\end{description}
}
```

2-2-27

*本节内容初次阅读可略过。

- **标签** 可以修改 \descriptionlabel 改变标签的格式。
- **其他** 其他格式的也可以参考后面的列表环境修改。

基本列表环境 enumerate, itemize, description 都是由广义列表环境 list 生成的，list 环境语法为：

```
\begin{list}{⟨标签⟩}{⟨设置命令⟩}
    ⟨条目⟩
\end{list}
```

其中 ⟨标签⟩ 中给出标签的内容，如果是编号列表可以使用计数器；⟨设置命令⟩ 则可以设置列表使用的计数器和一些长度参数。\usecounter{⟨计数器⟩} 表示使用指定的计数器编号。下面是一个简单的编号列表的例子：

```
\newcounter{mylist}
\begin{list}{\#\themylist}%
  {\usecounter{mylist}}
  \item 中文
  \item English
\end{list}
```

#1 中文

#2 English

2-2-28

与 list 环境相关的参数有很多，见图 2.3。可以在 ⟨设置命令⟩ 项中使用 \setlength 等命令设置，可以这样产生一个紧凑的类 itemize 环境：

```
\begin{list}{\textbullet}{%
  \setlength\topsep{0pt}  \setlength\partopsep{0pt}
  \setlength\parsep{0pt}  \setlength\itemsep{0pt}}
  \item 中文

   又一段中文

  \item English
  \item Français
\end{list}
```

2-2-29

- 中文

  又一段中文

- English
- Français

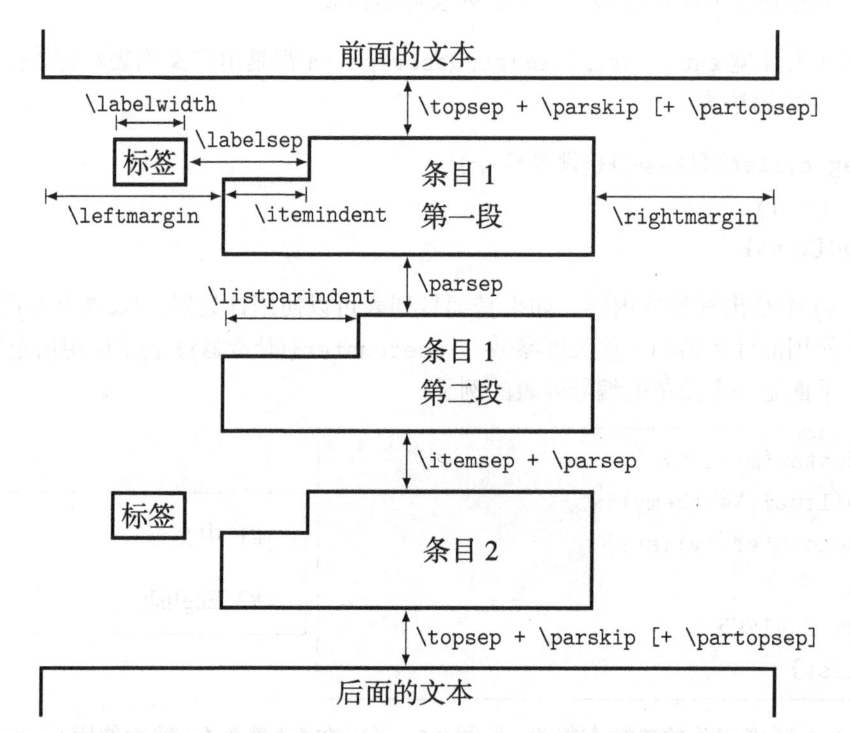

图 2.3 list 列表环境的长度参数。其中 \partopsep 在列表环境开始新的一段（即前面有空行）时生效

list 环境语法比较烦琐，一般并不直接使用，而是用它来定义新的环境，例如前面的紧凑列表可以定义为 myitemize 环境：

2-2-30

```
\newenvironment{myitemize}{%
  \begin{list}{\textbullet}{%
    \setlength\topsep{0pt}   \setlength\partopsep{0pt}
    \setlength\parsep{0pt}   \setlength\itemsep{0pt}}}
 {\end{list}}
```

还有一种平凡列表环境 trivlist，可以生成空标签的列表。trivlist 一般不单用，而是用来生成一些与列表看起来没什么关系的环境，例如 center 环境就是由 trivlist 加上 \centering 命令生成的[33]，等价定义为：

```
\newenvironment{mycenter}
```

```
{\begin{trivlist}
   \centering
   \item[]}
{\end{trivlist}}
```

2-2-31

使用 list 环境定制列表比较复杂，特别是对 enumerate 等环境更是难以修改其格式。使用 enumitem 宏包[28] 可以方便地对各种列表环境的标签、尺寸进行定制，也可以用它来定义新的列表①。使用 enumitem 宏包，可以直接在 enumerate 等环境后加可选参数来定制参数，如：

```
% \usepackage{enumitem}
\begin{enumerate}[itemsep=0pt,parsep=0pt,
   label=(\arabic*)]
  \item 中文
  \item English
  \item Français
\end{enumerate}
```

(1) 中文
(2) English
(3) Français

2-2-32

也可以使用 \setlist 命令整体设置参数，用 \newlist 命令定义新列表，如：

```
\usepackage{enumitem}
% 仿照 enumerate 环境定义可二级嵌套的 mylist
\newlist{mylist}{enumerate}{2}
% 分别定义每级的格式
\setlist[mylist,1]{itemsep=0pt,parsep=0pt,label=(\arabic*)}
\setlist[mylist,2]{itemsep=0pt,parsep=0pt,label=(\alph*)}
```

2-2-33

enumitem 宏包接受的参数大多与图 2.3 中对应，其中标签的参数 label 用星号 * 表示计数器，对非标准计数器输出（如 \chinese）还要单独进行设置，如：

```
% \usepackage{enumitem}
\AddEnumerateCounter{\chinese}{\chinese}{}
\begin{enumerate}[label={\chinese*、},labelsep=0pt]
  \item 内容清晰
  \item 格式美观
\end{enumerate}
```

2-2-34

① enumitem 宏包继承并扩展了在此之前 enumerate、mdwlist，特别是 paralist[224] 宏包的功能，提供了更为强大的功能。

一、内容清晰

二、格式美观

有关 enumitem 更多功能的详细内容可参见宏包文档 Bezos [28]。

2

2.2.4 定理类环境

定理类环境是 LaTeX 中的一类重要的文本环境，它可以产生一个标题、编号和特定格式的文本，我们在 1.2.4 节中已经看到了定理类环境的定义使用：

2-2-35

```
\newtheorem{thm}{定理}  % 一般在导言区
\begin{thm}
直角三角形斜边的平方等于两腰的平方和。
\end{thm}
```

定理 1 直角三角形斜边的平方等于两腰的平方和。

在上面的例子中，命令 \newtheorem 用来声明一个新的定理类环境，两个参数分别是定理类环境名和定理输出的标题名。因而，\newtheorem{thm}{定理} 就定义了一个 thm 环境，效果是输出标题为“定理”的一段文字。新定义的 thm 环境允许带有可选参数表示定理的小标题：

2-2-36

```
\begin{thm}[勾股定理]
直角三角形斜边的平方等于两腰的平方和。
\end{thm}
```

定理 2 (勾股定理) 直角三角形斜边的平方等于两腰的平方和。

\newtheorem 命令可以在最后使用一个可选的计数器参数 ⟨*Ctr*⟩，用来表示定理编号是 ⟨*Ctr*⟩ 的下一级编号，并会随 ⟨*Ctr*⟩ 的变化而清零。这通常用于让定理按章节编号，如：

2-2-37

```
\newtheorem{lemma}{引理}[chapter]% 按章
\begin{lemma}偏序集可良序化。\end{lemma}
\begin{lemma}实数集不可数。  \end{lemma}
```

引理 2.1 偏序集可良序化。

引理 2.2 实数集不可数。

也可以在两个参数之间使用一个可选的计数器参数 ⟨*Ctr*⟩，表示定理使用 ⟨*Ctr*⟩ 进行编号。这通常用于让几个不同的定理类环境使用相同的编号（定理类环境的计数器就是环境名），如：

```
\newtheorem{prop}[thm]{命题}
\begin{prop}
直角三角形的斜边大于直角边。
\end{prop}
```

命题 3 直角三角形的斜边大于直角边。

2-2-38

2

默认的定理类环境的格式是固定的，但这往往并不符合我们的期望。theorem 宏包[159] 扩展了定理类环境的格式，可以方便地修改定理类环境的格式，它提供了 \theoremstyle{⟨格式⟩} 命令来选择定理类环境的格式，可用的预定义格式有：

plain	默认格式；
break	定理头换行；
marginbreak	编号在页边，定理头换行；
changebreak	定理头编号在前文字在后，换行；
change	定理头编号在前文字在后，不换行；
margin	编号在页边，定理头不换行。

定理类环境的默认字体是 \slshape，定理头默认是 \bfseries，可以通过 \theorembodyfont{⟨字体⟩} 和 \theoremheaderfont{⟨字体⟩} 分别设置定理内容和定理头的字体，并可以设置定理前后的垂直间距变量 \theorempreskipamount 和 \theorempostskipamount，例如：

```
% 导言区
\usepackage{theorem}
\theoremstyle{changebreak}
\theoremheaderfont{\sffamily\bfseries}
\theorembodyfont{\normalfont}
\newtheorem{definition}{定义}[chapter]
```

2-2-39

```
\begin{definition}
有一个角是直角的三角形是\emph{直角三角形}。
\end{definition}
```

2.1 定义
有一个角是直角的三角形是*直角三角形*。

2-2-40

ntheorem 宏包[153] 进一步扩充了 theorem 宏包的功能，它增加了下面几种 \theoremstyle：

nonumberplain	类似 **plain** 格式，但没有编号；
nonumberbreak	类似 **break** 格式，但没有编号；
empty	没有编号和定理名，只输出可选参数。

可以输出无编号的定理。也可以用 \newtheorem* 来定义无编号的定理。

ntheorem 增加了更多的设置命令和大量辅助的功能，如给宏包增加 [thmmarks] 选项后可以使用 \theoremsymbol 命令设置定理类环境末尾自动添加的符号，这对定义证明环境表示证毕符号特别有用：

```
% 导言区
\usepackage[thmmarks]{ntheorem}
{   % 利用分组，格式设置只作用于证明环境
  \theoremstyle{nonumberplain}
  \theoremheaderfont{\bfseries}
  \theorembodyfont{\normalfont}
  \theoremsymbol{\mbox{$\Box$}} % 放进盒子，或用 \ensuremath
  \newtheorem{proof}{证明}
}
```

2-2-41

```
\begin{proof}
证明是显然的。
\end{proof}
```

2-2-42

证明 证明是显然的。

ntheorem 宏包的功能很多，除了详细定制定理格式，还可以重定义已有的定理类环境、分类管理定理格式、生成定理目录等；具体的使用中也有很多注意事项（如与 amsmath 宏包使用时要加 [amsmath] 选项），读者可查阅宏包的文档 May and Schedler [153] 获得进一步的信息。

除了 theorem 和 ntheorem 宏包，美国数学会发布的 amsthm 宏包[10] 也常用于定理类环境的定制。在使用 XeLaTeX 时，amsthm 必须在 fontspec 宏包之前载入，而由于 ctex 文档类中的 xeCJK 宏包会自动调用 fontspec，因此不能在 ctexart 等文档类中直接使用 amsthm，而只能在 article 等标准文档类中使用 amsthm 宏包用再使用 ctexcap 宏包，比较不便。

amsthm 提供了预定义的 proof 环境用来表示证明并自动添加证毕符号，但这个环境的可定制性较差，只能通过重定义 \proofname 宏修改证明的“Proof”字样，或重定义 \qedsymbol 宏修改证毕符号，例如：

```
\usepackage{amsthm}
\renewcommand\proofname{证明}
\renewcommand\qedsymbol{\ensuremath{\Box}}
```

2-2-43

amsthm 的证毕符号没有 ntheorem 的智能，在显示公式中无法正确判断位置，此时需要手工使用 \qedhere 命令添加证毕符号，如：

```
% \usepackage{amsthm}
\begin{proof}
最后我们有
\[
  f(x) = 0. \qedhere
\]
\end{proof}
```

2-2-44

amsthm 预定义了一些格式，可以使用 \theoremstyle 命令选择，但如果用 \newtheoremstyle 命令定义新的格式则语法比较复杂。amsthm 与 ntheorem 宏包的功能大致相当，但 ntheorem 宏包的语法容易理解一些，也没有 XeLaTeX 下与 fontspec 的冲突问题，因此最好使用 ntheorem 包。有关 amsthm 定制定理格式的进一步用法可以详细内容参见宏包的文档 American Mathematical Society [10]，这里不做过多介绍了。

练 习

2.4 Schwarz 的 thmtools 宏包为 amsthm 或 ntheorem 提供了一个更为友好的基于键值语法的用户界面。试参阅文档 [231]，使用 thmtools 宏包的功能重写例 2-2-39。

2.2.5　抄录和代码环境

2.2.5.1　抄录命令与环境

在 2.1.2 节中我们已经看到，LaTeX 输入特殊符号相当复杂。然而我们有时候必须经常性地使用特殊符号，例如在排版计算机程序源代码时（特别是排版有关 TeX 的文章时）就不可避免地使用大量在 LaTeX 中有特殊意义的符号，此时就需要使用抄录（verbatim，即逐字）功能。

\verb 命令可用来表示行文中的抄录，其语法格式如下：

\verb⟨符号⟩⟨抄录内容⟩⟨符号⟩

在 \verb 后，起始的符号和末尾的符号相同，两个符号之间的部分将使用打字机字体逐字原样输出：

2-2-45

```
\verb"\LaTeX \& \TeX" \qquad
\verb!\/}{#$%&~!
```

```
\LaTeX \& \TeX    \/}{#$%&~
```

使用带星号的命令 \verb* 则可以使输出的空格为可见的 ␣:

2-2-46

```
显示空格 \verb*!1 2  3   4!
```

显示空格 1␣2␣␣3␣␣␣4

大段的抄录则可以使用 verbatim 环境:

2-2-47

```
\begin{verbatim}
#!usr/bin/env perl
$name = "guy";
print "Hello, $name!\n";
\end{verbatim}
```

```
#!usr/bin/env perl

$name = "guy";

print "Hello, $name!\n";
```

同样，可以使用带星号的 verbatim* 环境输出可见空格:

2-2-48

```
\begin{verbatim*}
#include <stdio.h>
main() {
    printf("Hello, world.\n");
}
\end{verbatim*}
```

```
#include␣<stdio.h>
main()␣{
␣␣␣␣printf("Hello,␣world.\n");
}
```

抄录命令和环境都属于特殊命令，一般不能作为其他命令的参数出现，例如使用 \fbox{\verb!abc!} 将会产生错误。可以使用 lrbox 环境把它们保存在自定义盒子中再进行使用，参见 2.1.5 节，这也可以由 fancyvrb 宏包[301] 提供的命令实现，例如:

2-2-49

```
% \usepackage{fancyvrb}
\SaveVerb{myverb}|#$%^&|
\fbox{套中 \UseVerb{myverb}}
```

套中 #$%^&

值得一提的是 cprotect 宏包[80]，它定义了 \cprotect 等命令，可以方便地在其他命令参数中使用 \verb 命令或 verbatim 环境。\cprotect 的用法与 \protect 有些类似，把它用在带参数的命令前面，来“保护”参数中有抄录的命令:

```
% \usepackage{cprotect}
\cprotect\fbox{套中 \verb|#$%^&|}
```

套中 #$%^&

2-2-50

尽管使用方便，cprotect 宏包的使用限制会多一些，在一些命令中（如 \parbox）仍然需要用先保存再使用的方式。

verbatim 宏包[233] 提供了 verbatim 环境的一些扩展。特别是定义了 \verbatiminput {⟨文件名⟩} 命令用于逐字抄录整个文件的内容。

shortvrb 宏包[161] 提供了 \verb 命令的简写形式，可以使用 \MakeShortVerb⟨符号⟩ 来定义这种简写，或用 \DeleteShortVerb⟨符号⟩ 取消定义，如在导言区定义：

```
\usepackage{shortvrb}
\MakeShortVerb|
```

那么就可以使用竖线 | 作为简写方式了：

```
verbatim |\LaTeX|
```

verbatim \LaTeX

2-2-51

fancyvrb 宏包提供了一系列 verbatim 环境的扩展，它提供的 Verbatim 环境可以修改字体、边框、填充颜色、行号等多种格式，甚至在抄录环境中插入任意 LaTeX 代码，功能强大。读者可参考宏包的文档 Zandt [301]，这里不作详细介绍了。

2.2.5.2　程序代码与 listings

可以使用 verbatim 环境排版程序代码。不过，如果还想在程序代码中增加语法高亮功能，那么 verbatim 环境就捉襟见肘了，比如要排版下面的效果：

```
1  /* hello.c
2   *  A 'hello world' program. */
3  #include <stdio.h>
4  int main()
5  {
6      printf("Hello,␣world.\n");
7      return 0;
8  }
```

这种带语法高亮的程序代码可以使用 listings 宏包[174] 排版。

listings 宏包提供的基本功能是 lstlisting 环境，可以把它看做是加强的 verbatim 环境。不过在未做任何设置时，lstlisting 环境并没有语法高亮的效果，而且看起来比直接使用 verbatim 还难看些，如下所示：

```
% 导言区使用 \usepackage{listings}
\begin{lstlisting}
/* hello.c */
#include <stdio.h>
main() {
    printf("Hello.\n");
}
\end{lstlisting}
```

```
/* hello.c */
#include <stdio.h>
main() {
    printf("Hello.\n");
}
```

要想得到漂亮的排版效果，必须仔细设置 lstlisting 环境的格式。可以使用 lstlisting 环境的可选参数设置格式，也可以使用 \lstset{⟨设置⟩} 进行全局设置。最基本的参数是 language，设置代码使用的语言，如：

2-2-52

```
\begin{lstlisting}[language=C]
/* hello.c */
#include <stdio.h>
main() {
    printf("Hello.\n");
}
\end{lstlisting}
```

```
/* hello.c */
#include <stdio.h>
main() {
    printf("Hello.\n");
}
```

此时可以看到 C 语言的注释用斜体排出，关键字用粗体排出，字符串中的空格也排版为可见的。listings 宏包支持的语言非常多，几乎包括了各种常见的语言（见表 2.11）。

前面的例子中字体并不是很好看，可以用 basicstyle 选项设置 lstlisting 环境的整体格式，或用 keywordstyle 设置关键字的格式，用 identifierstyle 设置标识符格式，用 stringstyle 设置字符串的格式，用 commentstyle 设置注释的格式，等等。以上这些都是影响 lstlisting 环境输出效果最明显的一些参数，例如：

表 2.11 listings 宏包预定义的语言。这里一些语言的定义只是初步的，如 HTML 和 XML，带下画线的方言是默认的方言

ABAP (R/2 4.3, R/2 5.0, R/3 3.1, R/3 4.6C, R/3 6.10)
ACM
ACMscript
ACSL
Ada (2005, 83, 95)
Algol (60, 68)
Ant
Assembler (Motorola68k, x86masm)
Awk (gnu, POSIX)
bash
Basic (Visual)
C (ANSI, Handel, Objective, Sharp)
C++ (ANSI, GNU, ISO, Visual)
Caml (light, Objective)
CIL
Clean
Cobol (1974, 1985, ibm)
Comal 80
command.com (WinXP)
Comsol
csh
Delphi
Eiffel
Elan
erlang
Euphoria
Fortran (03, 08, 77, 90, 95)
GAP
GCL
Gnuplot
hansl
Haskell
HTML
IDL (empty, CORBA)
inform
Java (empty, AspectJ)
JVMIS
ksh
Lingo
Lisp (empty, Auto)
LLVM
Logo
Lua (5.0, 5.1, 5.2)
make (empty, gnu)
Mathematica (1.0, 3.0, 5.2)
Matlab
Mercury
MetaPost
Miranda
Mizar
ML
Modula-2
MuPAD
NASTRAN
Oberon-2
OCL (decorative, OMG)
Octave
Oz
Pascal (Borland6, Standard, XSC)
Perl
PHP
PL/I
Plasm
PostScript
POV
Prolog
Promela
PSTricks
Python
R
Reduce
Rexx
RSL
Ruby
S (empty, PLUS)
SAS
Scilab
sh
SHELXL
Simula (67, CII, DEC, IBM)
SPARQL
SQL
tcl (empty, tk)
TeX (AlLaTeX, common, LaTeX, plain, primitive)
VBScript
Verilog
VHDL (empty, AMS)
VRML (97)
XML
XSLT

2-2-53

```
\lstset{ % 整体设置
  basicstyle=\sffamily,
  keywordstyle=\bfseries,
  commentstyle=\rmfamily\itshape,
  stringstyle=\ttfamily}
\begin{lstlisting}[language=C]
/* hello.c */
#include <stdio.h>
main() {
    printf("Hello.\n");
}
\end{lstlisting}
```

```
/* hello.c */
#include <stdio.h>
main() {
    printf("Hello.\n");
}
```

listings 宏包默认将字符等宽显示，这样可以使文字的不同列容易对齐，但也会使得一些字体看上去非常怪异。可以通过设置 `column` 选项为 `flexible`（默认为 `fixd`），或使用 `flexiblecolumns` 选项来把字符列设置为非等宽的。采用非等宽的列可以让默认的 Roman 字体看上去也比较顺眼：

2-2-54

```
\lstset{flexiblecolumns}% column=flexible
\begin{lstlisting}[language=C]
/* hello.c */
#include <stdio.h>
main() {
    printf("Hello.\n");
}
\end{lstlisting}
```

```
/* hello.c */
#include <stdio.h>
main() {
    printf ("Hello.\n");
}
```

可以设置 `numbers` 选项为 `left` 或 `right` 在左右增加行号（默认为 `none`），使用 `numberstyle` 选项设置行号格式：

```
\lstset{columns=flexible,
  numbers=left,numberstyle=\footnotesize}
\begin{lstlisting}[language=C]
/* hello.c */
#include <stdio.h>
main() {
   printf("Hello.\n");
}
\end{lstlisting}
```

```
1 /* hello.c */
2 #include <stdio.h>
3 main() {
4       printf ("Hello.\n");
5 }
```

2-2-55

2

listings 宏包还提供了 \verb 命令的对应物 \lstinline，这样可以直接在行文段落中使用带语法高亮的代码：

```
\lstset{language=C,flexiblecolumns}
语句 \lstinline!typedef char byte!
```

语句 **typedef** **char** byte

2-2-56

listings 宏包对汉字等非 ASCII 字符的支持不是很好。使用 XƎLaTeX 时，一般需要对汉字用转义字符处理，这样才能得到正确的结果[①]：

```
\lstset{language=C,flexiblecolumns,
  escapechar=`} % 设置 ` 为转义字符
\begin{lstlisting}
int n;  // `一个整数`
\end{lstlisting}
```

int n;　// 一个整数

2-2-57

listings 将转义字符之间的内容当做普通的 LaTeX 代码处理，因而汉字可以得到正确处理。事实上这种方法也可以用来输出一些特殊效果的代码，比如在代码中使用数学公式：

```
\lstset{language=C,flexiblecolumns,
  escapechar=`}
\begin{lstlisting}
double x = 1/sin(x); // `$\frac1{\sin x}$`
\end{lstlisting}
```

double x = 1/sin(x);　// $\frac{1}{\sin x}$

2-2-58

① xeCJK 从 v3.2.2 版本以后开始支持 listings，不需要再做转义。如果不使用 XƎLaTeX 而使用 CJK 方式处理汉字时，还需要设置 extendedchars=false 选项。

上面介绍的选项只是 listings 宏包各种功能中的很少一部分，事实上，使用 listings 宏包还可以设置背景颜色、强调内容、标题、目录等。请读者自行查阅宏包文档 Moses [174]。

2

2.2.6 tabbing 环境

tabbing 环境用来排版制表位，即让不同的行在指定的地方对齐。在 tabbing 环境中，行与行之间用 \\ 分隔，使用 \= 命令来设置制表位，用 \> 命令则可以跳到下一个前面已设置的制表位，因而可以用 tabbing 环境制作比较简单的无线表格（真正的表格参见 5.1 节）：

2-2-59

```
\begin{tabbing}
格式\hspace{3em} \= 作者 \\
Plain \TeX  \> 高德纳 \\
\LaTeX      \> Leslie Lamport
\end{tabbing}
```

格式	作者
Plain TEX	高德纳
LATEX	Leslie Lamport

\kill 命令与 \\ 类似，它会忽略这一行的内容，只保留制表位的设置。使用 \kill 可以做出 tabbing 环境的样本行：

2-2-60

```
\begin{tabbing}
格式\hspace{3em} \= 作者 \kill
Plain \TeX  \> 高德纳 \\
\LaTeX      \> Leslie Lamport
\end{tabbing}
```

Plain TEX	高德纳
LATEX	Leslie Lamport

关于制表位的其他命令如下：

\'	使它前后的文字以当前制表位为中心对齐
\`	使后面的文字右对齐
\<	与 \> 相反，跳到前一个制表位
\+	后面的行开始都右跳一个制表位
\-	后面的行开始都左跳一个制表位
\pushtabs	保存当前制表位
\poptabs	恢复由 \pushtabs 保存的制表位

由于在 tabbing 环境中原来表示字母重音的命令 \=、\'、\` 被重定义为制表位的操作，所以在 tabbing 环境中重音命令改为 \a 后加 =、`、'，如在 tabbing 中的 \a=o 就得到 ō。

下面给出一个相对复杂的例子，使用上面的命令排版一个算法，并说明这些命令的意义：

```
\newcommand\kw{\textbf} % 表示描述算法的关键字
\begin{tabbing}
\pushtabs
算法：在序列 $A$ 中对 $x$ 做二分检索 \\
输入：$A$, $x$ 及下标上下界 $L$, $H$ \\
\qquad\=\+\kw{integer} $L, H, M, j$ \\
\kw{while} \=\+ $L \leq H$ \kw{do} \` $L$ 与 $H$ 是左右分点 \\
          $M \gets \lfloor(L+H)/2\rfloor$ \` $M$ 是中间分点 \\
          \kw{case} \=\+\\
                 condition \= foo \+\kill
                 $x > A[M]$:\' $H \gets M-1$ \\
                 $x < A[M]$:\' $H \gets M+1$ \\
                  \kw{else}:\' \= $j \gets M$ \` 找到 $x$, 返回位置\\
                             \> \kw{return}$(j)$ \\
          \<\< \kw{endcase} \-\-\-\\
$j \gets 0$ \\
\kw{return}$(j)$ \-\\
\poptabs
算法示例：\\
$A = \{2, 3, 5, 7, 11\}$, $x=3$\\
\qquad\=\+ $M$\qquad \= $L$\qquad \= $H$\qquad \= \\
          无      \> 1       \> 5              \> 初始值，进入循环 \\
          3       \> 1       \> 2              \> $H$ 变化 \\
          2       \> 无      \> 无             \> 找到 $x$, 输出位置 2
\end{tabbing}
```

2-2-61

算法：在序列 A 中对 x 做二分检索

输入：A, x 及下标上下界 L, H

　　integer L, H, M, j

while $L \le H$ **do** L 与 H 是左右分点
　　$M \leftarrow \lfloor (L+H)/2 \rfloor$ M 是中间分点
　　case
　　　$x > A[M]$: $H \leftarrow M - 1$
　　　$x < A[M]$: $H \leftarrow M + 1$
　　　　else: $j \leftarrow M$ 找到 x，返回位置
　　　　　return(j)
　　endcase
$j \leftarrow 0$
return(j)

算法示例：
$A = \{2, 3, 5, 7, 11\}, x = 3$

M	L	H	
无	1	5	初始值，进入循环
3	1	2	H 变化
2	无	无	找到 x，输出位置 2

尽管使用 tabbing 环境可以很自由地排版复杂的算法，但时刻考虑制表位来调整算法结构有时实在太考验人的耐心了。排版算法这类结构化的伪代码可以使用专门的算法宏包。clrscode[57] 是许多算法宏包中最为简单的一种，它可以按著名教材《算法导论》[56] 中的格式进行算法排版，事实上它就是用 tabbing 环境实现的；另一个使用广泛的算法宏包是 algorithm2e[78]，它提供丰富的命令和复杂的定制功能；algorithmicx[117] 也提供了类似的易定制的算法排版功能，有需要的读者可以参见这些算法宏包的说明文档来做进一步的选择。

练 习

2.5 参考 clrscode 或 algorithm2e 宏包的文档，重新排版例 2-2-61 的算法。

2.2.7 脚注与边注

LaTeX 使用 \footnote{⟨脚注内容⟩} 产生脚注，例如[1]。这是脚注的默认格式，使用一个阿拉伯数字的上标作为编号，脚注内容出现在页面底部，以 \footnotesize 的字

[1]这是一个脚注。

号输出。脚注的内容可以是大段的文字，但注意前后应该都和正文紧接着，避免出现多余的空格，特别要注意标点前后的位置，像前面的例子：

```
例如\footnote{这是一个脚注。}。
```

2-2-62

\footnote 是自动编号的，例如[1]。\footnote 可以带一个可选的参数，表示手工的数字编号，例如用 \footnote[1]{又是一？} 的效果[1]，它不改变原来的脚注编号[2]。

脚注的使用有一些限制，它通常只能用在一般的正文段落中，不能用于表格、左右盒子（如一个 \mbox 的参数中）等受限的场合。此外，脚注也不能直接用在 \section 等章节命令的参数中，也不能用在 \parbox 中。不过可以把脚注用在 minipage 环境（参见 2.2.8 节）里面，此时脚注出现在 minipage 环境产生的盒子的底部，并使用局部的编号（默认按字母编号）：

```
\begin{minipage}{8em}
这是小页环境\footnote{脚注。}中的脚注。
\end{minipage}
```

这是小页环境[a]中的脚注。

[a]脚注。

2-2-63

脚注使用的计数器是 footnote，在 minipage 环境中则使用 mpfootnote 计数器，可以修改 \thefootnote 和 \thempfootnote 改变编号的格式。一种常见的修改是使用符号编号，即定义：

```
\renewcommand\thefootnote{\fnsymbol{footnote}}
```

2-2-64

得到的效果是[‡]。另一种常见修改是带圈的数字，这可以利用 \textcircled 命令生成的带圈文字来完成：

```
\renewcommand\thefootnote{\textcircled{\arabic{footnote}}}
```

得到的效果是[④]。使用 pifont 宏包[229] 提供的带圈数字符号效果更好些，使用 pifont 宏包的 \ding 命令可以输出符号表中的符号，查表找到阳文带圈数字从 172 号符号开始，此时需要 ε-TEX 的 \numexpr 命令支持数字的计算：

```
\usepackage{pifont}
\renewcommand\thefootnote{\ding{\numexpr171+\value{footnote}}}
```

2-2-65

[1]另一个脚注。
[1]又是一？
[2]继续前面编号。
[‡]符号编号的脚注。
[④]带圈数字编号脚注。

得到的效果是①，这也是本书使用的编号符号。

在不能使用脚注的位置，例如盒子、表格中，可以使用命令 \footnotemark 和 \footnotetext 分开输入脚注的编号和内容。\footnotemark[⟨数字⟩] 命令产生正文中的脚注编号，如果没有可选参数，脚注计数器自动自增；\footnotetext[⟨数字⟩]{⟨内容⟩} 命令产生脚注的内容，脚注计数器不自增，如果有可选参数就使用手工编号。这里在表格中使用脚注的方法是典型的（也可以把表格放在 minipage 环境中，直接使用 \footnote 命令即可）：

2-2-66

```
\begin{tabular}{r|r}
  自变量 & 因变量\footnotemark \\ \hline
  $x$ & $y$
\end{tabular}
\footnotetext{$y=x^2$。}
```

自变量	因变量[2]
x	y

如果要在章节或图表标题中使用脚注，则要用 \protect\footnote 代替 \footnote，因为这里 \footnote 是脆弱命令（fragile command），当脆弱命令用在所谓活动的命令参数（moving arguments）中时，就必须使用 \protect 命令保护起来[136, C.1.3]（参见 8.1.2 节）。此外还要注意使用 \section 等命令的可选参数避免把脚注符号装进页眉和目录中：

2-2-67

```
\section[节标题]{节标题\protect\footnote{标题中的脚注}}
```

实际中主要遇到的活动参数就是会生成目录项的命令，即章节命令和 \caption 等。

几条脚注之间的距离用长度变量 \footnotesep 设置。脚注线由命令 \footnoterule 定义，默认的定义是长为 2 in 的一条线，可以重定义 \footnoterule 改变脚注线，如可以使用命令 \renewcommand\footnoterule{} 定义脚注线为空。

更多脚注的格式的定制可以使用 footmisc 宏包[71] 完成。例如，LaTeX 的脚注默认每章重新清零编号（如果没有 \chapter 一级，则全文统一编号），可以使用

2-2-68

```
\usepackage[perpage]{footmisc}
```

让脚注每页清零编号，这也是中文排版更常见的样式。footmisc 还提供了控制脚注段落形状的许多选项，以及一些杂项命令，可参考文档 Fairbairns [71] 获得更多信息。

①更好的带圈脚注。

[2] $y = x^2$。

LaTeX 还提供了边注的命令 \marginpar{⟨内容⟩}，用来给文档添加在页边的旁注。边注的使用方法和脚注差不多，只是边注不编号，内容出现的位置与正文更接近。页边距通常很窄，所以不要在边注中长篇大论，最好把它留给个别需要强调指出的地方。

边注具有手稿风格。

在单面模式 onecolumn 下（参见 2.4.2 节），边注在页面的右侧；在双面模式 twocolumn 下，边注在页面的外侧（即奇数页在右，偶数页在左）。\marginpar 命令可以带一个可选参数，设置出现在偶数页左侧的边注，而原来的参数表示在右侧的边注，例如：

```
有边注的文字\marginpar[\hfill 左 $\rightarrow$]{$\leftarrow$ 右}
```

2-2-69

有边注的文字　　$\leftarrow$ 右

可以使用命令 \reversemarginpar 改变边注的左右（或内外）位置，或者用命令 \normalmarginpar 复原边注的左右位置。

边注主要由三个长度变量控制：\marginparwidth 是边注的宽度，\marginparsep 是边注与正文的距离，\marginparpush 是边注之间的最小距离。这些长度都可以用 \setlength 设置，不过前面两个变量也可以使用 geometry 宏包设置，这样更为方便（参见 2.4.2 节）。

\marginpar 产生的边注是浮动的，这样当边注内容较多不能直接放下时，实际内容会与插入命令的位置略有变化，如果不想要浮动的边注，可以改用 marginnote 宏包[132] 提供的 \marginnote 命令，禁止不需要的浮动。有时候，浮动的边注在双面模式下会被放在错误的一侧，可以使用 mparhack 宏包[234] 进行修正。

除了边注和脚注，endnotes 宏包还提供了尾注功能，一般用在注释特别多或长，不适于用脚注的情形，详细说明可参见宏包的文档 Lavagnino [144]。

2.2.8　垂直间距与垂直盒子

垂直间距的命令与水平间距的命令是对应的，类似用 \hspace 和 \hspace* 生成水平间距，可以用 \vspace{⟨长度⟩} 和 \vspace*{⟨长度⟩} 生成垂直间距。垂直间距也是弹性距离，可以用 \vfill 表示 \vspace{\fill}。

\vspace 的参数可以是长度的值，也可以是像 \parskip、\itemsep 这样的长度变量。LaTeX 也有一些预定义的垂直间距命令，\smallskip、\medskip、\bigskip 分别表示较小的、中间的和较大的垂直间距：

\smallskip　　\medskip　　\bigskip

这三个间距的大小由长度变量 \smallskipamount、\medskipamount、\bigskipamount 定义；其具体的值在文档类中定义，默认 \smallskipamount 的值是 3pt plus 1pt minus 1pt，\medskipamount 和 \bigskipamount 分别是它的 2 倍和 4 倍。

\addvspace{⟨长度⟩} 与 \vspace{⟨长度⟩} 的功能类似，只是它在重复使用时只起一个的作用，即 \addvspace{⟨*s1*⟩} \addvspace{⟨*s2*⟩} 相当于 \addvspace{max⟨*s1*⟩, ⟨*s2*⟩} 的功能。

为了保证正确的间距效果，这些间距命令一般放在后面一段的开头，而不是前面一段的末尾①。

LaTeX 使用两种机制处理断页问题，可以使用命令 \raggedbottom 告诉 LaTeX 让页面中的内容保持它的自然高度，把每一页的页面底部用空白填满。相反，\flushbottom 则让 LaTeX 将页面高度均匀地填满，使每一页的底部直接对齐。在标准文档类中，LaTeX 会为单面输出的文档（oneside 选项）设置 \raggedbottom，而为双面输出的文档（twoside 选项）设置 \flushbottom。当排满一页后，页面剩余空间比较大的时候，如果还要排版一个很高的内容（如多行的公式或表格），就会造成难看的断页，通常这是由浮动环境（参见 5.3.1 节）解决的，但在无可避免的时候就需要在两种断页机制下选择一种：双面印刷的书籍使用 \flushbottom 可以保证摊开时左右两页对称，但如果有太多过于松散的页面就不如使用 \raggedbottom 了。

\pagebreak 可以指定页面断页的位置，它可以带一个 0 到 4 的可选参数，表示建议断页的程度，0 允许分页，默认值 4 表示必须断页。\nopagebreak 与 \pagebreak 功能和参数的意义相反。例如可以使用 \pagebreak[3] 标示一个特别适合断页的地方，LaTeX 会优先考虑在此处断页。

在遇到一页最后只剩孤立的一行没有排完时，还可以临时用 \enlargethispage {⟨长度⟩} 增加当前页版心的高度，把剩下的一点内容装到当前页，避免难看的断页（尤其是在书籍一章的末尾）。还可以用带星的命令 \enlargethispage*，此时不仅增加页面版心高度，还会适当缩小行距。

可以使用 \newpage 直接对文字手工分页。分页不同于简单的断页，这也是通常我们习惯上所说的换一页的意义。\newpage 实际相当于首先强制分段，然后使用 \vfill 把页面填满，最后用 \pagebreak 换页。连续使用多个 \newpage 并不会多次分页产生空白页，如果需要多次手工分页，可以在空白页使用一个空的盒子 \mbox{} 占位。

\clearpage 与 \newpage 功能类似，也完成填充空白并分页的工作，不同的是它还会清理浮动体（参见 5.3.1 节）；\cleardoublepage 与 \clearpage 类似，只是在双面文档（twoside，参见 2.4.1 节）的奇数页会多分一页，使新的一页也在奇数页。

① 即在分段或 \par 之后。在盒子构造的场合，有时也可以不分段。

在 2.1.5 节我们已经知道了盒子的基本概念。不过，2.1.5 节介绍的盒子都是水平盒子，文字不能在其中分行分段（除非嵌套其他内容）。使用 \parbox 命令或 minipage 环境生成的子段盒子就没有这种限制，垂直盒子在 LaTeX 中也称为子段盒子（parbox），其语法格式如下：

\parbox[⟨位置⟩][⟨高度⟩][⟨内容位置⟩]{⟨宽度⟩}{⟨盒子内容⟩}

\begin{minipage}[⟨位置⟩][⟨高度⟩][⟨内容位置⟩]{⟨宽度⟩}
⟨盒子内容⟩
\end{minipage}

\parbox 和 minipage 环境必须带有一个宽度参数，表示内容的宽度，超出宽度的内容会自动换行：

```
前言\parbox{2em}{不搭后语}。
```

前言不搭后语。

2-2-70

在垂直盒子中会自动设置一些间距，如段落缩进 \parindent 会被设置为 0pt，段间距会被设置为 0pt（正文默认为 0pt plus 1pt）。

\parbox 和 minipage 环境还可以带三个可选参数，分别表示盒子的基线位置、盒子的高度以及（指定高度后）盒子内容在盒子内的位置。位置参数可以使用 c（居中）、t（顶部）、b（底部），默认为居中；内容位置参数可以使用 c、t、b、s（垂直分散对齐）。其中 s 参数只在有弹性间距时生效。而 t 选项指按第一行的基线对齐，而不是盒子顶端。例如：

```
前言\parbox[t]{2em}{不搭后语}。
后语\parbox[b]{2em}{不搭前言}。
```

不搭
前言不搭。后语前言。
后语

2-2-71

```
\begin{minipage}[c][2.5cm][t]{2em} 两个 \end{minipage}\quad
\begin{minipage}[c][2.5cm][c]{3em} 黄鹂鸣翠柳， \end{minipage}\quad
\begin{minipage}[c][2.5cm][b]{3em} 一行白鹭上青天。 \end{minipage}\quad
\begin{minipage}[c][2.5cm][s]{4em}
\setlength\parskip{0pt plus 1pt}% 恢复正文默认段间距
窗含西岭千秋雪，\par
门泊东吴万里船。
\end{minipage}
```

2-2-72

两个	黄鹂鸣 翠柳，	一行白 鹭上青 天。	窗含西岭 千秋雪， 门泊东吴 万里船。

2

在例 2-1-77 中我们看到了如何利用 `lrbox` 环境把 `\verb` 命令产生的抄录内容放在盒子里面使用，但如果把里面的 `\verb` 换成 `verbatim` 就会失败，因为 `lrbox` 里面只能放置水平模式的内容，`verbatim` 环境则是在垂直模式数行内容。此时，可以在 `verbatim` 环境外再套一层 `minipage`，将整个抄录环境的内容看做一个整体[①]：

2-2-73

```
\newsavebox\verbatimbox % 通常在导言区定义
\begin{lrbox}\verbatimbox
\begin{minipage}{10em}
\begin{verbatim}
#!/bin/sh
cat ~/${file}
\end{verbatim}
\end{minipage}
\end{lrbox}
\fbox{\usebox\verbatimbox}\quad\fbox{\usebox\verbatimbox}
```

```
#!/bin/sh          #!/bin/sh
cat ~/${file}      cat ~/${file}
```

除了水平盒子和垂直盒子，还有一种重要的盒子，称为标尺（rule）盒子。标尺盒子用 `\rule` 命令产生：

\rule[⟨升高距离⟩]{⟨宽度⟩}{⟨高度⟩}

一个标尺盒子就是一个实心的矩形盒子，不过通常只是使用一个细长的标尺盒子画线，这正是“标尺”一词的由来，例如：

2-2-74

```
\rule{1pt}{1em}Middle\rule{1pt}{1em} \\
Left\rule[0.5ex]{2cm}{0.6pt}Right \\
\rule[-0.1em]{1em}{1em} 也可以用作证毕符号
```

|Middle|

Left————Right

■ 也可以用作证毕符号

① 不过，这个功能可以直接使用 fancyvrb 的 `SaveVerbatim` 环境和 `\UseVerbatim` 命令。

这里参数 ⟨升高距离⟩ 默认为 0pt，它实际上是设置盒子深度的相反数，效果就像把盒子做了移位一样。

类似幻影 \phantom，LaTeX 有一种宽或高为零的盒子，专门用来占位，称为“支架”（strut）。LaTeX 有预定义的垂直支架 \strut，占有当前字号大小的高度和深度；有时也可以使用长或宽为零的标尺盒子来表示任意大小的支架，例如：

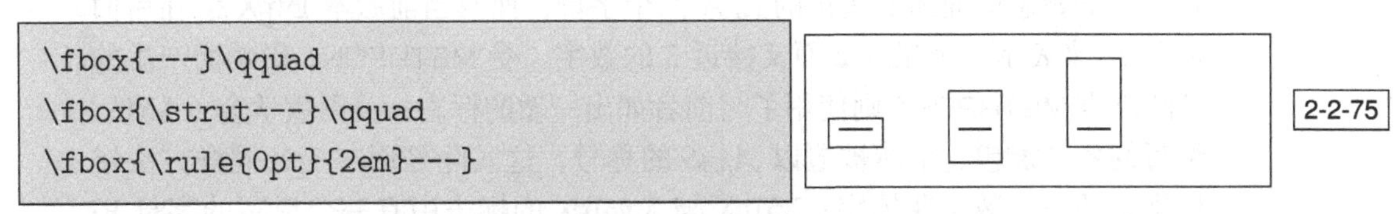

```
\fbox{---}\qquad
\fbox{\strut---}\qquad
\fbox{\rule{0pt}{2em}---}
```

2-2-75

可以用 \raisebox 造成升降的（水平）盒子：

\raisebox{⟨距离⟩}[⟨高度⟩][⟨深度⟩]{⟨内容⟩}

其中距离为正时盒子里面的内容上升，距离为负时下降。例如我们可以使用 \raisebox 和 \hspace 自己定义 TeX 的标志：

```
% 这与实际 \TeX 的定义基本等价
\mbox{T\hspace{-0.1667em}%
\raisebox{-0.5ex}{E}%
\hspace{-0.125em}X}
```

TeX

2-2-76

\parbox 命令和 minipage 环境产生的垂直盒子必须事先确定宽度，这对于自动折行是十分必要的。然而在个别的场合，我们只是需要盒子的内容能手工分成几行，却又希望它保持按手工分行的“自然”宽度，这时可以改用 varwidth 宏包[18] 提供的 varwidth 环境代替 minipage 环境。varwidth 对应 minipage 的宽度参数，表示盒子的最大宽度，例如：

```
\fbox{\begin{varwidth}{10cm}
自然\\宽度
\end{varwidth}}
```

自然
宽度

2-2-77

不过在 5.1.2 节我们将看到，在一些简单的情况下这可以使用一个单列的表格完成。

TeX 标志

高德纳教授为他的 TeX 软件设计了一个高低起伏的标志：“字母‘E’是不平的，错位的‘E’提醒我们 TeX 是关于排版的，并且也把 TeX 与其他系统的名字区分开来。”[126] 与此同时，与 TeX 同时设计的字体描述语言 METAFONT[125] 也被赋予了独特的写法——使用以 METAFONT 语言描述并绘制的专用字体排印。

这一独特的命名趣味随即被 TeX 的各种相关工具所效仿。LaTeX 的标志是在 TeX 的标志前面加上错排的 L, A 两个字母，而其当前版本 LaTeX 2ε 在后面加上 2ε 来表示一个超过 2 而又接近 3 的数字。受 METAFONT 影响而产生的绘图语言 METAPOST 则使用了与前者如出一辙的标志；美国数学会（AMS）编写的各种宏包、字体被冠以 $\mathcal{A}\!\mathcal{M}\!\mathcal{S}$ 的称号，这实际是用与 TeX 同样方法错位排布的三个数学花体字；XeTeX 与 XeLaTeX 的标志中有一个反写的字母 E；BibTeX 中 BIB 三个字母（bibliography 的缩写）则用了小型大写字母，等等。甚至连绘图包 XY-pic、基于 LaTeX 的文档处理系统 LyX、TeXmacs 等，也有自己独特的名字和标志。TeX 相关软件的作者们喜欢以此彰显自己的不同。

当然，所有这些标志都不难用 TeX 本身排版出来，例 2-2-76 就给出了 TeX 标志的排版方式，使用类似的方法不难实现各种相关软件的标志。尽管本书充斥着这类软件标志，但它们在实际的书籍文章中其实很少会用到。表 2.12 给出了一些常见标志在 LaTeX 中的命令。

表 2.12 TeX 及部分相关软件所使用的标志

标志	命令	额外的宏包
TeX	\TeX	
LaTeX	\LaTeX	
LaTeX 2ε	\LaTeXe	
METAFONT	\MF	mflogo
METAPOST	\MP	mflogo
$\mathcal{A}\!\mathcal{M}\!\mathcal{S}$	\AmS	amsmath
XeTeX	\XeTeX	metalogo 或 hologo
XeLaTeX	\XeLaTeX	metalogo 或 hologo
BibTeX	\BibTeX	doc 或 hologo

2.3　文档的结构层次

纲举而目张，科技文档首重结构条理。LaTeX 鼓励结构化的文档编写，并提供了许多设置文档结构的手段。这一节我们将看到如何正确使用 LaTeX 提供的命令将文档的内容与格式分离，使文档不仅有良好的输出效果，也有清晰整齐易于维护的源文件。

2.3.1　标题和标题页

LaTeX 的标题文档类提供专门的命令输入文章或书籍的标题。在 LaTeX 中，使用标题通常分为两个部分：声明标题内容和实际输出标题。每个标题则由标题、作者、日期等部分组成。

声明标题、作者和日期分别使用 \title、\author 和 \date 命令。它们都带有一个参数，里面可以使用 \\ 进行换行。标题的声明通常放在导言区，也可以放在标题输出之前的任何位置，例如：

```
\title{杂谈勾股定理\\——勾股定理的历史与现状}
\author{张三\\九章学堂}
\date{庚寅盛夏}
```

2-3-1

\author 定义的参数可以分行，一般第一行是作者姓名，后面是作者的单位、联系方式等。如果文档有多个作者，则多个作者之间用 \and 分隔，例如：

```
\author{张三\\九章学堂 \and 李四\\天元研究所}
```

2-3-2

张三	李四
九章学堂	天元研究所

\date 命令可以省略，如果省略，就相当于定义了 \date{\today}，即设置为当天的日期。\today 输出编译文档当天的日期，在英文文档类中默认使用英文（如 April 6, 2014），在中文 ctexart 等文档类中默认使用中文（如 2014 年 4 月 6 日）。使用 ctex 宏包可以用 \CTEXoptions 来设置 \today 的输出格式[58]：

\CTEXoptions[today=small]	2014 年 4 月 6 日
\CTEXoptions[today=big]	二〇一四年四月六日
\CTEXoptions[today=old]	April 6, 2014

在声明标题和作者时，可以使用 \thanks 命令产生一种特殊的脚注，它默认使用特殊符号编号，通常用来表示文章的致谢、文档的版本、作者的详细信息等，例如：

```
\title{杂谈勾股定理\thanks{本文由九章基金会赞助。}}
\author{张三\thanks{九章学堂讲师。}\\九章学堂}
```

2-3-3

使用 \maketitle 命令可以输出前面声明的标题，在 1.2.2 节中我们已经看到它的使用，通常 \maketitle 是文档中 document 环境后面的第一个命令。整个标题的格式是预设好的，在 article 或 ctexart 文档类中，标题不单独成页；在 report, book 或 ctexrep, ctexbook 文档类中，标题单独占用一页。也可以使用文档类的选项 titlepage 和 notitlepage 来设置标题是否单独成页。

对于标准文档类，标题的格式是固定好的，LaTeX 并没有提供更多的修改标题格式的命令和选项，如果只是修改字体，可以直接把字体命令放进 \title、\author 等命令中（参见 1.2.8 节）。对于更复杂的标题格式，由于标题在文档中只出现一次，而且不影响文档其他部分的内容，所以文档标题可以通过直接手工设置文字和段落格式排版得到，可以不使用 \title, \maketitle 等命令提供的功能。

单独成页的标题格式通常形式多变，可以在 titlepage 环境中排版。titlepage 环境提供没有页码的单独一页，并使后面的内容页码从 1 开始计数，例如：

```
% 手工排版的标题页
\begin{titlepage}
  \vspace*{\fill}
  \begin{center}
  \normalfont
  {\Huge\bfseries 杂谈勾股定理}

  \bigskip
  {\Large\itshape 张三}

  \medskip
  \today
  \end{center}
  \vspace{\stretch{3}}
\end{titlepage}
```

2-3-4

除了直接手工排版标题，或在声明标题时就加上了字体、字号等命令，也可以使用 titling 宏包详细设置标题、作者、日期在使用 \maketitle 时的输出方式。这个宏包适合模板作者使用，可参见宏包文档 Wilson [291]。

2.3.2 划分章节

LaTeX 的标准文档类可以划分多层章节。在 1.2.2 节中，我们只看到了 \section（节）的层次，事实上，在 LaTeX 中可以使用 6 到 7 个层次的章节，如表 2.13 所示。

表 2.13 章节层次

层次	名称	命令	说明
−1	part（部分）	\part	可选的最高层
0	chapter（章）	\chapter	report, book 或 ctexrep, ctexbook 文档类的最高层
1	section（节）	\section	article 或 ctexart 类最高层
2	subsection（小节）	\subsection	
3	subsubsection（小小节）	\subsubsection	report, book 或 ctexrep, ctexbook 类默认不编号、不编目录
4	paragraph（段）	\paragraph	默认不编号、不编目录
5	subparagraph（小段）	\subparagraph	默认不编号、不编目录

一个文档的最高层章节可以是 \part，也可以不用 \part 直接使用 \chapter（对 book 和 report 等）或 \section（对 article 等）；除 \part 外，只有在上一层章节存在时才能使用下一层章节，否则编号会出现错误。在 \part 下面，\chapter 或 \section 是连续编号的；在其他情况下，下一级的章节随上一节的编号增加会清零重新编号。

例如，在 book 类中，可以使用如下的提纲：

```
\documentclass{book}
\title{Languages}\author{someone}
\begin{document}
\maketitle
\tableofcontents
% 这里用缩进显示层次
\part{Introduction}                        % Part I
  \chapter{Background}                     %   Chapter 1
\part{Classification}                      % Part II
  \chapter{Natural Language}               %   Chapter 2
  \chapter{Computer Languages}             %   Chapter 3
    \section{Machine Languages}            %     3.1
```

```
13    \section{High Level Languages}               %     3.2
14      \subsection{Compiled Language}             %       3.2.1
15      \subsection{Interpretative Language}       %       3.2.2
16      \subsubsection{Lisp}
17        \paragraph{Common Lisp}
18        \paragraph{Scheme}
19      \subsubsection{Perl}
20  \end{document}
```

2-3-5

可以使用带星号的章节命令（如 \chapter*）表示不编号、不编目的章节。例如教材每章后面的习题往往不编号，也不必放在目录中，就可以用 \section*{习题} 开始习题这一节。

有时，我们希望在正文中的章节题目与在目录、页眉中的不同——正文中使用完整的长标题，目录和页眉使用短标题。可以给命令添加可选参数来做到这一点，如：

```
\chapter[展望与未来]{展望与未来：畅想新时代的计算机排版软件}
```

计数器 secnumdepth 控制除 \part 外，对章节进行编号的层次数，它的默认值为 3，也就是对 book, report 类编号到 \subsection；对 article 类编号到 \subsubsection（见表 2.13）。可以在导言区修改这个计数器的值来修改编号的层次数。

计数器 tocdepth 控制除 \part 外，对章节编入目录的层次数，它的默认值为 3（见表 2.13）。可以在导言区修改此计数器的值。

章节的计数器与其命令同名，如 \chapter 的计数器就是 chapter、\section 的计数器就是 section。直接重定义这些计数器的输出格式可以一定程度上的修改章节格式，详细的设置参见 2.3.4 节。

\appendix 命令用来表示附录部分的开始。命令 \appendix 后面的所有章（对于 book、report 等）或节（对于 article 等）都将改用字母进行编号：如编号的 “Chapter 1”（中文文档类为 “第一章”）改为 “Appendix A”（中文文档类为 “附录 A”）。例如某教材的习题解答作为附录的一章，可以用

```
% ...
\appendix
\chapter{习题解答}
% ...
```

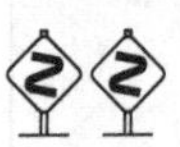
标准文档类对附录部分章节格式是固定的，即适当修改了相应的章节格式。可以自己可以重定义 \appendix 命令来设置自己的附录格式（参见 2.3.4 节）。也可

以使用 appendix 宏包[286] 设置附录格式，它提供了更多的命令和选项来控制 \appendix 及相关命令的行为，这里不再赘述。

对于 book 或 ctexbook 类，还可以把全书划分为正文前的资料（front matter）、正文的主要部分（main matter）、后面的附加材料（back matter）。这是由 \frontmatter，\mainmatter 和 \backmatter 控制的，例如：

```
\documentclass{ctexbook}
\title{语言}
\author{张三 \and 李四}
\begin{document}

\frontmatter
\maketitle
\tableofcontents
\chapter{序}                    % 不编号
% ...

\mainmatter                     % 页码重新计数
\chapter{自然语言}
% ...
\chapter{计算机语言}
% ...

\backmatter
\chapter{进一步的参考资料}  % 不编号
% ...
\end{document}
```

这三个命令都会使用 \clearpage 或 \cleardoublepage 另起新页（参见 2.2.8 节、5.3.1 节），输出以前未处理的浮动图表。\frontmatter 会令页码按小写罗马数字编号，并关闭 \chapter 的编号；\mainmatter 会令页码按阿拉伯数字编号；\backmatter 会关闭 \chapter 的编号。

2

2.3.3 多文件编译

对一篇只有几页纸的文章，把所有的内容都放进一个 TeX 源文件就足够了。但如果要排版更长的内容，例如与本书篇幅相当的文档，单一文件的编译方式就不那么方便了。更好的方式是按文档的逻辑层次，把整个文档分成多个 TeX 源文件，这样文档的内容更便于检索和管理，也适合大型文档的多人协同编写。

LaTeX 提供的 \include{⟨文件名⟩} 命令可用来导入另一个文件的内容作为一个章节，文件名不用带 .tex 扩展名。\include 命令会在之前和之后使用 \clearpage 或 \cleardoublepage 另起新页（参见 2.2.8 节），同时将这个文件的内容贴到 \include 命令所在的位置[①]。于是，可以按下面的方式组织一本书：

```
% languages.tex
%   整个文档的主文件
\documentclass{ctexbook}
\title{语言}
\author{张三 \and 李四}
\begin{document}
\maketitle
\tableofcontents
\include{lang-natural}
\include{lang-computer}
\end{document}
```

```
% lang-natural.tex
%   “自然语言”一章，不能单独编译
\chapter{自然语言}
……
```

```
% lang-computer.tex
%   “计算机语言”一章，不能单独编译
\chapter{计算机语言}
……
```

① 这个命令实际完成的工作还要多一些，如写不同的辅助文件、判断个别例外不读入等。

这样，就把一本书籍划分成了三个文件：一个主文件 languages.tex，它是文档的中心，编译文档时只要对主文件编译即可；两章内容的文件 lang-natural.tex 和 lang-computer.tex，每个文件只有一章的内容。如果这本书由张三和李四分工编写，在他们共同写好 languages.tex 这个提纲以后，就可以分头编写两章的内容了，二人的工作可以互不影响。

使用 \include 划分文档以后有一个特别的便利，就是可以通过修改主文件的几行来选择编译整个文档的某一章或某几章。当然可以把不要的章节注释掉来达到这个目的，不过更好的办法是使用 \includeonly{⟨文件列表⟩} 命令，其中 ⟨文件列表⟩ 是用英文逗号隔开的若干文件名。在导言区使用 \includeonly 命令以后，只有文件列表中的文件才会被实际地引入主文件。更好的是，如果以前曾经完整地编译过整个文档，那么在使用 \includeonly 选择编译时，原来的章节编号、页码、交叉引用等仍然会保留为前一次编译的效果，例如：

```
% languages.tex
%   整个文档的主文件
\documentclass{ctexbook}
\title{语言}
\author{张三 \and 李四}
\includeonly{lang-natual}          % 只编译“自然语言”一章
\begin{document}
\maketitle
\tableofcontents
\include{lang-natural}
\include{lang-computer}
\end{document}
```

使用 \include 命令需要注意的是，最好不要在子文件中新定义计数器、声明新字体，否则在使用 \includeonly 时，会因为找不到出现在辅助文件中而在源文件中缺失的计数器而出错。

比 \include 命令更一般的是 \input 命令，它直接把文件的内容复制到 \input 命令所在的位置，不做其他多余的操作。\input 命令接受一个文件名参数，文件名可以带扩展名，也可以不带扩展名（此时认为扩展名是 .tex）。例如，如果一个文档的导言区设置非常多，可以把导言区的设置都放在一个 preamble.tex 文件中，然后在主文件中就可以这样写：

```
% main.tex
```

```
2 %   主文档
3 \documentclass{ctexart}
4 \input{preamble}     % 复杂的导言区设置
5 \begin{document}
6 ……（文档的内容）
7 \end{document}
```

除了导言区，经常也把复杂图表代码放在一个单独的文件中，然后在主文件中使用 \input 命令插入，这样可以使文档的正文部分看起来比较清爽，图表的代码也可以被另外的专用主文档引入单独进行测试。另外，如果需要引入的文件只是 article 中的一节，不需要多余的换页时，也可以用 \input 命令代替 \include 命令引入不换页的小的章节文件。

在被引入的文件末尾，可以使用 \endinput 命令显式地结束文件的读入。在 \endinput 命令的后面，就可以直接写一些注释性的文字，而不必再加注释符号，例如：

```
1 % lang-natural.tex
2 \chapter{自然语言}
3 ……
4 \endinput
5 这是“自然语言”一章，不能单独编译。要编译文档，直接编译主文件：
6   xelatex languages.tex
```

主文件中的 \end{document} 命令也有类似的功能。

对于大型文档，在编写中有时只需要 LaTeX 编译程序检查语法，并不需要实际输出。此时可以使用 syntonly 宏包的 \syntaxonly 命令[168]：

```
1 % languages.tex
2 %   整个文档的主文件
3 \documentclass{ctexbook}
4 \usepackage{syntonly}
5 \syntaxonly      % 只检查语法，不输出 DVI/PDF 文件
6 \begin{document}
7 ……
8 \end{document}
```

2-3-6

使用 syntonly 宏包编译文档时不输出 DVI/PDF 文件，速度比直接编译输出要快一些，可以节约文档编写的时间。

2.3.4 定制章节格式

LaTeX 标准文档类 book, report, article 的章节格式是固定的，章节标题用什么字体、字号，前后的间距如何，用怎样的编号方式等，都是预定好的，并没有提供直接进行控制的命令，一般都要通过其他的宏包完成相关的定制。

ctex 宏包的三个文档类 ctexbook, ctexrep, ctexart 使用的默认章节格式与英文标准文档类的格式略有区别。ctex 宏包还提供了 \CTEXsetup 命令来设置章节标题的格式[58, § 2.5]，其语法格式如下：

\CTEXsetup[⟨*选项1*⟩=⟨*值1*⟩, ⟨*选项2*⟩=⟨*值2*⟩, ...]{⟨*对象类型*⟩}

其中 ⟨*对象类型*⟩ 可以是 part, chapter, section, subsection, subsubsection, paragraph, subparagraph; ⟨*选项1*⟩, ⟨*选项2*⟩ 等是设置的选项，包括 name, number, format, nameformat, numberformat, titleformat, aftername, beforeskip, afterskip, indent； 而 ⟨*值1*⟩, ⟨*值2*⟩ 等是对应选项的设置内容。

下面逐条解释 \CTEXsetup 的选项：

☞ **name={⟨*前名*⟩,⟨*后名*⟩}**

用来设置章节的名字，包括章节编号前面和后面的词语，前后两个名字之间用西文逗号分开，例如：

```
\CTEXsetup[name={第,节}]{section}
```

将设置 \section 的标题的名字类似“第 1 节”。

☞ **number={⟨*编号格式*⟩}**

相当于设置章节的计数器的 \the⟨*counter*⟩ 命令，例如：

```
\CTEXsetup[number={\chinese{section}}]{section}
```

如果配合前面章节名的设置，将产生类似“第一节”的名字。

☞ **format={⟨*格式*⟩}**

用于控制章节标题的全局格式，作用域为章节名字和随后的标题内容。常用于控制章节标题的对齐方式，例如设置节标题左对齐，整体粗体：

```
\CTEXsetup[format={\raggedright\bfseries}]{section}
```

*本节内容初次阅读可略过。

☞ **nameformat={⟨格式⟩}**

类似 format，控制章节名和编号的格式，不包括后面的章节标题。

☞ **numberformat={⟨格式⟩}**

类似 format，仅控制编号的格式，不包括前后章节名和章节标题。

☞ **titleformat={⟨格式⟩}**

类似 format，仅控制章节标题的格式，不包括前面的章节名和编号。

☞ **aftername={⟨代码⟩}**

控制章节名和编号（如“第一章”）与后面标题之间的内容。通常设置为一定间距的空格，或换行（换行仅对 chapter 和 part 有效），例如：

```
\CTEXsetup[aftername={\\\vspace{2ex}}]{part}
```

☞ **beforeskip={⟨长度⟩}**

控制章节标题前的垂直距离。

☞ **afterskip={⟨长度⟩}**

控制章节标题后的垂直距离。

☞ **indent={⟨长度⟩}**

控制章节标题的缩进长度。

ctex 的文档类中，\CTEXsetup 的选项的默认值可进一步参见文档 ctex.org [58]。

在 \CTEXsetup 命令中，可以使用 += 代替 =，表示在默认选项的基础上增加格式设置。例如，如果要让每小节 \subsection 的标题使用仿宋体，就可以用命令：

```
\CTEXsetup[titleformat+={\fansong}]{subsection}
```

ctex 宏包提供的 \CTEXsetup 只能用于中文文档，而且支持的格式还不够多变自由，难以生成更复杂的章节标题格式。在西文文档中，或是要设置更复杂的章节标题（如本书），可以使用 titlesec 宏包。这里只对一些初级命令做简单介绍，详细的设置请参见 Bezos [27]。

titlesec 宏包使用时可以带几个可选参数，用来全局地修改标题的字体、对齐方式。选项

```
rm  sf  tt  bf  up  it  sl  sc
```

用来设置标题使用的字体族、字体系列和字体形状，默认是 bf，即普通字体的粗体系列。选项

```
big  medium  small  tiny
```

用来设置标题的字号，默认是最大的 big，最小号的 tiny 则使所有标题字体与正文大小相同，medium 和 small 介于最大和最小之间。选项

raggedright　center　raggedleft

用来设置标题的对齐方式，例如：

```
\usepackage[sf,bf,it,centering]{titlesec}
```

2-3-7

将设置章节标题的字体为 \sffamily\bfseries\itshape，居中。

宏包选项 compact 会使章节标题前后的垂直间距比较紧。

\titlelabel{⟨代码⟩} 命令用来设置编号标签的格式，⟨代码⟩ 中可以使用 \thetitle 指代 \thesection、\thesubsection 等命令。对标准文档类，默认设置是：

\titlelabel{\thetitle\quad}

可以修改为需要的格式，例如：

```
\titlelabel{\S~\thetitle\quad}
```

2-3-8

将在所有的章节编号前加符号 §。

带星号的 \titleformat* 命令则可以作为宏包选项的补充，用来设置某一级标题的格式，例如：

```
\titleformat*{\section}{\Large\itshape\centering}
```

2-3-9

将使节标题使用 \Large 字号的意大利体并居中。这里的设置将会覆盖默认的和在宏包选项中出现的全局设置，因此一般对字体、字号、对齐方式等都要进行设置。

titlesec 的其他功能包括使用不带星号的 \titleformat 命令对章节格式做更详细的设置，使用 \titlespace 命令设置章节标题的间距，增添横线，控制页面版式（可代替 fancyhdr，参见 2.4.3 节），控制章节分页，增加新的章节层次等功能，篇幅所限，这里就不再一一介绍了。

练 习

2.6 试试看，下面代码的作用是什么？

```
\CTEXsetup[name={\S,}, number={\arabic{section}}, aftername={---},
  format={\raggedright}, nameformat={\Large\bfseries},
  titleformat={\LARGE\sffamily}, indent={1pc}]{section}
```

使用 titlesec 宏包的功能重新实现上面的设置（可以只考虑 \section）。

2.7 本书的章节格式就是用 titlesec 宏包设置的。查阅文档，试试你能否仿做出本书的章节格式。

2.4 文档类与整体格式设计

这一节，我们主要将注意力集中在导言区的代码，讨论文档的一些全局设置，特别是版面设计的相关内容。

2.4.1 基本文档类和 ctex 文档类

文档类（document class）是 LaTeX 2ε 中基本的格式组织方式。文件类通常都是针对某一类格式相近的文档设计的，从适用范围广泛的“文章”、“书籍”到非常专门的“某大学博士论文模板”，不一而足。选定了一个文档类，就相当于选定了很大的一集 LaTeX 格式，可以在一个规范的框架下进行文档编写。

本书的大部分内容都是基于 LaTeX 2ε 的基本文档类和 ctex 文档类叙述的。ctex 文档类是由 CTeX 中文社区[①]组织编写的 LaTeX 2ε 基本文档类的中文对应物，它是在 LaTeX 2ε 基本文档类的基础上编写的。LaTeX 2ε 基本文档类和 ctex 文档类主要提供了文档的整体框架（如 \maketitle, \section 等命令）、基本设置（如默认字号、默认的中文字体）、基本工具（如 enumerate 等环境）等，它们提供了最基本的通用文档格式，但并不对文档的适用性做过多限制。下面就对这两组适用最广的文档类做一简单介绍。

LaTeX 2ε 基本文档类主要有三个：article, report 和 book。这三个基本文档类分别设计用来编写小篇幅的文章、中篇幅的报告和长篇幅的书籍。三个文档类的格式都很简单，提供的命令也相差不多，只有少数区别，如 article 没有 \chapter，\mainmatter 只有 book 类才有等。基本文档类的许多格式是可以通过选项调整的，例如：

2-4-1
```
\documentclass[a4paper,titlepage]{article}
```

将设置文档为 A4 纸大小，标题单独占一页。

基本文档类预定义的所有选项总结见表 2.14。

单面文档的奇偶数页面是相同的，双面文档则不同。对双面印制的文档，通常在页面左侧装订，翻开后奇数页一般在右边，偶数页在左边，因而在页面边距、页眉页脚、边注位置等方面都与单面文档有所区别，大多取左右对称的设置。如果选定 twoside 模式，可以使用 openright 使每个 \part 和 \chapter 都只出现在右边的页面（奇数页），之前不足的页面用空白补足。

纸张大小、方向的设置可进一步参见 2.4.2 节，字号参见 2.1.4 节，分栏参见 2.4.4 节，标题参见 2.3.1 节 titlepage 环境的说明，titlepage 选项也会使摘要独自成页，公式设置参见 4.5 节，参考文献参见 3.3.5 节。

① http://bbs.ctex.org/

表 2.14　LaTeX 2_ε 标准文档类的选项

类型	选项	说明
纸张大小	a4paper	21.0 cm × 29.7 cm
	a5paper	14.8 cm × 21.0 cm
	b5paper	17.6 cm × 25.0 cm
	letterpaper	8.5 in × 11 in　（默认值）
	leagalpaper	8.5 in × 14 in
	executivepaper	7.25 in × 10.5 in
纸张方向	landscape	横向，即长宽交换　（默认无，即为纵向页面）
单双面	oneside	单面　（article, report 默认值）
	twoside	双面，奇偶页面版式不同，左右对称　（book 默认值）
字号大小	10pt	正文字号为 10 pt，\large 等命令与之相衬（默认值）
	11pt	正文字号为 11 pt
	12pt	正文字号为 12 pt
分栏	onecolumn	单栏　（默认值）
	twocolumn	双栏
标题格式	titlepage	标题独自成页　（report, book 默认值）
	notitlepage	标题不独自成页　（article 默认值）
章格式	openright	每章只从奇数页开始　（book 默认值）
	openany	每章可从任意页开始　（article, report 默认值）
公式编号	leqno	公式编号在左边　（默认无，即公式编号在右边）
公式位置	fleqn	公式左对齐，固定缩进　（默认无，即公式居中）
草稿设置	draft	草稿，会把行溢出的盒子着重显示为黑块
	final	终稿　（默认值）
参考文献	openbib	每条文献分多段输出　（默认无）

基本文档类的默认选项总结如下：

article	letterpaper,10pt,oneside,onecolumn,notitlepage,final
report	letterpaper,10pt,oneside,onecolumn,titlepage,openany,final
book	letterpaper,10pt,twoside,onecolumn,titlepage,openright,final

2

LaTeX 在文档类中的选项是全局设定的，不仅会影响文档类的代码，也会影响文档所使用的宏包。例如文档类中的纸张选项也会影响 geometry 宏包，草稿设置选项也会影响插图的 graphicx 宏包（参见 5.2.1 节）等。

ctex 宏包[58] 提供了三个文档类：ctexart, ctexrep 和 ctexbook，分别与三个标准文档类对应，用来编写中文短文、中文报告和中文书籍。除了三个文档类，ctex 宏包还包括 ctex.sty 和 ctexcap.sty 两个格式文件，以及上述文档类和格式文件的 UTF8 编码变体。

ctex.sty 提供基本的中文输出支持，ctexcap.sty 则提供 ctex.sty 的全部功能和英文标题的汉化，几个文档类则在 ctexcap 的基础上进一步设置默认的字号大小为中文字号。在大多数情况下，我们都直接使用 ctex 提供的文档类，但在一些非标准的文档类中，则可以按需要使用 ctexcap 或 ctex 格式。例如，在编写宏包文档的 ltxdoc 文档类（基于标准文档类）中，可以使用 ctexcap 支持中文①：

```
\documentclass{ltxdoc}
\usepackage{ctexcap}
\zihao{5}
\begin{document}
…………
\end{document}
```

而在已经失去标准文档类原有结构的个人简历文档类 moderncv 中，就可以使用 ctex 支持中文：

```
\documentclass{moderncv}
\usepackage{ctex}
\zihao{-4}
\begin{document}
…………
\end{document}
```

2-4-2

① 在更新版本中的 ctex 宏包将简化不同格式的使用，ctex 格式将默认带有 ctexcap 及文档类的汉化、字号设置等功能，此时 ctexcap 就不再需要了。

表 2.14 中列出的标准文档类的选项也可在 ctex 文档类中使用。ctex 宏包及文档类的其他选项（这里去掉了专用于旧的中文处理方式 CJK 和 CCT 的选项）见表 2.15。

表 2.15　ctex 宏包及文档类的选项

类型	选项	说明
字号大小	c5size	正文五号字　（仅用于文档类，默认值）
	cs4size	正文四号字　（仅用于文档类）
章节标题	sub3section	使 \paragraph 标题单独占一行　（仅用于 ctexcap 及文档类，默认无）
	sub4section	使 \paragraph 和 \subparagraph 标题都单独占一行　（仅用于 ctexcap 及文档类，默认无）
中文编码	GBK	使用 GBK 编码，但对 XeTeX 无效
	UTF8	使用 UTF8 编码
XeTeX 中文字库	nofonts	不设定中文字体，需要在文中自己定义
	winfonts	设定 Windows 操作系统预装的中文字体　（默认值）
	adobefonts	设定 Adobe 中文字体
排版风格	cap	使用中文标题、编号、日期等　（默认值）
	nocap	保留英文标题、编号、日期等
	punct	启用标点压缩　（默认值）
	nopunct	关闭标点压缩
	indent	标题后首行缩进　（默认值）
	noindent	标题后首行不缩进
宏包兼容	fancyhdr	调用 fancyhdr 并与之兼容　（默认无）
	hyperref	调用 hyperref 并自动设置防止标签乱码选项　（默认无）
	fntef	调用 CJKfntef 并定义等价的 \CTEX 开头的命令（默认无）

\paragraph 和 \subparagraph 的标题在标准文档类中与其后的正文段在同一行，使用 sub3section 和 sub4section 选项可以使它们的标题单独占用一行。

ctex 宏包有选择编码的选项 GBK 和 UTF8，但它们主要是为旧方案中使用 CJK 宏包处理中文所准备的；在 XeLaTeX 编译的文档中，总是相当于使用了 UTF8 编码选项。

如果需要使用 XeLaTeX 处理 GBK 编码的中文文档，可以在每个文件的开头使用 XeTeX 原始命令 \XeTeXinputencoding 选择编码：

```
\XeTeXinputencoding "GBK"
\documentclass{ctexart}
\begin{document}
GBK 编码的中文文档。
\end{document}
```

2-4-3

ctex 宏包以前对 UTF-8 编码的支持是由另外单独的文件而不是选项实现的，现在为了兼容也保留了 ctexutf8, ctexcaputf8 两个宏包和 ctexartutf8, ctexreputf8, ctexbookutf8 三个文档类，相当于加了 UTF8 选项。

关于中文字库的选项请参见 2.1.3.2 节，标点压缩请参见 2.1.1.2 节，fancyhdr 选项请参见 2.4.3 节，fntef 选项请参见 2.1.3.3 节。关于 ctex 宏包提供的其他功能可进一步参考宏包的文档 ctex.org [58]，这里不再赘述。

2.4.2 页面尺寸与 geometry

*

在文档类的选项中，可以选择几种常见的排版所用的纸张页面大小。不过，实际的排版往往要求设置更为复杂的页面尺寸参数，下面我们就来考量有关页面尺寸的设置。

如图 2.4 所示①，LaTeX 的页面尺寸布局是由一系列长度变量控制的。其中 \paperwidth 和 \paperheight 是纸张的宽和高；\hoffset 和 \voffset 是减去一英寸的页面整体偏移量②；\textwidth 和 \textheight 是版心的宽和高；\topmargin 是额外的上边距，\oddsidemargin 和 \evensidemargin 在双面模式下分别是奇数页和偶数页的额外左边距（对单面模式，页偶数页都是 \oddsidemargin）；\headheight 是页眉高，\headsep 是页眉与版心间距；\marginparwidth 是边注宽，\marginparsep 是边注与版心间距，\marginparpush 是相邻边注的最小间距；\footskip 是页脚基线与正文最后一行基线的间距。

可以直接设置图 2.4 中的长度变量来控制页面尺寸，不过设置这些参数时必须非常小心，比如当我们想要设置页面的右边距（不含边注）为 3 cm 时，就必须按下面的关

*本节内容初次阅读可略过。

① 这个页面示意图是利用 layout 宏包[157] 绘制的。

② 这里的一英寸是通常打印机驱动默认设置的页面与纸张边距。

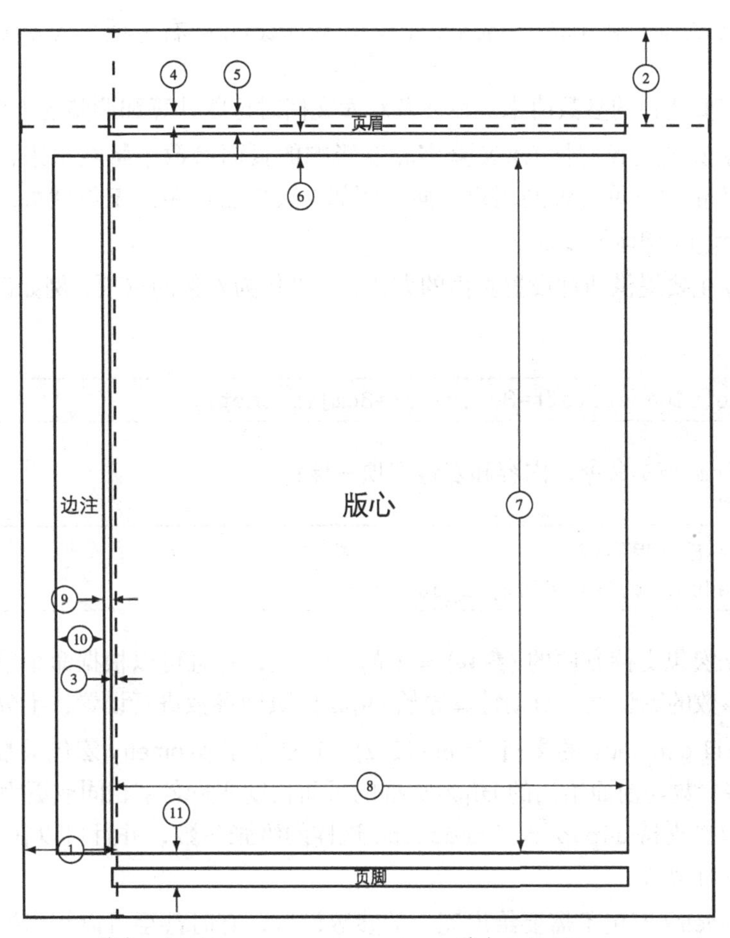

1	一英寸 + \hoffset	2	一英寸 + \voffset
3	\evensidemargin = -3.98 pt	4	\topmargin = -9.67 pt
5	\headheight = 14.05 pt	6	\headsep = 18.07 pt
7	\textheight = 525.87 pt	8	\textwidth = 398.34 pt
9	\marginparsep = 7 pt	10	\marginparwidth = 36.14 pt
11	\footskip = 25.29 pt		\marginparpush = 5 pt（未显示）
	\hoffset = 45.52 pt		\voffset = 42.68 pt
	\paperwidth = 534.91 pt		\paperheight = 668.64 pt

图 2.4　本书的页面尺寸设置示意图（偶数页）

系式做一番计算：

$$1\,\text{in} + \texttt{\textbackslash hoffset} + \texttt{\textbackslash oddsidemargin} + \texttt{\textbackslash textwidth} + \text{右边距} = \texttt{\textbackslash paperwidth}$$

从中反解出需要调整的参数值来。在涉及双面文档时这些计算和调整的工作尤为麻烦。

2

geometry 宏包把我们从 LaTeX 众多相互影响的页面参数中解救出来，提供了一个设置页面参数相对简单直观的用户界面。例如，设置右边距的工作就可以简化为一句 \geometry{right=3cm} 的命令。

geometry 主要提供两种设置页面的方式，一是作为宏包的选项，例如设置纸张大小和左右边距：

2-4-4

```
\usepackage[a4paper,left=3cm,right=3cm]{geometry}
```

二是使用 \geometry 命令，内容和宏包选项一样：

2-4-5

```
\usepackage{geometry}
\geometry{a4paper,left=3cm,right=3cm}
```

geometry 宏包支持方便的 ⟨参数⟩ = ⟨值⟩ 的语法，并且可以根据命令给出的页面距离值和其他参数的默认值，自动计算原始 LaTeX 的页面参数进行设置，十分方便。

图 2.5 来自 geometry 的文档 Umeki [272]，它展示了 geometry 宏包最常用的距离参数名称。这些参数与前面给出的 LaTeX 标准的页面长度变量名字相同或更为简化。同时，geometry 宏包也支持 a4paper，landscape 这样的纸张参数，并且可以在输出 PS/PDF 时也对页面进行剪裁。

使用 geometry 宏包不需要给出完全的参数设置，有时甚至可以相当模糊，比如可以用 centering 选项设置版心居中，使用 scale = ⟨比例⟩ 选项设置版心占页面长度的比例，使用 ratio = ⟨比例⟩ 选项设置版面边距占页面长度的比例，使用 lines = ⟨行数⟩ 设置版心高度在默认字体和行距下能容纳的文本行等。例如，可以不使用任何长度就设置好文档的页面参数：

```
\geometry{b5paper,scale=0.8,centering}
```

除了上面所介绍的，geometry 提供的参数选项还有很多，如用来调试的 showframe 选项、设置编译引擎的 pdftex, xetex 选项等，读者可进一步参考宏包文档 Umeki [272]，这里不再赘述。

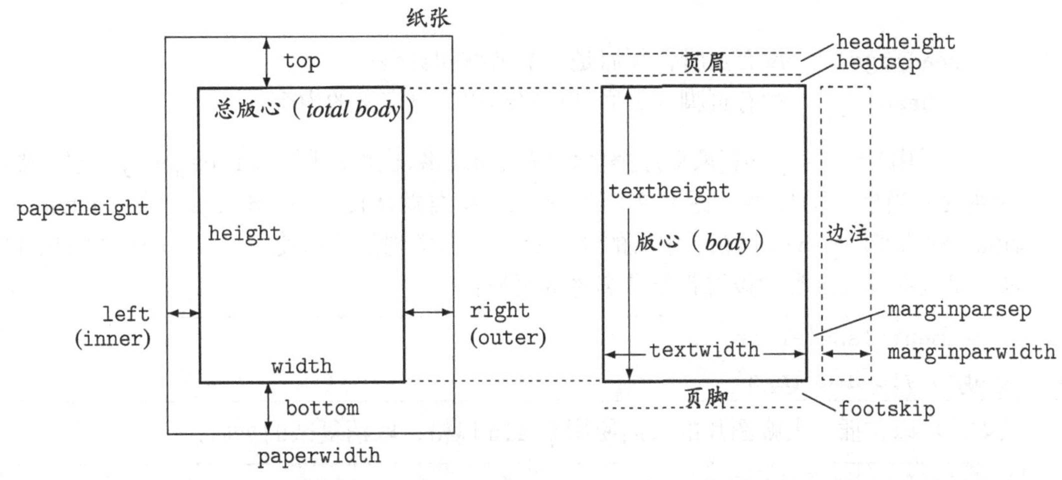

图 2.5　geometry 宏包的距离参数名称。默认有 width = textwidth 及 height = textheight。left, right, top 和 bottom 是左、右、上、下 4 个边距。使用 twoside（双面）选项后，left 和 right 的方向交换，即分别表示（靠近装订线的）内部和外部，此时可以分别用 inner 和 outer 表示

2.4.3　页面格式与 fancyhdr

2.4.2 节中已经对页面的大小尺寸有了一个整体的设置，本节来进入页面，看看页面的格式设置——也就是页码、页眉、页脚等地方的设计。

页码的计数器是 page，它会随着文档自动计数。LaTeX 提供了一个简单的命令 \pagenumbering{⟨格式⟩} 来设置页码的编号方式，这个命令会令页码重新从 1 开始按 ⟨格式⟩ 参数进行计数，例如：

```
\pagenumbering{roman}
```
2-4-6

相当于设置 \thepage 为 \roman{page}，并设置计数器值为 1。book 类中的 \frontmatter 等命令就有控制页码编号的作用，而在 report 和 article 类中就必须用 \pagenumbering 了。

LaTeX 提供了多种预定义的页面风格（page style），它们控制页眉页脚的整体风格设置：

empty　　没有页眉页脚；
plain　　没有页眉，页脚是居中的页码；

*本节内容初次阅读可略过。

headings 没有页脚，页眉是章节名称和页码；
myheadings 没有页脚，页眉是页码和用户自定义的内容。

可以用 \pagestyle{⟨风格⟩} 整体设置页面风格，也可以用 \thispagestyle{⟨风格⟩} 单独设置当前页的风格。标准文档类中，book 类默认使用 headings 风格，report 和 article 默认使用 plain 风格；中文的几个 ctex 文档类则都默认使用 headings 风格①，例如，可以在 article 类中设置带章节名称的页眉：

2-4-7
```
\documentclass{article}
\pagestyle{headings}
```

又如，可以在插入大幅图片的页面使用 plain 风格，取消复杂的页眉：

2-4-8
```
\begin{figure}[p]
  \thispagestyle{plain}
  …………
\end{figure}
```

LaTeX 已经对一些必要的地方自动设置好了页面风格。例如在标题页（包括手工或自动由 \maketitle 生成的 titlepage 环境），会使用 empty 风格禁用所有页眉页脚；而在不单独成页的 \maketitle，单独成页的 \part，以及 \chapter 命令所在的一页，则使用 plain 风格只显示页码：这些都是排版中的一些定式。

headings 和 myheadings 两种风格是由标准文档类定义的，它们的表现其实基本相同，都是在页眉显示页码和一些文字。不同的是，headings 风格的页眉内容不能改变，它是由 \chapter、\section 等命令自动生成的（如图 2.6 所示），而 myheadings 风格的页眉可以由用户自己使用 \markright 和 \markboth 命令设置：

单面文档（**oneside**） **\markright{**⟨*页眉文字*⟩**}**
双面文档（**twoside**） **\markboth{**⟨*左面页眉*⟩**}{**⟨*右面页眉*⟩**}**

这里“右面”指奇数页，“左面”指偶数页，因为当双面文档在侧面装订好后，翻开的页面正好是右奇左偶，单面文档的所有页面都认为是右面。\markright 和 \markboth 命令实际会修改 \leftmark 和 \rightmark 两个宏的内容，并在页眉处输出。例如，如果想让文章在每页的页眉显示作者的名字，就可以使用：

2-4-9
```
\documentclass{ctexart}
\pagestyle{headings}
\markright{张三}
```

① 如果使用了 fancyhdr 选项，则为 fancy 风格。

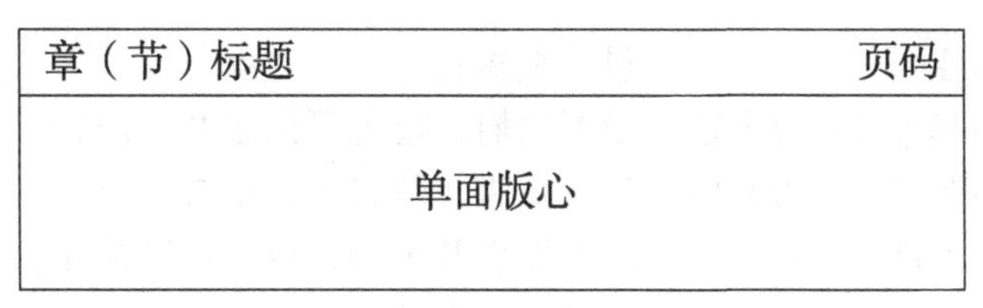

(a) 单面文档

页码　　章标题

双面偶数页
（左页）版心

节标题　　页码

双面奇数页
（右页）版心

(b) 双面文档

图 2.6　标准文档类的 headings 页面风格

LaTeX 和标准文档类提供的页面风格非常朴素，而且不能做进一步的格式修改。为此，fancyhdr 宏包提供了新的页面风格 fancy，以及一系列设置的命令，用作标准 LaTeX 的 myheadings 及 \markboth, \markright 机制的扩展。

fancyhdr 的 fancy 页面风格把页面的页眉和页脚都分成左、中、右 3 个部分，因而一个页面就有 6 个部分。对于双面文档，则还分奇数页和偶数页，即有 12 个部分（见图 2.7）。

页眉左　　页眉中　　页眉右

版心内容

页眉左　　页脚中　　页脚右

图 2.7　fancyhdr 宏包的 fancy 页面风格

图 2.7 中的各个部分可以用下列命令进行设置修改：

\lhead{⟨内容⟩}	设置页眉左
\chead{⟨内容⟩}	设置页眉中
\rhead{⟨内容⟩}	设置页眉右
\lfoot{⟨内容⟩}	设置页脚左
\cfoot{⟨内容⟩}	设置页脚中

\rfoot{⟨内容⟩}	设置页脚右
\fancyhead[⟨位置⟩]{⟨内容⟩}	设置页眉，位置可以是 E、O 与 L、C、R 的组合
\fancyfoot[⟨位置⟩]{⟨内容⟩}	设置页脚，位置可以是 E、O 与 L、C、R 的组合
\fancyhf[⟨位置⟩]{⟨内容⟩}	设置页眉及页脚，位置可以是 H、F 与 E、O 与 L、C、R 的组合

这里，\fancyhead、\fancyfoot 和 \fancyhf 命令可以带表示位置的可选参数，其中 H、F 分别表示页眉（header）和页脚（footer）；E、O 分别表示双面文档的偶数页（even page）和奇数页（odd page），单面文档仅奇数页有效；L、C、R 分别表示左（left）、中（center）、右（right）。位置参数可以任意组合，多个参数用逗号分隔。如果省略位置参数，则表示所有的页眉、页脚。例如：

```
\documentclass[twoside]{ctexrep}
\usepackage{fancyhdr}
\pagestyle{fancy}          % 使用 fancy 风格
\fancyhf{}                 % 清除所有页眉页脚
\cfoot{\thepage}           % 页脚居中页码
\fancyhead[CO]{张三}       % 奇数页居中页眉作者名
\fancyhead[CE]{论语言}     % 偶数页居中页眉文章题目
\fancyfoot[RO,LE]{$\heartsuit$}
  % 奇数页脚右，偶数页脚左（即外侧）装饰符号
```

2-4-10

在 fancy 页面风格的设置中，可以在页眉页脚的内容中使用 \leftmark 和 \rightmark 命令，它们的意义与 headings 风格中的页眉相同，即为文档的章节标题内容：article 只有 \rightmark 是节标题；report 和 book 的 \leftmark 是章标题，\rightmark 是节标题。事实上，fancy 风格的默认设置就是：

```
\fancyhead[LE,RO]{\slshape \rightmark}
\fancyhead[LO,RE]{\slshape \leftmark}
\fancyfoot[C]{\thepage}
```

在 ctex 宏包提供的文档类中，可以使用 fancyhdr 选项，表示使用 fancyhdr 宏包及 fancy 页面风格，因而例 2-4-10 中的前几行也可以简化为：

```
\documentclass[twoside,fancyhdr]{ctexrep}
\fancyhf{}
% ……
```

2-4-11

除了页眉页脚的内容，fancy 页面风格还会给页眉和页脚加一条横线。可以重定义宏 \headrulewidth 和 \footrulewidth 来修改页眉线和页脚线的宽度，如果宽度为零就是没有页眉页脚线，注意它们只是文本宏而不是长度变量，如：

```
\renewcommand\headrulewidth{0.6pt}  % 默认为 0.4pt
\renewcommand\footrulewidth{0.6pt}  % 默认为 0pt
```

2-4-12

使用 fancyhdr 还可以使用 \fancypagestyle 命令重定义原有的页面风格，通常可以用它来重定义 plain 风格，这样在每章的第 1 页等位置也可以使用特殊的页面风格，如：

```
\fancypagestyle{plain}{%
  \fancyhf{}
  \cfoot{--\textit{\thepage}--}      % 改变页码形状
  \renewcommand\headrulewidth{0pt}  % 无页眉线
  \renewcommand\footrulewidth{0pt}  % 无页脚线
}
```

2-4-13

fancyhdr 宏包的功能大致就是这么多，有关页面设置的更多命令和技巧，可参见 fancyhdr 的文档 van Oostrum [190]。

titlesec 宏包使用 pagestyles 选项时，也提供了与 fancyhdr 类似的命令，如 \sethead, \setfoot, \renewpagestyle 等，可以完全代替 fancyhdr 的功能，可参见文档 Bezos [27, § 5]，这里不再赘述。

2.4.4　分栏控制与 multicol

给文档类加 twocolumn 选项就可以使文档双栏排版。双栏排版的文档通常比较节省纸张，较短的行在阅读时也比较省力。书籍的索引默认就是双栏排版的，许多期刊都使用双栏排版，参考文献等也常常分栏。例如：

```
\documentclass[twocolumn]{article}
% ...
```

分栏也可以在正文中使用命令切换。\twocolumn 进入双栏模式，\onecolumn 进入单栏模式，两个命令都会先使用 \clearpage 换页，并不产生一页之内单双栏混合的效果。例如，可以在书籍的某一章：

```
\twocolumn
\chapter{双栏的一章}
\onecolumn
```

\twocolumn 命令可以带一个可选参

数，在新开始的双栏页面顶部插入一部分单栏的内容。这个功能特别适合有通栏标题的双栏文章，例如：

```
% 文档类选项并不使用双栏
\documentclass{article}
\title{Languages}
\author{someone}
\begin{document}
% 通栏标题
\twocolumn[\maketitle]
% 双栏的正文
blah blah blah...
\end{document}
```

在双栏模式下，\newpage 和 \pagebreak 只表示分栏，不表示分页，此时可以使用 \clearpage 和 \cleardoublepage 完成分页或进入双面奇数页的功能。

栏与栏的间距是由长度变量 \columnsep 控制的，可以使用 \setlength 等命令自行修改。栏宽的变量是 \columnwidth，对双栏文档，它的大小等于 (\textwidth − \columnsep)/2，可以把它用在设置其他长度的地方，但不要手工修改这个值。

栏与栏之间有一条竖线分隔，竖线的宽度由长度变量 \columnseprule 控制。\columnseprule 默认值为 0 pt，也就是没有竖线，可以设置一个大于 0 的宽度增加分栏线，通常的线宽是 0.4 pt：

```
\setlength\columnseprule{0.4pt}
```

双栏文档的一页内容如果没有填满，默认是左右不平衡的，内容会先填满左边一栏，再填充右边一栏（见图 2.8）。使用 balance 宏包[61] 提供的 \balance 命令可以让页面左右平衡，\nobalance 命令则恢复不平衡的双栏页面，如：

```
\documentclass[twocolumn]{article}
\usepackage{balance}
\balance
% ...
```

multicol 宏包[162] 提供了更为强大的分栏功能，它可以在不另起一页的情况下把页面的后半部分分成多栏，也可以随时停止分栏或改变栏数。multicol 宏包提供的分栏也是平衡的。宏包提供的 multicols 环境完成所有的工作，注意在 multicols 宏包中不能使用浮动体和边注。宏包不再使用 \newpage 强制分栏，而使用 \columnbreak。例如：

```
% 导言区
% \usepackage{multicol}
% 正文
\begin{multicols}{3}
分成三栏的内容……
\end{multicols}
```

flowfram 宏包[247] 在这方面走得更远，它可以把文档的文本分成好几个文本流，每个文本流是一个固定位置的块，让正文按顺序通过各个块。报纸和时尚杂志常常把版面拆分成许多“豆腐块”，然后把文章排列在各个“豆腐块”中，这种复杂的版面就可以用 flowfram 来实现，有兴趣的读者可以参考宏包的文档，这里不再详细介绍。

grid 宏包[208] 提供了一组选项和环境，可以用来设置页面的高度和行数，控制各类环境的高度，以保证在双栏排版中让左右两栏的文字能逐行对齐，这种对于某些双栏期刊是非常有用的功能。本节没有使用这种机制，所以左右两列的文字行可能是参差不齐的。

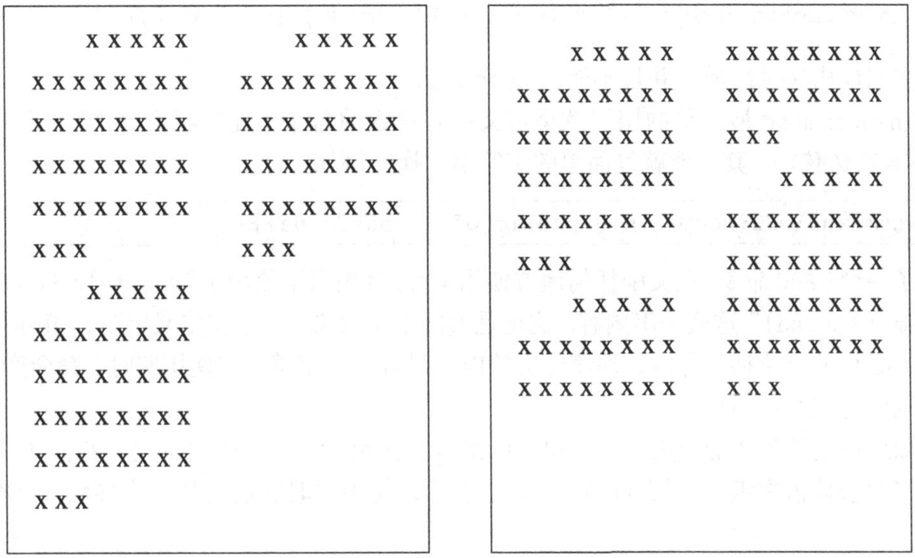

图 2.8　不平衡的双栏页面和平衡的双栏页面

2.4.5　定义命令与环境

*

在 1.2.4 节中我们初识了命令与环境，经过本章前面的内容，已经见识了许多有用的 LaTeX 命令和环境，1.2.8 节甚至还自己定义了一些命令与环境，命令的重定义也在前面的格式设置中屡屡出现。现在，我们来总结一下这些零散的内容，进一步讨论在 LaTeX 中的宏定义功能。

一个 TeX 宏（macro）是以反斜线 \ 开头，后面紧接着一串字母的字符串，它在 TeX 中通常用来代替另外一个字符串，也有时表示其他一些特殊的含义。传统上将这种字符串代替的机制称为宏，TeX 就是一种复杂的宏语言。

*本节内容初次阅读可略过。

在 LaTeX 中，宏通常被分为两类：一般的宏被形象地叫做“命令”(command)，而以命令 \begin{⟨环境名⟩} 和 \end{⟨环境名⟩} 包围的结构则称为“环境”(environment)。正同 1.2.4 节所说的，命令和环境都可以带有若干可选的和必须的参数，表示不同的含义，命令和环境是 LaTeX 中使用格式相对固定两类宏。

可以使用 \newcommand 来新定义一个命令，其语法格式如下：

\newcommand⟨命令⟩**[**⟨参数个数⟩**][**⟨首参数默认值⟩**]{**⟨具体定义⟩**}**

命令名只能由字母组成，并且不能以 \end 开头[1]。

\newcommand 最简单的用法就是定义没有参数的命令（此时不需要 ⟨参数个数⟩ 和 ⟨首参数默认值⟩），其功能就是简单的字符串替换，例如：

2-4-14

```
\newcommand\PRC{People's Republic of \emph{China}}
```

定义了一个 \PRC 命令，在文中任何地方使用 \PRC 就相当于使用了“People's Republic of \emph{China}”这么一串内容。这正是宏的本来含义。注意在定义宏时，⟨具体定义⟩的外面必须要有花括号界定，即使定义的内容只有一个字符。在使用宏时，命令产生的效果则没有这对花括号。

如果指定了参数的个数（从 1 到 9），则可以在宏的定义中使用参数。在 ⟨具体定义⟩ 中，宏的参数依次编号，用 #1, #2, ..., #9 表示，使用宏时它们会替换为参数的字符串，例如：

2-4-15

```
\newcommand\loves[2]{#1喜欢#2}
\newcommand\hatedby[2]{#2不受#1喜欢}
```

那么使用 \loves{猫儿}{鱼} 就相当于写 猫儿喜欢鱼，而 \hatedby{猫儿}{萝卜} 则相当于 萝卜不受猫儿喜欢。

如果在指定参数个数的同时还指定了首个参数的默认值，那么这个命令的第一个参数就成为可选的参数（要使用中括号指定）。例如，我们可以加强前面的例子：

2-4-16

```
\newcommand\loves[3][喜欢]{{#2#1#3}}
```

此时 \loves{猫儿}{鱼} 的作用与前面无异，还表示 猫儿喜欢鱼，同时可以用可选参数覆盖默认值，如使用 \loves[最爱]{猫儿}{鱼} 表示 猫儿最爱鱼。

重定义一个 LaTeX 命令使用：

\renewcommand⟨命令⟩**[**⟨参数个数⟩**][**⟨首参数默认值⟩**]{**⟨具体定义⟩**}**

---

[1] \end 开头的命令名保留用于系统实现生成环境，因而不能作为普通命令的开头。

它的意义和用法与 \newcommand 完全相同，只是 \renewcommand 用于改变已有命令的定义，而 \newcommand 只能用于定义新命令，例如：

```
\renewcommand\abstractname{内容简介}
```

这与 2.2.2 节中使用 \CTEXoptions 命令的效果相同。

如果用 \newcommand 重定义已有命令或用 \renewcommand 定义新命令，都会产生一个编译时的错误。

命令可以嵌套定义。如果要在一个命令的定义中定义或重定义命令，则里面一层的命令参数就要多加一个 #，例如：

```
\newcommand\Emph[1]{\emph{#1}}
\newcommand\setEmph[1]{%
  \renewcommand\Emph[1]{%
    #1{##1}}}
```

2-4-17

这里首先把自定义一个表示强调的命令 \Emph，初始与 \emph 相同；\setEmph 则提供了对 \Emph 的修改。如 \setEmph\textbf 会将 \Emph 重定义为 \textbf，而 \setEmph\textsc 则将 \Emph 重定义为 \textsc。

\providecommand 的语法与 \newcommand、\renewcommand 相同，它也可以用来定义命令。不同的是，它检查命令是否已经定义后，对已定义的命令不会报错，也不重定义，而是保留旧定义忽略新定义。这种方式可以用来保证一个命令的存在性，特别是可以用它来准备一个“备用”的定义，作为标准定义的补充。例如，url 宏包和 hyperref 宏包都提供有排版 URL 网址的 \url 命令，如果在文档中（特别是在设计通用的宏包和模板时）并不知道是否已经定义了 \url 命令，就可以提供一个质量比较差的版本：

```
\providecommand\url[1]{\texttt{#1}}
```

这样就可以在后面放心使用 \url 命令，保证这个命令可用。\providecommand 也可以与 \renewcommand 连用，表示无论之前是否定义过这个命令，都改用 \renewcommand 的新定义。

LaTeX 环境与命令类似，事实上，一个 LaTeX 环境就相当于一个分组，在分组内部的最前面和最后面各有一条命令。例如 quote 环境 \begin{quote} ⟨环境内容⟩ \end{quote} 就大致等于 {\quote ⟨环境内容⟩ \endquote}。环境可以有参数，就相当于是环境前面命令的参数。

定义新环境和重定义环境分别使用下面的命令：

```
\newenvironment{⟨环境名⟩}[⟨参数个数⟩][⟨首参数默认值⟩]
                {⟨环境前定义⟩}{⟨环境后定义⟩}
\renewenvironment{⟨环境名⟩}[⟨参数个数⟩][⟨首参数默认值⟩]
                {⟨环境前定义⟩}{⟨环境后定义⟩}
```

例如，book 类中没有显示摘要的 abstract 环境，我们可以仿照 article 类中的格式利用 quotation 环境定义一个（同时增加了改变标题的可选参数）：

2-4-18

```
\newenvironment{myabstract}[1][摘要]%
  {\small
   \begin{center}\bfseries #1\end{center}%
   \begin{quotation}}%
  {\end{quotation}}
```

需要注意的是，在定义有参数的环境时，只有 ⟨环境前定义⟩ 中可以使用参数，在 ⟨环境后定义⟩ 中不能再使用环境参数。如果有这种需要，可以先把前面得到的参数保存在一个命令中，在后面使用。例如可以定义一个带出处的引用环境：

2-4-19

```
\newenvironment{Quotation}[1]%
  {\newcommand\quotesource{#1}%
   \begin{quotation}}%
   {\par\hfill ——《\textit{\quotesource}》%
   \end{quotation}}

\begin{Quotation}{易·乾}
初九，潜龙勿用。
\end{Quotation}
```

初九，潜龙勿用。

——《易·乾》

定义命令和环境是进行 LaTeX 格式定制、达成内容与格式分离目标的利器。使用自定义的命令和环境把字体、字号、缩进、对齐、间距等各种琐细的内容包装起来，赋以一个有意义的名字，可以使文档结构清晰、代码整洁、易于维护。在使用宏定义的功能时，要综合利用各种已有的命令、环境、变量等功能，事实上，前面所介绍的长度变量与盒子（参见 2.1.5、2.2.8 节），字体字号（参见 2.1.3、2.1.4 节）等内容，大多并不直接出现在文档正文中，而主要都是用在实现各种结构化的宏定义里。

有关 LaTeX 宏的内容暂且介绍这些，还有一些更深入的内容，可参见 8.1 节和其他文献。

练 习

2.8 输出标志“LaTeX 2$_\varepsilon$”的命令是 `\LaTeXe`，为什么不是看起来更合理的 `\LaTeX2e` 呢？

2.9 使用 2.2.3.3 节中的 `list` 环境和 ctex 宏包提供的 `\chinese` 命令（参见 2.2.3.2 节），自定义计数器，定义一个 `clist` 环境，产生一个用中文数字编号的列表。

2

本章注记

符号和字体是 LaTeX 以至各种排版软件的中心问题之一。Pakin [192] 是一份全面的符号列表，可用的字体目录见 Hartke [100]、Jørgensen [118]。LaTeX 字体命令和 NFSS 机制的详解可见 LaTeX3 Project Team [142]、陈志杰等 [317]，在 Mittelbach and Goossens [166, Chapter 7] 中则有更为详尽的论述。TeX 的原始字体机制可参见 Knuth [126]。关于 PostScript、TrueType 和 OpenType 字体的背景知识与安装使用，可以参考 Goossens [83]。

有关过去旧的中文处理方式，如 CCT、CJK、天元系统等，现在已逐渐让步于以 XeTeX 和 ctex 宏包为核心的方式，故本书没有涉及旧的中文处理方式。如果使用的 TeX 系统较为陈旧，需要处理历史文档，可参考其他文档。CCT 参见吴凌云 [308]、张林波 [311, 312]；CJK 参见 Lemberg [147]、吴凌云 [308]。CCT 和 CJK 也可以使用 ctex 宏包及文档类[58]。

基于 CJK 的中文支持方式目前仍然使用广泛，较新的进展是 zhmetrics 包和 zhmCJK 包[307]。zhmetrics 把汉字都看成是相同的方块尺寸，从而简化了中文字体安装配置。而本书作者编写的 zhmCJK 宏包则在 zhmetrics 机制的基础上，动态配置中文字体，免除了 CJK 中文字体的安装工作。zhmCJK 同时提供了类似 xeCJK 的字体设置语法。

XeTeX 的使用属于较新的内容，在较早出版的书籍中都少有论述。除了 fontspec 和 xeCJK 的文档 [212、310] 外，相关使用还可以参见文档 Goossens and Rahtz [86]、kmc [123]。

LuaTeX 的东亚语言支持目前还没有完全成熟。由 LuaTeX-ja 团队开发的 luatexja 包[150] 是目前基于 LuaTeX 和 fontspec 机制的一种相对完备的日文支持方案。LuaTeX-ja 的机制部分源自日本原有的 pTeX 系统，对日文排版有很多针对性的设计，马起园为 LuaTeX-ja 完成了一些关于中文排版的配置，使之也可以用来处理中文文档。

本书描述的 ctex 宏包是在 TeX Live 2012 与 CTeX 套装 2.9 中默认安装的版本，在更新版本的 ctex 宏包中，会采用更现代的 ⟨*key*⟩=⟨*value*⟩ 格式的宏包选项，增强 ctex.sty 格式的功能，并对 zhmCJK、LuaTeX-ja 等新的中文处理方式也有支持，不过大部分功能和用法是一致的（或向后兼容的），使用新版本的用户可以参考相应的宏包手册使用。

LaTeX 在段落方面提供的新命令较少，TeX 的高级段落功能仍参见 Abrahams et al. [1]、Knuth [126] 等书籍。

LaTeX 的全部基本功能都可以在源代码 Braams et al. [33] 中找到，基本文档类的全部功能则可以参见源代码 Lamport et al. [139]。

memoir 是一个面向专业排版的文档类，它的文档 Wilson [294] 也是很好的排版实践参考书，对标准文档类的设计也有借鉴意义；KOMA-Script 是另一套类似的面向专业排版的文档类[133]，它与 memoir 一样提供方便定制的排版环境。排版理论的书籍如 Bringhurst [35] 也可作为参考。

第3章 自动化工具

使用 LaTeX 编写文档，有很多内容是不需要手工排版的，可以由计算机计算或提取需要的信息，按预定的格式自动化输出。最常见的自动化工具是编号，比如页码、章节编号等，我们已经在前面见到了。更重要的自动化排版包括目录、交叉引用、参考文献和词汇索引表，其中有的可以直接使用 TeX 排版引擎完成工作，有的还需要其他外部程序的帮助，这些自动化工具也是 LaTeX 特别为人津津乐道的地方。

3.1 目录

3.1.1 目录和图表目录

目录是最基本的自动化工具。LaTeX 会自动收集章节命令所定义的各章节标题，用 \tableofcontents 命令输出，例如：

```
\documentclass{article}
\begin{document}
\tableofcontents
\section{Foo}
\subsection{blah}
\section{Bar}
\end{document}
```

3-1-1

上面的文档连续编译两遍以后，会在两节内容之前产生一个章节目录，大致效果如下：

Contents

其中“Contents”是目录的名称，后面是目录项的列表，包括每节的编号、标题和页码。

在 article 中，目录标题的格式相当于由 \section* 开始的一节，而在 report 和 book 类中，目录标题的格式相当于由 \chapter* 开始的一章，因此，可以按照 2.3.4 节的方法，控制目录标题的格式。

类似地，命令 \listoffigures 和 \listoftables 则会收集在 figure 环境和 table 环境中 \caption 命令的图表标题，产生图表的目录，其格式与章节目录类似。

需要特别注意的是，要产生正确的章节目录和图表目录，必须在不修改内容的情况下编译 .tex 源文件至少两遍。前面的编译 LaTeX 做好目录项的收集工作，才能确保最后一遍编译时正确输出。如果文档从未被编译过，那么第一遍编译是没有目录内容输出的。

3.1.2 控制目录内容

在继续深入说明有关 LaTeX 目录的工具之前，首先说说在 LaTeX 中生成目录的原理。与很多“高级”的排版工具通过特殊的样式和搜索提取功能生成目录不同，LaTeX 的目录是通过一个简单的辅助文件实现的（见图 3.1）。在使用 \chapter, \section 等章节命令时，LaTeX 引擎同时把章节的编号和标题写进一个扩展名为 .toc 的目录文件中，而在遇到 \tableofcontents 命令时，LaTeX 会读入目录文件（如果存在的话），生成目录。

与之类似，图目录是通过扩展名为 .lof 的目录文件，表目录是通过扩展名为 .lot 的目录文件实现目录的。

例如，编译例 3-1-1 将生成的下面的目录文件[①]：

```
\contentsline {section}{\numberline {1}Foo}{1}
\contentsline {subsection}{\numberline {1.1}blah}{1}
\contentsline {section}{\numberline {2}Bar}{1}
```

*本节内容初次阅读可略过。

① 如果文档使用了其他宏包，如 hyperref，目录文件的格式与里面命令的语法可能会有所变化。

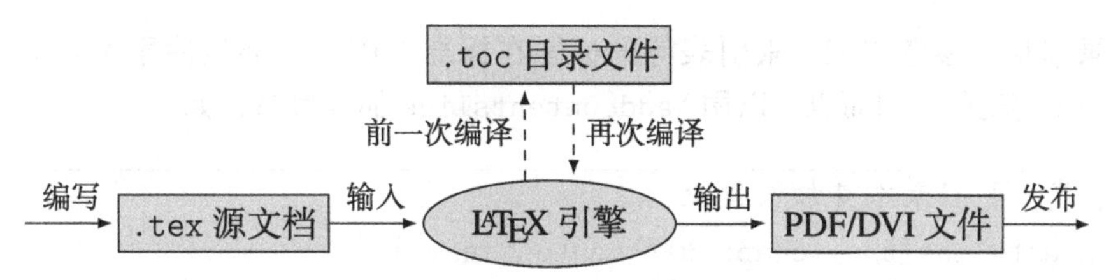

图 3.1　LaTeX 章节目录生成示意图

这里的三个 \contentsline 命令定义了各个目录项，三个参数分别是目录层次、编号标题和页码，它们正是由例 3-1-1 的两个 \section 命令产生的。里面 \numberline 命令专用于在 \contentsline 中输出章节编号。

目录文件的生成通常不需要人工干预。除 \part 外，标准文档类的默认输出 3 级目录：article 是 \section、\subsection、\subsubsection；而 report 和 book 是 \chapter、\section、\subsection 3 级。可以通过修改计数器 tocdepth 的值来控制输出目录的深度。tocdepth 通常与 secnumdepth 一起修改（参见 2.3.2 节）。例如，可以将其改为 4 而使 article 中的 \paragraph 一级标题也进入目录：

```
\setcounter{secnumdepth}{4} % 增加编号深度
\setcounter{tocdepth}{4}    % 增加目录深度
```

3-1-2

也可以用下面的命令直接在正文中手工写入一条目录项：

\addcontentsline{⟨文件⟩}{⟨类型⟩}{⟨标题文字⟩}

这里 ⟨文件⟩ 指目录文件的扩展名，章节目录使用 toc，图表目录分别用 lof 和 lot。⟨类型⟩ 参数指章节或图表命令名，即 section, figure 等。标题文字是目录项的标题。生成目录项的页码会自动使用当前页码。例如，可以在 \maketitle 前使用 \addcontentsline 把文章题目也加进目录：

```
\addcontentsline{toc}{section}{Title}
\maketitle
\tableofcontents
```

3-1-3

这样，在生成的 .toc 目录文件中，就会有下面一行额外的项目产生：

```
\contentsline {section}{Title}{1}
```

最终生成的目录里面就会有一条“Title”的项目，与 \section 产生的项目格式相同。\chapter*、\section* 等命令生成的章节不编号也不进入目录，也可以用这种方法把它们加入目录。

目录本身、参考文献、索引表等的标题在标准文档类中都是使用 \section* 或 \chapter* 实现的，因而也可以用 \addcontentsline 加入目录，如：

```
% book 类，把目录本身加入目录
\addcontentsline{toc}{chapter}{\contentsname}
\tableofcontents
```

这里 \contentsname 是目录名，标准文档类中默认为“Contents”，ctex 文档类中是“目录”。不过，正如 1.2.8 节所介绍的，可以直接使用 tocbibind 宏包[292] 把这些项目加入章节目录。tocbibind 默认会把章节目录、图表目录、文献、索引等都加入章节目录，下面的宏包选项可以做进一步控制：

- notbib 不加入参考文献；
- notindex 不加入索引；
- nottoc 不加入章节目录；
- notlot 不加入表目录；
- notlof 不加入图目录；
- none 以上项目都不加入（如同没有用宏包一样）；
- chapter 使用 \chapter 样式（对 book, report 类）；
- section 使用 \section 样式；
- numbib 对参考文献按章节编号（默认无）；
- numindex 对索引按章节编号（默认无）。

因而，把目录、参考文献等条目加入目录，就可以简单地在导言区增加一行来实现：

3-1-4

```
\usepackage{tocbibind}
```

更为底层的命令是 \addtocontents{⟨文件⟩}{⟨内容⟩}，使用它可以直接把任意代码写入目录文件，而不只是 \contentsline。如可以要求目录在某一部分前分页：

3-1-5

```
\addtocontents{toc}{\protect\newpage}
\part{Foo}
```

titletoc 宏包[27] 的部分目录（Partial TOC）或者 minitoc 宏包[68] 的迷你目录功能，可以在文档的每一章节前面各自添加一个目录。这一功能对于长篇的书籍会特别有用，读者可以参考这两个宏包的文档了解具体的用法。

3.1.3 定制目录格式

*

LaTeX 的标准文档类并没有就目录格式的修改给出一个良好的界面，使用第三方的宏包来修改目录格式更为方便。最为常见的是 tocloft 和 titletoc 宏包，其中 tocloft 宏包[293] 的语法和功能较为简单，titletoc 宏包[27] 则是与 titlesec 一起发布的更为复杂的目录格式定制宏包。

tocloft 的 `\tocloftpagestyle{⟨风格⟩}` 可以修改目录项的页面风格（参见 2.4.3 节），默认为 `plain`。

原本 LaTeX 目录标题是按不编号的章节输出的，tocloft 会修改目录标题的输出，进行进一步的格式控制。这里目录是章节目录（`toc`）、图目录（`lof`）、表目录（`lot`）等，每种目录都有一套类似的命令，表 3.1 是相关的长度参数和命令。

表 3.1　tocloft 宏包提供的控制目录标题格式的参数和命令

格式	章节目录	图目录	表目录
标题①	\contentsname	\listfigurename	\listtablename
标题前间距	\cftbeforetoctitleskip	\cftbeforeloftitleskip	\cftbeforelottitleskip
标题后间距	\cftaftertoctitleskip	\cftafterloftitleskip	\cftafterlottitleskip
标题字体	\cfttoctitlefont	\cftloftitlefont	\cftlottitlefont
标题后代码	\cftaftertoctitle	\cftafterloftitle	\cftafterlottitle

由这些命令的设置，排版输出目录标题的实际代码大约相当于：

```
{\cfttoctitlefont \contentsname}{\cftaftertoctitle}\par
```

可以通过修改标题前后间距的长度变量，或重定义其他几个宏，来对目录标题的输出格式进行修改。也可以给 tocloft 加 `titles` 选项，禁用 tocloft 对目录标题排版格式的特殊控制。下面举一个例子，让章节目录无衬线粗体放大居中，前后间距 2 ex：

```
% \usepackage{tocloft}
\renewcommand\cfttoctitlefont{\hfill\Large\sffamily\bfseries}
\renewcommand\cftaftertoctitle{\hfill}
\setlength\cftbeforetoctitleskip{2ex}
\setlength\cftaftertoctitleskip{2ex}
```

3-1-6

*本节内容初次阅读可略过。

① 这几个命令是标准文档类提供的，不依赖 tocloft。

下面来看目录中的项目，例如这是一个 \subsection 的项目：

tocloft 可以控制目录项的页码前引导的点、页码的输出位置、前后的间距、缩进、编号宽度、字体等项目。相关命令和变量如表 3.2 所示。

表 3.2 tocloft 宏包提供的目录项格式设置命令与变量

项目	命令	说明
引导点	**\cftdot**	页码前引导的点的符号（默认是英文句号）
	\cftdotsep	默认的页码前引导的点之间的距离，它是一个数字宏，单位是数学间距 mu，也可用于下面 \cft某dotsep 的定义
	\cftnodots	常数，意义类似 \cftdotsep，表示没有点，多用于下面的 \cft某dotsep 的定义
	\cftdotfill{⟨数⟩}	按 ⟨数⟩ 的间距和 \cftdot 的符号画出引导线的命令，如 \cftdotfill{\cftdotsep} 表示默认点间距的引导线，\cftdotfill{\cftnodots} 表示没有点
页码	**\cftsetpnumwidth{⟨宽度⟩}**	设置页码所占最大宽度
	\cftsetmarg{⟨宽度⟩}	设置标题与引导点右端与行右边界距离
段间距	**\cftparskip**	长度变量，目录项中的段间距（默认为零）
条目设置	**\cftbefore某skip**	长度变量，条目前垂直间距
	\cft某indent	长度变量，条目前缩进
	\cft某numwidth	长度变量，条目编号占用宽度
	\cftsetindents {⟨某⟩}{⟨缩进⟩}{⟨宽度⟩}	同时设置 \cft某indent 和 \cft某numwidth 的命令
	\cft某font	条目字体
	\cft某presnum	条目编号前内容（编号盒子内）
	\cft某aftersnum	条目编号后内容（编号盒子内）
	\cft某aftersnumb	条目编号后的内容（编号盒子外）
	\cft某leader	条目使用的引导线，通常定义为 \cftdotfill{\cft某dotsep}
	\cft某dotsep	条目引导线中两点间距，它是一个宏，通常就直接定义为 \cftdotsep

续表

项目	命令	说明
	\cft某pagefont	条目页码字体
	\cft某afterpnum	条目页码后代码

其中条目设置是针对每个目录层次的具体设置，带“某”的命令表示一组相似的命令，“某”根据要修改的目录层次实际替换为：

- part，当设置 \part 的目录项时；
- chap，当设置 \chapter 的目录项时；
- sec，当设置 \section 的目录项时；
- subsec，当设置 \subsection 的目录项时；
- subsubsec，当设置 \subsubsection 的目录项时；
- para，当设置 \paragraph 的目录项时；
- subpara，当设置 \subparagraph 的目录项时；
- fig，当设置 figure 环境的 \caption 的目录项时；
- tab，当设置 table 环境的 \caption 的目录项时。

表 3.2 中有关长度变量的意义，可参见图 3.2。

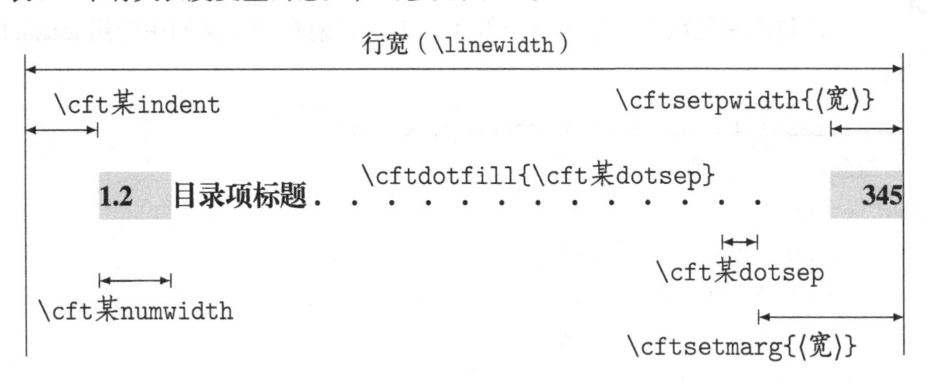

图 3.2 tocloft 的各种长度变量

由上述设置，排版目录的一个 \section 的条目的逻辑大约相当于（略去距离设置的代码等）：

```
% 有编号
{\cftsecfont {\cftsecpresnum 编号\cftsecaftersnum\hfil}
  \cftsecaftersnumb 条目标题}%
```

```
{\cftsecleader}{\cftsecpagefont 页码}\cftsecafterpnum\par
% 无编号
{\cftsecfont 条目标题}
{\cftsecleader}{\cftsecpagefont 页码}\cftsecafterpnum\par
```

举个例子，目录项前面引导的点默认是西文的句号，它与基线平齐。中文排版中经常需要修改为一串紧密排列的中文省略号“…”，可以用如下命令：

```
% \usepackage{tocloft}
\renewcommand\cftdot{…}
\renewcommand\cftdotsep{0}
```

3-1-7

中文编号往往非常宽（如“第十一章”），不适合使用固定的编号宽度，因而 ctex 的文档类及 ctexcap 包会略微修改目录编号的命令 \numberline 使编号宽度可变。但 tocloft 宏包也会修改 \numberline 使 ctex 文档类的修改失效，所以使用 tocloft 时需要对中文编号的章节层次设置较大的 \cft某numwidth，如：

```
\settowidth\cftchapternumwidth{第几十几章}          % 最宽的可能编号
\renewcommand\cftchapteraftersnumb{\hspace{0.5em}}  % 额外间距
```

3-1-8

也可以临时使用下面的方式综合两个宏包的修改，使编号成为可变长的。或许 ctex 宏包未来的版本会加入这个补丁，不过目前在中文文档中使用 tocloft 时必须要小心：

```
\documentclass{ctexbook} % 或 ctexrep, ctexart
\usepackage{tocloft}
\makeatletter
\renewcommand\numberline[1]{%
  \settowidth\@tempdimb{#1\hspace{0.5em}}%
  \ifdim\@tempdima<\@tempdimb%
    \@tempdima=\@tempdimb%
  \fi%
  \hb@xt@\@tempdima{\@cftbsnum #1\@cftasnum\hfil}\@cftasnumb}
\makeatother
```

3-1-9

tocloft 宏包的基本功能大致就这么多，还有一些不大常用的功能未做介绍，可进一步参见 Wilson [293]。使用 titletoc 宏包可以排版出格式更为复杂多变的目录格式，限于篇幅，这里不多做介绍，读者可参考宏包文档 Bezos [27]。

3.2 交叉引用

交叉引用（cross reference）是 LaTeX 中另一种常用的自动化工具，它可以通过一个符号标签引用文档中某个对象的编号、页码或标题等信息，而不必知道这个对象具体在什么地方。例如，这一章的标题在第 157 页，编号第 3 章，标题是“自动化工具”，但实际输出这段话的时候使用的代码却是：

```
这一章的标题在第~\pageref{chap:autotool} 页，编号
第~\ref{chap:autotool} 章，标题是“\nameref{chap:autotool}”……
```

这样无论后来的修改怎样改变了文档的页面、章节的编号，或者干脆连这一章的标题都变化了，上面这段隐藏在正文中的文字都不用再做修改，这种性质对于编写大型文档是至关重要的。

下面就来详细说明交叉引用的使用。

3.2.1 标签与引用

交叉引用的使用可以分成两个部分：定义标签和引用标签。定义标签是在适当的位置给一个（带有编号的）对象加一个标签（label），也就是赋给对象一个标识；引用标签则是在文档的另一个地方，利用已有的标签获得对象的编号、页码等信息。

给一个对象加标签，可以在这个对象里面或后面使用 `\label{⟨标签⟩}` 命令，⟨标签⟩可以是任意字符串，但不要包含特殊字符，而且最好起一个简洁有意义的名字。

例如，给一篇文章的“Languages”一节加标签，可以用：

```
\section{Languages}
\label{sec:lang}
```

3-2-1

这里标签 `sec:lang` 是“Section: Languages”的缩写，当然也可以改用 `sec-lang`、`language` 或其他什么好记的名称。但最好不要使用类似 `sec1.1`、`1.1` 这种标签，像 `1.1` 这种标签的意义很含混，更重要的是今天的 1.1 节到明天修改时可能会变成 2.3 节，旧的标签名 `sec1.1` 只会把作者（也就是我们自己）搞糊涂。标签的命名并没有一定的规则，一种非常流行的标签命名习惯就是像例 3-2-1 中那样使用 类型缩写:内容缩写 的形式，例如，其中的类型缩写可以是：

- `part`：部分（part）
- `chap`：章（chapter）
- `sec`：节（section）
- `subsec`：小节（subsection）

- subsubsec：小小节（subsubsection）
- para：段（paragraph）
- subpara：小段（subparagraph）
- fig：图（figure）
- tab：表（table）
- eq：公式（equation）
- fn：脚注（footnote）
- item：项目（item）
- thm：定理（theorem）
- algo：算法（algorithm）

这些与 3.1.3 节 tocloft 宏包所使用的缩写一致。当然，也可以使用其他缩写，只要保持条理和一致性。

前面的列表大致圈定了标签的使用范围，即各种自动编号的对象，大部分是 LaTeX 预定义的命令和环境所产生的，也有一些可以是自定义的编号环境，比如定理和算法（参见 2.2.4 节、2.2.6 节）。如果对象是用一条命令产生的（如 \section, \item），标签通常直接放在命令的后面；如果对象是由环境产生的（如 table 环境，equation 环境），则放在环境里面。不过这里有个别例外：脚注的标签应该放在脚注内容里面，即 \footnote{\label{fn:foo}}，否则会被看做是外面一层对象的标签；个别特殊环境的标签则是使用其他方法定义的，如 listings 宏包提供的 lstlisting 环境，使用环境的可选参数 label 定义[174]。在多行编号的数学公式中，标签则应该加在每行公式的后面（\\ 命令之前），例如：

```latex
\begin{align}
  c^2 &= a^2 + b^2
    \label{eq:gougu-formula} \\
  5^2 &= 3^2 + 4^2
    \label{eq:gougu-example}
\end{align}
```

$$c^2 = a^2 + b^2 \tag{3.1}$$
$$5^2 = 3^2 + 4^2 \tag{3.2}$$

3-2-2

有了标签，引用便水到渠成了。LaTeX 提供了两个引用的命令：\ref 和 \pageref，它们分别产生被引用对象的编号和所在页码，例如：

3-2-3

```latex
勾股定理公式 (\ref{eq:gougu-formula})
出现在第~\pageref{eq:gougu-formula} 页。
```

勾股定理公式 (3.1) 出现在第 166 页。

与目录一样，交叉引用功能也是通过在编译过程中读写扩展名为 .aux 的辅助文件（auxiliary file）实现的（见图 3.3）。因此，要产生正确的交叉引用的文档，必须至少编译两次源文件。如果在编译前辅助文件中尚没有交叉引用的信息，或者 \ref 命令使用的标签拼写错误，被引用的内容会使用几个问号代替，如“?? 节”，同时在编译的提示信息和日志文件中会显示相关的警告。

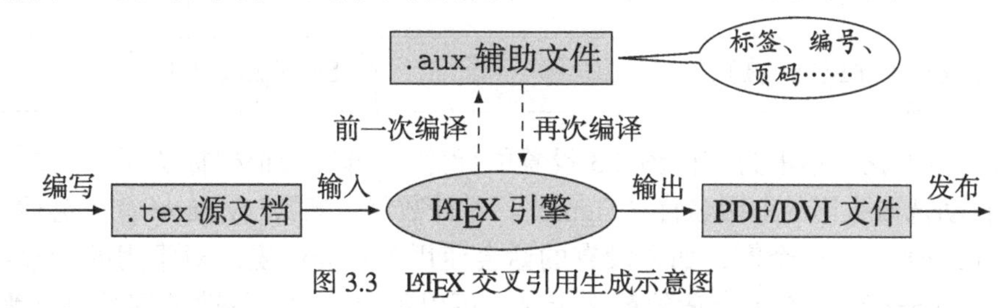

图 3.3 LaTeX 交叉引用生成示意图

3.2.2 更多交叉引用

除了 LaTeX 标准的 \label 和 \ref, \pageref，很多宏包也对交叉引用作了各种功能的扩展。扩展的方面包括引用的格式、内容、范围等等，下面选择一些做一简要的介绍。

首先是公式的引用。公式编号在圆括号之中，但引用的计数器值并不包括圆括号。因而如果要引用第 166 页的公式 (3.1)，就需要用代码 (\ref{eq:gougu-formula})，把 \ref 命令放进圆括号之中。amsmath 提供的 \eqref 命令可以自动为引用加上括号，即使用 \eqref{eq:gougu-formula} 来得到引用 (3.1)。\eqref 在功能上大致相当于下面的定义：

```
% amsmath 中 \eqref 的一个简易实现
\newcommand\eqref[1]{(\ref{#1})}
```

不过，\eqref 的实际定义比上面的定义要复杂一些，即使修改了公式的编号方式（如不使用括号），\eqref 仍然可以得到正确的引用。

类似上面 \eqref 的简易实现，我们也可以自己定义需要的引用格式。例如，可以定义一个 \thmref 专门用来引用自定义的定理环境：

```
\newcommand\thmref[1]{定理~\ref{#1}}
```

3-2-4

可以按这种方法定义其他命令，引用章、节、图、表等编号，一些宏包也会这样做，例如 ntheorem 宏包就提供了 [thref] 选项和 \thref 命令，同时定义了扩展的 \label 命令语法，用来引用定理类环境。但这样重复的工作实在令人厌烦，而且有违自动化的

*本节内容初次阅读可略过。

初衷，能不能让 LaTeX 自己辨认引用的编号类型呢？确实可以，hyperref 宏包就提供了自动识别编号类型的 \autoref 命令[201]，例如：

3-2-5

```
See \autoref{fig:xref}.
```

See figure 3.3.

这里 fig:xref 就是本书为前面图 3.3 设置的标签。LaTeX 会根据标签所引用的计数器 figure 自动选取引用的前缀名称"Figure"。对计数器"某"，hyperref 首先会检查是否有 \某autorefname 这个宏，如果没有的话会使用 \某name 宏。对常用的计数器，宏 \某autorefname 已经有了合适的英文定义，可以重定义它来修改前缀的名称为汉字，例如：

3

3-2-6

```
\renewcommand\figureautorefname{图}
参见\autoref{fig:xref}。
```

参见图 3.3。

不过，\autoref 只能对引用的数字加前缀名称，并不能产生"第 3 章"这样的引用效果，此时就只能自己手写名称或另行定义单独的命令了。

LaTeX 默认的引用只能得到编号和页码，既然 \autoref 可以得到编号的类型，那么能否得到更进一步的信息，得到被引用的章节或图表的标题内容呢？确实可以，nameref 宏包就完成了这个功能[200]：

3-2-7

```
% 导言区 \usepackage{nameref}
见"\nameref{fig:xref}"。
```

见"LaTeX 交叉引用生成示意图"。

\nameref 命令可以用来引用文章的章节标题和图表的标题，如果用它引用其他没有标题的计数器，会产生错误的结果。

排版中有时需要知道整个文档的总页数，这可以引用文档最后一页的页码得到。不过自己直接在文档末尾写 \label{LastPage} 往往并不能正确引用，因为在这之后可能还要输出一些浮动体、尾注等。为此，lastpage 宏包[82] 提供了一个特殊的标签 LastPage，它是保证在文档末尾的标签，可以得到文档最后一页的页码，例如期刊页眉的页码往往可以写成下面的样子：

3-2-8

```
page \thepage\ of \pageref{LastPage}
```

page 168 of 564

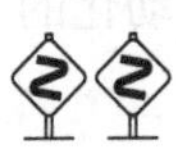

交叉引用是利用辅助文件保存的信息实现的，因此从原理上交叉引用并不限定引用的标签是否来自当前文档前一次编译的结果。使用 \include 命令引入的

所有子文档，都会生成单独的 .aux 辅助文件，里面分别保存有这个文件中影响的计数器编号、交叉引用等辅助信息。因此，即使使用 \includeonly 命令只引入部分源文件，也可以利用以前生成的辅助文件完整地进行整个文档的交叉引用。类似的功能甚至可以扩展到不相干的文档，只要有引用所需的 .aux 辅助文件，就可以在一个文档中对另一个文档的内容进行交叉引用。xr 宏包[41] 就实现了对外部文件进行引用的功能，它实现了一个命令来声明外部辅助文件：

\externaldocument[⟨前缀⟩]{⟨文件名⟩}

这里 ⟨文件名⟩ 是没有 .aux 后缀的外部辅助文件名。然后就可以像引用本地文档中的编号一样引用外部文档中的标签了。使用 \ref 等命令引用时，为了避免标签冲突，可以在外部文档的标签前面添加可选的 ⟨前缀⟩。例如当前文件是 languages.tex，我们又从另一个文档 chinese.tex 中编译生成了 chinese.aux 辅助文档，里面是有关 chinese.tex 文档中的引用信息，那么，就可以把 chinese.aux 复制到 languages.tex 所在的工作目录，然后在 languages.tex 的导言区声明：

```
% languages.tex 导言区
\usepackage{xr}
\externaldocument[ch:]{chinese}
```

3-2-9

于是，就可以使用 \ref{ch:fig:popular} 来引用在 chinese.tex 中以 \label{fig:popular} 声明的图的标签了。

3.2.3 电子文档与超链接

作为排版软件，LaTeX 首要的任务是为输出到纸面作准备的。不过，PDF 格式也是重要的电子文档格式，支持文档标签、超链接、电子表单等许多特殊的功能。通过相关宏包的支持，LaTeX 也可以输出带有这些高级功能的电子文档。

最常用的电子文档功能是文档的目录标签和超链接功能，这可以由 hyperref 宏包完成。在制作软件说明书、幻灯片演示文件等场合，hyperref 提供的电子文档功能起着尤为重要的作用。

hyperref 宏包可算是 LaTeX 最为复杂的宏包之一，它提供了大量的选项和命令，完成各种设置和功能。前面 3.2.2 节介绍的 \autoref 就是 hyperref 众多功能中的一个。这里主要介绍以 PDF 格式输出时，hyperref 有关标签和超链接的一些最基本的功能和设置，更进一步的说明可参见 hyperref 的手册 Rahtz and Oberdiek [201] 及相关文档 Oberdiek [179] 等。

hyperref 最基本的用法非常简单，就是直接调用此宏包：

```
\usepackage{hyperref}
```

如果是使用 ctex 宏包或文档类，则可以加 hyperref 选项，这样 ctex 宏包会自动根据编码和编译方式选择合适的选项，避免出现乱码：

3-2-10

```
\documentclass[hyperref,UTF8]{ctexart}
```

引入 hyperref 后在编译文档时，会根据章节结构，自动生成目录结构的 PDF 文档标签。同时，正文中的目录和所有交叉引用，都会自动成为超链接，可以用鼠标点击跳转到引用的位置（见图 3.4）。与生成目录类似，要得到正确的 PDF 标签，也应至少编译两遍文档。

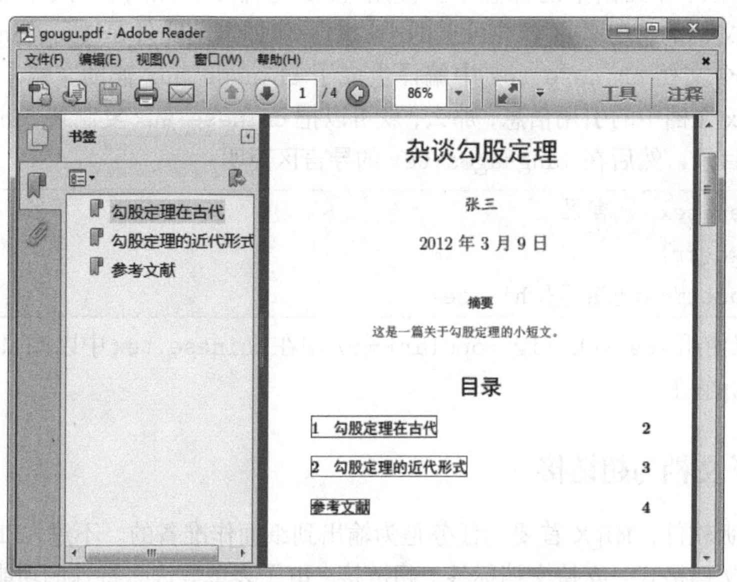

图 3.4 使用 hyperref 的文档。在 Adobe Reader 中左边栏是文档的目录标签，每个目录项外的彩色边框表示超链接

可以给 hyperref 设置许多宏包选项来控制其行为，除了直接加在 \usepackage 命令后，宏包选项也可以使用 \hypersetup 命令单独设置。hyperref 的选项大多使用 ⟨选项⟩ = ⟨值⟩ 的方式设置，如果是布尔类型的真假值选项（值为 true 或 false），通常可以省略为真的值。常用的一些选项见表 3.3。

*本节后面内容初次阅读可略过。

表 3.3　hyperref 宏包的常用选项

选项	类型	默认值	说明
colorlinks	⟨布尔⟩	false	超链接用彩色显示。相关的彩色选项包括 linkcolor, anchorcolor, citecolor, filecolor, urlcolor 等，颜色参见 5.4 节。在一些版本中默认值与编译引擎相关
bookmarks	⟨布尔⟩	true	生成 PDF 目录书签
bookmarksopen	⟨布尔⟩	false	在 PDF 阅读器中自动打开书签
bookmarksnumbered	⟨布尔⟩	false	目录书签带编号
pdfborder	⟨数⟩ ⟨数⟩ ⟨数⟩	0 0 1	当 colorlink 为假时，超链接由彩色边框包围（不会被打印）。默认值表示 1 pt 宽的边框，可以设置为 0 0 0 表示没有边框
pdfpagemode	⟨文本⟩		在 PDF 阅读器中的页面显示方式，常用值是 FullScreen，表示全屏显示
pdfstartview	⟨文本⟩	Fit	在 PDF 阅读器中的页面缩放大小。默认值 Fit 表示"适合页面"；常用取值有适合宽度 FitH、适合高度 FitV
pdftitle	⟨文本⟩		文档标题，会在 PDF 文档属性中显示
pdfauthor	⟨文本⟩		文档作者，会在 PDF 文档属性中显示
pdfsubject	⟨文本⟩		文档主题，会在 PDF 文档属性中显示
pdfkeywords	⟨文本⟩		文档关键字，会在 PDF 文档属性中显示

例如，在制作 PDF 格式的电子书时，为了方便在屏幕上阅读，可能需要特殊的页面、彩色超链接、全屏显示，并有合适的 PDF 文档信息，那么，很可能以下面的方式开始导言区：

```
\documentclass[hyperref,UTF8]{ctexbook}
\usepackage{geometry}
\geometry{screen}
\hypersetup{
  colorlinks=true,
  bookmarks=true,
  bookmarksopen=false,
```

```
  pdfpagemode=FullScreen,
  pdfstartview=Fit,
  pdftitle={初等几何教程（电子版）},
  pdfauthor={张三}
}
```

3-2-11

除了自动的超链接功能，hyperref 还提供了许多命令，用来生成书签、超链接或网址等。

\url 命令用来输出 URL 地址，同时也具有超链接的功能。与排版纯文本不同，在 \url 命令的参数中，网址允许使用的合法符号（如 &、% 等）直接输入，并且默认以打字机字体输出，例如：

3-2-12

```
\url{http://bbs.ctex.org/forum.php?mod=viewthread&tid=48244#pid337079}
```

http://bbs.ctex.org/forum.php?mod=viewthread&tid=48244#pid337079

如果 URL 地址不需要超链接的效果，可以改用 \nolinkurl 命令。hyperref 是使用 url 宏包排版 URL 地址的，如果文档是要印制输出，只是需要排版 URL 地址，不需要任何电子文档的超链接功能，也可以直接使用 url 宏包提供的 \url 等命令。修改 URL 的输出格式等更多功能，参见宏包文档 Arseneau and Fairbairns [19]。

\path 命令可以用来排版文件路径，它的格式和 \url 差不多。

\href{⟨*URL*⟩}{⟨*文字*⟩} 命令可用来使文字产生指向 URL 地址的超链接效果，同样，这里 URL 地址中的 #、~ 等特殊符号一般不需要做特别处理，例如：

3-2-13

```
\href{http://bbs.ctex.org/}{CTeX 论坛}
```

\hyperref[⟨*标签*⟩]{⟨*文字*⟩} 命令可用来产生使文字指向标签的超链接效果，这里方括号中的标签与 \ref 使用的标签相同，不能省略，如：

3-2-14

```
\hyperref[eq:gougu-formula]{点击查看勾股定理公式}
```

\hypertarget{⟨*名称*⟩}{⟨*文字*⟩} 用来给文字定义带有名称的链接点，在文档的其他地方，则可以使用命令 \hyperlink{⟨*名称*⟩}{⟨*文字*⟩} 让另一段文字链接到指定名称的链接点。

\phantomsection 命令自动产生一个超链接点，它通常用在下面的场合，为手工添加的目录项指定正确的链接位置：

```
\phantomsection
\addcontentsline{toc}{section}{习题}
\section*{本章习题}
```

3-2-15

\pdfbookmark[⟨层次⟩]{⟨书签文字⟩}{⟨链接点名称⟩} 命令可用来手工添加 PDF 书签，同时定义一个带有名称的链接点（可用于 \hyperlink 等命令）。这里书签层次与章节层次可对应，大约等同于第 129 页的表 2.13 中的层次（但 article 的 \part 是第 0 级）。例如建立与 \subsection 同级的书签，可以用：

```
\pdfbookmark[2]{勾股定理证明}{gouguproof}
\begin{proof} …… \end{proof}
```

3-2-16

章节标题中，有时会出现一些数学式、特殊符号等命令，在 PDF 书签中可能比较费解，甚至被展开成复杂的内容，效果很难看。此时可以用命令 \texorpdfstring {⟨*TeX* 形式⟩}{⟨*PDF* 形式⟩} 分别定义在 TeX 文档输出的代码和 PDF 书签等处的纯文本形式，例如：

```
\section{\texorpdfstring{$\frac{1}{\pi}$}{1/π} 的计算}
```

3-2-17

它在输出的 PDF 文本中会显示标题为 "$\frac{1}{\pi}$ 的计算"，而在 PDF 书签中则会显示标题为 "1/π 的计算"。

hyperref 使用的是 TeX 的扩展功能，只有与相应的 TeX 引擎或输出驱动正确配合才能使用。dvips、pdftex、dvipdfmx、xetex 等选项就用于选择输出的引擎或驱动，其中 pdftex、xetex 选项对应的 pdfTeX、XeTeX 引擎[①]通常会自动检测到，但使用 DVIPDFMx 驱动时就必须手工加上 dvipdfmx 选项才能正确输出。

hyperref 的目录标签是通过扩展名为 .out 的辅助文件帮助产生的，因此，要生成正确的标签也需要两遍以上编译。利用 CCT、CJK 等旧的中文处理方式时，通常必须选用特定的选项才能正确编译输出。当使用 CJK 方式以非 Unicode 编码处理中文时，必须给 hyperref 加 CJKbookmarks 选项，同时使用外部工具[②]或 DVIPDFMx 驱动的特殊命令[③]，转换标签文档编码；而 CJK 在使用 UTF-8 编码时，则应使用 unicode 选项。这类选项和命令的选择比较复杂，最好使用 ctex 宏包或文档类处理中文。使用 ctex 的 hyperref 选项来引入 hyperref 宏包，ctex 会自动选择尽可能合适的相关选项及编码转换命令。

① pdftex 选项指使用 pdfTeX 引擎且输出 PDF 格式。输出 DVI 格式时，仍应根据情况选用 dvips 或 dvipdfmx 等选项。

② 如 CCT 系统或 CTeX 套装提供的命令行工具 gbk2uni，它将 .out 辅助文件由 GBK 编码转换为 UCS-2 编码。CTeX 套装配置的 WinEdt 编辑器在使用 latex 或 pdflatex 编译时，一般会调用这个程序。

③ 命令是 \AtBeginDvi{\special{pdf:tounicode GBK-EUC-UCS2}}，且需要 TeX 发行版中有对应的转换码表。

3.3 BibTeX 与文献数据库

LaTeX 主要被用来排版学术文档，因而参考文献列表也是 LaTeX 中特别重要的项目。与交叉引用和目录类似，现代文档的参考文献通常也采取自动生成方式，这里需要一个外部工具 BibTeX，它可以根据文章的内容，从一个文献数据库中抽取、整理和排版文献列表。本节的内容主要就是基于 BibTeX 的。

3.3.1 BibTeX 基础

3

使用 BibTeX 处理参考文献列表，首先需要准备好参考文献数据库。

文献数据库是以 .bib 结尾的文本文件，其内容是许多个文献条目，里面保存着文献的类型、引用标签、标题、作者、年代等各种信息，如：

```
% tex.bib 中的一条
@BOOK{mittelbach2004,
  title = {The {{\LaTeX}} Companion},
  publisher = {Addison-Wesley},
  year = {2004},
  author = {Frank Mittelbach and Michel Goossens},
  series = {Tools and Techniques for Computer Typesetting},
  address = {Boston},
  edition = {Second}
}
```

3-3-1

文献数据库可以手工逐条录入，许多 TeX 相关的编辑器（如 WinEdt）都有 .bib 文件类型的语法高亮和条目模板功能。不过更方便的做法是在网上下载现成的文献数据库，一些电子期刊数据库网站会提供相应的 BibTeX 数据库文件下载或是 BibTeX 条目的导出功能，搜索引擎 Google Scholar 也免费提供这项功能①，一些文献管理软件也可以将其他类型的文献数据库转换为 BibTeX 格式。在文献管理软件中用填空的方式录入文献数据库，通常也比直接手工录入容易一些。

在 .tex 源文件中我们则需要做好下面三件事：

1. 使用 \bibliographystyle 命令设定参考文献的格式，这通常在导言区完成。基本的 BibTeX 文献格式包括 plain、unsrt、alpha 和 abbrv[195]（见表 3.4）。前两

① 需要在 Google Scholar 的 Preferences 选项中设置 Bibliography Manager 为 BibTeX。

种使用一般的数字编号文献，plain 格式按作者、日期、标题排序（见图 3.5），unsrt 不排序（保持引用的次序）；alpha 则使用一种三字母缩写的方式编号并按作者排序（见图 3.6）；abbrv 格式与 plain 基本相同，只是定义了一些缩写，如：

```
\bibliographystyle{alpha}
```

表 3.4 几种基本 BibTeX 文献格式的属性比较。表中“月份全称”和“期刊全称”是指对于一些预定义 BibTeX 宏的按月份和期刊名的全称或缩写展开

格式	字母编号	条目排序	不缩写人名	月份全称	期刊全称
plain	✗	✓	✓	✓	✓
unsrt	✗	✗	✓	✓	✓
alpha	✓	✓	✓	✓	✓
abbrv	✗	✓	✗	✗	✗

TeX and LaTeX see [1], [2].

References

[1] Donald Ervin Knuth. *The TeXbook*, volume A of *Computers & Typesetting*. Addison-Wesley, 1986.

[2] Leslie Lamport. *LaTeX: A Document Preparation System*. Addison-Wesley, Reading, Massachusett, 2nd edition, November 1994.

[3] Frank Mittelbach and Michel Goossens. *The LaTeX Companion*. Tools and Techniques for Computer Typesetting. Addison-Wesley, Boston, second edition, 2004.

图 3.5 plain 格式的引用和文献列表

2. 在正文中用标签使用 \cite 命令引用需要的文献，或是使用 \nocite 命令指明不引用但仍需要列出的文献标签。\cite 命令引用的位置会出现文献的编号，同时将提示 LaTeX 列出所引用的文献，如：

```
\TeX{} and \LaTeX{} see \cite{knuthtex1986}, \cite{lamport1994}.
\nocite{mittelbach2004}
```

如果要列出数据库中的所有文献，可以用 \nocite{*} 命令，不过这只适用于专为一篇文章编写的小型文献数据库。

\cite 命令中可以直接使用多个文献的标签，表示同时引用多条文献，也可以带一个可选参数，用来表示附加的说明，例如 \cite[\S~4.3]{lamport1994}

TeX and LaTeX see [Knu86], [Lam94].

References

[Knu86] Donald Ervin Knuth. *The TeXbook*, volume A of *Computers & Typesetting*. Addison-Wesley, 1986.

[Lam94] Leslie Lamport. *LaTeX: A Document Preparation System*. Addison-Wesley, Reading, Massachusett, 2nd edition, November 1994.

[MG04] Frank Mittelbach and Michel Goossens. *The LaTeX Companion*. Tools and Techniques for Computer Typesetting. Addison-Wesley, Boston, second edition, 2004.

图 3.6 alpha 格式的引用和文献列表

可能会得到“[136, § 4.3]”。

3. 使用 \bibliography 命令指明要使用的文献数据库。LaTeX 将在这条命令的位置插入参考文献列表，如：

```
\bibliography{tex}% 表示使用的数据库是 tex.bib
```

指定数据库文件时不带 .bib 后缀。可以同时从多个文献数据库中提取文献，只要将用到的所有文献数据库文件用逗号分隔开即可，如：

```
\bibliography{springer,ieee}
```

BibTeX 是一个单独的命令行工具，要使用 BibTeX，必须先对 .tex 源文件编译，然后运行 BibTeX 生成文献列表，然后再对 .tex 源文件至少编译两次，才能得到插入文献列表并有正确引用的文档。以 XeLaTeX 为例，编译带有参考文献列表的文件 foo.tex 的命令是：

```
xelatex foo.tex
bibtex foo.aux
xelatex foo.tex
xelatex foo.tex
```

其中文件的扩展名可以省略。当然，使用专门为 TeX 配置的编辑器，上述四条命令就相当于点了四次按钮（见图 3.7）。有的编辑器配置还可能把几条命令合为一个按钮。

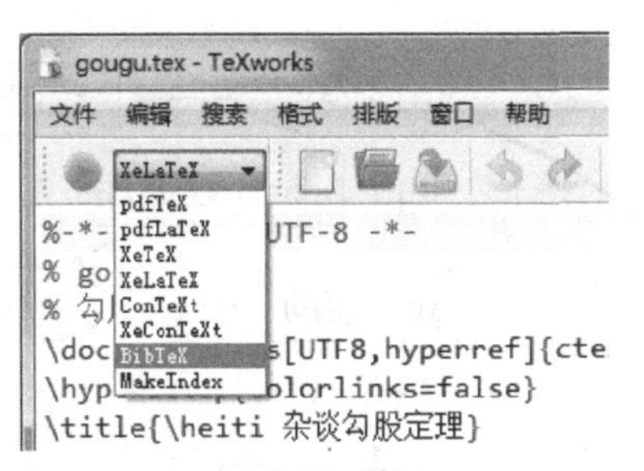

(a) TeXworks

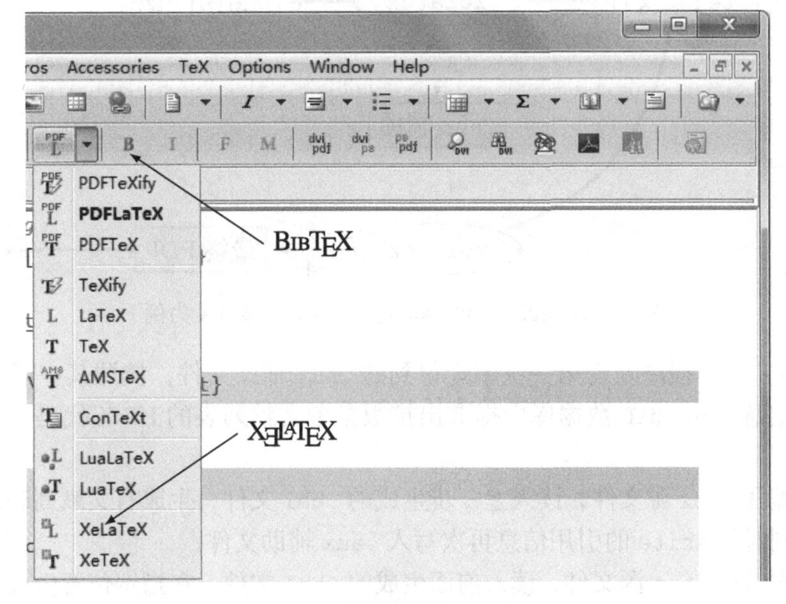

(b) WinEdt

图 3.7　TeXworks 与 WinEdt 中的 BibTeX 命令按钮

*

如图 3.8 所示，BibTeX 的参考文献列表和引用也是通过读写一系列辅助文件完成的，不过这个功能比一般的目录和交叉引用生成还要复杂一些，要得到完整的文献列表和正确的引用信息，至少需要以下四个步骤：

1. 编译 `.tex` 源文件，生成没有文献列表的 PDF 文件，同时将 `\cite` 命令产生的引用信息、`\bibliography` 指定的数据库名、`\bibliographystyle` 指定的文献格式名都写入 `.aux` 辅助文件；

*本节后面内容初次阅读可跳过。

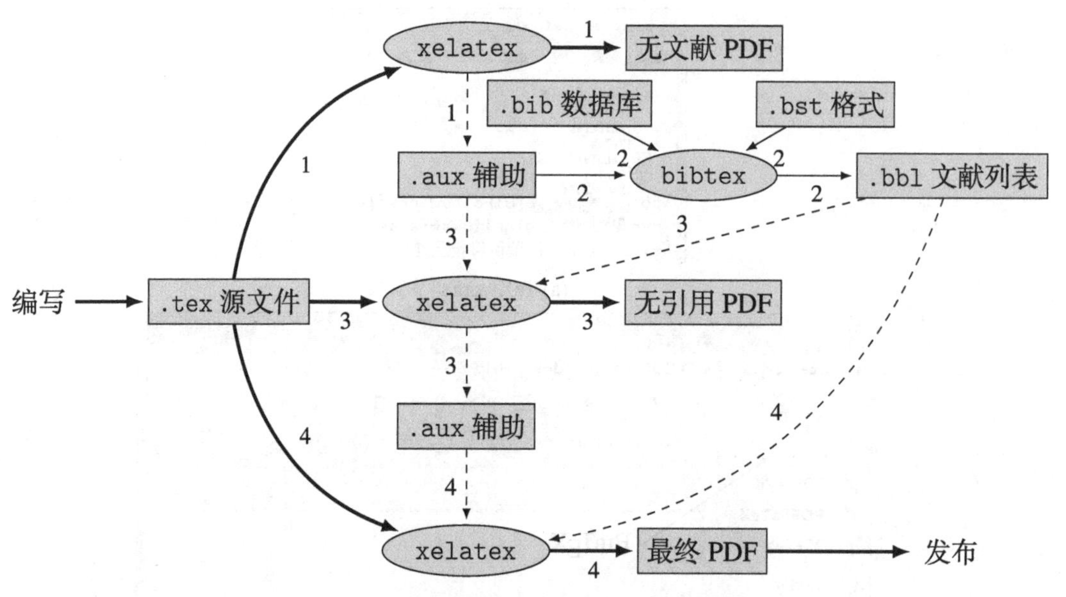

图 3.8 BIBTEX 编译处理流程（这里以 XELATEX 为例）

2. 使用 bibtex 程序处理第一次编译得到的 .aux 辅助文件，按照其中记录的引用、文献信息，从 .bib 数据库中提取出排版参考文献列表的 LATEX 代码，写入 .bbl 文件；
3. 再次编译 .tex 源文件，读入上一步生成的 .bbl 文件，生成有文献列表的 PDF 文件，同时将 \cite 的引用信息再次写入 .aux 辅助文件；
4. 第三次编译 .tex 源文件，读入前面生成的 .bbl 文件，在指定位置生成文献列表，读入上一步生成的 .aux 辅助文件，在引用处生成正确的引用编号信息，得到有正确文献列表和引用的 PDF 文件。

上面的过程中，后面生成 \cite 命令引用编号的信息与一般的交叉引用没有区别，只是前面增加了调用 BIBTEX 生成文献列表的过程。当然，这一流程是针对最后输出完全正确的文献、引用信息而言的，在文档编写、修改过程中，如果不是为了检查最终的结果，只需要编译一遍就可以了。

下面我们来看 .bib 文献数据库文件的编写。如前所示，一个 BIBTEX 数据库条目的结构为：

```
@⟨类型⟩{⟨引用标签⟩,
    ⟨项目⟩ = {⟨项目内容⟩},
    ⟨项目⟩ = {⟨项目内容⟩},
```

```
    ......
}
```

文献数据库的输出方式由 .bst 文献格式文件确定，在基本文献格式中定义的文献类型如下[193]，类型名不区分大小写：

- **article** 在期刊上发表的论文
  必需项目：author，title，journal，year
  可选项目：volume，number，pages，month，note
- **book** 正式出版的书籍
  必需项目：author/editor，title，publisher，year
  可选项目：volume/number，series，address，edition，month，note
- **booklet** 没有正式出版机构的印刷品
  必需项目：title
  可选项目：author，howpublished，address，month，year，note
- **conference** inproceedings 的别名
- **inbook** 书籍的一部分，可以是一章、一节或若干页等
  必需项目：author/editor，title，chapter/pages，publisher，year
  可选项目：volume/number，series，type，address，edition，month，note
- **incollection** 书中有独立标题的一部分，如论文集中的一篇
  必需项目：author，title，booktitle，publisher，year
  可选项目：editor，volume/number，series，type，chapter，pages，address，edition，month，note
- **inproceedings** 会议报告集中的一篇
  必需项目：author，title，booktitle，year
  可选项目：editor，volume/number，series，pages，address，month，organization，publisher，note
- **manual** 技术手册
  必需项目：title
  可选项目：author，organization，address，edition，month，year，note
- **mastersthesis** 硕士学位论文
  必需项目：author，title，school，year
  可选项目：type，address，month，note
- **misc** 其他难以分类的、未定义的类型会被归于此类
  必需项目：无
  可选项目：author，title，howpublished，month，year，note

- **phdthesis** 博士学位论文

  必需项目：author, title, school, year

  可选项目：type, address, month, note
- **proceedings** 会议报告集

  必需项目：title, year

  可选项目：editor, volumeornumber, series, address, month, organization, publisher, note
- **techreport** 学院或研究所出版的报告

  必需项目：author, title, institution, year

  可选项目：type, number, address, month, note
- **unpublished** 未出版的文档

  必需项目：author, title, note

  可选项目：month, year

3

对每一种文献类型，都可以有许多不同的排版项目，有的项目对于特定文献类型是必需的，有些是可选的。必需项目如果缺失，BIBTEX 在处理时会发出警告，并以问号排版缺失的部分，标题、作者、年代是大部分文献类型的必需项目，如果遇到未定义的项目，BIBTEX 会忽略它。在基本文献格式中定义的项目如下[193]，不区分大小写：

- **address** publisher（出版社）的地址，对于大的出版社，通常可以省略。
- **author** 作者姓名，不同的作者之间用 and 分隔（无论多少个作者）。这里姓名可以是 名␣姓 或 姓,␣名 的格式。如果姓名中有重音符号或其他特殊排版的内容，注意放在分组里面。有些姓名的一些部分多于一个单词，可放在单独的分组中。汉字的中文、日文人名可以不分姓名，统一使用。如：

```
author={D. Hilbert and G{\"o}del, Kurt and John von Neumann and 陈省身}
```

实际上，西文姓名被分为四个部分：First, von, Last 以及 Jr，每个部分由一个或多个词或分组构成，如数学家 John von Neumann 的名字，John 是 First 部分，von 是单独一个部分，Neumann 是 Last 部分，Jr 部分为空。BIBTEX 支持以下三种姓名书写格式：

  - First von Last：前面 John von Neumann 就是这样写的，如果只有两个词就没有 von 的部分，如果只有一个词就只算作 Last 部分（姓）。
  - von Last, First：如前面 Kurt Gödel 的名字就写成了 G{\"o}del, Kurt。
  - von Last, Jr, First：这里 Jr 部分使用 Junior、Senior 或者罗马数字 III、IV 等表示同名的第几代人。

部分复杂的人名录入时必须小心，更详细的说明可参见 [152, § 11]。

- **booktitle**（所在）书籍的标题。
- **chapter** 章编号，如“2”。
- **crossref** 被这一文献所引用的 key 值。
- **edition** 书籍的出版版次，如“Second”。
- **editor** 编辑的姓名，格式与 author 一致。
- **howpublished** 特殊的出版方式。
- **institution** 技术报告的主办机构。
- **journal** 期刊名。标准文献格式中用宏定义了少量期刊名的简写。
- **key** 用于 crossref 项等。
- **month** 发表或出版的月份。
- **note** 额外的说明。
- **number** 期刊号、丛书号、报告编号等。
- **organization** 主办会议或发布手册的机构。
- **pages** 页码，多使用页码的范围表示所引用的文献位置，书籍类型则用来表示总页码。如 13--20，370 + xii。
- **publisher** 出版社名。
- **school** 学院。
- **series** 丛书名。
- **title** 文献标题。
- **type** 技术报告的类型，如“Research Note”。
- **volume** 文献所在期刊或多卷丛书的卷数。
- **year** 出版年份，或未出版文献的写作年份。

书写文献项目内容时，除非是年份等纯数字，应该把项目内容放在双引号 " " 之间或是放在花括号的分组内。项目中的内容如果包含重音符号等命令，要把它放在分组之内保证 BibTeX 正确处理。由于输入的内容有可能在进入 LaTeX 编译前就被 BibTeX 程序改变大小写，因此在不希望改变大小写的地方（如标题中的人名），就要使用分组来保持原来的大小写，如：

```
title="Harmonic analysis of operators on {Hilbert} space"
```

可以在 .bib 数据库中定义一种特殊的字符串（string）类型，然后可以在其他文献中使用它来代替重复的部分。基本的文献格式中也预定义了一些这样的宏，如用三字母的缩写表示月份，以及一些期刊的名称，这种宏与 .bib 中的字符串具有相同的效果。

下面这条 Knuth 的 Literate Programming 的文章就使用了两个字符串宏，一个是在 .bib 文件中直接定义的期刊名缩写 j-CJ，一个是五月的缩写 may：

```
@String{ j-CJ = "The Computer Journal" }

@Article{Knuth:CJ-2-27-97,
  author =       "Donald E. Knuth",
  title =        "Literate Programming",
  journal =      j-CJ,
  year =         "1984",
  number =       "2",
  volume =       "27",
  pages =        "97--111",
  month =        may,
}
```

3-3-2

同一项目定义里面的不同字符串之间可以用 # 连接，也可以用它连接预定义的字符串或宏，如 January 2（1 月 2 日）可以写成：

```
month = jan # "~2"
```

此外，在 .bib 文件中还有一个导言（preamble）类型，可以在里面写一些在文献中可能使用的 TeX 代码，特别是可以用 \providecommand 命令给出一些定义：

```
@Preamble{
  \providecommand\url{\texttt}% 如果没有定义 \url 命令，用 \texttt 代替
}
```

练 习

3.1 打开 CTAN 的 Web 页面或 FTP 网站，查看发布在 CTAN 上面的文献数据库，找到其中关于 TeX/LaTeX 本身的文献数据库，看看 Knuth [126] 在哪个数据库中？（有关 CTAN 可参见 8.3 节“LaTeX 资源寻找”。）

3.2 使用 Google Scholar 或其他数据库检索 Hoare 关于快速排序（quicksort）算法的原始论文，给出其 BibTeX 数据库条目。

3.3 使用 BibTeX 按 plain 格式排版一篇文章，引用几篇你熟悉领域的文献。如果不用 \cite 命令引用文献，会发生什么情况？把 plain 改成其他格式再看看结果如何。

3.3.2 JabRef 与文献数据库管理

尽管 .bib 文献数据库是纯文本文件，可以用一般的文本编辑器编辑，但使用专门的文献管理工具可能更加方便。JabRef 就是一款轻量级的开源文献管理软件，专门用来处理 BIBTEX 的文献数据库。

JabRef 是 Java 程序，Windows 平台下使用可能需要首先安装 Java 运行库：

```
http://www.java.com/zh_CN/download/manual.jsp
```

可以在 SourceForge 的站点下载安装 JabRef：

```
http://jabref.sourceforge.net/
```


刚刚安装的 JabRef 是英文界面，不过没有关系，我们可以在 Options 菜单中的 Preferences 项中设置 JabRef 的界面语言和默认编码，见图 3.9。由于一般使用 XƎLATEX 处理中文文档，所以这里将默认的编码设置为 UTF-8，而不是通常中文操作系统默认的 GBK 编码。设置以后重启 JabRef，它的程序界面就会像图 1.17、图 3.10 一样成为中文的了。同样，可以在首选项菜单中设置合适的程序字体和字号。

JabRef 安装好之后，就会与 .bib 类型的文件关联，可以用它直接打开扩展名为 .bib 的数据库文件。

对于现成的数据库文件，如直接从网站上下载的 .bib 文件不需要修改就可以直接使用，此时可以把 JabRef 简单地看做一个文献数据库的查看器，可以用它查看所有的文献信息及引用标签。对于特定的编辑器，如 WinEdt、Vim、Emacs 等，还可以点击 JabRef 上的一个按钮直接把 \cite{⟨标签⟩} 命令发送到编辑器中[①]，非常方便（见图 3.10）。

建立新的文献数据库非常简单，在“文件”菜单中选“新建数据库”，或在工具栏点新建的图标，就会得到一个未命名的空数据库文件。直接点击保存命令就可以为数据库进行命名。

有好几种方式得到新的文献条目，最为自动化的一种是让 JabRef 直接联网进行搜索。点击“Web 搜索”菜单，可以在其中选择一个在线数据库进行搜索抓取（见图 3.11），然后将所有搜索到的文献导入到当前打开的 .bib 文件中。

也可以从其他类型的文献数据库中导入条目。在 JabRef 的“文件”菜单中有“导入到新数据库”和“导入到当前数据库”命令，可以从许多其他文献管理软件（如 Endnote）导入条目。

手工建立记录条目也是需要的，在“BibTeX”菜单中可以选择一种文献记录类型直接建立，或按快捷键建立；也可以打开“BibTeX”菜单中的“新建记录向导”或点击

① 要正确完成推送，可能需要在 JabRef 的选项中进行简单的设置。

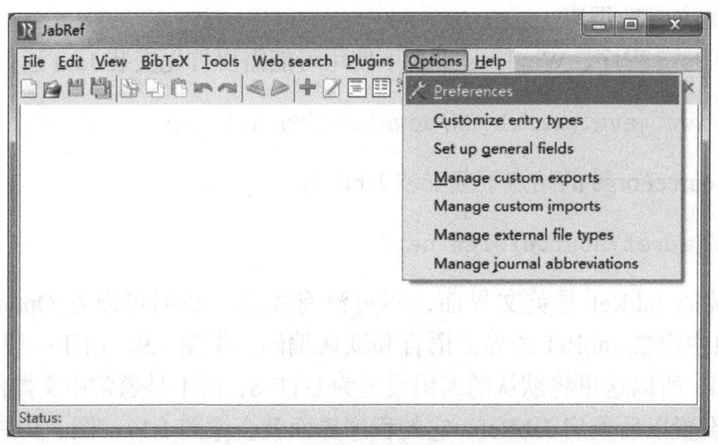

(a) JabRef 初安装的界面与选项菜单

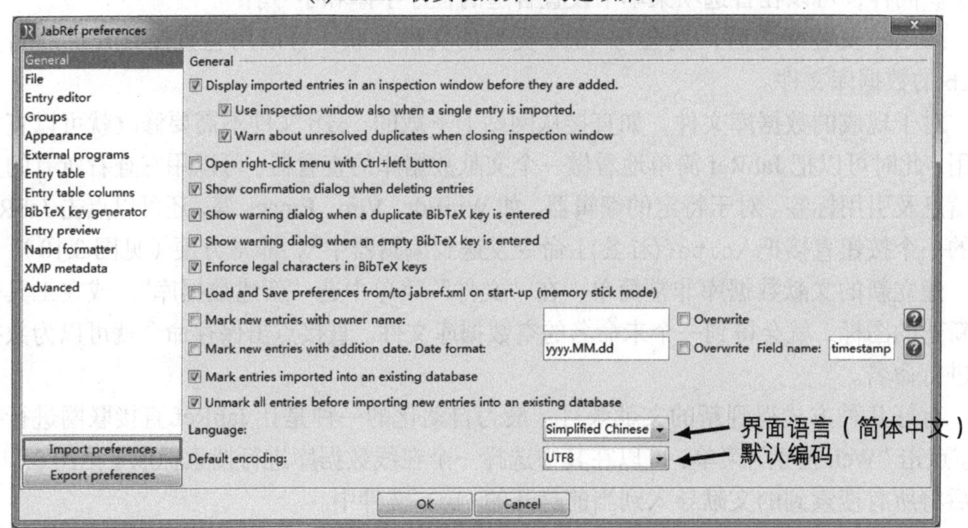

(b) JabRef 首选项（Preferences）设置

图 3.9 设置 JabRef 的界面语言和默认编码

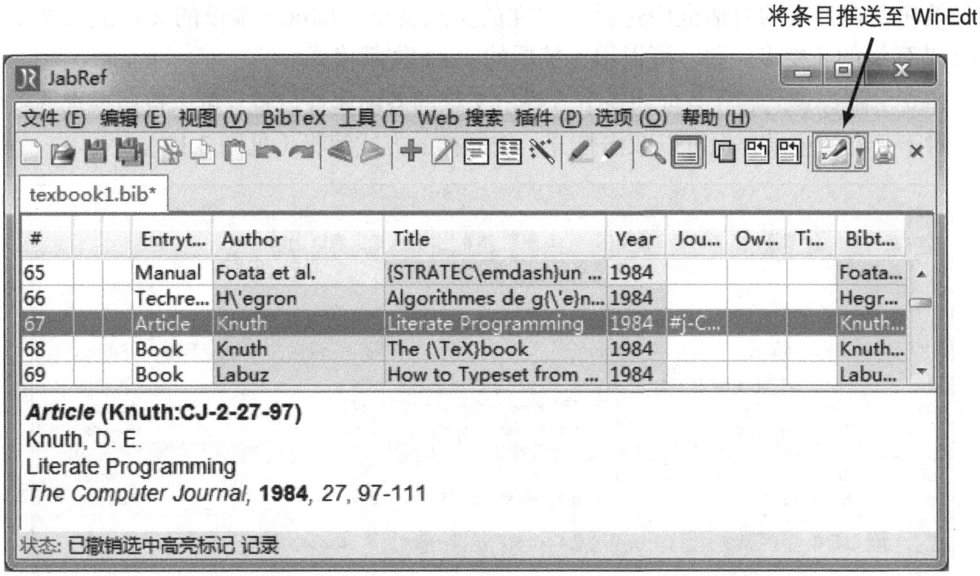

将条目推送至 WinEdt

图 3.10　使用 JabRef 查看数据库文件并推送已有的文献记录

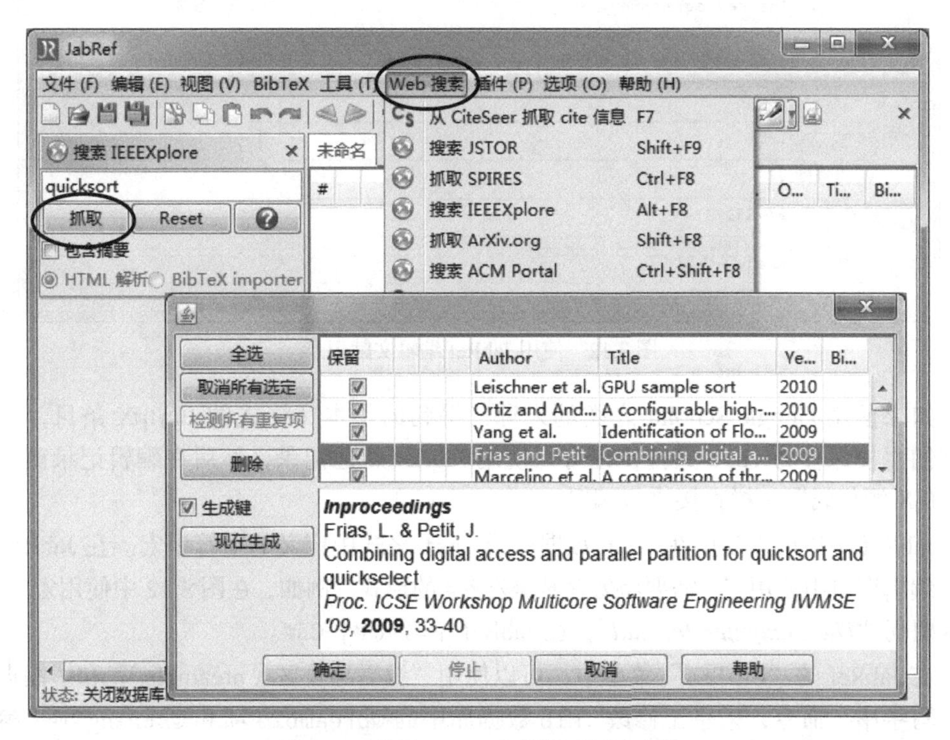

图 3.11　使用 JabRef 在线搜索抓取文献

加号按钮，在弹出的对话框中选择要建立的文献类型。JabRef 预设的文献记录类型比 3.3.1 节列举的还要多一些，可以用于扩展的 .bst 文献格式。

建立文献记录之后，会自动在下方弹出文献的各项属性设置，可以按照要求逐项填写。对于已有的记录，也可以双击打开，按同样的方式编辑（见图 3.12）。

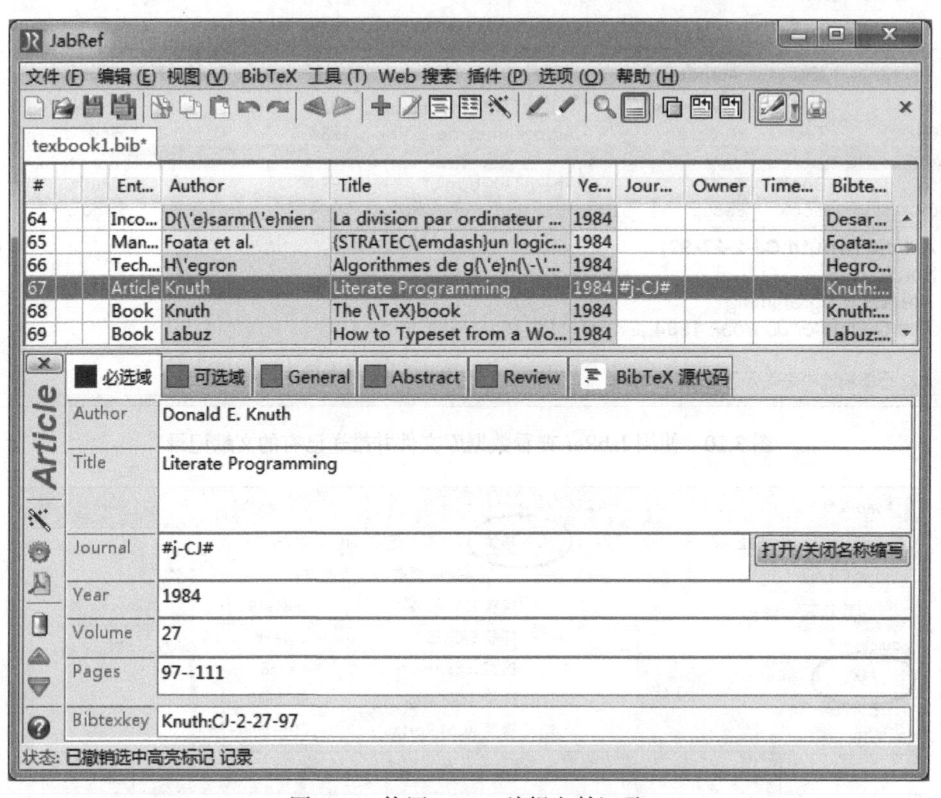

图 3.12 使用 JabRef 编辑文献记录

如果使用 Google Scholar 之类的来源，得到的是本文格式的 BIBTEX 条目，可以将它们直接保存为 .bib 文件，也可以使用 JabRef 新建记录，然后在编辑记录窗口的“BibTeX 源代码”一栏直接进行编辑。

JabRef 中也可以使用在 .bib 数据库或 .bst 格式中定义的字符串宏。在 JabRef 的编辑窗口中使用宏，需要将宏写成 #宏名# 的形式。例如，在图 3.12 中使用宏 j-CJ 表示期刊“*The Computer Journal*”，在 JabRef 中写成 #j-CJ#。

在 JabRef 的“BibTeX”菜单中，可以使用“编辑导言区（preamble）”和“编辑简写字串”命令，来手工修改 .bib 数据库中的 @preamble 项和 @string 项（参见 3.3.1 节）。

有关 JabRef 的功能大致就是这些，更详细的说明可以参见 JabRef 的联机帮助文档。本节介绍的 JabRef 只是众多文献管理软件中的一种，读者也可以自行安装其他支持 BIBTEX 格式的文献管理软件。

练 习

3.4 用 JabRef 打开在练习 3.1 中找到的数据库文件 `texbook1.bib`，搜索标题中含有 TEX 的最早的文献。

3.5 为你书架上的学术书籍编写 BIBTEX 数据库，如果不愿意一本一本手工录入，一些搜索引擎的文献导出功能可能会非常有用。

3.6 Zotero 是一款配合 Firefox、Chrome、Safari 等浏览器使用的文献管理软件，它的一大特点是可以从电子数据库的网页上批量抓取文献数据，其说明可见：

```
http://www.zotero.org/support/zh/quick_start_guide
```

如果你使用相关的浏览器，试安装 Zotero，并借助它从 Google Scholar①、JSTOR②、AMS③、Amazon④或任何你喜欢的数据库中批量抓取文献数据，并导出为 BIBTEX 的格式。

3.3.3　用 natbib 定制文献格式

下面来着重介绍 natbib 宏包[64] 及其所支持的文献格式。

natbib 宏包提供一种“自然”的文献引用方式，即按文献作者和年代显示文献的引用方式。它同时也提供专用于 natbib 的三种 `.bst` 格式：`plainnat`, `abbrvnat` 和 `unsrtnat`，分别对应于三种基本格式。使用 natbib 也可以产生传统的数字编号引用，同时它还提供了一些文献列表和引用的格式设置工具。

natbib 提供了许多新的引用命令，其中最常用的是 `\citet` 和 `\citep` 命令，分别对应于正文（textual）引用和带括号（parenthetical）引用。前者将产生 Knuth (1984) 这样的引用，适合作为正文的一部分，而后者的结果则类似 (Knuth, 1984)，作为括号中的补充说明，例如：

```
% 导言区
% \usepackage{natbib}
```

① http://scholar.google.com/
② http://www.jstor.org/
③ http://www.ams.org/joursearch/
④ http://www.amazon.com/

TEX and LATEX see Knuth (1986), Lamport (1994).

References

Donald Ervin Knuth. *The TEXbook*, volume A of *Computers & Typesetting*. Addison-Wesley, 1986.

Leslie Lamport. *LATEX: A Document Preparation System*. Addison-Wesley, Reading, Massachusett, 2nd edition, November 1994.

Frank Mittelbach and Michel Goossens. *The LATEX Companion*. Tools and Techniques for Computer Typesetting. Addison-Wesley, Boston, second edition, 2004.

图 3.13 plainnat 格式下“作者年代”形式的引用和文献列表

3-3-3

```
% \bibliographystyle{plainnat}
% 正文
在 \citet{lamport1994} 中提到了利用 \BibTeX{} 自动处理文献的方式，
在另一本书 \citep{mittelbach2004} 中则有进一步的格式与工具的说明。
```

在 Lamport (1994) 中提到了利用 BibTEX 自动处理文献的方式，在另一本书 (Mittelbach and Goossens, 2004) 中则有进一步的格式与工具的说明。

natbib 重定义了原来的 \cite 命令，使它在作者年代引用模式下与 \citet 等价，而是数字编号引用下与 \citep 等价，即总选择相对平常的方式。

在 natbib 中，每一种引用命令还可以带有一个 * 号，表示当文献作者有两人以上时不缩略显示，例如：

3-3-4

```
\citet{Abrahams1990} \\
\citet*{Abrahams1990}
```

Abrahams et al. (1990)
Abrahams, Berry, and Hargreaves (1990)

标准的 \cite 只能带一个可选参数，在 natbib 中引用命令（通常是 \citep，或数字引用模式的 \cite）则可以进一步带两个可选参数，分别表示引用前后增加的说明文字：

3-3-5

```
\citep[\S~4.3~节]{lamport1994} \\
\cite[又见][第~13~章]{mittelbach2004}
```

(Lamport, 1994, § 4.3 节)
(又见 Mittelbach and Goossens, 2004, 第 13 章)

引用的作者、年代和数字编号也有自己单独的命令直接得到：

```
\citeauthor{Abrahams1990} \\
\citefullauthor{Abrahams1990} \\ % 或加 *
\citeyear{Abrahams1990} \\
\citeyearpar{Abrahams1990} \\
\citenum{Abrahams1990}
```

Abrahams et al.
Abrahams, Berry, and Hargreaves
1990
(1990)
1

3-3-6

此外，命令 \citealt 和 \citealp 分别是 \citet 和 \citep 不带括号的版本，\citetext 则把任何文字看做括号中的引用，还可以用 \citetext 组合复杂的引用格式，如：

```
\citealt{Patashnik1988:btxdoc}\\
\citealp{Patashnik1988:btxdoc}\\% 有逗号
\citetext{同前} \\
\citetext{参见 \citealp{Shell2007},
  以及 \citealp{Markey2009}}
```

Patashnik 1988
Patashnik, 1988
(同前)
(参见 Shell and Hoadley, 2007，以及 Markey, 2009)

3-3-7

natbib 新定义的引用命令还有首字母大写的形式，即 \Citet, \Citep, \Citealt, \Citealp, \Citeauthor，其输出也是强制首字母大写的。这些命令可以把文献数据库中的 von Neumann 输出为 Von Neumann。(但对这个匈牙利名字来说这种转换是错误的。)

natbib 提供了 \setcitestyle 命令来设置引用命令的输出格式，在参数中可以设置以下选项：

- 选择引用模式：authoryear 表示作者年代模式 [Daly, 2009]，numbers 表示数字序号模式 [64]，super 则表示数字上标模式[64]；
- 括号：round 圆括号，square 方括号，或是用 open={⟨左括号⟩} 和 close={⟨右括号⟩} 来分别设置；
- 多个引用之间的标点：semicolon 分号，comma 逗号，或是用 citesep={⟨符号⟩} 来设置；
- 作者与年代之间的符号：aysep={⟨符号⟩}；
- 同一作者的几个年代间的符号：yysep={⟨符号⟩}；
- 在引用命令可选参数的说明文字前的符号：notesep={⟨符号⟩}。

通常作者年代模式多使用圆括号，数字序号引用使用方括号，几个间隔符号较少改动。natbib 宏包默认的设置相当于：

```
\setcitestyle{authoryear,round,comma,aysep={;},yysep={,},notesep={,}}
```

此外，natbib 宏包的 authoryear、numbers 和 super 选项分别对应于三种引用模式，round、square 选项分别对应于不同的引用括号，semicolon、comma 分别对应于不同的标点等。默认值是 authoryear, round, semicolon。如要换成数字编号的文献格式，可以用：

3-3-8

```
\usepackage[numbers,square]{natbib}
```

除了引用的格式，natbib 宏包也可以设置文献列表的一些排版方式。文献列表的格式主要由 .bst 格式文件决定，宏包则可以整体调整一些字体字号、间距格式等：

- \bibsection 命令决定文献列表的标题以哪种方式排版。默认是 \chapter* 或 \section*，也就是说一个文献列表就是不编号的一章或一节，可以重定义这个命令得到特别的效果。

  此外，文献列表的标题文字则由 \bibname（对 article 类是 \refname）决定，这不依赖 natbib。可以直接对其进行重定义，在 ctex 文档类中也可以用 \CTEXoptions 命令设置[58]：

3-3-9

```
\CTEXoptions[bibname={本书引用的文献}]
% 或 \renewcommand\bibname{本书引用的文献}
```

- \bibpreamble 命令的内容会在文献列表标题后，列表之前插入。如果需要对文献列表做一些说明，可以重定义这个宏，例如：

3-3-10

```
\renewcommand\bibpreamble{下面给出本文参考的几篇文章。}
```

- \bibfont 控制整个文献列表的总体字体，默认为空，如可改为小字号：

3-3-11

```
\renewcommand\bibfont{\small}
```

- \citenumfont 控制引用时编号的字体，但不影响外面括号的字体，也不影响作者年引用的格式。默认为空，可进行重定义修改。如要得到 [*12*] 的引用效果，可以定义：

3-3-12

```
\renewcommand\citenumfont{\itshape}
```

- \bibnumfmt 控制文献列表中编号的排版方式，但不影响引用，也不影响作者年代格式。它带有一个参数，默认值是 [#1]，可重定义修改，如使用粗体不带方括号的编号：

```
\renewcommand\bibnumfmt[1]{\textbf{#1.}}
```

3-3-13

- \bibhang 是一个长度变量，控制作者年代格式排版文献列表时，悬挂缩进的 \hangindent 值（悬挂缩进参见 2.2.1 节）。
- \bibsep 是一个长度变量，控制列表中不同文献条目之间的距离，例如取消间距：

```
\setlength\bibsep{0pt}
```

3-3-14

natbib 宏包可以与一些其他有关文献的宏包一起使用，或是代替一些旧的关于文献格式的宏包。重要的有：

- chapterbib 宏包可以让书籍的每一章都有单独的文献列表（通常这只用于 book 类或类似的文档类）。确切地说，它是对大型文档中每个 \include 命令导入的文件起效。natbib 可以方便地与 chapterbib 宏包 [16] 配合使用。为此，natbib 宏包提供了 sectionbib 选项，用来代替 chapterbib 宏包中的对应选项，这个选项可以使文献列表按照 \section* 的格式排版，以每章一个文献列表的符合要求。一个使用了 chapterbib 宏包的文档由多个文件组成，如下所示：

```
% main.tex
% 主文档
\documentclass{book}
\usepackage{chapterbib}
\usepackage[sectionbib]{natbib}
\begin{document}
  % ...
  \include{chap-intro}
  \include{chap-research}
  \include{chap-conclusion}
\end{document}

% chap-intro.tex
% 其中一章
\chapter{Introduction}
% ...
\bibliographystyle{plainnat}
\bibliography{foo}
```

```
% chap-research.tex
% ...
```
3-3-15

编译这样含有多个文献列表的文档，需要对每章的文档单独运行 bibtex 命令。图形界面的编辑器可能无法识别这种情况，因而可能需要配置特殊的编译命令，或直接在命令行下完成（以使用 pdfLaTeX 为例）：

```
pdflatex main
bibtex chap-intro
bibtex chap-research
bibtex chap-conclusion
pdflatex main
pdflatex main
```

- cite 宏包的功能被 natbib 宏包所代替。使用数字编号时，可以对多个引用项进行排序并压缩，即显示 [2-4,6] 这样的引用，而不是 [3,6,2,4] 的形式，为此，只要使用 sort&compress 选项：

3-3-16
```
\usepackage[numbers,sort&compress]{natbib}
```

  也可以使用 sort 或 compress 选项表示只进行排序，或只压缩。
- mcite 宏包的功能被 natbib 所代替。使用 merge 选项可以把几个不同的文献放在文献列表中的同一项，为此需要使用带星号的 \citep* 命令指明主要的和次要的文献。如使用

3-3-17
```
% 导言 \usepackage[merge]{natbib}
\citep*{knuthtex1986, *lamport1994, *mittelbach2004}
```

  可以将三篇文献合并，按 knuthtex1986 中的编号排版。

natbib 宏包的功能大致就是如此，一些较少使用的功能和更进一步的说明参见宏包文档 Daly [64]。

3.3.4 更多的文献格式

*

*本节内容初次阅读可略过。

在 3.3.1 节中我们已经知道，只要使用 \bibliographystyle 命令选用不同的 BibTeX 格式文件，就可以改变文献列表的排版格式。除了表 3.4 中默认的几种，许多模板也都提供自己的格式文件，与模板一并发行。BibTeX 格式文件通常在 TeX 发行版安装目录的 bibtex/bst 子目录下，如在 TeX Live 的 texmf-dist/bibtex/bst 目录下就有 300 多个不同的格式文件，其中大部分是依附于某个机构、期刊的模板的，如 AMS、IEEE、Elsevier 的格式；也有一些是随某些有关 BibTeX 的宏包一起发布配套使用的，如 natbib 宏包附带的 plainnat 等格式；还有少量单独发布的。从许多格式中选用一种合适的 .bst 格式有时并不容易，不过在模板规定的情况下，应该使用模板所提供的格式。

专门为中文使用的文献格式较少。上海财经大学的吴凯编写了符合国家标准 GB/T 7714-2005 的格式文件[309]（见图 3.14），发布在 CTeX 论坛上①。正式在 CTAN 上发行的则有清华大学和东南大学的学位论文模板 thuthesis[315]、seuthesis[316] 所附的格式，这几种格式都是基于 natbib 宏包功能的格式，需要配合 natbib 使用。

TeX and LaTeX see [1], [2].

参考文献

[1] KNUTH D E. The TeXbook[M]. Computers & Typesetting, vol. A.[S.l.]: Addison-Wesley, 1986.

[2] LAMPORT L. LaTeX: A Document Preparation System[M]. 2nd. Reading, Massachusett: Addison-Wesley, 1994.

[3] 陈志杰, 赵书钦, 李树钧, 等. LaTeX 入门与提高 [M]. 第二版. 北京: 高等教育出版社, 2006:460.

图 3.14 符合 GB/T 7714-2005 格式的引用和文献列表

使用新的文献格式时，编写 .bib 数据库文件也与 3.3.1 节所说的基本格式有一些区别，通常的格式都会增加一些文献类型和具体的项目，如电子文档的 URL，具体的用法需要参见所用格式的说明或示例。

是否还在为寻找一个合适的 BibTeX 格式而发愁？确实，尽管已经做好的格式已经不少，但如果希望达到某种自己特定的要求，找到正确的格式文件就太困难了。custom-bib 宏包正是为了解决这个问题而建立的，通过回答一系列问题，就可以按要求生成一个合适的 .bst 文件，非常实用。

① http://bbs.ctex.org/forum.php?mod=viewthread&tid=33591

custom-bib 宏包[62] 提供一个 DocStrip 程序①，称为 makebst。makebst 就是一个 TeX 源文件，在命令行下运行（一般不宜使用编辑器的 LaTeX 编译按钮）

```
latex makebst
```

就会出现一系列问题选项。makebst 的问题都是选择题，前面三个问题是：

> It makes up a docstrip batch job to produce a customized .bst file for running with BibTeX Do you want a description of the usage? (NO)
>
> `\yn=`**y**
>
> In the interactive dialogue that follows, you will be presented with a series of menus. In each case, one answer is the default, marked as (*), and a mere carriage-return is sufficient to select it. (If there is no * choice, then the default is the last choice.) For the other choices, a letter is indicated in brackets for selecting that option. If you select a letter not in the list, default is taken.
>
> The final output is a file containing a batch job which may be (La)TeXed to produce the desired BibTeX bibliography style file. The batch job may be edited to make minor changes, rather than running this program once again.
>
> Enter the name of the MASTER file (default=merlin.mbs)
>
> `\mfile=`
>
> Name of the final OUTPUT .bst file? (default extension=bst)
>
> `\ofile=`**bst**

这里用打字机体表示提问提示符，用粗体表示问题的回答。问题的回答用键盘输入，直接敲回车表示使用默认值。通常生成文献格式文件，前面的三个问题总是上面的回答。makebst 的问题问得非常详细，从文献作者姓名的大小写直到文献 URL 地址的编排方式，大约有 100 个问题需要回答，最终将生成一个 `.bst` 格式文件。由于问题比较多，在生成格式文件时请保持耐心，完成整个流程可能要花不少时间。

makebst 程序运行完成，除了生成后缀为 `.bst` 的文献格式文件以外，还会生成一个后缀为 `.dbj` 的文件，它也是一个 DocStrip 程序，里面保存着所有已经回答的问题。例如，在文件 `foo.dbj` 中，指定文章标题格式的一条可能是：

```
%TITLE OF ARTICLE:
%   %: (def) Title plain
```

① DocStrip[165] 程序是由 TeX 语言编写的程序，通常用来把许多 TeX 代码和文档一起合为一个文件，在使用时再编译生成多个文件，这里用它来完成交互式文档生成的工作。

```
% tit-it,%: Title italic
% tit-qq,qt-s,%: Title and punctuation in single quotes
% tit-qq,%: Title and punctuation in double quotes
% tit-qq,qt-g,%: Title and punctuation in guillemets
% tit-qq,qt-s,qx,%: Title in single quotes
  tit-qq,qx,%: Title in double quotes
% tit-qq,qt-g,qx,%: Title in guillemets
```

上面只有 tit-qq,qx，没有被注释，也就表示文章的标题使用双引号括起来排版。可以通过加减其中的注释来修改以前拿不准或选错的问题。在完成修改以后，可以再次运行

```
latex foo.dbj
```

这样就可以重新按修改过的问题答案生成新的格式文件 foo.bst 了。

makebst 一般就使用 merlin.mbs（第二个问题的默认值）来生成格式文件，正是它定义了有关的问题和格式。关于这些问题的详细解释，可以参见 Daly [63]。

也许你还想对 .bst 格式文件本身一窥究竟。如果你打开一个 .bst 文件，会发现它也是一个纯文本的文件，里面使用一种 BIBTEX 专用的语言定义了对参考文献数据库的不同项目应该如何处理，生成 TEX 代码。事实上，BIBTEX 使用的 .bst 格式文件使用的是一种简单的基于栈的语言，与 PostScript 有些类似，这种语言的语法为后缀表达式形式。在 .bst 文件里面就是定义了一些描述输出格式的功能函数，例如排版文献编辑姓名的函数可能像这样：

```
FUNCTION {format.editors}
{ editor "editor" format.names duplicate$ empty$ 'skip$
    {
      "," *
      " " *
      get.bbl.editor
      *
    }
  if$
}
```

它的意思是：产生调用 format.names 函数处理 editor 域和字符串 "editor"，判断结果是否为空，如果是空就跳过这一项，否则就把逗号、空格、获取的编辑名字等内容拼

接为一个字符串作为输出结果。在未熟悉之前这种不常见的语法可能显得佶屈聱牙，不过即使只是做了粗略了解也可以对已经生成的 .bst 文件进行简单的修改。本书使用的文献格式就是先由 makebst 生成，再手工针对中文相关的部分修改得到的。详述 .bst 文件的语法已经超出了本书的范围，读者可参考 Markey [152]、Patashnik [194] 获得更多的信息。

练 习

3.7 查看你的 TEX 系统中安装的 .bst 文件及相关文档，或搜寻相关机构网站，看看 AMS、APS、ACM 或 IEEE 这些机构使用什么 .bst 格式文件。

3.8 使用 custom-bib 宏包的 makebst 工具，回答问题，参考本书的参考文献格式，生成一个 .bst 格式文件。

3.3.5 文献列表的底层命令

现在，让我们从自动化工具回到原始的 TEX 代码，来看看 BIBTEX 究竟生成了什么东西，LATEX 是如何处理实际的文献列表的。

如图 3.8 所示，BIBTEX 处理 .aux 辅助文件后，按照 .bst 文件中预定义的格式，将会从 .bib 文件中提取文献信息，得到后缀为 .bbl 的文献列表文件。BIBTEX 生成的文献列表文件其实并无神奇之处，如使用 plain 格式得到图 3.5 效果的 .bbl 文件是这样的：

```
\begin{thebibliography}{1}

\bibitem{knuthtex1986}
Donald~Ervin Knuth.
\newblock {\em The {{\TeX{}book}}}, volume~A of {\em Computers \& Typesetting}.
\newblock Addison-Wesley, 1986.

\bibitem{Lamport1994}
Leslie Lamport.
\newblock {\em {{\LaTeX}}: A Document Preparation System}.
\newblock Addison-Wesley, Reading, Massachusett, 2nd edition, November 1994.
```

*本节内容初次阅读可略过。

```
12
13 \bibitem{mittelbach2004}
14 Frank Mittelbach and Michel Goossens.
15 \newblock {\em The {{\LaTeX}} Companion}.
16 \newblock Tools and Techniques for Computer Typesetting. Addison-Wesley,
17   Boston, second edition, 2004.
18
19 \end{thebibliography}
```

3-3-18

BIBTEX 生成的 .bbl 文件通常就包含一个 thebibliography 环境，这个环境与 enumerate、description 等列表环境颇有相似之处，就是一个带有编号的列表环境，里面的每个列表项用 \bibitem{⟨标签⟩} 命令产生。LATEX 的 \bibliography 命令实际要做的，除了在辅助文件中标明所用的文献数据库之外，就是检查是否已经生成了 .bbl 文献列表文件，如果已经生成就把它读入进行排版。因此，将例 3-3-18 中的代码直接写在 TEX 源文件中，也可以得到手工排版的文献列表，事实上 LATEX 早期的许多文献列表就是这样直接手工输入的。

下面来仔细分析 thebibliography 环境。thebibliography 环境带有一个参数，这个参数是用来占位的，表示每条文献的编号宽度。当使用数字编号时，这个占位符通常就用文献列表的条目总数表示，如有 130 条文献时，数字编号的宽度自然不会超过“130”的宽度，当然使用“123”、“000”或是“abc”占位也能得到相同的效果；如果使用的不是数字编号，而是像图 3.6 中那样的字母编号，编号的最大宽度通常就需要从实际编号中选择一个占位了，如图 3.6 所对应的文献列表文件：

```
1  \begin{thebibliography}{Lam94}
2
3  \bibitem[Knu86]{knuthtex1986}
4  Donald~Ervin Knuth.
5  \newblock {\em The {{\TeX{}book}}}, volume~A of {\em Computers \& Typesetting}.
6  \newblock Addison-Wesley, 1986.
7
8  \bibitem[Lam94]{Lamport1994}
9  Leslie Lamport.
10 \newblock {\em {{\LaTeX}}: A Document Preparation System}.
11 \newblock Addison-Wesley, Reading, Massachusett, 2nd edition, November 1994.
12
13 \bibitem[MG04]{mittelbach2004}
14 Frank Mittelbach and Michel Goossens.
15 \newblock {\em The {{\LaTeX}} Companion}.
```

```
16 \newblock Tools and Techniques for Computer Typesetting. Addison-Wesley,
17   Boston, second edition, 2004.
18
19 \end{thebibliography}
```

3-3-19

有了例 3-3-18 和例 3-3-19 的代码，就不难看出 thebibliography 环境中其他命令的用法了。\bibitem 命令开始一条新的文献，它有一个必需的参数，是文献的被 \cite 命令所引用标签。还有一个可选的参数，给出非数字的文献编号。

\newblock 命令用来分隔文献列表中不同的“块”。BIBTEX 把每条文献中内容相关的项目放在同一个块里面，不同的块之间会产生适当的间距表示分隔，\newblock 命令实际就被定义一个不大的水平间距。如果使用了文档类的 openbib 选项（参见第 138 页 2.4.1 节），那么 \newblock 命令就会被重定义为分段命令，于是参考文件列表就会被分成好多行的形式。如图 3.15 所使用的 .bbl 文件与图 3.5 完全相同，都是例 3-3-18 的代码，只是 openbib 选项不同。要得到图 3.15 中的效果，所用的代码大约是这样的：

```
\documentclass[openbib]{article}
\bibliographystyle{plain}
\begin{document}
\TeX{} and \LaTeX{} see \cite{knuthtex1986}, \cite{Lamport1994}.
\nocite{mittelbach2004}
\bibliography{tex}
\end{document}
```

3-3-20

当使用 openbib 选项时，过长的行会产生悬挂缩进的效果（见图 3.15）。悬挂缩进的距离可以用长度变量 \bibindent 控制，它在标准文档类中的默认值是 1.5 em。

使用与 natbib 宏包兼容的文献格式时，生成的 .bbl 文件会略有不同。natbib 重定义了 \bibitem 宏包，使它可以更复杂的参数。例如，本书文献列表中 Abrahams et al. [1] 这一项在 .bbl 文件里面是这样的：

```
\bibitem[{Abrahams et~al.(1990)Abrahams, Berry, and Hargreaves}]
  {Abrahams1990}
\textsc{Paul~W. Abrahams}, \textsc{Karl Berry}, and \textsc{Kathryn~A.
  Hargreaves}.
\newblock \textit{{{\TeX}} for the Impatient}.
\newblock Reading, MA, USA: Addison Wesley, 1990.
\newblock ISBN 0-201-51375-7
\newline\urlprefix\url{CTAN://info/impatient/book.pdf}
```

TEX and LATEX see [1], [2].

References

[1] Donald Ervin Knuth.
The TEXbook, volume A of *Computers & Typesetting*.
Addison-Wesley, 1986.

[2] Leslie Lamport.
LATEX: A Document Preparation System.
Addison-Wesley, Reading, Massachusett, 2nd edition, November 1994.

[3] Frank Mittelbach and Michel Goossens.
The LATEX Companion.
Tools and Techniques for Computer Typesetting. Addison-Wesley, Boston, second edition, 2004.

图 3.15 文档类加 `openbib` 选项产生的文献列表，文献格式为 `plain`

这里，`\bibitem` 的可选参数可以分为三个部分：第一部分是可以省略的作者列表，第二部分是用圆括号括起来的出版年份，第三部分则是作者的完整列表。如果作者少于三个则可以没有第三部分。natbib 宏包会根据宏包的设置来从 `\bibitem` 的可选参数中提取信息，排版正确的文献编号和引用。

在标准文档类中，有关 `thebibliography` 更为底层的定义可以在 Lamport et al. [139] 中找到。不过，通常使用标准的用户命令和 natbib 的宏包的设置就可以得到足够的文献格式了。

练 习

3.9 既然 BIBTEX 已经完成了文献的排版工作，那么为什么还要了解 `thebibliography` 环境等底层命令的功能呢？我们在什么时候使用它们？

3.4 Makeindex 与索引

这一节我们要讨论文档的索引。索引是长篇文档的重要的组成部分，一个精心制作的索引可以大大缩短读者检索新概念的时间，可以让一本书变得更加有用。

索引的编写是创造性的工作，它需要作者根据文档的内容选取合适的关键字条目，也需要作者来决定不同索引项的编排格式。另一方面，制作索引又是一件恼人的繁复工作，它需要从篇幅庞大的文档中抽取信息、记录页码、分类排序、排版输出，因此使用自动化工具是必由之路。

3.4.1 制作索引

在 LaTeX 中制作索引，需要 .tex 源文件和外部索引程序的共同协作。在 .tex 源文件中，我们需要做以下几件事：

1. 在导言区使用 \makeindex 命令，开启索引文件输出；
2. 在导言区调用 makeidx 宏包[32]，开启索引列表排版功能；
3. 在正文中需要索引的关键字处使用 \index 命令，生成索引项；
4. 在需要生成索引的地方（通常是文档的末尾），使用 \printindex 命令，实际输出处理好的索引列表。

3

一个可以输出关键字索引的完整例子如下：

```
% foo.tex
\documentclass{ctexart}
\usepackage{makeidx}
\makeindex
% ...
\begin{document}
\section{勾股定理}
% 第 1 页
勾股定理在西方称为毕达哥拉斯定理（Pythagoras' theorem）。
\index{Pythagoras}
% ...
% 第 2 页
在中国常称勾股定理为商高定理。\index{商高}

\printindex
\end{document}
```

3-4-1

与参考文献类似，要生成索引需要多次编译和外部工具 Makeindex 的配合，编译带索引的文档 foo.tex 需要使用如下命令（以 XeLaTeX 编译为例，省略了扩展名）：

```
xelatex foo
makeindex foo
xelatex foo
```

这里，第一次 XeLaTeX 编译生成索引项；然后使用 makeindex 命令对索引项分类排序，生成索引列表的代码；然后在第二次 XeLaTeX 编译时引入处理后的索引列表，得到有索引列表的文档。

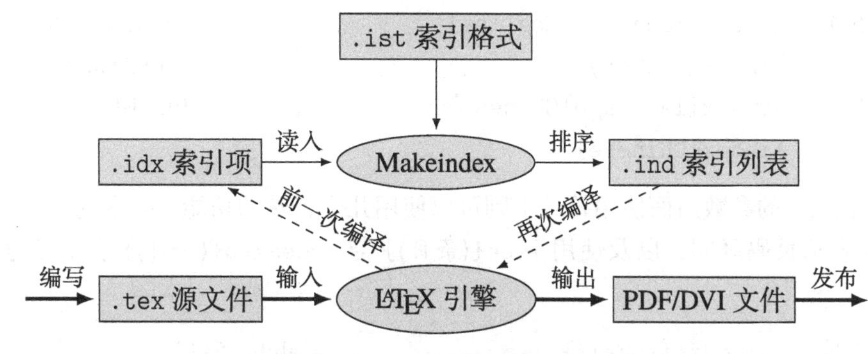

图 3.16 LaTeX 索引处理流程

下面着重说明 \index 命令的用法。

正如例 3-4-1 中那样，简单的索引项可以使用 \index{⟨项目⟩} 来得到，因而编译例 3-4-1 将得到如下的索引项：

索引

Pythagoras, 1

商高, 2

经过 Makeindex 程序处理过的索引表会将文档中分散的条目归并起来并排序，例如，我们如果在文档中输入如下多个索引项，将有：

第 1 页	\index{alpha}	Alpha, iv
	\index{beta}	alpha, 1, 5
第 5 页	\index{alpha}	beta, 1
	\index{gamma}	gamma, 5, iv
第 iv 页	\index{Alpha}	
	\index{gamma}	

在 \index 的参数中可以使用符号 ! 来分隔不同层次的索引项，这样将得到分级的索引项。默认支持三级列表，例如：

<table>
<tr><td>第 1 页</td><td><code>\index{language}</code></td><td>Chinese, 8</td></tr>
<tr><td>第 3 页</td><td><code>\index{language!Chinese}</code></td><td>history, 5</td></tr>
<tr><td>第 4 页</td><td><code>\index{language!Chinese!dialect}</code></td><td>language, 1</td></tr>
<tr><td>第 5 页</td><td><code>\index{language!English}</code></td><td> Chinese, 3, 8</td></tr>
<tr><td></td><td><code>\index{history}</code></td><td>   dialect, 4</td></tr>
<tr><td>第 8 页</td><td><code>\index{language!Chinese}</code></td><td> English, 5</td></tr>
<tr><td></td><td><code>\index{Chinese}</code></td><td></td></tr>
</table>

在 `\index` 的参数后面使用符号 `|` 则可以使用几个特殊的功能。基本的用法是使用 `|(` 和 `|)` 表示页码区间，以及使用 `|see{`⟨条目⟩`}` 与 `|seealso{`⟨条目⟩`}` 表示参考条目，例如：

<table>
<tr><td>第 5 页</td><td><code>\index{alpha|(}</code></td><td>alpha, 5–15</td></tr>
<tr><td>第 8 页</td><td><code>\index{beta}</code></td><td>beta, 8</td></tr>
<tr><td>第 9 页</td><td><code>\index{Beta|see{beta}}</code></td><td>Beta, see beta</td></tr>
<tr><td>第 12 页</td><td><code>\index{gamma|seealso{beta}}</code></td><td>gamma, see also beta</td></tr>
<tr><td>第 15 页</td><td><code>\index{alpha|)}</code></td><td></td></tr>
</table>

在 `\index` 的参数中使用符号 `@` 可以把条目内容分成两部分，前一部分的字符串用于排序，后一部分则用来得到排版结果。通常使用这种方式来对数学公式或一些需要用 LaTeX 命令输入的特殊符号生成索引项，例如：

<table>
<tr><td>第 3 页</td><td><code>\index{n@n}</code></td><td>moon, 8</td></tr>
<tr><td>第 6 页</td><td><code>\index{pi@π}</code></td><td>n, 3</td></tr>
<tr><td>第 8 页</td><td><code>\index{moon@\textbf{moon}}</code></td><td>π, 6</td></tr>
<tr><td>第 10 页</td><td><code>\index{pi@\verb=\pi=}</code></td><td><code>\pi</code>, 10</td></tr>
</table>

从这里也可以看出在 `\index` 命令的参数中可以使用各种命令，甚至是通常不能放在命令参数中的 `\verb` 命令（参见 2.2.5 节），这是在 LaTeX 中少有的特例。

由于符号 `!`、`|`、`@` 的特殊性，如果需要在 `\index` 的条目中用到这些符号，需要在符号前面加引号 `"`，而用到引号的条目则使用两个引号 `""`。`\index` 中的引号不影响任何 TeX 命令的使用，例如：

<table>
<tr><td>第 2 页</td><td><code>\index{Aha"!}</code></td><td>quote("), 10</td></tr>
<tr><td>第 7 页</td><td><code>\index{Bob"@mail.org}</code></td><td>Aha!, 2</td></tr>
<tr><td>第 9 页</td><td><code>\index{x@$"|x"|$}</code></td><td>Bob@mail.org, 7</td></tr>
<tr><td>第 10 页</td><td><code>\index{quote(\verb=""=)}</code></td><td>$|x|$, 9</td></tr>
</table>

除了表示页码区间的 |(和 |) 是 Makeindex 内置的功能外，类似 |see 的特殊用法只是执行了一条 makeidx 宏包定义的命令 \see。LaTeX 编译程序把包含索引条目的 .tex 源文件：

第 9 页　\index{Beta|see{beta}}

编译后，会把提取出来的条目写到 .idx 辅助文件中：

\indexentry{Beta|see{beta}}{9}

而后运行的 Makeindex 程序会将上面的条目转换为 .ind 文件中的 LaTeX 代码：

\item Beta, \see{beta}{9}

最终由 \printindex 命令将 .ind 文件读入，生成索引列表的结果。Makeindex 程序并不理会符号 | 后面的内容是什么意义[①]，只是将符号 | 后面的内容加上一个反斜线 \ 和页码得到实际的页码输出方式。而在标准宏包 makeidx 中，\see 和 \seealso 只是简单地定义为：

```
\newcommand*\see[2]{\emph{\seename} #1}
\newcommand*\seealso[2]{\emph{\alsoname} #1}
\newcommand*\seename{see}
\newcommand*\alsoname{see also}
```

因而 \see{beta}{9} 就会直接输出“*see* beta”的效果，中文文档可以通过重定义命令 \seename 和 \alsoname 来对索引项汉化：

```
\renewcommand\seename{参见}
\renewcommand\alsoname{又见}
```

3-4-2

仿照 \see 和 \seealso 命令的用法，可以在索引项中使用任意的命令。例如使用 |textit 可以得到斜体的页码。也可以使用自定义的更复杂的命令，例如我们可以定义：

```
\newcommand*\numsee[2]{#2 (\emph{参见} #1) }
```

3-4-3

从而得到：

① 如果符号 | 后面不是小括号，Makeindex 就直接转换为命令；如果后面是小括号，则首先按小括号确定页码范围，然后把后面的内容转换为命令。

第 1 页	`\index{alpha}`	alpha, 1, *3*
第 3 页	`\index{alpha|textit}`	beta, 9（参见 alpha）
第 9 页	`\index{beta|numsee{alpha}}`	

可以使用 imakeidx[21] 宏包代替 makeidx 宏包，它扩展了 \makeindex、\index 和 \printindex 的语法，提供在同一文档中生成多个索引表的功能。同时它可以在编译 TEX 文档的同时自动调用 Makeindex 程序处理不同的索引表。它的简单用法如下例所示：

```
\documentclass[UTF8]{ctexart}
\usepackage{imakeidx}
\makeindex[title={名词索引}]
\makeindex[name=persons,title={人名索引}]

\begin{document}
... \index{名词}
... \index[persons]{人名}
...
\printindex              % 输出名词索引
\printindex[persons]  % 输出人名索引
\end{document}
```

3-4-4

编译使用 imakeidx 的文档需要给编译命令（如 xelatex）增加 -shell-escape（TEX Live）或 --enable-write18（MiKTEX）的命令行选项①，允许 TEX 编译程序调用 Makeindex。可以在 TeXworks 或 WinEdt 等编辑器中统一设定。于是，只要点击两次 xelatex 命令就可以正确编译例 3-4-4 了。目前 TEX Live 2010 以后的版本默认允许直接调用 Makeindex，则可以省略命令行参数的设置。

3.4.2 定制索引格式

*

定制索引格式可以在两个层面上完成，一是 LATEX 层面，通过自定义宏和重定义控制索引表的输出格式；二是在 Makeindex 工具的层面，直接控制输出的 .ind 文件。这两种方式各有其适用范围。

① 新版本的 MiKTEX 也支持 -shell-escape 选项。

*本节内容初次阅读可略过。

3.4.2.1　索引环境与格式

控制索引项和页码的格式可以在 \index 的参数中使用 @ 或 | 符号，而这一工作可以使用自定义命令来简化。例如，如果要排版某种程序设计语言的文章，我们可以定义一个关键字的宏，它使用打字机字体输出一个关键字，同时将其加入索引表：

```
\newcommand*\keyword[1]{\texttt{#1}\index{#1@\texttt{#1}}}
```

3-4-5

实际的索引表是由 TEX 引擎读入 Makeindex 输出的 .ind 文件排版得到的。正如图 3.16 所示，编译程序从 .tex 源文件中收集索引项存入 .idx 文件，由 Makeindex 排序处理得到 .ind 文件。例 3-4-1 处理得到的 .ind 文件形如：

```
\begin{theindex}
  \item Pythagoras, 1
  \indexspace
  \item 商高, 2
  \indexspace
\end{theindex}
```

由此可以看出，与参考文献列表一样，索引最终也是通过一个 theindex 列表环境排版得到的。theindex 环境中可以使用条目命令 \item，第二、三级条目的 \subitem 和 \subsubitem 命令，以及用于分隔不同单词首字母的 \indexspace 命令。可以重定义这些环境和命令来完全控制索引列表的排版方式。

不过，自行定义一个功能完善的 theindex 环境并非易事，要想方便地在 LATEX 中自定义索引表格式，可以使用宏包的功能。在 3.4.1 节我们见过的 imakeidx 宏包[21] 除了支持自动生成多个索引表，还提供了若干索引表的格式选项。imakeidx 使用 \indexsetup{⟨选项⟩} 来设置索引的一般格式，使用 \makeindex[⟨选项⟩] 设置每个单独索引表的格式。此外，imakeidx 宏包还提供了一个 \indexprologue 命令，用来在索引前面添加一段说明文字。imakeidx 的定制功能示例如下：

```
1  \documentclass[UTF8]{ctexbook}
2  \usepackage{imakeidx}
3  \makeindex[%
4    name=persons,              % 索引文件名（默认为 \jobname，即主文件名）
5    title={人名索引},           % 索引表标题（默认为 \indexname）
6    intoc=true,                % 加入目录（默认为 false，不加入目录）
7    columns=2,                 % 分栏（默认为 1）
```

```
8    columnsep=1cm,          % 栏间距（默认为 35pt）
9    columnseprule=true,     % 分栏线（默认为 false）
10   program=makeindex,      % 调用的索引程序（或用 xindy、texindy）
11   options={-s mkind.ist}, % 索引程序的选项（默认为空）
12   noautomatic=false       % 不自动调用索引程序（默认为 false）
13 ]
14 \indexsetup{%
15   level=\section*,        % 标题级别（默认 \chapter* 即不编号的章）
16   toclevel=section,       % 目录级别（不带反斜线，又如 chapter）
17   firstpagestyle=empty,   % 索引第一页的页面风格（默认为 plain）
18   headers={人名}{人名},   % 索引的奇偶页眉
19   othercode={             % 将在索引条目之前生效的任意代码
20     \renewcommand\indexspace{\smallskip}}
21 }
22 \begin{document}
23 张三\index[persons]{张三} \newpage
24 李四\index[persons]{李四} \newpage
25 王五\index[persons]{王五}
26
27 \indexprologue{这里列出本文涉及的所有人名。}
28 \printindex[persons]
29 \end{document}
```

3-4-6

使用例 3-4-6 的代码，我们将大致得到如下的索引表：

人名索引

这里列出本文涉及的所有人名。

张三, 1
李四, 2

王五, 3

除了 imakeidx 之外，idxlayout 宏包也提供了一组的方便的命令来控制索引表的字体、缩进、对齐方式、分栏输出等格式，但注意要放在 imakeidx 宏包之后。有兴趣的读者可以参见宏包的手册 Titz [264]，这里就不再赘述了。

3.4.2.2 Makeindex 与格式文件

这一节我们将进一步介绍索引制作程序 Makeindex 的使用。

与大多数 TeX 相关的工具一样，Makeindex 是一个运行于命令行下的程序，它的功能是对 TeX 编译程序产生的索引项进行排序、归并，得到用于输出的索引表，其基本用法是：

```
makeindex foo.idx
```

这会得到排序整理后的 foo.ind 文件，其中文件后缀 .idx 可以省略不写。在一般的 TeX 编辑器配置中，使用 Makeindex 生成索引的按钮就是执行一条类似上面的简单命令，参数文件名与 .tex 源文件一样，然后得到需要的 .ind 文件。

不过，Makeindex 还有其他一些命令行选项，可以完成更丰富的功能。详细的命令说明可以参见 Makeindex 的 Manual Page[214]，这里只列举一些常用的选项：

-o ⟨*ind*⟩ 设置输出文件为 ⟨*ind*⟩。这一项默认是输入文件的主文件名加上后缀 .ind。

-s ⟨*sty*⟩ 设置格式文件为 ⟨*sty*⟩。这一项默认为空，即按照 3.4.1 节的格式说明简单输出。格式文件一般以 .ist 为文件后缀，其语法将在后文中详细说明。

-t ⟨*log*⟩ 设置日志文件为 ⟨*log*⟩。日志文件记录了 Makeindex 处理的词条汇总信息和错误信息，默认是输入文件的主文件名加上后缀 .ilg。

例如，许多 LaTeX 宏包文档都是使用 ltxdoc 文件类或 doc 宏包排版的，它们支持一种特别的命令索引。在编译这种文档时，就需要使用专门的索引格式 gind.ist[161]。一个具体的例子是 xeCJK 宏包，它的源文件是 DocStrip 语法下的 xeCJK.dtx，编译命令就是：

```
xelatex xeCJK.dtx
makeindex -s gind.ist xeCJK
xelatex xeCJK.dtx
xelatex xeCJK.dtx
```

*本节内容初次阅读可略过。

最令人感兴趣的无疑就是 Makeindex 用 -s 选项设定的格式文件。Makeindex 不使用格式文件也可以正常输出索引表，但使用格式文件可以更改诸如索引分组、页码输出等不同的输出格式，例如 gind.ist 就能产生类似下面这种索引：

A	**B**	blue 7
alpha 9	beta. 3	
apple 1	Beta. 2, 4	

由于产生的未排序索引项格式不同，像 gind.ist 这种专用的格式文件并不能随意在普通文档中使用。标准 LaTeX 并没有提供多少预定义的 .ist 格式文件。Makeindex 在发布时提供了一个 mkind.ist 格式，里面主要是对排序方式做了一些规定，忽略了大小写的区别，预定义了特殊符号和命令（如 \TeX）的排序方式，用处并不大。个别宏包和文档类为自己的索引表或词汇表定义了专门的格式文件，在这些宏包的文档中通常会专门说明其用法，格式文件本身则可以在发行版 TDS 结构的 texmf/makeindex/ 目录找到。

在多数情况下，索引的格式文件需要手工编写。格式文件的设置项目很多，大致可以分为输入格式和输出格式两大类[52、214]。不过一个简单的格式文件通常只包含几条简单的输出设置，例如排版本书使用的格式文件如下：

```
% -*- coding: utf-8 -*-
% latexbook.ist
% 刘海洋
preamble "
\\begin{theindex}
  \\def\\seename{见}
  \\def\\alsoname{又见}
  \\providecommand*\\indexgroup[1]{\\indexspace
    \\item \\textbf{#1}\\nopagebreak}
"

postamble "\n\n\\end{theindex}\n"

group_skip "  %\n  \\indexspace\n  %\n"

headings_flag 1
```

```
heading_prefix "  %\n  \\indexgroup{"
heading_suffix "}\n  %\n"

numhead_positive "数字"
numhead_negative "数字"
symhead_positive "符号"
symhead_negative "符号"
```

3-4-7

正如例 3-4-7 所示，格式文件使用 % 作为注释符，主体是若干条关键字与值的列表。在格式文件中，可以使用双引号定界的字符串，字符串中可以有 C 语言风格的转义字符，如用 \n 表示换行符，用 \t 表示制表符。

有关输入格式的设置参见表 3.5。这些格式的默认值就是 LaTeX 的 \index 命令所使用的一般格式（参见 3.4.1 节），通常只要保持默认值就可以了。

表 3.5　Makeindex 格式文件的输入格式

关键字	类型	默认值	意义
keyword	字符串	"\\indexentry"	索引关键字
arg_open	字符	'{'	参数的开定界符
arg_close	字符	'}'	参数的闭定界符
range_open	字符	'('	页码范围的开定界符
range_close	字符	')'	页码范围的闭定界符
level	字符	'!'	索引项层次分隔符
actual	字符	'@'	（区别于排序项的）实际输出项标志符
encap	字符	'|'	页码和特殊命令指示符
quote	字符	'"'	引号（转义符）
escape	字符	'\\'	转义 quote 的符号，在它后面的引号不作转义符解释
page_compositor	字符串	"-"	复合页码分隔符

有关输出的格式参见表 3.6。

表 3.6 Makeindex 格式文件的输出格式

关键字	类型	默认值	意义
preamble	字符串	"\\begin{theindex}\n"	索引导言代码
postamble	字符串	"\n\n\\end{theindex}\n"	索引末尾代码
setpage_prefix	字符串	"\n \\setcounter{page}{"	页码设置前缀
setpage_suffix	字符串	"}\n"	页码设置后缀
group_skip	字符串	"\n\n \\indexspace\n"	组间垂直间距
headings_flag	数字	0	控制显示字母（分组）标题的旗标
heading_prefix	字符串	""	字母（分组）标题前缀
heading_suffix	字符串	""	字母（分组）标题后缀
symhead_positive	字符串	"Symbols"	当旗标 headings_flag 为正数时，符号的标题
symhead_negative	字符串	"symbols"	当旗标 headings_flag 为负数时，符号的标题
numhead_positive	字符串	"Numbers"	当旗标 headings_flag 为正数时，数字的标题
numhead_negative	字符串	"numbers"	当旗标 headings_flag 为负数时，数字的标题
item_0	字符串	"\n \\item "	第 0 级条目间分隔
item_1	字符串	"\n \\subitem "	第 1 级条目间分隔
item_2	字符串	"\n \\subsubitem "	第 2 级条目间分隔
item_01	字符串	"\n \\subitem "	第 0/1 级条目间分隔
item_x1	字符串	"\n \\subitem "	第 0/1 级条目间分隔，其中第 0 级无页码
item_12	字符串	"\n \\subsubitem "	第 1/2 级条目间分隔
item_x2	字符串	"\n \\subsubitem "	第 1/2 级条目间分隔，其中第 1 级无页码
delim_0	字符串	", "	第 0 级条目与页码分隔
delim_1	字符串	", "	第 1 级条目与页码分隔
delim_2	字符串	", "	第 2 级条目与页码分隔
delim_n	字符串	", "	多个页码的分隔

续表

关键字	类型	默认值	意义
delim_r	字符串	"--"	页码范围符号
encap_prefix	字符串	"\\"	页码特殊指令前缀
encap_infix	字符串	"{"	页码特殊指令中缀
encap_suffix	字符串	"}"	页码特殊指令后缀
page_precedence	字符串	"rnaRA"	不同类型页码的次序，默认值表示小写罗马、阿拉伯数字、小写字母、大写罗马、大写字母
line_max	数字	72	最大行长度，超出长度会自动折行
indent_space	字符串	"\t\t"	自动折行的缩进
indent_length	数字	16	indent_space 的长度
suffix_2p	字符串	""	在 2 页的页码范围中代替 delim_r 和第二个页码
suffix_3p	字符串	""	在 3 页的页码范围中代替 delim_r 和后面的页码
suffix_mp	字符串	""	在更多页的页码范围中代替 delim_r 和后面的页码

输出格式项目繁多，详细控制了从 .idx 文件到 .ind 文件的各种转换格式。其中最常用的是设置 headings_flag 为 1，并设置 heading_prefix 和 heading_suffix 的格式，这样按字母排序的索引就会有一组字母标题，例 3-4-7 中就使用了这种设置。

条目与页码间的分隔也很常用，我们可以设置：

```
delim_0    "\\hrulefill"
delim_1    "\\dotfill"
delim_2    "\\hfill"
```

来得到这样效果的索引：

Makeindex 的格式文件就介绍这些，更详细的示例和说明可参见 Makeindex 的手册 Chen and Harrison [52]、Rodgers [214]。

Makeindex 程序的一个问题是它不能很好地处理中文的分组和排序。对于中文词汇较多的索引，直接使用 Makeindex 就不是很方便了。原 CCT 系统[①]提供了一个 cctmkind 程序，可以代替 Makeindex，完成在 GBK 编码下的索引表分组排序的功能。cctmkind 的使用方法与 Makeindex 大体上没有什么区别，它支持命令行选项 `-C pinyin`、`-C stroke` 和 `-C mixed`，分别表示按汉字拼音、按汉字笔画和按汉字音序（与英文混合）排序。目前尚没有良好支持 Unicode 编码和汉字排序的索引处理程序，当使用 XeLaTeX 等 UTF-8 编码的引擎时，可以先把 TeX 输出的 `.idx` 文件转换为 GBK 编码，然后用 cctmkind 处理，最后把处理的结果转换回 UTF-8 编码使用。这个过程可以借助 iconv[②]进行编码转换，这里不再赘述。本书的索引就是使用 cctmkind 转换编码处理的[③]。

3.4.3 词汇表及其他

下面来看如何在 LaTeX 中生成和使用词汇表（glossary）。和索引项一样，词汇表通常同样也是使用在文档中分散给出，然后通过 Makeindex 等程序统一排序处理得到的。因此，在 3.4.1 节和 3.4.2 节介绍的索引表生成机制也同样适用于生成词汇表等其他类型的内容。

3.4.3.1 手工生成词汇表

① 新版本的 CCT 系统 [312] 可以在 `ftp://ftp.cc.ac.cn/pub/cct/` 下载得到。

② iconv 是 GNU 项目的软件，用来在命令行下转换文本编码。Windows 系统的用户可以在 GNUwin32 项目 `http://gnuwin32.sourceforge.net/packages/libiconv.htm` 单独下载使用。

③ 本书新版采用作者编写的 zhmakeindex 程序处理索引，对中文支持更好。该程序目前还没有收入 TeX 发行版，读者可以在 CTAN 网站 `http://ctan.org/pkg/zhmakeindex` 下载使用。

*

然而，与索引表不同，标准 LaTeX 2_ε 并没有给出完整的词汇表的实现，而只是提供了两个简单的命令：\makeglossary 和 \glossary。\makeglossary 命令的功能与 \makeindex 相似，用来打开词汇表文件的输出（后缀为 .glo）；而 \glossary 命令则与 \index 相似，用来生成词汇表的条目，其输入语法也与 \index 相同，实际是由 Makeindex 的格式文件定义的。利用 \makeglossary 和 \glossary 命令生成了带有词汇表条目的 .glo 文件后，可以调用 Makeindex 生成排序的词条，通常后缀为 .gls。然而，LaTeX 2_ε 及标准文档类并没有定义 theindex 环境、\printindex 命令的对应物，因此，要正确读入排过序的词汇表并进行排版输出，就必须另行定义一套命令和格式。

\glossary 命令将向 .glo 文件写入以 \glossaryentry 表示的条目中（对应于索引的 \indexentry），因此，最简单的自定义 Makeindex 格式文件示例如下：

```
% simplegloss.ist
%   最简单的手工词汇表 Makeindex 格式
keyword      "\\glossaryentry"
preamble     "\\begin{theglossary}\n"
postamble    "\n\n\\end{theglossary}\n"
group_skip   ""
delim_0      "\\dotfill "
```

而支持此格式的 TeX 源文件就可以是①：

```
% testgls.tex
%   最简单的手工词汇表测试
\documentclass[UTF8]{ctexart}
% 打开 \glossary 命令的写文件功能
\makeglossary
% 定义 theglossary 环境为 itemize 环境的别称
\newenvironment{theglossary}
  {\begin{itemize}}{\end{itemize}}
% 定义输出词汇表就是读文件
\newcommand\printglossary{%
```

*本节内容初次阅读可略过。

① 命令 \InputIfFileExists 类似 \input 读入文件，但会先判断文件是否存在，并按情况执行代码。参见 The LaTeX3 Project [256]。

3

```
  \InputIfFileExists{\jobname.gls}{\section*{词汇表}}{}}

\begin{document}
% 第 1 页
% 在正文中定义词汇表条目，前面是排序项，后面是输出格式
\glossary{LaTeX@\LaTeX：基于 \TeX{} 的文档处理系统。}
\LaTeX{} 的内容……

\newpage
% 第 2 页
\glossary{Makeindex@Makeindex：索引排序程序。}
Makeindex 的内容……

% 输出词汇表
\clearpage
\printglossary
\end{document}
```

要编译生成带词汇表的文件，可以使用下面的命令：

```
xelatex testgls
makeindex -s simplegloss.ist -o testgls.gls -t testgls.glg testgls.glo
xelatex testgls
```

其效果是：

词汇表

- LaTeX：基于 TeX 的文档处理系统。..........................1
- Makeindex：索引排序程序。..................................2

手工从头定义一套功能完整、使用方便的词汇表并不容易，上面的例子只是一个极为简化的示例，距离实用的词汇表还有距离。我们可以把它看做是对 3.4.1、3.4.2 两节内容的进一步示例，加深对 Makeindex 机制的理解。

练 习

3.10 编译排版本节的例子，看看 TEX 生成的 .glo 文件、Makeindex 生成的 .gls 文件以及 .glg 日志文件各是什么样子。修改 .ist 文件，尝试生成其他格式的词汇表。

3.11 本节的实现仅仅是原理示意，每次都自己手工实现一个词汇表的定义并不可取。nomencl 宏包使用 Makeindex，提供了完整的术语表（nomenclature）功能，是简单术语表的很好选择。查看文档 Veytsman et al. [275] 回答以下问题：

1. nomencl 提供了哪些命令？
2. 如何使用这些命令生成术语表？试给出一个中文的例子。
3. 编译时应使用怎样的命令？

3.4.3.2 使用 glossaries 宏包

glossaries[250] 是一个功能强大的词汇表宏包，它提供了方便的接口用来在 LaTeX 中进行排版词汇表、名词和缩写管理等工作。这里对 glossaries 宏包作一简单的介绍[249]。对于追求简单的读者，也可参见练习 3.11 的 nomencl 宏包。

glossaries 提供的不仅仅是简单的条目收集、排序、输出的功能，而是真正在进行词汇条目管理的工作。因此，定义一个词条就会有引用的标签、名称、描述、复数形式等多个性质，使用词条也包括引用、复数引用、首字母大写引用、词条列表等方面。此外还可以定义专门的缩写词表等。

要使用 glossaries，首先当然是在导言区加载宏包，并使用 \makeglossaries 命令打开词汇表的功能。

定义词条是由 \newglossaryentry 命令完成的，其语法是：

\newglossaryentry{⟨标签⟩}{⟨设置⟩}

其中 ⟨标签⟩ 是词条被引用时使用的名称，而 ⟨设置⟩ 则是一组键值对，用来定义词条的具体信息。最主要的两项 ⟨设置⟩ 是表示条目内容的 name 和 description，分别是条目名和条目解释，例如：

```
\newglossaryentry{gloss}{
  name=glossary,
  description={A vocabulary with annotations for a particular subject}}
```

\newglossaryentry 也提供了不少其他可选的设置项目，例如用 plural 设置西文词条的（不是末尾加 s 的）复数形式，用 sort 设置词条用于排序的名称，用 symbol 产生有符号的词条等等。

glossaries 宏包也提供了在文档中使用词条的方式，即使用词条标签引用。引用的命令按首字母大小写和单复数形式分成四个：\gls{⟨标签⟩}、\Gls{⟨标签⟩}、

\glspl{⟨标签⟩}、\Glspl{⟨标签⟩}。引用的结果是词条的 name 项，例如引用 \gls{gloss} 会得到“glossary”，而引用 \Gls{gloss} 得到“Glossary”；不过对于这种不规则复数形式的条目，必须在定义词条时就设置 plural=glossaries，引用 \glspl{gloss}、\Glspl{gloss} 才能得到正确的“glossaries”和“Glossaries”。

最后，最重要的是使用 \printglossaries 命令输出词汇表。当然，列表需要在 Makeindex 等程序排序处理后才能正确输出。

编译带词汇表的文档与编译带索引的文档类似，只不过需要把 makeindex 命令替换成 makeglossaries 命令[①]。

一个完整的带有词汇表的文件示例如下：

```
\documentclass[UTF8]{ctexart}
\usepackage{glossaries}
\makeglossaries
\begin{document}

\newglossaryentry{gloss}{
  name=glossary,
  description={A vocabulary with annotations for a particular subject},
  plural=glossaries}

\Glspl{gloss} are important for technical documents.

\newglossaryentry{sec}{
  name=分节,
  description={把文章分成章节}}
\gls{sec}对于长文档非常重要。

\printglossaries
\end{document}
```

3-4-8

使用 xelatex + makeglossaries + xelatex 的方式编译例 3-4-8，可以得到类似图 3.17的结果。

① makeglossaries 命令实际是调用一个 Perl 脚本，这在大部分 Linux 系统上都是没有问题的，Windows 版本的 TeX Live 也自带 Perl 解释器。但如果使用 CTeX 套装或其他基于 MiKTeX 的发行版，则需要单独安装 Perl 语言解释器，如 ActivePerl（http://www.activestate.com/activeperl）。

Glossaries are important for technical documents.
分节对于长文档非常重要。

Glossary

glossary A vocabulary with annotations for a particular subject.

分节 把文章分成章节.

图 3.17　例 3-4-8 的大致编译效果

3

例 3-4-8 只是非常简单的示例，还不可能表现出 glossaries 的全貌。但与 3.4.3.1 节相比，我们已经可以看出其功能强、使用方便的优点了。有关 glossaries 宏包的进一步功能和格式设置，这里不再详述，读者可参见文档 Talbot [250] 获得更多的信息。

练习

3.12 在图 3.17 中显示的词汇表标题是英文的，查看文档 Talbot [250]，如何修改例 3-4-8 输出中文的“词汇表”标题？

当 TEX 遭遇 Lua

TEX 最初是作为排版工具，而不是作为计算机程序语言来设计实现的，因此虽然 TEX 的宏语言（参见 8.1 节）可以完成一些计算工作，但对于高效实现数值计算、组织复杂的数据结构与算法，TEX 本身的语言就力不从心了。在 LATEX 中，BIBTEX 和 Makeindex 这类外部工具的使用，也正是为了弥补 TEX 在这方面的不足。

不过，使用外部工具对 TEX 的功能进行加强，对于部分与排版内容结合紧密的工作（例如计算插图时的坐标变换计算），就不大方便了。要解决这种问题，大致有两种思路：一是通过脚本语言调用 TEX，让 TEX 能方便地利用脚本语言的各种功能，旧版本的 ConTEXt MKII 就使用这种思路把 TEX 与 Ruby 语言连接起来；另一种则是直接在 TEX 中嵌入一种计算机语言，让 TEX 与编程语言可以直接交互。采用后一种思路的就是 LuaTEX，它将 TEX 与脚本语言 Lua 结合在一起，以达成更为紧密的连接，新版本的 ConTEXt MKIV 就利用了这一特性。

除了嵌入 Lua 语言的提供的编程能力，LuaTEX 本身也是一种基于 Unicode 编码、支持 OpenType 字体的新式 TEX 引擎，可以提供现代的排版支持。fontspec、unicode-math 等字体包都同时支持 XeTEX 与 LuaTEX，日本的 luatexja[150] 则对其 CJK 排版能力做了扩展。由于可以利用 Lua 语言直接修改 TEX 底层的断行、标点处理程序，luatexja 也为更为复杂的 CJK 排版提供了可能。

目前在 LuaLATEX 中，已有的 Lua 应用还不很多，但已能从中窥见在它其他引擎中不具备的能力。开发版本的 pgf 宏包就是一例，它可以调用 Lua 语言高效地进行浮点运算，绘制复杂的函数图形；还可以利用 Lua 程序实现的图可视化算法，方便地画出原来要用 Graphviz 等专门软件才能画出图论图形，例如：

```
% \usepackage{tikz} % CVS 开发版本，lualatex 编译
% \usetikzlibrary{graphs, graphdrawing, graphdrawing.force}
\tikz \graph [spring layout, orient=0-1]
  {0 -> {x,y,a,b}, {x,y,s,t} -> 1, x -- y};
```

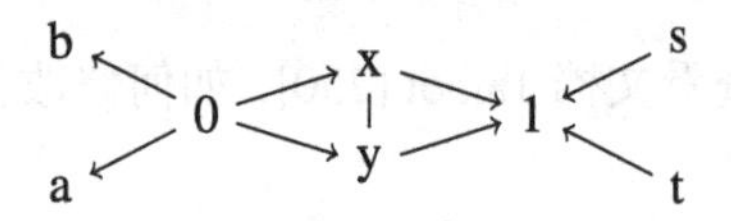

luaindex 宏包[131] 使用 Lua 语言在 TEX 内部实现了 Makeindex 格式索引生成与排序。而 luacode 宏包[199] 则提供了在 LATEX 中方便地执行 Lua 语句的命令与环境。可以预见，随着 LuaTEX 更广泛地被使用，未来会有更多的扩展功能会使用 Lua 语言来完成，TEX 的自动化能力也会越来越强。

本章注记

自动化工具是 LATEX 最能体现其优势的地方：计数器、宏定义、辅助文件、外部工具在这里结合，LATEX 的可扩展性一显无疑。不过，LATEX 的自动化工具多而复杂，也很难找到完整的集中论述，要完全用好它亦非易事。Mittelbach and Goossens [166] 的相关章节仍然是有关工具的最佳知识来源，在本书写作中，作者也从中受益不少。

目录是基本的文档自动化工具，tocloft、titletoc 和 minitoc 是 LATEX 中有关目录最为重要的几个工具。在更为复杂的专业文档工具 memoir[294] 和 koma-script[133] 中，对于目录都有专门的一组工具进行定制，memoir 重新实现了 tocloft 的功能，而 koma-script 则附带了 tocbasic 宏包来处理目录格式。

有关交叉引用的工具也非常多，例如 cleveref[59] 提供了比 nameref 更丰富也更为智能的引用格式，zref[186] 可以引用比普通交叉引用多得多的内容（例如变量内容、文本当前的位置）等功能，并能代替 nameref、lastpage、xr 等多个宏包的功能，refstyle[70] 也提供了丰富的引用接口，限于篇幅，在书中不再一一介绍。

文献和索引生成都是借助外部工具实现自动化处理的例子，因而它们不仅有丰富的 LaTeX 宏资源，也有许多外部工具可供选择。

程序方面，原始的 BibTeX 程序不能直接支持 Unicode，排序也是针对英文字母的，bibtexu 就提供了更好的多语言支持（但不包括中文）。

宏包方面，bibunits[97] 提供了比 chapterbib 更完善的多文献表机制，有需要的读者不妨一试。更引人注目的是 biblatex[145] 宏包，它以一个单独的复杂 .bst 格式代替所有格式，然后转而利用宏包，用 LaTeX 代码定制输出格式，同时也实现了有关文献引用和输出的更多相关功能（如引用文章标题），是一套强大的全新 LaTeX 文献处理方案。biblatex 还可以使用新的 biber 程序代替 BibTeX 程序，此时可以支持中文按拼音和笔画排序。biblatex 目前发展迅速，已经有越来越多的期刊开始提供基于 biblatex 的文献格式，并开始有专门为中文设计的格式（如配合 pkuthss[274] 模板使用的 caspervector[273]），本书限于篇幅不再做介绍，但追求新鲜的读者一定不能错过。

Makeindex 的重要代替品是 xindy[119]，它有更好的多语言支持（但不支持中文）和更丰富的格式配置（基于 Lisp 语言）。

LuaTeX 的发展使得在 TeX 文档中使用 Lua 脚本来完成自动化工作成为可能，在未来我们可能不再需要诸如 BibTeX、Makeindex 这样的外部工具了。

3

第4章 玩转数学公式

排版数学公式是 TeX 系统设计的初衷[126]，它在 LaTeX 中占有特殊的地位，也是 LaTeX 最为人所称道的功能之一。或许你已经尝试过许多在电子文档中输入公式的办法而不满意，或许你使用 LaTeX 就是冲着它输入公式的功能来的。不要着急，这一章，我们不仅要学会输入基本的数学公式，而且要深入下去，玩转有关公式的方方面面。

4.1 数学模式概说

TeX 有多种工作模式：输入一行文字时我们在水平模式，在水平模式下，文字、符号等各种排版元素，也就是各种盒子，都要从左到右依次水平排列；当折行分段的时候又自动进入了垂直模式，在垂直模式下，各种盒子都从上到下依次垂直排列；但最吸引人的还是数学模式，在数学模式中，输入的字符都有专门的意义，盒子的排列也遵循单独的一套特殊规则，以适应结构复杂的各种数学公式。数学公式并不是简单的符号堆砌，下面有关正态分布的公式就充分体现了这一点：

$$\int_{-\infty}^{\infty} \frac{1}{\sqrt{2\pi}\sigma} \mathrm{e}^{-\frac{(x-\mu)^2}{2\sigma^2}} \,\mathrm{d}x = 1 \tag{*}$$

积分号要有上下限，被积函数分式套根式、乘方套分式，数学符号的位置复杂而又一丝不乱，“瞻之在前，忽焉在后”，这正是数学模式的魅力所在。

TeX 有两种数学公式，一种是夹杂在行文段落中的公式，如 $\int f(x)\,\mathrm{d}x = 1$，一般称为*行内*（inline）数学公式，或*正文*（in-text）数学公式；另一种就是像前面 (*) 那样单独占据整行居中展示出来的，称为*显示*（displayed）数学公式（或行间公式、列表公式)，显示数学环境更适合表现更复杂的数学内容。两种公式使用不同的方式进入数学模式。

在 TeX 中，行内公式一般在前后单个美元符号 $...$ 表示，例如：

```
交换律是 $a+b=b+a$，如 $1+2=2+1=3$。
```

交换律是 $a+b=b+a$，如 $1+2=2+1=3$。

4-1-1

在数学模式下，符号会使用单独的字体，字母通常是倾斜的意大利体，数字和符号则是直立体。仔细看的话，数学符号之间的距离也与一般的水平模式不同：

```
不能用 a+b=b+a，1+2=2+1=3。
```

不能用 a+b=b+a，1+2=2+1=3。

因此，在排版数学公式时，即使是没有任何特殊符号的算式 $1+1$，或者简单地一个字母变量 x，也要进入数学模式，使用 $1+1$、x，而不应该用排版普通文字的方式搞成 1+1、x。

除了使用单个美元符号，在 LaTeX 中还额外定义了命令格式与环境格式的方式输入行内公式，即使用命令 \(和 \) 或是 math 环境括起一个行内数学公式，如 $a+b$ 也可以写成 \(a+b\) 或是 \begin{math}a+b\end{math}。这两种形式提供了更好的错误检查，并且可以更明确地看出公式的开始与结束，也不容易混淆。但因为输入起来比较复杂，多数人更偏爱直接使用传统的 $ 表示行内数学公式[①]。

在自定义命令时，可以使用 \ensuremath 命令得到数学模式的内容。\ensuremath 命令保证其参数的内容在数学模式下，即使原本已经在数学模式也不会发生错误，如：

```
% 用于 ntheorem 宏包
\renewcommand\qedsymbol{\ensuremath{\Box}}
证毕符号：\qedsymbol 或 $\qedsymbol$。
```

证毕符号：□ 或 □。

4-1-2

显示数学公式也有多种方式输入。基本的显示公式是不带编号的，在 TeX 中可以用连续两个美元符号 $$...$$ 界定。同样，LaTeX 也定义了命令形式和环境形式的输入方法，即用 \[和 \] 命令或是 displaymath 环境括起一个显示数学公式，例如：

① 另外，在 LaTeX 2ε 中 \(和 \) 是脆弱命令（参见 8.1.2 节），这也是不使用它们的重要原因。如果偏爱命令格式，可以使用 fixltx2e 宏包修正这个问题。

4-1-3

```
交换律是
\[ a+b=b+a, \]
如
\[
  1+2=2+1=3.
\]
```

交换律是

$$a+b=b+a,$$

如

$$1+2=2+1=3.$$

虽然并非必须，但最好在源代码中就把单独占据一行的显示公式放在单独的行内，使代码更清晰。推荐的方式是使用 `\[...\]`。`$$...$$` 会产生不良的间距，缺少错误检查，并且不能正确处理 fleqn 等文档选项[267]，应该避免使用，而 displaymath 环境又可能显得冗长。值得注意的是，显示公式后面如果有标点符号，应该放在数学环境内部，紧接着公式。而且因为数学模式下不能使用汉字，所以一般就使用西文的半角标点。

LaTeX 还提供了带自动编号的数学公式，可以用 equation 环境表示，公式后还可以带引用的标签，例如：

4-1-4

```
\begin{equation}
  a+b=b+a \label{eq:commutative}
\end{equation}
```

$$a+b=b+a \tag{4.1}$$

除了 equation 环境，LaTeX 及其他一些宏包还提供了更多输入显示公式的数学环境。例如，amsmath 宏包提供了带星号的 equation* 环境，功能与 displaymath 环境相同，表示不编号的显示公式，此时 `\[` 和 `\]` 就成为 equation* 环境的简写。更多的则是用来输入多行显示公式的环境，我们将在 4.4 节中进一步说明。

用 LaTeX 排版数学公式，最为常用的是宏包就属 amsmath 宏包[7] 了，它是由美国数学会（AMS, American Mathematical Society）设计开发的一个 LaTeX 宏包，全面扩展了 LaTeX 的基本数学功能。由于影响力巨大，amsmath 已经成为 LaTeX 的必备宏包，几乎所有包含 LaTeX 格式的 TeX 发行版都会安装它，大部分涉及较多数学公式的文档也都会使用 amsmath 宏包的功能。amsmath 连同 amsthm 等宏包及美国数学会的文档类一起，构成 AMS-LaTeX 套件①。

本章的内容就基于 amsmath 宏包的扩展，在本章中，总是假定在导言区已经使用了以下命令：

```
\usepackage{amsmath}
```

① 它的前身是在 Plain TeX 下运行的 AMS-TeX。

amsmath 有很多功能，我们将在后面的章节看到。数学模式和普通文本模式不同，在数学模式中不仅字符的字体、间距不同，而且空格也会被忽略，汉字也不能直接用在数学模式中，就是西文文本也不能直接输入。amsmath 提供的 \text 命令就可以用来在数学公式中插入文字[①]，例如：

```
$\text{被减数} - \text{减数} = \text{差}$
```

被减数 − 减数 = 差

4-1-5

在普通的文本中使用数学公式时也应注意随时在文本模式和数学模式下转换。例如，行内数学公式中逗号等标点处不能换行，因此列举多项公式时就应该把每项放在单独的数学环境中，项与项之间用逗号和空格隔开：

```
已知的变量有␣$a$,␣$b$,␣$c$,␣$d$,␣$S$,␣$R$␣和␣$T$。
```

已知的变量有 a, b, c, d, S, R 和 T。

4-1-6

amsmath 能识别文档类的 leqno（左侧编号）、reqno（右侧编号）或 fleqn（公式固定缩进不居中）选项的功能：

(1)　$a = b$　leqno

$a = b$　reqno　(2)

$a = b$　fleqn　(3)

此外，amsmath 也有自己的一些宏包选项，见表 4.1。

表 4.1　amsmath 宏包选项

选项	功能
centertags	（默认）编号的公式分占多行时，编号垂直居中
tbtags	编号的公式分占多行时，编号在第一行左侧（leqno 时）或最后一行右侧（reqno 时）
sumlimits	（默认）显示公式中，巨算符 $\sum, \prod$ 等的上下标在正上下方
nosumlimits	显示公式中，求和号的上下标在角标位置
intlimits	类似 sumlimits，作用于积分号 $\int$

① 不使用 amsmath 时使用文字的方法是在数学公式中使用 \mbox 等水平盒子，但这种方法产生的字体和字号往往并不正确，不建议使用。另一种不良的做法是直接在数学环境中使用正文的字体命令。

续表

选项	功能
nointlimits	（默认）与 intlimits 相反
namelimits	（默认）类似 sumlimits，作用于 lim, max 等文字算子
nonamelimits	与 namelimits 相反

除了 amsmath，也有许多其他对数学功能进行扩展的宏包，如 mathtools 宏包[110]就对 amsmath 做了进一步扩展，我们在后面的几节还会遇到这类宏包。

4.2 数学结构

数学公式不是简单的符号连接堆砌，而是特定数学结构的组合。现在回想一下你所见过的各种数学公式，看看构成公式的结构可以分为哪些种类？不同的数学结构都有哪些规则？如何用普通的字符串来表示二维的数学公式？然后我们看看 LaTeX 是如何回答这些问题的。

4.2.1 上标与下标

上标和下标是两种最常见的数学结构，它们的形式也很朴素：上标一般在原符号的右上方，下标一般在原符号的右下方，有时也在正上方和正下方。例如：

$$10^n \qquad a_i \qquad \int_D \qquad \max_i \qquad a_i^2 \qquad \sum_{i=1}^n$$

在 TeX 中，上标用特殊字符 ^ 表示，下标用特殊字符 _ 表示。在数学模式中，符号 ^ 和 _ 的用法差不多相当于带一个参数的命令，如 10^n 可以得到 10^n，而 a_i 可以得到 a_i。当上标和下标多于一个字符时，需要使用分组确定上下标范围，如：

4-2-1

```
$A_{ij} = 2^{i+j}$
```

$A_{ij} = 2^{i+j}$

上标和下标可以同时使用，也可以嵌套使用。同时使用上标和下标，上下标的先后次序并不重要，二者互不影响。嵌套使用上下标时，则外层一定要使用分组。例如：

```
$A_i^k = B^k_i$ \qquad
$K_{n_i} = K_{2^i} = 2^{n_i}
         = 2^{2^i}$ \qquad
$3^{3^{3^{\cdot^{\cdot^{\cdot^3}}}}}$
```

$A_i^k = B^k_i \qquad K_{n_i} = K_{2^i} = 2^{n_i} = 2^{2^i} \qquad 3^{3^{3^{\cdot^{\cdot^{\cdot^3}}}}}$

4-2-2

这里数学公式中的空格（包括单个换行）是不起实际作用的，适当的空格可以将代码分隔得好看一些。

数学公式中是撇号 ' 就是一种特殊的上标，表示用符号 \prime（即 $\prime$）作上标。撇号可以与下标混用，也可以连续使用（普通的上标不能连续使用），但不能与上标直接混用，如：

```
$a = a'$, $b_0' = b_0''$,
${c'}^2 = (c')^2$
```

$a = a'$, $b_0' = b_0''$, ${c'}^2 = (c')^2$

4-2-3

类似地，LaTeX 默认的字体没有直接表示角度的符号，可以用符号 \circ（即 $\circ$）的上标表示，如：

```
$A = 90^\circ$
```

$A = 90^\circ$

4-2-4

或定义为一个意义明显的命令：

```
\newcommand\degree{^\circ}
```

4-2-5

在显示公式中，多数数学算子（参见 4.3.2 节）的上下标，位置是在正上或正下方，如：

```
\[
  \max_n f(n) = \sum_{i=0}^n A_i
\]
```

$$\max_n f(n) = \sum_{i=0}^n A_i$$

4-2-6

但对积分号等个别算子，显示公式中的上下标也在右上右下角：

```
% 导言区 \DeclareMathOperator\dif{d\!}
\[ \int_0^1 f(t) \dif t
= \iint_D g(x,y) \dif x \dif y \]
```

$$\int_0^1 f(t)\,\mathrm{d}t = \iint_D g(x,y)\,\mathrm{d}x\,\mathrm{d}y$$

4-2-7

不过，在行内公式中，为了避免过于拥挤或产生难看的行距，所有算子的上下标也都在角标的位置了，如 `$\max_n f(n) = \sum_0^n A_i$` 将得到 $\max_n f(n) = \sum_0^n A_i$。

4.1 节介绍的 amsmath 宏包的几个选项可以控制显示公式中一般巨算符和积分号的上下标位置，除此之外，也可以手工改变上下标的位置。在上下标前面用 \limits 命令会使上下标在正上正下方，这正是通常上下限（limits）的排版方式。而使用 \nolimits 则使上下标在角上，例如：

4-2-8

```
\[
  \iiint\limits_D \mathrm{d}f
    = \max\nolimits_D g
\]
```

$$\iiint\limits_D \mathrm{d}f = \max\nolimits_D g$$

```
$\sum\limits_{i=0}^n A_i$ 不如用
$\sum_{i=0}^n A_i$ 更适合文本段落。
```

$\sum\limits_{i=0}^n A_i$ 不如用 $\sum_{i=0}^n A_i$ 更适合文本段落。

有时需要在符号的左上、左下角加角标，此时可以在要加角标字符前面使用空的分组，给空分组加角标，如 ${}_m^n H$ 将得到 ${}_m^n H$。不过这种不标准的方法得到的效果往往不尽如人意，间距和对齐都不合理，手工调整（参见 4.5.3 节）也比较麻烦，此时可以用 mathtools 宏包的 \prescript⟨上标⟩⟨下标⟩⟨元素⟩ 来处理，例如：

4-2-9

```
% \usepackage{mathtools}
$\prescript{n}{m}{H}_i^j < L$
```

${}_m^n H_i^j < L$

给符号左边加角标并不常见，很多时候只是需要给个别算子标记，而且还不应影响算子的上下限，此时可以 amsmath 提供的 \sideset 命令，例如：

4-2-10

```
\[ \sideset{_a^b}{_c^d} \sum_{i=0}^n A_i
 = \sideset{}{'} \prod_k f_i \]
```

$$\sideset{_a^b}{_c^d} \sum_{i=0}^n A_i = \sideset{}{'} \prod_k f_i$$

但注意 \sideset 命令仅用于排版 $\sum$、$\prod$ 等巨算符的角标，不应用在其他地方。

amsmath 还提供了 \overset 和 \underset 命令，用来给任意符号的上下方添加标记，这种命令有点像加了 \limits 的巨算符上下标：

*本节后面内容初次阅读可跳过

```
$\overset{*}{X}$ \qquad
$\underset{*}{X}$ \qquad
$\overset{*}{\underset{\dag}{X}}$
```

$\overset{*}{X}$ $\underset{*}{X}$ $\overset{*}{\underset{\dagger}{X}}$

4-2-11

TeX 中的上下标是互不影响的，因此 `$A_m^n$` 得到 A_m^n 而不是 $A_m{}^n$。可是如果真的需要排版 $A_m{}^n$ 的话，也有办法，简单地处理就是把上下标加在空的分组上，不过对大小不一的符号可能位置不够精确，此时还可以使用 2.1.1.3 节提到的“幻影”（phantom）来处理：

```
$A_m{}^n$ 或 $A_m^{\phantom{m}n}$
```

$A_m{}^n$ 或 A_m^{n}

4-2-12

这类形式特殊的上下标在数学中也的确有其用武之地，张量代数中这种记法可以大大简化求和式的书写。tensor 宏包就专门用来排版这种张量，它主要提供 `\indices` 和 `\tensor` 两个命令，`\indices` 用于产生连续的复杂上下标，而 `\tensor` 则产生带有上下标的张量，例如：

```
% 导言区 \usepackage{tensor}
$M\indices{^a_b^{cd}_e}$ \qquad
$\tensor[^a_b^c_d]{M}{^a_b^c_d}$
```

M^{acd}_{be} ${}^{ac}_{bd}M^{ac}_{bd}$

4-2-13

有关 tensor 宏包的其他命令和进一步设置，可参见宏包文档 Ratcliffe [202]。

也许你还想使用上下标表示化学式，比如 H_2O（水）或是 CH_3COO^-（乙酸根）。直接把它们作为数学式输入看起来十分笨拙，即写成 `H$_2$O` 和 `CH$_3$COO$^-$`，要保证正确的字体并对齐所有的上下标使问题变得复杂。事实上，一般的化学式的形式规则远比数学式要简单，因此专业的化学宏包 mhchem（这同时也是使用最为广泛的化学宏包）能将问题简化。`\ce` 命令用来输入化学式，并且在大多数情况下能自动判断正确的上下标，当然也可以指出必要的上下标：

```
% 导言区 \usepackage{mhchem}
醋中主要是 \ce{H2O}，含有 \ce{CH3COO-}。

\ce{^{227}_{90}Th} 元素具有强放射性。
```

醋中主要是 H_2O，含有 CH_3COO^-。

${}^{227}_{90}Th$ 元素具有强放射性。

4-2-14

`\ce` 可以同时用在文本或数学模式中，甚至可以用它直接输入化学方程式：

4-2-15

```
\begin{equation}
\ce{2H2 + O2 ->[\text{燃烧}] 2H2O}
\end{equation}
```

$$2\,H_2 + O_2 \xrightarrow{\text{燃烧}} 2\,H_2O \quad (4.2)$$

有关化学式的更多用法，可参见 mhchem 宏包文档 Hensel [103]。

4.2.2 上下画线与花括号

\overline 和 \underline 命令可用来在公式的上方和下方划横线，例如：

4-2-16

```
$\overline{a+b} =
  \overline a + \overline b$ \\
$\underline a = (a_0, a_1, a_2, \dots)$
```

$\overline{a+b} = \overline a + \overline b$
$\underline a = (a_0, a_1, a_2, \dots)$

而且这种结构可以任意嵌套或与其他数学结构组合：

4-2-17

```
$ \overline{\underline{\underline a}
+ \overline{b}^2} - c^{\underline n} $
```

$\overline{\underline{\underline a} + \overline{b}^2} - c^{\underline n}$

amsmath 提供了在公式上下加箭头的命令，使用方法与 \overline 和 \underline 类似：

4-2-18

```
$\overleftarrow{a+b}$\\
$\overrightarrow{a+b}$\\
$\overleftrightarrow{a+b}$\\
$\underleftarrow{a-b}$\\
$\underrightarrow{a-b}$\\
$\underleftrightarrow{a-b}$
```

$\overleftarrow{a+b}$
$\overrightarrow{a+b}$
$\overleftrightarrow{a+b}$
$\underleftarrow{a-b}$
$\underrightarrow{a-b}$
$\underleftrightarrow{a-b}$

数学字母的重音标记和宽标记（参见 4.3.1 节）与这里的命令用法类似，只是通常比较短，也不能任意伸长，不过对于单个字母往往位置更准确，实际中应该按意义和效果酌情使用，如：

4-2-19

```
$\vec x = \overrightarrow{AB}$
```

$\vec x = \overrightarrow{AB}$

除了横线和箭头，数学公式上下还可以使用 \overbrace 和 \underbrace 带上花括号，如：

```
$\overbrace{a+b+c} = \underbrace{1+2+3}$
```

$\overbrace{a+b+c} = \underbrace{1+2+3}$

4-2-20

并且可以使用上下标在花括号上作标注：

```
\[ ( \overbrace{a_0,a_1,\dots,a_n}
  ^{\text{共 $n+1$ 项}} ) =
( \underbrace{0,0,\dots,0}_{n} , 1 ) \]
```

$$(\overbrace{a_0,a_1,\dots,a_n}^{\text{共 $n+1$ 项}}) = (\underbrace{0,0,\dots,0}_{n} , 1)$$

4-2-21

类似地，mathtools 宏包还提供了在数学公式上下加方括号的命令：

\underbracket[⟨线宽⟩][⟨伸出高度⟩]{⟨内容⟩}
\overbracket[⟨线宽⟩][⟨伸出高度⟩]{⟨内容⟩}

```
\[ \underbracket{\overbracket{1+2}+3}_3 \]
```

$$\underbracket{\overbracket{1+2}+3}_3$$

4-2-22

练 习

4.1 考虑如何排版这种交错的括号：

$$a+\overbrace{b+c+d}^{m}+e+f \quad (\text{with } \underbrace{c+d+e}_{n})$$

4.2.3 分式

分式（fraction）也是数学公式中极为常见的结构。在 LaTeX 中，分式用 \frac⟨分子⟩⟨分母⟩ 得到，如：

```
\[
\frac 12 + \frac 1a = \frac{2+a}{2a}
\]
```

$$\frac 12 + \frac 1a = \frac{2+a}{2a}$$

4-2-23

在行内公式和显示公式中，分式的大小是不同的。行内公式中分子分母都用较小的字号排版，以免超出文本行高度：

```
通分计算 $\frac 12 + \frac 1a$
得 $\frac{2+a}{2a}$
```

通分计算 $\frac 12 + \frac 1a$ 得 $\frac{2+a}{2a}$

已经在分子或分母中的分式，也会按行内公式的大小排版：

4-2-24

```
\[  \frac{1}{\frac 12 (a+b)}
= \frac{2}{a+b}  \]
```

$$\frac{1}{\frac 12 (a+b)} = \frac{2}{a+b}$$

有时需要指定较大或较小的分式，则可以使用 amsmath 提供的 \dfrac 和 \tfrac 分别指定显示格式（display style）和正文格式（text style）的分式：

4-2-25

```
\[
\tfrac 12 f(x) =
  \frac{1}{\dfrac 1a + \dfrac 1b + c}
\]
```

$$\tfrac 12 f(x) = \frac{1}{\dfrac 1a + \dfrac 1b + c}$$

连分式（continued fraction）是一种特殊的分式，amsmath 提供的 \cfrac 专用于输入连分式。这个命令可以带一个可选的参数 l, c 或 r，表示左、中、右对齐，默认是居中，如

4-2-26

```
\[  \cfrac{1}{1+\cfrac{2}{%
     1+\cfrac{3}{1+x}}}  =
   \cfrac[r]{1}{1+\cfrac{2}{%
     1+\cfrac[l]{3}{1+x}}}   \]
```

$$\cfrac{1}{1+\cfrac{2}{1+\cfrac{3}{1+x}}} = \cfrac[r]{1}{1+\cfrac{2}{1+\cfrac[l]{3}{1+x}}}$$

行内公式中的分式，如 $\frac{a}{b}$，在大多数情况下仍显得过于拥挤，并不好看，因此一些出版机构的格式指南要求使用在正文中使用 a/b 代替 $\frac{a}{b}$ 的形式。此时通常要注意在适当的位置加上括号，如写 $1/(a+b)$ 而不是 $1/a+b$。不过 $1/a+b$ 的形式有一点歧义，它可能理解为 $1/(a+b)$ 或是 $(1/a)+b$。一个可能的办法是对后者使用类似 ${}^1\!/\!_a+b$ 的形式来排版分子分母都很短的小分式，这是由 xfrac 宏包[111] 提供的 \sfrac 命令得到的①：

① 更陈旧一些的 nicefrac 宏包 [207] 提供了类似的分式效果，不过功能稍差。

```
% \usepackage{xfrac}
区别 $\sfrac 1a + b$ 和 $1/(a+b)$
```

区别 ${}^{1}/_{a}+b$ 和 $1/(a+b)$

4-2-27

还有一些类似分数分成上下两半的数学结构，如二项式系数 $\binom{n}{k}$。amsmath 提供了 \binom 来输入二项式系数，其用法与 \frac 类似：

```
\[
(a+b)^2 = \binom 20 a^2
  + \binom 21 ab + \binom 22 b^2
\]
```

$$(a+b)^2=\binom{2}{0}a^2+\binom{2}{1}ab+\binom{2}{2}b^2$$

4-2-28

与 \frac 类似，\binom 也有指定大小的形式 \tbinom 和 \dbinom，分别表示正文格式和显示格式大小的二项式系数。

其他类似分数的形式，可以由 amsmath 提供的更一般的广义分式命令

\genfrac{⟨左括号⟩}{⟨右括号⟩}{⟨线宽⟩}{⟨大小⟩}{⟨分子⟩}{⟨分母⟩}

得到。其中 ⟨线宽⟩ 和 ⟨大小⟩ 如果为空表示默认值；⟨大小⟩ 可以是 0, 1, 2, 3，分别表示 \displaystyle, \textstyle, \scriptstyle, \scriptscriptstyle 四种数学字号（参见 4.5.2 节），如：

```
\[
\genfrac{[}{]}{0pt}{}{n}{1} = (n-1)!,
\qquad n > 0.
\]
```

$$\genfrac{[}{]}{0pt}{}{n}{1}=(n-1)!,\qquad n>0.$$

通常并不直接使用广义分式命令，而是用它来定义新的分式形式，如第一类 Stiring 数[87]：

```
\newcommand\stiring[2]{\genfrac{[}{]}{0pt}{}{#1}{#2}}
\newcommand\dstiring[2]{\genfrac{[}{]}{0pt}{0}{#1}{#2}}
\newcommand\tstiring[2]{\genfrac{[}{]}{0pt}{1}{#1}{#2}}
\[  \stiring{n}{1} = (n-1)!, \qquad n > 0.  \]
```

4-2-29

$$\genfrac{[}{]}{0pt}{}{n}{1}=(n-1)!,\qquad n>0.$$

4.2.4 根式

根式是又一种常见的数学结构，在 LaTeX 中用单参数的命令 \sqrt 得到，同时可以带一个可选参数，表示开方的次数，如：

4-2-30

```
$\sqrt 4 = \sqrt[3]{8} = 2$
```

$\sqrt 4 = \sqrt[3]{8} = 2$

嵌套使用根式或与其他数学结构结合也很常见：

4-2-31

```
\[
\sqrt[n]{\frac{x^2 + \sqrt 2}{x+y}}
\]
```

$$\sqrt[n]{\frac{x^2 + \sqrt 2}{x+y}}$$

不过如果开方的次数不是简单的整数，或者被开方的内容过长（甚至超过一行），通常就不使用根式的形式，而通常改用等价的指数形式：

4-2-32

```
\[
(x^p+y^q)^{\frac{1}{1/p+1/q}}
\]
```

$$(x^p+y^q)^{\frac{1}{1/p+1/q}}$$

有时可能对开方次数的排版位置不满意，可以用 amsmath 提供的 \uproot 和 \leftroot 命令进行调整，命令参数是整数，移动的单位是很小的一段距离，如（对比例 4-2-31）：

4-2-33

```
\[
\sqrt[\uproot{16}\leftroot{-2}n]
  {\frac{x^2 + \sqrt 2}{x+y}}
\]
```

$$\sqrt[\uproot{16}\leftroot{-2}n]{\frac{x^2 + \sqrt 2}{x+y}}$$

根式的高度是随内容而改变的，但当几个根式并列时，有时需要它们有统一的高度，此时可以使用 \vphantom（参见 2.1.1.3 节）占位，如：

4-2-34

```
$\sqrt{\frac 12} <
  \sqrt{\vphantom{\frac12}2}$
```

$\sqrt{\frac 12} < \sqrt{\vphantom{\frac12}2}$

特别地，数学支架 \mathstrut 表示有一个圆括号高度和深度的支架，它常用来平衡不同高度和深度的字母：

```
$\sqrt b \sqrt y$ \qquad
$\sqrt{\mathstrut b} \sqrt{\mathstrut y}$
```

$\sqrt{b}\sqrt{y} \qquad \sqrt{\mathstrut b}\sqrt{\mathstrut y}$

4-2-35

4.2.5 矩阵

最后一类数学结构是矩阵（matrix）。在基本 LaTeX 中，矩阵是用与 Plain TeX 一样的命令 \matrix 和 \pmatrix 排版的，不过它们的语法与 LaTeX 的基本语法不大一致，所以在 AMS-LaTeX 下被一系列矩阵环境所取代[67]。复杂的矩阵则是使用 array 环境类似表格一样排版的，这种方法相对灵活但使用复杂，我们将在 5.1.1 节介绍。下面主要说明较常用的方法，即使用 amsmath 提供的一系列矩阵环境排版，各种矩阵环境的区别在于外面的括号不同：

matrix 环境 $\begin{matrix} a & b \\ c & d \end{matrix}$　bmatrix 环境 $\begin{bmatrix} a & b \\ c & d \end{bmatrix}$　vmatrix 环境 $\begin{vmatrix} a & b \\ c & d \end{vmatrix}$

pmatrix 环境 $\begin{pmatrix} a & b \\ c & d \end{pmatrix}$　Bmatrix 环境 $\begin{Bmatrix} a & b \\ c & d \end{Bmatrix}$　Vmatrix 环境 $\begin{Vmatrix} a & b \\ c & d \end{Vmatrix}$

在矩阵环境中，不同的列用符号 & 分隔，行用 \\ 分隔，矩阵每列中元素居中对齐，例如：

```
\[  A = \begin{pmatrix}
  a_{11} & a_{12} & a_{13} \\
  0 & a_{22} & a_{23} \\
  0 & 0 & a_{33}
\end{pmatrix}  \]
```

$$A = \begin{pmatrix} a_{11} & a_{12} & a_{13} \\ 0 & a_{22} & a_{23} \\ 0 & 0 & a_{33} \end{pmatrix}$$

4-2-36

在矩阵中经常使用各种省略号（参见 4.3.5 节），即 \dots, \vdots, \ddots 等：

```
\[  A = \begin{bmatrix}
  a_{11} & \dots & a_{1n} \\
   & \ddots & \vdots \\
  0 & & a_{nn}
\end{bmatrix}_{n\times n}  \]
```

$$A = \begin{bmatrix} a_{11} & \dots & a_{1n} \\ & \ddots & \vdots \\ 0 & & a_{nn} \end{bmatrix}_{n\times n}$$

4-2-37

amsmath 还提供了可以跨多列的省略号 \hdotsfor{⟨列数⟩}，如：

4-2-38

```
\[ \begin{pmatrix}
1 & \frac 12 & \dots & \frac 1n \\
\hdotsfor{4} \\
m & \frac m2 & \dots & \frac mn
\end{pmatrix} \]
```

$$\begin{pmatrix} 1 & \frac 12 & \dots & \frac 1n \\ \hdotsfor{4} \\ m & \frac m2 & \dots & \frac mn \end{pmatrix}$$

mathdots 宏包[151] 使 \vdots 和 \ddots 在不同字号都能正常使用，还提供了反向斜省略号 \iddots（$\iddots$），方便排版一些矩阵①。

矩阵可以嵌套使用，如分块矩阵：

4-2-39

```
\[ \begin{pmatrix}
\begin{matrix} 1&0\\0&1 \end{matrix}
& \text{\Large 0} \\
\text{\Large 0} &
\begin{matrix} 1&0\\0&-1 \end{matrix}
\end{pmatrix} \]
```

$$\begin{pmatrix} \begin{matrix} 1&0\\0&1 \end{matrix} & \text{\Large 0} \\ \text{\Large 0} & \begin{matrix} 1&0\\0&-1 \end{matrix} \end{pmatrix}$$

在行内公式中，有时需要使用很小的矩阵，这可以由 amsmath 提供的 smallmatrix 环境得到。smallmatrix 环境不给矩阵加括号，需要手工在外面添加括号（参见 4.3.4 节）：

4-2-40

```
复数 $z = (x,y)$ 也可用矩阵 \begin{math}
\left( \begin{smallmatrix}
x & -y \\ y & x
\end{smallmatrix} \right)
\end{math} 来表示。
```

复数 $z = (x,y)$ 也可用矩阵$\left(\begin{smallmatrix} x & -y \\ y & x \end{smallmatrix} \right)$来表示。

在上下标特别是求和式的上下限中，有时需要使用好几行的内容，此时可以用 amsmath 提供的 \substack 命令排版，效果相当于只有一列的无括号的矩阵：

4-2-41

```
\[
\sum_{\substack{0<i<n \\ 0<j<i}} A_{ij}
\]
```

$$\sum_{\substack{0<i<n \\ 0<j<i}} A_{ij}$$

① 一些数学字体包，如 yhmath[99]，也提供了类似的反向省略号，不过 yhmath 的 \adots 的实现有问题，在不同字号下会变形。

类似地，subarray 环境也用在这种情况，但可以指定对齐方式为 l（左对齐）、c（居中）或 r（右对齐）：

```
\[  \sum_{\begin{subarray}{l}
  i<10 \\ j<100 \\ k<1000
\end{subarray}} X(i,j,k)  \]
```

$$\sum_{\begin{subarray}{l} i<10 \\ j<100 \\ k<1000 \end{subarray}} X(i,j,k)$$

4-2-42

matrix 等矩阵环境默认至多只有 10 列，直接使用多于 10 列的矩阵会产生错误。这个最大列数的限制由计数器 MaxMatrixCols 控制的，可以通过 \setcounter 等计数器命令进行调整，如：

```
\setcounter{MaxMatrixCols}{15} % 可放在导言区
\[  \begin{Bmatrix}
0 & 0 & 0 & 0 & 0 & 1 & 0 & 1 & 0 & 0 & 1 & 1 & 1 & 0 & 1\\
1 & 1 & 1 & 1 & 1 & 0 & 1 & 0 & 1 & 1 & 0 & 0 & 0 & 1 & 0
\end{Bmatrix}  \]
```

4-2-43

$$\begin{Bmatrix}
0 & 0 & 0 & 0 & 0 & 1 & 0 & 1 & 0 & 0 & 1 & 1 & 1 & 0 & 1\\
1 & 1 & 1 & 1 & 1 & 0 & 1 & 0 & 1 & 1 & 0 & 0 & 0 & 1 & 0
\end{Bmatrix}$$

amsmath 提供的矩阵中，每列元素都是居中对齐的，mathtools 宏包进一步提供了带星号的 matrix*, pmatrix* 等矩阵环境，可以指定可选的列对齐方式。例如，数字长短不一的整数矩阵，往往右对齐显得更为清晰：

```
% \usepackage{mathtools}
\[  \begin{pmatrix*}[r]
  10 & -10 \\ -20 &  3
\end{pmatrix*}  \]
```

$$\begin{pmatrix*}[r] 10 & -10 \\ -20 & 3 \end{pmatrix*}$$

4-2-44

一个比较原始的 LaTeX 命令 \bordermatrix 可以输入左、上边缘有边注的矩阵，它的语法和原始的 \matrix, \pmatrix 一样，与一般 LaTeX 不同：

```
\[  \bordermatrix{
  & 1 & 2 & 3 \cr
1 & A & B & C \cr
2 & D & E & F \cr}  \]
```

$$\bordermatrix{ & 1 & 2 & 3 \cr 1 & A & B & C \cr 2 & D & E & F \cr}$$

4-2-45

此外，Voß [280] 提供了 \bordermatrix 的推广形式，可以改变边注位置和括号。

矩阵可能需要在内部画线或画虚线表示分块，或者在矩阵外添加更复杂的括号和标注，或者使用复杂的对齐方式（如按小数点对齐）和可变化的距离，这时就必须回到基本 LaTeX 的 array 环境，手工调整相关的细节，我们将在 5.1 节（第 284 页）表格排版的部分继续这一话题。

4.3 符号与类型

如果说有限的几种数学结构确定了数学公式的骨架，那么无比丰富的数学符号才真正构成数学公式的血肉。LaTeX 的数学符号一共有多少种？如果不算拉丁字母的各种字体形式，默认的 Computer Modern 字体中的数学符号加上 AMS 数学符号，大约一共有 400 多个。而如果算上其他各种数学字体宏包的符号，这个数字将更为庞大。“符号大全” Pakin [192] 所收录的近 6000 个符号，半数都是数学符号。有条理地归纳这些数学符号，熟记常用符号的命令，了解符号的分类和使用规律，才可能真正熟练地使用 LaTeX 的数学功能。

TeX 中的数学符号是由专门的数学字体提供的。有的符号可以直接从键盘上输入，如字母 a, b, x 或符号 $+, =, ()$，但大部分的符号需要使用 LaTeX 命令输入。按照符号的意义和排版方式的不同，数学符号可以分成 8 个类别[126, Chapter 17]：普通符号、巨算符、二元运算符、关系符、开符号、闭符号、标点和变量族。变量族（一般就是字母）和普通符号性质类似，二元运算符与关系符性质类似，开符号和闭符号合起来就是完整的括号，因此下面把它们归并为同类，分类说明每类数学符号。

4.3.1 字母表与普通符号

字母表是数学符号最基本的内容。拉丁字母 A, B, C, x, y, z 等都可以直接从键盘输入，默认使用意大利形状。

数学字母可以使用多种字体，数字字体命令与正文字体命令语法类似，如 `$\mathbf{X}$` 得到直立粗体的 $\mathbf{X}$ 。标准 LaTeX 提供的默认数学字母的字体见表 4.2（本书未使用默认字体，默认的 CM/LM 字体的效果与这里有差别）。

数学公式中，只有变量使用默认的意大利体，数学常数 e 通常使用罗马体的 `$\mathrm{e}$`。类似地，虚数单位 i 也应该使用直立的罗马体 `$\mathrm{i}$`。可以通过自定义命令简化某些常用常量的输入，如：

4-3-1

```
\newcommand\mi{\mathrm{i}}
\newcommand\me{\mathrm{e}}
```

表 4.2　标准 LaTeX 默认提供的数学字母字体

类别	字体命令	输出效果
数学环境的默认字体	\mathnormal	$ABCHIJXYZabchijxyz12345$
意大利体	\mathit	*ABCHIJXYZabchijxyz12345*
罗马体	\mathrm	ABCHIJXYZabchijxyz12345
粗体	\mathbf	**ABCHIJXYZabchijxyz12345**
无衬线体	\mathsf	ABCHIJXYZabchijxyz12345
打字机体	\mathtt	ABCHIJXYZabchijxyz12345
手写体（花体）†	\mathcal	$\mathcal{ABCHIJXYZ}$

†LaTeX 默认字体只支持大写字母，使用一些专业字体包可能支持小写字母：ABCHIJXYZabchijxyz。

默认的数学字母字体是由 \mathnormal 产生的，它使用与正文不同的数学字体，字母之间的间距比正文要大一些，而 \mathit, \mathrm, \mathbf, \mathsf, \mathtt 几个数字字体的命令通常则直接使用与正文文字所对应的相同的字体，字母之间的间距与正文中基本一致（但没有连字）。因此，使用 xyz 通常表示三个字母的乘积 xyz（距离较大），而如果要表示一个多字母的长变量名 *xyz*，则应该使用 xyz 等形式。

表 4.3　常见的数学字母字体包

类别	字体命令	输出效果	宏包及说明
黑板粗体	\mathbb	$\mathbb{ABCXYZ}$	amssymb，仅大写字母 †
	\mathbb	ABCXYZabcxyz123890	bbold
	\mathbbm	ABCXYZabcxyz12	bbm，数字仅有 1 和 2
花体	\mathscr	$\mathscr{ABCXYZ}$	mathrsfs，仅大写字母
	\mathcal	$\mathcal{ABCXYZ}$	euscript 加 eucal 选项，仅大写字母
哥特体	\mathfrak	$\mathfrak{ABCXYZabcxyz123890}$	amssymb 或 eufrak

†此外 $\Bbbk$ 可以得到 $\Bbbk$。

利用数学字体包，还可以得到其他一些数学字母字体，常见的字体包见表 4.3。其中 amssymb[8] 是最常用的额外数学字体包，它提供了几种常用数学字母字体的访问①和大量新的数学符号。amssymb 扩展标准 LaTeX 的这部分符号通常称为 $\mathcal{AMS}$ 符号（后面

① 这个功能可以由 amssymb 的子宏包 amsfonts 单独完成，不过通常直接使用 amssymb 就可以了。

几节会陆续见到），除了 amssymb，许多其他改变整体字体风格的数学字体包也提供了适合其风格的 $\mathcal{AMS}$ 符号。类别相同而风格不同的数字字体包有很多，有的仅支持一两种特殊字体，如提供花体字母的 mathrsfs、euscript[170]，提供黑板粗体的 bbm[104]、bbold[115] 和 dsfont[135]，提供哥特体字母的 eufrak[171]。也有的会改变整体的数学字体甚至正文风格，如 txfonts[220]、pxfonts[219]、mathdesign[196] 和 fourier[30] 等。有关数学字体的比较可参见 Hartke [100]。

除了拉丁字母，数学公式中还经常使用希腊字母和少量其他类型的字母，见表 4.4、表 4.5 和表 4.6。

表 4.4 小写希腊字母

α	\alpha	β	\beta	γ	\gamma	δ	\delta
ϵ	\epsilon	ζ	\zeta	η	\eta	θ	\theta
ι	\iota	κ	\kappa	λ	\lambda	μ	\mu
ν	\nu	ξ	\xi	π	\pi	ρ	\rho
σ	\sigma	τ	\tau	υ	\upsilon	ϕ	\phi
χ	\chi	ψ	\psi	ω	\omega		
ε	\varepsilon	ϑ	\vartheta	$\varkappa$	\varkappa†	ϖ	\varpi
ϱ	\varrho	ς	\varsigma	φ	\varphi	$\digamma$	\digamma†

前面带 var 的命令是原来字母的变体；\digamma 是 \gamma 的变体。

† $\mathcal{AMS}$ 符号，需要 amssymb 或类似的宏包。

表 4.5 大写希腊字母

Γ	\Gamma	Δ	\Delta	Θ	\Theta	Λ	\Lambda
Ξ	\Xi	Π	\Pi	Σ	\Sigma	Υ	\Upsilon
Φ	\Phi	Ψ	\Psi	Ω	\Omega		
$\varGamma$	\varGamma	$\varDelta$	\varDelta	$\varTheta$	\varTheta	$\varLambda$	\varLambda
$\varXi$	\varXi	$\varPi$	\varPi	$\varSigma$	\varSigma	$\varUpsilon$	\varUpsilon
$\varPhi$	\varPhi	$\varPsi$	\varPsi	$\varOmega$	\varOmega		

一些大写希腊字母与拉丁字母形状相同，如 A, B，在数学公式中不使用，因而没有对应的命令。
大写希腊字母一般用正体；前面带 var 的命令是原来字母的变体（倾斜）形式，需要 amsmath 宏包支持。
也可以改用 \mathnormal 字体得到倾斜形式的大写希腊字母。

按 ISO 标准对物理和其他科技文档的要求[114、261]，数学常数 π 通常使用直立体（斜体的 π 则作为变量），这可以使用数学字体宏包 upgreek[228] 得到直立体的希腊字母以配合默认字体使用，其命令名是在标准的希腊字母命令名前加 up，如 \uppi（参

表 4.6　希伯来字母

ℵ	\aleph	ℶ	\beth†	ℸ	\daleth†	ℷ	\gimel†

†$\mathcal{AMS}$ 符号，需要 amssymb 或类似的宏包。

见表 4.7）。许多其他数学字体包（如 txfonts, fourier, mathdesign）也提供类似的直立体希腊字母，其命令各有不同，可参见对应的字体宏包文档。

表 4.7　直立体希腊字母（小写）。需要 upgreek 或类似字体包

α	\upalpha	β	\upbeta	γ	\upgamma	δ	\updelta
ϵ	\upepsilon	ζ	\upzeta	η	\upeta	θ	\uptheta
ι	\upiota	κ	\upkappa	λ	\uplambda	μ	\upmu
ν	\upnu	ξ	\upxi	π	\uppi	ρ	\uprho
σ	\upsigma	τ	\uptau	υ	\upupsilon	ϕ	\upphi
χ	\upchi	ψ	\uppsi	ω	\upomega		
ε	\upvarepsilon	ϑ	\upvartheta	ϖ	\upvarpi	ϱ	\upvarrho
ς	\upvarsigma	φ	\upvarphi				

与正文中的字母一样，数学字母也可以加上重音符号，见表 4.8。数学重音（math accents）与正文中的重音使用完全不同的命令，如 `$\hat a$` 得到 $\hat{a}$。其中有些重音是可延长的宽重音符号，与 `\overline` 等命令作用类似，如 `$\widehat{abc}$` 得到 $\widehat{abc}$。后面以 `\sp` 开头的命令则是上标形式的重音（需要 amsxtra[66]），如 `$(a+b)\sphat$` 得到 $(a+b)\sphat$，一般用于给很长的一段公式加标记。数学重音也可以叠加使用，如 `$\hat{\bar a}$` 可得到 $\hat{\bar a}$。

表 4.8　数学重音

$\acute{a}$	\acute	$\grave{a}$	\grave	$\ddot{a}$	\ddot	$\tilde{a}$	\tilde
$\bar{a}$	\bar	$\breve{a}$	\breve	$\check{a}$	\check	$\hat{a}$	\hat
$\vec{a}$	\vec	$\dot{a}$	\dot	$\mathring{a}$	\mathring		
$\widetilde{abc}$	\widetilde	$\widehat{abc}$	\widehat				
$\dddot{a}$	\dddot†	$\ddddot{a}$	\ddddot†				
$(abc)\spbreve$	\spbreve	$(abc)\spcheck$	\spcheck	$(abc)\spdot$	\spdot	$(abc)\spddot$	\spddot
$(abc)\spdddot$	\spdddot	$(abc)\sphat$	\sphat	$(abc)\sptilde$	\sptilde		

†需要 amsmath 宏包。

\sp 开头的命令需要 amsxtra 宏包。

一些数学字体包还会提供更多的重音，例如 yhmath[99] 提供了（适合 Computer Modern 字体的）\widetriangle、\wideparen 等命令①：

$\widehat{abc}$	\widetriangle	$\overparen{abc}$	\wideparen

其中的 \wideparen 较为常用，也在其他一些数学字体包，如 MnSymbol[29]、mathdesign[196]、fourier[30] 等，也提供了适合对应字体的 \wideparen 版本。

如果还需要更为特殊的重音符号，可以使用 accents[26] 宏包来生成“伪重音”。accents 宏包重定义了标准 LaTeX 的数学重音机制，同时提供了更一般的命令：\accentset{⟨符号⟩}{⟨内容⟩} 可以在内容上方增加任意符号作为重音，\underaccent{⟨重音命令⟩}{⟨内容⟩} 可以产生在内容下方的特殊重音，而 \undertilde 则是宽重音符号 \widetilde 的下方版本：

4-3-2

```
% \usepackage{accents}
$\accentset{*}{A}$, $\accentset{@}{X}$,
$\underaccent{\check}{a}$,
$\underaccent{\hat}{b}$,
$\undertilde{abc}$
```

$\overset{*}{A}$, $\overset{@}{X}$, $\underset{\vee}{a}$, $\underset{\wedge}{b}$, $\underset{\sim}{abc}$

不过这个宏包有一些兼容性的问题：一是它必须放在 amsmath 的后面，二是如果使用了 fontspec（包括 xeCJK 和 ctex 文档类），则还要给 fontspec 加 [no-math] 选项禁止设置数学字体，才能正常使用。也可以在引入宏包后用 savesym 宏包取消 accents 对原有重音命令的重定义来解决冲突（参见 7.1.2.2 节）。

除了各种字母，LaTeX 还提供了许多数学环境的普通符号（ordinary symbols），见表 4.9。它们产生的数学间距与字母相同，与字母的唯一区别是没有数学字母那么多不同的字体②。普通符号通常是一些字母的变形、一元运算符或者是单纯的图形符号。

表 4.9 中，\imath ($\imath$) 和 \jmath ($\jmath$) 就是不加点的拉丁字母 i 和 j，与正文中一样，它们用在给 i 和 j 加重音的时候，即应该用 $\breve{\imath}$ 而不是 $\breve{i}$，用 $\vec{\jmath}$ 而不是 $\vec{j}$。符号 ℓ 就是小写拉丁字母 l，提供这个符号是为了避免与数字 1 混淆。符号 $\prime$ 正是撇号 $'$ 的非上标形式。符号 $\surd$ 就是没有横线的根号。

此外，还有一些符号可同时用在文本模式和数学模式中（大多用在文本模式中），可以作为表 2.3 的补充，见表 4.10。

① 由于历史原因，yhmath 提供的个别命令有一些缺陷和错误，如结合了 \mathring 与 \wideparen 功能的 \widering，不如直接嵌套 \mathring 与 \wideparen 效果好，又如反向省略号 \adots 的问题（参见 4.2.5 节），再如其 amatrix 环境的定义会导致错误，因此使用时应该小心。

② 事实上，数字字母一般只包括拉丁字母，希腊字母和希伯来字母在 LaTeX 中也是字体固定的普通符号。

表 4.9　数学普通符号

$\hbar$	\hbar	$\imath$	\imath	$\jmath$	\jmath	ℓ	\ell
$\wp$	\wp	$\Re$	\Re	$\Im$	\Im	∂	\partial
∞	\infty	$\prime$	\prime	$\emptyset$	\emptyset	∇	\nabla
$\surd$	\surd	$\top$	\top	$\bot$	\bot	$\angle$	\angle
$\triangle$	\triangle	$\forall$	\forall	$\exists$	\exists	$\neg$	\neg
$\flat$	\flat	$\natural$	\natural	$\sharp$	\sharp	$\clubsuit$	\clubsuit
$\diamondsuit$	\diamondsuit	$\heartsuit$	\heartsuit	$\spadesuit$	\spadesuit	$\backslash$	\backslash†
$\backprime$	\backprime	$\hslash$	\hslash	$\varnothing$	\varnothing	$\vartriangle$	\vartriangle
$\blacktriangle$	\blacktriangle	$\triangledown$	\triangledown	$\blacktriangledown$	\blacktriangledown	$\square$	\square
$\blacksquare$	\blacksquare	$\lozenge$	\lozenge	$\blacklozenge$	\blacklozenge	$\circledS$	\circledS
$\bigstar$	\bigstar	$\sphericalangle$	\sphericalangle	$\measuredangle$	\measuredangle	$\nexists$	\nexists
$\complement$	\complement	$\mho$	\mho	$\eth$	\eth	$\Finv$	\Finv
$\diagup$	\diagup	$\Game$	\Game	$\diagdown$	\diagdown	$\Bbbk$	\Bbbk

从 \backprime 开始是 $\mathcal{AMS}$ 符号。

†\backslash 同时也是长度可变的定界符，并有一个同形的二元运算符 \setminus。

表 4.10　可同时用在文本和数学模式中的符号

#	\#	&	\&	%	\%	$	\$
_	_	{	\{	}	\}		
¶	\P	§	\S	†	\dag	‡	\ddag
©	\copyright	£	\pounds	…	\ldots†		
✓	\checkmark	®	\circledR	✠	\maltese	¥	\yen

最后一行是 $\mathcal{AMS}$ 符号。

{ 和 } 是定界符（括号），参见 4.3.4 节。

†数学省略号参见 4.3.5 节。

现在我们回到数学字体，很多时候我们需要粗体的数学符号（bold math，而不是与正文字体一样的 \mathbf），例如数学中常用粗斜体的字母 $\boldsymbol{a}$ 表示向量，又如我们在章节标题中需要用粗体的“**勾股定理 $\boldsymbol{a^2+b^2=c^2}$**”。传统上，LaTeX 使用 \boldmath 选择粗体数学公式，但要用在数学公式的外面，为了避免影响到后面的内容，通常还要把 \boldmath 与整个公式用单独的分组里面，如用 {\boldmath$a^2$} 输出 $\boldsymbol{a^2}$。

如果要在同一个公式中使用不同粗细的数学符号，\boldmath 的限制将是一场恶梦。amsmath 提供了单参数 \boldsymbol 命令，可以在数学公式中使符号变粗，如用 $\boldsymbol{v} = (0,1)$ 得到 $\boldsymbol{v}=(0,1)$。对于没有粗体形式的符号，用 \pmb 命令可以得到伪粗体的符号[①]，如用 $\pmb\sum$ 可得到 $\pmb{\sum}$。

不过，有时 \boldmath 和 \boldsymbol 并不能正确地找到许多数学符号的粗体，更好的办法是使用 bm 宏包[48] 来选择数学粗体。bm 宏包提供两个简单的单参数命令 \bm 和 \hm，其中 \bm 选择粗体数学符号，\hm 选择更粗的加重体数学符号（heavy math，只有个别数学字体包支持加重体的数学符号）。如果符号的粗体形式不存在，bm 宏包一般会自动选择伪粗体来表示。例如：

4-3-3

```
% \usepackage{bm}
% \hm 的效果需要实际字体支持
\textbf{勾股定理 $\bm{a^2+b^2=c^2}$}
\[  \bm u + \bm v = (1,0) + (0,1)  \]
\[  \hm\int > \bm\int > \int  \]
```

勾股定理 $\boldsymbol{a^2+b^2=c^2}$

$$\boldsymbol{u}+\boldsymbol{v}=(1,0)+(0,1)$$

$$\int > \int > \int$$

为了避免疏忽造成的错误，在 LaTeX 中需要使用粗体数学符号时，通常最好总是使用 bm 宏包的 \bm 完成。少数 bm 找不到对应粗体而又没有使用伪粗体的时候，可以直接使用 amsmath 伪粗体的 \pmb 命令。

数学符号的类型是在数学符号定义时就预先确定的[33、142]，符号的类型又直接决定了不同符号的排版间距。例如 $a+b$ 中加号 $+$ 是二元运算符，因而在加号前后就会产生比普通符号更多的间距。可以通过把数学符号或公式的一部分放在单独的分组里面，把这部分公式看做一个单独的普通符号，使用 \mathord 命令也有同样的效果（通常是多余的），可以用这种方式精细地控制数学间距，如：

① 伪粗体是把符号稍稍错位地连续输出多次得到的，旧方式下 CJK 宏包处理字体贫乏的汉字粗体也常用这种方式。

```
\begin{gather*}
a+b \quad a{+}b \quad a\mathord{+}b \\
\max n \quad {\max} n
  \quad \mathord{\max} n
\end{gather*}
```

$$a+b \quad a{+}b \quad a\mathord{+}b$$
$$\max n \quad {\max} n \quad \mathord{\max} n$$

练 习

4.2 排版公式

$$\mathrm{e}^{\pi\mathrm{i}} + 1 = 0 \tag{4.3}$$

4.3 正确排版这段话：

空集 $\varnothing$ 的基数是 0，自然数集 $\mathbb{N} = \{1, 2, 3, \ldots\}$ 的基数是 $\aleph_0$，则实数集 $\mathbb{R}$ 的基数 $\#\mathbb{R} = \aleph_1 = 2^{\aleph_0}$.

4.4 一个矩阵的转置应该如何表示？是 M'、$\mathbf{M}^T$ 还是 $\boldsymbol{M}^{\mathrm{T}}$，抑或是别的什么记法？说说你的理由。

4.5 $\Re$ 和 $\Im$ 是什么符号？`\partial` 和 `\infty` 是什么意思？试着理解符号表中所有的命令名称，合上书，也不借助编辑器中的符号面板按钮，看看你能否用键盘打出你想要的符号。

4.3.2 数学算子

下面来看数学算子（math operator）。数学算子通常会与前后的符号都有一小段间距，例如函数 $\sin x$ 中的 sin 就与变量 x 分开，$\max\limits_x \min\limits_y f(x, y)$ 的两部分也不会挤在一起。

数学算子分为两种，第一类是类似求和号 $\sum$、积分号 $\int$ 的算子，它们的大小是随显示公式和行内公式变化的，而且通常比一般的数学符号大一些，因而又被称为巨算符（large operator）。

除了表 4.11 中的积分号 `\int`，LaTeX 还提供了一个不能改变大小的小积分号 `\smallint` $\smallint$。

使用其他数学字体包可能会提供更多的巨算符，比如说二维的环路积分 $\oiint$ 或定向积分 $\varointclockwise$，可参见符号表 Pakin [192]，或查看实际文档中使用的数学字体包文档。

注意不要把巨算符和形状相似的其他类型符号混淆，比如大写希腊字母 Σ（`\Sigma`）与求和号 $\sum$（`\sum`），二元逻辑或运算符 $\vee$（`\vee`）与逻辑或巨算符 $\bigvee$

表 4.11　大小可变的运算符（巨算符）

$\sum$ $\textstyle\sum$	\sum	$\prod$ $\textstyle\prod$	\prod	$\coprod$ $\textstyle\coprod$	\coprod
$\int$ $\textstyle\int$	\int	$\oint$ $\textstyle\oint$	\oint		
$\bigcup$ $\textstyle\bigcup$	\bigcup	$\biguplus$ $\textstyle\biguplus$	\biguplus	$\bigsqcup$ $\textstyle\bigsqcup$	\bigsqcup
$\bigvee$ $\textstyle\bigvee$	\bigvee	$\bigwedge$ $\textstyle\bigwedge$	\bigwedge	$\bigcap$ $\textstyle\bigcap$	\bigcap
$\bigodot$ $\textstyle\bigodot$	\bigodot	$\bigoplus$ $\textstyle\bigoplus$	\bigoplus	$\bigotimes$ $\textstyle\bigotimes$	\bigotimes
$\iint$ $\textstyle\iint$	\iint	$\iiint$ $\textstyle\iiint$	\iiint	$\iiiint$ $\textstyle\iiiint$	\iiiint
$\idotsint$ $\textstyle\idotsint$	\idotsint				

最后两行的积分符号需要 amsmath。

(\bigvee)，它们来自数学字体的不同符号，意义、符号大小、产生的间距、上下标的排版方式等都有区别。

数学算子通常都可以带上下标，正如 4.1 节所说，如果不使用 amsmath 的选项修改，在显示公式中，各种积分号的上下标默认都在角标位置，而其他巨算符则在上下方（作为上下限），例如：

4-3-4

```
\[
\mathcal{F}(x) = \sum_{k=0}^\infty
  \oint_0^1 f_k(x,t) \,\mathrm{d}t
\]
```

$$\mathcal{F}(x) = \sum_{k=0}^\infty \oint_0^1 f_k(x,t) \,\mathrm{d}t$$

当然，也可以用 \limits 和 \nolimits 手工控制巨算子的位置为上下限位置还是角标位置，如例 4-3-6 和第 226 页的例 4-2-8。

```
但是，在行内公式中，不要使用形如
$\bigoplus\limits_{j=1}^n P_j$
的上下限，以免上下限与后面的文字
挤在一起，或是造成难看的不均匀行距。
```

但是，在行内公式中，不要使用形如 $\bigoplus\limits_{j=1}^n P_j$ 的上下限，以免上下限与后面的文字挤在一起，或是造成难看的不均匀行距。

注意积分式的写法，积分式中的微元 dt 里面，微分算子 d 应该使用直立罗马体，后面的变量则仍是默认的意大利体，并且用 \, 与前面的被积函数分开：

```
\[ \int f(x) \,\mathrm{d} x \]
```

$$\int f(x)\,\mathrm{d}x$$

4-3-5

虽然在数学上微分算子 d 也是一个数学算子，但因为它太短了，在排版时并不像其他数学算子一样要在 d 与变元之间添加间距。不过微元与被积函数、多个微分变元之间，仍然需要留有间距：

```
\newcommand\diff{\,\mathrm{d}}
\[ \iiint\limits_{0<x,y,z<1} f(x,y,z)
  \diff x \diff y \diff z \]
```

$$\iiint\limits_{0<x,y,z<1} f(x,y,z)\,\mathrm{d}x\,\mathrm{d}y\,\mathrm{d}z$$

4-3-6

事实上，这类只有一个字符的数学算子，一般都只作为一个普通数学符号排版，我们在 4.3.1 节见到的 Laplace 算子 Δ（大写希腊字母 `\Delta`，也可以用 $\triangle$ `\triangle`）、偏微分算子 ∂（`\partial`）、梯度算子 ∇（`\nabla`）等都是主要作为没有额外间距的单字符算子使用的。

第二类数学算子是文字名称的算子，它们用直立的罗马体排印，如 $\log x$, $\lim f(t)$ 中的 log 和 lim。前者是不带上下限的“纯”算子，一般就是常用的数学函数（见表 4.12）；后者是可以带有上下限的数学算子，用法与求和、积分号类似（见表 4.13）。

表 4.12　不带上下限的数学算子名

log	`\log`	lg	`\lg`	ln	`\ln`	sin	`\sin`	arcsin	`\arcsin`
cos	`\cos`	arccos	`\arccos`	tan	`\tan`	arctan	`\arctan`	cot	`\cot`
sinh	`\sinh`	cosh	`\cosh`	tanh	`\tanh`	coth	`\coth`	sec	`\sec`
csc	`\csc`	arg	`\arg`	ker	`\ker`	dim	`\dim`	hom	`\hom`
exp	`\exp`	deg	`\deg`						

不带上下限的函数式算子，其上标是角标形式，后面的数学参数（并非 LaTeX 宏参数）如果不止一项，应该带上括号：

```
$ \cos 2x = \cos(x+x)
= \cos^2 x - \sin^2 x $
```

$\cos 2x = \cos(x+x) = \cos^2 x - \sin^2 x$

4-3-7

带上下限的数学算子使用起来与巨算符相似[①]：

① 这里 `\to` 就是右箭头符号 $\to$ 的命令，参见 4.3.3 节。

表 4.13 带上下限的数学算子名

$\lim$	\lim	$\limsup$	\limsup	$\liminf$	\liminf	$\max$	\max
$\min$	\min	$\sup$	\sup	$\inf$	\inf	$\det$	\det
$\Pr$	\Pr	$\gcd$	\gcd				
$\varliminf$	\varliminf	$\varlimsup$	\varlimsup	$\injlim$	\injlim	$\projlim$	\projlim
$\varinjlim$	\varinjlim	$\varprojlim$	\varprojlim				

后两行需要 amsmath 宏包。

4-3-8

```
\begin{equation}
  \varlimsup_{k\to\infty} A_k = \lim_{J\to\infty} \lim_{K\to\infty}
    \bigcap_{j=1}^J \bigcup_{k=j}^K A_k
\end{equation}
```

$$\varlimsup_{k\to\infty} A_k = \lim_{J\to\infty} \lim_{K\to\infty} \bigcap_{j=1}^J \bigcup_{k=j}^K A_k \tag{4.4}$$

尽管 LaTeX 已经预定义了许多算子名，实际中仍不免捉襟见肘。因而 amsmath 提供了 \DeclareMathOperator 命令来声明新的算子名，其用法与 \newcommand 相似。如果使用带星号的 \DeclareMathOperator* 命令，则可以声明带上下限的数学算子。这两个命令都只用于导言区：

4-3-9

```
% 导言区 \usepackage{amsmath}
\DeclareMathOperator{\card}{card}          % 集合基数
\DeclareMathOperator*{\esssup}{ess\,sup}  % 本性上确界
```

如果只是在一两个公式中临时使用，也可以不专门定义命令，而是使用 \operatorname {⟨内容⟩} 来表示。带星的 \operatorname* 则是上下限形式的上下标。例如：

4-3-10

```
\[  \operatorname*{Prob}_{\{1,\ldots,n\}}
  (\bar X) =
\operatorname{card}(\varnothing)/n = 0. \]
```

$$\operatorname*{Prob}_{\{1,\ldots,n\}} (\bar X) = \operatorname{card}(\varnothing)/n = 0.$$

可以使用 \mathop 命令来让 TeX 将其参数看做是数学算子。例如，也可以使用 $\mathop{\mathrm{sin}} x$ 来代替 $\sin x$ 得到 $\sin x$，实际上 \operatorname 等命令的定义就离不开 \mathop。下面这个例子可以解释如何综合使用 \mathord 和 \mathop 连续改变符号的类型，以实现 \sideset 的功能：

```
% 用原始命令实现 \sideset 的功能
\[ \mathop{\mathord{\sum}'}
\limits_{i=1}^n A_n \]
```

$$\mathop{\mathord{\sum}'}\limits_{i=1}^n A_n$$

不过在可能的时候，应该还是使用 \operatorname、\sideset 这类高级的命令。

我们现在来改进部分单字符数学算子的排版。前面我们在排版积分微元 $\mathrm{d}x$ 时，经常需要在前面手工加上 \, 表示间距，但如果要排版 $\frac{\mathrm{d}x}{\mathrm{d}t}$ 这种分式，又不应该加上间距了。如果要给微分算子 d 定义一个命令 \dif，能否让它在不同的情况下都产生正确的间距呢？下面的定义可以解决这个问题：

```
% 导言区 \DeclareMathOperator\dif{d\!}
\[
\int_0^1 \int_0^1 f(x,y) \int_0^1 \frac{\dif z}{g(x,y,z)} \dif x\dif y
\]
```

4-3-11

$$\int_0^1 \int_0^1 f(x,y) \int_0^1 \frac{\mathrm{d}z}{g(x,y,z)} \,\mathrm{d}x\,\mathrm{d}y$$

这个定义来自 commath 宏包[197]，它利用 \DeclareMathOperator 定义算子保证微分算子前面的间距，同时用 \! 去掉了后面的间距，以符合习惯。

此外，关于取模和同余的符号 mod，LaTeX 与 amsmath 还专门定义一组命令，它们不是数学算子，但效果和用法与数学算子类似。基本 LaTeX 提供了取模的二元运算符 \bmod 和单参数命令 \pmod，amsmath 补充了两个单参数命令 \mod 和 \pod。除 \bmod 外，另外三个命令都会在前面增加一段较大的间距，它们的用法示例如下：

$r = m \bmod n$	`r = m \bmod n`
$x\equiv y \pmod b$	`x\equiv y \pmod b`
$x\equiv y \mod c$	`x\equiv y \mod c`
$x\equiv y \pod d$	`x\equiv y \pod d`

练 习

4.6 排版 Gauss-Bonnet 公式：

$$\oint_C \kappa_g \,\mathrm{d}s + \iint_D K \,\mathrm{d}\sigma = 2\pi - \sum_{i=1}^n \alpha_i . \tag{4.5}$$

4.7 排版离散分布随机变量的方差公式，注意概率、期望和方差几个数学算子：

$$\operatorname{Var}(X) = \operatorname{E}(X-\mu)^2 = \sum_{j=1}^{\infty}(x_j-\mu)^2 \Pr(X=x_j), \qquad \text{其中 } \mu = \operatorname{E}X. \tag{4.6}$$

4.8 排版 Fourier 积分公式：

$$\lim_{N\to+\infty}\frac{1}{2\pi}\int_{-N}^{N}\hat{f}(\lambda)\mathrm{e}^{\mathrm{i}\lambda x}\,\mathrm{d}\lambda = f(x). \tag{4.7}$$

4.3.3 二元运算符与关系符

二元运算符与关系符都是用在公式中间，在符号的两边留有一定间距。运算符的间距小一些，关系符的间距略大一些。尽管二者的差别非常小①，肉眼基本不能区分，不过，类型的差别可以帮助 TeX 区分公式的不同情况，好像 TeX 理解公式一样，例如等式 `$0-2=-2$` 即

$$0-2=-2$$

左边的减号和右边的负号与数字 2 间距的就不一样，因为左边的减号两边都是普通符号，而右边的减号左边是一个关系符。当然，在大多数情况下，我们并不需要关心这些细节，LaTeX 会自动处理好一切。

二元运算符和关系符还有一个共同点，就是当 TeX 需要在行内公式中断行时，可以（而且也只能）在它们后面断开。因此我们可以随意地写 $1+2+3+4+5+6+7+8+9+10+11+12+13+14+15+16+17+18+19+20+21+22+23+24+25+26+27+28+29+30=465$，而不必担心公式太长的问题。

能从键盘上直接输入的二元运算符有加号 $+$、减号 $-$ 和星号 $*$。不过斜线形式的除号 / 并不是二元运算符，只是普通符号②，因为即使它表示除法也不额外增加间距。表示差集的符号 `\setminus` 与普通符号 `\backslash` 是同一个字符，但类型不同，因而会产生不同的间距，对比下面的例子：

4-3-12

```
群 $G$ 的 $(H,K)$-双陪集为
$H\backslash G/K$。

$S\cup T = (S\cap T)\cup (S\setminus T)$
```

群 G 的 (H,K)-双陪集为
$H\backslash G/K$。
$S\cup T = (S\cap T)\cup(S\setminus T)$

① 确切地说，只有 1/18 个 em 宽。
② 同时也是可变长的定界符。

表 4.14　LaTeX 中的二元运算符

$\triangleleft$	\triangleleft			$\triangleright$	\triangleright		
$\bigtriangleup$	\bigtriangleup			$\bigtriangledown$	\bigtriangledown		
$\wedge$	\wedge 或 \land	$\vee$	\vee 或 \lor	$\cap$	\cap	$\cup$	\cup
$\ddagger$	\ddagger	$\dagger$	\dagger	$\sqcap$	\sqcap	$\sqcup$	\sqcup
$\uplus$	\uplus	$\amalg$	\amalg	$\diamond$	\diamond	$\bullet$	\bullet
$\wr$	\wr	$\div$	\div	$\odot$	\odot	$\oslash$	\oslash
$\otimes$	\otimes	$\oplus$	\oplus	$\mp$	\mp	$\pm$	\pm
$\circ$	\circ	$\bigcirc$	\bigcirc	$\setminus$	\setminus	$\cdot$	\cdot
$\ast$	\ast 或 *	$\times$	\times	$\star$	\star		

表 4.15　AMS 二元运算符

$\dotplus$	\dotplus	$\smallsetminus$	\smallsetminus	$\intercal$	\intercal
$\Cap$	\Cap 或 \doublecap	$\Cup$	\Cup 或 \doublecup		
$\barwedge$	\barwedge	$\veebar$	\veebar	$\doublebarwedge$	\doublebarwedge
$\boxminus$	\boxminus	$\boxdot$	\boxdot	$\boxplus$	\boxplus
$\ltimes$	\ltimes	$\rtimes$	\rtimes	$\divideontimes$	\divideontimes
$\leftthreetimes$	\leftthreetimes	$\rightthreetimes$	\rightthreetimes		
$\curlywedge$	\curlywedge	$\curlyvee$	\curlyvee	$\centerdot$	\centerdot
$\circleddash$	\circleddash	$\circledast$	\circledast	$\circledcirc$	\circledcirc
$\lhd$	\lhd	$\unlhd$	\unlhd		
$\rhd$	\rhd	$\unrhd$	\unrhd		

二元关系符是 LaTeX 中数量最为庞大的一类数学符号：除了有普通的二元关系符及它们的否定形式外，关系符中各种箭头通常也单独列为一类，标准字体加上 AMS 字符，加起来大约有 200 个符号。

从键盘上可以直接输入的二元关系符有等号 =，大于号 >，小于号 < 和表示集合的关系符号 :。这里应注意在数学环境中由键盘上的冒号得到的是一个二元关系符，与其两边的内容间距相等，这与间距不均匀的数学标点 \colon 不同（参见 4.3.5 节），例如：

```
\[  \{ x \in \mathbb{N} : f(x) = 0 \}  \]
```

$$\{x \in \mathbb{N} : f(x) = 0\}$$

4-3-13

一般地，二元关系符的否定可以在关系符前加 \not 命令得到，如 $s\not\in T$ 就得到 $s \not\in T$。此外，LaTeX 也为很多二元关系符的否定形式单独定义了命令，单独定义的命令有时会使用单独的字体符号，比直接用 \not 得到的效果更好，如 $s\notin T$ 得到的 $s \notin T$，斜线的位置更合理一些。因此，在使用否定二元关系符时，应该尽量使用单独的符号命令；在没有单独的符号时，才使用 \not 组合符号。

表 4.16 二元关系符及其否定形式

$=$	=	$\neq$	\neq 或 \ne	$:$	:		
$<$	<	$\nless$	\nless†	$>$	>	$\ngtr$	\ngtr†
$\leq$	\leq 或 \le	$\nleq$	\nleq†	$\geq$	\geq 或 \ge	$\ngeq$	\ngeq†
$\in$	\in	$\notin$	\notin	$\ni$	\ni 或 \owns		
$\ll$	\ll			$\gg$	\gg		
$\prec$	\prec	$\nprec$	\nprec†	$\succ$	\succ	$\nsucc$	\nsucc†
$\preceq$	\preceq	$\npreceq$	\npreceq†	$\succeq$	\succeq	$\nsucceq$	\nsucceq†
		$\precneqq$	\precneqq†			$\succneqq$	\succneqq
$\sim$	\sim	$\nsim$	\nsim†	$\approx$	\approx		
$\simeq$	\simeq			$\cong$	\cong	$\ncong$	\ncong†
$\equiv$	\equiv			$\doteq$	\doteq		
$\subset$	\subset			$\supset$	\supset		
$\subseteq$	\subseteq	$\nsubseteq$	\nsubseteq†	$\supseteq$	\supseteq	$\nsupseteq$	\nsupseteq†
$\subsetneq$	\subsetneq†	$\varsubsetneq$	\varsubsetneq†	$\supsetneq$	\supsetneq†	$\varsupsetneq$	\varsupsetneq†
$\smile$	\smile			$\frown$	\frown		
$\perp$	\perp			$\models$	\models		
$\mid$	\mid	$\nmid$	\nmid†	$\parallel$	\parallel	$\nparallel$	\nparallel†
$\vdash$	\vdash	$\nvdash$	\nvdash†	$\dashv$	\dashv		
$\propto$	\propto			$\asymp$	\asymp		
$\bowtie$	\bowtie	$\Join$	\Join†				

†AMS 符号。

表 4.17　$\mathcal{AMS}$ 二元关系符及其否定形式

$\leqq$ `\leqq`	$\nleqq$ `\nleqq`	$\geqq$ `\geqq`	$\ngeqq$ `\ngeqq`
$\lneqq$ `\lneqq`	$\lvertneqq$ `\lvertneqq`	$\gneqq$ `\gneqq`	$\gvertneqq$ `\gvertneqq`
$\leqslant$ `\leqslant`	$\nleqslant$ `\nleqslant`	$\geqslant$ `\geqslant`	$\ngeqslant$ `\ngeqslant`
	$\lneq$ `\lneq`		$\gneq$ `\gneq`
$\lesssim$ `\lesssim`	$\lnsim$ `\lnsim`	$\gtrsim$ `\gtrsim`	$\gnsim$ `\gnsim`
$\lessapprox$ `\lessapprox`	$\lnapprox$ `\lnapprox`	$\gtrapprox$ `\gtrapprox`	$\gnapprox$ `\gnapprox`
$\precsim$ `\precsim`	$\precnsim$ `\precnsim`	$\succsim$ `\succsim`	$\succnsim$ `\succnsim`
$\precapprox$ `\precapprox`	$\precnapprox$ `\precnapprox`	$\succapprox$ `\succapprox`	$\succnapprox$ `\succnapprox`
$\subseteqq$ `\subseteqq`	$\nsubseteqq$ `\nsubseteqq`	$\supseteqq$ `\supseteqq`	$\nsupseteqq$ `\nsupseteqq`
$\subsetneqq$ `\subsetneqq`	$\varsubsetneqq$ `\varsubsetneqq`	$\supsetneqq$ `\supsetneqq`	$\varsupsetneqq$ `\varsupsetneqq`
$\vartriangleleft$ `\vartriangleleft`	$\ntriangleleft$ `\ntriangleleft`	$\vartriangleright$ `\vartriangleright`	$\ntriangleright$ `\ntriangleright`
$\trianglelefteq$ `\trianglelefteq`	$\ntrianglelefteq$ `\ntrianglelefteq`	$\trianglerighteq$ `\trianglerighteq`	$\ntrianglerighteq$ `\ntrianglerighteq`
$\shortmid$ `\shortmid`	$\nshortmid$ `\nshortmid`	$\shortparallel$ `\shortparallel`	$\nshortparallel$ `\nshortparallel`
$\vDash$ `\vDash`	$\nvDash$ `\nvDash`	$\Vdash$ `\Vdash`	$\nVdash$ `\nVdash`
$\Vvdash$ `\Vvdash`			$\nVDash$ `\nVDash`

表 4.18　没有否定形式的 $\mathcal{AMS}$ 二元关系符

$\eqslantless$ `\eqslantless`	$\eqslantgtr$ `\eqslantgtr`	$\approxeq$ `\approxeq`	
$\lessdot$ `\lessdot`	$\gtrdot$ `\gtrdot`	$\lll$ `\lll`	$\ggg$ `\ggg`
$\lessgtr$ `\lessgtr`	$\gtrless$ `\gtrless`	$\lesseqgtr$ `\lesseqgtr`	$\gtreqless$ `\gtreqless`
$\lesseqqgtr$ `\lesseqqgtr`	$\gtreqqless$ `\gtreqqless`	$\doteqdot$ `\doteqdot`	$\triangleq$ `\triangleq`
$\eqcirc$ `\eqcirc`	$\circeq$ `\circeq`	$\risingdotseq$ `\risingdotseq`	$\fallingdotseq$ `\fallingdotseq`
$\backsim$ `\backsim`	$\thicksim$ `\thicksim`	$\backsimeq$ `\backsimeq`	$\thickapprox$ `\thickapprox`
$\preccurlyeq$ `\preccurlyeq`	$\succcurlyeq$ `\succcurlyeq`	$\sqsubseteq$ `\sqsubseteq`	$\sqsupseteq$ `\sqsupseteq`
$\sqsubset$ `\sqsubset`	$\sqsupset$ `\sqsupset`	$\Subset$ `\Subset`	$\Supset$ `\Supset`
$\smallsmile$ `\smallsmile`	$\smallfrown$ `\smallfrown`	$\bumpeq$ `\bumpeq`	$\Bumpeq$ `\Bumpeq`
$\between$ `\between`	$\pitchfork$ `\pitchfork`	$\varpropto$ `\varpropto`	$\backepsilon$ `\backepsilon`
$\blacktriangleleft$ `\blacktriangleleft`	$\blacktriangleright$ `\blacktriangleright`	$\therefore$ `\therefore`	$\because$ `\because`

表 4.19 LaTeX 箭头符号

$\leftarrow$	\leftarrow 或 \gets	$\nleftarrow$	\nleftarrow†
$\rightarrow$	\rightarrow 或 \to	$\nrightarrow$	\nrightarrow†
$\Leftarrow$	\Leftarrow	$\nLeftarrow$	\nLeftarrow†
$\Rightarrow$	\Rightarrow	$\nRightarrow$	\nRightarrow
$\leftrightarrow$	\leftrightarrow	$\nleftrightarrow$	\nleftrightarrow†
$\Leftrightarrow$	\Leftrightarrow	$\nLeftrightarrow$	\nLeftrightarrow†
$\longleftarrow$	\longleftarrow	$\longrightarrow$	\longrightarrow
$\Longleftarrow$	\Longleftarrow	$\Longrightarrow$	\Longrightarrow
$\longleftrightarrow$	\longleftrightarrow	$\Longleftrightarrow$	\Longleftrightarrow
$\mapsto$	\mapsto	$\longmapsto$	\longmapsto
$\hookleftarrow$	\hookleftarrow	$\hookrightarrow$	\hookrightarrow
$\leftharpoonup$	\leftharpoonup	$\rightharpoonup$	\rightharpoonup
$\leftharpoondown$	\leftharpoondown	$\rightharpoondown$	\rightharpoondown
$\rightleftharpoons$	\rightleftharpoons		
$\nearrow$	\nearrow	$\searrow$	\searrow
$\swarrow$	\swarrow	$\nwarrow$	\nwarrow
$\uparrow$	\uparrow	$\Uparrow$	\Uparrow
$\downarrow$	\downarrow	$\Downarrow$	\Downarrow
$\updownarrow$	\updownarrow	$\Updownarrow$	\Updownarrow

最后三行垂直的箭头同时也是可延长的定界符。

† AMS 否定箭头。

有时需要在关系符上方添加额外的说明字符，比如表示定义的等号，除了可以用 AMS 符号 $\triangleq$，也可以在等号上面添加一个字母 d，即 $\stackrel{\text{d}}{=}$。可以用 \stackrel 命令得到这种在关系符上堆叠符号的效果，如：

4-3-14

```
\newcommand\defeq{\stackrel{\text{d}}{=}}
$f(x) \defeq ax^2+bx+c$
```

$f(x) \stackrel{\text{d}}{=} ax^2 + bx + c$

不过，当添加的说明太长时，普通的等号、箭头就不够用了。为此，amsmath 提供了可延长的箭头命令 \xleftarrow 和 \xrightarrow，可以在其上下方添加说明，命令参数是上方的说明，可选参数是下方的说明，如：

表 4.20　$\mathcal{AMS}$ 箭头符号

符号	命令	符号	命令
$\leftleftarrows$	\leftleftarrows	$\rightrightarrows$	\rightrightarrows
$\leftrightarrows$	\leftrightarrows	$\rightleftarrows$	\rightleftarrows
$\Lleftarrow$	\Lleftarrow	$\Rrightarrow$	\Rrightarrow
$\twoheadleftarrow$	\twoheadleftarrow	$\twoheadrightarrow$	\twoheadrightarrow
$\leftarrowtail$	\leftarrowtail	$\rightarrowtail$	\rightarrowtail
$\looparrowleft$	\looparrowleft	$\looparrowright$	\looparrowright
$\leftrightharpoons$	\leftrightharpoons	$\rightleftharpoons$	\rightleftharpoons（重定义）
$\curvearrowleft$	\curvearrowleft	$\curvearrowright$	\curvearrowright
$\circlearrowleft$	\circlearrowleft	$\circlearrowright$	\circlearrowright
$\Lsh$	\Lsh	$\Rsh$	\Rsh
$\upuparrows$	\upuparrows	$\downdownarrows$	\downdownarrows
$\upharpoonleft$	\upharpoonleft	$\upharpoonright$	\upharpoonright 或 \restriction
$\downharpoonleft$	\downharpoonleft	$\downharpoonright$	\downharpoonright
$\multimap$	\multimap	$\rightsquigarrow$	\rightsquigarrow
$\leftrightsquigarrow$	\leftrightsquigarrow	$\leadsto$	\leadsto

```
\[ A  \xleftarrow{0<x<1} B
  \xrightarrow[x\leq 0]{x\geq 1} C  \]
```

$$A \xleftarrow{0<x<1} B \xrightarrow[x\leq 0]{x\geq 1} C$$

4-3-15

extarrows 宏包使用同样的语法，将可延长的箭头扩充到了其他符号（见表 4.21）。

比这类可延长箭头更为复杂的带箭头公式，特别是交换图表的输入，参见 5.5.1 节“XY-pic 与交换图表”。

LaTeX 定义了几个逻辑符号命令：\iff, \implies, \impliedby，它们的符号与一般的箭头相同，但间距比一般的运算符和关系符大一些，意义更为明显。amsmath 还定义了 \And 命令，也可用于逻辑表达式，如：

```
$x=y \implies x+a=y+a$ \\
$x=y \impliedby x+a=y+a$ \\
$x=y \iff x\le y \And x\ge y$
```

$x=y \implies x+a=y+a$
$x=y \impliedby x+a=y+a$
$x=y \iff x\le y \And x\ge y$

4-3-16

命令 \mathbin 和 \mathrel 分别用来将其参数看做是二元运算符和二元关系符。例如，$\mathcal{AMS}$ 符号 $\heartsuit$ 本来只是普通符号，但可以通过临时转换类型排版下面的效果：

表 4.21 可延长的箭头符号

\xleftarrow	$A \xleftarrow[xyz]{a+b+c} Z$	\xrightarrow	$A \xrightarrow[xyz]{a+b+c} Z$
\xlongleftarrow	$A \xlongleftarrow[xyz]{a+b+c} Z$	\xlongrightarrow	$A \xlongrightarrow[xyz]{a+b+c} Z$
\xLongleftarrow	$A \xLongleftarrow[xyz]{a+b+c} Z$	\xLongrightarrow	$A \xLongrightarrow[xyz]{a+b+c} Z$
\xleftrightarrow	$A \xleftrightarrow[xyz]{a+b+c} Z$	\xLeftrightarrow	$A \xLeftrightarrow[xyz]{a+b+c} Z$
\xlongleftrightarrow	$A \xlongleftrightarrow[xyz]{a+b+c} Z$	\xLongleftrightarrow	$A \xLongleftrightarrow[xyz]{a+b+c} Z$
\xlongequal	$A \xlongequal[xyz]{a+b+c} Z$		

前两个由 amsmath 宏包提供，其余由 extarrows 提供。
在上下方内容很短时，带 long 或 Long 的命令比不带的更长一些。

4-3-17

```
运算 $\heartsuit$ 的交换律：
\[  a \mathbin{\heartsuit} b =
b \mathbin{\heartsuit} a  \]
```

运算 ♡ 的交换律：

$$a \mathbin{\heartsuit} b = b \mathbin{\heartsuit} a$$

当然，更常见的用途是用它们制作新的符号：

4-3-18

```
\newcommand\varnotin{%
  \mathrel{\overline{\in}}}
$\forall x$, $\forall S$, $x\varnotin S$.
```

$\forall x$, $\forall S$, $x \mathrel{\overline{\in}} S$.

4.3.4 括号与定界符

数学公式离不开括号的使用。括号种类大致有圆括号 ()、方括号 []、花括号 {}、尖括号 ⟨⟩ 等等。在 TEX 中，各色括号被分为开符号和闭符号，毫无疑问，左边的括号是开符号，右边的括号是闭符号。通常开符号左边比右边留有更大的间距，闭符号与之相反。

除了表 4.22、表 4.23 中列出的命令，amsmath 还定义了 \lvert、\rvert 和 \lVert、\rVert 分别作为 \vert 和 \Vert 对应的开符号和闭符号的命令。在表示范数、绝对值之类的概念时，它们比单纯的 | 和 \| 更为明确，还可以自定义命令进一步简化代码：

```
\newcommand*\abs[1]{\lvert#1\rvert}
$\abs{x+y} \le \abs{x} + \abs{y}$
```

$|x+y| \le |x| + |y|$

4-3-19

表 4.22　LaTeX 的括号定界符

开符号		闭符号		说明
$($	`(`	$)$	`)`	圆括号
$[$	`[`	$]$	`]`	方括号
$\{$	`\lbrace` 或 `\{`	$\}$	`\rbrace` 或 `\}`	花括号
$\langle$	`\langle`	$\rangle$	`\rangle`	尖括号，明确指定类型时可用 $<$ 和 $>$
$\lfloor$	`\lfloor`	$\rfloor$	`\rfloor`	向下取整
$\lceil$	`\lceil`	$\rceil$	`\rceil`	向上取整

表 4.23　LaTeX 的非括号定界符

$/$	`/`	$\vert$	`\vert` 或 `|`	$\uparrow$	`\uparrow`	$\downarrow$	`\downarrow`	$\updownarrow$	`\updownarrow`
$\backslash$	`\backslash`	$\Vert$	`\Vert` 或 `\\|`	$\Uparrow$	`\Uparrow`	$\Downarrow$	`\Downarrow`	$\Updownarrow$	`\Updownarrow`

前两列原为普通符号，后三列原为二元关系符。

在 TeX 中的一个更为广泛的概念是数学公式中的定界符（delimiter），定界符通常就是公式两侧的括号，但也有时表示其他符号（如 $f'(x)|_{x=0}$ 中的竖线）。定界符有一个特别有用的性质，就是它可以按需要改变大小：

$$\Biggl(\biggl(\Bigl(\bigl(((\,))\bigr)\Bigr)\biggr)\Biggr) \qquad \Biggl\{\biggl\{\Bigl\{\bigl\{\{\{\,\}\}\bigr\}\Bigr\}\biggr\}\Biggr\}$$

这种可变大小的定界符主要是使用 `\left` 和 `\right` 命令得到的，它们分别把作为其参数的定界符转换为开符号和闭符号，同时使定界符可以按中间内容的高度自动调节大小，如：

```
\[
\partial_x \partial_y \left[
\frac12 \left( x^2+y^2 \right)^2 + xy
\right]
\]
```

$$\partial_x \partial_y \left[\frac12 \left(x^2+y^2 \right)^2 + xy \right]$$

4-3-20

\left 和 \right 命令必须在同一行配对，但用来配对的定界符并不需要与原来的是同一种括号，甚至可以使用一个句号 . 表示空的定界符，如：

4-3-21

```
\[  \left.
\int_0^x f(t,\lambda) \,\mathrm{d}t
   \right|_{x=1}, \qquad
\lambda \in
  \left[\frac12,\infty\right).  \]
```

$$\left.\int_0^x f(t,\lambda)\,\mathrm{d}t\right|_{x=1}, \qquad \lambda \in \left[\frac12,\infty\right).$$

除了 \left 和 \right，还有一个 \middle 命令[①]，它可以在 \left 和 \right 的中间再加一个定界符，如：

4-3-22

```
\[
  \Pr \left( X>\frac12
  \middle\vert Y=0 \right)
= \left.
  \int_0^1 p(t)\,\mathrm{d}t
  \middle/ ( N^2+1 ) \right.
\]
```

$$\Pr\left(X>\frac12 \middle\vert Y=0\right) = \left.\int_0^1 p(t)\,\mathrm{d}t \middle/ (N^2+1)\right.$$

TEX 并不总能自动得到合适的定界符大小，也可以使用命令进行手工调整。\big, \Big, \bigg, \Bigg 分别用于将定界符放大到不同的尺寸（见表 4.24）。更常用的是在其后增加 l, r 和 m 的命令，分别表示将定界符作为开符号、闭符号和中间的二元关系符，例如：

4-3-23

```
\[
\biggl( \sum_{i=1}^n A_i \biggr) \cdot
\biggl( \sum_{i=1}^n B_i \biggr) > 0
\]
```

$$\biggl(\sum_{i=1}^n A_i\biggr)\cdot\biggl(\sum_{i=1}^n B_i\biggr) > 0$$

4-3-24

```
$ 1 + \Bigl(2 - \bigl(3 \times
  (4 \div 5) \bigr) \Bigr) $
```

$1 + \Bigl(2 - \bigl(3 \times (4 \div 5)\bigr)\Bigr)$

① 这个命令是 ε-TEX 扩展命令，不过现在几乎所有 TEX 引擎都支持 ε-TEX 扩展，可以放心使用。

表 4.24　手工调整定界符的大小

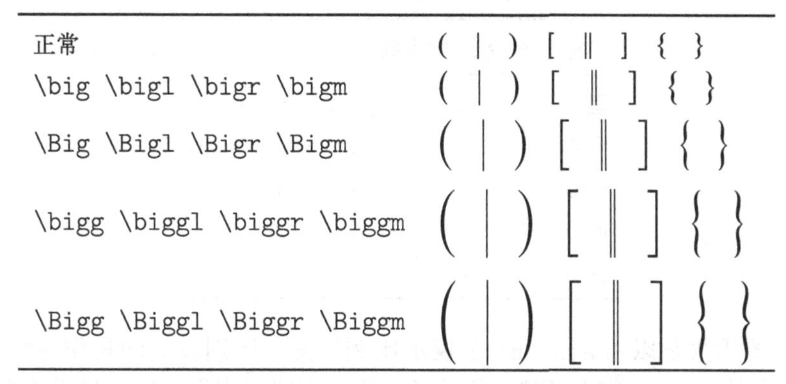

正常	(|) [‖] { }
\big \bigl \bigr \bigm	$\big(\big| \big) \big[\big\| \big] \big\{ \big\}$
\Big \Bigl \Bigr \Bigm	$\Big(\Big| \Big) \Big[\Big\| \Big] \Big\{ \Big\}$
\bigg \biggl \biggr \biggm	$\bigg(\bigg| \bigg) \bigg[\bigg\| \bigg] \bigg\{ \bigg\}$
\Bigg \Biggl \Biggr \Biggm	$\Bigg(\Bigg| \Bigg) \Bigg[\Bigg\| \Bigg] \Bigg\{ \Bigg\}$

定界符 $\langle\,\rangle$ 通常用 \langle 和 \rangle 得到，不过当使用 \left, \right 或 \bigl, \biggr 等命令时，也可以简单地用 < 和 > 输入，如：

```
\[  P = \biggl< \frac12 \biggr>, \qquad
M = \left< \begin{matrix}
  a & b \\ c & d \\
\end{matrix}\right>  \]
```

$$P = \biggl< \frac12 \biggr>, \qquad M = \left< \begin{matrix} a & b \\ c & d \end{matrix}\right>$$

4-3-25

命令 \mathopen 和 \mathclose 可以将其参数设置为开符号和闭符号，不过用途很少。声明新的可变大小的定界符需要数学字体的支持，可参见 Braams et al. [33]、LaTeX3 Project Team [142]。

4.3.5　标点

最后一类符号是数学标点，逗号就是其中的典型，它在前面一般不留间距，后面则留有小的间距。比之丰富的其他符号，数学标点只有寥寥几个①，见表 4.25。

键盘上的圆点 . 在数学公式中是普通符号，通常表示小数点。不过在显示公式的末尾也经常用它表示句号，在行末无须为后面的间距问题困扰。

还需要特别说明的是冒号。直接从键盘上输入 : 得到的是二元关系符，因此可以直接用 `$f(x):=x^2$` 得到 $f(x) := x^2$，而无须作特别的处理（两个关系符在一起，中间没有间距），或者用它代替竖线表示集合关系，如 `$\{x : x>0\}$` 得到 $\{x : x > 0\}$；由于关系符和二元运算符十分接近，也可以用它表示比例，如：

```
$a:b = ac:bc$
```

$a : b = ac : bc$

4-3-26

① 为了得到稍大的间距，叹号和问号实际被定义为闭符号，但仍然作为标点符号使用，它们也不是可变大小的定界符。

表 4.25 数学标点符号

名称	命令	示例
逗号	,	$f(x,y,z) = x + y + z$
分号	;	$P(a;m,n) = P(b;m,n)$
叹号	!	$\mathrm{P}_n^m = n!/(n-m)!$
问号	?	$x^2 = 1, x = \pm 1?$
冒号	\colon	$f\colon x \mapsto x^2$

不过更准确的用法是以 \mathbin{:} 表示比例计算。区别较大的是作为标点的冒号，作为数学标点的 \colon 则在两侧有不同的间距，不能误用为 : 这个二元关系符，如：

4-3-27

```
\[  \Pr(x\colon g(x)>5) = 0.25,
  \qquad g\colon x \mapsto x^2  \]
```

$$\Pr(x\colon g(x)>5) = 0.25, \qquad g\colon x \mapsto x^2$$

行内公式中，数学标点后面不允许断行这一事实有时可能会使人困惑。诚然，没有人希望在 $f(x,y,z)$ 的中间断行，不过如果是输入 a_1, a_2, a_3, a_4 这样的列表，又希望它可以断行，则应该把每一项放在单独的数学环境中，以文本模式的空格隔开，写成 `$a_1$,␣$a_2$,␣$a_3$,␣$a_4$`。这里如果需要 $1, 2, \ldots$ 这样的省略号，可以用 `$1$,␣$2$,\,\ldots` 的方式输入。

可以使用 \mathpunct 命令把一个符号看做数学标点。事实上，\colon 命令的定义就相当于 \mathpunct{:}。类似地也有数学标点类型的数学句号 \ldotp，不过很少使用。

表 4.26 数学省略号

$\ldots$	\ldots	$\cdots$	\cdots	$\vdots$	\vdots	$\ddots$	\ddots	⋰	\iddots
$\dots$	\dotsc	$\cdots$	\dotsb	$\cdots$	\dotsm	$\cdots$	\dotsi	$\dots$	\dotso

在 amsmath 下，\ldots 和 \cdots 在大多数情况下可直接使用 \dots 得到。
\iddots 需要 mathdots 宏包。下面一行是 amsmath 提供的细化用途的省略号。

省略号并不属于 TEX 的数学标点类型，但确是公式中常用的标点符号（见表 4.26）。在数学公式中，水平的省略号有两种，一是圆点在基线位置的 \ldots（$\ldots$），二是圆点在中间位置的 \cdots（$\cdots$）。位置较低的 \ldots 主要用在逗号之间，如 $(1,\ldots,n)$。位置在中间的 \cdots 则用在二元运算符、关系符之间，如 $1+\cdots+n$；或者表示没有乘号的连乘积，如 $a_1\cdots a_n$；或者连接多个积分号，如 $\int_0^1\cdots\int_0^1$。大体的原则是省略号与前后的符号高度一致。使用 amsmath 时，只要用命令 \dots，在多数情况下就可以自动识别各种情形，选用正确的符号，如：

```
\[  (1,\dots,n) \qquad 1+\dots+n
\qquad  a=\dots=z  \]
```

$$(1,\dots,n) \qquad 1+\dots+n \qquad a=\dots=z$$

4-3-28

此外，amsmath 还按照 \dots 使用的上下文，按逗号（comma）、二元运算或关系符（binary）、乘法运算（multiplication）、积分（integral）和其他情形（other），分别定义了 \dotsc, \dotsb, \dotsm, \dotsi 和 \dotso 这几个命令。这些命令仔细设置了位置和前后间距，可以在 \dots 不能正确自动识别时使用，如连乘积与积分：

```
\[  \prod_{i=1}^n a_i = a_1 \dotsm a_n
\qquad \int_0^1\dotsi\int_0^1  \]
```

$$\prod_{i=1}^n a_i = a_1 \dotsm a_n \qquad \int_0^1\dotsi\int_0^1$$

4-3-29

垂直和倾斜的省略号用于排版矩阵，参见 4.2.5 节。

Unicode 下的数学字体

TEX 系统的数学字体最初都是基于 METAFONT 格式的，高德纳教授最初为 TEX 设计的 Computer Modern 系列字体，就是以 METAFONT 格式制做的。随着 PostScript 和 PDF 格式在出版界的流行，各类 PostScript 字体，特别是其中的 Type 1 字体被各种 TEX 输出驱动所支持，并逐渐成为主流字体格式，原来使用 METAFONT 制做的字体，也大多使用 Type 1 格式重制。现在，新的 OpenType 字体格式随着 Unicode 字符编码正在成为新一代 TEX 引擎的标准配置，TEX 使用的字体，包括数学字体，也开始有了基于 Unicode 编码的 OpenType 格式。

TrueType 和 OpenType 格式的数学符号字体很早就已经出现，用于各种不同的数学公式排版软件中。由于各种软件使用的数学符号的数量和排列次序各不相同，公式中符号尺寸变化和相互位置等参数也主要依靠各个软件本身的功能，因此不同软件使用的数学符号字体很难相互使用，大多数排版效果也不及 TEX 系统使用原有的字体排版的结果。因此这些字体也没有被 TEX 所利用。

解决字体中符号的取舍的问题，可以依赖 Unicode 编码。但事实上，在 STIX 字体项目组的协调努力下，2002 年发布的 Unicode 3.2 版本中，才有了与 TEX 系统数量大致相当的数学字母与符号[277]。而要有包含这些符号并与

Unicode 标准相匹配的字体则更难。而且在 TEX 中，数学字体符号本身的尺寸变化、位置参数比一般字体要复杂，对应到新的 Unicode 字体中也必须要有与之相应的字体参数——这便是 OpenType 字体的数学参数表（MATH table）。这一工作是由微软公司为其 Office 2007 软件完成的[276]。微软公司不仅为 OpenType 字体格式扩展了数学参数表，同时还设计了使用这一参数表的 Cambria Math 数学字体，与 Office 新的默认西文衬线字体族 Cambria 配合，同时利用这一技术大幅加强了 Word 软件输出数学公式的能力。值得一提的是，微软在设计数学参数表时，大量借用了 TEX 中成熟的字体参数，因此在 TEX 中使用功能完整的 OpenType 数学字体也就成为可能。

事实上，unicode-math 宏包[213] 为 XƎLATEX 和 LuaLATEX 实现了对 Unicode 编码的 OpenType 数学字体的调用。例如，要在文档中使用微软 Office 自带的 Cambria 及 Cambria Math 作为正文和数学字体，就可以使用：

```
% XeLaTeX 或 LuaLaTeX 编译
\usepackage{unicode-math}
\setmainfont{Cambria}
\setmathfont{Cambria Math}
```

在微软的 Cambria Math 之后，新的 Unicode 数学字体也不断出现：Times 风格的 TG Termes Math、XITS Math，Palatino 风格的 Asana Math、TG Pagella Math，与 LATEX 默认字体相匹配的 Latin Modern Math，最初由 Hermann Zapf 设计的 Neo Euler 等，是目前已有的几种免费 Unicode 数学字体（见表 4.27）。此外还有 Minion Math、Lucida New Math 等几种高质量的商业字体。这些字体不仅可以用在 TEX 中，也可以安装到 Windows 操作系统中给 Office 软件使用。

使用 Unicode 数学字体，不仅可以访问丰富的符号[210]，同时可以不使用命令，直接在源文件中输入 Unicode 符号。例如使用：

```
\[
  ∫Γ(x)dx → ±∞
\]
```

来输入

$$\int \Gamma(x) dx \to \pm\infty$$

这样数学文档的源代码将会比以前变得更加易读。

表 4.27　免费或容易获得的 Unicode 数学字体

数学字体	匹配的正文字体	示例
Asana Math	Palatino	We have formula $\int_{z_0}^{z_1} \cos(2\pi z)\,dz$.
Latin Modern Math	Latin Modern Roman	We have formula $\int_{z_0}^{z_1} \cos(2\pi z)\,dz$.
Neo Euler	Palatino 等 †	We have formula $\int_{z_0}^{z_1} \cos(2\pi z)\,dz$.
TeX Gyre Pagella Math	TeX Gyre Pagella	We have formula $\int_{z_0}^{z_1} \cos(2\pi z)\,dz$.
TeX Gyre Termes Math	TeX Gyre Termes	We have formula $\int_{z_0}^{z_1} \cos(2\pi z)\,dz$.
XITS Math	XITS	We have formula $\int_{z_0}^{z_1} \cos(2\pi z)\,dz$.
Cambria Math	Cambria	We have formula $\int_{z_0}^{z_1} \cos(2\pi z)\,dz$.

† Neo Euler 是 Zapf 为 AMS 设计的 Euler 字体的 Unicode 版本，它本身并非为了配合具体某种正文字体设计，不过最早用于和 Concrete 字体一起排版《具体数学》一书。

4.4　多行公式

如果所有的数学公式都像 $2+2=4$ 那么简单该有多好！可是事与愿违，实际中经常会碰到长得一行写不下的公式、跨越几行的数学结构或者延伸多行的演算列表，比如容斥原理：

$$\begin{aligned}|A_1 \cup A_2 \cup A_3 \cdots \cup A_n| = &\sum_{1\le i_1\le n} |A_{i_1}| - \sum_{1\le i_1<i_2\le n} |A_{i_1} \cap A_{i_2}| \\ &+ \sum_{1\le i_1<i_2<i_3\le n} |A_{i_1} \cap A_{i_2} \cap A_{i_3}| + \cdots \\ &+ (-1)^{k-1} \sum_{1\le i_1<\cdots<i_k\le n} |A_{i_1} \cap \cdots \cap A_{i_k}| + \cdots \\ &+ (-1)^{n-1} |A_1 \cap \cdots \cap A_n|\end{aligned} \tag{4.8}$$

或是一个三元的线性方程组：

$$a_{11}x + a_{12}y + a_{13}z = A \tag{4.9a}$$

$$a_{21}x + a_{22}y + a_{23}z = B \tag{4.9b}$$

$$a_{31}x + a_{32}y + a_{33}z = C \tag{4.9c}$$

式 (4.8) 是把一个长公式拆开来，整个公式仍是一体（从编号就可看出），而式 (4.9) 则是将三个方程分别列出，每个公式相互联系而又各自独立。还可能出现更复杂的情况，比如把一组多行的公式作为大公式的一部分：

$$f(x) \triangleq \begin{cases} \frac{3}{2} - x, & \frac{1}{2} < x \leq 1, \\ \frac{3}{4} - x, & \frac{1}{4} < x \leq \frac{1}{2}, \\ \frac{3}{8} - x, & \frac{1}{8} < x \leq \frac{1}{4}, \\ \vdots & \vdots \end{cases} \tag{4.10}$$

下面我们将把注意力主要放在显示公式上，研究输入多行公式的各种情形。除了 amsmath，这一节我们也会看到许多来自 mathtools 宏包的环境和命令。这些宏包的功能都比较芜杂，更详细的内容读者可参考宏包文档 American Mathematical Society [7]、Høgholm [110]。

4.4.1 罗列多个公式

把几行公式罗列在一起，是基本的产生多行公式的方法。标准 LaTeX 为此提供了 eqnarray 和 eqnarray* 环境，用来输入按等号（或其他关系符）对齐的方程组，不过它在等号两边留的间距过大，使用也不大方便，因此我们最好只把它留给历史文档[①]。使用更为灵活的是由 amsmath 提供的一系列数学环境，它们可以罗列各种对齐或不对齐的公式组。

如果问什么是显示方程的基本输入方法，那么回答便是使用编号的 equation 环境和不编号的 equation* 环境（\[和 \] 是它的简写），但是里面的换行命令 \\ 是无效的。输入多行数学公式最基本的方法与它如出一辙，就是使用 gather 和 gather*（不编号）环境，不同的仅仅是可以使用 \\ 进行换行，如：

① eqnarray 环境用起来像是一个有三列的表格，表列格式是 rcl，带星号的环境不编号，如果有需要，可参考其他书籍或文档。

```
\begin{gather}
a+b = b+a \\
a\times b = b\times a
\end{gather}
```

$$a+b=b+a \tag{4.11}$$
$$a\times b=b\times a \tag{4.12}$$

4-4-1

```
\begin{gather*}
3+5 = 5+3 = 8 \\
3\times 5 = 5\times 3
\end{gather*}
```

$$3+5=5+3=8$$
$$3\times 5=5\times 3$$

4-4-2

在编号的多行公式中，可以在这一行 \\ 之前使用 \notag 命令阻止指定的行不编号，如：

```
\begin{gather}
3^2 + 4^2 = 5^2 \notag \\
5^2 + 12^2 = 13^2 \notag \\
a^2 + b^2 = c^2
\end{gather}
```

$$3^2+4^2=5^2$$
$$5^2+12^2=13^2$$
$$a^2+b^2=c^2 \tag{4.13}$$

4-4-3

gather 环境得到的公式是每行居中的，align 环境则允许公式按等号或其他关系符对齐，在关系符前加 & 表示对齐。align* 功能相同，但不编号。例如：

```
\begin{align}
  x &= t + \cos t + 1 \\
  y &= 2\sin t
\end{align}
```

$$x=t+\cos t+1 \tag{4.14}$$
$$y=2\sin t \tag{4.15}$$

4-4-4

align 和 align* 环境还允许排列多列对齐的公式，列与列之间仍使用 & 分隔：

```
\begin{align*}
x &= t  & x &= \cos t     & x &= t \\
y &= 2t & y &= \sin(t+1) & y &= \sin t
\end{align*}
```

$$x=t \quad x=\cos t \quad x=t$$
$$y=2t \quad y=\sin(t+1) \quad y=\sin t$$

4-4-5

需要注意的是，align 环境中的列分隔符 & 一般应该放在二元关系符的前面，这样才能保证正确的符号间距（有时也可以放在二元运算符前面）。如果个别需要在关系符后面或其他地方对齐的，则应该注意使用的符号类型，或者使用 phantom 等命令变通一下。例如，如果要得到公式

$$\begin{aligned}&(a+b)(a^2-ab+b^2)\\=\,&a^3-a^2b+ab^2+a^2b-ab^2+b^2\\=\,&a^3+b^3\end{aligned}\tag{4.16}$$

则可以使用图 4.1 中的任一种方式。

4-4-6

```
% 关系符后对齐，需要使用空的分组
% 代替关系符右侧符号，保证间距
\begin{align}
    & (a+b)(a^2-ab+b^2) \notag \\
={} & a^3 - a^2b + ab^2 + a^2b
      - ab^2 + b^2 \notag \\
={} & a^3 + b^3 \label{eq:cubesum}
\end{align}
```

4-4-7

```
% 缺少关系符，需要使用幻影给关系符
% 占位，并利用 \mathrel 保证间距
\begin{align}
&\mathrel{\phantom{=}}
   (a+b)(a^2-ab+b^2) \notag \\
&= a^3 - a^2b + ab^2 + a^2b
   - ab^2 + b^2 \notag \\
&= a^3 + b^3 \label{eq:cubesum}
\end{align}
```

图 4.1 (4.16) 式中对齐方式特殊的 align 环境写法

flalign 环境与 flalign* 环境的功能与 align 环境类似，它也把公式每两列分为一组，分别向右向左对齐。不同的是，flalign 环境中公式的间距是可以无限伸长的弹性距离，几列公式会在水平方向分散对齐，如：

4-4-8

```
\begin{flalign}
  x &= t  & x &= 2 \\
  y &= 2t & y &= 4
\end{flalign}
```

$x=t \qquad\qquad x=2 \quad (4.17)$

$y=2t \qquad\qquad y=4 \quad (4.18)$

alignat 环境则与 flalign 正相反，它本身不在列与列之间产生间距，但可以手工增加间距。alignat 环境有一个参数，表示每行要对齐的公式个数（每两列一组）。如下面把列间距设定为一个 \quad 的距离（即 1 em）：

```
\begin{alignat}{2}
  x &= \sin t &\quad&\text{水平方向} \\
   y &= \cos t &&\text{垂直方向}
\end{alignat}
```

$$
\begin{alignat}{2}
x &= \sin t &\quad&\text{水平方向} \tag{4.19}\\
y &= \cos t &&\text{垂直方向} \tag{4.20}
\end{alignat}
$$

4-4-9

也可以用 alignat 环境代替频繁的 \phantom，产生一些特别的对齐效果：

```
\begin{alignat*}{6}
 &1 & &+2 & &+3 & &+4 & &+5 & &=15 \\
 &1 & &   & &+3 & &   & &+5 & &=9 \\
 &  & &+2 & &   & &+4 & &   & &=6
\end{alignat*}
```

$$
\begin{alignat*}{6}
 &1 & &+2 & &+3 & &+4 & &+5 & &=15 \\
 &1 & &   & &+3 & &   & &+5 & &=9 \\
 & & &+2 & &   & &+4 & &   & &=6
\end{alignat*}
$$

4-4-10

有时，我们需要在几行公式中插入简短的文字，同时又不想破坏公式的对齐，这时可以使用 \intertext 命令。\intertext 本身可以表示换行，因而前面一行的 \\ 可以省略，如：

```
\begin{align*}
x^2 + 2x &= -1
\intertext{移项得}
x^2 + 2x + 1 &= 0
\end{align*}
```

$$x^2 + 2x = -1$$

移项得

$$x^2 + 2x + 1 = 0$$

4-4-11

也可以用 mathtools 提供的 \shortintertext 命令代替 \intertext，以得到更为紧凑的行间距。

在罗列多行公式时，经常需要使用像式 (4.9) 那样的几个子公式编号，这可以在数学环境外套一层 subequations 环境得到。使用 subequations 环境，则环境内的多个公式都被看做一个公式，使用相同的一个主编号，里面分别再按字母对子公式进行编号。subequations 环境和里面的子公式可以分别使用 \label 设定标签引用。下面举一个比较复杂的例子：

```
设 $G$ 是一个带有运算 $*$ 的集合，则 $G$ 是\emph{群}，当且仅当：
\begin{subequations}\label{eq:group}
\begin{alignat}{2}
\forall a,b,c &\in G, &\qquad (a*b)*c &= a*(b*c);\label{subeq:assoc}\\
```

```
\exists e, \forall a &\in G, &  e*a &= a; \\
\forall a, \exists b &\in G, &  b*a &= e.
\end{alignat}
\end{subequations}
式~\eqref{eq:group} 的三个条件中，\eqref{subeq:assoc}~又称为结合律。
```

4-4-12

设 G 是一个带有运算 $*$ 的集合，则 G 是群，当且仅当：

$$\forall a,b,c \in G, \qquad (a*b)*c = a*(b*c); \tag{4.21a}$$

$$\exists e, \forall a \in G, \qquad e*a = a; \tag{4.21b}$$

$$\forall a, \exists b \in G, \qquad b*a = e. \tag{4.21c}$$

式 (4.21) 的三个条件中，(4.21a) 又称为结合律。

练 习

4.9 排版第 262 页式 (4.9)。

4.4.2 拆分单个公式

研究完多个公式的罗列，现在来看如何把一个公式拆成好几行。当然，这个工作很多时候似乎也可以使用 align 或 align* 完成，不过如果公式需要单个编号，那么最好还是使用单独的命令。

multline 环境和 multiline* 环境是 equation 环境的分行版本，它可以使用 \\ 换行。各行对齐的方式是：第一行左对齐，最后一行右对齐，中间的部分居中。不过左右两边与版心边界都留有一小段间距。这种环境特别适合排版非常长的连续运算，如：

```
\begin{multline}
a+b+c \\
 +d+e+f \\
 +g+h+i \\
   +j+k+l
\end{multline}
```

4-4-13

$$\begin{multline} a+b+c \\ +d+e+f \\ +g+h+i \\ +j+k+l \end{multline} \tag{4.22}$$

multline 环境首尾两行与版心边界的间距分别由长度变量 \multlinegap 和 \multlinetaggap 控制①。同时也可以使用 \shoveleft 和 \shoveright 命令指定中间的行像首尾两行一样左对齐或右对齐，如：

```
\setlength\multlinegap{3em}
\setlength\multlinetaggap{3em}
\begin{multline*}
1+2+3 \\ \shoveleft{+4+5+6} \\
+7+8+9 \\
\shoveright{+10+11+12} \\ +13+14+15
\end{multline*}
```

$$\begin{multline*}
1+2+3 \\ \shoveleft{+4+5+6} \\
+7+8+9 \\
\shoveright{+10+11+12} \\ +13+14+15
\end{multline*}$$

4-4-14

除了 multline 环境，更常用的可能就是 split 环境了。split 环境并不开始一个数学公式，它用在 equation、gather 等数学环境里面，可以把单个公式拆分成多行，同时支持类似 align 环境那样的对齐方式（但不能对齐多列公式），例如：

```
\begin{equation}  \begin{split}
\cos 2x &= \cos^2 x - \sin^2 x \\
       &= 2\cos^2 x - 1
\end{split}  \end{equation}
```

$$\begin{split}
\cos 2x &= \cos^2 x - \sin^2 x \\
       &= 2\cos^2 x - 1
\end{split} \tag{4.23}$$

4-4-15

split 环境与 align 的最大区别就是 split 环境不产生编号，编号仍然由外面的数学环境产生，因此两行的公式产生的编号仍在两行中间；而 align 环境本身就是数学环境，它会给每一行公式产生一个编号。

同样，如果 split 环境中的某一行不是在二元关系符前面对齐，通常需要另行设置间距或对齐方式，如：

```
\begin{equation}\label{eq:trigonometric}
\begin{split}
\frac12 (\sin(x+y) + \sin(x-y))
  &= \frac12(\sin x\cos y + \cos x\sin y) \\
  &\quad + \frac12(\sin x\cos y - \cos x\sin y) \\
```

① 其中变量 \multlinetaggap 控制的是可能有编号的一行的间距（包括编号的宽度），与编号在左在右有关，默认值是 10 pt。在 amsmath 的文档 American Mathematical Society [7] 中，缺少对命令 \multlinetaggap 的说明，这里根据实际源代码增加。

```
  &= \sin x\cos y
\end{split}
\end{equation}
```

4-4-16

$$\begin{split}\frac{1}{2}(\sin(x+y)+\sin(x-y)) &= \frac{1}{2}(\sin x\cos y+\cos x\sin y)\\ &\quad+\frac{1}{2}(\sin x\cos y-\cos x\sin y)\\ &= \sin x\cos y\end{split}\tag{4.24}$$

在输入了十几个这样折行的公式以后，你或许会对原来 split 环境“在合适的地方插入 & 和 \\”感到厌倦。可能必须要编译过一遍才知道一个公式是在一行可以排下还是必须另起一行，而当文档要从单栏变成双栏时，调整换行的问题会变得更加严重。幸好，breqn 宏包[109] 可以帮助我们自动对长的显示公式折行。breqn 宏包主要提供了 dmath 和 dmath* 等几个环境，产生可以自动折行的显示公式。如用下面的代码也可以得到与式 (4.24) 相同的换行、对齐效果，且会随行宽而自动调整折行的位置，非常方便：

```
% \usepackage{breqn}
\begin{dmath}\label{eq:trigonometric}
\frac12 (\sin(x+y) + \sin(x-y)) = \frac12(\sin x\cos y + \cos x\sin y)
+ \frac12(\sin x\cos y - \cos x\sin y) = \sin x\cos y
\end{dmath}
```

4-4-17

需要注意的是，在 dmath 等环境中使用一些简单的上下标（如 N^+）时也会要求必须使用分组（即 N^{+}）。另外，直接使用 breqn，可能会与少量有关上下标的宏包（如 CJK 宏包，以及前面介绍的 tensor）发生冲突，此时需要给它加上 mathstyleoff 选项改用较安全的模式工作，因此应该小心选用，在用 \usepackage 调用宏包时也应该尽量放在导言区的后面。有关 breqn 宏包更多的用法和注意事项，可参见文档 Høgholm [109]。

练 习

4.10 排版第 261 页式 (4.8) 的容斥原理。

4.4.3 将公式组合成块

下面我们来看如何把几行公式组合在一起来成为更大的公式的一部分。

最为常见的是 cases 环境，它在几行公式前面用花括号括起来，用来表示几种不同的情况。每行公式中使用 & 分隔为两部分，通常表示值和后面的条件，例如：

```
\begin{equation}\label{eq:dirichlet}
D(x) = \begin{cases}
1, & \text{if } x \in \mathbb{Q}; \\
0, & \text{if } x \in
    \mathbb{R}\setminus\mathbb{Q}.
\end{cases}
\end{equation}
```

$$D(x) = \begin{cases} 1, & \text{if } x \in \mathbb{Q}; \\ 0, & \text{if } x \in \mathbb{R}\setminus\mathbb{Q}. \end{cases} \tag{4.25}$$

4-4-18

mathtools 宏包则进一步提供了 dcases 环境，它保证每行公式都是显示格式的大小（\displaystyle，参见 4.5.2 节），如：

```
% \usepackage{mathtools}
\[ \left\lvert x - \frac12 \right\rvert
= \begin{dcases}
x-\frac12,  & x \geq \frac12;\\
\frac12-x,  & x < \frac12.
\end{dcases}  \]
```

$$\left\lvert x - \frac12 \right\rvert = \begin{cases} x-\dfrac12, & x \geq \dfrac12; \\ \dfrac12-x, & x < \dfrac12. \end{cases}$$

4-4-19

想在 cases 环境的每行公式后面增加编号？没问题，cases 宏包[13] 的 numcases 环境正是你所需要的。numcases 环境本身就是一个数学环境①，它具有特别的语法：

\begin{numcases}{⟨左边的子公式⟩**}**
⟨子公式一⟩ **&** ⟨条件一⟩ ****
⟨子公式二⟩ **&** ⟨条件二⟩ ****
……
\end{numcases}

但注意这里的 ⟨条件⟩ 是在文本模式而不是数学模式下的，例如：

```
% \usepackage{cases}
\begin{numcases}{f(x)=}
  1/q, & if $x = p/q \in \mathbb{Q}$; \\
```

① 因此，从用法上说，它其实应该放在 4.4.1 节。

```
  0,   & else.
\end{numcases}
```

4-4-20

$$f(x)=\begin{cases}1/q, & \text{if } x=p/q\in\mathbb{Q}; \qquad (4.26)\\ 0, & \text{else.} \qquad (4.27)\end{cases}$$

cases 环境的功能太过特殊，下面来看几个更一般的组合公式块的环境。amsmath 用来罗列多个公式的环境，大都效果类似的对应组合公式块的环境，它们的环境名通常是在原来的环境名的动词后面加 ed，包括 gathered 环境、aligned 环境和 alignedat 环境等。

gathered 环境把几行公式居中排列，组合为一个整体，如：

```
\[ \left. \begin{gathered}
  S \subseteq T \\
  S \supseteq T
\end{gathered} \right\}
\implies S = T  \]
```

4-4-21

$$\left.\begin{gathered} S\subseteq T\\ S\supseteq T\end{gathered}\right\}\implies S=T$$

类似地，mathtools 宏包提供的 lgathered 和 rgathered 环境则把几行公式向左、向右对齐排列，组合为一个整体，如：

```
% \usepackage{mathtools}
\[ \text{比较曲线}
\left\{ \begin{lgathered}
  x = \sin t, y = \cos t \\
  x = t + \sin t, y = \cos t
\end{lgathered} \right. \]
```

4-4-22

$$\text{比较曲线}\left\{\begin{lgathered} x=\sin t, y=\cos t\\ x=t+\sin t, y=\cos t\end{lgathered}\right.$$

同样不难想象，aligned 环境和 alignedat 环境的用法就同 align 与 alignat 命令如出一辙，如：

```
\begin{equation}\label{eq:trinary}
\begin{aligned} x+y &= -1 \\ x+y+z &= 2 \\ xyz &= -6 \end{aligned}
\implies
\begin{aligned} x+y &= -1 \\ xy &= -2 \\ z &= 3 \end{aligned}
```

```
\implies
\begin{alignedat}{3}
          x &= 1,   &\quad y &= -2, &\quad z &= 3 \\
\text{或\ }  x &= -2, &        y &= 1,  &        z &= 3
\end{alignedat}
\end{equation}
```

4-4-23

$$\begin{gathered} x+y=-1 \\ x+y+z=2 \\ xyz=-6 \end{gathered} \implies \begin{gathered} x+y=-1 \\ xy=-2 \\ z=3 \end{gathered} \implies \begin{alignedat}{3} x &= 1, &\quad y &= -2, &\quad z &= 3 \\ \text{或 } x &= -2, & y &= 1, & z &= 3 \end{alignedat} \tag{4.28}$$

mathtools 宏包还提供了 multlined 环境，可以把折行的长公式也作为一个块使用，如：

```
% \usepackage{mathtools}
\newcommand\Set[2]{%
  \left\{#1\ \middle\vert\ #2 \right\}}
\[ \Omega = \Set{x}{\begin{multlined}
x^7+x^6+x^5 \\ +x^4+x^3+x^2 \\ +x+1=0
\end{multlined}} \]
```

$$\Omega = \left\{x \ \middle\vert\ \begin{multlined} x^7+x^6+x^5 \\ +x^4+x^3+x^2 \\ +x+1=0 \end{multlined} \right\}$$

4-4-24

上面所使用的 gathered、aligned、alignedat、multlined 等环境，产生的公式块在垂直方向默认是居中对齐的（见式 (4.28)）。可以在环境后面加 [t] 或 [b] 参数，得到在第一行或最后一行对齐的公式块，例如：

```
\begin{align*}
2^5 &= (1+1)^5 \\
&= \begin{multlined}[t]
\binom50\cdot 1^5 + \binom51\cdot 1^4 \cdot 1
  + \binom52\cdot 1^3 \cdot 1^2 \\
+ \binom53\cdot 1^2 \cdot 1^3 + \binom54\cdot 1 \cdot 1^4
  + \binom55\cdot 1^5
\end{multlined} \\
&= \binom50 + \binom51 + \binom52 + \binom53 + \binom54 + \binom55
\end{align*}
```

4-4-25

$$
\begin{aligned}
2^5 &= (1+1)^5 \\
&= \binom{5}{0}\cdot 1^5 + \binom{5}{1}\cdot 1^4\cdot 1 + \binom{5}{2}\cdot 1^3\cdot 1^2 \\
&\qquad + \binom{5}{3}\cdot 1^2\cdot 1^3 + \binom{5}{4}\cdot 1\cdot 1^4 + \binom{5}{5}\cdot 1^5 \\
&= \binom{5}{0} + \binom{5}{1} + \binom{5}{2} + \binom{5}{3} + \binom{5}{4} + \binom{5}{5}
\end{aligned}
$$

练 习

4.11 排版第 262 页的式 (4.10)，此式给出了区间 $(0,1]$ 到 $(0,1)$ 的一个双射。

4.12 split 环境与 aligned 环境有什么相同的地方？又有什么区别？应该如何选用这两个环境？

4.5 精调与杂项

在本章的最后，我们来讨论如何对公式的一些细节进行调整，并补充一些前面漏掉的内容。TEX 不是数学家，它不能理解公式的内容，因而可能无法得到正确的公式格式，需要我们指明输出方式；但另一方面，TEX 预设的公式格式细节比大多数未经专门研究的人都要多，所以本章的每节前面都加上了“危险”符号，以示应该慎重对待。

4.5.1 公式编号控制

*

显示公式的编号通常在公式右边、垂直正中的位置。不过正如 4.1 节所说的，可以使用全局的 leqno、reqno 选项控制公式编号在公式的左边或右边，也可以用 amsmath 的 centertags、tbtags 选项编号的垂直位置。在左侧的编号常常与 fleqn 选项一起使用，因此，如果使用了

4-5-1

```
\documentclass[fleqn,leqno]{article}
\usepackage[tbtags]{amsmath}
```

*本节内容初次阅读可略过。

则 split 环境得到的式 (4.24) 就会变成是这样的：

$$\begin{split}\frac{1}{2}(\sin(x+y)+\sin(x-y)) &= \frac{1}{2}(\sin x\cos y+\cos x\sin y)\\ &\quad+\frac{1}{2}(\sin x\cos y-\cos x\sin y)\\ &=\sin x\cos y\end{split}\tag{4.24}$$

4.4.1 节我们提到使用 \notag 命令可以临时取消一行公式的编号，同样，amsmath 还提供了 \tag 命令进行手工编号，参数是文本模式的，如：

```
\begin{equation*}
  a^2 + b^2 = c^2 \tag{$\star$}
\end{equation*}
```

$$a^2+b^2=c^2 \tag{$\star$}$$

4-5-2

加星号的 \tag* 命令则可以去掉公式编号原有的括号，获得最大的灵活性[①]：

```
\begin{equation*}
\sum_{k=1}^n \frac1k
  = \ln n + \mathrm{C} \tag*{[Euler]}
\end{equation*}
```

$$\sum_{k=1}^n \frac1k = \ln n + \mathrm{C} \qquad \text{[Euler]}$$

4-5-3

\tag 命令只是临时地修改个别的编号，如果要统一修改公式的编号格式，可以使用 mathtools 宏包的 \newtagform, \renewtagform 和 \usetagform 命令。可以用它们定义新类型的编号风格（或重定义已有类型），在文档中分别选用。这种用法和用 \pagestyle 选用不同页面风格十分类似，其语法格式如下：

\newtagform{⟨*名称*⟩**}[**⟨*内格式*⟩**]{**⟨*左*⟩**}{**⟨*右*⟩**}**
\renewtagform{⟨*名称*⟩**}[**⟨*内格式*⟩**]{**⟨*左*⟩**}{**⟨*右*⟩**}**
\usetagform{⟨*名称*⟩**}**

⟨*名称*⟩ 是所定义或使用的编号风格名，默认的风格名为 default，也就是编号在圆括号之中的形式，可选的 ⟨*内格式*⟩ 是带有一个参数的命令，⟨*左*⟩ 和 ⟨*右*⟩ 分别是在编号左右的括号。我们可以如下定义在方括号中斜体的格式：

① 这里两个例子也可以使用 \[和 \]，这在 amsmath 中是等价的。不过个别宏包（如 ntheorem）会另行对 \[和 \] 重定义，则会造成问题，此时需要使用 equation* 等环境。

4-5-4

```
\newtagform{bracket}[\textit]{[}{]}
\usetagform{bracket}
\begin{equation}
\sum_{k=1}^n \frac1k = \ln n + \mathrm{C}
\end{equation}
```

$$\sum_{k=1}^{n}\frac{1}{k}=\ln n+\mathrm{C} \qquad [\textit{4.29}]$$

控制编号，最重要的方式当然还是计数器。公式编号的计数器是 equation，通过重定义 \theequation 可以改变编号的数字形式，例如使用“章编号”+“罗马数字编号”：

4-5-5

```
\renewcommand\theequation{%
  \thechapter.\roman{equation}}
\begin{equation}\label{eq:euler}
  \chi = V + F - E = 2
\end{equation}
```

$$\chi=V+F-E=2 \qquad (4.\mathrm{xxx})$$

如果使用子公式，其编号格式是在 subequations 环境内部设定的，此时子公式编号的计数器是 equation，父公式计数器是 parentequation。修改子公式的编号格式也必须在 subequations 环境内部，因而最好定义一个新的子公式环境，例如让子公式以罗马数字编号：

```
\newenvironment{mysubeqn}%
  {\begin{subequations}
    \renewcommand\theequation{\theparentequation-\roman{equation}}}%
  {\end{subequations}}
\begin{mysubeqn}
\begin{gather}
  \zeta(2) = \frac{\uppi^2}{6} \\
  \zeta(s) = \prod_{p\text{ prime}} \frac{1}{1 - p^{-s}}
\end{gather}
\end{mysubeqn}
```

4-5-6

$$\zeta(2)=\frac{\pi^2}{6} \qquad (4.31\text{-i})$$

$$\zeta(s)=\prod_{p\text{ prime}}\frac{1}{1-p^{-s}} \qquad (4.31\text{-ii})$$

在标准文档类 book 和 report 中，公式是按章编号的，即每过一章（chapter）计数器 equation 清零一次。正如第 99 页 2.2.3.2 节所说，可以使用 amsmath 的 \numberwithin 命令让 article 文档类按节编号，也可以用 chngcntr 宏包取消这种计数器关联，如取消公式编号与章的关联：

```
\documentclass{book}
\usepackage{chngcntr}
\counterwithout{equation}{chapter}
```

4-5-7

练 习

4.13 使用 \tag 命令可以给公式手工添加编号，但不能自动计数。试定义一个 \addtag 命令，它的功能是在不编号的公式后面添加一个自动编号，然后使用这个命令和 align* 环境排版下面的公式：

$$\begin{aligned} A(n) &= 1+2+\cdots+n \\ &= \frac{1}{2}((1+2+\cdots+n)+(n+(n-1)+\cdots+1)) \\ &= \frac{1}{2}n(n+1) \qquad (4.32) \end{aligned}$$

你的定义能正确处理交叉引用吗？

4.5.2　公式的字号

*

数学公式的字号受数学环境外正文字号控制。要得到巨大的公式，可以在数学环境外添加一个分组设置：

```
{\Large\[F(x) \equiv 0\]}
```

$$F(x) \equiv 0$$

4-5-8

要将这一技术用在公式内部，就需要在数学模式和文本模式下来回切换，4.2.5 节的分块矩阵就是一例，下面是一个更复杂的例子：

---

*本节内容初次阅读可略过。

4-5-9

```
\newcommand\D{\displaystyle}
\[  \mathop{\text{\Large$\D\sum_i$}}
  \dfrac{\D\int f_i(x)\,\mathrm{d}x}
    {\D\oint g_i(x)\,\mathrm{d}x}  \]
```

$$\sum_i \frac{\displaystyle\int f_i(x)\,\mathrm{d}x}{\displaystyle\oint g_i(x)\,\mathrm{d}x}$$

在数学公式内部，符号的大小则是按符号所处的数学结构确定的。如表 4.28 所示，在 TeX 中共有 4 种不同符号尺寸，每个尺寸又分为普通和受限两种形式。分式的分母、根式、下标、\overline、数学重音等数学结构都会使公式处于受限模式，在这种模式下符号的尺寸没有变化，但符号的上标位置会比不受限的形式低一些，以免与数学结构冲突。通常 LaTeX 会自动按照公式的结构选取合适的字号，但在输入一些复杂的结构时，偶尔也可以像例 4-5-9 那样手工进行调整。

表 4.28　TeX 中数学公式的字号

记号	尺寸	用途	命令	字样
D, D'	显示尺寸	显示公式	\displaystyle	$\displaystyle\sum A(n)$
T, T'	正文尺寸	正文公式	\textstyle	$\textstyle\sum A(n)$
S, S'	标号尺寸	一级上下标	\scriptstyle	$\scriptstyle\sum A(n)$
SS, SS'	小标号尺寸	二级以上的上下标	\scriptscriptstyle	$\scriptscriptstyle\sum A(n)$

带 $'$ 标记的字号是受限的形式，用在下标、分母、根式和数学重音等场合，符号大小相同，但其上标排列得更为紧凑。

在四个不同的数学尺寸中，D 和 T 是大部分符号使用相同的尺寸，只有大小可变的巨算符会有所不同，因而实际上只有三个不同的数学尺寸。文本模式的字号命令会同时影响这三个尺寸，但有时可能希望特别修改数学符号尺寸，特别是修改上下标的尺寸，此时可以使用 \DeclareMathSizes 命令声明数学字号，或用 \defaultscriptratio 和 \defaultscriptscriptratio 声明标号尺寸与正文尺寸的比例。如用下面的设置可以减小中文五号字和非标准字号角标的符号尺寸：

4-5-10

```
% 单位 pt，中文五号字（10.5 bp）
\DeclareMathSizes{10.54}{10.54}{6.32}{4.22}
% 默认标号尺寸是正文 0.6 倍
\renewcommand\defaultscriptratio{0.6}
% 默认小标号尺寸是正文 0.4 倍
\renewcommand\defaultscriptscriptratio{0.4}
```

这里，\DeclareMathSizes 的四个参数分别是文本尺寸、数学基本尺寸、数学标号尺寸、数学小标号尺寸，单位是 pt，通常前两个尺寸是相同的。在一个文本尺寸已经由 \DeclareMathSizes 声明过时，\defaultscriptratio 和 \defaultscriptscriptratio 不起作用。在 ctex 宏包及文档类中，已经为汉字的各个字号用 \DeclareMathSizes 命令设置了对应的标号尺寸，因此如果要修改标号的尺寸，必须一一用 \DeclareMathSizes 对应进行修改（可参见 ctex 宏包源代码）。

4.5.3 断行与数学间距

[*]

显示数学公式的分行我们已经在 4.4 节专门说明过，下面来看行内公式的断行。行内数学公式的断行有如正文中用连字符断词，只允许在特定的位置断开。事实上，TEX 只允许在二元关系符和二元运算符后进行断行，并且更倾向于在二元关系符后断行。因此，出现在行末的公式 $f(a,b) = a + b$ 通常总会在等号后面断开，如果位置合适也可能在加号后面断开，但决不会在逗号、括号或字母后面断开。

TEX 公式的断行规则提醒我们在写较长的连乘积时，最好带上乘号，用 $\times$ 或 $\cdot$ 都可以。例如，以 \cdot 分隔的 $F(x) \cdot G(x) \cdot H(x)$ 会比 $F(x)G(x)H(x)$ 更不容易产生糟糕的段落。在正文中可以使用 \- 来提示可能的断词点，对应地，在行内数学公式中也可以使用命令 * 来提示可能的乘法断点，它允许 TEX 在 * 处断行，并在断行时在行末插入一个乘号 $\times$。* 命令可以让 $F(x,y,z)G(x,y,z)$ 在同一行排版时不插入多余的乘号，只在它们分成两行时产生这个乘号，非常方便：

```
\fbox{\parbox{17em}{%
$F(x,y,z)\* G(x,y,z)$ 不同于 $F(x,y,z)\* G(x,y,z)$ 吗？}}
```

4-5-11

$F(x,y,z)G(x,y,z)$ 不同于 $F(x,y,z)\times$
$G(x,y,z)$ 吗?

一个困扰很多人的断行问题是长的列表项，比如 a, b, c，它们应该分开写成 \$a\$, \$b\$, \$c\$，因为公式中逗号后面是不允许断行的，同样的规则也适用于其他数学标点。这么做会破坏 \left, \right 控制的定界符，不过倘若公式已经复杂到真的需要使用可伸缩的括号，最好的办法是使用显示公式：

[*]本节内容初次阅读可略过。

4-5-12

```
\[  \left\{
  0, 1, -1, 2, -2, \frac12, -\frac12, \frac13, -\frac13, \dotsc
\right\}  \]
```

$$\left\{0,1,-1,2,-2,\frac12,-\frac12,\frac13,-\frac13,\dotsc\right\}$$

你或许喜欢 * 命令的工作方式，却不喜欢它插入的 × 乘号。在 Braams et al. [33] 中可以查到这个命令的原始定义：

```
\def\*{\discretionary{\thinspace\the\textfont2\char2}{}{}}
```

其中 \def 是 \newcommand 的原始形式，而 \the\textfont2\char2 就是符号 \times（×）的原始命令写法，不必理会它，我们可以直接把它换成喜欢的乘号，放在一个盒子里面[①]：

4-5-13

```
\renewcommand\*{%
  \discretionary{\,\mbox{$\cdot$}}{}{}}
\fbox{\parbox{17em}{%
$F(x,y,z)\* G(x,y,z)$ 不同于 $F(x,y,z)\* G(x,y,z)$}}
```

$F(x,y,z)G(x,y,z)$ 不同于 $F(x,y,z)\cdot$
$G(x,y,z)$

与断行对应的是断页。LaTeX 默认禁止在多行公式中分页，使用 \allowdisplaybreaks 命令则可以允许这种分页，这对于演算中可能出现的超长连等式是非常有用的。在多行公式中还可以使用 \displaybreak 手工分页。

下面我们来看 LaTeX 中的数学间距。数学模式有自己的数学间距命令。数学间距使用的长度单位比较特殊，记为 mu，即数学单位（math unit）。一个数学单位相当于 1/18 个 em 的长度。类似 \hspace，可以直接使用 \mspace 命令指定一定长度的间距，如 \mspace{9mu} 就是半身（0.5 em）的间距。

更为常用的则是数学模式的（负）细间距、中间距和厚间距，特别是正负的细间距：

\,	3mu	$\to\!\!\!|\!|\!\!\!\leftarrow$
\: 或 \>	4mu plus 2mu minus 4mu	$\to\!\!\!|\;|\!\!\!\leftarrow$
\;	5mu plus 5mu	$\to\!\!\!|\;\;|\!\!\!\leftarrow$
\!	-3mu	$\to\!\!\!|\!\!|\!\!\!\leftarrow$

① 有关 \discretionary 等命令，可参见 Knuth [126]。

它们通常用来对公式进行细节上的微调，或者定义新的命令，例如：

```
\begin{align*}
& \int f(x)\,\mathrm{d}x\,\mathrm{d}y \\
& \sqrt2 \, x    && \sqrt{\,\log x} \\
& x^2 \! / 2     && |\!{\gets} 5 {\to}\!|
\end{align*}
```

$$\begin{aligned}
& \int f(x)\,\mathrm{d}x\,\mathrm{d}y \\
& \sqrt2 \, x && \sqrt{\,\log x} \\
& x^2 \! / 2 && |\!{\gets} 5 {\to}\!|
\end{aligned}$$

4-5-14

这些数学间距中，\, 可以同时在数学和文本模式中使用，在使用 amsmath 宏包后，\:、\; 和 \! 也可以用在文本模式中。

在数学模式下也可以直接使用文本模式的水平间距命令（参见 2.1.5.1 节），不过通常使用的只有 \quad 和 \qquad，常用来分隔公式中的不同部分，如：

```
\[
  f(x) \equiv 0, \qquad x > 0
\]
```

$$f(x) \equiv 0, \qquad x > 0$$

4-5-15

技巧性地使用负间距是用来拼合新的数学符号的方法之一。例如，在各种数学字体中都没有上积分和下积分的符号，就可以通过 \mspace 反复平移普通积分号和上下画线得到上下积分的符号。我们以下积分为例，第一个间距控制下画线的位置，第二个间距控制下画线的长度，第三个间距是前两个值之和的相反数退回原点，把普通的 \int 命令放在最后可以保证积分号的上下标不会走样，这里具体间距的数值可能需要根据具体使用的数学字体进行调整。

```
\newcommand\lowint{%
  \mspace{2mu}\underline{\vphantom{\int}\mspace{7mu}}\mspace{-9mu}\int}
\[
  \lowint_a^b f(x)\,\mathrm{d}x = \inf_P s(P).
\]
```

4-5-16

$$\underline{\int}_a^b f(x)\,\mathrm{d}x = \inf_P s(P).$$

LaTeX 中还有许多与数学公式相关的长度变量，必要时可以使用 \setlength 等命令进行相关的设置，这里是一些常用的变量：

- 文档类使用 fleqn 选项时，显示公式会以一个固定缩进左对齐排版（参见 2.4.1 节、4.1 节）。这个固定的缩进距离由 \mathindent 控制。
- \abovedisplayshortskip 和 \abovedisplayskip 控制显示公式与上面文字内容的距离。区别如果前面的文字行在公式开始之前就结束，即公式和前面的文字没有重叠部分时，使用 \abovedisplayshortskip，否则使用 \abovedisplayskip，它们的默认值是：

```
\abovedisplayskip=12pt plus 3pt minus 9pt
\abovedisplayshortskip=0pt plus 3pt
```

如果公式和文字没有重叠，间距要比有重叠时小得多，这样可以保证视觉上的平衡。默认值原本是对 10 pt 左右的 Computer Modern 字体设置的，当正文使用特别大或特别小的字号时，就有必要对上面的默认值做适当的修改了（注意 \large、\tiny 等字号命令也不修改这些参数，参见 2.1.4 节），例如：

4

4-5-17

```
\zihao{7}% 5.5bp
\setlength\abovedisplayskip
  {2pt plus 1pt minus 3pt}
当文字非常小时也应该同时减小
显示公式与文字的间距：
\[ 1+2+3+4+5 = 15 \]
```

当文字非常小时也应该同时减小显示公式与文字的间距：

$$1+2+3+4+5=15$$

- \belowdisplayshortskip 和 \belowdisplayskip 控制显示公式与下面文字内容的距离，用法与控制上间距的变量 \abovedisplayshortskip，\abovedisplayskip 类似，其默认值为：

```
\belowdisplayskip=12pt plus 3pt minus 9pt
\belowdisplayshortskip=7pt plus 3pt minus 4pt
```

- 变量 \jot 用来控制多行公式之间的间距，默认值是 3pt。有些公式可以设置它来调整过于紧密的间距，同样在大幅度改变字号时可能需要同时修改 \jot 的值才能得到正确的公式，例如：

4-5-18

```
\setlength\jot{9pt}% 用来分开分式
\begin{gather}
a = \frac12 \\ b = \frac34
\end{gather}
```

$$a=\frac{1}{2} \tag{4.33}$$

$$b=\frac{3}{4} \tag{4.34}$$

当然，如果只是调整个别公式，设置 \jot 值的方式可能不如直接用 \\[6pt] 这种用法直接灵活，因此最好全局地使用这类设置。

- \thinmuskip 是细数学间距，它将影响 \, 和 \! 和命令的间距值，默认值是 3mu。
- \medmuskip 是中数学间距，它将影响 \: 或 \> 命令的间距值，默认值是 4mu plus 2mu minus 4mu。
- \thickmuskip 是厚数学间距，它将影响 \; 命令的间距值，默认值是 5mu plus 5mu。
- \mathsurround 控制行内数学公式与两边文字的额外间距，默认值为 0pt。注意这个命令控制的是额外间距，一般数学公式与文字之间仍然应该使用空格分开，例如：

```
\setlength\mathsurround{3pt}
公式 $a+b$ 与文字比较松散。
```

公式 $a+b$ 与文字比较松散。

4-5-19

对中文它是多余的，xeCJK 宏包会在数学公式与汉字之间添加间距，并且由于它会使诸如“*p*-adic 数”这样的词汇产生难看的间距，所以使用时应该慎重。

\skew 命令可以用来调整数学重音的位置。这个命令带有三个参数，第一个参数是重音符号要移动的距离（一个数字，单位是 mu），后面两个参数分别是数学重音的位置和被标记的数学符号，例如把双点左移到字母 *h* 的一竖正上方：

```
$\ddot{h} \iff \skew{-2}{\ddot}{h}$
```

$\ddot{h} \iff \skew{-2}{\ddot}{h}$

4-5-20

2.1.1.3 节见到的幻影（phantom）也是在数学公式中常用的一种间距。\vphantom 可以作为支架使用，而 \hphantom 和 \phantom 则常用来产生特殊的对齐效果：

```
\begin{equation*}
\begin{split}
f(x) &= \left(\vphantom{\frac1x}
x+2+3+4\right. \\
  & \left.\phantom{=\biggl(x+{}}
5+6+7+\frac1x \right)^2 \\
  &= g(x)
\end{split}
\end{equation*}
```

$$\begin{split}
f(x) &= \left(\vphantom{\frac1x}
x+2+3+4\right. \\
  & \left.\phantom{=\biggl(x+{}}
5+6+7+\frac1x \right)^2 \\
  &= g(x)
\end{split}$$

4-5-21

最后我们来看 \smash 命令。\smash 的功能与 \vphantom 正相反，它显示参数中的内容，但好像内容并没有高度和深度一样，如：

4-5-22

```
\[  \underline{
\smash{\int f(x)\,\mathrm{d}x}
}  \]
```

$$\underline{\smash{\int f(x)\,\mathrm{d}x}}$$

amsmath 给 \smash 增加了 t、b 两个可选参数，分别表示只忽略内容盒子的高度和深度，这让 \smash 命令变得更加有用，如调整根号的高度：

4-5-23

```
$\sqrt{A_{n_k}} \qquad
\sqrt{\smash[b]{A_{n_k}}}$
```

$\sqrt{A_{n_k}} \qquad \sqrt{\smash[b]{A_{n_k}}}$

或是用来得到这样的括号：

```
\vspace{\baselineskip}% 被忽略的高度
\[
  \text{实数} \begin{cases}
    \text{有理数}\smash[t]{\begin{cases}
      \text{整数}\smash{\begin{cases}
          \text{奇数} \\ \text{偶数}
        \end{cases}}\\
      \text{分数}
    \end{cases}} \\[4ex]
    \text{无理数}\smash[b]{\begin{cases}
      \text{代数无理数} \\ \text{超越数}
    \end{cases}}
  \end{cases}
\]
```

4-5-24

$$\text{实数} \begin{cases} \text{有理数}\smash[t]{\begin{cases} \text{整数}\smash{\begin{cases} \text{奇数} \\ \text{偶数} \end{cases}}\\ \text{分数} \end{cases}} \\[4ex] \text{无理数}\smash[b]{\begin{cases} \text{代数无理数} \\ \text{超越数} \end{cases}} \end{cases}$$

本章注记

有关 LaTeX 公式排版的文档非常丰富，所有 LaTeX 的基本书籍和文档都会把它作为重点内容。Voß [280] 是 LaTeX 数学模式的一个相当全面的手册，里面也有大量的工具说明和技巧性的示范；American Mathematical Society [7] 和 Mittelbach and Goossens [166, Chapter 8] 给出了 AMS-LaTeX 全面介绍，后者也包括大量技巧和示例。

全面的数学符号的参考手册仍属 Pakin [192]，而选用数学字体的绝佳参考则见于 Hartke [100] 和 Jørgensen [118]。数学字体的选用及其与正文字体的交互参见 2.1.3 节“字体”。

Knuth [126, Chapter 16–19, 26], Mittelbach and Goossens [166, Chapter 8] 和盖鹤麟（Gai, Helin）[313] 既是数学公式方面的完整参考，也提供了有关数学公式精调的许多原则和手段，特别是一些美学上的准则。ISO/TC 12 [114] 则提出了 ISO 组织对科技文档数量及单位使用的一些要求。

数学模式中的 `array` 环境可以提供向量和矩阵的细节控制，参见 5.1.1 节“`tabular` 和 `array`”；数学交换图表的绘制参见 5.5.1 节“XY-pic 与交换图表”。

第 5 章

绘制图表

图表的制作大概是 LaTeX 中最令人着迷的部分了，为图表编写的宏包、工具、书籍、文档数不胜数，LaTeX 在这方面所能达到的效果也从最简单的直线稿图、简单表格发展到极为复杂的图形图像、数据报表，其功能不亚于许多专业图表软件。但另一方面，缺乏直观的代码也让不少人将其视为畏途。让图表问题变得更容易，是许多 LaTeX 用户的愿望。这一章我们就要进入这个全新的领域，从基本的工具开始，渐次发散开来，逐步领略个中妙趣。

注意，本章出现在示例和习题中的多数表格格式与全书其他部分可能有较大区别，展示的是示例代码产生的未经调整的格式。除 5.3.2 节外，图表标题格式仍与全书统一。

5.1 LaTeX 中的表格

在语义上，表格的作用是展示多种相关的内容，而在形式上，表格就是按行和列对齐的一组内容。表格是二维延伸的特殊排版对象，与 `tabbing` 环境简单地预设对齐位置不同，在表格中较后面内容的宽度也会影响前面内容的排列。在 LaTeX 中，表格是逐行输入的，可以设置表格的列对齐格式和表格线，通过扩展的宏包还可以达成一些特殊的效果。

5.1.1 tabular 和 array

在 LaTeX 中，表格使用两个环境录入：在文本或数学模式下都可以使用 `tabular` 环境，在数学模式下还可以使用 `array` 环境。在数学模式下使用 `tabular` 环境，其表项内容也是按文本模式排版的。除了所在的模式不同，tabular 环境和 array 环境在功能使用上基本没有区别。一般使用 tabular 环境排版表格，而用 array 环境排版包含数学符号的公式，如复杂矩阵等。

tabular 与 array 环境的一般格式为：

```
\begin{tabular}[⟨垂直对齐⟩]{⟨列格式说明⟩}
⟨表项⟩ & ⟨表项⟩ & ...& ⟨表项⟩ \\
......
\end{tabular}
\begin{array}[⟨垂直对齐⟩]{⟨列格式说明⟩}
⟨表项⟩ & ⟨表项⟩ & ...& ⟨表项⟩ \\
......
\end{array}
```

此外环境中还可能有表格线等命令。

tabular 与 array 环境中，每行后用 \\ 表示换行，一行之内的不同列之间用 & 分开，用 & 和 \\ 就可把表格分成许多个表项。

表格的可选垂直对齐选项很少使用，常用的列格式说明就是左、中、右对齐，一个简单表格的例子如：

```
\begin{tabular}{lcr}
left & center & right \\
本列左对齐 & 本列居中
  & 本列右对齐 \\
\end{tabular}
```

left	center	right
本列左对齐	本列居中	本列右对齐

5-1-1

表格中的一个表项隐含一个分组，因此在表项内部的声明命令，其作用域也以 & 和 \\ 为界，如：

```
\begin{tabular}{ll}
\bfseries 功能 & \bfseries 环境 \\
表格 & \ttfamily tabular \\
对齐 & \ttfamily tabbing \\
\end{tabular}
```

功能	**环境**
表格	tabular
对齐	tabbing

5-1-2

在列格式说明中可以用 | 表示画一条竖线，而在表格一行前后使用 \hline 命令可以画一条横线，如：

5-1-3

```
\[
  \begin{array}{r|r}
    \frac12 & 0 \\
    \hline
    0 & -\frac12 \\
  \end{array}
\]
```

$$
\begin{array}{r|r}
\frac12 & 0 \\
\hline
0 & -\frac12 \\
\end{array}
$$

表格中，可选的 ⟨垂直对齐⟩ 参数可以是：

- `t` 按表格顶部对齐，顶部是表格第一行或表线。
- `b` 按表格底部对齐，底部是表格最后一行或表线。
- **默认** 垂直居中，非 t 和 b 的参数都看做是居中。

例如：

5-1-4

```
\begin{tabular}[b]{c}
上 \\ 中间 \\ 下
\end{tabular}
与底部对齐。
```

上
中间
下 与底部对齐。

tabular 环境和 array 环境得到的表格都只是一个普通的盒子，因此表格与文字或数学公式的其他部分通常会直接连在一起，例如：

5-1-5

```
\begin{tabular}{|rr|}
\hline
  输入 & 输出 \\ \hline
  $-2$ & 4 \\
  0 & 0 \\
  2 & 4 \\
\hline
\end{tabular}
\qquad
输入与输出有关系 $y = x^2$
```

输入	输出
-2	4
0	0
2	4

输入与输出有关系 $y = x^2$

不过多数表格通常并不在前后有文字，因此可以放在专门的环境中。文档中的表格经常被放在带有编号、标题的浮动体中，这样可以保证表格与前后文字不直接相连，也能避免难看的分页，参见 5.3.1 节。

完整的列格式说明符如下：

- **l** 本列左对齐。
- **c** 本列居中。
- **r** 本列右对齐。
- **p{⟨宽⟩}** 本列具有固定宽度，且可以自动换行。事实上，这相当于表格项是由命令 `\parbox[t]{⟨宽⟩}` 得到的，但为了避免混淆，里面不能直接使用 `\\` 命令。如果需要不同的对齐方式，可以在表项中直接加 `\centering`, `\raggedleft` 等命令。
- **|** 画一条竖线，不占表项计数。
- **@{⟨内容⟩}** 添加任意内容，不占表项计数。使用 `@{⟨内容⟩}` 列格式符会同时取消表列间的距离。
- ***{⟨计数⟩}{⟨列格式说明⟩}** 作为一种简写，将给出的列格式说明符重复多次。

使用这些说明符就可以得到相当多变的表列格式，常见的普通表格都不难获得，例如：

```
\begin{tabular}{|c|rrr|p{4em}|}
\hline
  姓名 & 语文 & 数学 & 外语 & 备注 \\
\hline
  张三 & 87 & 100 & 93 & 优秀 \\
  李四 & 75 & 63 & \emph{52} & 补考另行通知 \\
  王小二 & 80 & 82 & 78 & \\
\hline
\end{tabular}
```

5-1-6

姓名	语文	数学	外语	备注
张三	87	100	93	优秀
李四	75	63	*52*	补考另行通知
王小二	80	82	78	

又如，使用 `@` 格式符插入小数点，在左右两边分别使用右对齐和左对齐，就可以得到按小数点对齐的表格：

```
\begin{tabular}{|c|r@{.}l|}
  \hline
  收入 & 12345&6  \\ \hline
  支出 &   765&43 \\ \hline
  节余 & 11580&17 \\ \hline
\end{tabular}
```

5-1-7

收入	12345.6
支出	765.43
节余	11580.17

而且可以用 * 格式重复这一模式，输入多列数据（这里用数学模式方便负数排版）：

```
\[
\begin{array}{|c|*{3}{r@{.}l|}}  % 相当于 |c|r@{.}l|r@{.}l|r@{.}l|
\hline
\text{收入} & 12345&6  & 5000&0 &   1020&55 \\ \hline
\text{支出} &   765&43 & 5120&5 &  98760&0  \\ \hline
\text{节余} & 11580&17 & -120&5 & -97739&45 \\ \hline
\end{array}
\]
```

5-1-8

收入	12345.6	5000.0	1020.55
支出	765.43	5120.5	98760.0
节余	11580.17	−120.5	−97739.45

不过按小数点对齐这一功能也可以用 dcolumn 宏包[46] 更清晰也更自然地处理，它提供了一种新的列格式说明符 D，这个说明符带有三个参数，分别表示小数点的输入方式、小数点的输出方式和最大小数位数（负值表示不限）。为了正常使用负号等数学符号，使用 D 说明符的列将自动进入数学模式，因此对文字表头要做特别的处理，通常是使用 \multicolumn 命令（参见 5.1.2 节）改变表头的列格式。dcolumn 宏包会自动调用 array 宏包，为使用方便，可以用 array 宏包的 \newcolumntype 功能再将带预设参数的 D 说明符定义为新的列说明符（参见 5.1.6 节），例如：

```
% 导言区 \usepackage{dcolumn}
\newcolumntype{d}{D{.}{.}{2}}
\begin{tabular}{|c|*{3}{d|}}  % 相当于 |c|d|d|d|
\hline
姓名 & \multicolumn{1}{c|}{张三} & \multicolumn{1}{c|}{李四}
```

```
    & \multicolumn{1}{c|}{王五} \\ \hline
收入 & 12345.6  & 5000   &   1020.55 \\ \hline
支出 &   765.43 & 5120.5 &  98760     \\ \hline
节余 & 11580.17 & -120.5 & -97739.45 \\ \hline
\end{tabular}
```

5-1-9

姓名	张三	李四	王五
收入	12345.6	5000	1020.55
支出	765.43	5120.5	98760
节余	11580.17	−120.5	−97739.45

表格中，列与列之间最小距离的一半是由变量 \tabcolsep 和 \arraycolsep 控制的，可以单独进行设置。在第一列之前和最后一列的后面也同样有宽度为 \tabcolsep 或 \arraycolsep 的间距，不过可以使用 @{} 说明符去除，例如：

```
\verb=tabular= 环境可以在
$\left(\begin{tabular}{@{}c@{}}
  文本 \\ 数学
\end{tabular}\right)$
模式下通用。
```

tabular 环境可以在 $\left(\begin{array}{c}\text{文本}\\ \text{数学}\end{array}\right)$ 模式下通用。

5-1-10

如果在表列的 @ 说明符中使用 \extracolsep{⟨间距⟩}，可以增加它之后的所有表列左侧的额外间距，但注意 @ 说明符本身会消除原有的列间距，例如：

```
% 第 1 列前是原始间距，第 2 列前只有 1em 间距
% 第 3、4 列前则是原始间距加 1em
\begin{tabular}{|c|@{\extracolsep{1em}}c|c|c|}
\hline
  1 & 2 & 3 & 4 \\
  1 & 2 & 3 & 4 \\
\hline
\end{tabular}
```

1	2	3	4
1	2	3	4

5-1-11

表格中行与行之间的距离可以由宏 \arraystretch 控制。\arraystretch 默认定义为 1，可以通常重定义得到指定倍数的表格行距，例如：

5-1-12

```
\renewcommand\arraystretch{2}
\begin{tabular}{|l|r|}
\hline
这是一个 & 宽松的表格 \\ \hline
loose & table \\ \hline
\end{tabular}
```

这是一个	宽松的表格
loose	table

使用表格的垂直对齐选项 t 与 b 时，如果同时顶部或底部有表格线，则前后的文字会与表格线而不是首末的表行对齐。表格的这个性质在很多时候并不符合我们的需求，此时可以使用 array 宏包[163] 提供的 \firsthline 和 \lasthline 命令代替 \hline，例如：

5-1-13

```
% 导言区 \usepackage{array}
\begin{tabular}[b]{|c|}
\firsthline
上 \\ 中间 \\ 下 \\
\lasthline
\end{tabular}
与底部对齐。
```

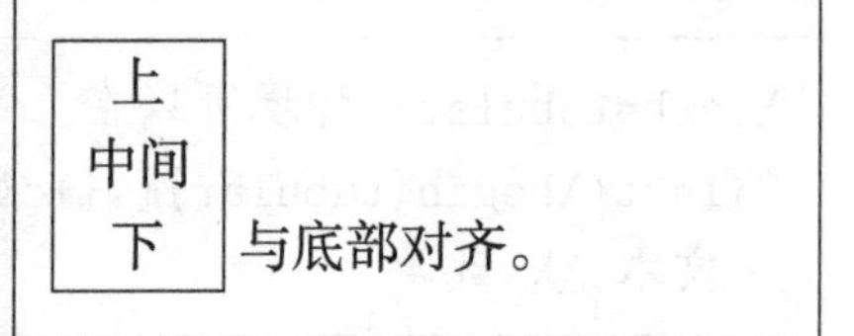

练 习

5.1 排版下面的增广矩阵：

$$\left(\begin{array}{ccc|c} a_{11} & a_{12} & a_{13} & b_1 \\ a_{21} & a_{22} & a_{23} & b_2 \\ a_{31} & a_{32} & a_{33} & b_3 \end{array}\right)$$

5.2 排版下面的表格，并考虑，怎样的列对齐方式更为合理，表格线该如何设置更为美观。

人数	患慢性支气管炎	未患慢性支气管炎	合计
吸烟	43	162	205
不吸烟	13	121	134
合计	56	283	339

5.3 查阅 siunitx 宏包的文档 Wright [298]，了解 siunitx 提供的 S 列格式的用法，并排版表 5.1。

表 5.1　使用 siunitx 排版的数量表

数量
−2 147 483 648
3.141 592 65
$2.997\,924\,58 \times 10^8$
3.55 ± 0.02

5.1.2　表格单元的合并与分割

\multicolumn{⟨项数⟩}{⟨新列格式⟩}{⟨内容⟩} 命令可用于将一行中几个不同的表项合并为一项，它经常用于排版跨列的表头，例如：

```
\begin{tabular}{|r|r|}
  \hline
  \multicolumn{2}{|c|}{成绩} \\ \hline
  语文 & 数学 \\ \hline
  87 & 100 \\ \hline
\end{tabular}
```

成绩	
语文	数学
87	100

5-1-14

注意这里合并的新列格式里面只能有一个 c、l、r 或 p{⟨宽⟩}，以及可选的 @ 选项和表线。\multicolumn 会重定义它所产生的列后面的竖线（如果是第一列，也包括前面的竖线），当表格有竖线时，要特别注意不要让 \multicolumn 增加或减少应有的竖线，当然，也可以用它来产生间断的竖线。\multicolumn 命令不仅可以用于合并多列，也可以只“合并”一列，作用是改变所在表项的对齐、竖线格式，例如：

```
\begin{tabular}{|r|r|}
  \hline
  \multicolumn{1}{|c|}{输入} &
  \multicolumn{1}{c|}{输出} \\ \hline
  1 & 1 \\ 5 & 25 \\ 15 & 225 \\ \hline
\end{tabular}
```

输入	输出
1	1
5	25
15	225

5-1-15

\cline 命令与 \hline 命令类似，都用来画水平的表格线。不过 \cline 带有一个形如 ⟨起⟩-⟨止⟩ 参数，用来说明表格线起始和终止的列号，用来画出不完全或间断的横线。我们来扩充前面的例 5-1-14：

5-1-16

```
\begin{tabular}{|c|r|r|}
\hline
& \multicolumn{2}{c|}{成绩}\\ \cline{2-3}
姓名 & 语文 & 数学 \\ \hline
张三 & 87 & 100 \\ \hline
\end{tabular}
```

	成绩	
姓名	语文	数学
张三	87	100

从上面的例子可以看出，使用 \cline 命令画出一段不完全的表线，就可以产生跨行表格项的效果。

与 \multicolumn 命令相反，\vline 命令可以在表项内部画一条只占一行高度的竖线。如果用它来拆分已有的表项，要注意加上适当的间距[①]，例如：

```
\begin{tabular}{|c|}
\hline
1 \\ \hline
1 \vline\ 2 \\ \hline % 加一个空格的间距
1 \vline\ 2 \vline\ 3 \\ \hline
\end{tabular}
```

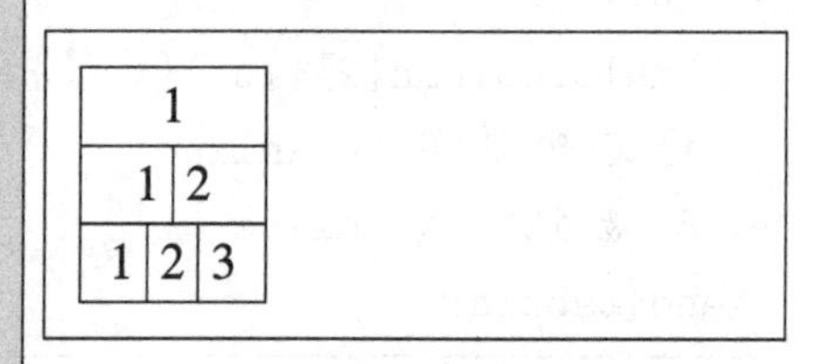

不过，使用 \vline 拆分表项不易掌握间距，另一种方式是直接使用嵌套的表格，此时应该注意在两侧只使用 @{}，避免间距和竖线，例如：

```
\begin{tabular}{|c|}
\hline
1 \\ \hline
\begin{tabular}{@{}c|c@{}} 1 & 2 \end{tabular} \\ \hline
\begin{tabular}{@{}c|c|c@{}} 1 & 2 & 3\end{tabular} \\ \hline
\end{tabular}
```

5-1-17

① 准确的间距是 \tabcolsep。

<table>
<tr><td colspan="3" align="center">1</td></tr>
<tr><td colspan="2" align="right">1</td><td>2</td></tr>
<tr><td>1</td><td>2</td><td>3</td></tr>
</table>

直接使用 \cline 画线模拟的跨行表项在行数是偶数时并不正确，通常跨行的新表项应该在两行的正中间，而不是在上面或下面一行。为此，可以使用 multirow 宏包[191] 提供的 \multirow 命令排版跨行的表项。\multirow 命令的基本语法格式如下：

\multirow{⟨行数⟩}{⟨宽度⟩}{⟨内容⟩}
\multirow{⟨行数⟩}*{⟨内容⟩}

使用前一种形式，内容达到宽度后会自动换行；使用后面一种形式，产生表项的宽度就是输入内容的宽度。通常后一种形式更常用些，沿用前面的例 5-1-16：

```
% 导言区 \usepackage{multirow}
\begin{tabular}{|c|r|r|}
\hline
\multirow{2}*{姓名} &
\multicolumn{2}{c|}{成绩} \\ \cline{2-3}
    & 语文 & 数学 \\ \hline
张三 & 87   & 100  \\ \hline
\end{tabular}
```

<table>
<tr><td rowspan="2">姓名</td><td colspan="2" align="center">成绩</td></tr>
<tr><td>语文</td><td>数学</td></tr>
<tr><td>张三</td><td align="right">87</td><td align="right">100</td></tr>
</table>

5-1-18

*

makecell 宏包[141] 提供的 \makecell 命令可以单独控制表项单元，可以在表项中使用 \\ 命令自由地换行。在不打算固定表列宽度时，它比 p{⟨宽度⟩} 选项更为灵活，如：

```
% 导言区 \usepackage{makecell}
\begin{tabular}{|r|r|} \hline
\makecell{处理前\\数据} &
\makecell{处理后\\数据} \\ \hline
4934 & 8945 \\ \hline
\end{tabular}
```

处理前 数据	处理后 数据
4934	8945

5-1-19

*本节剩余内容初次阅读可略过。

\makecell 命令的内容默认使用居中对齐，也可以使用可选选项 t、b、l、r、c 等分别控制其垂直与水平对齐方式为顶部、底部、左对齐、右对齐或居中。

makecell 宏包的这种表项分行常用在表头中。事实上，它还为表头单独定义了与 \makecell 类似的 \thead 命令，它产生字体较小、上下间距较大的单元，更适合文字较多的多行表头使用，例如：

5-1-20

```
% 导言区 \usepackage{makecell}
\begin{tabular}{|r|r|}
\hline
\thead{处理前\\数据} &
\thead{处理后\\数据} \\ \hline
4934 & 8945 \\
\hline
\end{tabular}
```

处理前 数据	处理后 数据
4934	8945

makecell 的 \rothead 命令则相当于旋转了 90° 的 \thead 命令，这个命令还依赖 rotating 宏包[72]。使用 \rothead 时需要给旋转表头的宽度 \rotheadsize 赋值，例如：

5-1-21

```
% 导言区 \usepackage{rotating,makecell}
\settowidth\rotheadsize{\theadfont 数学课}
\begin{tabular}{|c|c|}
\hline
\thead{姓名} & \rothead{数学课\\成绩} \\\hline
张三 & 100 \\\hline
\end{tabular}
```

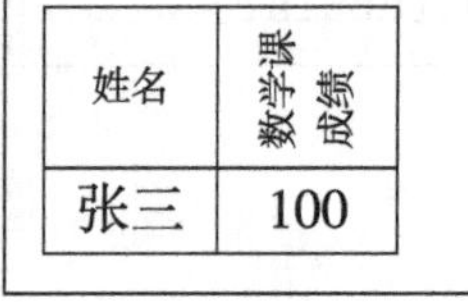

姓名	数学课 成绩
张三	100

表头的字体由 \theadfont 命令控制，默认是 \foonotesize；间距由 \theadgape 或 \rotheadgape 生成，默认是 \gape；对齐是由 \theadalign 控制，默认是 {cc}。可以重定义这些命令来控制表头的格式，详细内容可参见 makecell 宏包的文档。

makecell 还提供了 \gape{⟨内容⟩} 命令，用来增加表项内容的上下间距，默认是增加 \jot 的距离，可选的 t、b 参数可以只改变表项顶部或底部的间距。也可以使用 \Gape[⟨间距⟩]{⟨内容⟩} 或 \Gape[⟨上间距⟩][⟨下间距⟩]{⟨内容⟩} 手工设置增加的间距。

no gape　\gape[t]　\gape[b]　\gape　\Gape[6pt]

使用 \setcellgapes{⟨间距⟩} 可以设置表项内容的竖直间距，然后可以使用 \makegapedcells 和 \nomakegapedcells 命令对表格中的所有表项打开或关闭这个间距功能。

如果同时使用 multirow 宏包和 makecell 宏包，命令 \multirowcell 和 \multirowthead 命令则成为 \makecell、\thead 与 \multirow 的结合体，可以在跨行的表项中随意地使用 \\ 命令换行，例如：

```
% 导言区 \usepackage{multirow,makecell}
\begin{tabular}{|c|r|}
\hline
\multirowcell{3}{各科\\成绩} & 78 \\
\cline{2-2} & 82 \\ \cline{2-2}
 & 86 \\ \hline
\end{tabular}
```

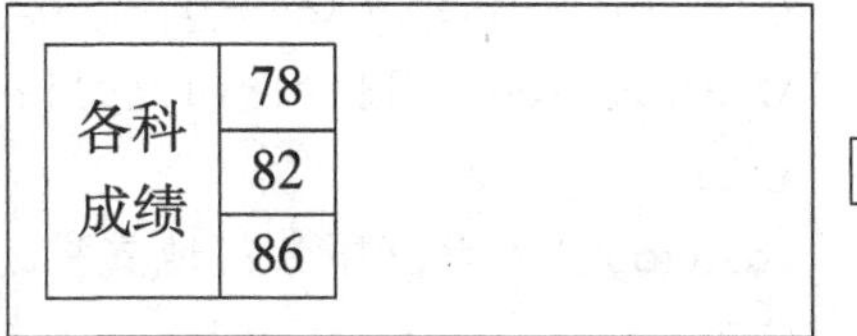

各科成绩	78
	82
	86

5-1-22

作者编写的 diagbox 宏包[306] 提供了 \diagbox 命令，可以用来对表头进行斜线分割，其基本语法格式如下：

\diagbox[⟨选项⟩]{⟨左⟩}{⟨右⟩}
\diagbox[⟨选项⟩]{⟨左⟩}{⟨中⟩}{⟨右⟩}

一般情况下 ⟨选项⟩ 可以省略，例如：

```
% 导言区 \usepackage{diagbox}
\begin{tabular}{|c|*{4}{c}|}
\hline
\diagbox{天干}{地支} & 子 & 丑 & 寅 & 卯 \\
\hline
甲 &  1 && 51 & \\
乙 &&  2 && 52 \\
丙 & 13 && 3 & \\
丁 && 14 && 4\\
\hline
\end{tabular}
```

5-1-23

地支 \ 天干	子	丑	寅	卯
甲	1		51	
乙		2		52
丙	13		3	
丁		14		4

\diagbox 自动判断是把表头分成两部分还是三部分，例如：

```
% 导言区 \usepackage{diagbox}
\begin{tabular}{|c|*{4}{c}|}
\hline
\diagbox{天干}{序号}{地支} & 子 & 丑 & 寅 & 卯 \\
\hline
甲 &  1 && 51 & \\
乙 &&  2 && 52 \\
丙 & 13 && 3 & \\
丁 && 14 && 4\\
\hline
\end{tabular}
```

5-1-24

序号 地支 \ 天干	子	丑	寅	卯
甲	1		51	
乙		2		52
丙	13		3	
丁		14		4

\diagbox 的 ⟨选项⟩ 可以使用 width 和 height 设置斜线表头的高度和宽度，用 dir 选项设置斜线表头的方向，或用 trim 选项设置左右边界等，详细用法可参见宏包手册 [306]。

diagbox 宏包的前身是 **slashbox** 宏包，它提供了 \slashbox 和 \backslashbox 命令，二者都带有两个内容参数，可以把一个表项用斜线拆分开来，其中 \backslashbox 命令与带有 ⟨左⟩、⟨右⟩ 两个参数的 \diagbox 命令相似。作为 **slashbox** 的代替品，**diagbox** 宏包提供了对 **slashbox** 宏包的向后兼容性，也可以在 **diagbox** 中使用 \slashbox 与

\backslashbox 命令。

除了 diagbox，makecell 宏包也提供了一个 \diaghead 命令生成斜线表头，不过它语法较为冗长，效果也不如 \diagbox，这里就不做介绍了。

练 习

5.4 绘制如下梯形表格：

张家村	三里		
李家屯	六里	三里	
王家庄	五里	八里	七里
	赵镇	张家村	李家屯

5.5 makecell 宏包的 \makecell 实际上是实现了一个只有一列的小表格，tabular 环境可以嵌套，请据此给出一个自己的 \makecell 命令的定义方法。

5.6 绘制如下表格：

摩擦副 配对材料	锁紧力矩 N·m 锁紧结构		供油压力（MPa）				
			2	5	7	10	12
调制钢	摩擦锥	$\theta = 60°$，单槽	1.3	2.6	2.9	3.5	3.8
		$\theta = 60°$，双槽	1.8	3.4	3.7	4.5	5.2
		$\theta = 64°$，双槽	1.2	2.6	2.9	3.4	3.7
		$\theta = 36°$，双槽	1.5	3.3	4.3	4.4	4.6
		$\theta = 20°$，双槽	1.6	3.3	3.8	5.0	5.5
H62	内摩擦环		1.6	2.9	4.0	4.6	5.1
	外摩擦环		7.6	8.6	9.5	10.5	11.7

5.1.3 定宽表格与 tabularx

tabular 环境得到的表格宽度就是各列自然宽度的总和，可以使用 p{⟨宽⟩} 格式规定单列的宽度，但有时还需要规定整个表格的总宽度，比如让表格铺满整页。

LaTeX 的 tabular* 环境就是一种固定宽度的表格，相较于普通的 tabular 环境，它增加了一个 ⟨宽度⟩ 参数：

*本节内容初次阅读可略过。

\begin{tabular*}{⟨宽度⟩}[⟨垂直对齐⟩]{⟨列格式说明⟩}
⟨表项⟩ & ⟨表项⟩ & ...& ⟨表项⟩ \\\\
……
\end{tabular*}

要让 tabular* 环境发挥作用，一般需要使用 \extracolsep 命令给表列增加弹性宽度，例如：

```
\begin{tabular*}{\textwidth}{|c@{\extracolsep{\fill}}ccccc|}
\hline
  数字 & 1 & 2 & 3 & 4 & 5 \\
  字母 & A & B & C & D & E \\
  天干 & 甲 & 乙 & 丙 & 丁 & 戊 \\
\hline
\end{tabular*}
```

5-1-25

数字	1	2	3	4	5
字母	A	B	C	D	E
天干	甲	乙	丙	丁	戊

tabular* 环境使用不便，在画竖直表线和设置列间距的时候都很容易出问题。为了简化定宽表格的排版，可以使用 tabularx 宏包[45] 提供的 tabularx 环境。tabularx 环境的语法与 tabular* 相同，只是它提供了一个 X 列格式说明符，表示自动延伸的表列，可以与其他列说明符一起使用。X 列格式很好地处理了间距问题，表项内容会按一个定宽的 \parbox 盒子排版，可以自动换行，内部默认是左对齐的，例如：

```
% 导言区 \usepackage{tabularx}
\begin{tabularx}{\textwidth}{|c|X|X|X|X|X|}
\hline
  数字 & 1 & 2 & 3 & 4 & 5 \\ \hline
  字母 & A & B & C & D & E \\ \hline
  天干 & 甲 & 乙 & 丙 & 丁 & 戊 \\
\hline
\end{tabularx}
```

5-1-26

数字	1	2	3	4	5
字母	A	B	C	D	E
天干	甲	乙	丙	丁	戊

tabularx 宏包依赖 array 宏包，也可以使用 array 宏包的机制（参见 5.1.6 节）设定其他的对齐方式。由于 \centering 等命令会影响 \\ 命令的定义，需要在对齐命令后面加上 \arraybackslash 命令恢复[①]。例如，可以用 \newcolumntype 定义一个居中的 Y 列格式：

```
% 导言区 \usepackage{tabularx}
\newcolumntype{Y}{>{\centering\arraybackslash}X}
\begin{tabularx}{\textwidth}{|c|Y|Y|Y|Y|Y|}
\hline
  数字 & 1 & 2 & 3 & 4 & 5 \\ \hline
  字母 & A & B & C & D & E \\ \hline
  天干 & 甲 & 乙 & 丙 & 丁 & 戊 \\
\hline
\end{tabularx}
```

5-1-27

数字	1	2	3	4	5
字母	A	B	C	D	E
天干	甲	乙	丙	丁	戊

5.1.4 长表格与 longtable

非常长的表格也很常见，特别是格式整齐的数据报表。由于表格本身是一个不能断开的盒子，直接在正文中使用大表格一般会造成难看的分页。因此，较大的表格一般放在浮动体 table 环境中（参见 5.3.1 节）。没有标题、只有两三行的短表格才适合放在正文中，不过通常还是放在 center、quote 等环境中，不与段落中的文字直接相连。

*

只要表格的内容不超过一页，使用浮动体总是比较合适的方式。但是，如果表格内容已经超出一页的范围，就必须对表格进行拆分才行。longtable 就是处理这种行数非常多的长表格的宏包[49]。

longtable 宏包提供一个 longtable 环境，它的语法格式与 tabular 环境类似，不过增加了一些处理跨页时表格头尾的新命令：

① 不定义新的列格式的话，可以只在最后一列添加。

*本节后面内容初次阅读可略过。

\begin{longtable}[⟨水平对齐⟩]{⟨列格式说明⟩}
⟨表头⟩
\endhead
⟨第一页表头⟩
\endfirsthead
⟨表尾⟩
\endfoot
⟨最后一页表尾⟩
\endlastfoot
⟨表项⟩ & ⟨表项⟩ & …& ⟨表项⟩ \\
……
\end{longtable}

基本的 longtable 用法就是简单地使用 `longtable` 环境，不使用 `\endhead` 等任何特别的命令，表格会在分页时自动断开。⟨水平对齐⟩ 选项可以选择左对齐 `l`、右对齐 `r` 或居中 `c`，默认设置是居中。`\endhead`、`\endfirsthead`、`\endfoot`、`\endlastfoot` 几个命令则定义了表格在换页时的行为，它们用在 `longtable` 环境的最前面，把 `longtable` 环境的前面一部分划分为四个（也可以省略）部分，分别表示表格在每一页和第一页的表头、每一页和最后一页的表尾。与 `tabular` 环境不同，`longtable` 环境中可以使用脚注、表格标题（参见 5.3.1 节）等命令。表格的标题一般放在第一页表头或最后一页表尾的地方，即 `\endfirsthead` 和 `\endlastfoot` 命令所隔开的部分，而用 `\endhead` 和 `\endfoot` 隔开的部分则一般用来填写表格续页的说明。

例如，longtable 宏包的常用选项和命令汇总，就可以用下面的长表格得到：

```
% 导言区使用 \usepackage{longtable}
\newcommand\meta[1]{\emph{$\langle$#1$\rangle$}}
\begin{longtable}{|l|l|}
\caption{\texttt{longtable} 环境中的命令汇总} \\
\hline
\endfirsthead
\multicolumn{2}{l}{（续表）} \\
\hline
\endhead
\hline
\multicolumn{2}{c}{\itshape 接下一页表格……} \\[2ex]
```

```
\endfoot
\hline
\endlastfoot
\multicolumn{2}{|c|}{环境的水平对齐可选项} \\ \hline
留空 & 表格居中%
\footnote{实际上，留空的对齐方式是由一组命令控制的，参见宏包文档。} \\
\verb=[c]= & 表格居中 \\
\verb=[l]= & 表格左对齐 \\
\verb=[r]= & 表格右对齐 \\
\hline \multicolumn{2}{|c|}{结束表格一行的命令} \\ \hline
\verb=\\= & 普通的结束一行表格 \\
\verb=\\[=\meta{距离}\verb=]= & 结束一行，并增加额外间距 \\
\verb=\\*= & 结束一行，禁止在此分页 \\
\verb=\kill= & 当前行不输出，只参与宽度计算 \\
\verb=\endhead= & 此命令以上部分是每页的表头 \\
\verb=\endfirsthead= & 此命令以上部分是表格第一页的表头 \\
\verb=\endfoot= & 此命令以上部分是每页的表尾 \\
\verb=\endlastfoot= & 此命令以上部分是表格最后一页的表尾 \\
\hline \multicolumn{2}{|c|}{标题命令} \\ \hline
\verb=\caption{=\meta{标题}\verb=}= & 生成带编号的表格标题 \\
\verb=\caption*{=\meta{标题}\verb=}= & 生成不带编号的表格标题 \\
\hline \multicolumn{2}{|c|}{分页控制} \\ \hline
\verb=\newpage= & 强制分页 \\
\verb=\pagebreak[=\meta{程度}\verb=]= & 允许分页的程度（0--4） \\
\verb=\nopagebreak[=\meta{程度}\verb=]= & 禁止分页的程度（0--4） \\
\hline \multicolumn{2}{|c|}{脚注控制} \\ \hline
\verb=\footnote= & 使用脚注\footnote{普通表格中不能用。},
  注意不能用在表格头尾 \\
\verb=\footnotemark= & 单独产生脚注编号，不能用在表格头尾 \\
\verb=\footnotetext= & 单独产生脚注文字 \\
\hline \multicolumn{2}{|c|}{长度参数} \\ \hline
\verb=\LTleft= & 对齐方式留空时，表格左边的间距，默认为 \verb=\fill=\\
\verb=\LTright= & 对齐方式留空时，表格右边的间距，默认为 \verb=\fill=\\
```

```
\verb=\LTpre= & 表格上方间距，默认为 \verb=\bigskipamount= \\
\verb=\LTpost= & 表格下方间距，默认为 \verb=\bigskipamount= \\
\verb=\LTcapwidth= & 表格标题的宽度，默认为 4\,in \\
\end{longtable}
```

5-1-28

表 5.2 longtable 环境中的命令汇总

环境的水平对齐可选项	
留空	表格居中[①]
[c]	表格居中
[l]	表格左对齐
[r]	表格右对齐
结束表格一行的命令	
\\	普通的结束一行表格
\\[⟨距离⟩]	结束一行，并增加额外间距
*	结束一行，禁止在此分页
\kill	当前行不输出，只参与宽度计算
\endhead	此命令以上部分是每页的表头
\endfirsthead	此命令以上部分是表格第一页的表头
\endfoot	此命令以上部分是每页的表尾
\endlastfoot	此命令以上部分是表格最后一页的表尾
标题命令	
\caption{⟨标题⟩}	生成带编号的表格标题
\caption*{⟨标题⟩}	生成不带编号的表格标题
分页控制	
\newpage	强制分页
\pagebreak[⟨程度⟩]	允许分页的程度（0–4）
\nopagebreak[⟨程度⟩]	禁止分页的程度（0–4）
脚注控制	
\footnote	使用脚注[②]，注意不能用在表格头尾
\footnotemark	单独产生脚注编号，不能用在表格头尾

接下一页表格……

① 实际上，留空的对齐方式是由一组命令控制的，参见宏包文档。
② 普通表格中不能用。

5

（续表）

\footnotetext	单独产生脚注文字
长度参数	
\LTleft	对齐方式留空时，表格左边的间距，默认为 \fill
\LTright	对齐方式留空时，表格右边的间距，默认为 \fill
\LTpre	表格上方间距，默认为 \bigskipamount
\LTpost	表格下方间距，默认为 \bigskipamount
\LTcapwidth	表格标题的宽度，默认为 4 in

需要注意的是，longtable 得到的长表格，是把跨页时需要的长度信息保存在 .aux 辅助文件中，供下一次编译时控制表格宽度和表线。因此，一般需要编译两到三次，才能得到正确的表格。

ltxtable 宏包[43] 是 longtable 与 tabularx 宏包的结合体，使用它可以得到自动延伸的表列，同时也具有跨页功能。

ltxtable 宏包的用法比较特别，它需要在一个单独的 TEX 文件中编写 longtable 环境的表格，这个 longtable 环境可以使用 X 列格式符。然后，在实际的 TEX 源文件中使用命令 \LTXtable{⟨宽度⟩}{⟨文件名⟩} 来插入实际的表格。例如，我们文档的源文件是 foo.tex，那么里面可以使用这样的代码：

```
% foo.tex
% 导言区用：
\usepackage{ltxtable}
% 正文使用：
\LTXtable{\textwidth}{mytable}
```

5-1-29

然后在表格文件 mytable.tex 中，使用这样的代码：

```
% mytable.tex
\begin{longtable}{|X|X|X|}
  ...
\end{longtable}
```

5-1-30

由于编写的都是需要跨页的大型表格，因而将表格放在一个单独的文件中通常也是合适的。不过，有时我们也希望只在一个主文件中编写内容，而不需要将表格放在另一个文件中，ltxtable 宏包的这种用法还是太麻烦了。这时，可以借用 fancyvrb 宏包的 VerbatimOut 环境[301]，先生成单独的表格文件，然后再用 \input 命令读入排版表格，把所有代码集中起来。在这种情况下，表格文件也可以在一次编译中重复使用，这对于需要排版大量类似表格的文档可能更为有用，例如：

```
% 导言区使用
% \usepackage{ltxtable}
% \usepackage{fancyvrb}
\begin{VerbatimOut}{\jobname.vrb}
\begin{longtable}{|c|X|X|X|X|X|}
\caption{各种序号} \\ \hline
\endfirsthead
\hline
\endhead
\hline
\endfoot
  数字 & 1 & 2 & 3 & 4 & 5 \\ \hline
  字母 & A & B & C & D & E \\ \hline
  天干 & 甲 & 乙 & 丙 & 丁 & 戊 \\
\end{longtable}
\end{VerbatimOut}
\LTXtable{0.5\textwidth}{\jobname.vrb}
```

5-1-31

表 5.3 各种序号

数字	1	2	3	4	5
字母	A	B	C	D	E
天干	甲	乙	丙	丁	戊

在例 5-1-31 中，我们首先使用 VerbatimOut 环境把一个 longtable 宏包的内容保存在 \jobname.vrb 文件中，然后使用 \LTXtable 命令将文件中的表格读入排版。在这里 \jobname 是一个 TeX 内部变量，内容是当前主要的 TeX 源文档的文件名（不含 .tex 扩展名），如对于 foo.tex 源文件来说，将内容是 longtable 环境的生成 foo.vrb 文件，然后立即读入排版。当然，这里的这个例子只有短短几行，看不出来表格换页的效果。

除了上面的方法，也可以使用 tabu 宏包[54] 的 longtabu 环境来排版长表格。tabu 宏包整合了许多表格宏包，提供了方便的用户界面。tabu 本身也提供了 X 列格式，而

longtabu 则会调用 longtable 的功能，因而上面的例子也可以简单地写成：

```
% \usepackage{tabu}
% \usepackage{longtable} % 仍然需要载入 longtable
\begin{longtabu}to 0.5\textwidth{|c|X|X|X|X|X|}
\hline
\endhead
\hline
\endfoot
\caption{各种序号} \\ \hline
\endfirsthead
  数字 & 1 & 2 & 3 & 4 & 5 \\ \hline
  字母 & A & B & C & D & E \\ \hline
  天干 & 甲 & 乙 & 丙 & 丁 & 戊 \\
\end{longtabu}
```

5-1-32

除了 longtable，也可以使用 xtab 宏包[295] 提供的 xtabular 环境来排版跨页的长表格。可以使用 \topcaption、\bottomcaption 或 \tablecaption 来输出表格顶部、底部或默认位置的标题；而命令 \tablefirsthead、\tablehead、\tablelasthead 与 \tabletail、\tablelasttail 命令在功能上也与 longtable 的 \endhead 等命令对应，不过这些命令都用在 xtabular 环境外面，例如：

```
% \usepackage{xtab}
\begin{center}
\tablecaption{各种序号}
\tablefirsthead{\hline}
\tabletail{\hline \multicolumn{6}{r}{\small 接下页}\\}
\tablelasttail{\hline}
\begin{xtabular}{|*{6}{c|}}
  数字 & 1 & 2 & 3 & 4 & 5 \\ \hline
  字母 & A & B & C & D & E \\ \hline
  天干 & 甲 & 乙 & 丙 & 丁 & 戊 \\ \hline
\end{xtabular}
\end{center}
```

5-1-33

表 5.4 各种序号

数字	1	2	3	4	5
字母	A	B	C	D	E
天干	甲	乙	丙	丁	戊

xtab 也同时提供一个 xtabular* 环境作为定宽长表格，其用法与 tabular* 环境类似，不过与 tabular* 一样不易使用。xtab 宏包的优点是它也可以在双栏环境中正常使用（不包括 multicol 宏包），不过同样需要多次编译。

longtable 和 ltxtable 主要解决的是表格过长的问题，但实际中有时还会遇到过宽的表格。LaTeX 并没有提供对宽表格的特别处理，也缺少类似 longtable 这样的宏包可以把宽表格自动断开。因此，对付过宽的表格，一般只能绕过问题，减小字号和列间距，或把页面临时设置为横向的（参见 2.4.2、5.2.3 节），或是手工把表格分开来。实际中应该根据需要调整使用的方法。

5.1.5 三线表与表线控制

*

下面我们来仔细研究表格线。

在科技文档中，数据表经常被表现为一种只有三种横线的形式，即三线表。为了美观，三线表顶部和底部的两条横线比较粗，而中间分隔表头与数据的线则较细（见表 5.5）。

表 5.5 某校学生身高体重样本

序号	性别	年龄	身高/cm	体重/kg
1	F	14	156	42
2	F	16	158	45
3	M	14	162	48
4	M	15	163	50

三线表需要能使用粗线不同的表格线，这可以用 booktabs 宏包[74] 得到。booktabs 提供以下几个表线命令：

*本节内容初次阅读可略过。

- \toprule 命令用来画表格顶部的粗线，下方有少量垂直间距，可以带一个可选的参数改变画线的粗细。
- \midrule 命令用来画表格中间的细分隔线，上下有少量垂直间距，可以带一个可选的参数改变线粗细。
- \bottomrule 命令用来画表格底部的粗线，上方有少量垂直间距，可以带一个可选的参数改变线粗细。
- \cmidrule 的作用与 \cline 类似，可以画出比 \midrule 更细的分隔线，上下有少量垂直间距，并且可以指定横线所在的列。\cmidrule 通常用于分隔表头中的主项和子项。这个命令也可以带有可选的线粗细参数。

例如，要得到表 5.5，就可以用下面的代码制表：

```
\begin{tabular}{ccccc}
  \toprule
  序号 & 性别 & 年龄 & 身高/cm & 体重/kg \\
  \midrule
  1 & F & 14 & 156 & 42 \\
  2 & F & 16 & 158 & 45 \\
  3 & M & 14 & 162 & 48 \\
  4 & M & 15 & 163 & 50 \\
  \bottomrule
\end{tabular}
```

5-1-34

booktabs 宏包也提供了调整线宽的表线前后间隔的长度变量，它们是：

- \heavyrulewidth 设置 \toprule 和 \bottomrule 的粗细，默认 0.08 em。
- \lightrulewidth 设置 \midrule 的粗细，默认 0.05 em。
- \cmidrulewidth 设置 \cmidrule 的粗细，默认 0.03 em。
- \aboverulesep 设置 \bottomrule、\midrule 和 \cmidrule 之前的间距。
- \belowrulesep 设置 \toprule、\midrule 和 \cmidrule 之后的间距。
- \abovetopsep 和 \belowbottomsep 分别设置表格顶底两条线前后的间距，默认为 0。

\cmidrule 命令在连续使用时，可以使用一组圆括号括起来的参数 l、r 或 l{⟨距离⟩}、r{⟨距离⟩} 表示间距的表格线可以在左右向内缩短一小段。而如果在同一位置画出双线的效果，则在多组 \cmidrule 之间需要加 \morecmidrules 分隔，它会产生合适的竖直间距，例如：

```
% 导言区 \usepackage{multirow,booktabs}
\begin{tabular}{*{6}{c}}
\toprule
\multirow{2}*{姓名} & \multicolumn{2}{c}{文科} &
  \multicolumn{2}{c}{理科} & \\
\cmidrule(lr){2-3}\cmidrule(lr){4-5}\cmidrule(lr){6-6}
  \morecmidrules\cmidrule(lr){6-6}
& 历史 & 文学 & 物理 & 化学 & 总评 \\
\midrule
张三 & A & A & B & A & A \\
\bottomrule
\end{tabular}
```

5-1-35

姓名	文科		理科		
	历史	文学	物理	化学	总评
张三	A	A	B	A	A

有关 booktabs 宏包的功能大致就是如此，更多的说明和示例可参见文档 Fear [74]。

booktabs 宏包是专门为绘制三线表而设计的宏包，它的横线命令很复杂，也在前后具有不同的垂直间距，这同时破坏表格中竖线的效果。如果只是希望控制横向表格线的粗细，而并不打算有额外的特性，makecell 宏包提供的 \Xhline{⟨线宽⟩} 与 \Xcline{⟨起⟩-⟨止⟩}{⟨线宽⟩} 是一组很好的选择，例如，我们用 \Xhline 和 \Xcline 模仿 booktabs 的行为：

```
% 导言区 \usepackage{makecell}
\begin{tabular}{c|cc}
\Xhline{2pt}
自变量 & \multicolumn{2}{c}{因变量} \\
\Xcline{2-3}{0.4pt}
半径 & 周长 & 面积 \\
\Xhline{1pt}
1.00 & 6.28 & 6.28 \\
2.00 & 12.57 & 12.57 \\
3.00 & 18.85 & 28.27 \\
```

```
\Xhline{2pt}
\end{tabular}
```

5-1-36

自变量	因变量	
半径	周长	面积
1.00	6.28	6.28
2.00	12.57	12.57
3.00	18.85	28.27

垂直方向的粗线可以使用 array 宏包的列格式说明符 `!{⟨表线⟩}` 所定义的自定义表格竖线得到（参见 5.1.6 节）。为了得到合适粗细的竖线，这里使用了原始 TEX 标尺盒子命令 `\vrule`（参见 [126、141]），例如：

```
% \usepackage{makecell}
\newcolumntype{V}{!{\vrule width 2pt}}
\begin{tabular}{Vc|ccV}
\Xhline{2pt}
自变量 & \multicolumn{2}{cV}{因变量} \\
\Xcline{2-3}{0.4pt}
半径 & 周长 & 面积 \\
\Xhline{1pt}
1.00 & 6.28 & 6.28 \\
2.00 & 12.57 & 12.57 \\
3.00 & 18.85 & 28.27 \\
\Xhline{2pt}
\end{tabular}
```

5-1-37

自变量	因变量	
半径	周长	面积
1.00	6.28	6.28
2.00	12.57	12.57
3.00	18.85	28.27

一般地，如果要在文档中整体改变表格线的粗细，可以修改 `\arrayrulewidth` 长度变量。

表格中也可以使用双线。在 booktab 中使用 \cmidrule 的双线已如前述，而标准 LaTeX 的 tabular 环境中，只要使用两个竖线 || 作列格式说明，或是连续地使用 \hline\hline，就可以画出双线。相邻表格双线的距离由长度变量 \doublerulesep 控制。例如：

```
\begin{tabular}{|c||cc|}
\hline\hline
自变量 & \multicolumn{2}{c|}{因变量} \\
\cline{2-3}
半径 & 周长 & 面积 \\
\hline\hline
1.00 & 6.28 & 6.28 \\
2.00 & 12.57 & 12.57 \\
3.00 & 18.85 & 28.27 \\
\hline\hline
\end{tabular}
```

5-1-38

自变量	因变量	
半径	周长	面积
1.00	6.28	6.28
2.00	12.57	12.57
3.00	18.85	28.27

不过正如例 5-1-38 中所看到的那样，表格中的双线在拐弯、接口处通常会变得很难看。由于效果原因，通常并不鼓励在表格中使用双线，如果确实需要对双线的接口进行设置，可以使用 hhline 宏包[40] 提供的 \hhline 代替两个 \hline，对所有双线接口一一处理。hhline 宏包的详细功能可参见文档，另外注意旧版本的 colortbl 宏包一起使用时，需要设置双线间的填充色为背景白色。不过，由于使用复杂，实用中最好能避免这种双线发生交叉的情形，这里只举一个例子：

```
% \usepackage{hhline}
\begin{tabular}{|c||cc|}
\hhline{|=:t:==|}
半径 & 周长 & 面积 \\
\hhline{|=::==|}
1.00 & 6.28 & 6.28 \\
```

```
\hhline{|=:b:==|}
\end{tabular}
```

5-1-39

半径	周长	面积
1.00	6.28	6.28

在本节的最后，我们来看表格中虚线的使用。arydshln 宏包[176] 提供了一系列表格虚线的功能，可以用于 tabular、array 或 longtable 等表格环境中。

垂直的虚线使用列格式符 : 表示，水平的虚线使用 \hdashline 和 \cdashline 命令表示（对应于 \hline 和 \cline），这是 arydshln 宏包的基本用法，例如用虚线分隔的增广矩阵：

```
% \usepackage{arydshln}
\[
\left(
\begin{array}{@{}ccc:c@{}}
  a_{11} & a_{12} & a_{13} & b_1 \\
  a_{21} & a_{22} & a_{23} & b_2 \\
  a_{31} & a_{32} & a_{33} & b_3 \\
  \cdashline{1-3}
  0 & 0 & 0 & b_4 \\
\end{array}
\right)
\]
```

5-1-40

$$\left(\begin{array}{ccc:c} a_{11} & a_{12} & a_{13} & b_1 \\ a_{21} & a_{22} & a_{23} & b_2 \\ a_{31} & a_{32} & a_{33} & b_3 \\ \hdashline 0 & 0 & 0 & b_4 \end{array}\right)$$

此外，如果同时使用了 array 宏包，则还可以使用 \firsthline 与 \lasthline 的虚线对应命令 \firsthdashline 与 \lasthdashline。

arydshln 宏包中虚线的格式可以使用 \dashlinedash 和 \dashlinegap 两个长度变量控制。它们分别表示虚线的黑白长度，默认值都是 4 pt。可以修改它们得到特别的虚线，如改为密集的点线风格：

```
% \usepackage{arydshln}
\setlength\dashlinedash{1pt}
\setlength\dashlinegap{2pt}
\begin{tabular}{:cc:cc:}
\hdashline
上 & 上 & 上 & 上 \\
\cdashline{1-2}
下 & 下 & 下 & 下 \\
\hdashline
\end{tabular}
```

5-1-41

上	上	上	上
下	下	下	下

进一步地，命令 \hdashline 和 \cdashline 的后面也可以使用 [⟨线⟩/⟨空⟩] 的格式设置某一条虚线的黑白长度，竖线则可以使用带一个参数的列格式说明符 ;{⟨线⟩/⟨空⟩}，例如：

```
% \usepackage{arydshln}
\begin{tabular}{;{8pt/2pt}cc;{2pt/2pt}cc;{8pt/2pt}}
\hdashline[8pt/2pt]
上 & 上 & 上 & 上 \\
\cdashline{1-2}[2pt/2pt]
下 & 下 & 下 & 下 \\
\hdashline[8pt/2pt]
\end{tabular}
```

5-1-42

上	上	上	上
下	下	下	下

注意 arydshln 中 : 和 ; 产生的竖线不能用在 @ 和 ! 格式符之后。另外 arydshln 宏包也可能会与 hhline、makecell 等有关表格线的宏包冲突，使竖线不正常，此时可以利用 array 宏包的功能重定义普通竖线列格式 |：

```
% 解决 arydshln 与 hhline, makecell 的冲突
\usepackage{array}
\newcolumntype{|}{!{\vline}}
```

5-1-43

有关 arydshln 宏包的更多注意事项和精细调整的内容可参见文档 Nakashima [176]。

tabu 宏包为 tabu 和 longtabu 环境提供了自己的虚线命令，功能上可以完全代替 arydshln，并且更为强大。读者可参见 Chervet [54] 了解 tabu 中的表线控制功能。

5.1.6 array 宏包与列格式控制

前面几节中我们已经看到，有关表格的许多宏包都依赖 array 宏包的功能。array 宏包是标准 LaTeX 2ε 中 tabular 与 array 的一个增强的实现。这里对 array 宏包的扩展做一个简单的介绍。

array 宏包最基本的功能是对 tabular 和 array 环境原有列格式的扩展。在 5.1.1 节已经说明了 l、c、r、p{⟨宽度⟩}、@{⟨内容⟩} 几种列格式以及画竖线的 |、表示重复的 *{⟨次数⟩}{⟨格式⟩}，而 array 宏包又增加了以下几种：

- **m{⟨宽⟩}** 类似 p 格式，产生具有固定宽度的列，并可以自动换行。相当于由 \parbox{⟨宽⟩} 得到，垂直方向居中对齐。
- **b{⟨宽⟩}** 类似 p 和 m 格式，只是垂直方向与最后一行对齐。相当于由 \parbox[b]{⟨宽⟩} 得到。
- **>{⟨内容⟩}** 把 ⟨内容⟩ 插入后面一列的开头。
- **<{⟨内容⟩}** 把 ⟨内容⟩ 插入前面一列的末尾。
- **!{⟨内容⟩}** 把 ⟨内容⟩ 作为表格线处理。相当于使用了 @{⟨内容⟩} 格式，但左右两边会有额外的间距。

格式符 > 与 < 通常用来设置整列的格式。例如改变一列表格的字体，或是在某一列中使用数学模式：

```
% \usepackage{array} 或调用其他依赖 array 的宏包
\begin{tabular}{>{\bfseries}c|>{\itshape}c>{$}c<{$}}
\hline
姓名 & \textnormal{得分} & \multicolumn{1}{c}{额外加分} \\
\hline
张三 & 85 & +7 \\
```

*本节内容初次阅读可略过。

```
李四 & 82 & 0 \\
王五 & 70 & -2 \\
\hline
\end{tabular}
```

5-1-44

姓名	得分	额外加分
张三	*85*	+7
李四	*82*	0
王五	*70*	−2

用 p、m、b 列格式符得到表列中，由于使用 \parbox 产生盒子，段落缩进默认为零（参见 2.2.8 节）。此时也可以使用 > 来增加段前的缩进，或是指定盒子内容的对齐方式，注意此时需要在 \centering、\raggedright 等命令后面增加 \arraybackslash 命令：

```
% \usepackage{array}
\begin{tabular}{|>{$}r<{$}|>{\setlength\parindent{2em}}m{15em}|%
  >{\centering\arraybackslash}m{4em}|}
\hline
\pi & 希腊字母，多用于表示圆周率，也常用做变量。表示圆周率时多使用
  直立体。 & 常用 \\
\hline
\aleph & 希伯来字母的第一个，在数学中通常用于表示特殊集合的基数。
  & 不常用 \\
\hline
\end{tabular}
```

5-1-45

π	希腊字母，多用于表示圆周率，也常用做变量。表示圆周率时多使用直立体。	常用
$\aleph$	希伯来字母的第一个，在数学中通常用于表示特殊集合的基数。	不常用

格式符 ! 则用来产生特殊表格线，5.1.2 节中利用原始标尺盒子命令 \vrule 得到粗表格线就是一个例子。这里再给出一个使用特殊符号代替表格线的例子：

```
% \usepackage{array}
\begin{tabular}{c!{$\Rightarrow$}c}
张三 & 85 \\
李四 & 82 \\
王五 & 70 \\
\end{tabular}
```

张三	⇒	85
李四	⇒	82
王五	⇒	70

5-1-46

array 宏包大大扩展了表格列格式的使用，但同时也让表格的列格式变得复杂而难以辨认，对于例 5-1-45 这类复杂表格则更为严重。为此，array 宏包还提供了 \newcolumntype 命令，用来定义新的列格式说明符，简化复杂的列格式。\newcolumntype 命令的语法与 \newcommand 命令非常类似，如例 5-1-45 中的几个列格式就可以这样定义：

```
% \usepackage{array}
\newcolumntype{M}{>{$}c<{$}}
\newcolumntype{P}[1]{>{\setlength\parindent{2em}}p{#1}}
\newcolumntype{C}[1]{>{\centering\arraybackslash}m{#1}}
% 使用新的列格式：
\begin{tabular}{|M|P{15em}|C{4em}|}
  ...
\end{tabular}
```

5-1-47

也可以用 \newcolumntype 命令定义多字符列格式，不过通常都只使用一个字符。

array 宏包提供了对表格整列进行格式设置的方法。但标准的 LaTeX 表格不能对一行的整体格式进行统一设置。为此，可以使用 tabu 宏包的 \rowfont 命令设置 tabu 环境中一整行的字体，例如：

```
% \usepackage{tabu}
\begin{tabu}{ccc}
\hline
\rowfont{\bfseries}
姓名 & 得分 & 额外加分 \\
\hline
张三 & 85 & $+7$ \\
\rowfont{\itshape}
李四 & 82 & 0 \\
```

```
王五 & 70 & $-2$ \\
\hline
\end{tabu}
```

5-1-48

姓名	得分	额外加分
张三	85	+7
李四	*82*	*0*
王五	70	−2

练 习

5.7 尝试仅使用 array 宏包，实现 tabu 宏包中 \rowfont 对表格整行设置字体的效果。

5.1.7 定界符与子矩阵

*

在 4.2.5 节中我们已经看到，数学矩阵可以由 amsmath 宏包提供的 matrix 环境得到，而两边带有定界符的矩阵则可以由 pmatrix、bmatrix 等一系列环境得到。更一般的定界符则可以通过在 matrix 环境两边使用 \left、\right 命令加上原始定界符获得，例如：

5-1-49

```
\[ \left\{ \begin{matrix}
  1 & 2 \\ 3 & 4
\end{matrix} \right. \]
```

$$\left\{ \begin{matrix} 1 & 2 \\ 3 & 4 \end{matrix} \right.$$

事实上，amsmath 中的 matrix 环境就实现为一个列格式固定居中的 array 环境[167]，其等价定义就是：

```
\newcounter{MaxMatrixCols}
\setcounter{MaxMatrixCols}{10}
\newenvironment{matrix}
  {\begin{array}{@{} *{\value{MaxMatrixCols}}{c} @{}}}
  {\end{array}}
```

*本节内容初次阅读可略过。

因而各种矩阵都可以使用 array 环境实现。

delarray 宏包[39] 扩展了标准的列格式说明语法，可以在列格式说明列表两侧直接给出定界符，而不必再在 array 环境两边加 \left, \right。这在需要大量书写特殊定界符的矩阵时非常方便，例如：

```
% \usepackage{delarray}
\[
  \begin{array}({cc}]    % 左边圆括号，右边方括号
    1 & 2 \\
    3 & 4
  \end{array}
\]
```

5-1-50

$$\left(\begin{matrix} 1 & 2 \\ 3 & 4 \end{matrix}\right]$$

delarray 宏包会与 arydshln, colortbl 等其他一些影响表格格式的宏包冲突，而并不增加新的功能，所以往往并不直接使用。但它的这种语法却影响了其他表格工具宏包，例如，tabu 宏包在使用 delarray 选项后就支持相同的语法：

```
% \usepackage[delarray]{tabu}
\[  \begin{tabu}({cc})
   1 & 2 \\
   3 & 4
\end{tabu}  \]
```

$$\begin{pmatrix} 1 & 2 \\ 3 & 4 \end{pmatrix}$$

5-1-51

另一个工具是 blkarray 宏包[36]，它提供了 blockarray 环境，可以代替文本模式的 tabular 环境及数学模式的 array 环境。命令 \BAmulticolumn 对应于标准 LaTeX 的 \multicolumn，命令 \BAnewcolumntype 则对应于 array 宏包的 \newcolumntype。blockarray 环境扩展了列格式说明符，可以在列格式设置中加上 & 符号，表示将其后的 @ 说明或表格线说明 | 看成是下一列左边的内容，以方便 \BAmulticolumn 临时修改，例如：

```
% \usepackage{blkarray}
% 如果不用 &| 说明，则竖线 | 将会被看成是中间一列的内容
\begin{blockarray}{|l|c&|r|}
```

```
  张三 & Zhang & 80 \\
       % 不用在 r 后面用 |，也不影响表格线
  李四 & \BAmulticolumn{1}{r}{Li} & 78 \\
  王五 & Wang & 100 \\
\end{blockarray}
```

5-1-52

张三	Zhang	80
李四	Li	78
王五	Wang	100

blockarray 环境在数学模式中使用时，就可以将定界符的说明直接放在列说明符内，例如：

```
% \usepackage{blkarray}
\[  \begin{blockarray}{(cc]}
  1 & 2 \\
  3 & 4
\end{blockarray}  \]
```

5-1-53

$$\left(\begin{matrix}1 & 2\\3 & 4\end{matrix}\right]$$

blkarray 宏包更重要的功能是其 block 环境，它用在 blockarray 环境内部，用于把矩阵中的几行分开，成为单独的小块。可以单独设置这一块的对齐方式、表格线、定界符等。可以把 block 环境看做是 \BAmulticolumn 命令的推广形式，对应的星号环境 block* 则禁用本身的定界符设置，让外层 blockarray 环境设置的定界符起效。这特别适合复杂的带定界符的分块矩阵的书写，例如：

```
% \usepackage{blkarray}
\[  \left[
\begin{blockarray}{*4r}
\begin{block}{(rr)rr}
 a & -b & 0 & 0 \\
-c &  d & 0 & 0 \\
\end{block}
\begin{block}{rr(rr)}
0 & 0 & -a &  b \\
0 & 0 &  c & -d \\
```

```
\end{block}
\end{blockarray}
\right]  \]
```

5-1-54

$$\begin{bmatrix} \begin{pmatrix} a & -b \\ -c & d \end{pmatrix} & \begin{matrix} 0 & 0 \\ 0 & 0 \end{matrix} \\ \begin{matrix} 0 & 0 \\ 0 & 0 \end{matrix} & \begin{pmatrix} -a & b \\ c & -d \end{pmatrix} \end{bmatrix}$$

\BAmultirow 命令则可以用在 block 的列格式说明符中，或是表格内部，表示跨行的子表格内容，这对于花括号特别有用，例如：

```
\[
\begin{blockarray}{ccc}
\begin{block}{cc\}\BAmultirow{4em}}
1 & 2 & 自然数 \\
3 & 4 & {} \\ % 空白 {} 占位
\end{block}
\begin{block}{cc\}l}
-1.5 & \frac12 & \BAmultirow{4em}{实数} \\
3.5 & 40 & \\
\end{block}
\end{blockarray}
\]
```

5-1-55

$$\begin{matrix} 1 & 2 \\ 3 & 4 \end{matrix}\Bigg\}\ \text{自然数}$$
$$\begin{matrix} -1.5 & \frac{1}{2} \\ 3.5 & 40 \end{matrix}\Bigg\}\ \text{实数}$$

非常遗憾的是，blkarray 宏包产生的较早，却与重要的 amsmath 宏包有冲突，在一起使用时可能出现编译错误。该宏包目前基本停止维护，不过可以手工在导言区使用如下方式临时解决此冲突：

```
\usepackage{blkarray}
\makeatletter
\newbox\BA@first@box
\makeatother
```

5-1-56

有关 blkarray 宏包的其他功能和进一步使用事项，可参见宏包手册 Carlisle [36] 的说明和示例。

练 习

5.8 在 4.2.5 节中，我们看到了原始命令 \bordermatrix 可以用来输入带有边注的矩阵。试说明如何使用 blkarray 宏包的功能代替和扩展 \bordermatrix，并利用 blkarray 宏包，排版下面带说明的矩阵：

$$\begin{array}{cc} & \begin{array}{cc} 1 & 2 \end{array} \\ \begin{array}{c} 1 \\ 2 \end{array} & \begin{bmatrix} \alpha & \beta \\ \gamma & \delta \end{bmatrix} \leftarrow i \\ & \qquad\ \ \uparrow \\ & \qquad\ \ j \end{array}$$

5.2 插图与变换

按图形的生成机制区分，在 LaTeX 中使用的图形大约有以下三类[84]：

1. 使用 TeX 的基本命令。不过原始的 TeX 本身提供的绘图功能非常少，只能做到精确定位和画水平、垂直方向的粗细线条（标尺盒子），完全没有画斜线、曲线、填充、彩色之类的功能。例如 LaTeX 标准命令中就以这种机制使用描点的方式画曲线。不过这种方式的能达成的效果非常少，质量也不好，现在也很少使用了。
2. 使用特殊的字体拼接组合，即事先做好一些作为图形零件的字体符号，使用 TeX 将它们准确地拼接在一起。事实上许多数学公式中的符号（如 \overbrace）就是用这种方法得到的，LaTeX 的标准命令用这种方式画倾斜的直线、圆弧、箭头；XY-pic 宏包（参见 5.5.1 节）则使用这种方式画更复杂的数学图形。不过，这种方式的绘图能力也相当有限，能得到的图形依赖于字体符号表，也缺少填充、彩色之类的功能，现在也已经更多地转向其他方式了。

3. 最后一种方式是脱离原本 Knuth TeX 的功能，利用 TeX 的扩充接口 \special 命令或新引擎的功能，直接输出 PostScript 或 PDF 的图形。这种图形也有两个子类别：一种是使用 PostScript 等语言在输出文件中画图，另一种则是向 PostScript、PDF 文件中插入其他类型的图形。这类方式失去了 DVI 格式输出原有的“设备无关性”，输出图形的对象也从 DVI 文件转向了 PostScript、PDF 等格式。另外，也由此可以借助 PostScript、PDF 等输出格式的能力，突破 DVI 文件的限制，得到高精度的曲线、彩色、透明等等图形能力。使用输出引擎特定的功能画图或插图，这也是现代 LaTeX 文件最主要的图形使用方式。

在这一节里，我们将看到在 LaTeX 中插入外部图形或做几何变换的方式。尽管使用的 TeX 引擎或输出驱动有所不同，但 LaTeX 的基本宏包 graphics 或 graphicx 为插图和几何变换提供了统一的命令，使我们可以像普通字符一样对待图形。

5.2.1 graphicx 与插图

插图功能是利用 TeX 的特定编译程序提供的机制实现的，不同的编译程序支持不同的图形方式。这个事实常常令人不知所措，因为在不同年代和背景的书籍、文档中往往会有大相径庭的说法，其中最流行的（也是不准确的）说法是“LaTeX 只支持 EPS”图形，好在常用编译程序所支持的图形格式是比较接近的，见表 5.6。其中 METAPOST 输出的 MPS 格式可以看做特殊的一类 EPS，因此支持 EPS 的编译方式实际也都支持 MPS 格式的图形，参见 5.5.3.1 节。

在 LaTeX 中，插图是由 graphics 或 graphicx 宏包[38] 所使用的 \includegraphics 命令完成的。例如我们已经有一幅名为 lion.eps 的狮子图形，那么插图只要一条简单的命令：

```
% 导言区 \usepackage{graphics}
% 或 \usepackage{graphicx}
狮子：\includegraphics{lion}
```

狮子：

5-2-1

graphics 宏包与 graphicx 宏包在功能上并没有什么差别。graphicx 宏包支持 ⟨项目⟩=⟨值⟩ 的语法，使用起来更为方便，因此本节下面的介绍都以 graphicx 宏包为准，以下都假定文档中已经使用了

```
\usepackage{graphicx}
```

表 5.6 LaTeX 编译程序与插图格式

TeX 引擎命令	图形驱动	支持的格式	备注
latex	Dvips	EPS	MiKTeX 还部分支持 PNG 和 JEPG
latex	DVIPDFMx	EPS, PDF, PNG, JPEG	PDF、PNG、JEPG 需要使用 extractbb 程序生成 .xbb 文件
pdflatex		MPS, PDF, PNG, JPEG	MPS 是 METAPOST 的输出格式，TeX Live 还能自动将 EPS 转换为 PDF 文件插入
xelatex	xdvipdfmx	EPS, PDF, PNG, JPEG, BMP	驱动是自动调用的，MAC 系统下的旧驱动 xdv2pdf 还支持其他一些格式

插图的核心命令是 \includegraphics，其语法格式如下：

\includegraphics[⟨选项⟩]{⟨文件名⟩}

其中 ⟨文件名⟩ 是图形文件的文件名，一般文件的扩展名可以省略不写，LaTeX 会自动查找它支持的文件格式，为了明确也可以加上扩展名。

插入的图形都有一个自然比例，对于 EPS、PDF 图形就是制作的尺寸，对于 JPG、PNG、BMP 等像素图的尺寸则是点阵数除以图形打印度（一般用每英寸点数 DPI 表示）。可以给 \includegraphics 命令加一些可选项来调整图形的大小、位置等，如可以用命令选项 width、height 和 scale 设置图形的宽度、高度或缩放比例，这也是最常用的几个插图选项，例如：

5-2-2

```
\includegraphics[width=2em]{lion}
\includegraphics[height=1cm]{lion}
\includegraphics[scale=0.5]{lion}
```

使用 angle 选项可以让图形逆时针旋转一定角度，旋转的中心可以用 origin 选项确定。origin 的值可以用字符 l, r, c, t, b, B 中的一个或两个，分别表示左、右、中、上、下和基线，默认值是 lb。例如：

```
旋转的狮子：
\includegraphics[angle=90]{lion.eps}
\includegraphics[angle=-45,origin=c]{lion.eps}
```

5-2-3

旋转的狮子：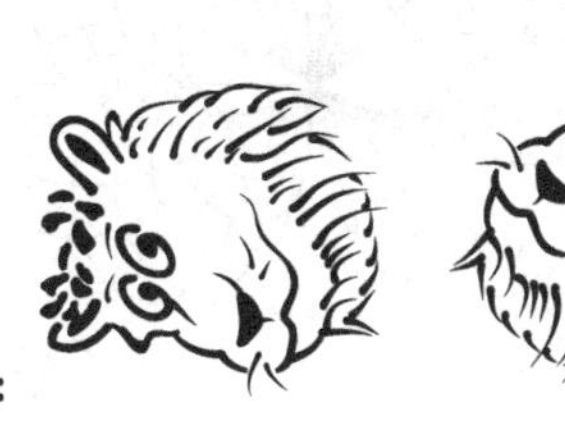

插入图片的基线就在图片的底部，因而图片盒子的深度为零。但图片旋转时，基线和深度会随 origin 不同而变化，此时要对图片放缩，就要用 totalheight 代替 height 选项，表示规定图片深度与高度之和，例如：

```
基线\rule{2cm}{0.4pt}%
\includegraphics[angle=90,origin=b,
  totalheight=1.5cm]{lion.eps}
```

5-2-4

如前所述，除非使用传统的 Dvips 程序作为图形驱动，一般编译程序支持的图形格式都有好几种，实际插入图形格式也就有不同的选择。对于 pdfLaTeX、XeLaTeX 这些现代的常用编译程序来说，PDF、PNG、JPEG（扩展名是 .jpg 或 .jpeg）这三种格式是更为常用的，它们的用途也各自不同：

- PDF 图片通常用来作为矢量图形的标准格式。矢量图形的可以任意比例放缩而不影响输出效果，在表现固定图案或数据产生的图形时很有优势。在以前 LaTeX 更多使用 EPS 格式的矢量图形，不过现在支持输出 PDF 的作图软件变得更加普及，而且 PDF 格式的文件通常比相同内容的 EPS 图形体积小，功能（如透明色）也可能更多。一般的矢量图设计软件（如 Illustrator、CorelDraw、Inkscape）、专业数学软件（如 MATLAB、Maple、Mathematica），计算或作图语言（如 R、GNUplot），图论或流程图工具（如 Visio、Dia、Graphviz），物理、化学或工程图工具（如 JaxoDraw、ChemDraw、AutoCAD）等等，都可以保存或打印为 PDF 格式的图片供 LaTeX 使用（见图 5.1）。
- PNG 图片是无损压缩的像素图格式。通常用来显示计算机制作的非自然图形，如复杂数据可视化的结果。一般能输出矢量图的软件也都可以输出 PNG 格式的像素

(a) 矢量格式的 TEX Live 吉祥物
（作者 Duane Bibby）

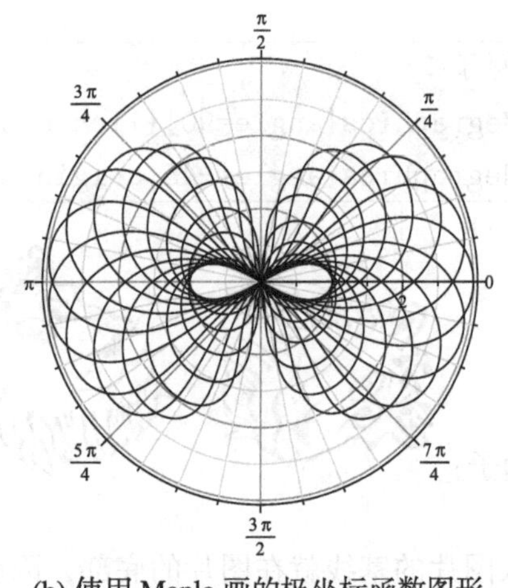

(b) 使用 Maple 画的极坐标函数图形

图 5.1 适合使用 PDF 格式表现的图形

图，也有一些科技作图软件不支持矢量图的。通常数据可视化的图形最好使用矢量格式，不过对于一些特殊情形，如逐点产生的动力系统图像、3D CG 图，还是适合使用 PNG 格式（见图 5.2）。

- JEPG 图片是有损压缩的像素图格式，通常用作照片的格式（见图 5.3）。计算机产生的非自然图形最好不要使用这种有损压缩格式。

有些时候，我们不能完全自己决定使用哪种编译程序编译文档，例如一些陈旧投稿系统可能只支持 Dvips 作为输出驱动。也有的时候，手边的作图软件也不能输出需要的图形格式，例如某些旧的 Windows 程序只支持 BMP 格式的图像输出。在这些情况下，我们就不得不对图形的格式进行适当的转换，以符合要求。

有大量的软件提供图形格式转换功能。绝大多数图像处理软件，从简单的 Windows 画图程序到专业的 Adobe Photoshop，都支持丰富的像素图像格式，很容易另存为 PNG 或 JPG 格式。而如果有大量图像需要批量转换，则可以使用 ImageMagick 这类命令行工具（参见 1.1.2.3 节）。例如，下面的 Windows 控制台命令可以把当前目录下的所有 BMP 文件转换为 PNG 文件：

```
for %I in (*.bmp) do convert %I %~nI.png
```

从 EPS 或 PDF 格式向 PNG 或 JPEG 的转换，也可以调用 GhostScript 来完成（参见 1.1.2.3 节）。例如在 Windows 下把所有 PDF 文件以 96 DPI 的精度转换为 PNG 文件：

```
for %I in (*.pdf) do (
```

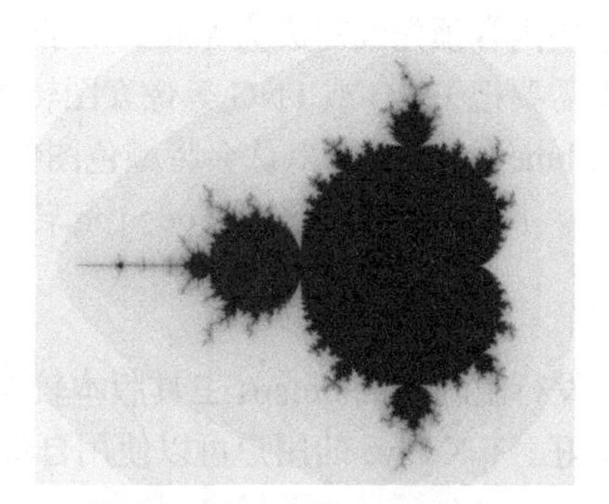

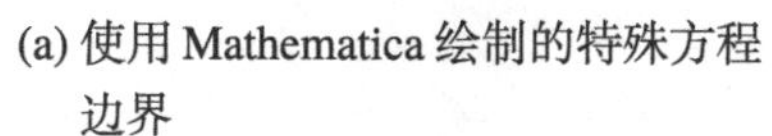

(a) 使用 Mathematica 绘制的特殊方程边界

(b) 使用 C 语言编程绘制的 Mandelbrot 集

图 5.2　适合使用 PNG 格式表现的图形

图 5.3　适合使用 JPEG 格式表现的图形——照片

```
  gswin32c -sDEVICE=png256 -dEPSCrop -r 96 -dTextAlphaBits=4 -o %~nI.png %I
)
```

有关 Windows 命令行的 for 语句，可参见 Windows 的联机帮助文件。事实上，还可以把这些内容预先编写成为 Windows 批处理，然后点击图标调用。

如果需要把 JPEG 或 PNG 等像素图转换为 EPS 格式，可以使用 TEX 系统附带的命令行工具 bmeps。bmeps 默认会将颜色图像转换成黑白格式的，如果要保留彩色，可以加选项 -c。例如将 JPEG 图像 foo.jpg 转换为 EPS 格式，可以用：

```
bmeps foo.jpg foo.eps
```

TEX 发行版附带的 bmeps 工具版本较老，得到的图像体积太大，JPEG 图像转换的效果也不好。TEX Live 的用户可以使用自带的 sam2p 工具完成转换，如：

```
sam2p foo.jpg foo.eps
```

如果要使用 ImageMagick 完成 JPEG/PNG 到 EPS 的转换工作，需要指定 eps3 格式，以避免产生体积过大的图形，如：

```
convert foo.jpg eps3:foo.eps
```

将 PDF 格式的图片转换为 EPS 格式也可以使用 GhostScript 完成。在 Windows 下转换 foo.pdf 到 foo.eps 可以用：

```
gswin32c -sDEVICE=epswrite -dEPScrop -o foo.eps foo.pdf
```

当然这个转换也可以使用 ImageMagick 完成，不过 ImageMagick 主要是像素图的转换程序，涉及 EPS 和 PDF 格式的转换工作，用 GhostScript 和 sam2p 等专门工具处理比用 ImageMagick 问题更少一些。

转换图形格式的基本原则是避免转换，图形在多次转换过程中可能会损失精度，如 JPEG 的有损压缩，特别是要避免把矢量图转换为像素图，实践中一般只需要很有限的几类转换：

- 使用 Dvips 驱动时，需要把 PDF 矢量图、PNG 或 JPEG 像素图使用 GhostScript、sam2p 等工具转换为 EPS 格式。这对于一些陈旧的西文投稿系统仍然是必要的。
- 使用 pdfLATEX 引擎时，需要把 EPS 矢量图用 GhostScript、ImageMagick 等工具转换为 PDF 格式。TEX Live 默认会自动调用 epstopdf 宏包[184] 进行这种转换。
- 使用图像处理软件或 ImageMagick 把其他像素图格式（如 BMP、TIF）转换为 PNG 或 JPEG 格式。

从表 5.6 中可以看出，在使用 DVIPDFMx 作为输出驱动时，需要为非 EPS 图形使用 extractbb 生成 .xbb 文件。事实上，此时处理插图时，必须首先在调用 graphicx 宏包时使用 dvipdfmx 选项：

```
\usepackage[dvipdfmx]{graphicx}
```

然后命令行下使用命令①：

extractbb -x ⟨图形文件名⟩

生成与图形文件同名的 .xbb 文件，最后在文档中使用 \includegraphics 插入图形。.xbb 文件是一个文本文件，里面保存着图形的边界框坐标信息。例如我们使用 extractbb -x photo.jpg 来处理图 5.3 中的照片，我们将得到这样格式的文件 photo.xbb：

```
%%Title: ./photo.jpg
%%Creator: extractbb 20100328
%%BoundingBox: 0 0 288 216
%%HiResBoundingBox: 0.000000 0.000000 288.000000 216.000000
%%CreationDate: ...
```

把它与照片文件放在一起，就可以正确编译了。在 TEX Live 中，调用 extractbb 程序可以在编译时一次完成，此时需要在编译时给 latex 命令增加 -shell-escape 选项。如果觉得调用 extractbb 过于麻烦，也可以使用 bmpsize 宏包[182] 获取像素图的大小，如：

```
% 导言区
\usepackage[dvipdfmx]{graphicx}
\usepackage{bmpsize}
% 正文插图
\includegraphics{photo.jpg}
```

MiKTEX 的 Dvips 引擎支持 PNG 和 JPEG 图像（但会失去彩色），也需要使用适当的选项配合 .xbb 文件决定图像大小，此时使用 bmpsize 宏包也是比较方便的方式。

正如前面看到的，graphicx 宏包为特定的图形驱动提供了一些宏包选项，来决定内部使用什么方式处理图形。可用的驱动选项包括 dvips、dvipdfmx、pdftex、xetex 等。

*本节剩余内容初次阅读可以略过

① 有的系统有用 ebb 或 xbb 命令表示 extractbb 程序的不同选项。

不过，Dvips 不使用特别的选项一般也能正确处理，pdfTEX 和 XƎTEX 引擎可以由系统自动识别，所以只有使用 latex + dvipdfmx 命令编译时，才必须使用 dvipdfmx 选项。DVIPDFMx 驱动原本是为了方便处理中日韩文字而设计的，随着 pdfTEX 和 XƎTEX 的发展，现在它对中文处理的重要性已经下降。DVIPDFMx 的插图显得有些麻烦，因而现在直接使用 XƎLATEX 或 pdfLATEX 更为方便。

graphicx 宏包可以使用 draft 和 final 选项，用来表示是否实际插图。当宏包使用 draft 选项，或是文档类使用的全局的 draft 选项时，\includegraphics 命令并不会实际插入图形，而只是得到一个与图形大小相同的带有文件名的方框：

5-2-5

```
% 导言区 \usepackage[draft]{graphicx}
\includegraphics{lion}
```

figures/lion.eps

这个选项对于未完成的草稿可以一定程度上加快编译，并减小文件大小。

图形文件一般与 .tex 源文件在同一目录中编译，也可以在 \includegraphics 命令中使用图片的相对路径或绝对路径插入图片。Widows 和 UNIX/Linux 系统的路径一律使用斜线分隔，例如：

```
\includegraphics{eps/foo.eps}         % 相对路径
\includegraphics{D:/photos/bar.jpg} % 绝对路径
```

graphicx 宏包一个特别有用的命令是 \graphicspath，它可以指定图形文件的搜索目录列表，不同的目录用分组隔开，例如：

5-2-6

```
\graphicspath{{figures/}} % 本书的设置，图片在当前目录下的 figures 目录
\graphicspath{{pdf/}{png/}{jpg/}} % 按图片类型管理的
```

除了前面介绍的控制大小和旋转的选项，\includegraphics 还有许多其他的选项，下面是完整的选项列表：

☞ **bb**

手工指定图形的边界框（bounding box）左下角和右上角的坐标，这对坐标会在 EPS 文件开头和 .xbb 文件中输出，通常不用手工输入。坐标用空格分隔的 4 个长度值表示，如果省略单位，则使用 bp。这个选项可以用来代替 extractbb 生成的 .xbb 文件的功能。

☞ **bbllx,bblly,bburx,bbury**

分别指定 bb 选项的四个分量。

☞ **natwidth,natheight**

使用 natwidth=⟨宽⟩, natheight=⟨高⟩ 就相当于设置了 bb=0 0 ⟨宽⟩ ⟨高⟩。

☞ **hiresbb**

一个真假值，true 或 false，true 可省略。表示用 EPS 文件中的元注释 %%HiResBoundingBox 代替 %%BoundingBox 表示边界框的大小，对一些软件生成的 EPS 文件有用。

☞ **viewport**

与 bb 类似，只是它是相对于原来定义边界框左下角的坐标，当原来的边界框左下角坐标是 $(0,0)$ 时就和 bb 相同。如果不是要使用整个图片，而只是使用图片的一部分，就可以使用 viewport 选项截取原图的一部分。

☞ **trim**

四个长度值，用来表示在原来的边界框基础上向内（左、下、右、上）去掉的长度，与 viewport 选项一样可以起到截取部分图片的作用。

☞ **angle**

旋转的角度。

☞ **origin**

旋转的中心。

☞ **clip**

一个真假值，true 或 false，true 可省略。使用前面的选项定义边界框后，设置 clip 选项为真，就可以只截取图片的一部分；而默认值为假，则表示图片仍完整显示，只是图片盒子占用的位置按边界框计算。并非所有编译程序都支持 clip 选项，目前 XƎLATEX 就暂不支持。

☞ **width,height,totalheight**

把图片放缩到指定的宽度、高度或总高度。

☞ **keepaspectratio**

一个真假值，决定放缩时是否保持图片原有的长宽比。如果只设置了 width、height 或 totalheight 中的一个，默认为真。

☞ **scale**

设置放缩的比例，不放缩值为 1。

☞ **draft,final**

与宏包的选项相同。

☞ **type,ext,read,command**

设置图片类型、扩展名、边界框文件扩展名（如前面的 .xbb）、需要执行的特殊命令。这几个选项一般不会用到，详细说明参见 Carlisle [38, § 4.5]，这里不再做进一步地说明。

\DeclareGraphicsRule 命令用来声明对特定扩展名的图形文件的处理方式。分别对应于前面 ext, type, read, command 选项，其语法格式如下：

\DeclareGraphicsRule{⟨扩展名⟩}{⟨类型⟩}{⟨边界框扩展名⟩}{⟨特殊命令⟩}

在 5.5.3.1 节中可以看到相关的例子。

\DeclareGraphicsExtensions 命令用来声明在 \includegraphics 命令中可以省略不写的文件扩展名。其参数是一个扩展名列表。实际上相关列表在 graphics 宏包在载入图形驱动时就已设置完毕，一般用户不再使用。

有关图片插入的配置命令以及 graphics 宏包的语法，可进一步参见 Carlisle [38]。

5.2.2 几何变换

*

graphicx/graphics 宏包不仅提供了插图的功能，也提供了对任意对象（也就是盒子）进行几何变换的功能。除了平移，TEX 本身并没有几何变换的功能，这些功能同样是依赖具体的编译程序的。

\scalebox 命令用来按比例对内容放缩，其语法格式如下：

\scalebox{⟨水平因子⟩}[⟨垂直因子⟩]{⟨内容⟩}

其中 ⟨垂直因子⟩ 省略时，与 ⟨水平因子⟩ 相同，例如：

5-2-7

```
\scalebox{2}{大字}
\scalebox{2}[1]{扁字}
\scalebox{1}[2]{长字}
```

大字 扁字 长字

\reflectbox{⟨内容⟩} 相当于 \scalebox{-1}[1]{⟨内容⟩}，用来对内容做水平镜像反射，例如：

5-2-8

```
\LARGE 汉字\reflectbox{汉字}
```

汉字字汉

*本节内容初次阅读可略过。

\resizebox 命令用来把内容放缩到指定的宽度和高度，其语法格式如下：

\resizebox{⟨宽度⟩}{⟨高度⟩}{⟨内容⟩}

这里 ⟨宽度⟩ 和 ⟨高度⟩ 可以使用一个叹号 ! 表示按比例随另一个分量放缩，带星号的 \resizebox* 命令功能相同，只是第二个参数表示盒子高度与深度之和，例如：

```
\resizebox{2cm}{1cm}{扁}
\resizebox{!}{1cm}{\fbox{高 1cm}}
```

5-2-9

\rotatebox 命令用来对内容进行旋转，其语法格式如下：

\rotatebox[⟨选项⟩]{⟨角度⟩}{⟨内容⟩}

⟨选项⟩ 是 graphicx 宏包才有的。在 ⟨选项⟩ 中，可以使用 origin 选项表示旋转不动点，值与 \includegraphics 中的选项相同，使用字母 lrctbB 中的一个或两个，也可以使用 x=2mm,y=5mm 这样的选项准确指定旋转的不动点。units 选项是一个数字，表示旋转的单位，默认值为 1，也就是逆时针的 1°，设置 units=6.283185 就相当于使用弧度单位。下面举一个例子：

```
\rotatebox[origin=c]{90}{旋}%
\rotatebox[origin=c]{90}{转}%
的汉字
```

旋转的汉字

5-2-10

在旋转符号时，大多使用中心旋转。

graphicx 宏包并不提供错切变换的功能。如果有这种需要，可以使用 PSTricks、tikz 等绘图宏包（参见 5.5.2 节）。

5.2.3 页面旋转

在 LaTeX 中，不仅可以对盒子旋转，也可以对整个页面的内容进行旋转。lscape 宏包[37] 的 landscape 环境就可以把整个页面旋转 90°，如本节的内容就是这样得到的：

```
% 导言区 \usepackage{lscape}
\begin{landscape}
\subsection{页面旋转}
……
\end{landscape}
```

5-2-11

在生成 PDF 文件的情况下，可以使用 pdflscape 宏包[181] 代替 lscape 宏包，它可以在旋转页面的同时，让输出的 PDF 文件的页面在阅读器中显示时同时顺时针旋转 90°，这样看到的文字就仍然是正确方向的，只是显得页面横过来了而已。

landscape 环境旋转的页面不会影响版心外面页眉页脚的输出，它通常用来表示过宽的内容，如大幅的图片或宽大的表格。不过，landscape 环境会在前后造成额外的分页，这对于只想插入一个图片或表格的情形，往往并不合适。理想的办法是产生旋转的浮动环境，为此，可以使用 rotfloat 宏包[237] 提供的 sidewaystable 和 sidewaysfigure 环境来插入浮动的表格或图形，同时不会影响浮动页前后的内容。rotfloat 宏包基于 rotating[72] 宏包和 float[149] 宏包，它会将所有浮动环境增加一个 sideways 开头的旋转环境，沿用图 5.3 的图片：

```
\begin{sidewaysfigure}[p]
  \centering
  \includegraphics[width=7in]{photo.jpg}
  \caption{贵州少数民族地区剪影}
\end{sidewaysfigure}
```

5-2-12

图 5.4　贵州少数民族地区剪影

5.3 浮动体与标题控制

图片或表格通常都占有较大的一块，直接放在文档中常常会造成分页的困难，即在前一页放不下，放在后一页又会造成很大的留白。其他一些大块的内容也可能有类似的问题，如程序算法、大型公式和不宜断开的特殊形状段落。LaTeX 对这个问题的解决方案是使用“浮动体”（float）。浮动体是一个活动的盒子，它可以把内容放在距离浮动体代码前后不远的地方，通常就是浮动体代码所在地，但也可以放在页面开头、末尾或是单独的一页中。使用浮动体，就可以在不太费力仔细调整内容的情况下，避免大块图表把整齐的页面弄糟。当然有时仍然需要手工的精细控制，才能得到良好的图文混排效果。

浮动体的另一个重要用途是给图表添加一个标题。LaTeX 的浮动体环境为图表标题提供了专门的命令进行自动编号、自动生成目录的功能，通过第三方宏包还可以对标题的格式进行整体设计。

这一节我们就将认识 LaTeX 的浮动体机制，解析浮动体及其标题设置。

5

5.3.1 浮动体

LaTeX 2_ε 的标准文档类预定义了两种浮动体环境：figure 和 table，通常分别用于图和表的排版。figure 环境的语法格式如下：

```
\begin{figure}[⟨允许位置⟩]
    ⟨任意内容⟩
\end{figure}
```

table 环境与之类似。其中可选参数 ⟨允许位置⟩ 用来设定浮动环境可以出现在页面的位置，即 h、t、b、p 四个选项的组合：

- **h** 此处（here），浮动体的内容被放在代码所在的上下文位置。
- **t** 页顶（top），浮动体被放在一页的顶部，这可以是代码所在环境的页面或之后的页面，注意当页排版的浮动体可能出现在实际代码之前。
- **b** 页底（bottom），浮动体被放在一页的底部。
- **p** 独立一页（page），一个或多个浮动体被放在单独的页面中，这个页面被称为浮动页（float page），与之对应，有正文的页面称为文本页（text page）。

例如用选项 [hbp] 就表示允许浮动体出现在环境所在位置、页面底部或单独一页，但不允许出现在一页顶部。浮动体允许位置选项的顺序并不重要，LaTeX 总是以 htbp 的顺序尝试放置浮动体。不过单独的一个 h 选项通常不总能满足，LaTeX 会把它放宽为 ht 两个可能（参见 7.1.2.4 节），因此，下面的三个浮动体环境开头其实是等效的：

```
\begin{figure}[ht]
\begin{figure}[th]
\begin{figure}[h]
```

如果不设置 ⟨允许位置⟩ 的参数，figure 和 table 环境默认的位置选项是 tbp。如果图表较多，最好将浮动图表的位置限定设置得宽松一些，以防止浮动体积压过多，最后统一输出。

浮动体最为常见的应用就是直接在 table 环境中放置 tabular 生成的表格，或是在 figure 环境中放置 \includegraphics 命令插入的图形。经常还在前面使用 \centering 命令让图表居中放置，例如：

```
\begin{figure}[htbp] % 允许各个位置
  \centering
  \includegraphics{lion.eps}
\end{figure}
\begin{table} % 默认在页面顶部或单独一页
  \centering
  \begin{tabular}{|c|c|}
    \hline
    图形 & \verb=figure= 环境 \\
    \hline
    表格 & \verb=table= 环境 \\
    \hline
  \end{tabular}
\end{table}
```

5-3-1

不过，无论是 figure 环境还是 table 环境，浮动环境的名称和内容并没有必然联系。一个浮动体只是一个与版心等宽的盒子，内容可以任意放置。figure 环境中也可

图形	figure 环境
表格	table 环境

以是用 TEX 代码或是 ASCII 字符画的图形，table 环境中也可以是以插图形式得到的表格，甚至内容可以和名称毫无干系，如在 figure 环境中放置算法、代码或是很长的公式，也都是可以的。

浮动体的另一个重要功能是使用 \caption 命令加标题，其语法格式如下：

\caption{⟨标题⟩**}**

\caption[⟨短标题⟩**]{**⟨长标题⟩**}**

可选的参数短标题用于图表目录（参见 3.1.1 节），而交叉引用的标签 \label 需要放在 \caption 的后面，或者 ⟨标题⟩、⟨长标题⟩ 中。在 \caption 的 ⟨长标题⟩ 中可以进行长达多段的叙述，但 ⟨短标题⟩ 或单独的 ⟨标题⟩ 中不允许分段。

一个典型的完整浮动图形可以是这样的：

```
\begin{figure}[htp]
  \centering
  \includegraphics{lion.eps}
  \caption[小狮子]{\TeX{} 系统的吉祥物——小狮子}\label{fig-lion}
% 或作 \caption[小狮子]{\label{fig-lion}\TeX{} 系统的吉祥物——小狮子}
\end{figure}
```

5-3-2

图 5.5 TEX 系统的吉祥物——小狮子

在双栏文档中，figure 和 table 环境就成为只占一栏浮动盒子（宽度是 \columnwidth），其用法与单栏环境中相同。除此之外，LATEX 标准文档类还提供了跨栏排版的图表环境 figure* 和 table*，用来产生跨栏排版的浮动体。跨栏浮动体只允许排在页面的顶部（t）或单独的浮动页面（p）中，其他位置参数会被忽略。figure* 和 table* 环境的默认位置选项都是 tp，在多数情况下，使用 table* 或 figure* 环境的效果就是把内容排在后面一页的顶部。

尽管环境参数中可以设置位置，但浮动体的位置并不总能令人满意，在图表较多时这个问题尤为明显。下面我们来进一步深入探讨 LaTeX 的浮动机制和其他参数。

LaTeX 对每个位置的浮动体的总数和占用大小有一定限制（见表 5.7），超出限制的浮动体会被排在较后的页面中，但可以在 ⟨允许位置⟩ 选项中增加一个 ! 符号，来忽略这些参数限制。因此，在 LaTeX 中最宽松的浮动体位置就是 [!htbp]。在位置选项中加上 ! 号将使浮动体相对更靠近文字或靠前出现。如果使用这一手段浮动体仍然被排在很靠后的位置，就可能需要将浮动体适当前移一段距离了。

与 ! 位置选项相反，\suppressfloats 命令用于禁止浮动体出现在当前页，从而将浮动体的位置向后推。\suppressfloats 命令可以带一个可选参数 t 或 b，表示本页顶部或底部禁止放置浮动体。

当浮动体的排版不符合要求时，可以修改表 5.7 和表 5.8 中的参数。例如，对于含有大量浮动体的文档来说，默认的参数限制都显得过于严格，容易造成浮动体积压无法及时输出的问题，此时就可以修正一些参数，例如：

```
% 放宽浮动体的一些参数
\setcounter{topnumber}{3}
\setcounter{bottomnumber}{2}
\setcounter{totalnumber}{7}
\renewcommand\bottomcaption{0.7}
\renewcommand\textfraction{0.1}
% 严格浮动页的要求
\renewcommand\floatpagefraction{0.7}
```

5-3-3

注意在表 5.7 中的参数相对比较复杂，一些参数还是相互制约的，修改合适的取值可能需要认真的考量和实验，Reckdahl [204, 205] 给出了有关设置这些参数的更详细的建议。

现在我们来更严格地考察 LaTeX 的浮动机制。LaTeX 会把浮动环境做成一个个盒子，所有未输出的浮动体按次序放在队列中处理。LaTeX 所使用的浮动规则可描述如下[136]：

- 浮动体会排在所有位置选项允许的位置中尽可能靠前的地方，但 h 选项优先于 t 选项。亦即，浮动体的位置选项中 h 优先级最高，其后在每一页里按 t, b, p 的优先级排列。

*本节剩余内容初次阅读可略过

表 5.7 限制浮动环境数量和占用大小的参数

参数	类型	默认值*	描述
topnumber	计数器	2	文本页顶部浮动体的最大数量
\topfraction	宏	0.7	文本页顶部浮动体的最大占用空间比例
bottomnumber	计数器	1	文本页底部浮动体的最大数量
\bottomfraction	宏	0.3	文本页底部浮动体的最大占用空间比例
totalnumber	计数器	3	文本页上所有浮动体的最大数量
\textfraction	宏	0.2	文本页中文本所占的最小空间比例
\floatpagefraction	宏	0.5	浮动页中浮动体所占的最小空间比例
dbltopnumber	计数器	2	topnumber 的跨双栏版本
\dbltopfraction	宏	0.7	\topfraction 的跨双栏版本
\dblfloatpagefraction	宏	0.5	\floatpagefraction 的跨双栏版本
\floatsep	弹性长度	12pt plus 2pt minus 2pt	文本页上，处于页顶或页底的多个浮动体之间的垂直间距
\textfloatsep	弹性长度	20pt plus 2pt minus 4pt	文本页上，处于页顶或页底的浮动体与正文之间的垂直间距
\intextsep	弹性长度	12pt plus 2pt minus 2pt	文本页上，使用 h 位置选项排在页面中间的浮动体与上下正文之间的垂直间距
\dblfloatsep	弹性长度	12pt plus 2pt minus 2pt	\floatsep 的跨双栏版本
\dbltextfloatsep	弹性长度	20pt plus 2pt minus 4pt	\textfloatsep 的跨双栏版本

* 标准文档类 10pt 字号的值。

表 5.8　控制浮动页间距的内部命令

参数*	类型	默认值†	描述
\@fptop	弹性长度	0pt plus 1fil	浮动页中页面顶部与浮动体的垂直间距
\@fpsep	弹性长度	8pt plus 2fil	浮动页中多个浮动体之间的垂直间距
\@fpbot	弹性长度	0pt plus 1fil	浮动页中页面底部与浮动体之间的垂直间距

*这几个参数是内部命令，一般只在宏包或文档类中修改。如果在正文导言区进行设置，可以在前后分别加上 \makeatletter 和 \makeatother，参见第 475 页例 8-1-14。

† 标准文档类 10pt 字号的值。

- 浮动体不会排在比浮动环境所在处更靠前的页面中。也就是只有在 t 选项生效时，浮动体会排在环境代码位置的同一页，但比浮动环境的上下文略靠前。
- 对于相同类型的浮动环境，多个浮动体会按次序输出。亦即 figure 不会在更早的 figure 之前输出，但可以在更早的 table 之前输出。特别需要注意的是，双栏文档中，跨栏的 figure*、table* 环境和不跨栏的 figure、table 也没有先后制约关系，这可能造成 2 号表格出现在 1 号表格之前，在双栏文档中应该尽量避免混用。
- 只有在浮动体 ⟨*允许位置*⟩ 可选参数中的位置才会放置浮动体。如果省略这个参数，默认的位置参数是 tbp，双栏的跨栏浮动体则是 tp。当仅使用了 h 位置时，LaTeX 会将其扩充为 ht 并发出警告（参见 7.1.2.4 节）。双栏的跨栏浮动体也只有 tp 可以生效。
- 浮动体的排列不能造成页面的上溢出。即浮动体输出时，垂直高度不能超出版心的位置。
- 浮动体的输出必须遵守表 5.7 中的参数限制。不过，如果 ⟨*允许位置*⟩ 参数中有 ! 号，有关文本页的限制将被忽略，只有浮动页的限制（\floatpagefraction 和 \dblfloatpagefraction）起效。

上面的最后三条规则在遇到 \clearpage、\cleardoublepage 或 \end{document} 时会被打破，此时所有队列中未处理的浮动体都会直接输出，⟨*允许位置*⟩ 的 p 选项也会打开以保证可以将所有浮动体输出。

双栏文档中带星号跨栏的浮动环境与不带星号的环境不能按顺序输出，这无疑是一个 BUG。可以使用 fixltx2e 宏包[164] 来修正这个错误：

```
\usepackage{fixltx2e}
```

5-3-4

fixltx2e 是对 LaTeX 2_ε 核心的修正代码，除了双栏浮动体还做了其他一些改进，但因为考虑兼容性问题才没有直接修改内核。除了它以外，也可以加载 dblfloatfix 宏包[108] 修正类似的问题，这个宏包专门用来修正双栏浮动体的问题，同时还允许跨栏浮动体的 b 选项生效，使浮动环境的位置更为灵活，不过不要同时使用这两个宏包。

LaTeX 最多保存 18 个未处理的浮动体。如果有过多的浮动体积压不能及时输出，就会报错（参见 7.1.2.2 节）。通常遇到这种问题只需要增加浮动体允许输出的位置，或是用 \clearpage 立即输出所有的浮动体。不过，如果确实要求保留原来参数中设定的位置，则可以使用 morefloats[107] 宏包增大保存未处理浮动体的限制。

另外需要指出的是，脚注和边注（参见 2.2.7 节）也是特殊的浮动体，它们的输出位置与普通的浮动体不同，但同样具有浮动的效果（太长而排不下的脚注和边注会排在后面的页面），会占用未处理的浮动体个数。

5.3.2 标题控制与 caption 宏包

*

在设计文档时，我们经常需要修改浮动标题的字体、间距、对齐方式等格式，然而 LaTeX 2ε 内核及标准文档类并没有提供直接修改浮动标题格式的命令，这时就可以使用 caption 宏包来完成相关的设置。

注意，在这一小节的示例中，浮动体标题显示的是采用 LaTeX 2ε 默认的格式。为了方便，许多例子省略了外面的 figure、table 等浮动环境，使用“浮动体”代替“图”、“表”或“Figure”、“Table”字样，但在实际的文档中并不能随意略去外面的浮动环境。

使用 caption 宏包设置标题格式是通过一系列键值对形式的选项完成的，这些选项既可以作为宏包的可选项，也可以作为 \captionsetup 命令的参数出现。例如，如果要让 \caption 标题的字体缩小一号，同时数字标签使用粗体，就可以用：

5-3-5

```
\usepackage[font=small,labelfont=bf]{caption}
```

来完成，也可以改为：

5-3-6

```
\usepackage{caption}
\captionsetup{font=small,labelfont=bf}
```

还可以利用 \captionsetup 的可选参数，只修改 figure 环境的标题格式：

5-3-7

```
\usepackage{caption}
\captionsetup[figure]{font=small,labelfont=bf}
```

*本节内容初次阅读可略过。

5

这正是 caption 宏包的基本用法。

caption 宏包提供了非常多的选项，限于篇幅，这里只选择其中常用的一些。为了叙述方便，在本节后面的例子中，我们不使用实际的 figure 或 table 环境，而是假定 \caption 放在了一个虚拟的 metafloat 浮动环境中，这个浮动环境的标题是"浮动体"，输出格式也基于标准文档类下的默认的浮动标题格式。

首先是 format 选项，caption 宏包预定义了 plain 和 hang 两种格式，默认的格式是 plain，例如：

```
\caption{默认居中的短标题}
```

浮动体 1: 默认居中的短标题

5-3-8

```
\caption[plain 格式]{plain 格式下，
如果标题很长，折成几行，就会像普通的
正文段落一样显示。

只要设置好前面的短标题，就可以把浮动
标题分成好几段。}
```

浮动体 2: plain 格式下，如果标题很长，折成几行，就会像普通的正文段落一样显示。
只要设置好前面的短标题，就可以把浮动标题分成好几段。

5-3-9

```
\captionsetup{format=hang}
\caption[hang 格式]{hang 格式的效果
是，对于很长的标题，前面的数字标签会
进行悬挂缩进，就好像 \LaTeX{} 的列表
环境一样。}
```

浮动体 3: hang 格式的效果是，对于很长的标题，前面的数字标签会进行悬挂缩进，就好像 LaTeX 的列表环境一样。

5-3-10

labelformat 选项则用来设置标签编号的格式，例如：

```
% \captionsetup{labelformat=default}
\caption{默认格式，同 simple}
```

浮动体 4: 默认格式，同 simple

5-3-11

```
\captionsetup{labelformat=empty}
\caption{空格式}
```

空格式

5-3-12

```
\captionsetup{labelformat=simple}
\caption{简单格式，直接输出}
```

浮动体 6: 简单格式，直接输出

5-3-13

5-3-14

```
\captionsetup{labelformat=brace}
\caption{数字右括号，无文字}
```

浮动体 7): 数字右括号，无文字

5-3-15

```
\captionsetup{labelformat=parens}
\caption{带括号数字，无文字}
```

浮动体 (8): 带括号数字，无文字

labelsep 选项控制标签与后面标题之间的间隔。

5-3-16

```
\captionsetup{labelsep=none}
\caption{没间隔}
```

浮动体 9没间隔

5-3-17

```
% \captionsetup{labelsep=colon}
\caption{英文分号（默认）}
```

浮动体 10: 英文分号（默认）

5-3-18

```
\captionsetup{labelsep=period}
\caption{英文句点}
```

浮动体 11. 英文句点

5-3-19

```
\captionsetup{labelsep=space}
\caption{空格}
```

浮动体 12 空格

5-3-20

```
\captionsetup{labelsep=quad}
\caption{一个 em 的间隔}
```

浮动体 13　一个 em 的间隔

5-3-21

```
\captionsetup{labelsep=newline}
\caption{标题会另起一行}
```

浮动体 14
标题会另起一行

5-3-22

```
\captionsetup{labelsep=endash}
\caption{en dash 连接符}
```

浮动体 15 – en dash 连接符

justification 选项设置浮动标题的对齐方式，可用的选项值见表 5.9。默认情况下，单行的标题居中对齐，而多行的标题则与普通段落一样均匀对齐。

表 5.9　caption 宏包的 justification 选项

选项值	对应段落命令	对齐方式
justified	无（\justifying*）	普通段落的均匀对齐，默认值
centering	\centering	每行居中对齐
centerlast	\centerlast†	每段的最后一行居中对齐，其他行均匀对齐
centerfirst	\centerfirst†	仅标题第一行居中，其他行均匀对齐
raggedright	\raggedright	每行左对齐，段落右边界可以不对齐
RaggedRight	\RaggedRight*	改进的 raggedright
raggedleft	\raggedleft	每行右对齐

*需要 ragged2e 宏包。

†由 caption 宏包单独提供。

与标准文档类一样，在默认情况下，caption 宏包在单行的短标题中会忽略 justification 选项，而将其居中排版，只有多行的标题才使用选项中的对齐方式。但如果希望设置的对齐方式对单行的标准也有效，则可以使用 singlelinecheck=false 来关闭对单独一行标题的检测。例如，要得到总是右对齐的标题，就可以用：

```
\captionsetup{
  justification=raggedleft,
  singlelinecheck=false}
\caption{右对齐的标题}
```

浮动体 16: 右对齐的标题　5-3-23

font 用来设置浮动标题的字体，而 labelfont 和 textfont 则可以单独设置前面的标签和后面文字的字体。可以使用的字体选项包括字号大小、字体族、字体系列、字体形状、行距、文字颜色等。所有可用的选项值见表 5.10。

多个不同的字体选项可以同时使用，只要把几个选项放在分组中，例如：

```
\captionsetup{font={small,sf},
              labelfont=bf}
\caption{小号加粗无衬线体 Caption}
```

浮动体 17: 小号加粗无衬线体 Caption　5-3-24

几个字体选项还支持 += 的语法，用于在现有设置的基础上增加新设置，如：

表 5.10 caption 宏包预定义的 font 选项值

类别	选项值	等价字体命令	效果
字号	scriptsize	\scriptsize	非常小
	footnotesize	\footnotesize	很小
	small	\small	较小
	normalsize	\normalsize	正文文字大小
	large	\large	较大
	Large	\Large	很大
字体族	rm	\rmfamily	罗马体 Roman family
	sf	\sffamily	无衬线体 Sans Serif family
	tt	\ttfamily	打字机体 Typewriter family
字体系列	md	\mdseries	中等粗细 Medium series
	bf	\bfseries	**粗体 Bold series**
字体形状	up	\upshape	直立体 Upright shape
	it	\itshape	意大利体 *Italic shape*
	sl	\slshape	倾斜体 *Slanted shape*
	sc	\scshape	小型大写字母 SMALL CAPS SHAPE
行距 †	singlespacing	\singlespacing	单倍行距
	onehalfspacing	\onehalfspacing	“1.5 倍”行距
	doublespacing	\doublespacing	“双倍”行距
	stretch=⟨倍数⟩	\setstretch{⟨倍数⟩}	多倍行距
颜色	normalcolor	\normalcolor	默认颜色
	color=⟨颜色⟩	\color{⟨颜色⟩}	指定彩色
选项集合	normalfont	\normalfont	恢复默认字体
	normal		恢复默认字体、行距、颜色

† 这里的行距设置使用 setspace 宏包的命令，其中 1.5 倍和双倍行距的意义可能与其他地方不同，参见 2.1.4 节。

```
\captionsetup{font=small}
\captionsetup{font+=bf}
\caption{小号加粗字体 Caption}
```

浮动体 18: 小号加粗字体 Caption

5-3-25

margin 选项用来设置标题距离页面左右边界的距离，width 则用来设置标题的最大宽度。这两个选项有制约关系，因而通常同时只使用其中一个，例如：

```
\captionsetup{margin=4em}
\caption{标题距离左右各 4\,em
  的距离。}
```

浮动体 19: 标题
距离左右各 4 em
的距离。

5-3-26

```
\captionsetup{width=6em}
\caption{标题最多只有 8\,em 宽。}
```

浮动体 20: 标
题最多只有
8 em 宽。

5-3-27

skip 选项控制标题与浮动环境内容的垂直间距，在标准文档类中的默认值是 10 pt，例如：

```
\captionsetup{skip=0pt}
浮动体的内容。
\caption{与前面无额外间距。}
```

浮动体的内容。
浮动体 21: 与前面无额外间距。

5-3-28

type 选项可以设置标题所对应的浮动环境类型，这就允许在非浮动环境中直接使用浮动体的标题，或者是在同一个浮动体里面显示不同的几个标签。但注意标题仍然应该被放在一个环境中或盒子中，而不要直接写在正文里面。例如，可以利用 type 在同一个浮动体中完成图表的混排：

```
\begin{figure}
\begin{minipage}[b]{.5\textwidth}
\centering
\includegraphics[width=.4\textwidth]{texlive-lion.pdf}
\caption{\TeX\ Live 吉祥物狮子}
\end{minipage}%
\begin{minipage}[b]{.5\textwidth}
```

```
\centering
\begin{tabular}{|*{5}{c|}}
  \hline
  1996 & 1998 & 1999 & 2000 & 2001 \\ \hline
  2002 & 2003 & 2004 & 2005 & 2007 \\ \hline
  2008 & 2009 & 2010 & \dots & \\
  \hline
\end{tabular}
\captionsetup{type=table}
\caption{\TeX\ Live 的版本}
\end{minipage}
\end{figure}
```

5-3-29

图 5.6: TEX Live 吉祥物狮子

1996	1998	1999	2000	2001
2002	2003	2004	2005	2007
2008	2009	2010	…	

表 5.11: TEX Live 的版本

在导言区使用 某name 选项可以用来设置标题标签的文字名称。在标准文档类中，figure 与 table 环境的名称是 Figure 和 Table，而 ctex 文档类则分别是“图”和“表”，设置 figurename 和 tablename 选项等价于修改宏 \figurename 或是 \tablename 的值，但更为方便，例如：

```
% 导言区
\usepackage{caption}
\captionsetup{figurename=图片}
```

5-3-30

直接使用 name 选项则可以在浮动体环境中临时性修改标签名称，例如：

```
\captionsetup{
  type=figure,name=空图片}
\caption{标签名称可以修改}
```

5-3-31

空图片 5.7: 标签名称可以修改

caption 宏包除了定义了大量的格式选项，同时也额外提供了一些有用的命令。例如，\captionof{⟨类型⟩}{⟨标题⟩} 命令可以看做是先设置了 type 选项，然后使用普通的 \caption：

```
\captionof{figure}{空图片标题}
```

图 5.8: 空图片标题

5-3-32

\caption 和 \captionof 都有一个带星号 * 的形式，表示一个不编号、不显示标签也不进入图表目录的标题，例如：

```
\captionsetup{font=sf}
\caption*{无编号的标题，只保留格式}
```

无编号的标题，只保留格式

5-3-33

\ContinuedFloat 命令则用来放在浮动体中，阻止标题的编号增加，从而可以用一个编号表示多个浮动体。如要产生“续图”、“续表”的功能，就可以使用类似下面的代码：

```
\begin{figure}
\ContinuedFloat
  ……
\caption{某图形}
\end{figure}
\begin{figure}
\ContinuedFloat
  ……
\caption{某图形（续）}
\end{figure}
```

5-3-34

最后，caption 宏包同时也提供了许多命令来为其格式选项增加新的取值。相关的命令很多，作为例子，我们来看看如何为 labelsep 选项声明一个 fullcolon 的取值，其效果是使用全角的冒号来分隔标签和标题文字：

```
% 一般在导言区使用
\DeclareCaptionLabelSeparator{fullcolon}{：} % 声明中文的全角冒号分隔符
\captionsetup{labelsep=fullcolon} % 为中文的标题设置全角冒号分隔符
```

5-3-35

bicaption[240] 是 caption 宏包的附加宏包，它提供了双语标题的功能，其基本命令是 \bicaption，语法格式如下：

\bicaption[⟨短标题一⟩]{⟨长标题一⟩}[⟨短标题二⟩]{⟨长标题二⟩}

同时可以使用 \captionsetup[bi-first] 与 \captionsetup[bi-second] 的 lang 选项分别设置两个标题不同的语言。bicaption 原本使用 babel 宏包或 polyglossia 宏包提供的语言选择机制来设置不同语言的标题，不过中文等东亚语言不使用上述宏包的翻译机制，就需要手工设置不同语言的标题。我们可以使用 \DeclareCaptionOption 命令来声明一个新的选项，完成标签名的重定义，然后可以用 \captionsetup 为每种语言分别调用。例如，要设置中英文两种图表标题，可以在导言区使用：

5-3-36

```
% 中文文档类会设定好标题的第一种语言
\documentclass{ctexart}
\usepackage{bicaption}
% 声明 english 选项重定义第二种语言的标签名，选项没有参数
\DeclareCaptionOption{english}[]{%
  \renewcommand\figurename{Figure}%
  \renewcommand\tablename{Table}}
\captionsetup[bi-second]{english}
```

之后就可以在正文中得到双标题的浮动体了：

5-3-37

```
\begin{figure}
  \centering FIGURE
  \bicaption{中文标题}{English Title}
\end{figure}
```

FIGURE

图 5.9: 中文标题

Figure 5.9: English Title

练 习

5.9 查看 caption 宏包手册 Sommerfeldt [238]，如果需要把标题的中文字体改为隶书，应该如何设置？

5.10 查看宏包手册 Sommerfeldt [238]，看看 caption 宏包的 hypcap 参数有什么作用。

caption 还是 caption2？

在一些文档中，如 [204]，往往会看到使用 caption2 代替 caption 宏包的建议。然而我们这里仍然使用的是 caption 宏包，这又是为什么呢？

事实上，这涉及到宏包的版本更迭问题。caption 与 caption2 其实是同一个宏包的不同版本，最早的版本就叫做 caption，版本号按 1.x 变化，然而第一

版 caption 在功能上有很多缺陷，作者 Sommerfeldt 推出了实验性质的第二版，版本号按 2.x 变化，也就是 caption2。之所以取不同的名字很大程度上是因为两个版本的宏包虽然在功能上类似，但语法结构已经有很大的区别，新旧宏包并不兼容。

今天我们在这里使用的则是 caption 宏包的第三个版本，版本号按 3.x 变化。新版本的 caption 宏包与前面两个版本的语法又发生了许多变化，两套旧版本都不支持键值式的语法，而现在的版本则使用键值对给出了更为清晰一致的设置方式。确实有一个 caption3.sty，它现在其实是 caption 的内核，提供了 caption 宏包的基本功能，而我们直接使用的 caption.sty 则提供了宏包选项以及与为兼容其他宏包而编写的大量代码。历史绕了一个圈子，宏包的名称又回到了起点。

这类旧版本被新版本取代，同时名称和使用方式都发生变化的宏包并不在少数。在 3.4.3.2 节介绍的 glossaries 宏包，它的旧版本就叫做 glossary，并且已经从一些新的 TEX 发行版中删掉了。为此，glossaries 宏包还专门附带了一个从旧版本迁移向新版本的手册 Talbot [251]，帮助老用户转向新的版本上来。另一类情况是有其他人对旧宏包做了改进，另起一个名字发布的，5.1.4 节介绍的 xtab 宏包，就是对 supertabular 改进得到的，我们也应该尽量使用改进的新版本。甚至 LATEX 内核本身也有这个问题，已被废弃的旧版本是 LATEX 2.09，而现在的版本则是 LATEX 2_ε，二者并不完全兼容。因而在查看资料或使用宏包时，也应该查看本机上的手册，留意当前版本的信息，以免出现问题。

尽管当年高德纳教授设计 TEX 的目的之一就是保证文档稳定和代码的向前兼容，但大量第三方宏包的出现已经渐渐打破了这一初衷。当我们享受不断进步的宏包所带来的便利时，也不得不接受 LATEX 代码也可能过时这一事实。同样，本书的一些内容也将无可避免地在未来变得不符合实际，对此我们只能提前做好准备。

5.3.3 并排与子图表

*

在实际中，经常需要把好几个图表并列放在一起输出。由于 LATEX 的浮动环境并不对环境内容加以限制，所以只要直接把图表放在一个浮动体里面就可以了，例如：

*本节内容初次阅读可略过。

```
\begin{table}
  \centering
  \caption{并排的表格}
  \begin{tabular}{|c|c|}
    \hline 图 & 表 \\ \hline
  \end{tabular}%
  \qquad
  \begin{tabular}{|c|c|}
    \hline Figure & Table \\ \hline A & B \\ \hline
  \end{tabular}
\end{table}
```

5-3-38

表 5.12 并排的表格

图	表

Figure	Table
A	B

tabular 环境生成的表格和 \includegraphics 插入的图形都是一个大的盒子，因而可以直接并排放在一起。不过如果是和一段文字并排放在一起，则可以使用 \parbox 或 minipage 环境生成一个子段盒子：

```
\begin{figure}
  \centering
  \includegraphics[width=0.4\textwidth]{texlive-lion.pdf}%
  \qquad
  \parbox[b]{0.4\textwidth}{这只狮子是由画师 Duane Bibby 专门为著名的
  \TeX{} 发行版 \TeXLive{} 绘制的作品。狮子是 \TeX{} 系统的吉祥物，
  Duane Bibby 创作了大量有关 \TeX{} 狮子的插图，如高德纳的 \textit{The
  \TeX{}book} 与 Lamport 的 \textit{\LaTeX: A Document Preparation
  System} 两书中的狮子插图，就是由 Duane Bibby 创作的。}
  \caption{\TeX{} 狮子}\label{fig:texlivelion}
\end{figure}
```

5-3-39

在使用并排的图表或文字时，需要注意其对齐方式。tabular 环境和 \parbox 生成的子段盒子，默认都是在盒子中央对齐（盒子的基准点是中线左端），而

这只狮子是由画师 Duane Bibby 专门为著名的 TeX 发行版 TeX Live 绘制的作品。狮子是 TeX 系统的吉祥物，Duane Bibby 创作了大量有关 TeX 狮子的插图，如高德纳的 *The TeXbook* 与 Lamport 的 *LaTeX: A Document Preparation System* 两书中的狮子插图，就是由 Duane Bibby 创作的。

图 5.10　TeX 狮子

`\includegraphics` 插入的图形其基准点则在左下角，因此图 5.10 就使用了 `\parbox` 的 `b` 选项使文字与前面的图形对齐。如果需要让插图垂直居中对齐，则可以把它放进子段盒子中。

然而要让两个插图按顶部对齐，就需要一点技巧。注意如果直接把插图放进 `t` 选项的子段盒子中，并不能使图形在顶部对齐，因为 `t` 选项只能让第一行按基线对齐。此时可以在盒子里面先使用 `\vspace{0pt}` 增加一个高度为 0 的空行，然后按这个空行对齐。图形的宽度可能不能直接确定，可以用 varwidth 宏包的 `varwidth` 处理：

```
\begin{figure}
  \centering
  \begin{varwidth}[t]{\textwidth}
    \vspace{0pt}
    \includegraphics{lion.eps}
  \end{varwidth}%
  \qquad
  \begin{varwidth}[t]{\textwidth}
    \vspace{0pt}
    \includegraphics[height=4cm]{texlive-lion.pdf}
  \end{varwidth}
  \caption{两幅狮子图形的按顶部对齐}
\end{figure}
```

5-3-40

图 5.11 两幅狮子图形的按顶部对齐

在一个浮动环境中可以有多个 \caption 标题①，甚至可以利用 caption 宏包的 type 选项同时使用不同类型的标题，例如：

```
\begin{table}
\parbox[b]{.5\textwidth}{\centering
  \caption{文字表格}
  \begin{tabular}{|c|c|}
    \hline 图 & 表 \\ \hline
  \end{tabular}}%
\parbox[b]{.5\textwidth}{\centering
  \caption{数学表格}
  $\begin{array}{|c|c|}
    \hline \sqrt{2} & 1.414\dots \\ \hline
    \sqrt{3} & 1.732\dots \\ \hline
  \end{array}$}
\end{table}
```

5-3-41

表 5.13 文字表格

图	表

表 5.14 数学表格

$\sqrt{2}$	$1.414\dots$
$\sqrt{3}$	$1.732\dots$

有时候我们还需要更复杂的子图表功能：可以给整个浮动体加一个概括性的标题，同时对浮动体内的每个子图表，也都有自己的编号和标题。这可以使用 caption 的一个

① 但如果是使用 float 宏包的 \newfloat 自定义的浮动体，或是用 \restylefloat 命令对 figure, table 环境做了重定义，则只能使用一个 \caption 标题，而用 caption 宏包的 \DeclareCaptionType 定义的新类型则没有问题，参见 5.3.4 节。

附加宏包 subcaption 宏包[239] 来完成。subcaption 依赖 caption 宏包，使用时需要同时调用两个。

subcaption 宏包提供了一组命令来完成子图表的排版输出。\subcaption 命令用来直接输出子标题，例如，我们将例 5-3-41 中的两个 \caption 换成 \subcaption，同时加上整体的标题，则有：

```
% \usepackage{caption,subcaption}
\begin{table}
\caption{图表的子标题}
\parbox[b]{.5\textwidth}{\centering
  \begin{tabular}{|c|c|}
    \hline 图 & 表 \\ \hline
  \end{tabular}
  \subcaption{文字表格}}%
\parbox[b]{.5\textwidth}{\centering
  $\begin{array}{|c|c|}
    \hline \sqrt{2} & 1.414\dots \\ \hline
    \sqrt{3} & 1.732\dots \\ \hline
  \end{array}$
  \subcaption{数学表格}}
\end{table}
```

5-3-42

表 5.15　图表的子标题

图	表

(a) 文字表格

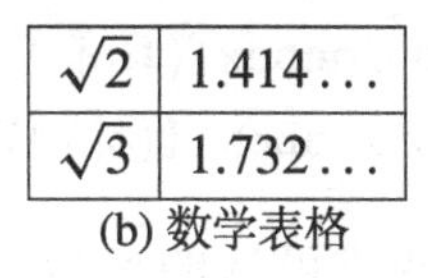

$\sqrt{2}$	$1.414\dots$
$\sqrt{3}$	$1.732\dots$

(b) 数学表格

由于子图表几乎总是需要使用子段盒子来放置内容和子标题，所以 subcaption 宏包还同时提供了 subfigure 和 subtable 环境，它们的语法和功能与 minipage 完全相同，只是在里面可以直接使用 \caption 命令来表示子标题，如：

```
% \usepackage{caption,subcaption}
\begin{table}
  \caption{子图表环境}
  \begin{subtable}[b]{.5\textwidth}
```

5

```
    \centering
    \begin{tabular}{|c|c|} \hline 图 & 表 \\ \hline \end{tabular}
    \caption{文字表格}
  \end{subtable}%
  \begin{subtable}[b]{.5\textwidth}
    \centering
    $\begin{array}{|c|c|}
      \hline \sqrt{2} & 1.414\dots \\ \hline
      \sqrt{3} & 1.732\dots \\ \hline
    \end{array}$
    \caption{数学表格}
  \end{subtable}
\end{table}
```

5-3-43

表 5.16　子图表环境

图	表

(a) 文字表格

$\sqrt{2}$	1.414...
$\sqrt{3}$	1.732...

(b) 数学表格

使用更为方便的则是 \subcaptionbox 与 \subcaptionbox* 命令，能生成一个带有子标题的子图表例子（带 * 的命令不编号），其语法格式如下：

\subcaptionbox[⟨目录标题⟩]{⟨标题⟩}[⟨宽度⟩][⟨盒子内位置⟩]{⟨内容⟩}
\subcaptionbox*{⟨标题⟩}[⟨宽度⟩][⟨盒子内位置⟩]{⟨内容⟩}

其中 ⟨宽度⟩ 变成可选的参数，如果省略就使用其 ⟨内容⟩ 的自然宽度，类似使用了 varwidth 环境的效果；⟨盒子内位置⟩ 确定 ⟨内容⟩ 在盒子中的水平对齐方式，可以是 l（\raggedright）、r（\raggedleft）、c（\centering）或 s（无特别格式），默认为居中的 c。例如：

```
% \usepackage{caption,subcaption}
\begin{table}
\caption{子图表盒子}
\centering
\subcaptionbox{文字表格\label{subtab:test}}[6em]{%
```

```
  \begin{tabular}{|c|c|} \hline 图 & 表 \\ \hline \end{tabular}}\qquad
\subcaptionbox{数学表格}{%
  $\begin{array}{|c|c|}
    \hline \sqrt{2} & 1.414\dots \\ \hline
    \sqrt{3} & 1.732\dots \\ \hline
  \end{array}$}
\end{table}
```

5-3-44

表 5.17　子图表盒子

(a) 文字表格

图	表

(b) 数学表格

$\sqrt{2}$	1.414...
$\sqrt{3}$	1.732...

如例 5-3-44 所示，使用 \subcaptionbox 时，需要给子图加引用的 \label 标签可以放在 ⟨标题⟩ 参数中。使用 \ref 引用标签 subtab:test 将得到“5.17(a)”，它是外层与内层编号的混合。若只引用子标题的内层编号，可以用 subcaption 提供的 \subref 命令，如 \subref{subtab:test} 将得到“(a)”。

与 caption 宏包相同，子标题的格式仍然可以使用 subcaption 的宏包选项全局设置，或利用 \captionsetup 命令全局或局部地进行设置，如：

```
\usepackage{caption}
\usepackage{subcaption}
\captionsetup[sub]{font={small,it}} % 设置所有子标题
\captionsetup[subtable]{labelformat=simple,labelsep=colon} % 设置子表格
```

5-3-45

除了 subcaption 宏包，也可以使用 subfig 宏包[55] 和 floatrow 宏包[140] 宏包来排版子图表。它们都与 caption 宏包的功能兼容，同时提供额外的子图表排版功能。subfig 主要提供了 \subfloat 和 \subref 命令，功能和语法都与 subcaption 十分相近①。floatrow 宏包则预定义了许多更为复杂的子图表格式，这里就不多做介绍了。

① subfig 是 Cochran 在其旧版本的 subfigure 的基础上编写的宏包，旧版本与过时的 caption2, ccaption 等宏包兼容，新版本则基于第 3 版的 caption 宏包。在 Reckdahl [204] 等较早的资料中介绍的主要是 subfigure 宏包，而新的文档多介绍 subfig。不过 subfig 的功能与 caption 自带的 subcaption 大体重复，手册和实现代码也更冗长，因而选用 subcaption 更为合适。

5.3.4 浮动控制与 float 宏包

关于浮动体，提出最多的一个问题就是：怎样让图表不要乱跑？习惯于所见即所得环境下拖曳鼠标放置图形的人尤其不适应浮动环境的“奇怪”效果。浮动图表的目的是用浮动的位置来避免糟糕的分页，但如果不在乎因为图表太大而产生的分页，而要求有确定的位置，那么这其实是要求不使用“浮动”环境。把图表简单地放在 center、quote 等环境中就可以做到这一点，5.3.2 节还展示了如何在这种情况下仍然使用图表的标题。

无论如何，float 宏包[149] 还是为标准的浮动环境提供了一个新的 H 位置选项用来产生没有浮动效果的图表环境，它的使用非常简单，和一般的浮动环境没有什么区别：

5-3-46

```
% \usepackage{float}
\begin{figure}[H]
\centering
\includegraphics[height=1cm]{lion.eps}
\caption{不浮动的图表}
\end{figure}
```

图 5.12 不浮动的图表

H 选项不能与 h, t, b, p 等其他位置选项混用。H 表示 Here，事实上使用了 H 选项的 figure 或 table 环境就不再是一个浮动体，而只是一个前后间距与内容格式都与普通浮动环境相同的一个大盒子。float 宏包提供的 H 选项比用 center 环境和 caption 宏包的 \captionof 命令来模拟普通浮动环境的格式要更准确，也更自然一些，这个选项也是 float 宏包的主要功能。

除此之外，float 宏包还提供了定义新浮动环境的功能，这是由 \newfloat 命令完成的，其语法格式如下：

\newfloat{⟨环境名⟩}{⟨位置⟩}{⟨目录文件扩展名⟩}[⟨上级计数器⟩]

其中 ⟨位置⟩ 是浮动环境默认的位置选项，可以使用 h, t, b, p 或单独的 H。⟨目录文件扩展名⟩ 是用于产生与图表目录（参见 3.1.1 节）类似的目录的辅助文件扩展名，而可选的 ⟨上级计数器⟩ 则可以让浮动环境按章节编号。使用 \newfloat 定义了新的浮动体后，一般还要用 \floatname 命令定义这个浮动体的标题标签名，例如，可以为文档中的流程图单独定义一个环境：

*本节内容初次阅读可略过。

```
% 导言区
% \usepackage{float}
\newfloat{flowchart}{htbp}{loflow}[chapter]
\floatname{flowchart}{流程图}
% 正文
\begin{flowchart}
  \centering
  \includegraphics{turing-reverse.pdf}
  \caption{求逆字符串的图灵机}
\end{flowchart}
```

5-3-47

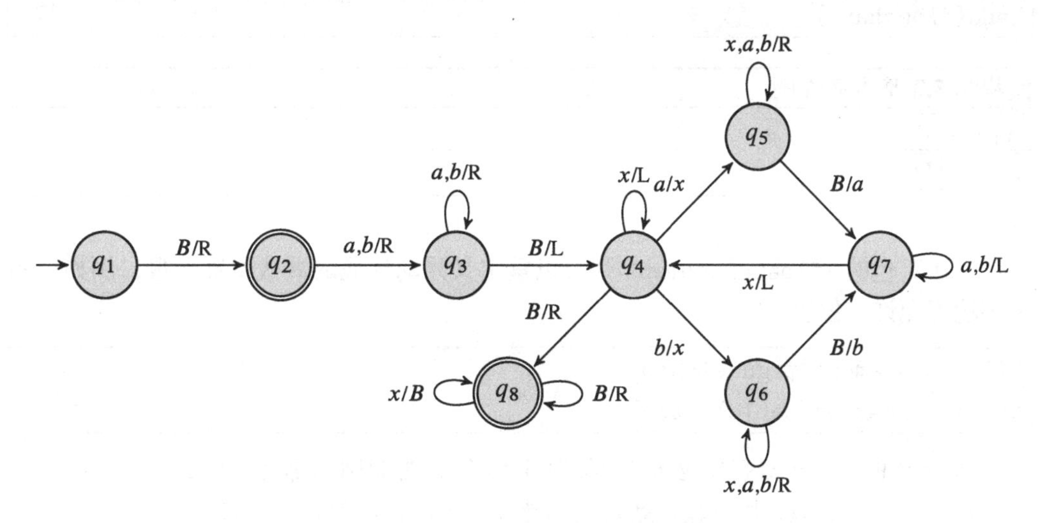

流程图 5.1　求逆字符串的图灵机

float 宏包还提供了 \floatstyle{⟨格式⟩} 命令，可以使之后用 \newfloat 定义的所有浮动体按指定的格式输出，也可以在后面使用 \restylefloat{⟨环境名⟩} 来指定原有浮动环境的格式，可选的格式如下：

- **plain** 这是默认的格式，它与标准文档类 figure, table 环境的格式基本相同，只是 \caption 产生的标题总在浮动环境的底部。
- **plaintop** 标题在顶部，其余与 plain 格式相同。
- **boxed** 浮动体内容在一个线框中，标题在线框下面。

- **ruled** 浮动体类似三线表的格式，标题在顶部，标题前后与浮动体后面各有一条横线。Graham et al. [87] 一书的图表就是这种样式。

这里举一个 ruled 格式的例子：

5-3-48

```
\floatstyle{ruled}
\restylefloat{flowchart}
% 正文
\begin{flowchart}
  \fbox{A} $\longrightarrow$ \fbox{B} \\
  \fbox{C} $\longrightarrow$ \fbox{D}
\caption{基本流程图}
\end{flowchart}
```

流程图 5.2 基本流程图

A ⟶ B
C ⟶ D

float 宏包的 \floatplacement 则可以重定义浮动环境的默认位置参数，例如让图表环境都允许 h 位置：

5-3-49

```
\floatplacement{figure}{htbp}
\floatplacement{table}{htbp}
```

而 float 的 \listof{⟨环境名⟩}{⟨标题⟩} 命令的功能则与命令 \listoffigures 和 \listoftables 类似，用来输出新定义的浮动环境的标题目录，例如：

5-3-50

```
\listof{flowchart}{流程图目录}
```

需要注意的是，使用 float 的 \newfloat 或 \refstyle 重定义浮动环境中只能使用一个 \caption 标题，标题的位置也固定为顶部或底部，这对于排版并列图表非常不便。caption 宏包的个别功能也因此受到影响，rule 格式中标题格式则完全固定。因此，如果对标题有较高要求，更好的方式是使用 newfloat 宏包[241] 的 \DeclareFloatingEnvironment 命令来定义新的浮动体，其语法格式如下：

\DeclareFloatingEnvironment[⟨选项表⟩]{⟨环境名⟩}

其中 ⟨选项表⟩ 可以使用下面的选项：

- name=⟨标签名⟩
- listname=⟨目录名⟩
- fileext=⟨目录文件扩展名⟩，默认是 lo⟨环境名⟩
- placement=⟨位置参数⟩
- within=⟨上级计数器⟩，可以为 none（无）
- chapterlistsgaps= on 或 off，开关在目录中，不同章浮动体标题间的额外间距。

因此，定义流程图的格式也可以使用如下命令：

```
\usepackage{newfloat}
\DeclareFloatingEnvironment[fileext=loflow, placement=htbp,
  within=chapter, name=流程图, listname=流程图目录]{flowchart}
```

使用这种方式定义的新浮动环境没有标题方面的限制，可以与 caption 更好的结合。可以使用 \listof⟨环境名⟩s 这样的命令来输出目录，如前面定义的流程图就使用 \listofflowcharts。

除了 float 宏包及其 H 选项，还有一些工具可以用来控制浮动体的位置。

placeins 宏包[13] 提供了一个 \FloatBarrier 命令，顾名思义，它会在所在的位置产生一个无形的屏障，所有之前的浮动体都必须在这个屏障之前输出。\FloatBarrier 命令的功能有些像 \clearpage，不过只要可能，\FloatBarrier 命令会避免直接分页。placeins 宏包有几个选项，section 选项会在每个 \section 命令之前隐含地增加一个 \FloatBarrier 命令，使浮动体局限在一节的范围之内；above 和 below 选项可以放宽 \FloatBarrier 命令的位置限制，使浮动体可以出现在同一页的较前或较后的位置。

float 的 H 选项给出了确切的“此处”位置，也可以使用 afterpage 宏包[42] 来得到确切的“下一页顶部”位置。afterpage 宏包提供了一个 \afterpage 命令，可以把参数中的内容放在下一页的开头，同时不影响正常的正文流向。因此，可以使用

```
% \usepackage{afterpage}
\afterpage{\begin{figure}[H]
  ...
\end{figure}}
```
5-3-51

来得到下一页顶部的浮动图形环境，而如果使用

```
% \usepackage{afterpage}
\afterpage{\clearpage}
```
5-3-52

则会产生与 placeins 的 \FloatBarrier 有些类似的效果，它强制所有浮动体在下一页之前输出完毕（其中的 \clearpage 也可以改成 \FloatBarrier）。

有的期刊会要求稿件将所有的图表放在整个文章的末尾，但把整个浮动环境挪到文档末尾却非常不方便修改，endfloat 宏包[156] 就解决了这个问题。引用 endfloat 宏包后，所有的浮动图表都会被放在文档最后。也可以使用 \processdelayedfloats 命令直接输出之前延迟输出的浮动图表，例如放在文档正文之后，参考文献列表之前。更多的命令的选项控制，可参见文档 McCauley and Goldberg [156]。

5.3.5 文字绕排

*

让文字沿图表绕排一直困扰着不少使用 LaTeX 的人。对于小幅的图表，使用绕排的方式可以得到更为紧凑的页面，在篇幅紧张或注重行文的场合，效果往往比浮动环境更有吸引力。这一节主要将介绍两个有关文字绕排的宏包：picinpar 宏包[242] 和 wrapfig 宏包[14]。由于 TeX 固有的限制，文字绕排的效果还无法做到尽善尽美，对绕排图表的位置、形状、使用都有一些限制。因此在使用绕排工具时，往往需要仔细的调整，或者另寻他途。

picinpar 提供了 figwindow 和 tabwindow 环境来实现绕排功能。它们的语法格式如下（中括号中的 4 个参数都是必选的）：

```
\begin{figwindow}[⟨下降行数⟩,⟨水平位置⟩,⟨图内容⟩,⟨图标题⟩]
  ⟨绕排文字⟩
\end{figwindow}

\begin{tabwindow}[⟨下降行数⟩,⟨水平位置⟩,⟨表内容⟩,⟨表标题⟩]
  ⟨绕排文字⟩
\end{tabwindow}
```

figwindow 和 tabwindow 环境会在 ⟨绕排文字⟩ 的段落中开一个窗口，用来放置图表。图表的位置由前两个参数确定，⟨下降行数⟩ 是一个整数，确定被绕排图表的垂直位置，图表将在这么多行文字下方显示；⟨水平位置⟩ 可以是 l，c 或 r，表示窗口开在段落左、中、右的位置。后面两个参数分别是图表的内容与标题。标题可以留空，但需要保

*本节内容初次阅读可略过。

留标题前的逗号，此时就没有标题和编号。如果标题的编号需要引用，可以把标签放在标题内。下面是一个使用 figwindow 的例子[①]：

```
% \usepackage{picinpar}
\begin{figwindow}[2,c,% 跨过段落的前两行，中间位置
  \includegraphics{lion.eps},Lion\label{fig:wraplion}]
\lipsum*[1] % 足够长的文本段落
\end{figwindow}
```

5-3-53

Lorem ipsum dolor sit amet, consectetuer adipiscing elit. Ut purus elit, vestibulum ut, placerat ac, adipiscing vitae, felis. Curabitur dictum gravida mauris. Nam arcu libero, nonummy eget, consectetuer id, vulputate a, magna. Donec vehicula augue eu neque. Pellentesque habitant morbi tristique senectus et netus et malesuada fames ac turpis egestas. Mauris ut leo. Cras viverra metus rhoncus sem. Nulla et lectus vestibulum urna fringilla ultrices. Phasellus eu tellus sit amet tortor gravida placerat. Integer sapien est, iaculis in, pretium quis, viverra ac, nunc. Praesent eget sem vel leo ultrices bibendum. Aenean faucibus. Morbi dolor nulla, malesuada eu, pulvinar at, mollis ac, nulla. Curabitur auctor semper nulla. Donec varius orci eget risus. Duis nibh mi, congue eu, accumsan eleifend, sagittis quis, diam. Duis eget orci sit amet orci dignissim rutrum.

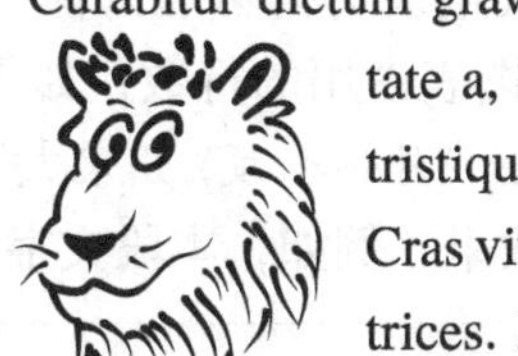

图 5.13　Lion

picinpar 是一个 LaTeX 2.09 时代的宏包，不过至今仍能正常使用。它能自动计算图表内容的大小，在环境中文本段落指定的位置开窗口放置此图表。不过，picinpar 也有一个缺点，即它要求环境中的段落在页面上必须有足够的空白，如果段落文字恰好在一页的末尾，就会在页面上留下大片的空白，这与使用 float 提供的不浮动的图表环境（H 选项）是一样的。此外，picinpar 在图表外面加的间距很小，不方便调整，figwindow 与 tabwindow 环境的语法也与一般的 LaTeX 环境不同。当图形大小或环境中文本内容在页面中位置不合适时，picinpar 偶尔还会造成错误的段落形状，需要在使用中小心调整。

另一个工具是 wrapfig 宏包[14]，它提供了 wrapfigure 和 wraptable 环境，在语法格式上更接近标准 LaTeX 2_ε 的 figure 和 table 环境（中括号里面是可选参数）：

\begin{wrapfigure}[⟨行数⟩]{⟨位置⟩}[⟨外伸长度⟩]{⟨宽度⟩}
　⟨图内容⟩

① 例子中的 \lipsum 命令需要 lipsum 宏包，它只用来生成一段测试用的文本，没有实际意义。实用中 figwindow 或 tabwindow 环境里是大段的文字。

```
\end{wrapfigure}
\begin{wraptable}[⟨行数⟩]{⟨位置⟩}[⟨外伸长度⟩]{⟨宽度⟩}
  ⟨表内容⟩
\end{wraptable}
```

在使用时，⟨图内容⟩ 及 ⟨表内容⟩ 与普通 figure、table 环境的内容相同，可以是任意代码产生的图表，也可以使用 \caption 命令生成标题。在环境后面的段落内容将会沿图表绕排。在这里，⟨位置⟩ 参数不区分大小写，可以是 l 或 r，即左右两侧，也可以用 o 或 i，表示双面页面的装订内侧和外侧。⟨宽度⟩ 则指定图表环境所占用的宽度。可选的 ⟨行数⟩ 可以指定图表占用的行数，如果留空则会按内容高度自动计算（不过自动计算的结果有时偏大）。⟨外伸长度⟩ 如果大于 0 pt，则图表会向左右侧面伸出版心指定的长度，产生特殊的效果。例如，本段文字开头的表 5.18 就是这样得到的：

表 5.18 向右伸出的绕排表格

甲	乙	丙	丁

```
% \usepackage{wrapfig}
\begin{wraptable}[4]{r}[1.5cm]{4.5cm}
  \centering
  \caption{向右伸出的绕排表格}\label{tag:wraptable}
  \begin{tabular}{|c|c|c|c|}
    \hline 甲 & 乙 & 丙 & 丁 \\ \hline
  \end{tabular}
\end{wraptable}
```

5-3-54

wrapfig 在使用时可以不必指定把多少文字包含进绕排的范围，但它同样也有与 picinpar 类似的问题，即本页中剩下的空间必须足够放下被绕排的图表，否则也将造成难看的分页。在功能上，wrapfig 可以让图伸出版心之外，不过不能把图表放在中间或跳过前几行，因而与 picinpar 有互补的效果。

与 wrapfig 类似的宏包还有 floatflt 宏包[60]，它提供了 floatingfigure 和 floatingtable 的浮动环境，可以把浮动体放在一段开头的左侧或右侧，这里不再详细说明了。floatflt 的独特功能是提供了 \fltitem 命令，试图解决与列表环境共用时产生的问题。

在 TEX 内部，绕排工具都是使用 \parshape 命令的功能（参见 2.2.1 节）配合复杂的盒子操作与计算完成的，这也是为什么在列表环境中无法正常使用绕排功能（因为列表项也是由 \parshape 实现的）。前面介绍的绕排工具都只能产生矩形的空洞来放置图形，不过 \parshape 提供了更多的可能性：完全可能利用 \parshape 产生更复杂形状的绕排效果。shapepar 宏包的 \cutout 命令就部分地实现了这种复杂绕排的功能，不过具体位置和参数需要手工仔细调整，详细说明请参见手册 Arseneau [15]。这里举一个使用圆形绕排的例子，图形是用 TikZ 画的圆：

```
% \usepackage{shapepar}
% \usepackage{tikz,lipsum}
\cutout{r}(-1cm,1cm)\shapepar[2cm]{\circleshape}%
\begin{tikzpicture}[overlay]
  \filldraw[fill=lightgray] (0.5,-0.5) circle (1);
\end{tikzpicture}\par
\small\lipsum[1]
```

5-3-55

Lorem ipsum dolor sit amet, consectetuer adipiscing elit. Ut purus elit, vestibulum ut, placerat ac, adipiscing vitae, felis. Curabitur dictum gravida mauris. Nam arcu libero, nonummy eget, consectetuer id, vulputate a, magna. Donec vehicula augue eu neque. Pellentesque habitant morbi tristique senectus et netus et malesuada fames ac turpis egestas. Mauris ut leo. Cras viverra metus rhoncus sem. Nulla et lectus vestibulum urna fringilla ultrices. Phasellus eu tellus sit amet tortor gravida placerat. Integer sapien est, iaculis in, pretium quis, viverra ac, nunc. Praesent eget sem vel leo ultrices bibendum. Aenean faucibus. Morbi dolor nulla, malesuada eu, pulvinar at, mollis ac, nulla. Curabitur auctor semper nulla. Donec varius orci eget risus. Duis nibh mi, congue eu, accumsan eleifend, sagittis quis, diam. Duis eget orci sit amet orci dignissim rutrum.

一个比较新的 cutwin 宏包[296] 也提供了类似 picinpar、wrapfigure 的绕排功能，同时与 shapepar 一样还支持自定义挖洞的形状。虽然没有 shapepar 一样丰富的预定义形状，不过在处理绕排时其语法相对自然。cutwin 与 shapepar 宏包有命名冲突，宏包的用法这里就不再详细介绍了。

从前面的介绍可以看出，用于图文混排的工具包很多，其特点也各不相同。值得注意的是，picinpar 和 wrapfig 这类绕排的工具都有一些限制，它们通常都不能让显示（displayed）数学公式、各种列表环境正确绕排，也只能应用于大段的普通文本中。同样，被绕排的图表不应该太大，否则特别容易产生不良的分页。因此，这些工具的使用没有 LaTeX 标准浮动体那样自动化，在使用这类工具时，需要在文档编译的最后阶段仔细检查，必要时做出手工调整。

5.4 使用彩色

从概念上说，彩色并非绘图功能，基本的文字、页面部件都可以使用彩色。不过由于原始的 TeX 引擎不支持彩色①，有关彩色的功能都是由输出 PS、PDF 格式的 TeX 引

① 在 TeX 发明的年代，彩色印刷远没有今天容易和普及。

擎或驱动（参见 5.2 节）提供的，有关命令也是在绘图相关的扩展宏包中定义，因此我们将彩色放在本章说明。

基本的彩色支持工具是 color 宏包[38]，它是 LaTeX 的基本组件，graphics 工具包的一部分。

在 color 宏包中，使用彩色的基本命令是 \color 和 \textcolor：

\color{⟨颜色⟩}
\textcolor{⟨颜色⟩}{⟨文字⟩}

它们的语法格式与字体选择命令的语法格式非常相似，\color 是声明式命令，它使（同一分组内）后面的内容都使用指定的颜色输出，而 \textcolor 则将参数 ⟨文字⟩ 以指定的颜色输出，例如①：

5-4-1

```
% \usepackage{color}
\color{red}红色文字夹杂%
\textcolor{blue}{蓝色}文字
```

红色文字夹杂蓝色文字

除了 \color 和 \textcolor，color 宏包还提供选择页面背景色及彩色盒子的命令，其语法格式如下：

\pagecolor{⟨页面颜色⟩}
\colorbox{⟨盒子颜色⟩}{⟨文字⟩}
\fcolorbox{⟨线框颜色⟩}{⟨盒子颜色⟩}{⟨文字⟩}

彩色盒子例如：

5-4-2

```
\colorbox{yellow}{黄色盒子} \\
\fcolorbox{black}{green}{黑框绿盒子}
```

黄色盒子
黑框绿盒子

与 \fbox 类似，盒子外框的间距与线框粗细由长度变量 \fboxsep 和 \fboxrule 控制。

彩色命令使用的 ⟨颜色⟩ 参数是预定义的颜色名。在标准的 color 宏包中只有几种原色是预定义的：黑白颜色 ■ black 和 □ white，色光三原色红 ■ red、绿 ■ green、蓝 ■ blue，以及印刷三原色青 ■ cyan、品红 ■ magenta、黄 ■ yellow。

① 为示例清晰，使用加粗无衬线体显示彩色文字。

这三类原色分别使用三种不同的色彩模型（color model①）：gray（灰度）、rgb（红绿蓝）和 cmyk（印刷四分色②）。在使用颜色时，可以给颜色命令指定模型，然后使用特定色彩模型下的几个分量 [0, 1] 之间的数值来表示具体的颜色，例如：

```
\textcolor[gray]{0.5}{50\% 灰色} \\
\color[rgb]{0.6,0.6,0}暗黄色
```

50% 灰色
暗黄色

5-4-3

此外，还有一种由输出驱动直接支持的 named 名称模型，例如在 Dvips 驱动下，可以给用 usenames 宏包选项直接调用图 5.15 中的各种彩色名，并加以彩色强度，如用

```
% \usepackage[usenames]{color}
% 使用 latex + dvips 编译
\color[named]{Purple,0.6}
```

可以选定 60% 的淡紫色。不过这种方式限于特定的输出驱动，一般很少使用。

用色彩名称选择颜色是比较方便的方式，除了原本的几种原色，可以使用 dvipsnames 宏包选项来获得更多的色彩名，而不必考虑使用的输出驱动，例如：

```
% \usepackage[dvipsnames]{color}
\textcolor{Purple}{紫色文字}
```

紫色文字

5-4-4

dvipsnames 选项调入的色彩名默认以 CMYK 色彩模型给出。

类似的色彩名称也可以由用户自己定义，其语法格式如下：

\definecolor{⟨色彩名⟩}{⟨模型⟩}{⟨分量值⟩}

例如，紫色就可以定义为：

```
\definecolor{Purple}{cmyk}{0.45,0.86,0,0}
```

5-4-5

用户可以为文档定义自己的整套色彩。

color 宏包只提供了非常基本的彩色支持功能，在许多时候使用不便。xcolor 宏包[120]在调制复杂的颜色、转换不同色彩模型等方面大大扩展了 color 宏包的功能，同时也保持了 color 宏包原有的命令和语法，成为 color 更为实用强大的代替品。由于使用更为方便，在较新的文档中，经常直接使用 xcolor 代替 color 宏包提供彩色支持。

---

① 又称色彩空间（color space）。
② CMYK 四个字母分别指青、品红、黄、黑。

*

xcolor 宏包支持更多的色彩模型，使用 rgb、cmy、cmyk、hsb①、gray 等模型可以更方便地定义各色色彩，而且将这些色彩模型作为宏包选项，则可以将整个文档的所有色彩都转换到指定的模型去②，这对于制作印刷稿特别有用：

5-4-6

```
% 将所有色彩转换为 CMYK 模型
\usepackage[cmyk]{xcolor}
```

xcolor 宏包比 color 宏包支持更多的基本色彩，图 5.14 中的色彩在调用 xcolor 宏包后即可任意使用。同时除了用 dvipsnames 选项可以访问 PostScript 预定义的色彩名称外（见图 5.15），还可以使用 svgnames 和 x11names 访问 SVG 格式或是 UNIX X11 库预定义的大量色彩名称。

尤其有用的是，xcolor 还支持颜色表达式的记法，常用的有：

半色调：〈颜色〉!〈百分数〉
混合色：〈颜色〉!〈百分数〉!〈颜色〉
互补色：-〈颜色〉

这可以方便地表示出 50% 的紫色或是更复杂的将不同颜料按比例混合的中间色调：

5-4-7

```
\textcolor{purple!70}{淡紫色}

{\color{blue!60!black}60\% 蓝与 40\% 黑混合的深蓝色}

\colorbox{-red}{青色与红色互补}
```

淡紫色
60% 蓝与 40% 黑混合的深蓝色
青色与红色互补

xcolor 宏包也提供了许多新的命令来支持更丰富的命令，例如 \colorlet 可以使用色彩表达式来定义新色彩名：

5-4-8

```
\colorlet{darkred}{red!50!black}
\textcolor{darkred}{定义暗红色}
```

定义暗红色

*本节以下内容初次阅读可略过。
① HSV 色彩模型指色调（hue）、饱和度（saturation）、亮度（brightness）三个分量的色彩模型。
② 不同模型之间的转换有时是失真的，例如灰度 gray 模型不可能完整地表示红色。

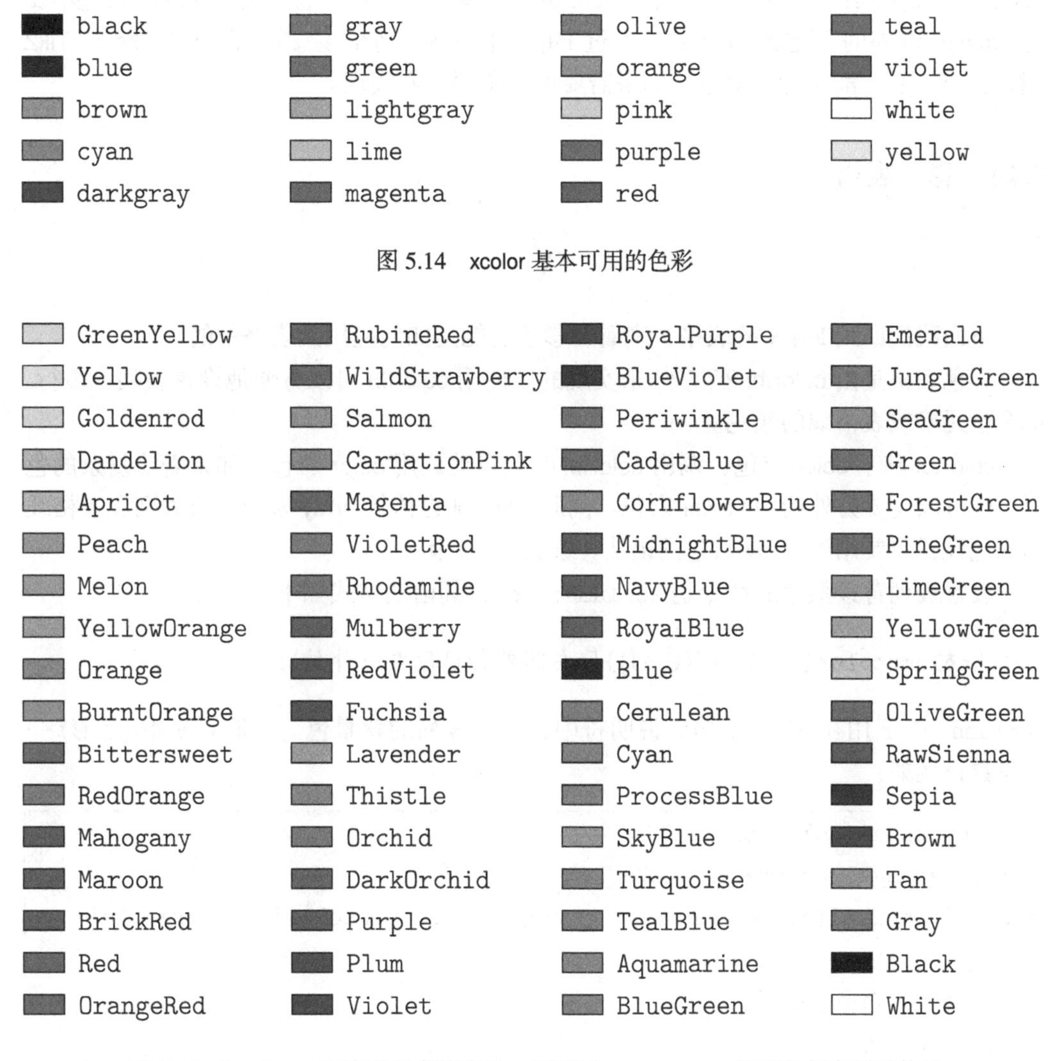

图 5.14　xcolor 基本可用的色彩

图 5.15　PostScript 预定义的色彩名称，可通过 dvipsnames 选项以任意驱动使用

更多相关的命令可以参见 xcolor 的宏包手册 Kern [120]。

color 与 xcolor 宏包都不提供透明颜色的支持。使用 pdfTEX 引擎时，可以用 transparent 宏包[180] 实现颜色透明度的支持，它提供了 \transparent 与 \texttransparent 命令，其用法与 \color 和 \textcolor 类似。transparent 宏包不支持 pdfTEX 以外的其他图形驱动，不过 LATEX 中更为复杂的绘图语言 PSTricks 和 TikZ（参见 5.5.2 节）都支持透明色，如果需要可以调用它们实现。

5.4.1 彩色表格

*

下面我们回到 LATEX 的表格，来看看彩色功能是如何应用到表格中的。

彩色表格是由 colortbl 宏包[50] 来实现的。使用 colortbl 可以方便地设置表列、表行、单个单元格或表格线的颜色。

colortbl 基于 color 宏包，调用 colortbl 时会自动调用 color 宏包，如果需要复杂的色彩，则可以需要另外调用 xcolor 宏包。同时 colortbl 也依赖 array 宏包，对表列和表格线的颜色设置需要用到 array 宏包的语法（参见 5.1.6 节）。

设置表列背景颜色的命令是 \columncolor，其语法格式如下：

\columncolor[⟨模型⟩]{⟨色彩⟩}[⟨左侧外伸⟩][⟨右侧外伸⟩]

\columncolor 用在 >{...} 格式说明符中，设置表列的背景色。一般只使用 ⟨色彩⟩ 一个参数，例如：

5-4-9

```
% \usepackage{colortbl}
% \usepackage{xcolor}
\begin{tabular}{>{\columncolor{gray}}c >{\columncolor{lightgray}}c}
  深 & 浅 \\
  darker & lighter \\
\end{tabular}
```

深	浅
darker	lighter

*本节内容初次阅读可略过。

可选的参数 ⟨左侧外伸⟩ 和 ⟨右侧外伸⟩ 是指表列在文字之外还要向两侧伸出的宽度，默认是 \tabcolsep，可以保证表列能被背景色完整填充。对于特殊表列，可能需要修改外伸的长度，例如：

```
\begin{tabular}{|c|@{}>{\columncolor{lightgray}[0pt][\tabcolsep]}c|}
  表列 & 左紧右松 \\
\end{tabular}
```

5-4-10

表列 左紧右松

\rowcolor 命令则用来设置表行颜色，直接把它用在表格一行的开头即可：

```
\begin{tabular}{|ccc|}
\hline \rowcolor{lightgray} A & B & C \\
  一 & 二 & 三 \\\hline % 保持白色
\end{tabular}
```

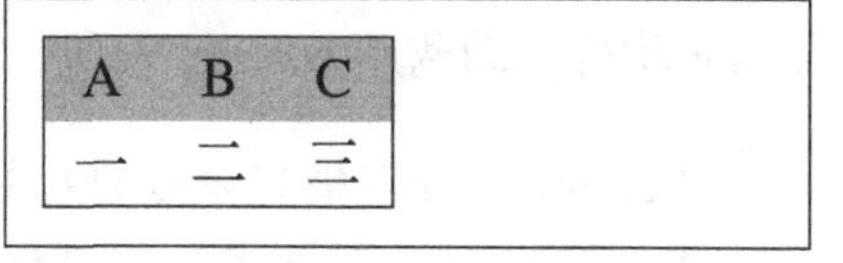

A	B	C
一	二	三

5-4-11

要改变单个单元格的背景色，则可以使用 \cellcolor 命令，例如：

```
\begin{tabular}{cccc}
  No & No & \cellcolor{lightgray}Yes & No \\
  \cellcolor{lightgray}Yes & No & No & No \\
\end{tabular}
```

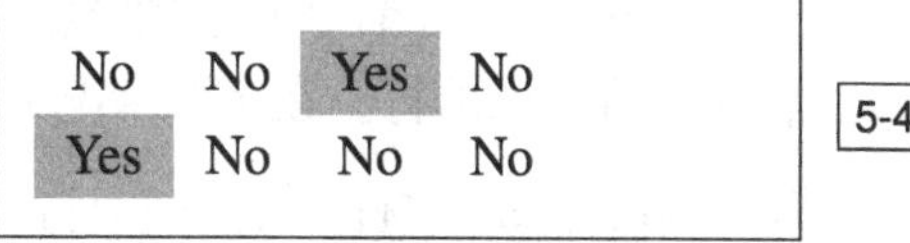

No	No	Yes	No
Yes	No	No	No

5-4-12

彩色表格可以利用背景色块来区分不同的行列，一般不使用表格线。表格线的整体颜色可以由 \arrayrulecolor 来设置，它与 \color 命令类似，会影响其后的所有横线与竖线的颜色，同时它的效果是全局的，所以如果后面不再需要这种颜色，则应该恢复原来的颜色。如果用在表格中间，则它只会影响到此命令之后的所有表格线的颜色。\doublerulesepcolor 命令与 \arrayrulecolor 类似，只是用来设置表格双线之间空隙的颜色，默认是黑色，例如：

```
% \usepackage{xcolor, colortbl}
\arrayrulecolor{gray}
\doublerulesepcolor{lightgray}
\begin{tabular}{|c|c|}
\hline\hline 灰色表线 & 浅灰色间隙 \\
\arrayrulecolor{black}\hline
以下为原色 & 表线 \\
\doublerulesepcolor{white}\hline\hline
\end{tabular}
\arrayrulecolor{black} % 恢复默认值
```

5-4-13

灰色表线	浅灰色间隙
以下为原色	表线

不过 \arrayrulecolor 对于 makecell、booktabs、arydshln 等宏包引入的新表线命令不起作用，使用时需要注意。

xcolor 宏包进一步扩展了彩色表格行的设置语法。给 xcolor 宏包加上 table 选项，xcolor 就行自动调用 colortbl 宏包，同时支持如下的命令：

\rowcolors[⟨横线命令⟩]{⟨起始行⟩}{⟨奇数行色彩⟩}{⟨偶数行色彩⟩}
\rowcolors*[⟨横线命令⟩]{⟨起始行⟩}{⟨奇数行色彩⟩}{⟨偶数行色彩⟩}

这些命令用在 tabular 或 array 环境之前，可以让表格从 ⟨起始行⟩ 开始，在奇数行和偶数行使用不同的背景色，同时在每一行前后执行可选的 ⟨横线命令⟩ 画出横线。⟨横线命令⟩ 可以使用 \hline，这样每行表格都会自动画出横线。对于是带星号的版本，则 ⟨横线命令⟩ 则只在交错背景色的行执行。

\rowcolors 命令非常适合格式规律的数据表格，交错的背景色适合可以让读者很容易分清不同的行。在多数情况下，彩色表格也不需要画出横线，例如：

```
% \usepackage[table]{xcolor}
\begin{table}[htbp]
  \centering
  \rowcolors{2}{black!20}{black!10} % 交错的表行
  \begin{tabular}{crrr}
  \rowcolor{black!30} % 第一行的表头单独设置背景色
    项目 & 数值 & 数值 & 数值 \\
    A & 10 & 20 & 30 \\
    B & 20 & 15 & 40 \\
```

```
    C & 15 & 25 & 37
  \end{tabular}
\end{table}
```

5-4-14

项目	数值	数值	数值
A	10	20	30
B	20	15	40
C	15	25	37

xcolor 还提供了 \showrowcolors 和 \hiderowcolors 命令，用来手工打开和关闭表行交错背景色的机制。此外，\rowcolors 的 ⟨横线命令⟩ 与 arydshln 有冲突，在使用 arydshln 宏包时，直接使用 \rowcolors 的 ⟨横线命令⟩ 会重复画线，也可以改用带星号的形式，并在最后用 \hiderowcolors 命令解决此问题，如：

```
% \usepackage[table]{xcolor} % 将调入 colortbl
% \usepackage{arydshln} % 在 colortbl 后面使用
\rowcolors*[\hline]{1}{black!20}{black!10}
\begin{tabular}{|c:r|}
  A & 10 \\
  B & 20 \\
\hiderowcolors
\end{tabular}
```

5-4-15

A	10
B	20

当使用 colortbl 设置表行背景色时，如果用到了 multirow 宏包的 \multirow 产生跨行文字，在后面生效的彩色行的彩条可能会覆盖前面的文字，例如：

```
\begin{tabular}{|cc|} \hline
\multirow{2}*{Test} & foo \\
\rowcolor{lightgray}& bar \\\hline
\end{tabular}
```

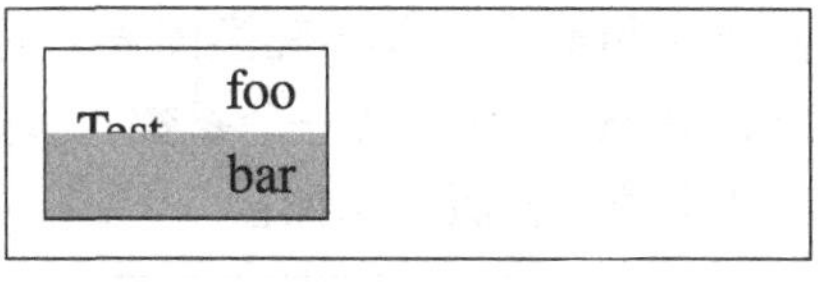

解决办法是把 \multirow 放在最后一行输出，此时需要向上跨越负数行：

5-4-16

```
\begin{tabular}{|cc|} \hline
 & foo \\
\rowcolor{lightgray}
\multirow{-2}*{Test} & bar \\\hline
\end{tabular}
```

Test	foo
	bar

练 习

5.11 colortbl 提供了表格背景色和表格线颜色的设置命令，但如何设置表格中文字的颜色呢？

5.5 绘图语言

5.5.1 XY-pic 与交换图表

XY-pic 是老牌的数学图形包，距今已有约 20 年的历史，功能丰富。尽管在很多方面已经被其他一些绘图语言所代替，但它目前仍是使用最广泛的 LaTeX 绘图宏包之一，特别是用于绘制数学交换图表。

在文档中载入 XY-pic 通常使用

```
\usepackage[all]{xy}
```

即以 all 选项载入 xy 包，其中 all 选项表示加载各种常用的功能①。

XY-pic 默认以字符形式输出，也就是说所有的图形都是使用许多特殊字体中的符号拼起来的。这种纯字符的输出方式可以保证对旧输出设备的兼容性，但图形质量欠佳。对于一般输出 PDF 格式的文档，则可以加上 pdf 选项②，得到质量更好的输出，即

```
\usepackage[all,pdf]{xy}
```

XY-pic 中最常用的是基于矩阵的图形，许多文字元素以矩阵的形式排列，并加上一些连线和箭头。数学交换图表、有限状态自动机都属于这种图形。XY-pic 矩阵命令是 \xymatrix，它带有一个参数，参数中的矩阵语法和 matrix 环境类似，矩阵的内容将以数学模式排版，例如：

---

① 但并非 XY-pic 所有的功能。事实上它加载了 curve, frame, tips, line, rotate, color 扩展和 matrix, arrow, graph 特性。

② pdf 选项用于 pdfTEX、XƎTEX 引擎和 dvipdfm(x) 驱动，而如果用 Dvips 驱动则使用 ps 选项。

```
\xymatrix{
  a & b & a+b \\
  1 & 2 & 3 \\
}
```

a　　b　　$a+b$

1　　2　　3

5-5-1

在矩阵中可以使用 \ar 命令表示连线箭头。\ar 命令后面是箭头指向的相对方向，方向可以使用 u、d、l、r（上、下、左、右）及它们的组合。也可以使用双引号表示矩阵中的绝对坐标。使用 ⟨坐标⟩;⟨坐标⟩ 则可以直接给出连线的起点和终点。例如：

```
\xymatrix{
  a & b\ar[rd] & a+b \\ % 指向右下方
  1 & 2 & 3\ar"1,1"     % 指向 (1,1)
  \ar"1,1";"2,2"  % 直接从 (1,1) 到 (2,2)
}
```

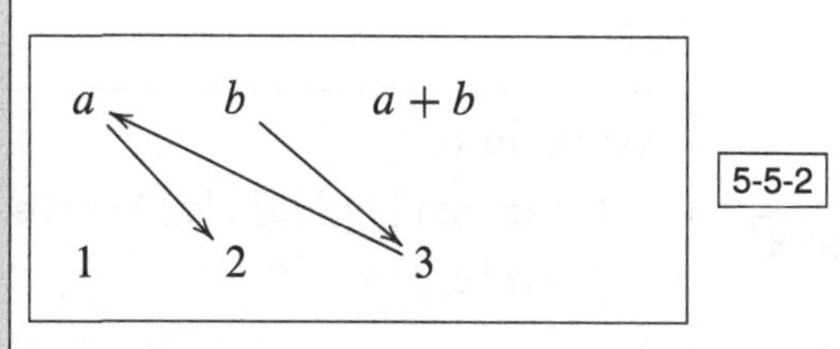

5-5-2

在箭头后面可以使用上标或下标，在箭头“上下”方添加标签，也可以用 | 打断连线在中间添加标签。这里的“上下”方向是以向右的箭头为准的，实际为箭头所指方向相对的左侧和右侧，例如：

```
\xymatrix{
  A\ar[r]^{\alpha} & B\ar[d]_{\beta} \\
  C\ar[ur]|{\Sigma} & D \\
}
```

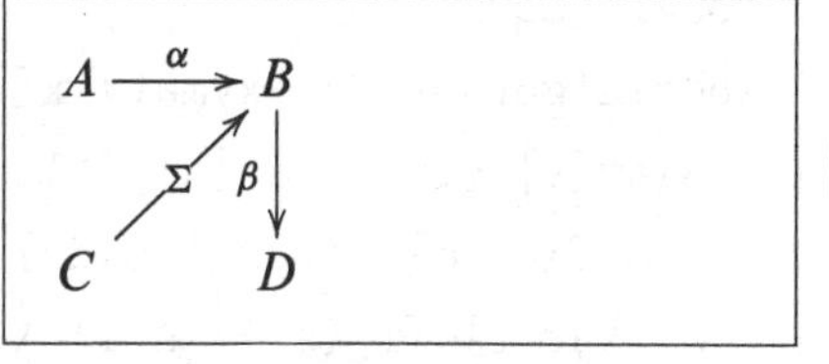

5-5-3

使用 \hole 表示一个空洞，一般用 |\hole 的方式表示有间断的连线，如用

```
$\xymatrix@1{ A\ar[r]|\hole & B }$
```

就可得到 A——→B。空洞常常用于交叉的连线，例如：

```
\xymatrix{
  A\ar[rd]|\hole & B \\
  C\ar[ru] & D
}
```

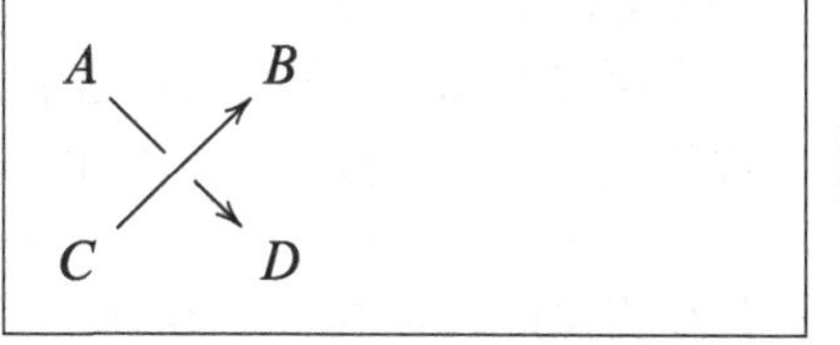

5-5-4

可以使用 < 和 > 来修饰连线的标签，把标签放在连线的起点或终点位置，修饰符 << 和 >> 则表示靠近起点和终点的位置，还可以使用 (⟨因子⟩) 直接指定标签在连线上的相对位置，其中 ⟨因子⟩ 在 0 到 1 之间。例如：

5-5-5

```
\xymatrix{
  A \ar[r]^>{f} & B \\
  C \ar[r]^>>{g} & D \\
  E \ar[r]^(0.6){h} & F
}
```

$A \xrightarrow{f} B$

$C \xrightarrow{g} D$

$E \xrightarrow{h} F$

XY-pic 还支持使用 !{⟨甲⟩;⟨乙⟩} 的语法来表示 ⟨甲⟩、⟨乙⟩ 两个方向连线的交点，例如：

5-5-6

```
\xymatrix{
  A \ar[drr]|!{[d];[r]}\hole & B & \\
  C \ar[ur] & & D
}
```

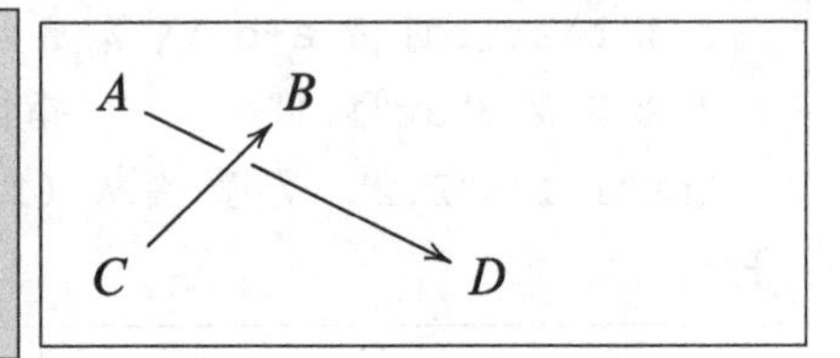

\xymatrix 生成的数学图形可以放在任意环境中。通常把它放在显示公式的环境中，与普通的数学公式一样，例如：

5-5-7

```
\begin{equation}
\begin{gathered} \xymatrix{
  S\ar[r]^{f_s} \ar[d]_{\lambda}
    & T\ar[d]^{\bar\lambda} \\
  S' \ar[r]_{f_{s'}} & T' \\
} \end{gathered}
\end{equation}
```

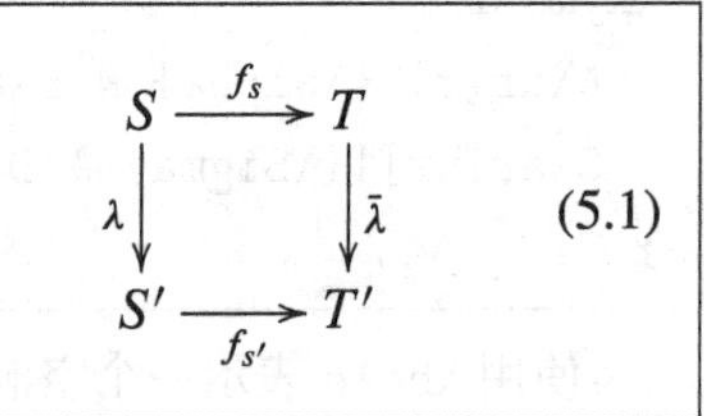

这里为了让公式的编号垂直居中，在 \xymatrix 外面套了一层 gathered 环境，否则编号将与矩阵第一行对齐。

也可以把 XY-pic 矩阵夹在普通正文中，这时需要把它放在数学模式里，保证正确的基线位置。对于单行矩阵可以在 \xymatrix 后面加上 @1，缩小矩阵元素的距离：

5-5-8

```
映射 $\xymatrix@1{A\ar[r]^{f} & B}$
是同态。
```

映射 $A \xrightarrow{f} B$ 是同态。

在箭头命令 \ar 后面可以加上 @ 开头的样式说明来选择连线和箭头的样式，例如：

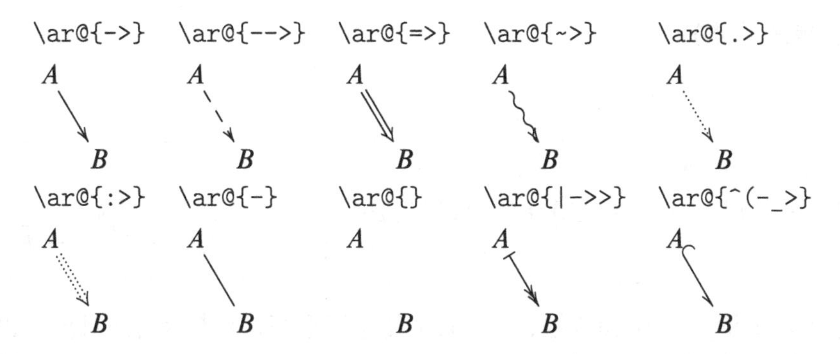

样式由中间的连线和箭头的前后端点组成，中间的连线可以是直线、虚线、双线、波浪线、点线等样式。箭头也可以是尖角、圆角、平角等样式，或是通过上下标调整位置的样式。连线和箭头都可以为空，不同的样式可以组合成多种复杂的形式。

除了直接连线，XY-pic 也可以画出弯曲的箭头连线，其语法是在 \ar 命令后面加上 @/⟨曲线说明⟩/，基本的用法就是 @/^/ 和 @/_/，即沿箭头向左或向右弯曲，例如：

```
\[ \xymatrix{
  A \ar@/^/[r]^{\phi} & B \ar@/^/[l]^{\psi}
} \]
```

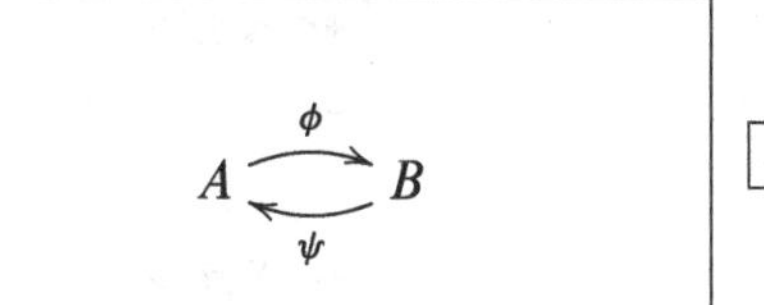

5-5-9

更复杂的曲线样式则可以用 @(⟨出⟩,⟨入⟩) 指定曲线发出和射入的方向，例如画有向图的自环：

```
\[ \xymatrix{
  A \ar[r] & B \ar@(ur,dr)
} \]
```

$A \longrightarrow B$

5-5-10

在箭头命令 \ar 后面加上 @<⟨偏移量⟩> 可以画出向一侧平移的箭头，这特别适用于在两个对象之间画双箭头，例如：

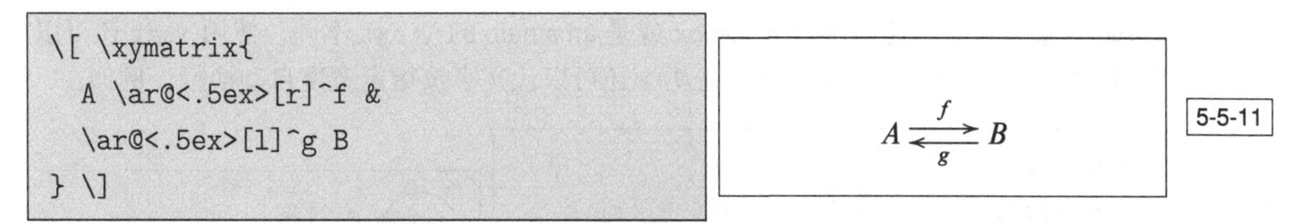

```
\[ \xymatrix{
  A \ar@<.5ex>[r]^f &
  \ar@<.5ex>[l]^g B
} \]
```

5-5-11

在 XY-pic 中，不仅连线可以有多种样式，矩阵的元素和标签也可以有不同的样式。使用 * 可以引入一个带有修饰符的对象，其语法格式如下：

*⟨修饰⟩{⟨文本⟩}

例如：

5-5-12

```
\[ \xymatrix@=2cm{
  *[F]{A} \ar[r]^*+[F=]{k} & *+[o][F]{B}
} \]
```

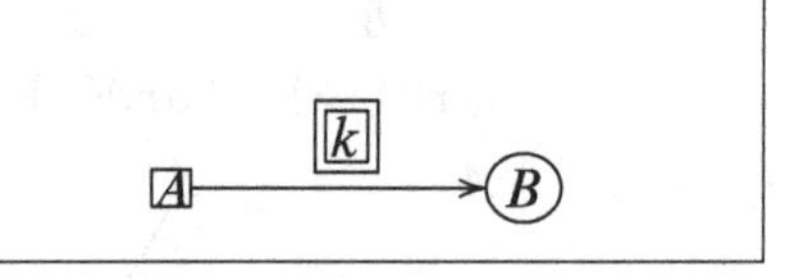

其中 [F] 表示加框，[F=] 加双框，[o] 表示使用圆形框，+ 表示增加对象与边框的间距；XY-pic 中常见的修饰符见表 5.19。这里在 \xymatrix 后面用 @=⟨距离⟩ 来设置相邻矩阵元素的间距。

表 5.19 XY-pic 常见的对象修饰符

语法	说明
+	增加边距
+<⟨长度⟩>	增加指定 ⟨长度⟩ 的边距
+=	扩展边距到正方形，使水平与垂直边距相等
-	减少边距
-<⟨长度⟩>	减少指定 ⟨长度⟩ 的边距
-=	减少边距到正方形，使水平与垂直边距相等
!	不居中
[o]	设置边框为椭圆形
[l] [r] [u] [d]	左、右、上、下对齐
[F] [F=]	单线框 双线框
[F.] [F--]	点线框 虚线框
[F-,] [F-<3pt>]	阴影框 圆角矩形框

之前 XY-pic 中的标签都是数学公式，使用 \txt{...} 命令则可以得到文本模式的 XY-pic 对象。与简单地使用盒子 \mbox 或是 amsmath 的 \text 不同，使用 \txt 还可以在内容中用 \\ 换行，使用 \txt<⟨宽度⟩> 还可以让文字按指定宽度自动换行，例如：

5-5-13

```
\xymatrix{
  *++=[o][F]\txt{猫猫} \ar@{<->}[r] &
  *+[F]\txt{狗\\狗}
}
```

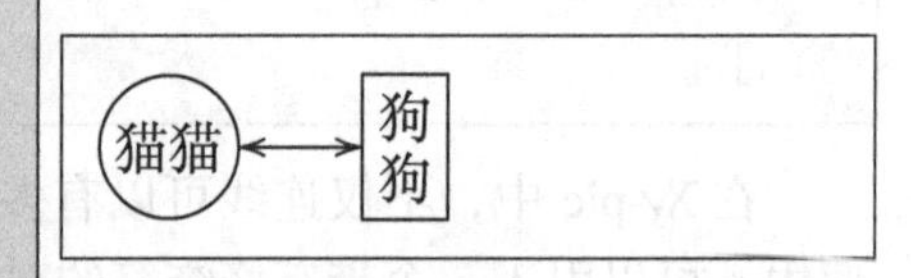

这里组合使用了 +、+=、[o] 和 [F] 修饰符来画出比文字稍大的圆形边框。

命令 \composite{... * ...} 可以用来把两个不同的 XY-pic 对象重叠在一起组合成一个对象，例如：

```
\xymatrix{
  *+[F.]{\composite{*+[o][F]{a\quad} * *+[F]{\quad b}}} \ar[r]
    & *+[F]{c}
}
```

5-5-14

在 \xymatrix 命令后面也可以使用如下修饰符来调整矩阵元素的间距：

@=⟨长度⟩	设置元素间距
@R=⟨长度⟩	设置行间距
@C=⟨长度⟩	设置列间距
@M=⟨长度⟩	设置元素的默认边距
@W=⟨长度⟩	设置元素的默认宽度
@H=⟨长度⟩	设置元素的默认高度
@L=⟨长度⟩	设置标签的边距

其中的等号 = 还可以替换为 +、+=、- 和 -=，其意义与表 5.19 一致，例如：

```
\xymatrix@R=2ex{
  A \ar[drr]& B & C \\
  D & E & F
}
```

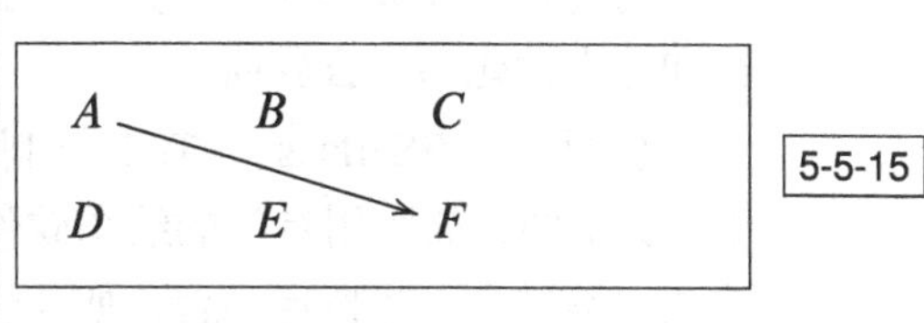

5-5-15

在 \xymatrix 后面直接加上 u, d, ul, ur 等方向，则表示将矩阵的连线按此方向旋转，使原来向右的方向指向给定的坐标方向，例如：

```
\xymatrix@ru{
  A \ar[r] & B \ar[d] \\
  C \ar[u] & D \ar[l]
}
```

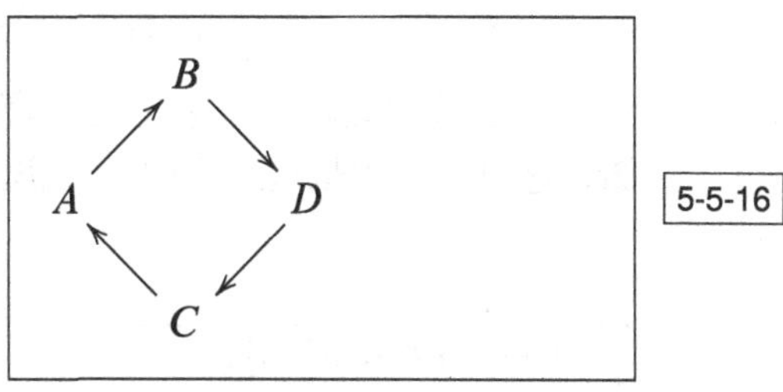

5-5-16

有关 XY-pic 的更多用法说明可参见宏包的官方指南 Rose [217] 与参考手册 Rose and Moore [218]。

练 习

5.12 试绘制下面的立方形交换图：

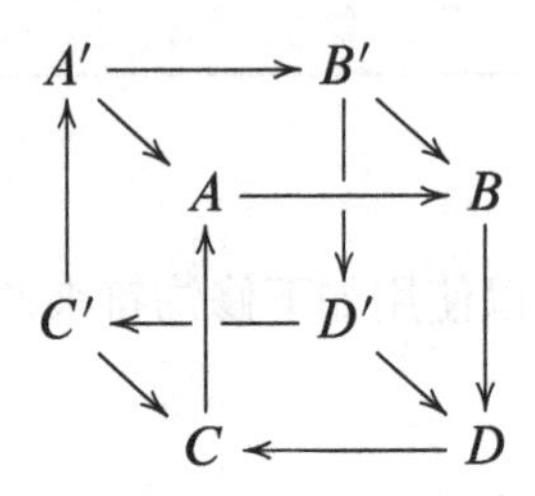

5.5.2 PSTricks 与 TikZ 简介

*

这一节我们介绍两个功能强大的绘图语言包。一个是老牌的 PSTricks，它利用 PostScript 语言强大的计算和图形功能，可以在 TEX 中画出非常复杂的图形；另一个则是较为晚近的 TikZ 宏包，它具有与 PSTricks 相近的绘图能力，同时具有更强的可移植性和更人性化的语言界面。

绘图语言 PSTricks 与 TikZ 绘制的都是使用数学坐标描述的矢量图形。在多数情况下，文章中的插图用专门的绘图软件做好就可以了，并不需要精确的坐标和复杂的命令描述。不过在一些特定场合，如几何图形、函数图像、树形结构等，这种命令式作图的方式仍然具有不可替代的作用（见例 5-3-47 中的图灵机就是用 TikZ 画的）。而 TEX 中的绘图宏包可以方便地使用 TEX 语句进行公式标注，因而也在这种场合非常常用。

这两个绘图宏包的功能十分复杂，详细介绍其中任何一个都将超出本书的全部篇幅。在这里我们只能举两个简单的例子，分别使用两个不同的宏包绘制图 5.16，以期给读者一个较为直观的印象。管中窥豹，或可略见一斑。当然，如果要实际使用它们绘图，这里的介绍是远远不够的，仍然需要阅读专门的手册或专著。

*本节内容初次阅读可略过。

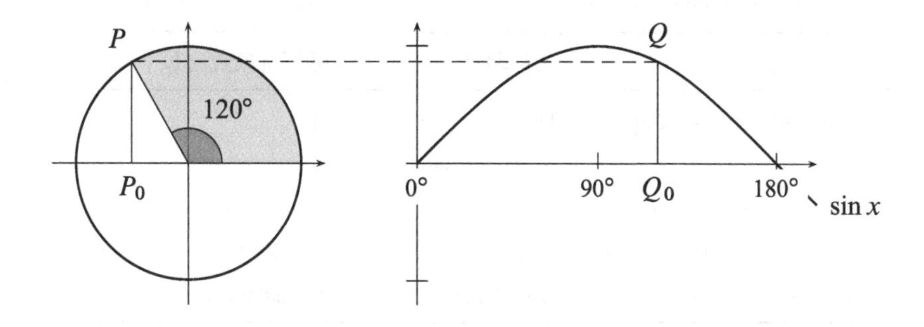

图 5.16　正弦函数与单位圆

5.5.2.1　PSTricks

PSTricks 由一个核心 pstricks[299]、一个附加包 pstricks-add[215] 和许多以 pst- 开头的功能模块包组成，其中附加包也会载入几个常用的功能模块。在绘制最简单的几何图形时，只需要加载核心的 pstricks 包就可以了：

```
\usepackage{pstricks}
```

本节的例子则还使用了数据与函数图功能包 pst-plot[303] 以及结点连接功能包 pst-node[302] 的一些功能。这两个功能包都包含在 pstricks-add 之中，因此本节的例子只需要载入

```
\usepackage{pst-plot,pst-node}
```

5-5-17

或者

```
\usepackage{pstricks-add} % 同时载入内核与常用的功能模块
```

5-5-18

就可以编译了。直接载入所有需要的模块，或是载入 pstricks-add，都是典型的加载 PSTricks 的做法。

因为 PSTricks 要大量使用 PostScript 语言，所以通常需要使用 Dvips 作为图形驱动，才能得到最完整的图形效果。在使用 XeTeX 引擎时，PSTricks 会自动调用 GhostScript 转化成需要的格式，也可以直接编译，只是速度稍慢。如果使用 pdfLaTeX 或 LuaLaTeX 编译，则需要再给 pstricks 加上 pdf 选项①，同时在编译时加上 -shell-escape（TeX Live）或 --enable-write18（MiKTeX）选项②，让编译程序自动重新编译生成单独的 .pdf 图片并插入文档。而对于使用 DVIPDFMx 等其他编译方式，则无法这样直接编译，只能在一个单独的图片文档中，用 standalone 文档类[225] 等工具宏包生成单独的图片，然后再插入到主文档中。编译 PSTricks 图形的不同方式见表 5.20。

① 此选项只能直接加给内核包 pstricks，这会调用 auto-pst-pdf 宏包[211]。也可以直接调用 auto-pst-pdf 完成同样的效果。
② 新版本的 MiKTeX 也支持 -shell-escape 选项。

表 5.20 编译 PSTricks 图形的方式（其中 Dvips 驱动是基本的直接支持）

编译方式	图形驱动	需要选项或宏包
latex + dvips + ps2pdf	Dvips	无
xelatex	XeTeX (xdvipdfmx)	无
pdflatex -shell-escape	pdfTeX	pdf 选项
lualatex -shell-escape	LuaTeX	pdf 选项
latex + dvipdfmx	DVIPDFMx	standalone 并单独插图

PSTricks 宏包的大部分绘图命令名都以 ps 开头，例如 \psline 命令就是把一列坐标点用直线连接，坐标可以省略单位，默认单位是 1 cm：

5-5-19

```
直线
\psline(0,0)(1,1em)(1.5,0)
直线
```

直线 直线

不过正如例 5-5-19 所示，直接使用绘图命令产生的图形不占任何位置，通常要把所有绘图命令放在 pspicture 环境中，而在环境开始指明图形所占盒子的左下角、右上角坐标，左下角坐标如果是原点则可以省略：

5-5-20

```
直线
\begin{pspicture}(1.5,1em)
\psline(0,0)(1,1em)(1.5,0)
\end{pspicture}
直线
```

直线 直线

现在，我们首先来画图 5.16 左侧的单位圆。坐标轴使用 pst-plot 的\psaxes 绘制，可以分别指定坐标轴的原点坐标 (x_0, y_0) 与左下、右上边界坐标 $(x_1, y_1), (x_2, y_2)$，其中前两个坐标取原点时都可以省略，而单位圆用 \pscircle 指定圆心和半径画出：

5-5-21

```
\begin{pspicture}(-1.2,-1.2)(1.2,1.2)
  \psaxes(0,0)(-1.2,-1.2)(1.2,1.2)
  \pscircle(0,0){1}
\end{pspicture}
```

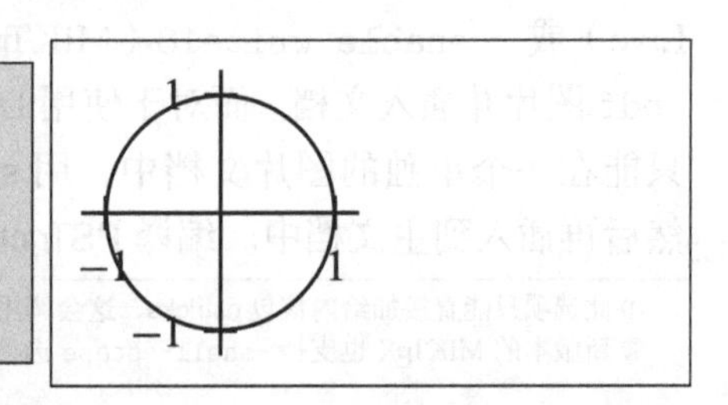

不过，上面画出的图形在格式上并不符合我们的要求。在画单位圆时，我们不需要坐标轴上的刻度与数字标注，但需要给坐标轴加上箭头，这就要给 \psaxes 设置 labels 与 ticks 的格式选项与箭头说明；另外，我们还需要让单位圆的线比坐标轴粗一些，用 linewidth 选项设置线宽。在 PSTricks 中，选项可以加在命令后面，也可以使用 \psset 进行统一设置。这里，我们用 \psset 将默认的线条设置为细线，而在画圆时切换成粗线：

```
\psset{linewidth=0.4pt}
\begin{pspicture}(-1.2,-1.2)(1.2,1.2)
  \psaxes[labels=none,ticks=none]
    {->}(0,0)(-1.2,-1.2)(1.2,1.2)
  \pscircle[linewidth=0.8pt](0,0){1}
\end{pspicture}
```

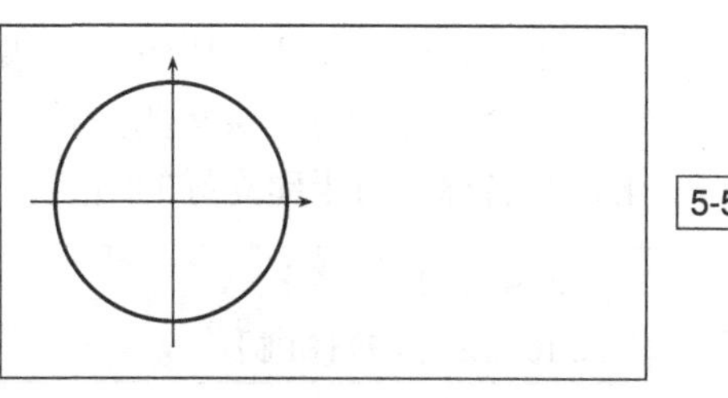

5-5-22

注意，PSTricks 命令后用方括号括起的选项后面可以有空格，但花括号中的箭头说明之后或是坐标之间则不能有空格或换行，必须紧密相连或在行末用注释符 % 断行。

下面来画指定幅角的扇形，这由 \pswedge 命令得到，需要指定原点、半径和起止角度（辐角以度为单位）：

```
\begin{pspicture}(-0.5,0)(1,1)
  \pswedge(0,0){1}{0}{120}
\end{pspicture}
```

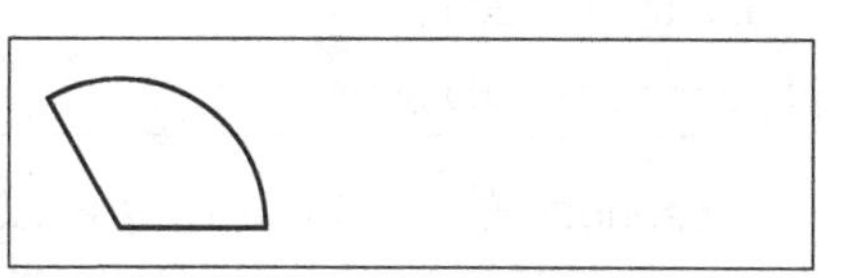

5-5-23

实心的形状可以在命令后面加星号 * 得到，例如 \pswedge*(0,0){2em}{0}{30} 就得到◢。不过如果需要更复杂的彩色填充，就需要设置 fillstyle, fillcolor 等选项对填充格式、填充色彩进行控制了，例如：

```
\begin{pspicture}(-0.5,0)(1.2,1.2)
\psaxes[labels=none,ticks=none]{->}(1.2,1.2)
\pswedge[fillstyle=solid,fillcolor=gray,
  opacity=0.2](0,0){1}{0}{120}
\end{pspicture}
```

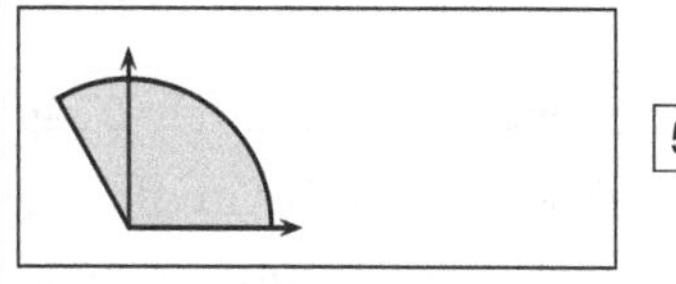

5-5-24

这里除了设置使用灰色实心填充外，opacity 选项还将扇形填充为半透明的，把不透明度设置为 0.2 可以让先画的坐标轴也显露出来。用同样的方法还可以画出另一个扇形用于标注角度。

下面来看文字的标注。文字标注可以使用一般的 \rput 或更专门的 \uput 命令，把文字按要求放在指定的坐标位置。其中 \uput 命令除了指定坐标位置与要放置的内容，还要指定一个参考方向（角度或是 u, d, l, r 等方向），内容会朝参考方向偏移一小段位置，这特别适合文字的标注。PSTricks 中的极坐标点用 (⟨半径⟩;⟨辐角⟩) 的方式给出。因此，标注图 5.16 中的点 P 的命令就是：

5-5-25

```
\uput[120](1;120){$P$}
```

不过，由于点 P 的坐标会反复使用，利用 pst-node 的功能给点 P 起一个名字，即建立一个坐标结点，会更为方便。建立坐标结点的命令是 \pnode，只需要指定结点的坐标和名称。对于建立好的结点，可以用结点名来代替它的坐标。于是我们有：

5-5-26

```
\pnode(1;120){P}
\uput[120](P){$P$}
```

其效果与例 5-5-25 相同。

点 P_0 则是点 P 在 x 轴上的投影。在 PSTricks 中，并不需要单独计算投影点的坐标，只要使用 (A|B) 的语法，就可以得到点 A 的横坐标与点 B 的纵坐标结合的坐标，因此，点 P_0 就可以定义为：

5-5-27

```
\pnode(1;120){P}
\pnode(P|0,0){P0}
```

pst-node 的 \ncline 命令可以用来用直线连接两个结点。当然，对于坐标结点，\ncline 的效果与 \psline 直接画直线的效果是一样的：

5-5-28

```
\pnode(1;120){P}
\pnode(P|0,0){P0}
\ncline{-}{P}{P0} % 等价于 \psline(P)(P0)
```

于是，我们把所有这些命令组合在一起，就可以得到下面的代码和图形：

```
\psset{linewidth=0.4pt}
\begin{pspicture}(-1.2,-1.2)(1.2,1.2)
  \psaxes[labels=none,ticks=none]{->}(0,0)(-1.2,-1.2)(1.2,1.2)
  \pscircle[linewidth=0.8pt](0,0){1}
  \pswedge[fillstyle=solid,fillcolor=gray,opacity=0.2]
   (0,0){1}{0}{120}
  \pswedge[fillstyle=solid,fillcolor=gray,opacity=0.5]
```

```
  (0,0){0.3}{0}{120}
 \uput[60](0.3;60){$120^\circ$} % 在扇形中间标注角度
 \pnode(1;120){P}
 \pnode(P|0,0){P0}
 \ncline{-}{P}{P0}              % 正弦线
 \uput[120](P){$P$}
 \uput[d](P0){$P_0$}
\end{pspicture}
```

5-5-29

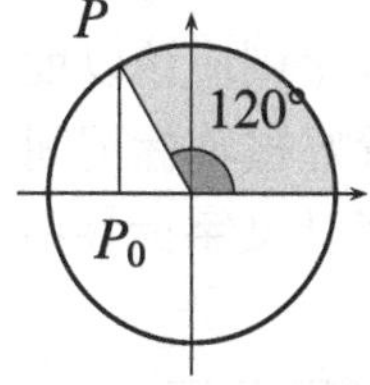

下面我们来看图 5.16 右侧的正弦函数图像，首先不考虑左侧的单位圆，单独画出图的右半边，然后再进行组合。

函数图像可以由 pst-plot 提供的 \psplot 命令产生，它分别需要输入变量 x 的范围与要画的函数。例如要画出正弦函数 $\sin x$ 在 $[0, 3.5]$ 的图像，就可以用：

```
\begin{pspicture}(-1,-1.2)(3.5,1.2)
 \psaxes{->}(0,0)(0,-1.2)(3.5,1.2)
 \psplot{0}{3.5}{x 180 Pi div mul sin} % 三角函数单位是度
\end{pspicture}
```

5-5-30

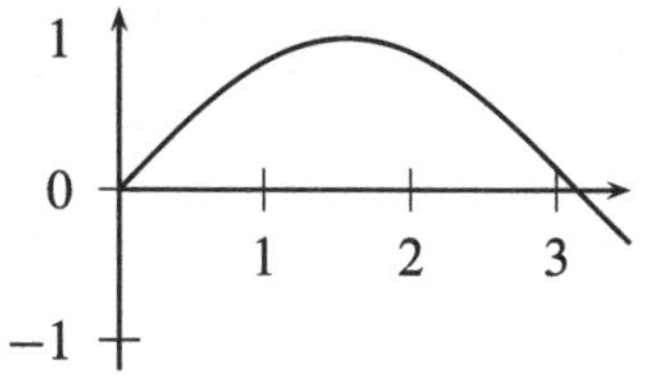

在这里，\psplot 的函数使用的是 PostScript 语言的后缀表达式，因此正弦函数 $\sin x$ 就应该写成 x sin，但因为正弦函数的单位是度而不是这里要求的弧度，所以还需要进行单位转换，$x^\circ = (x \cdot 180/\pi)\,\mathrm{rad}$，也就是使用 x 180 Pi div mul sin 来表示 $\sin(x \cdot 180/\pi)$。

这种后缀表达式语法可参见 PostScript 语言的手册[4] 或教程[2、3]。对一般人来说，这种被称为逆波兰记法（Reverse Polish notation）的后缀表达式并不方便使用，因此，新版本的 PSTricks 还提供了 algebraic 选项，可以直接输入普通中缀形式的数学函数式进行画图，如例 5-5-30 的图形也可以用下面更简单的代码得到：

```
\psset{algebraic=true}
\begin{pspicture}(-1,-1.2)(3.5,1.2)
  \psaxes{->}(0,0)(0,-1.2)(3.5,1.2)
  \psplot{0}{3.5}{sin(x)} % 三角函数单位是弧度
\end{pspicture}
```

5-5-31

下面来进一步说明坐标轴和函数图像的坐标标注。

正弦函数图形的 x 坐标轴需要以 $\pi/2$ 为单位标注角度，但标注的数字则应该以度为单位，即标上 0°、90°、180°。这就需要使用 \psaxes 的 dx 选项设置好横轴标记间隔，并去掉原有的文字标签，使用手工标注的方式处理角度的标记。为了让文字标签不被图形线条遮挡，可以改用 \uput* 命令，把标签用白色填充。


```
\psset{algebraic=true}
\begin{pspicture}(0,-1.2)(3.5,1.2)
\psaxes[labels=none,dx=1.57]
  {->}(0,0)(0,-1.2)(3.5,1.2)
\psplot{0}{3.5}{sin(x)}
\uput*[d](0,0){$0^\circ$}
\uput*[d](1.57,0){$90^\circ$}
\uput*[d](3.14,0){$180^\circ$}
\end{pspicture}
```

5-5-32

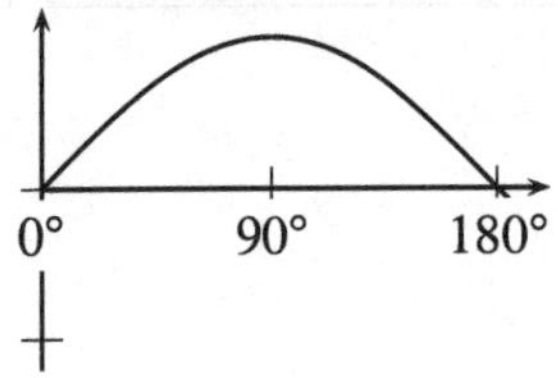

不过，我们这里需要连续标 3 个位置，手工计算坐标位置和角度数字不方便修改且容易出错，因此可以使用 PSTricks 的循环命令 \multido 来进行处理，上面的三条 \uput 命令就变为：

```
\multido{\n=0+1.57,\i=0+90}{3}{
  \uput*[d](\n,0){$\i^\circ$}
}
```

5-5-33

其中 \n 声明了一个实数变量，初始值为 0，变化步长为 1.57；\i 声明了一个整数变量，初始值为 0，变化步长为 90。循环的次数是 3，后面是循环体。PSTricks 的 \multido 命令在 multido 宏包中定义，可以脱离于绘图包使用，其详细用法可参见文档 Zandt [300]。

类似点 P 和 P_0 的标注，可以标注函数图像上对应的点 Q 和 Q_0。这里，点 Q 的坐标是 $(120°, \sin(120°))$，并不需要手工计算具体的数值，可以直接使用以 ! 开头的 PostScript 的表达式进行计算，即定义坐标：

```
\pnode(!120 Pi mul 180 div 120 sin){Q}
\pnode(Q|0,0){Q0}
```

5-5-34

这里 Q 的坐标表达式可以分成两个部分，前面 120 Pi mul 180 div 即 $120 \cdot \pi/180$ 为横坐标值（弧度），后面 120 sin 即 $\sin(120°)$ 是纵坐标值。

在曲线末尾标注函数表达式 $\sin x$ 也可以仿此定义坐标，即标注：

```
\uput[r](!3.5 3.5 180 mul Pi div sin){$\sin x$}
```

其中前面的 3.5 是横坐标，后面的表达式是正弦函数计算的纵坐标，不过新版本的 PSTricks[279, § 2.12] 为这种函数值坐标还定义了一种以 * 开头的新的语法，即

(*⟨横坐标⟩ {⟨函数表达式⟩})

的形式，里面的 ⟨横坐标⟩ 是变量，⟨函数表达式⟩ 则和 \psplot 一样使用更直观的中缀形式，于是前面的标注可变为：

```
\uput[r](*{3.5} {sin(x)}){$\sin x$}
```

5-5-35

现在，我们需要把整个图形的两个部分组合起来。注意两部分图形在绘制时都是按原点建立的坐标系，现在就需要对其中一个进行平移。这可以直接使用 \rput 命令，把整个要平移的图形作为 \rput 的内容参数处理，例如：

```
\begin{pspicture}(-1.5,-0.5)(1.5,0.5)
\pscircle*(0,0){0.5}
\rput(-1,0){
  \pscircle(0,0){0.5}
}
\rput(1,0){
  \pscircle(0,0){0.5}
}
\end{pspicture}
```

5-5-36

两部分图形通过 P, Q 间的虚线相连，虚线也使用 \psline 绘制，只是增加了线型选项 linestyle 为 dashed，即有

```
\psline[linestyle=dashed](P)(Q)
```

为了方便修改，增强变化性，图形中的角度 120° 也可以设置为变量，可以在图形环境前面定义：

```
\newcommand\iangle{120}
```

然后在整个图形中用 \iangle 代替数字 120。但注意在 PostScript 中，为了保证 \iangle 后面的空格不丢失，要用 LaTeX 宏 \space 表示空格（这里不能使用 {} 的空分组），于是点 Q 的坐标就定义为：

5-5-37

```
% \newcommand\iangle{120}
\pnode(!\iangle\space Pi mul 180 div \iangle\space sin){Q}
```

图形中标注度数的 ^\circ 可以定义成一个更具意义的命令，或者直接使用 siunitx 宏包[298] 的 \ang 命令，如 \ang{90} 就得到 90°。

最后，我们补完整个图形的代码，并使用全局的 unit 参数改变 PSTricks 中坐标对应的长度值，把图形放大，就得到如下完整的例子（见图 5.17）：

```
% \usepackage{pstricks-add}
% \usepackage{siunitx}
\begin{figure}
\centering
\newcommand\iangle{120}
\psset{unit=1.5cm,linewidth=0.4pt,algebraic=true}
\begin{pspicture}(-3.5,-1.5)(4.5,1.5)
\rput(-2,0){
  \psaxes[labels=none,ticks=none]{->}(0,0)(-1.2,-1.2)(1.2,1.2)
  \pscircle[linewidth=0.8pt](0,0){1}
  \pswedge[fillstyle=solid,fillcolor=gray,opacity=0.2]
    (0,0){1}{0}{\iangle}
  \pswedge[fillstyle=solid,fillcolor=gray,opacity=0.5]
    (0,0){0.3}{0}{\iangle}
  \uput[!\iangle\space 2 div]
    (0.3;!\iangle\space 2 div) {\ang{\iangle}}
```

```
  \pnode(1;\iangle){P}
  \pnode(P|0,0){P0}
  \ncline{-}{P}{P0}
  \uput[\iangle](P){$P$}
  \uput[d](P0){$P_0$}
}

\psaxes[labels=none,dx=1.57]
  {->}(0,0)(0,-1.2)(3.5,1.2)
\psplot[linewidth=0.8pt]{0}{3.5}{sin(x)}
\multido{\n=0+1.57,\i=0+90}{3}{
  \uput*[d](\n,0){\small\ang{\i}}
}
\uput[r](*{3.5} {sin(x)}){$\sin x$}
\pnode(!\iangle\space Pi mul 180 div \iangle\space sin){Q}
\pnode(Q|0,0){Q0}
\uput[u](Q){$Q$}
\uput[d](Q0){$Q_0$}
\ncline{-}{Q}{Q0}

\psline[linestyle=dashed](P)(Q)
\end{pspicture}
  \caption{正弦函数与单位圆（\textsf{PSTricks} 实现）}
  \label{fig:pstsine}
\end{figure}
```

5-5-38

5.5.2.2 pgf 与 TikZ

pgf[252] 是目前最为流行的绘图宏包之一。它主要由 Till Tantau 教授设计实现，最早是为了在 pdfTEX 和 Dvips 等不同底层驱动上都能正常绘图，作为 beamer 文档类的一部分实现的。pgf 比 PSTricks 出现得晚许多，早期版本就是为了实现一个在功能上接近 PSTricks 而可移植性更好的绘图包，其名称 pgf 正是 portable graphics format（可移植图形格式）的缩写。pgf 宏包的结构分成系统层、基本层和前端层三层，TikZ 宏包就是 pgf

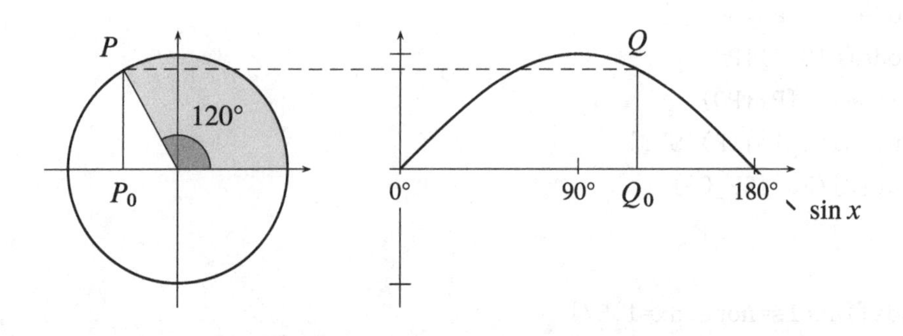

图 5.17　正弦函数与单位圆（PSTricks 实现）

最主要的前端层实现，它提供了语法平易近人的绘图语句和复杂的具体功能，我们平时使用的也是由 TikZ 提供的绘图代码。

pgf 在今天已经成为功能毫不逊于 PSTricks 的绘图包。在 TikZ 前端之上有许多扩展模块，可以通过 \usetikzlibrary 调用，同时也发展出一些基于 TikZ 的第三方宏包，例如 pgfplots[75] 以及以 tkz- 开头的一系列宏包等。不过，我们本节的例子只需要 TikZ 最基本的功能就足够了。

使用 TikZ 的大部分功能，都只要直接调用 tikz 包就可以了：

5-5-39

```
\usepackage{tikz}
```

由于 pgf 的底层是可移植的，所以同样的绘图代码在不同的引擎和驱动下都能得到相同的结果，pgf 会根据 graphicx 宏包的图形驱动决定自己的驱动。在多数情况下图形驱动可以自动判断，如果使用 DVIPDFMx 这种无法自动辨别的图形驱动，则应该先用 dvipdfmx 选项调用 graphicx 宏包，再调用 tikz，即：

5-5-40

```
% 使用 latex + dvipdfmx 编译时
\usepackage[dvipdfmx]{graphicx}
\usepackage{tikz}
```

TikZ 的绘图命令一般都放在 tikzpicture 环境中，而不能单独在环境之外使用。与 PSTricks 不同，TikZ 的 tikzpicture 环境不需要指定图形占用的边框大小，宏包会自动计算图形所占的空间，比较方便。例如画一个半径为 1 ex 的圆形：

5-5-41

```
\begin{tikzpicture}
\draw (0,0) circle (1ex);
\end{tikzpicture}
```

如果要画的图形非常简单，只需要一条命令，那么可以不用 tikzpicture 环境，而只在绘图命令前面加上 \tikz 命令，因此例 5-5-41 也可以写成：

```
圆形
\tikz \draw (0,0) circle (1ex);
```

圆形 ○

5-5-42

这种记法特别适合在正文中用 TikZ 画一个简单的符号。

TikZ 的图形是以路径（path）为基本操作对象的，可以使用绘图命令，对路径进行不同的操作，如描线 \draw、填充 \fill、描线并填充 \filldraw、剪切 \clip 或是建立文字标记结点 \node 等。每条绘图命令后面是要操作的路径，以分号结尾。例如，在例 5-5-41 中，要操作的路径是 (0,0) circle (1ex)，也就是圆心在 (0,0)，半径为 1 ex 的圆形，而操作的命令是画线 \draw。

TikZ 的这种语法很方便对路径操作进行变化，我们可以把 \draw 命令换成 \fill 命令，画出一个实心的圆：

```
\tikz \fill (0,0) circle (1ex);
```

●

5-5-43

绘图命令后面可以使用中括号括起的可选项，控制图形的颜色、笔画、特效等各种性质，例如画一个描粗线边并用灰色填充的圆形：

```
\tikz \filldraw[thick,fill=gray]
  (0,0) circle (0.5cm);
```

5-5-44

TikZ 的路径有自己丰富的构造语法，基本的路径是线条，最基本的直线使用 -- 相连，而圆形就用 circle 指定原点和半径得到。点的坐标如果省略单位，缺省单位是 1 cm。下面我们回到正弦函数图的绘制，先画左边的单位圆和数轴，箭头用 -> 选项表示：

```
\begin{tikzpicture}
  \draw[->] (-1.2,0) -- (1.2,0);
  \draw[->] (0,-1.2) -- (0,1.2);
  \draw[thick] (0,0) circle (1);
\end{tikzpicture}
```

5-5-45

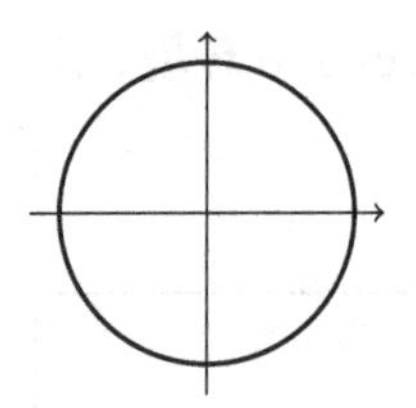

TikZ 没有直接提供扇形路径，不过可以使用 arc 构造圆弧，语法格式如下：

(⟨起点⟩) **arc** (⟨始角⟩:⟨终角⟩:⟨半径⟩)

其中角度的单位是度。注意 arc 左边指定的是圆弧的起点而不是圆心，一般可以使用极坐标的点来表示圆弧起点。极坐标的语法格式是 (⟨幅角⟩:⟨半径⟩)，例如：

5-5-46

```
\tikz\draw (30:0.5) arc (30:150:0.5);
```

因此扇形就可以通过两条直线连接一条圆弧构造出来，封闭路径用 cycle 表示回到起点坐标：

```
\begin{tikzpicture}
  \draw[thick] (0,0) circle (1);
  \fill[fill=gray, fill opacity=0.3]
    (0,0) -- (0:1) arc (0:120:1) -- cycle;
  \filldraw[fill=gray,fill opacity=0.5]
    (0,0) -- (0:0.3) arc (0:120:0.3) -- cycle;
\end{tikzpicture}
```

5-5-47

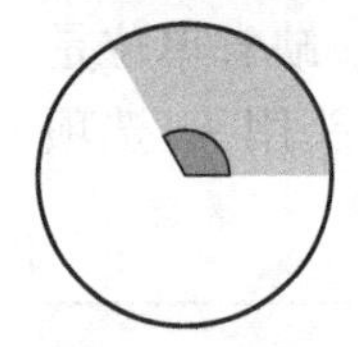

文字标注可以使用 \node 命令产生一个“结点”（node），在标注时可以指定结点的坐标位置、文字，加上适当的额外参数，还可以给结点起一个名字供以后使用。例如用一个小的实心圆点标出单位圆上 120° 位置的点 P，并把文字结点放在指定位置的左上方：

```
\begin{tikzpicture}
\draw (0,0) circle (1);
\fill (120:1) circle (2pt);
\node[above left] (P) at (120:1) {$P$};
\end{tikzpicture}
```

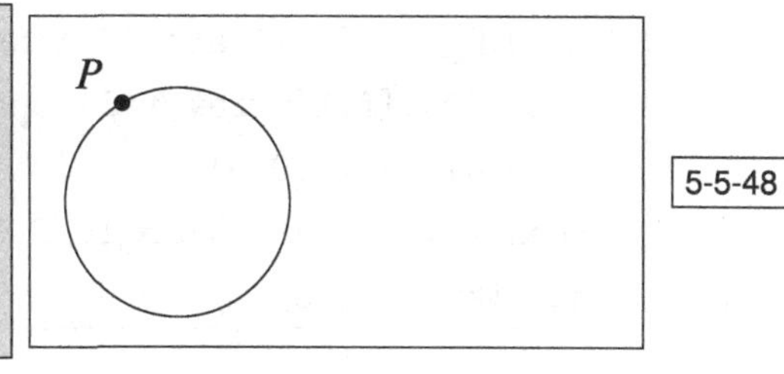

5-5-48

可以使用 \coordinate 命令来标示一个有名字的坐标，供后面的绘图使用，事实上它产生了一个没有内容的空结点。可以给 \coordinate 加 label 选项来给它加上额外的文字标注，例如：

```
\begin{tikzpicture}
\draw (0,0) circle (1);
\coordinate[label=120:$P$] (P) at (120:1);
\draw (0,0) -- (P);
\end{tikzpicture}
```

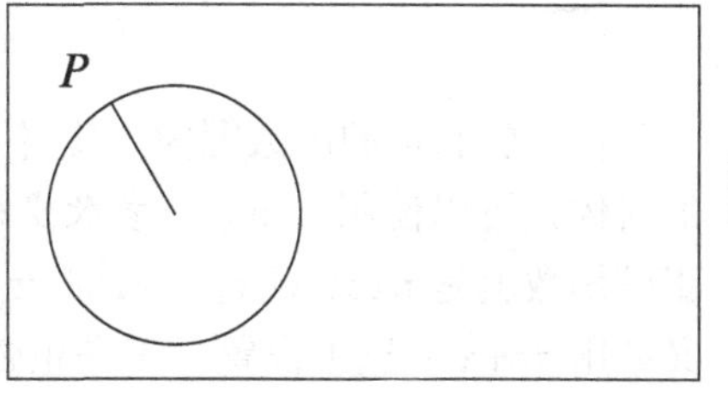

5-5-49

前面已经定义了点 P 是坐标 (P)，那么 P 在 x 轴上的投影 P_0 就可以用坐标 (P |- 0,0) 标记，它表示从点 (P) 出发，沿垂直、水平方向到点 (0,0) 的拐点，也就是 (P) 的横坐标与 (0,0) 的纵坐标结合的位置，因此，可以这样标出投影点：

```
\coordinate[label=below:$P_0$] (P0) at (P |- 0,0);
```

5-5-50

现在把前面的内容综合起来，就可以画出左边完整的单位圆图形了。同样，我们定义了一个宏 \iangle 用来保存可变的角度参数：

```
% \usepackage{siunitx}
\begin{tikzpicture}
  \newcommand\iangle{120}
  \draw[->] (-1.2,0) -- (1.2,0);
  \draw[->] (0,-1.2) -- (0,1.2);
  \draw[thick] (0,0) circle (1);
  \coordinate[label=\iangle:$P$] (P) at (\iangle:1);
  \coordinate[label=below:$P_0$] (P0) at (P |- 0,0);
  \draw (0,0) -- (P);
  \draw (P) -- (P0);
  \fill[fill=gray,fill opacity=0.2]
```

```
    (0,0) -- (0:1) arc (0:\iangle:1) -- cycle;
  \filldraw[fill=gray,fill opacity=0.5]
    (0,0) -- (0:0.3) arc (0:\iangle:0.3) -- cycle;
  \node[right] at (\iangle/2:0.3) {\ang{\iangle}};
\end{tikzpicture}
```

5-5-51

P
120°
P_0

再来看右边的函数图像。其实，在 TikZ 中画简单的函数图像非常容易，在构造路径的时候，可以使用 plot (⟨参数坐标⟩) 来产生参数图像来，参数变量用宏 \x 表示。如正弦函数就是 plot (\x, {sin(\x r)})，其中 r 表示正弦函数用弧度计算。参数的定义域用 domain 选项设置。于是正弦线就是：

```
\begin{tikzpicture}
  % 从 0 度到 360 度的正弦函数曲线，rad 函数和单位 r 把度转换为弧度
  \draw[domain=0:rad(360)] plot (\x, {sin(\x r)});
\end{tikzpicture}
```

5-5-52

这里再介绍生成文字结点的第三种方式，即在路径的构造中在坐标或连线后面直接用 node 产生文字结点。在坐标后的就放在坐标所在的位置，而在连线后面的则默认在连线中间。可以给 node 再加上适当的参数来标示结点偏移位置。例如：

```
\begin{tikzpicture}
\draw (0,0) -- (2,0) node[right] {右};
\draw (0,-1) -- node[above] {连线} (2,-1);
\end{tikzpicture}
```

5-5-53

右

连线

与单位圆一样，坐标轴只是两条带有箭头的直线，但坐标轴上的标签则有多个，可以在一个循环语句中完成。TikZ 提供的循环命令是 \foreach，用它来画角度标签，就可以用：

```
\begin{tikzpicture}
% 坐标轴
\draw[->] (0,0) -- ({rad(210)}, 0);
\draw[->] (0,-1.2) -- (0,1.2);
% 文字标签与刻度
\foreach \t in {0, 90, 180} {                               % 遍历三个角度
  \draw ({rad(\t)}, -0.05) -- ({rad(\t)}, 0.05);          % 画刻度线
  \node[below, outer sep=2pt, fill=white, font=\small]  % 标注横轴角度
    at ({rad(\t)}, 0) {\ang{\t}};
}
\foreach \y in {-1,1} {\draw (-0.05,\y) -- (0.05,\y);}  % 纵轴刻度
\end{tikzpicture}
```

5-5-54

0°　90°　180°

这里通过可选项仔细设置了结点位置（下方 below）、外部距离（outer sep）、文字字号（font=\small），并把结点填充为白色（fill=white），避免与线条混淆。\foreach 是通用的循环语句，也可以独立于 TikZ，只通过 pgffor 调用。

在 TikZ 中对图形进行整体平移，是在一个区块中使用 xshift, yshift 等选项完成的。把要平移的内容放在一个 scope 环境中，就造成一个区块，区块可以有自己统一的选项、位置和剪裁范围等。例如：

```
\begin{tikzpicture}[fill=lightgray] % 全局选项
\begin{scope}[thick,->,fill=gray,xshift=-3cm] % 区块内整体向左平移
  \filldraw (0,0) circle (1);
  \draw (-1.2,0) -- (1.2,0);
  \draw (0,-1.2) -- (0,1.2);
\end{scope}
\filldraw (0,0) circle (1); % 原位置
```

5-5-55

```
\end{tikzpicture}
```

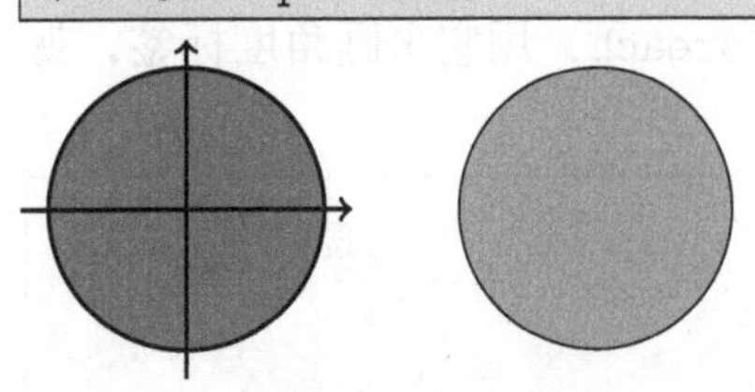

最后，我们把所有代码补完，把图形整体适当放大，就得到用 TikZ 绘制的完整正弦函数了（见图 5.18）：

```
\begin{figure}
\centering
% \usepackage{siunitx}
\begin{tikzpicture}[scale=1.5] % 整体放大坐标，但不影响字号
  \newcommand\iangle{120}
  % 左边的单位圆
  \begin{scope}[xshift=-2cm]
    \draw[->] (-1.2,0) -- (1.2,0);
    \draw[->] (0,-1.2) -- (0,1.2);
    \draw[thick] (0,0) circle (1);
    \coordinate[label=\iangle:$P$] (P) at (\iangle:1);
    \coordinate[label=below:$P_0$] (P0) at (P |- 0,0);
    \draw (0,0) -- (P);
    \draw (P) -- (P0);
    \fill[fill=gray,fill opacity=0.2]
      (0,0) -- (0:1) arc (0:\iangle:1) -- cycle;
    \filldraw[fill=gray,fill opacity=0.5]
      (0,0) -- (0:0.3) arc (0:\iangle:0.3) -- cycle;
    \node[right] at (\iangle/2:0.3) {\ang{\iangle}};
  \end{scope}
  % 右边的函数图
  \draw[->] (0,0) -- ({rad(210)}, 0);
  \draw[->] (0,-1.2) -- (0,1.2);
  \draw[thick, domain=0:rad(210)] plot (\x, {sin(\x r)})
    node[right] {$\sin x$};
```

```
  \foreach \t in {0, 90, 180} {
    \draw ({rad(\t)}, -0.05) -- ({rad(\t)}, 0.05);
    \node[below, outer sep=2pt, fill=white, font=\small]
      at ({rad(\t)}, 0) {\ang{\t}};
  }
  \foreach \y in {-1,1} {\draw (-0.05,\y) -- (0.05,\y);}
  \coordinate[label=above:$Q$] (Q) at ({rad(\iangle)}, {sin(\iangle)});
  \coordinate[label=below:$Q_0$] (Q0) at (Q |- 0,0);
  \draw (Q) -- (Q0);
  \draw[dashed] (P) -- (Q);
\end{tikzpicture}
\caption{正弦函数与单位圆（\textsf{TikZ} 实现）}
\label{fig:tikzsine}
\end{figure}
```

5-5-56

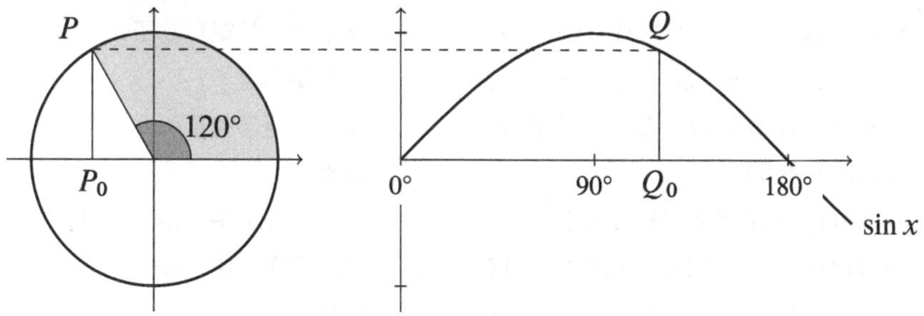

图 5.18　正弦函数与单位圆（TikZ 实现）

picture 环境：旧时代的图形功能

在 5.5.2 节我们已经初窥了 PSTricks 与 TikZ 丰富的绘图能力，它们都是功能强大的绘图语言，足以完成从数字逻辑电路到 3D 函数曲面的各类复杂图形。其实从 20 世纪 80 年代 LaTeX 刚刚诞生的之初，它就已经带有基本的绘图功能了。这些绘图命令功能并不强，但在今天的 LaTeX 中仍然保留着，在部分较早的宏包中仍然发挥着作用。

LaTeX 内核提供的绘图命令通常都是在 picture 环境中使用的。picture 环境后跟一或两个坐标，分别指定图形的尺寸和原点偏移位置。图形坐标数字不带单位，表示长度是 \unitlength 的倍数。所有的内容都用命令 \put 放在指定的坐标。例如把文字放在不同的坐标：

5-5-57

```
\setlength\unitlength{1cm}
\begin{picture}(1,1)
\put(0,0) {左下} \put(1,1) {右上}
\end{picture}
```

右上

左下

表 5.21 picture 环境的绘图命令

命令	功能
`\put`(x,y) {⟨内容⟩}	在指定坐标放置图形
`\line`(x,y) {⟨长度⟩}	画指定倾斜与水平长度的直线
`\vector`(x,y) {⟨长度⟩}	画指定倾斜与水平长度的箭头
`\circle` {⟨直径⟩}	画圆，加 * 的命令画实心圆
`\oval`(x,y) [⟨部分⟩]	画圆角矩形或部分圆角矩形
`\makebox`(w,h) [⟨位置⟩] {⟨内容⟩}	指定大小的矩形盒子
`\framebox`(w,h) [⟨位置⟩] {⟨内容⟩}	带框矩形盒子
`\dashbox`(w,h) [⟨位置⟩] {⟨内容⟩}	虚线框矩形盒子
`\frame`{⟨内容⟩}	加框
`\shortstack`[⟨对齐⟩]{⟨内容⟩}	多行对齐文字，用 \\ 换行
`\multiput`$(x,y)(\Delta x,\Delta y)${⟨次数⟩}{⟨内容⟩}	循环多次使用 \put
`\qbezier`$[n](x_a,y_a)(x_b,y_b)(x_c,y_c)$	二次 Bézier 曲线

除了文字，在 picture 环境中还可以用 \put 命令画直线、直线箭头、圆形、圆角矩形，以及带边框与不带线框的矩形盒子，甚至还可以用 \qbezier 命令用描点的方式，画出一条二次的 Bézier 曲线（见表 5.21，部分控制命令未列出，更详细的说明可参见 Berry [23] 或其他较早的 LaTeX 书籍）。除了水平和垂直方向的直线，所有“图形”其实都是从专门的字体中挑出符号拼接起来的。因此这些绘图命令的效果很受限制，直径较大的圆形或是斜率特殊的直线都无法得到，效果相当有限。而且基本的语法也不很直观，例如我们要画从坐标 $(3,4)$ 到 $(11,-2)$ 的直线，就必须表示为：“把长度的水平投影是 8、倾斜方向为 $(4,-3)$ 的直线放在坐标 $(3,4)$ 处”，即

```
\put (3,4) {\line(4,-3) {8}}
```

5

由于功能不全、使用不便，随着新绘图工具的不断产生，现在几乎已经没有人用 LaTeX 的 picture 环境画图了，只有一些较早的宏包还利用它来给文字定位，或画一些简单的线条。例如 slashbox、makecell 都使用 picture 环境画斜线的表头。在设计版面时，也可以使用 picture 环境给任意文字定位，而不必依赖任何额外的宏包和特定的图形驱动。

原始的 picture 环境有许多扩展，PSTricks 包中许多命令的语法也受它的影响而十分相似。picture 环境最重要的扩展是 pict2e 宏包[92]，它使用与底层驱动相关的绘图代码重新实现了各种画图命令，去除了原来 picture 环境的诸多限制，同时也增加了一些方便的命令，如直接用两点坐标画直线段的 \Line 等。在使用 makecell 等工具画表头斜线时，引用 pict2e 就可以使线条更清晰准确，不过 pict2e 的功能仍然非常基本，在实际绘图时 PSTricks 或 TikZ 是更好的选择。

5.5.3 METAPOST 与 Asymptote 简介

*

METAPOST 与 Asymptote 都是独立的绘图语言，其语法与 TEX 完全不同，使用时将生成单独的图片供 TEX 或其他程序使用。但它们又都与 TEX 联系紧密，一方面它们主要调用 TEX 来完成文字标签的排版输出，另一方面也有工具宏包方便插入图片，甚至可以把绘图代码嵌入到 TEX 文档中。因此，METAPOST 和 Asymptote 通常随着 TEX 发行版一起发布，在安装了 MiKTEX（CTEX 套装）或 TEX Live 的计算机上可以直接使用 METAPOST 语言画图，在 TEX Live 上还可以直接使用 Asymptote 语言。

这里我们没有篇幅介绍这两种绘图语言的独特语法与绘图功能，仅主要介绍 METAPOST 与 Asymptote 各自的功能与特点，并说明它们与 LaTeX 如何结合使用。对它们感兴趣的读者，可参见本章末尾列出的书籍和文档来学习使用。

5.5.3.1 METAPOST

METAPOST 脱胎于 METAFONT，它们的基本语法十分相似，可以用几乎相同的代码输出的同样的图形效果。不同的是，METAFONT 是与 TEX 配套的字体设计语言，输出的字体内容也是单色的点阵图，而 METAPOST 则专门为绘制数学图形设计，输出 PostScript 格式的图形，支持彩色和透明等特性，还可以调用 TEX 输出文字。

---

*本节内容初次阅读可略过。

5

作为数学绘图语言，METAPOST 在几何曲线构造方面有独到之处。METAPOST 绘制三次 Bézier 样条曲线，并提供了一套简明直观的语法来控制曲线形状。曲线使用一组结点坐标连接，除了使用控制点这种数学表示，还可以使用曲线在结点上的切线方向、张力、卷曲度等直观参数来控制曲线形状。

例如只要用绘图命令

```
% 主要代码片断
draw (0,0) .. tension 2 .. (1cm,1cm){right} .. (2cm,0){right}
  .. (5cm,1cm);
```

5-5-58

就可以把 $(0,0)$, $(1,1)$, $(2,0)$, $(5,1)$ 这几个点连接起来，得到一条在指定结点有一定方向和张力大小的曲线：

另外，METAPOST 语言天然地具有解线性方程组的能力，因此在计算交点、绘制直线图形时也很方便。例如，METAPOST 中两个点 z_1, z_2 的定比分点用 $\lambda[z_1, z_2] = \lambda z_1 + (1-\lambda)z_2$ 来表示。在我们定义点 z_1, z_2, z_3, z_4 后，求交点 z_5 的方式就是列一个方程：

$$z_5 = \lambda[z_1, z_4] = \mu[z_2, z_3]$$

其中定比 λ, μ 是我们不关心具体数值的未知数，z_5 就是由这两个直线方程确定的点：

```
% 主要代码片断
z1 = (0,0);   z2 = (2cm,0);   z3 = (0,1cm);   z4 = (3cm,1.5cm);
dotlabel.lft(btex $z_1$ etex, z1);  dotlabel.rt(btex $z_2$ etex, z2);
dotlabel.lft(btex $z_3$ etex, z3);  dotlabel.rt(btex $z_4$ etex, z4);
draw z1 -- z4;  draw z2 -- z3;
z5 = whatever[z1, z4] = whatever[z2, z3];  % 计算交点
dotlabel.bot(btex $z_5$ etex, z5);
```

5-5-59

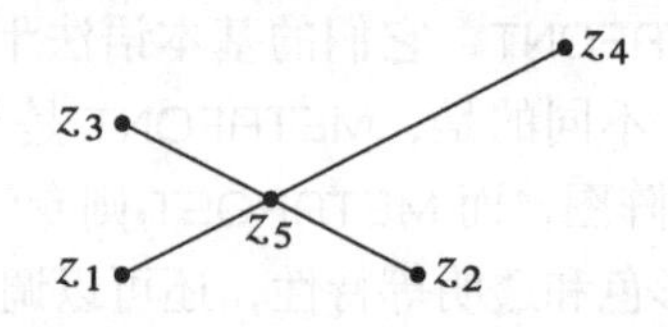

从这个例子中我们也可以看到使用 METAPOST 直接调用 TEX 输出文字的效果。

5

当然，METAPOST 本身也具有相当的编程和计算能力，可以对它进行扩展，或是利用现有的 METAPOST 宏包绘制函数图像或相当复杂的图形结构。下面是调用 METAPOST 的 metaobj 宏包[216] 画一个简单的树的完整代码：

```
input metaobj;
beginfig(1);
x = new_Tree( new_Box(btex root etex) )
  ( new_Circle(btex child etex),
    new_Circle(btex child etex));
Obj(x).c=origin;
draw_Obj(x);
endfig;
end.
```

5-5-60

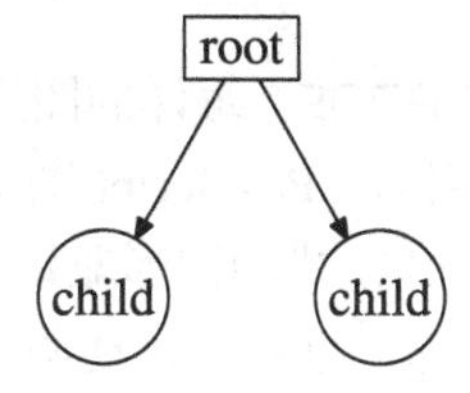

METAPOST 的具体功能和语法，限于篇幅，这里不再做详细介绍，下面只讲一些注意事项。

一、编译 METAPOST 代码

METAPOST 使用单独的文件书写代码，扩展名是 `.mp`。很多支持 TeX 的编辑器同时都有 METAPOST 的语法高亮功能，也可以配置编辑器用按钮编译 METAPOST 的图形。编译 METAPOST 文件使用 `mpost` 命令完成，例如编写了一个 `fig.mp` 的源文件，就可以使用命令

```
mpost fig
```

进行编译。一个 METAPOST 源文件可以生成多个图形文件，默认生成的图形文件以编号为后缀名，如 `fig.1`, `fig.2` 等。

METAPOST 默认使用 Plain TeX 格式生成 TeX 标签。Plain TeX 的语法与我们熟知的 LaTeX 颇有不同，即使是简单的数学公式也有不同的写法。因此，往往需要添加 `-tex=latex` 选项，要求 METAPOST 调用 LaTeX 格式排版文字标签，如用

```
mpost -tex=latex fig
```

编译带有 LaTeX 文字标签的文档。

使用 mpost 命令编译得到的文件是 PostScript 格式的图形，如果需要得到 PDF 格式的图形，可以直接使用 mptopdf 命令，并可以加 --latex 选项使用 LaTeX 格式排版文字标签，例如用

```
mptopdf --latex fig
```

就可以由 fig.mp 得到 fig-1.pdf, fig-2.pdf 等图形文件。

在 METAPOST 源代码中设置变量

5-5-61
```
prologues := 3;
```

则可以输出直接嵌入字体的图形，方便图形单独使用。

二、在 LaTeX 文档中插图

在不同的图形驱动下插入 METAPOST 编译的图形，使用的命令略有不同。METAPOST 编译得到的是默认不嵌入字体的 PostScript 图形，称为 MPS 格式，它与一般的 EPS 图形十分接近。因此，支持 EPS 格式的图形驱动 Dvips, DVIPDFMx 和 XeTeX 也都可以直接插入 MPS 图形，此外 pdfTeX 也通过自动调用转换器支持 MPS 图形。

不过，Dvips 和 DVIPDFMx 驱动，可以直接使用 \includegraphics 命令插入类似 fig.1 的图形，pdfTeX 和 XeTeX 则不接受数字扩展名的图形文件。

对于 pdfTeX，则可以把所有未知扩展名的图形当做 MPS 图形：

5-5-62
```
% pdfTeX，设置插入 MetaPost 图形
\DeclareGraphicsRule{*}{mps}{*}{}
```

对于 XeTeX，则需要设置变量 prologues:=3 嵌入字体，同时在导言区使用 \DeclareGraphicsRule 命令把所有的未知扩展名的图形当做 EPS 图形：

5-5-63
```
% XeTeX，设置插入 MetaPost 图形
\DeclareGraphicsRule{*}{eps}{*}{}
```

用数字作为图形文件扩展名有时会造成不必要的混乱，因此可以在 METAPOST 图形的源文件中设置变量 outputtemplate①，修改输出图形文件的文件名格式。例如在 METAPOST 文件中使用

5-5-64
```
outputtemplate := "%j-%c.mps";
```

① 参见 Hobby and the MetaPost development team [106]，在较早的版本中这个变量叫 filenametemplate[105]。

就可以把 fig.mp 的第 5 幅图形输出为文件 fig-5.mps，此时，在 pdfTEX 和 XƎTEX 中就不必把所有未知扩展名的图形看成 MPS 或 EPS 图形了。pdfTEX 中可以直接插入扩展名为 .mps 的图形，而 XƎTEX 中可以增加

```
% XeTeX，设置插入 MetaPost 图形
\DeclareGraphicsRule{.mps}{eps}{.mps}{}
```

5-5-65

设置来插入扩展名为 .mps 的图形。

除此以外，在 XƎTEX 和 pdfTEX 驱动下也可以插入由 mptopdf 命令编译得到的 PDF 图形，或者设置 prologues 和 outputtemplate 变量输出扩展名为 .eps 的 EPS 格式的图形再插入到 LATEX 文档中。

三、METAPOST 的 LATEX 与中文标签

在 METAPOST 源文件中可以使用 verbatimtex ... etex 嵌入较长的 TEX 代码，特别是在源文件开头，单个图形的外面，就可以用它来添加 LATEX 导言区，例如：

```
% 带有 LaTeX 标签的 MetaPost 文件
% 需要使用 mpost -tex=latex 或 mptopdf --latex 命令编译

verbatimtex
\documentclass{article}
\usepackage{amssymb}
\begin{document}% 后面可以省去 \end{document}
etex

beginfig(1);
draw fullcircle scaled 2cm;
label.rt(btex $\Lleftarrow$ unit circle etex, (1cm,0));
endfig;
end.
```

5-5-66

也可以通过载入 METAPOST 的宏包 latexmp[172] 使用 LATEX 标签，此时编译时可以不加 -tex=latex 的选项，导言区的设置和文字标签的语法也都略有不同。latexmp 宏包要求编译至少两遍。

```
% 带有 LaTeX 标签的 MetaPost 文件
```

```
% 需要使用 mpost 或 mptopdf 命令编译两遍
input latexmp;
setupLaTeXMP(packages="amssymb");
beginfig(1);
draw fullcircle scaled 2cm;
label.rt(textext("$\Lleftarrow$ unit circle"), (1cm,0));
endfig;
end.
```

5-5-67

由于输出格式的限制，METAPOST 只能使用 TEX 的 PostScript Type1 格式的字体。对中文来说，我们无法使用 ctex 宏包调用的 TrueType 字体，只能直接用底层的 CJK 宏包调用 Dvips 驱动能够使用的两种预装的文鼎字体，字体族是 gbsn（宋体）和 gkai（楷体），例如：

```
% 带有中文 LaTeX 标签的 MetaPost 文件
% 需要使用 mpost 或 mptopdf 命令编译两遍
input latexmp;
setupLaTeXMP(
  packages="amssymb,CJK",
  preamble=("\AtBeginDocument{\begin{CJK}{UTF8}{gbsn}}" &
"\AtEndDocument{\end{CJK}}"));
beginfig(1);
draw fullcircle scaled 2cm;
label.rt(textext("$\Lleftarrow$ 单位圆"), (1cm,0));
endfig;
end.
```

5-5-68

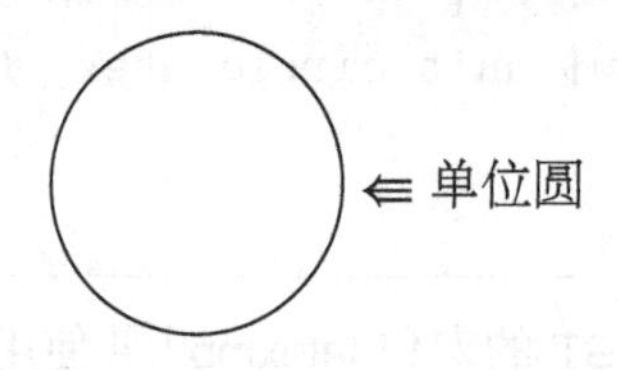

如果用 CTEX 套装的 FontSetup 工具或其他类似的工具转换安装了 Type1 格式的 Windows 预装字体，也可以在上面的例 5-5-68 中直接调用 ctex 宏包使用更多的字体。

四、在 LaTeX 中内嵌绘图代码

METAPOST 是独立的一种绘图语言，不过，还可以在 LaTeX 中内嵌 METAPOST 的绘图代码，把绘图代码和文章放在一起，一起编译生成带图形的文档。

完成这一工作的 LaTeX 宏包是 gmp[91]，它可以在 mpost 环境中使用嵌入 METAPOST 代码，然后在编译 LaTeX 文档时，可以自动调用 mpost 命令生成图片。为了能正确调用 mpost 命令，宏包需要添加 shellescape 选项，同时在编译 TeX 文件时也要给编译命令加上 -shell-escape 选项，例如：

```
% \usepackage[shellescape]{gmp}
% 使用 xelatex -shell-escape 命令编译
\begin{mpost}
draw ((0,0) -- (0,2) -- (1,3.25) -- (2,2) -- (2,0)
  -- (0,2) -- (2,2) -- (0,0) -- (2,0)) scaled 1cm;
\end{mpost}
```

5-5-69

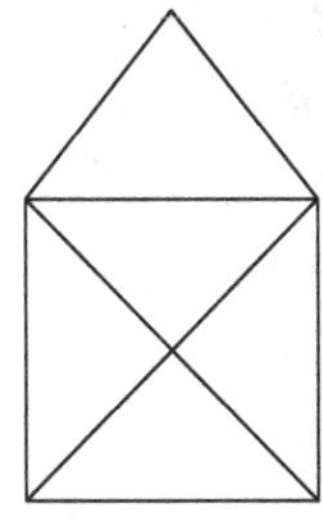

使用 gmp 宏包也可以方便地设置 TeX 标签，给宏包加上 latex 选项则会使用 LaTeX 生成文字标签，gmp 同时也提供了 \usempxpackage, \mpxcommands 等命令设置 LaTeX 导言区，举一个使用中文设置的例子：

```
% 导言区使用
\usepackage[shellescape,latex]{gmp}
\usempxpackage{CJKutf8}
\mpxcommands{
  \AtBeginDocument{\begin{CJK*}{UTF8}{gbsn}}
  \AtEndDocument{\clearpage\end{CJK*}}
}
```

5-5-70

注意在 mpost 环境中，LaTeX 文档中的宏依然会被展开，利用这一功能可以把 TeX 文档中的文本宏甚至长度变量传递给图形代码，其中 \mpdim 可以用来向 METAPOST

代码中传递长度，但 mpost 环境中的宏展开对于文本标签很容易出错。带星号的 mpost* 环境可以避免展开错误，在 mpost* 环境中宏不会被展开。如果需要传递 TeX 宏，可以把需要展开的内容放在 mpost* 环境的 mpsettings 选项里，例如：

```
\begin{mpost*}[mpsettings={u:=\mpdim{0.4\linewidth};}]
fill (0,0) -- (u, 1pt) -- (2u, 0) -- (u, -1pt) -- cycle;
label.top(btex 示例 etex, (u, 1pt));
label.bot(btex \textit{Example} etex, (u, -1pt));
\end{mpost*}
```

5-5-71

示例

Example

练 习

5.13 翻阅 Henderson and Hennig [102] 或 Heck [101]，在里面找几个例子，学习 METAPOST 的基本绘图功能。你能否使用 METAPOST 画出图 5.16 一样的图形？

5.14 试不使用 latexmp 宏包，重写带有中文的 METAPOST 文档例 5-5-68。

5.15 熟悉你使用的编辑器（例如 WinEdt），找到 METAPOST 编译的按钮。如果没有，给你使用的编辑器添加一个这样的按钮。注意配置你的编辑器命令，看是不是需要加上 LaTeX 标签的选项，以及能否方便进行预览。

5.5.3.2 Asymptote

Asymptote 语言是受 METAPOST 启发而创立的，到 2004 年才发布第一个版本，比 METAPOST 要年轻得多。Asymptote 早期的项目名称是 camp，即 C's Answer to METAPOST，这道出了 Asymptote 的最大特点就是使用 C 语言的语法结构完成 METAPOST 的绘图工作。后来 Asymptote 的功能不断增强，不仅继承了 METAPOST 方便的曲线构造功能和基于 PostScript 语言的高质量输出，与 TeX 的紧密结合，还增强了高精度的数学计算功能和数据结构组织，特别是包括了完整的三维绘图功能，使得它成为一种极具活力的数学绘图语言。正如 asymptote（渐进线）这个名字所揭示的那样，Asymptote 的目标是日趋完美[94]。

Asymptote 几乎完全继承了 METAPOST 的曲线构造语法，因此二者绘制曲线的代码如出一辙：

```
draw((0,0) .. tension 2 .. (1cm,1cm){right} .. (2cm,0){right}
  .. (5cm,1cm));
```

5-5-72

下面这个例子则展示了 Asymptote 类似 C 的语法和简单的编程能力：

```
guide star(int n = 5, real r0 = 1)
{
    guide unitstar;
    if (n < 5) return nullpath;
    real theta = 180/n;
    real r = Cos(2theta) / Cos(theta);
    for (int k = 0; k < n; ++k)
        unitstar = unitstar -- dir(90+2k*theta)
            -- r * dir(90+(2k+1)*theta);
    unitstar = unitstar -- cycle;
    return scale(r0) * unitstar;
}
for (int i = 5; i <= 8; ++i)
    filldraw(shift(i*2cm,0) * star(i,1cm), lightgray, gray+1mm);
```

5-5-73

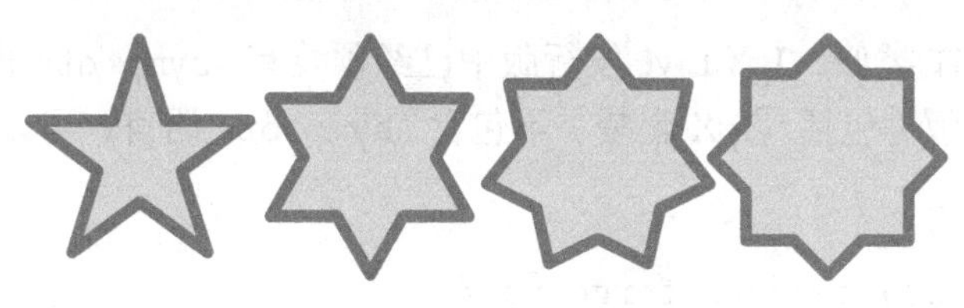

除了很简单的 plain 内核模块，Asymptote 也具有许多扩展模块，可以用简单的代码造出复杂的效果，如二叉搜索树：

```
import binarytree;
binarytree bt=searchtree(4,2,1,3,5,6);
draw(bt);
```

5-5-74

或是三维几何体：

```
import solids;
size(4cm);
```

5-5-75

```
currentprojection = orthographic(1, 1, 1);
real a = 4;
real h = 2.2a;
draw(scale3(a) * unitsphere, white);
draw(shift((a/2,0,-h/2)) * scale(a/2,a/2,h) * unitcylinder, gray);
```

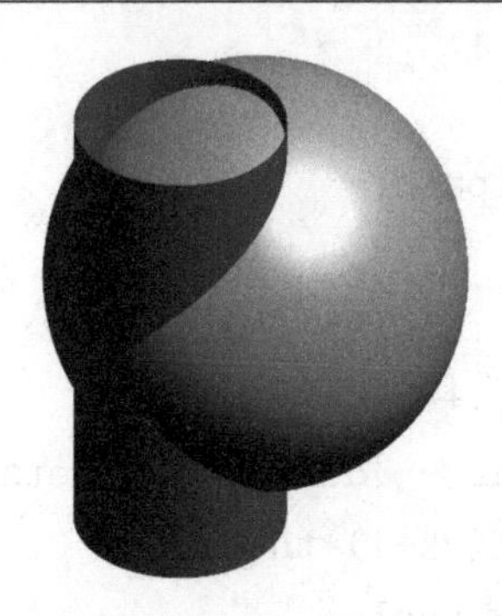

由于 Asymptote 的中英文文档都比较详细，下面不再具体讲解 Asymptote 语言，只针对它在 LaTeX 中的安装使用做一些介绍。

5

一、安装运行 Asymptote

与 METAPOST 类似，TeX Live 发行版中已经预装有 Asymptote 程序，可以直接使用。MiKTeX 发行版（包括 CTeX 套装）不包含 Asymptote 语言，可以到 Asymptote 下载安装包进行安装：

```
http://asymptote.sourceforge.net/
```

Asymptote 依赖 TeX 程序和 GhostScript，如果要输出 PNG 等图像格式，还需要同时安装 ImageMagick，参见 1.1.2.3 节。

Asymptote 使用单独的文件编写代码，扩展名是 .asy。在 Windows 下，如果是下载安装包单独安装的 Asymptote，.asy 文件会被关联到编译程序，可以直接双击源文件完成编译。不过，更为灵活的方式还是在命令行下使用 asy 命令进行编译。例如，如果图形代码是 fig.asy，则可以在命令行下使用

```
asy fig
```

命令编译得到输出的图形并进行预览，输出的图形格式默认是 EPS。编译命令 asy 有很多选项，常用的如使用 -noV 选项阻止预览，使用 -f pdf 选项选择输出格式为 PDF 图

形，使用 -tex xelatex 选择 XeTeX 引擎输出文字标签[①]。例如，在批处理脚本中编译带有中文的图形时，就可以用命令

```
asy -noV -tex xelatex fig.asy
```

当然，最方便的方式还是配置好专门的编辑器，使用菜单命令或按钮进行编译。

二、在 LaTeX 文档中内嵌 Asymptote 代码

Asymptote 生成的 EPS 或 PDF 图片可以直接插入到 TeX 文档中，也可以单独使用。如果图片不太复杂，并且只用在 TeX 文档中，那么把绘图代码嵌入到 TeX 代码中也是个不错的办法，Asymptote 提供了一个 LaTeX 宏包 asymptote 完成代码嵌入。

asymptote 宏包的主要功能是 asy 环境，环境中可以编写 Asymptote 的绘图代码。在编译 TeX 文档时，asymptote 宏包会把每个 asy 环境中的代码输出到相应的 .asy 文件中，文件名是 TeX 主文件的名称加上图形的编号。例如编译 doc.tex 就可能生成 doc-1.asy, doc-2.asy 等图形文件，然后，使用 asy 命令编译所有图形文件得到图形，再编译 LaTeX 文档，就可以得到插图的文档了，所有编译命令的例子如下：

```
xelatex doc.tex
asy doc-*.asy
xelatex doc.tex
```

这里给出一个使用 asy 环境的例子：

```
% \usepackage{asymptote}
\begin{asy}
real r = 0.8cm;
for (int i = 0; i < 360; i+=10)
   draw(circle(dir(i)*r, r));
\end{asy}
```

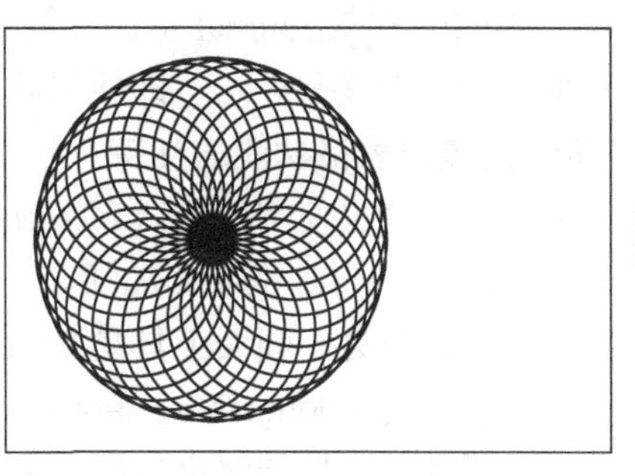

5-5-76

如果同一文档中的所有 Asymptote 代码都有相同的定义部分，可以使用 asydef 环境在导言区进行设置，例如，可以用

① 当使用 pdflatex 和 xelatex 选项输出文字时，也相当于增加了选项 -f pdf 输出 PDF 格式的图形。

```
\usepackage{asymptote}
\begin{asydef}
import graph;
unitsize(1cm);
\end{asydef}
```

5-5-77

给每个图形代码引入 graph 模块，并设置单位长度为 1 cm。

asymptote 宏包还可以加上 inline 选项，这样，所有的文字标签就会在 LaTeX 文档中进行排版，并使用与主文档相同的字体等设置。

练 习

5.16 配置 TeXworks 或 WinEdt 编辑器，给它增加了一个编译 Asymptote 代码的命令，或者参考 Zhang [304] 配置其他支持 Asymptote 语法高亮和编译命令的编辑器。

5.17 阅读教程刘海洋 [305]、Zhang [304]，并参考 Hammerlindl et al. [95]，试用 Asymptote 画出图 5.16 的图形来。

5.18 参考文档 [304、305]，在 Asymptote 使用中文标签的方式是什么？相比 METAPOST 有什么优势？这种功能也是 METAPOST 所不具备的。

5

本章注记

The PracTEX Journal 上的一篇文章 Mori [173] 用大量示例给出了表格排版及相关宏包使用的一个优秀介绍。即便如此，本章与 [173] 仍然无法涵盖表格排版的全貌。由于 LaTeX 内核对表格功能的支持有限，有关表格的宏包十分繁多，偶尔也有功能重叠和冲突的地方。这也使制作复杂表格成为 LaTeX 排版的一个难点。这些繁复的功能有望在未来的 LaTeX3 中得到整合和加强。

有关表格另一强大工具是 tabu 宏包[54]，它提供了 tabu 环境和 longtabu 环境，整合或重新实现了 longtable、tabularx、arydshln 等大量表格宏包的功能，为表格和数学矩阵提供了新的一揽子解决方案。本书限于篇幅未作详细介绍，有兴趣的读者不妨一试。

有关标题控制，ccaption 宏包[287] 也提供了不少与 caption 宏包类似的功能，如不增加编号的“续图”或是更改标题的字体和缩进，还有和 bicaption 宏包类似的 \bicaption 命令输出双语标题。不过 ccaption 的功能较弱，目前仅与旧版本的 caption 宏包兼容，本书不作介绍。

LaTeX 中的插图和彩色功能的官方文档是 Carlisle [38]，本书未尽述的插图命令可参见此文档。而文档 Reckdahl [205] 则给出了有关插图、浮动体和标题功能、图文混排等内容的非常详细的参考，也是目前除 Mittelbach and Goossens [166, Chapter 6, 10] 外最详尽的 LaTeX 插图参考，它的旧版本有王磊的中文译文 Reckdahl [204]，可以补充本书未能详细说明的内容。

LaTeX 常见绘图语言的详细介绍可以参见 Goossens et al. [84]，里面包括对 XY-pic、METAPOST、PSTricks 的示范性说明和大量其他绘图宏包百科全书式的介绍。

除了 XY-pic，还有其他一些交换图工具。以前使用 LaTeX 的 array 环境、AMS 的 amscd 宏包绘制比较简单的交换图，不过这类工具已经过时，近年则有人直接使用更为强大的 PSTricks、TikZ来画交换图表。tikz-cd[177] 是一个基于 TikZ 的交换图工具，它使用类似矩阵的语法，XY-pic 相近，同时也可以使用 TikZ 的强大功能，习惯使用 TikZ 的用户不妨一试。

PSTricks 宏包的功能基于 PostScript 语言，使用时也需要它的一些记法。有关 PostScript 语言可查阅其参考手册“红书[4]”以及教程“蓝书[2]”、“绿书[3]”。PSTricks 是非常复杂的绘图语言，除了 Goossens et al. [84]，还有专门的书籍如 Voß [281]。PSTricks 本身的电子文档是 Zandt [299]，加上每年更新的一系列增补内容。初学者则可以通过印度 TUG 组织编写的电子教程 [268] 入门。更多相关的资料可参见 PSTricks 在 TUG 网站上的页面：

http://tug.org/PSTricks/

TikZ 宏包的最全面的参考就是官方手册 Tantau [252]，而在网站

http://www.texample.net/tikz/examples/

上则可以找到有关 TikZ 宏包的大量示例和资源。

METAPOST 的官方手册是 Hobby and the MetaPost development team [106]。一个优秀的入门教程是 Heck [101]，它使用实例的方式讲解 METAPOST。ConTeXt 中的 MetaFun 是标准 METAPOST 的扩充，其介绍文档 Hagen [93] 则更为详实可读。而关于 METAPOST 曲线控制与宏语言编程的细节，则可以看其前身 METAFONT 的书籍 Knuth [125]。

gmp 宏包的前身是 emp 宏包[189]，它只能生成 METAPOST 源文件，不具有自动编译的功能，也不能自动确定图形大小。另一个可以将 METAPOST 代码嵌入 TeX 文档并自动编译的宏包是 mpgraphics[121]，其功能比 gmp 弱一些。

有关 Asymptote 语言可以参见它的文档中文化项目 asy4cn：

http://code.google.com/p/asy4cn/

里面收录了官方手册[95] 的较旧版本的节译 Hammerlindl et al. [96] 和两个中文的教程刘海洋 [305]、Zhang [304]，CTAN 中可以找到它们较旧的版本。此外还有官方常见问答集的节译 Hammerlindl et al. [94]。英语和法语的相关资料可以在 Asymptote 的网站上找到：

http://asymptote.sourceforge.net/

第6章 幻灯片演示

作为排版软件，LaTeX 主要被用来制作书籍和文章。不过，由于现代的 LaTeX 系统主要以 PDF 文件为输出方式，它被越来越多地用来生成专门的电子文档。授课、演讲用的计算机幻灯片就是 LaTeX 的一个重要应用。

演示文档与纸面印刷品的要求很不一样，演示文档是输出到计算机屏幕或投影仪上的，通常要求使用大而清晰的字体、鲜艳的色彩、图形化的页面以及交互式的按钮链接。幻灯片的特殊用途同时也使页面成为内容组织的基本单位，文档不仅是按章节，同时也是直接逐页设计安排内容的。这些要求使得原本用来输出论文、书稿的标准文档类不再适用于生产幻灯片，演示幻灯片在 LaTeX 中也催生了一类专门的工具宏包。

LaTeX 中专门用来制作幻灯片的工具有很多种，如 powerdot 文档类、prosper 文档类、pdfslide 宏包、ppower4 宏包、pdfscreen 宏包等。但若说现在最为流行的，大概当属 beamer 文档类了。beamer 文档类[253] 是由 Lübeck 大学理论计算机研究所的 Till Tantau 教授发起的一个专用于幻灯演示的文档类，它以页面（被称为“帧”）为基本组织单位，提供丰富的功能选项和许多预定义的风格主题，支持各种编译程序，使用也相对方便。本章就以 beamer 为例，介绍在 LaTeX 中编写幻灯片的方法。

这一章我们将继续 1.2 节的例子，把有关勾股定理的小短文改编成一个演讲幻灯片（412–414 页）。这里粗略的介绍并不打算代替 beamer 原有的详细文档和示例，Tantau et al. [253] 永远是使用 beamer 最重要的参考。

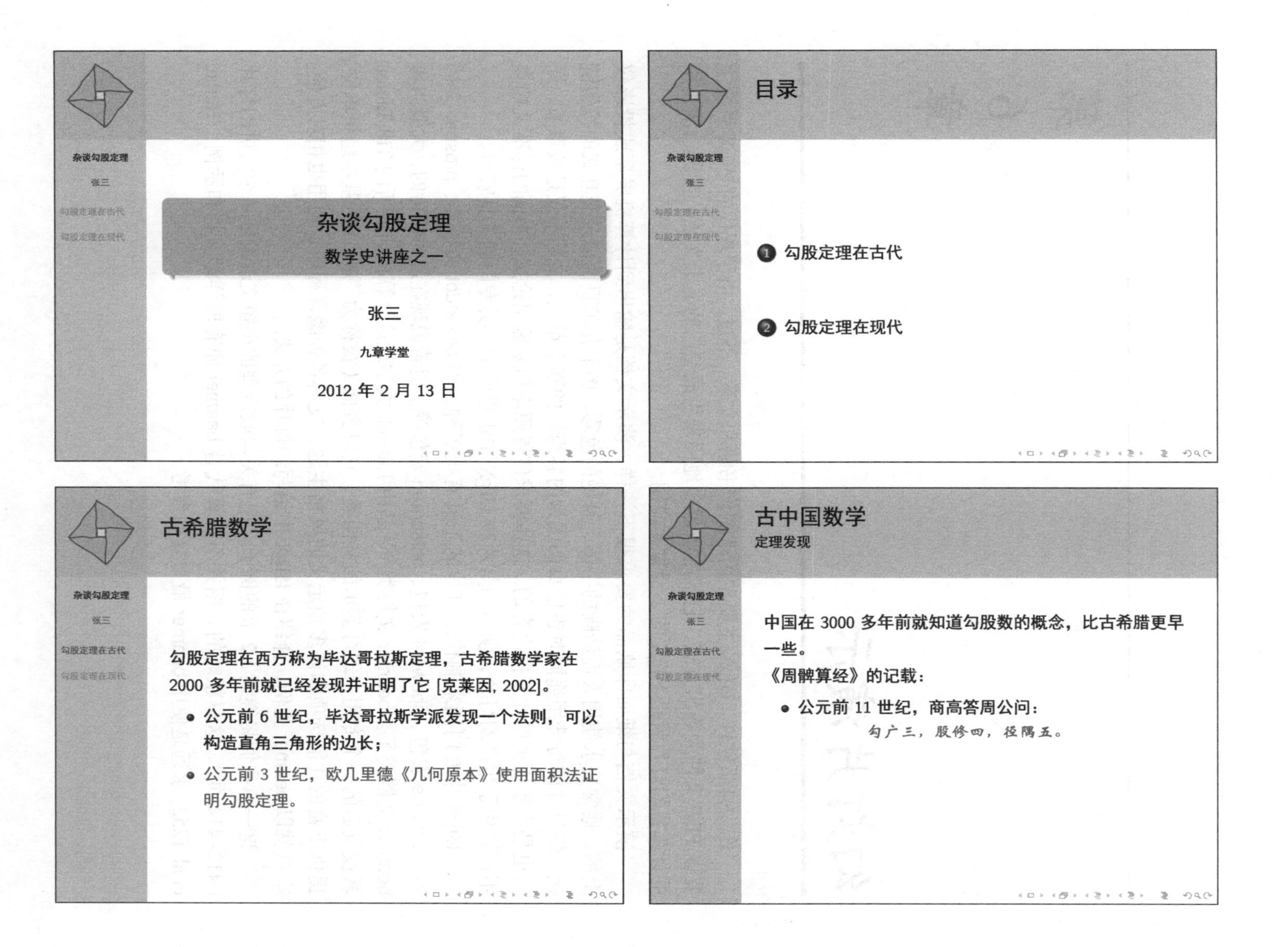
杂谈勾股定理
张三
勾股定理在古代
勾股定理在现代
杂谈勾股定理
数学史讲座之一
张三
九章学堂
2012 年 2 月 13 日
目录
勾股定理在古代
勾股定理在现代
古希腊数学
勾股定理在西方称为毕达哥拉斯定理，古希腊数学家在 2000 多年前就已经发现并证明了它 [克莱因, 2002]。
公元前 6 世纪，毕达哥拉斯学派发现一个法则，可以构造直角三角形的边长；
公元前 3 世纪，欧几里德《几何原本》使用面积法证明勾股定理。
古中国数学
定理发现
中国在 3000 多年前就知道勾股数的概念，比古希腊更早一些。
《周髀算经》的记载：
公元前 11 世纪，商高答周公问：
勾广三，股修四，径隅五。

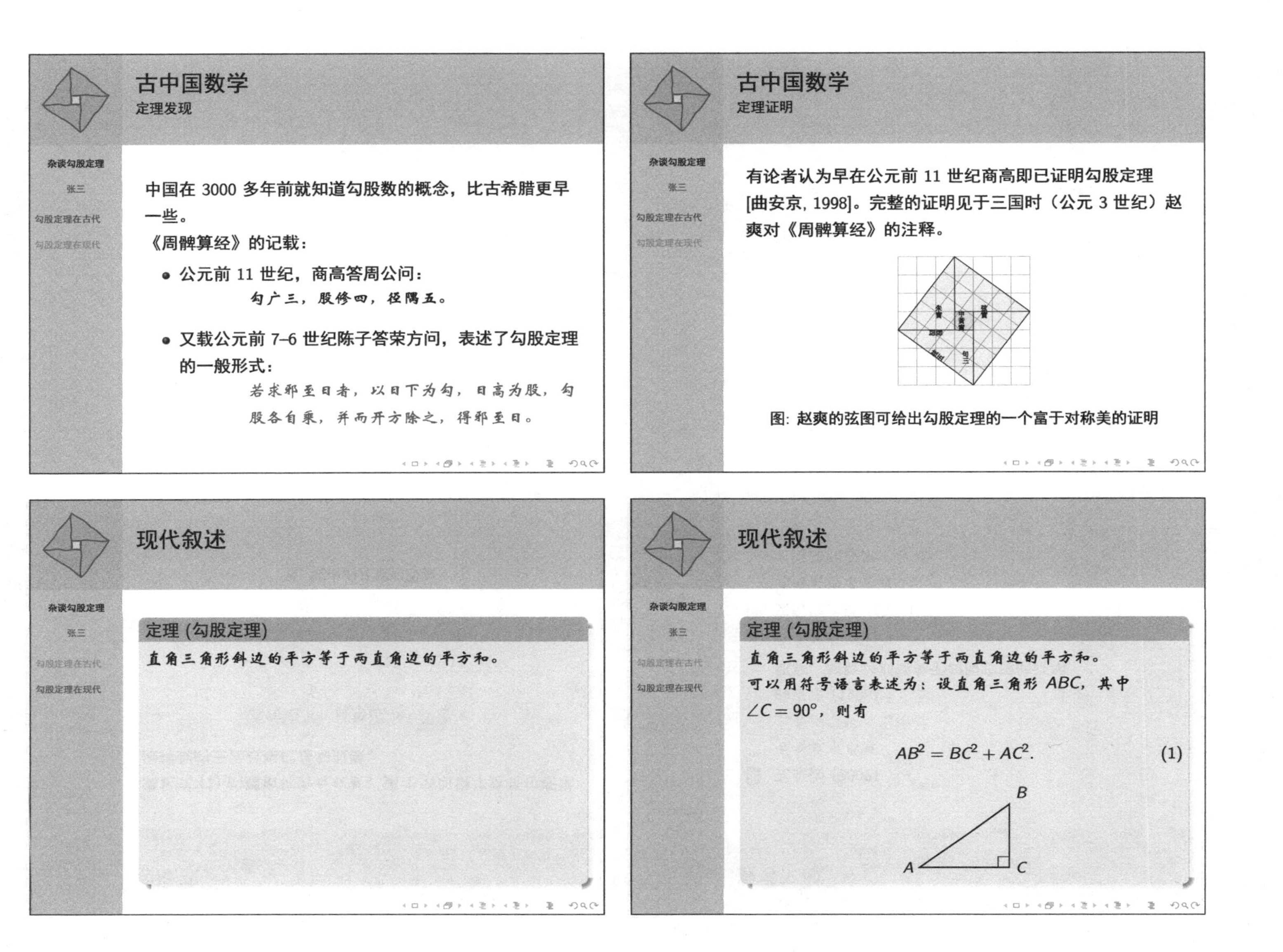

古中国数学
定理发现
杂谈勾股定理
张三
勾股定理在古代
勾股定理在现代
中国在 3000 多年前就知道勾股数的概念，比古希腊更早一些。
《周髀算经》的记载：
公元前 11 世纪，商高答周公问：
勾广三，股修四，径隅五。
又载公元前 7–6 世纪陈子答荣方问，表述了勾股定理的一般形式：
若求邪至日者，以日下为勾，日高为股，勾股各自乘，并而开方除之，得邪至日。
古中国数学
定理证明
杂谈勾股定理
张三
勾股定理在古代
勾股定理在现代
有论者认为早在公元前 11 世纪商高即已证明勾股定理[曲安京, 1998]。完整的证明见于三国时（公元 3 世纪）赵爽对《周髀算经》的注释。
图：赵爽的弦图可给出勾股定理的一个富于对称美的证明
现代叙述
杂谈勾股定理
张三
勾股定理在古代
勾股定理在现代
定理（勾股定理）
直角三角形斜边的平方等于两直角边的平方和。
现代叙述
杂谈勾股定理
张三
勾股定理在古代
勾股定理在现代
定理（勾股定理）
直角三角形斜边的平方等于两直角边的平方和。
可以用符号语言表述为：设直角三角形 ABC，其中 ∠C = 90°，则有
AB² = BC² + AC².
(1)
B
A
C

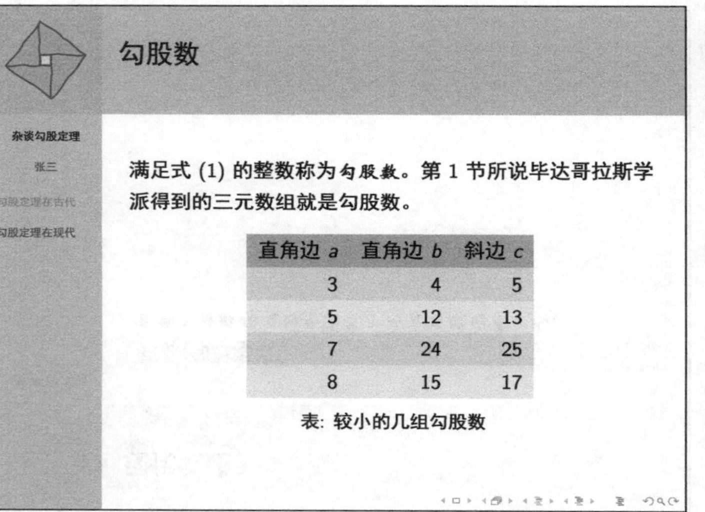
勾股数
杂谈勾股定理
张三
勾股定理在古代
勾股定理在现代
满足式 (1) 的整数称为勾股数。第 1 节所说毕达哥拉斯学派得到的三元数组就是勾股数。
直角边 a 直角边 b 斜边 c
3 4 5
5 12 13
7 24 25
8 15 17
表: 较小的几组勾股数

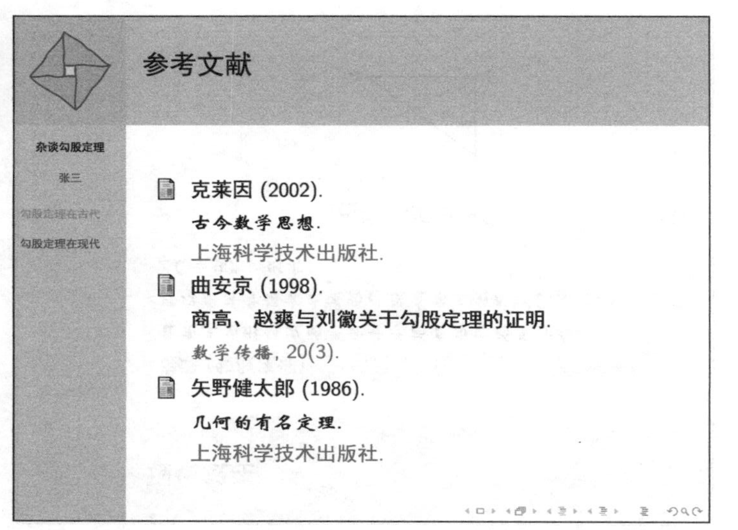
参考文献
杂谈勾股定理
张三
勾股定理在古代
勾股定理在现代
克莱因 (2002).
古今数学思想.
上海科学技术出版社.
曲安京 (1998).
商高、赵爽与刘徽关于勾股定理的证明.
数学传播, 20(3).
矢野健太郎 (1986).
几何的有名定理.
上海科学技术出版社.

6.1　组织幻灯内容

使用 beamer 类与编写一般的 LaTeX 文档的代码结构是一样的，我们同样可以写出这样的代码框架：

```
\documentclass{beamer}
\begin{document}
% ...
\end{document}
```

要在 beamer 类中使用中文，则可以使用 ctex 或 ctexcap 宏包，前者只引入必要的中文，后者还会翻译图表等环境名称①。

```
\documentclass{beamer}
\usepackage[UTF8,noindent]{ctexcap}
\begin{document}
% ...
\end{document}
```

6-1-1

这里 noindent 选项用来阻止 ctex 宏包引入的段前缩进，这也是 beamer 文档类本身的默认设置，在幻灯片中的段落通常不使用首行缩进。

因为旧版本（3.17 以前）beamer 的一个实现问题，使用 XeLaTeX 编译 beamer 文档时页面底部的导航按钮会失效。因此使用中文或者系统字体的 XeLaTeX 用户最好及时更新到 beamer 的最新版本。如果不方便更新，也可以在文档中使用如下代码临时处理：

```
\makeatletter
\def\beamer@linkspace#1{%
  \begin{pgfpicture}{0pt}{-1.5pt}{#1}{5.5pt}
    \pgfsetfillopacity{0}
    \pgftext[x=0pt,y=-1.5pt]{.}
    \pgftext[x=#1,y=5.5pt]{.}
  \end{pgfpicture}}
\makeatother
```

6-1-2

① 如果使用 pdfLaTeX 等传统编译方式及 GBK 编码，使用时有一些限制，如在导言区不能使用汉字，全局的中文字体设置也不能放在导言区。

6.1.1 帧

如果你现在就在例 6-1-1 中填写内容，编译后就可以得到一些很小的页面，不过如果你把 beamer 类当成普通的文档类填写，会发现效果很不好，而且章节标题等内容并不会显示出来。事实上，与普通的文档不同，幻灯片的内容是一页一页在大屏幕上放出的（偶尔也在计算机屏幕上观看），在演讲中，一页幻灯片通常就表示一个语义单元，因此在 beamer 中组织内容也是一页一页完成的，这样的演示页称为帧（frame）。

在 beamer 中，帧用 frame 环境得到。一帧里面的内容可以使用各种常用的 LaTeX 命令和环境。在帧里面，内容有一定的水平边距，并且整体垂直居中显示，例如：

```
\begin{frame}
这是简单的一帧。

帧里的内容是垂直居中的。
\end{frame}
```

6-1-3

幻灯版的每帧通常都有一个小标题，用来说明这一帧的主要内容，这可以使用 \frametitle 命令得到。beamer 甚至还提供了小标题的命令，可以使用 \framesubtitle 得到。例如：

```
\begin{frame}
  \frametitle{标题}
  \framesubtitle{小标题}
  这是简单的一帧。
\end{frame}
```

6-1-4

不过，beamer 还提供了更为方便的方式，即直接在 frame 环境后用花括号 {} 括起来的参数就表示帧的标题，后面的第二个参数就是帧的小标题。frame 环境的这种参数是可选的，这种语法与大多数 LaTeX 环境不同，但非常有效，例如：

```
\begin{frame}{标题}{小标题}
  这是简单的一帧。
\end{frame}
```

6-1-5

beamer 重定义了大量 LaTeX 环境，使它们的格式更适合在幻灯版中显示，其中最明显的就是列表环境和定理类环境，尽管它们使用起来并没有多少区别。

于是，我们幻灯片中关于古中国数学的一帧就可以这样得到，这与在 ctexart 中排版普通的文章完全一样（见图 6.1）：

6

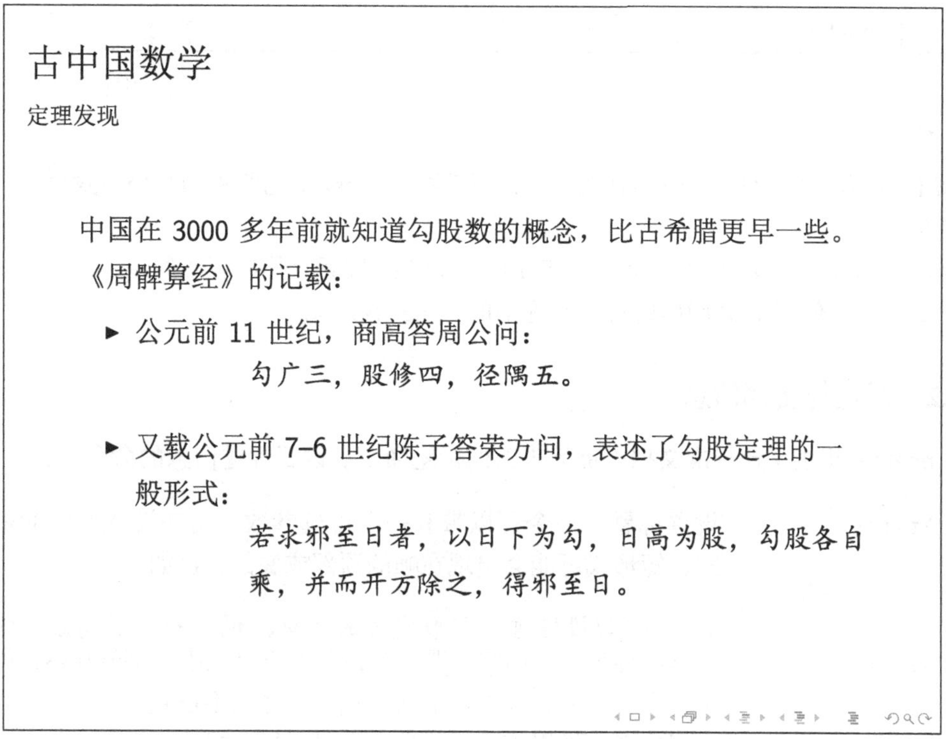

图 6.1 基本的 frame 环境

```
\begin{frame}{古中国数学}{定理发现}
中国在 3000 多年前就知道勾股数的概念，比古希腊更早一些。

《周髀算经》的记载：
\begin{itemize}
\item 公元前 11 世纪，商高答周公问：
\begin{quote}
勾广三，股修四，径隅五。
\end{quote}
\item 又载公元前 7--6 世纪陈子答荣方问，表述了勾股定理的一般形式：
\begin{quote}
若求邪至日者，以日下为勾，日高为股，勾股各自乘，并而开方除之，得邪至日。
\end{quote}
\end{itemize}
```

6-1-6
```
15 \end{frame}
```

练 习

6.1 试写出其他幻灯片中的其他几帧，看看在 beamer 中的原来的文档格式会发生哪些变化？

6.2 beamer 与 TikZ 的原作者同为 Till Tantu 教授，实际上早期版本的 pgf 正是 beamer 的一部分，试使用 TikZ 画出幻灯片定理中的直角三角形图。

6.1.2 标题与文档信息

beamer 提供了比标准文档类更为丰富的标题命令。设置标题信息的命令有：

`\title` 设置标题。命令可以带有一个可选参数，用来设置标题的短形式，短形式可能会出现在帧的顶部或底部，例如：

`\title[勾股定理]{勾股定理的历史、现状和对现代数学的影响}`

`\subtitle` 设置小标题。小标题一般会在标题下方以较小的字号显示。可以带一个可选参数设置短形式，这一项往往不设置。

`\author` 设置作者。可以带一个可选参数设置短形式。

`\institute` 设置作者所在的学院等机构。可以带一个可选参数设置短形式，也可以不设置。

`\date` 设置日期。可以带一个可选参数设置短形式，如果不设置，默认使用编译时的日期。

`\titlegraphic` 设置标题图形。可以使用 `\includegraphics` 插入较小幅的图案，通常不设置。

使用上述命令设置的标题、作者等信息同时也会记录到输出的 PDF 文件说明信息中，可以使用 Adobe Reader 等软件查看 PDF 信息（见图 6.2）。除了标题和作者，beamer 还提供了 `\subject` 和 `\keywords` 两个命令，用来设置 PDF 说明信息中的主题和关键字。

例如，我们关于勾股定理的幻灯片的标题信息，就可以使用下面的命令在导言区设置：

```
1 % beamer 导言区
2 \title{杂谈勾股定理}
```

```
3 \subtitle{数学史讲座之一}
4 \institute{九章学堂}
5 \author{张三}
6 \date{\today}
7 \subject{勾股定理}
8 \keywords{勾股定理，历史}
```

6-1-7

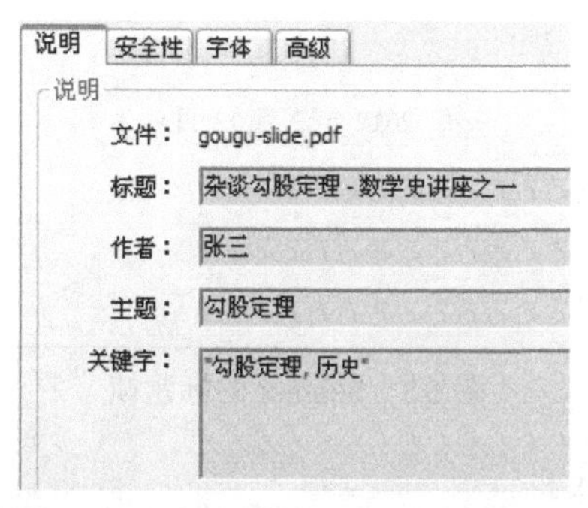

图 6.2　在 Adobe Reader 中查看 beamer 生成的 PDF 文件说明信息

而要输出标题，则可以在（空白的）一帧里面使用 \titlepage 命令。\maketitle 也可以用来输出标题，它在帧里面和 \titlepage 的功能相同，如果不在帧里面，则相当于在一空白的帧里面使用：

```
% 等价于 \maketitle
\begin{frame}
\titlepage
\end{frame}
```

例如对例 6-1-7 中的例子，使用 \maketitle 就得到图 6.3。当然，使用 \titlepage 时可以在整个文档的标题帧中增加一些其他的补充内容。

6.1.3　分节与目录

在 beamer 中可以使用 \section、\subsection、\subsubsection 以及 \part 命令对文档分节，或使用 \tableofcontents 命令产生目录，这与标准文档类一样。因此，我们只有两节的幻灯片就可以这样简单地划分：

```
\section{勾股定理在古代}
...
```

图 6.3 beamer 的标题帧

```
\section{勾股定理在现代}
...
```

与普通的文档不同，在 beamer 中，分节命令并不会输出一行标题。单纯地使用分节命令，甚至在默认的格式下什么也看不到。分节的标题会在目录中显示，如果改变 beamer 的输出风格（参见 6.2 节），顶部或侧面的导航条也可能显示当前或全部章节的标题。我们目标中勾股定理的幻灯片就在每帧的左侧显示有文档的分节。

\tableofcontents 命令也必须放在帧里显示，因此我们的幻灯片就要这样写：

```
\begin{frame}{目录}
  \tableofcontents
\end{frame}

\section{勾股定理在古代}
...
```

\part 命令本身也不产生标题，但 beamer 提供了一个 \partpage 命令，它与 \titlepage 类似，可以在一帧中产生文档某部分的标题，例如：

```
\part{引言}
\begin{frame}
  \partpage
```

```
\end{frame}
```

6-1-8

幻灯片文档一般都不会很长，以一次完整的演讲报告的长度为宜，因此一个 beamer 文档通常控制在几十帧的篇幅，使用 \part 和 \section 至 \subsubsection 的命令分节，就足够划分一个演讲或报告了。如果是分为多次讲解的长篇报告，或是教师的课程讲义，则应该为每一讲单独制作一个幻灯片。但如果希望把所有内容放进一个单独的文件（例如为了方便分发或支持交叉引用），则可以使用 \lecture 命令进作为更高一层的内容划分：

```
\lecture{杂谈勾股定理}{gougu} % 讲座标题和讲座标签
```

6-1-9

\lecture 命令本身不产生任何标题和效果，beamer 提供 \insertlecture 命令向文档中插入 \lecture 的标题。可以通过 \AtBeginLecture 在每一讲前面都添加一帧，代替 \maketitle：

```
% 导言区
\AtBeginLecture{
  \begin{frame}
    \Large
    本周论题：\insertlecture
  \end{frame}
}
```

6-1-10

\lecture 的另一个用途是使用 \includeonlylecture{⟨标签⟩} 来使文档编译时只输出选定标签的那一讲。这样，通常修改标签，就可以只使用一个文件来分别生成每一讲单独的幻灯片了。

beamer 中的 \tableofcontents 可以在可选参数中使用许多参数控制其格式，例如 currentsection 选项就可以只显示当前一节的目录结构，currentsubsection 选项则控制只显示当前一小节的目录结构。这对较长的幻灯片是非常有用的，演讲时可能需要在每一节的开头都显示一下即将讲到的内容结构，因而每一节前面都应该有一个小目录，特别是那些缺少导航条显示分节标题的格式更是如此。

为了方便在每一节前面增加一个目录，beamer 还提供了 \AtBeginSection、\AtBeginSubsection 命令，它们的用法与 LaTeX 原有的 \AtBeginDocument 命令功能类似，用来给每一节或每一小节前面增加一段代码（而 \AtBeginDocument 则在整个文档前面添加一段内容，它一般用在宏包制作），例如：

```
% 导言区
```

```
\AtBeginSection[]{  % 空的可选项表示 \section* 前不加目录
  \begin{frame}{本节提要}
    \tableofcontents[currentsection]
  \end{frame}
}
```

6-1-11

练 习

6.3 本章关于勾股定理的幻灯片太过短小了，所以不能显示出复杂的分节层次。试编写一个复杂讲座的提纲，在整个文档和每一节前面添加目录。

6.1.4 文献

在 beamer 中添加文献列表与普通文档的语法没有多少差别，不过与书面的文稿不同，在幻灯片中通常并不适合使用特别冗长的文献列表，列出的条目不宜过多，也不需要文献编号这类听众难以记忆的内容。因此，beamer 中的文献列表，文字排列比较宽松，列表前没有标题，默认格式也是没有编号的。

在我们的例子中，参考文献同样是通过 BIBTEX 生成的，插入文献的代码是（此文献数据库参见 1.2.7 节）：

```
\begin{frame}{参考文献}
\nocite{Shiye}
\bibliography{math}
\end{frame}
```

6-1-12

即在单独的一帧中加入 \bibliography 命令。幻灯片在演讲中很难前后跳跃翻页，对文献进行编号引用用途不大，所以往往需要使用 \nocite 命令，指明需要列入文献列表的条目。

如果确实需要对文献进行引用，那么最好使用作者年代的引用方式，避免完全不直观的数字编号可能造成的问题。由于 beamer 的文献格式比较特殊，它并不支持 natbib 宏包及其对应的 .bst 文献格式，为此，可以使用相对简单的 apalike 文献格式，它按照美国心理协会（APA）的格式，提供了基本的作者年代引用方式：

```
% 提供简单的作者年代引用格式
\bibliographystyle{apalike}
```

6-1-13

练 习

6.4 biblatex 与 beamer 没有明显的冲突，可以在 beamer 中使用。试参考 biblatex 自带的示例，以 authoryear 格式选项处理 beamer 的文献，并给出一个例子。

6.1.5 定理与区块

在 beamer 中，已经预定义了许多定理类环境：theorem, corollary, definition, definitions, fact, example 以及 examples，它们都以英文名称给出，例如 theorem 环境的名称就是 “Theorem”。由于 beamer 调用了 amsthm 宏包[10] 定制定理类环境格式，因此也有用于证明的 proof 环境（参见 2.2.4 节）。不过我们需要的是中文定理环境，则可以使用 \newtheorem 另行定义，如：

```
\newtheorem{thm}{定理}
```

6-1-14

证明环境则需要进行汉化：

```
\renewcommand\proofname{证明}
```

6-1-15

在 beamer 中，定理环境的结果是一个彩色块，在不同的主题（参见 6.2.1 节）下可能会有丰富的效果。例如，在本章例子相似的主题下①，下面定理环境的效果见图 6.4：

```
\begin{frame}{现代叙述}
\begin{thm}[勾股定理]
直角三角形斜边的平方等于两直角边的平方和。
\end{thm}
\end{frame}
```

6-1-16

类似定理环境的这种彩色框效果，在 beamer 中还有其他的区块环境，可以用于强调一部分内容。

block, alertblock 和 exampleblock 环境就是 beamer 定义的三种区块环境，它们除了使用的配色不同外，用法和结果都大致相同，例如（见图 6.5）：

```
\begin{frame}
\begin{block}{块标题}
这是一个区块
\end{block}
```

① PaloAlto 主题改用 seagull 的灰度色彩。

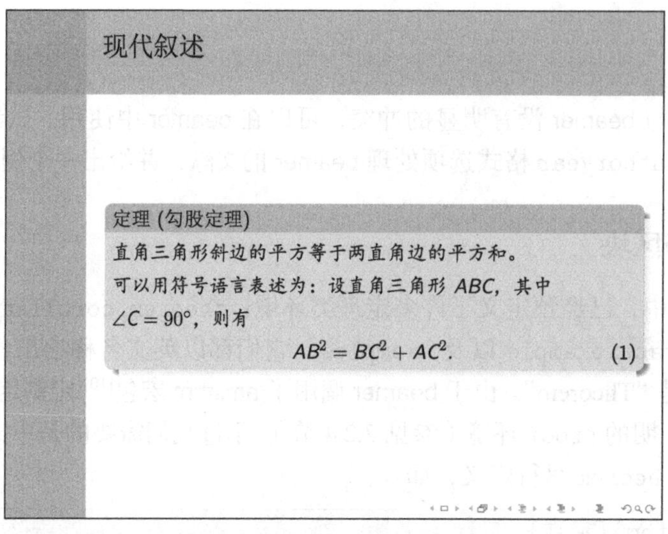

图 6.4 beamer 中的定理环境

```
\begin{block}{}% 无标题
这是另一个区块
\end{block}
\end{frame}
```

6-1-17

6.1.6 图表

在 beamer 中使用图表与在普通文档中的语法并无区别。不过，beamer 是按帧组织内容的，位置固定，因此 figure 和 table 环境不再是浮动的环境，而只用来区别标题。例如在我们勾股定理例子中的一页就写成：

```
\begin{frame}{古中国数学}{定理证明}
有论者认为早在公元前 11 世纪商高即已证明勾股定理\cite{quanjing}。
完整的证明见于三国时（公元 3 世纪）赵爽对《周髀算经》的注释。
\begin{figure}
\centering
\includegraphics[height=0.4\textheight]{xiantu.pdf}
\caption{赵爽的弦图可给出勾股定理的一个富于对称美的证明}
\end{figure}
\end{frame}
```

6-1-18

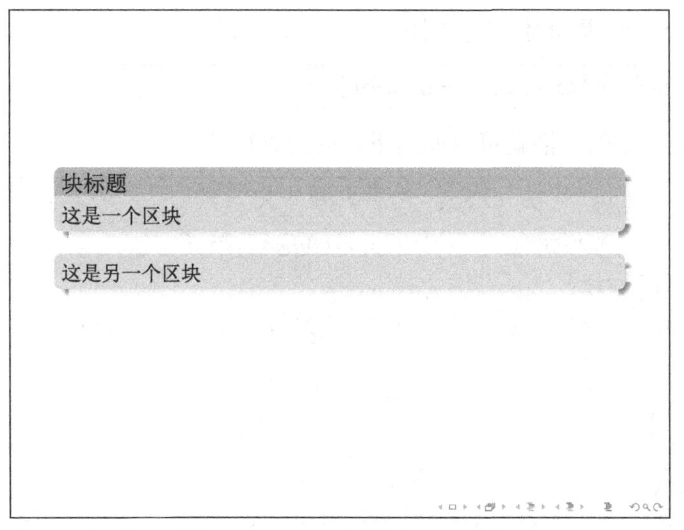

图 6.5 beamer 中的 block 环境

除了标准的图表环境，beamer 还提供了一个 \logo 命令，把一个较小的图标放在幻灯片的角落里面，可以用它来放置校徽、公司商标等内容。\logo 命令一般放在导言区，如在勾股定理的例子中有：

```
\logo{\includegraphics{logo.pdf}}
```

6-1-19

这里 logo.pdf 是一个长宽为 1.5 cm 的小图形，它实际是用 Asymptote 语言画出来的。

beamer 内部使用 pgf 宏包绘制定理边框、幻灯片按钮等图形。因此，如果需要一些简单的数学图形，使用基于 pgf 的 tikz 宏包直接画图是最方便的。在我们在勾股定理的例子中，直角三角形就是用 tikz 画的：

```
% 在 thm 环境最后：
\begin{center}
\begin{tikzpicture}[scale=0.5,font=\small]
\draw[thick] (0,0) node[left] {$A$}
  -- (4,0) node[right] {$C$}
  -- (4,3) node[above right] {$B$} -- cycle;
\draw (3.5,0) |- (4,0.5);
\end{tikzpicture}
\end{center}
```

6-1-20

幻灯片中的表格务求简明清晰，因此使用 5.4.1 节介绍的表行色彩相间的彩色表格就十分合适。xcolor 宏包的 \rowcolors 命令需要给宏包加 table 选项，但由于 beamer

本身就会载入 xcolor，因此宏包选项使用如下方式传递：

6-1-21
```
\documentclass[xcolor=table]{beamer}
```

于是勾股定理例子中的表格就可以使用下面的代码得到：

```
% 颜色 craneorange 是在 crane 色彩主题中定义的
\rowcolors{2}{craneorange!25}{craneorange!50}
\begin{tabular}{rrr}
\rowcolor{craneorange}直角边 $a$ & 直角边 $b$ & 斜边 $c$\\
3 & 4 & 5 \\
5 & 12 & 13 \\
7 & 24 & 25 \\
8 & 15 & 17 \\
\end{tabular}
```
6-1-22

6.2 风格的要素

6.2.1 使用主题

修改 beamer 幻灯片格式的基本方式就是使用主题（theme）。beamer 提供了二十多种不同风格的幻灯片主题，可以使用 `\usetheme` 命令选择。例如，要得到本章例子中的整体效果，就只要在导言区使用

6-2-1
```
\usetheme{PaloAlto}
```

预定义的主题有：`default`、`AnnArbor`、`Antibes`、`Bergen`、`Berkeley`、`Berlin`、`Boadilla`、`boxes`、`CambridgeUS`、`Copenhagen`、`Darmstadt`、`Dresden`、`Frankfurt`、`Goettingen`、`Hannover`、`Ilmenau`、`JuanLesPins`、`Luebeck`、`Madrid`、`Malmoe`、`Marburg`、`Montpellier`、`PaloAlto`、`Pittsburgh`、`Rochester`、`Singapore`、`Szeged`、`Warsaw` 等。这些主题大多是以作者游历的一些地点命名的，其中 `default` 是默认的主题。

实际上，beamer 的主题是由不同的内部主题（inner theme）、外部主题（outer theme）、色彩主题（color theme）、字体主题（font theme）等组合而成的，可以分别使用 `\useinnertheme`、`\useoutertheme`、`\usecolortheme`、`\usefonttheme` 选择。本章的例子在使用了 `PaloAlto` 主题后，又把冷色调换成了暖色调，用了如下命令：

6-2-2
```
\usecolortheme{crane}
```

在这里，内部主题主要控制的是标题页、列表项目、定理环境、图表环境、脚注等在一帧之内的内容格式。预定义的内部主题有 default、circles、rectangles、rounded、inmargin 等。

外部主题主要控制的是幻灯片顶部尾部的信息栏、边栏、图标、帧标题等一帧之外的格式。预定义的外部主题有 default、infolines、miniframes、smoothbars、sidebar、split、shadow、tree、smoothtree 等。

色彩主题控制各个部分的色彩。预定义的色彩主题包括 default、albatross、beaver、beetle、crane、dolphin、dove、fly、lily、orchid、rose、seagull、seahorse、sidebartab、structure、whale、wolverine 等。

字体主题则控制幻灯片的整体字体风格。预定义的 beamer 字体主题包括 default、professionalfonts、serif、structurebold、structureitalicserif、structuresmallcapsserif 等。其中默认字体主题 default 的效果是整个幻灯片使用无衬线字体，这是多数幻灯片的选择；serif 主题则改用衬线字体，不过此时最好使用较大的字号和较粗的字体；professionalfonts 不对字体有特别的设置，需要使用另外专门的宏包进行设置；structure 开头的几个主题则对 beamer 中的几个结构有特别设置。这里举一个调用 arev 宏包的例子，这个宏包是专门为制作幻灯片设计的无衬线字体包，对正文字体和数学字体都有详细的调整，因此不需要对 beamer 做额外的设置：

```
\usefonttheme{professionalfonts}
\usepackage{arev}
```

6-2-3

不同主题的效果可以参见 beamer 手册 Tantau et al. [253]，里面对所有主题以图例的方式列出了效果。有的主题还带有一些选项，也可以在文档中得到详细说明。

练 习

6.5 查看手册 Tantau et al. [253]，beamer 提供了哪些选项设置文档整体的字号大小？默认值是哪个？

6.2.2　自定义格式

尽管 beamer 已经提供了许多预定义的主题，也还是有一些格式需要单独进行设置。对于我们的例子来说，最明显的是关于中文的设置，配合无衬线的西文字体，中文也需要使用黑体等在投影仪上清晰可辨的字体。在较新的 xeCJK 中可以重

定义 \CJKfamilydefault 为 \CJKsfdefault，设置中文默认字体为无衬线族（参见 2.1.3.2 节）：

```
% XeLaTeX 编译
\usepackage[noindent,UTF8]{ctexcap}
\setCJKsansfont[ItalicFont={华文新魏}]{黑体}
\renewcommand\CJKfamilydefault{\CJKsfdefault}
```

6-2-4

也可以直接用 \setCJKmainfont 定义中文字体，这对没有 \CJKfamilydefault 的旧版本 xeCJK 也适用：

```
% XeLaTeX 编译，可适用于较旧版本的 xeCJK
\usepackage[noindent,UTF8]{ctexcap}
\setCJKmainfont[ItalicFont={华文新魏}]{黑体}
```

*

XƎLATEX 下面 fontspec 宏包被调用，可能会影响数学字体，使 beamer 设置的部分无衬线体数学字体失效。此时需要单独用 \setmathrm 等命令进行设置数学字母的字体，或给 beamer 加上 [no-math] 的全局选项传递给 fontspec（参见 2.1.3.2 节），例如：

```
\documentclass[no-math]{beamer}
\usepackage[noindent,UTF8]{ctexcap}
\setCJKsansfont[ItalicFont={华文新魏}]{黑体}
\renewcommand\CJKfamilydefault{\CJKsfdefault}
```

6-2-5

除了中文设置，beamer 自己也提供了自己独有的设置命令。

beamer 使用一种模板（template）机制，将幻灯片的不同内容组件格式抽象为模板代码、模板字体、模板色彩。模板代码是实现组件的具体代码，例如 itemize 列表项的模板代码就包含大量 pgf 的绘图命令，用来画出具有很炫效果的项目来。

在 beamer 中，我们使用 \setbeamercolor、\setbeamerfont 和 \setbeamertemplate 来分别设置不同部分组件的色彩、字体和模板的具体实现代码。修改模板具体实现代码往往会很复杂，不过 \setbeamertemplate 命令可以从多个预定义的模板中选择一个出来。设置组件单独的色彩与字体也相当实用，例如对 itemize 列表，可以设置：

*本节后面内容首次阅读可略过。

```
\setbeamertemplate{itemize items}[circle]
\setbeamercolor{itemize item}[fg=black]
\setbeamercolor{itemize/enumerate body}{fg=gray}
\setbeamerfont{itemize/enumerate body}{family=\rmfamily}
```

6-2-6

这样就设置了列表项的符号是一个黑色的圆形，同时列表内的内容是 \rmfamily 的灰色文字。

实际上，beamer 主题实现中的多数代码就是由这几个设置命令组成的，你也可以使用类似的方式定义自己的主题格式。

练 习

6.6 简单的样式修改可以通过组合现有的主题和背景插图来完成，但对 beamer 进行更详细的样式定制时，字体、色彩与模板名目繁多，可能需要参考在 beamer 安装目录下 theme/ 目录中的模板源代码，结合文档说明，才能顺利完成。

beamer 的每个主题对应一个后缀为 .sty 的主题文件，使用命令 \usetheme 或 \useinnertheme 等切换主题，其实就是载入主题文件。查看文档 Tantau et al. [253] 或 Kim [122]，每类主题文件的文件名规则是什么？模仿已有的主题，试编写一个自己的主题文件。

6.7 使用 \setbeamertemplate 命令也可以直接设置模板代码。试修改帧背景 background 的模板实现代码，给幻灯片添加背景图片。

6

内容与格式分离

LaTeX 的一个重要的想法是将内容与格式分离。对于一个焦急的投稿人，他可以只写 article 文档类，给出 \title，标出 \section、\subsection，或者插入一个 table 环境，而不必关心标题（title）应该居中还是左对齐，小节（subsection）应该用粗体还是斜体。而在 TeX 的历史中，情况并非如此。高德纳最早给出的 Plain TeX 格式中，作者不仅仅需要考虑文档的内容，还需要处理对齐、位置、字体、字号等设计师的工作，甚至了解断行、分页等更深入的排版知识。Plain TeX 并没有预先定义标题、章节或是浮动图表的命令，逐一为不同的内容定义不同的格式命令相当烦琐无味，而且不同的文档之间也无法统一，因此很容易吸引人写出充斥着各种低级格式控制命令的文档来。相比之下，“傻瓜式”的 LaTeX 自一出世，就立即吸引了来自学术界的许多用户，成为最为流行的 TeX 格式。

这种内容与格式分离的想法，鼓励人们在正文中只写与文档的逻辑结构和语义相关的控制命令，而不写任何直接的具体格式设置。这样，同样的一篇数学论文，作者使用 article 文档类写草稿，再换用 amsart 向美国数学会投交正式稿件，只需要修改 \documentclass 的一个参数，而不必在正文中作任何修改。而如果希望对文档格式有进一步的变更，也可以在导言区进行全局的格式设置。

例如，LaTeX 的第一个广为使用的版本的 LaTeX 2.09，它的导言区如：

```
\documentstyle[11pt,psfig]{article}
```

其中，article（文件是 article.sty）指出总的文档格式，选项 11pt 是 article 的选项，标明整体字号，而 psfig 则调用宏包文件 psfig.sty 来支持 PostScript 图形。

LaTeX 2.09 的这种格式只能同时使用很少的格式宏包，而随着第三方宏包的不断增多，在 LaTeX 2_ε 中就区分了 \documentclass 与 \usepackage，为选用更为丰富的宏包提供支持，同时也增加了许多用户命令以更好地支持文档结构划分、宏定义、字体选择等等 [143]。这就是我们今天所见到的 LaTeX。

在实际使用中，内容与格式分离的做法受限于 LaTeX 提供的语义结构数量和格式控制能力。如果 LaTeX 没有提供足够多的语义结构，例如“题注”，那么用户就必须自己定义一个生成题注的命令，或者寻找提供题注功能的宏包，但这就难以保持一致性和分离特征；另外，如果 LaTeX 对已有语义结构的格式控制能力不足，如没有设置脚注字体的接口，那么用户也必须自己重定义 \footnote 的底层实现，或者寻找相关宏包。更为严重的问题是，不同的宏包以及用户自己的定义都可能不兼容，导致无法同时使用。

LaTeX 2_ε 内核太小，功能不够，特别是内容编写与格式设置的关系仍不够明晰，这正是已经有近 20 年历史的 LaTeX 2_ε 格式的缺憾，也逐渐成为制约 LaTeX 进一步发展的重要因素。在这里，beamer 文档类无疑提供了一种更为细致的三层抽象界面：

- 对幻灯片作者，只需要了解帧、定理、列表、图表、文献、强调这些与演示内容相关的概念和命令，就可以完成演示稿件，在格式方面也只需要选择现成的主题（theme）。
- 对幻灯片模板设计者或者主题的编写人员，则无须考虑具体的演示内容，只要使用 \setbeamertemplate、\setbeamerfont、\setbeamercolor 等命令，选择每个表意成分的基本模板，并调整字体、彩色等参数。

6

- 对主题的高级编写人员或者说 TEX 编程人员，则可以具体定义每个表意成分的模板，定义可调整的参数，直接组织每个组件的细节结构。

这种三层式的界面，自然地把 LATEX 用户分成了“作者/设计师/程序员”三个层次，这三个部分的人各司其职，把内容编写、格式设计、具体实现彻底分离开来。

事实上，下一代的 LATEX3 格式也使用了与 beamer 类似的分层组织结构，其成果就是 xtemplate 宏包[260]。xtemplate 宏包细致地区分了模板的接口与实现，以及模板的实例使用，从而也将内容编写、格式设计、与代码实现分离开来，读者可通过 xfrac[111] 宏包的实现一窥其中奥妙。

在 LATEX 中，应该尽量遵循内容与格式分离的原则，对于作者来说这能让人把更多精力集中在文档内容上，同时也会使文档的修改和移植更加方便。特别是篇幅长、内容层次多的文档，更应该注意使用抽象的样式。

当然，内容与格式分离的写法也不是没有缺点。由于抽象层次增多，beamer 的实现代码要比通常的 LATEX 文档类复杂得多，如果需要修改已有组件的基本格式，就要修改模板实现，这需要了解 beamer 的组件模板和参数机制，特别是不同组件之间的关系，初次使用会比较困难。如果编写的只是一些格式很简单甚至缺乏逻辑关系的内容，那么内容与格式分离的做法就会显得过于烦琐了。

6.3　动态展示

尽管滥用动画效果可能会使观众反感（特别是学术演讲），动态效果仍然是幻灯片中不可或缺的部分。适当地使用动态功能可以强化沟通的效果，这里我们将看到 beamer 中几种简单的动态效果。

6.3.1　覆盖浅说

覆盖（overlay）是最为基本的一种幻灯片效果。严格地说，它甚至不是“动态”效果，而只是把同一帧幻灯片的不同内容按一定的次序拆分成几页显示出来。

利用覆盖可以让内容逐步显示，例如让一个列表项分成几步显示出来，也可以让不同的内容依次代替，产生类似动画的效果。

逐步显示是最为常用的覆盖效果。其基本的命令是 `\pause`，表示幻灯片在此处会停顿一下，在 `\pause` 后面的所有内容会在 PDF 文件的下一页显示。例如，可以在一帧

的每段话后面使用 \pause，让文字一段一段地显示。

可以给目录命令 \tableofcontents 加上 pausesections 选项，这样目录会在每一项后面暂停，例如：

```
\begin{frame}{目录}
\tableofcontents[pausesections]
\end{frame}
```

更为一般的是 \onslide，它可以指定内容在一帧中的第几步显示，使用 \onslide 时不显示的内容还占用原来的位置，例如：

```
\begin{frame}
  \onslide<1>{只有第 1 步}

  \onslide<2->{第 2 步之后}

  \onslide<1,3>{第 1, 3 两步}
\end{frame}
```

6-3-1

在 \onslide 后面尖括号里面的内容就是覆盖步骤的设置。覆盖语法支持单个的步骤，也支持多个步骤和区间。

\only 命令与 \onslide 命令类似，不过 \only 命令在不显示的步骤没有额外的占位，可以得到内容代替的效果，例如：


```
\begin{frame}
计数：\only<1>{1}\only<2>{2}\only<3>{3}\only<4->{4}

\onslide<5> 数完了。
\end{frame}
```

6-3-2

\onslide 和 \only 命令还有许多变种，这些命令的效果都大同小异，\uncover 和 \visible 与 \onslide 大体相同，只是用不同的方式隐藏文字；\invisible 与 \visible 具有相反的效果；\alt 可以分别设置在指定步骤和步骤外的内容，而 \temporal 则可以分别指定指定步骤与此步骤前后的内容，这里不再详细举例。

这种使用尖括号表示步骤的覆盖语法，实际上在 beamer 的很多命令和环境后面都可以使用，例如：

```
\begin{frame}
```

```
\textbf<3>{只在第 3 步加粗}
\end{frame}
```

6-3-3

或者

```
\begin{frame}
\begin{theorem}<2->
  第 2 步以后显示的定理
\end{theorem}
\end{frame}
```

6-3-4

最为常用的则是列表环境，可以给 \item 命令加上使用覆盖的步骤号，例如：

```
\begin{frame}
\begin{itemize}
  \item<1-> 开始显示
  \item<3-> 最后显示
  \item<2-> 然后显示
\end{itemize}
\end{frame}
```

6-3-5

在覆盖的语法中，使用加号 + 就类似使用了 \pause，这可以避免手工计数。连续使用多个 \item<+-> 就可以表示 \item<1->, \item<2->……的效果。可以在整个 enumerate 或 itemize 环境后面加上 [<+->] 的可选项，相当于对每个 \item 后面都使用了 <+->，非常方便：

```
\begin{frame}
\begin{itemize}[<+->]
  \item 开始显示
  \item 其次显示
  \item 最后显示
\end{itemize}
\end{frame}
```

6-3-6

\structure 和 \alert 命令则用于在指定的步骤设置高亮，前者使用幻灯片中结构的色彩，后者使用更鲜明的警告色彩（一般是红色）。它们也可以带上覆盖的语法，例如：

```
\alert<2>{在第 2 步强调重要的内容}
```

6-3-7

高亮命令可以作为覆盖语法的一部分，用在 \item 等命令后面，这样既可以控制条目何时显示，也可以控制条目高亮。例如，在我们的例子中，就使用了下面的列表：

```
\begin{itemize}
\item<+-| alert@+>
  公元前 6 世纪，毕达哥拉斯学派发现一个法则，可以构造直角三角形的边长；
\item<+-| alert@+>
  公元前 3 世纪，欧几里德《几何原本》使用面积法证明勾股定理。
\end{itemize}
```

6-3-8

当然，把它改成只在 itemize 环境后面使用一次 [<+-| alert@+>] 也是可以的。

练 习

6.8 完成勾股定理幻灯片的编写，在里面添加合适的覆盖和高亮命令。

6.9 覆盖对于幻灯片的页码有什么影响？在使用覆盖时，beamer 每帧底部的导航按钮有什么好处？

6.3.2 活动对象与多媒体

*

在 beamer 中也可以使用一些真正的动态演示功能，包括 PDF 动画、JavaScript 表单、多媒体对象等内容。注意并非所有 PDF 阅读器都支持这些动态功能，使用 Adobe Reader 可以完整地显示包含动态功能的 PDF 幻灯片。

PDF 动画是把动画内容分别画在许多页中，再通过在 PDF 文件中自动快速翻页产生的效果。beamer 提供了 \animate 和 \animatevalue 命令生成动画。\animate 定义自动步进的步数，指定的几步会迅速翻页；\animatevalue 则设置动画变量，变量是整数或长度寄存器[69、126]，可以用于控制画面，其语法格式如下：

\animate<⟨自动步进的步数⟩>

\animatevalue<⟨起步⟩,⟨止步⟩>{⟨寄存器⟩}{⟨起值⟩}{⟨止值⟩}

例如：

*本节内容初次阅读可略过。

```
\newdimen\xoffset
\begin{frame}
% 第一步是静止的，之后自动运动
\animate<2-10>
\animatevalue<1-10>{\xoffset}{0cm}{5cm}
\hspace{\xoffset}从左到右
\end{frame}
```

6-3-9

beamer 本身的动画功能比较简单，如果要求更高，可以使用 animate 宏包[91] 也可以在幻灯片中画出 PDF 动画来。animate 宏包的动画是嵌入在一个 PDF 页面内的，不需要自动翻页，并且通过 JavaScript 代码提供了更丰富的控制功能。

beamer 还支持 PDF 页面的动画切换效果（见表 6.1），这些效果只在 PDF 文件全屏观看时有效。例如，可以设置一帧中的第 2 步，页面从左边飞入：

```
\begin{frame}{动画切换}
  \only<1>{旧内容}
  \only<2>{新内容}
  \transcover<2>
\end{frame}
```

beamer 的一个附属包 multimedia 可以用来在 PDF 幻灯片中嵌入视频、音频等多媒体信息。multimedia 提供的基本命令是 \movie：

\movie[⟨可选项⟩]{⟨文字⟩}{⟨多媒体文件名⟩}

例如，下面的代码可以用来播放 4 : 3 的 AVI 视频 foo.avi：

```
% \usepackage{multimedia}
\begin{frame}{AVI movie}
\movie[width=4cm,height=3cm]{Click to play}{foo.avi}
\end{frame}
```

6-3-10

类似地，\sound 命令可以用来在 PDF 幻灯片中插入音频，例如：

```
% \usepackage{multimedia}
\begin{frame}{Music}
% 自动播放，无显示内容
\sound[autostart]{}{foo.au}
\end{frame}
```

6-3-11

表 6.1 beamer 支持的 PDF 页面切换效果

命令	效果
\transblindshorizontal	水平百叶窗
\transblindsvertical	垂直百叶窗
\transboxin	盒状收缩
\transboxout	盒状展开
\transcover	新页面飞入，覆盖旧页面
\transdissolve	溶解
\transfade	渐显
\transglitter	闪烁（与溶解类似）
\transpush	新页面推进，推走旧页面
\transsplitverticalin	垂直收缩
\transsplitverticalout	垂直展开
\transsplithorizontalin	水平收缩
\transsplithorizontalout	水平展开
\transuncover	旧页面飞走，揭开新页面
\transwipe	沿直线消除旧页面

不过要注意 multimedia 的多媒体功能必须使用 pdfLaTeX 进行编译①，无法使用 XeLaTeX 处理中文。

media9 宏包[89] 提供了比 multimedia 更为强大的多媒体功能，可以嵌入 Adobe Reader 9 所支持的各类媒体和 3D 对象，并支持各种编译引擎和输出驱动，使用 XeLaTeX 可以改用它来代替 multimedia。media9 的前身是 movie15 宏包[88]，它只支持 pdfLaTeX。

除了动画和多媒体信息，使用第三方宏包，还可以在 beamer 中添加更多的动态内容。

tdclock 宏包[221] 使用 JavaScript 代码和 PDF 表单，可以在幻灯片中插入日期和时间，可以用来在演讲中计时，例如：

```
% \usepackage{tdclock}
\begin{frame}
  当前时间：\tdtime；已经过去时间：\crono
\end{frame}
```

6-3-12

① \movie 命令也支持 Dvips 方式生成 PDF 文件。

不过 tdclock 宏包对 pdfTEX 的支持最好，如果使用 XƎLATEX 可能需要仔细调整其边框和字号。另外在 Adobe Reader 阅读器中查看表单时钟时，应该调整阅读器选项，不突出显示域边框。

ocgtools 宏包[154] 提供了所谓可选内容块（Optional Content Group）的功能，可以在幻灯片中添加一个可弹出的可选内容块，例如：

```
% \usepackage{ocgtools}
\begin{frame}
  % 点击公式会显示定理名称
  \ocgminitext{$a^2+b^2=c^2$}{Pythagoras Theorem}
\end{frame}
```

6-3-13

ocgtools 宏包要求使用 pdfTEX，同时要求安装 acrotex 包[243] 组件①。

本章注记

除了 beamer 官方文档 Tantau et al. [253]，beamer 的一个优秀的入门介绍是 Kim [122]（beamer guide），[122] 有中文黄旭华的中文翻译《beamer v3.0 指南》②。

除了随 beamer 文档类自带的主题，还有部分第三方的 beamer 主题可以使用，例如 JLTree 主题、nirma 主题（这两个主题没有文档，可直接试用），beamer2thesis 包[77] 中的 TorinoTh 主题等，都是可以在 TEX 发行版中直接使用的第三方主题。在互联网上还可以找到其他一些用户发布的主题。

除了第三方主题，在 CTAN 的 macros/latex/contrib/beamer-contrib/ 目录下，还可以找到其他一些关于 beamer 的有用的宏包。

beamer 等幻灯片文档中经常会使用到各种绘图包（特别是 5.5.2 节的 PSTricks 与 TikZ）来完成特殊的效果，特别是 beamer 本身的许多功能也是用 TikZ 的底层 pgf 完成的，因此要深入使用 LATEX 做幻灯片，也应该了解相关的绘图工具。不仅是作图，基于 PDF 超链接、表单功能与 JavaScript 代码的宏包，可以为幻灯片带来诸如时钟、动画、交互式内容等多方面的功能，在较高级的幻灯片中也时常用到。除了 6.3.2 节中介绍的工具外，还有类似于 ocgtools 的 fancytooltips 宏包[155]（也基于 acrotex）、ocgx 宏包[113]（不依赖 acrotex 与 JavaScript，但功能较弱）等许多工具，需要读者在实践中积累与选用。

6

① 因授权许可问题，TEX Live 不预装 ocgtools 与 acrotex 包，因此需要手工安装。

② http://www.math.ecnu.edu.cn/~latex/slides/beamer/beamer_guide_cn.pdf

第7章 从错误中救赎

如果我们编写的代码能够从一开始就没有错误，精确地输入计算机，那么编译程序也将给出完美的结果。然而任何人都会犯错误，小到拼错了一个命令，大到对某个功能抱有完全错误的认识。无论是哪种情况，都可能得到错误的排版结果，或者让 LaTeX 的编译程序中止，因此，排除错误也是使用 LaTeX 不可或缺的一环。

多数情况下，编译程序能发现各种常见的错误，这包括把命令名拼错、忘记花括号和环境的配对、超出规定的限制、在不正确的场合使用不正确的命令等等情况。例如，如果我们要排版公式 $x = \alpha^2$，使用

```
$x = \alfa^2$
```

那么编译时程序会中止，然后在命令行窗口（或编辑器的程序输出窗口）显示类似下面的信息：

```
! Undefined control sequence.
l.12 $x = \alfa
               ^2$
```

原因当然是我们把 \alpha 错误地拼成了 \alfa。如果仔细留意编译程序的输出，大部分简单的错误都能迎刃而解，我们将在 7.1 节认识这些错误信息。

也有一些时候，我们对命令的语法或功能理解有偏差，编译程序按照正常的方式编译，它没有产生任何错误，却得到了令人完全意想不到的结果。对于这类逻辑错误，则需要我们自己观察结果，分析代码，寻找答案。在这种时候，仍然可以使用一些系统化方式来定位错误、寻求问题的关键，或是借助机器输出一些辅助信息进行调试，排查问题。在 7.2 节我们会讨论在 LaTeX 中排错调试的一些技巧。

最后，当我们意识到事情已经完全搞砸，对于问题已经毫无办法的时候，向别人提问就成了最后一招。聪明地在网络上提出问题，可以得到来自老手快速准确的答复，然而草率的提问也将得到草率的回答，本章的 7.3 节将告诉你如何让你的问题更容易得到答复。

7.1　理解错误信息

7.1.1　与 TEX 交互

为了理解错误信息的格式，我们来看一个简单的出错例子。

```
\documentclass{article} % 包含错误的文档
\begin{document}
\secton{Start}
A simple equation
\begin{equation}
  x = \overline{a+b
\end{equation}
\end{document}
```

7-1-1

当我们编译例 7-1-1 时，在屏幕闪过一长串复杂的信息之后，编译信息将会停止在一条错误上：

```
! Undefined control sequence.
l.3 \secton
           {Start}
?
```

这里一行开头的感叹号 ! 表示编译程序遇到了一个错误，错误的内容是 “Undefined control sequence”，即 “未定义的控制序列”，用通俗的话讲，就是编译程序遇到了一个不存在的命令。紧接着下面编译程序就给出了出错所在的行，`l.3` 表示错误在第 3 行（line 3），后面将出错行的具体内容分成两截显示：

```
\secton
       {Start}
```

这种错位的显示方式表示错误信息所指的问题正出现在两行错位的位置，也就是说编译程序不认识 `\secton` 命令，很明显，这是因为把 `\section` 拼错了。

错误信息后面的问号表示编译程序在等待我们输入问题的处理方法，直接按回车键编译程序就会试着忽略这个错误继续进行，而如果我们输入 h（表示 help），回车后编译程序会给出关于这个错误进一步的信息：

```
The control sequence at the end of the top line
of your error message was never \def'ed. If you have
misspelled it (e.g., `\hobx'), type `I' and the correct
spelling (e.g., `I\hbox'). Otherwise just continue,
and I'll forget about whatever was undefined.

?
```

这段话翻译过来就是：“在错误信息中上面一行末尾的控制序列从来没有定义过。如果你拼错了（比如‘\hobx’），输入‘I’以及正确的拼写（比如‘\hbox’）。否则就直接继续，我[①]会忽略未定义的内容。”很明显，现在只要输入 I\section 然后回车，就可以在这次编译中解决这个问题。当然仅仅在这里修改是不够的，更重要的还是把源文件中第 3 行的 \secton 改为正确的 \section，这样下次编译就不会出现问题了。

现在试试在出现错误信息的时候输入别的什么东西，比如一个问号 ?，这时编译程序会说：

```
Type <return> to proceed, S to scroll future error messages,
R to run without stopping, Q to run quietly,
I to insert something, E to edit your file,
1 or ... or 9 to ignore the next 1 to 9 tokens of input,
H for help, X to quit.
```

7

提示信息给出了出现编译错误时所有可能的按键（不区分大小写）：

- 回车表示继续，编译程序会尽力恢复错误状态，继续运行。TeX 的这种出现错误就停下来等待人工处理的模式即为错误停止模式，在文档中使用 \errorstopmode 可以从其他模式进入这种交互模式。
- S 表示后面遇到错误将直接运行，不再停下来。这个指令相当于在每个错误后面直接按下回车键。此时错误信息会快速地在屏幕上滚过，要查看所有错误可以在编译生成的 .log 日志文件中找到。一些复杂的编辑器（如 WinEdt）会在编译出错时自动打开 .log 日志文件，同时可以在源文件中定位错误。也有一些编辑器

① TeX 程序喜欢叫自己“我”。

（如 TeXworks）会在一个窗口中保存编译中产生所有的输出，供排错时查看。在文档中使用 \scrollmode 可以进入这种滚动模式。

- R 与 S 类似，只是更为彻底，它告诉编译程序即使连文件都找不到也不要停止。在文档中使用 \nonstopmode 可以进入这种不停止模式。
- Q 与 R 类似，它不仅忽略所有错误，而且也不在屏幕上显示。如果你急着要根据 .log 文件修改错误，可以使用它。通常这种模式多用在批处理脚本中，完全自动化地进行编译工作。在文档中使用 \batchmode 可以进入这种批处理模式。
- I 键将在出错的位置插入一些内容，用它可以直接在这次编译中修正拼写错误的命令。
- 数字 1 到 9 可以删掉出错位置之后的一些记号，避免更多的错误。
- 按 H 键就会得到关于错误的更多的帮助信息。
- 按 X 键会直接退出编译程序，使用它可以比按 Q 更快速地结束，不过这样一来此次编译能得到的也只有按下 X 之前的所有错误信息。

然而，并非所有错误信息都像前面的例子一样容易理解。事实上，继续编译例 7-1-1 的代码，就会遇到这个文件的第二个错误：

```
! You can't use `\eqno' in math mode.
\endequation ->\eqno
                    \hbox {\@eqnnum }$$\@ignoretrue
l.7 \end{equation}

?
```

这条错误信息完全令人不知所云，它指出命令 \eqno 的用法是错误的，可我们的代码中根本没有出现 \eqno！显示的分成两部分的错误代码行其实是 \endequation 的内部定义，即 equation 环境内部定义的一部分。如果在问号提示符后面输入 h，则将得到：

```
Sorry, but I'm not programmed to handle this case;
I'll just pretend that you didn't ask for it.
If you're in the wrong mode, you might be able to
return to the right one by typing `I}' or `I$' or `I\par'.
```

大意是：“对不住了，我的程序没编好，这种问题搞不定；我会假装你没问我下面怎么办。要是你进入了错误的模式，输入‘I}’、‘I$’或者‘I\par’什么之类的应该能拉回来，大概。”这些提示仍然起不到多少效果，按照提示输入‘I}’可以让编译运行下去，可是结果还是不对。

其实这里遇到的问题很简单，\overline 命令的参数有左花括号，却遗漏了右括号，只要稍微细心就能发现。TeX 引擎在编译时直到宏 \end{equation} 的内部才发现这个错误，这时发出的错误信息已经看不出来与 \overline 的关系了，复杂的内部定义甚至可能让人比没有诊断信息时更疑惑。这里的例子很短，实际的文档中的这类错误信息可能距离实际造成错误的源头很远。因此，尽管 TeX 引擎已经考虑了许多出错的情形，但找出造成真正错误的地方还要靠我们自己对内容和代码的了解。不过至少这里的错误信息告诉我们，在第 7 行之前的某个地方出错了。利用一些简单地排查手法，还是可以迅速定位到出错的代码上，找出错误的根源。

7.1.2 常见错误与警告

错误信息可能来自基本 TeX，也可以来自 LaTeX 格式或是具体的宏包。我们应该尽力理解错误信息的意义和成因，这样才能尽快找出编译错误，纠正问题。下面就列举一些常见的错误信息和应对方法，当然这并非一个完全的清单，但不难就此举一反三，获得处理错误的一般经验。

警告是 TeX 的另一种提示信息的方式，当编译程序发现文档中有什么地方处理得不好，就会在编译时发出警告，并写入 .log 日志文件。警告不会使编译中止，只是会指出一些可能产生问题的信息，比如文字过宽超出了行边界，或是指定的字体坐标没有对应的字体而被替换成相近的字体。一篇完全正确的文章在排版时也可能发出警告，因而大部分警告都可以简单地忽略掉。但适当关注警告信息可以发现一些隐藏的问题，在某些情况（如拼错了引用的标签）下这就是一个真正的错误。

7.1.2.1 TeX 错误

首先是基本 TeX 引擎给出的错误。这类错误通常以一个感叹号开头，后面是错误信息的描述。

7

☞ **! Undefined control sequence.**

控制序列（也就是宏）没有定义。这大概是所有使用 LaTeX 的人都会不断遇到的错误。造成这个错误的原因通常很简单：低级的拼写错误、忘记了该引用的宏包，或是干脆记错了命令的名字。解决也是直截了当的，只要改用正确的命令或加上某个宏包。

如果你发现这个错误出现在一个带有 @ 的内部命令上，或是出现在一个从未写在文档里面的命令，那么问题可能会复杂一些。这可能是因为不同宏包之间的冲突，或是宏包本身的 BUG。从错误的行号和上下文通常可以找到这个错误出在哪条命令或宏包之中，如果文档中没有相关的描述的话，你也许需要联系宏包作者或其他有经验的人来解决。

☞ **! Missing { inserted. 或者 ! Missing } inserted.**

TEX 发现缺少分组的某个花括号。产生这个错误信息的位置与实际造成错误的代码可能还有一段距离，需要仔细查找。

☞ **! Too many }'s**

TEX 发现多写了一个或花括号。这也可能是因为前面少了一个括号。

☞ **! Missing $ inserted.**

缺少数学环境。这通常是由于草率地把数学环境专用的命令（比如 `\alpha`）用在普通文本模式造成的。解决方法不一定是加 `$`，应该选用正确的数学环境。

☞ **! Extra }, or forgotten $.**

数学环境中分组的花括号或是左右定界符没有匹配，一般是多写了右边的括号或是漏掉了前面的，这通常是一目了然的。

☞ **! Double subscript.**

这是初学者常见的问题，在公式中用了双下标，比如 `a_b_c`。双下标是有歧义的，应该改成 `a_{b_c}` 或是 `a_{bc}`。

☞ **! Double superscript.**

在公式中使用了双上标，这与双下标一样是有歧义的。

☞ **! Extra alignment tab has been changed to \cr.**

这个问题出在矩阵或表格中。如果使用 `&` 分隔的列太多超过了设定的列格式，就会出现这个问题；也有很多时候是由于漏掉了表格行末尾的 `\\` 造成的。

☞ **! Misplaced alignment tab character &.**

表列分隔符 `&` 只能用在矩阵或表格中，如果在普通文本中使用它就会出错。如果你只是想输出 & 符号，使用 `\&`。

☞ **! You can't use 'macro parameter character #' in … mode.**

符号 `#` 只用于表示命令定义中的参数，如果在普通文本中使用它就会出错。要输出 # 符号的话，使用 `\#`。

☞ **! Illegal unit of measure (pt inserted).**

数量单位错误。在许多命令参数中在需要带有长度单位的数字，如果数字后面没有单位或是用错了单位，就会产生这个错误，然后在继续编译时 TEX 会假定这里的单位是 pt，例如：

```
\setlength\parskip{6} % 缺少单位！
```

不过也有个别与长度有关的命令本身就不使用单位，例如设置数学字号的

\DeclareMathSizes 命令，它的后三个参数都只能是纯数字，使用的单位是 pt（参见 4.5.2 节）。这个问题在 fixltx2e 宏包中修正了，使用这种命令需要多加注意。

☞ **! Missing number, treated as zero.**

缺少数字，假定为零。如果在命令中应该使用数字的地方（如 \setcounter 的参数中）没有使用数字，就会发生这个错误。

☞ **! Paragraph ended before … was complete.**

这条错误信息的意思是"段落在命令…完成之前就结束了"。大部分命令的参数内容都不允许分段，如果在参数中分段就会出现这个错误。

对于自定义的命令，使用 \newcommand 定义的命令，参数可以分段，而使用 \newcommand* 定义的短参数命令则不能。

☞ **! Illegal parameter number in definition of ….**

定义命令时的参数数量不正确。例如，如果定义

```
\newcommand\foo[1]{#1 and #2} % 使用的参数过多！
```

就会发生问题，因为命令 \foo 应该只有一个参数。不过使用的参数少于声明的参数是可以的。

☞ **! Missing control sequence inserted.**

在定义一个命令、长度或盒子时，没有使用命令名，就会出现这个错误。

☞ **! Use of … doesn't match its definition.**

命令…的使用不符合其定义。这个问题出在命令使用的语法不正确时，使用标准的 LaTeX 很少会产生这种问题，但可能出在一些需要特别语法的命令中，例如在 PSTricks 的画图命令中，在应该使用圆括号坐标的地方没有使用，就会发生这种错误：

```
% \usepackage{pstricks}
\psline 0 1   % 语法错误，正确的语法如 \psline(0,0)(1,0)
```

在 LaTeX 的 tabular 和 array 环境中，也可能出现这个问题。在表格环境的 @ 列格式的参数中如果使用了脆弱命令（参见 8.1.2 节），则会产生错误：

```
! Use of \@array doesn't match its definition.
```

这说明 @ 列格式的参数需要使用 \protect 命令进行保护，也有其他一些脆弱命令的问题会产生这个错误。

这类错误信息的经常会将 LaTeX 的内部命令翻出来，而让真正出错的位置变得不那么清晰。在遇到了这种问题时，最好首先观察出错位置的整体语法上有没有失误，也可以在网络上使用错误信息搜索类似的问题。

7

☞ **! I can't find file '...'.**

TEX 找不到文件。这个问题一般会在 LATEX 错误的形式出现，参见 7.1.2.2 节。

☞ **! TeX capacity exceeded, sorry [...].**

文档的处理超出了 TEX 的限制。一般的文档很少会真的超出 TEX 的处理能力，大部分情况还是由于错误的宏定义造成的，例如使用无穷递归的定义：

```
\def\infinite{abc\infinite}  \foo
% 使用无穷递归的定义，将产生
% ! TeX capacity exceeded, sorry [main memory size=3000000].
```

就会造成 \foo 的无穷展开，最终将 TEX 使用的内存撑满出错。

在中括号中是超出限制的内容和设定的限制，它可能是：

- buffer size，即缓存大小。如过长的章节标题、目录项等。
- exception dictionary，使用太多的 \hyphenation 设置分词断点造成的问题。
- hash size，定义的宏太多造成的问题。
- main memery size，主内存。这是最有可能超出限制的一类，一般是因为错误的或层次过多的递归定义，而不是真的因为宏定义、索引项或页面内容过多造成的。

  现代 TEX 系统的内存设置一般都很宽裕，如果需要也可以进一步进行设置（参考发行版的文档 Berry [24]、Schenk [226]）。
- pool size，交叉引用的标签和宏名的名字过长造成空间不足。在现代系统中几乎不会遇到这种问题。
- save size，这种问题会在命令、环境或分组嵌套层次过深时发生。

☞ **! No room for a new \count .**

☞ **! No room for a new \newdimen .**

☞ **! No room for a new \newskip .**

☞ **! No room for a new \newbox .**

使用的计数器/长度变量/弹性长度变量/盒子变量太多。这些变量都是全局分配和使用的，在 TEX 中统称为寄存器。TEX 默认只允许分配 256 个寄存器，这个问题一般是在引用了太多的宏包时发生，不过现代 TEX 编译程序都是基于 ε-TEX 的，可以直接支持更多的寄存器，此时需要使用 etex 宏包来避免这种错误信息：

```
% 当出现 ! No room for a new ... 的错误时使用
\usepackage{etex}
```

7-1-2

7.1.2.2 LaTeX 错误

下面来看属于 LaTeX 的常见错误。LaTeX 错误一般以 `! LaTeX Error:` 的字样开头，以与原始 TeX 或具体宏包的错误区别。

☞ **Bad math environment delimiter.**

使用 LaTeX 数学命令 `\(` `\)` 或 `\[` `\]` 出错。这可能是因为已经在数学环境中了，也可能是因为数学环境左右不匹配。

☞ **`\begin{...}` on input line ... ended by `\end{...}`.**

环境的首尾不匹配。比如用 `\begin{equation}` 开头却以 `\end{align}` 结尾。

☞ **Can be used only in preamble.**

有些 LaTeX 命令只能用在导言区。如果 `document` 环境中使用就会出现这个错误。

☞ **Cannot determine size of graphic in ... (no BoundingBox).**

不能确定图片的大小。严格地说这应该是 graphicx 宏包的错误，不过宏包通常都被看做基本 LaTeX 组件，这个问题是在使用 `\includegraphics` 命令时出现的，原因可能是：

- 使用了不正确的 graphicx 宏包驱动选项（参见 5.2.1 节）。一般情况下只有 `dvipdfmx` 选项和 `dvips` 选项是必要的，其他引擎能自动识别。
- 插入了图形驱动不支持的图形格式，例如在不能自动做 EPS 到 PDF 格式转换的系统中用 pdfTeX 插入 EPS 图形。有时这个问题也会引发“Unknown graphics extension: ...”的错误。
- 插入 EPS 图形时，图形本身缺少相应的尺寸信息。这常常是由一些绘图软件在 EPS 图形前增加的一些用于预览、编辑的二进制数据造成的，需要检查图形本身的生成方式解决这个问题。

7

☞ **Command ... already defined.**

这是在 LaTeX 中非常常见的问题：命令重复定义。如果命令是我们在文档中自己定义的，那么把 `\newcommand` 改成 `\renewcommand` 就可以解决这个问题（有时则应该是 `\providecommand`）。

如果这个错误出现在某个命令的内部定义中，或是一个宏包的代码中，而且被重定义的命令也并不是由我们自己写的，那么这通常是由于不同的宏包冲突造成的。一般来说，较晚出现的宏包在编写时应该考虑与更早出现的、使用更广泛的宏包的兼容性，因此往往调换一下冲突宏包的次序就可以解决问题。例如许多数学字体包都要求在 amsmath 之后使用，可以避免与 amsmath 定义的一些数学符号冲突。对于宏包本身就不兼容的情况（这在宏包文档中经常会有说明），就只好在功能上对两个宏包做出选择。对于符号命令这样的简单冲突，有时可以手工对冲突的命令重命名来解决问题。此外，UK TUG [270, Q. 369] 还介绍了借助 savesym 同时使用不同宏包定义的符号的方法：

```
% 将 txfonts 定义的重积分符号定义为 \TXFiint，保留原来 amsmath 的 \iint
\usepackage{savesym}
\usepackage{amsmath}
\savesymbol{iint}
\usepackage{txfonts}
\restoresymbol{TXF}{iint}
```

7-1-3

☞ **Counter too large.**

计数器值过大溢出。

☞ **Environment … undefined.**

LaTeX 环境未定义。可能是因为拼写错误或没有使用需要的宏包。

☞ **File … not found.**

文件未找到。这个文件可能是文档使用 \include 导入的某一章或是 \usepackage 引用的一个宏包。这个严重的错误会导致 TeX 停下来询问正确的文件。

这种问题通常是由简单的拼写错误造成的，因而不难改正。如果使用了某个宏包，也可能是因为系统中没有安装这个宏包。在引用自己编写的文件时，则还要检查文件的路径是否正确。

☞ **Illegal character in array arg.**

在 tabular 或 array 环境中使用了错误的列格式说明符。

☞ **\include cannot be nested.**

命令 \include 命令不能嵌套使用。\include 命令只能用在主文档中，被 \include 的文件中不能再使用 \include 命令。

☞ **Lonely \item–perhaps a missing list environment.**

\item 命令误在列表环境外面使用。应该把它放在某种列表环境里面。

☞ **Missing \begin{document}.**

文档缺少 document 环境。

☞ **Missing p-arg in array arg.**

在 tabular 或 array 环境中的列格式说明符 p 缺少宽度参数。

☞ **Missing @-exp in array arg.**

在 tabular 或 array 环境中的列格式说明符 @ 缺少参数。

☞ **No counter '...' defined.**

计数器未定义。这可能是因为拼写错误造成的。当文档使用 \include 命令分成多个部分时，使用 \includeonly 命令只编译部分文档时也可能出现这个问题。这是因为某个计数器没有在当前编译的部分定义，一般最好只在主文档的导言区中使用 \newcounter 定义新的计数器，这样可以避免这个问题。

☞ **No \title given.**

文档缺少 \title 定义标题。这个错误只在使用 \maketitle 时才会发生。

☞ **Option clash for package ...**

宏包的选项冲突。如果在两个不同的地方使用 \usepackage 引用宏包，后面带的参数在前面没有使用，就会出现这个问题。解决冲突的办法一般是去掉多余的 \usepackage，整合代码。很多时候发生冲突宏包是在文档类或其他宏包中引用的，这就更容易出现这个问题，此时如果你还需要使用某个宏包选项，可以直接把选项放在 \documentclass 后面，作为整个文档类的全局选项。此外，也可以使用为类与格式作者准备的 \PassOptionsToPackage 来传递宏包参数[255]。

☞ **\pushtabs and \poptabs don't match.**

tabbing 环境的 \pushtabs 与 \poptabs 命令不配对。

☞ **Something's wrong–perhaps a missing \item.**

这个错误可能在多种情形中出现，一般是在列表环境中遗漏了 \item 命令造成的。

☞ **Tab overflow.**

tabbing 环境使用的 \= 命令太多。

☞ **There's no line here to end.**

这通常是由多余的 \\ 或 \newline 命令造成的。初学者总是在试图寻找在 LaTeX 中"空一行"的办法，但正确的做法其实是使用 \vspace 直接产生一个垂直间距。

☞ **Too deeply nested.**

列表环境嵌套过深。如果真的需要特别深的层次，可以考虑首先使用 \subsection 之类的分节命令。

☞ **Too many unprocessed floats.**

未处理的浮动体过多。如果 LaTeX 中使用了过多的浮动体，而它们又不能及时输出，就可能出现这个问题。基本的解决方法是适当地使用 \clearpage 强制输出图形，Reckdahl [204] 还介绍了其他几种解决这类问题的方法。

☞ **Undefined color '...'.**

使用 color 或 xcolor 宏包以颜色名称调用颜色时，遇到颜色未定义的问题。这可能是因为拼写错误、忘记使用 \definecolor 定义颜色，也可能是需要使用适当的宏包选项载入相应的颜色名。

☞ **Undefined color model '...'.**

使用 color 或 xcolor 宏包时，使用了未定义的颜色模型。

☞ **Undefined tab position.**

在 tabbing 环境中试图使用 \>、\<、\+、\- 命令跳到不存在的制表位造成的错误。

☞ **Unknown graphics extention ...**

在使用 graphicx 宏包插图时，使用的未知的图形扩展名。一般是使用了不支持的图形格式造成的。

☞ **Unknown option ... for ...**

使用了未知的宏包选项。

☞ **\verb ended by end of line.**

\verb 命令未完成。这通常是由于遗忘或写错了 \verb 命令后配对的符号造成的。

☞ **\verb illegal in command argument.**

错误地把 \verb 用在其他命令的参数中，参见 2.2.5 节。

☞ **\< in mid line.**

tabbing 环境的 \< 命令只能用在一行的开头，如果用在中间就会出现错误。

7.1.2.3 TEX 警告

TEX 警告并不输出 ?、! 等符号标记，最常见到的 TEX 警告就是盒子的溢出，它们通常表示发生了糟糕的输出效果。

☞ **Overfull \hbox (... too wide) in ...**

水平盒子溢出（太宽），其中 \hbox 是 TEX 中原始的水平盒子命令。这个警告通常出现在糟糕的断行出现时，例如，\verb 命令的内容内部不允许断行，而如果抄录的内容过多，就可能使一部分内部超出右边界，发生这个溢出问题。一般可以通常手工的文字调整解决这种断行问题，或使用 sloppypar 环境（参见 2.2.1 节）允许更宽松的断行。

This is a long \command, too bad.	过长的内容可能造成断行时文字超出右边界。

☞ **Overfull \vbox (… too high) has occurred …**

垂直盒子溢出（太高），其中 \vbox 是 TeX 中原始的生起盒子命令。与水平盒子溢出类似，这个警告通常出现在糟糕的分页出现时，比如一个过高的公式或表格。

把图表放进浮动体是解决这类问题最主要的办法，多行公式中可以用 \allowdisplaybreaks 允许分页（参见 4.5.3 节），一些不易断开的公式也可以考虑装进浮动环境。此外，适当地使用 \enlargethispage 放大当前页，或使用 \newpage 直接分页是最后精调时的解决之道（参见 2.2.8 节）。

☞ **Underfull \hbox (badness …) in paragraph …**

水平盒子下溢出（太松散）。这个问题与水平盒子的上溢出正好相反，通常也出现在不良的断行处：

This is a long \command, too bad.

过长的内容也可能造成断行时文字间距过大。

问题有时来自不合理的 \linebreak、\newline 等命令，或是连续地使用 \\ 命令，此时删掉不合适的手工调整往往可以解决问题。有时则是因为排版内容本身放置困难，例如使用 \sloppy 命令或 sloppypar 环境就可能会造成下溢出，尽管它解决了上溢出的问题，这时我们不得不在两类糟糕的效果中挑选一种。

☞ **Undervull \vbox (badness …) while …**

垂直盒子下溢出（太松散）。这与垂直盒子上溢出正相反，而且可能更为常见，解决问题的方式与上溢出类似。

7.1.2.4 LaTeX 警告

LaTeX 产生的警告一般会以 LaTeX Warning、LaTeX Font Warning 等字样开始。LaTeX 的警告内容比原始 TeX 要丰富一些，大部分也需要引起一定的注意。

☞ **Citation '…' on page … undefined.**

引用的文献标签未定义。这个警告如果出现在使用 BibTeX 之前，或是 BibTeX 后第二次编译之前，都是正常的，因为此时 LaTeX 还没有正确生成辅助文件的信息（参见 3.3.1 节），但如果多次编译后还出现这个警告，就说明是引用的文献标签有拼写错误。

☞ **Float too large for page by …**

浮动体太大，可能本身已经超出一页的版心。

7

☞ **Font shape '...' in size ... not available.**

某种字体形状不存在。这在 NFSS 的机制下是相当普遍的问题，当使用 `\boldmath` 之类的命令时，即使一个形状并没有在文档中实际使用，也可能产生这个警告。如果没有产生意想不到的输出效果，可以忽略这个问题，但有时这会确实反应出使用字体的错误，造成需要的字符无法输出，此时需要修改文档中的字体选择（参见 2.1.3 节）。

☞ **h float specifier changed to ht**

☞ **!h float specifier changed to !ht**

在浮动体中，不能只使用一个 `h` 位置说明符（因为这无法保证），因而 LaTeX 会将单独的 `h` 位置替换为 `ht`，同时输出此警告（参见 5.3.1 节）。

☞ **Label '...' multiply defined.**

引用标签重复定义了。这实际上是一个错误，应该按照提示的位置修改代码。

☞ **Label(s) may have changed. Rerun to get cross-references right.**

这个警告出现在编译的最后，说明经过编译引用标签的位置可能发生变化，可以通过重新编译保证不发生这种问题。如果不是最终输出，可以忽略这个问题。

☞ **Marginpar on page ... moved.**

边注被移动，不在所标注文字的位置。这一般发生在多条边注相距很近或是边注在一页的顶部或底部时，这一问题通常可以忽略。

☞ **No `\author` given.**

使用了 `\maketitle` 却没有使用 `\author` 指定作者。

☞ **Optional argument of `\twocolumn` too tall on page ...**

双栏命令的可选参数（单栏的内容）超出一页高度，造成问题。使用 multicol 宏包来实现双栏是解决这个问题的一种方法（参见 2.4.4 节）。

☞ **Reference '...' on page ... undefined.**

引用的标签未定义。如果这出现在第一次编译中，那么是辅助文件尚未生成造成的正常现象，如果多次编译仍有问题，一般是拼写错误。

☞ **Some font shapes were not available, defaults substituted.**

如前所述，如果文档中有某种字体形状不存在，那么在文档末尾也会出现这条警告。如果没有造成效果偏差，可以忽略。

☞ **There were multiply-defined labels.**

如前所述，如果文档中有重复定义的标签，就会在文档末尾出现这条警告。这实际上是一个错误，应该修改。

☞ **There were undefined references or citations.**

7

如前所述，如果文档中有未定义的交叉引用或文献，就会在文档末尾出现这条警告。

☞ **Unused global option(s): [...]**

文档类中使用了全局的选项，但这个选项没有在任何宏包中发挥作用。一般删掉多余的全局选项即可。

7.2 调试与分析

*

单单了解 LaTeX 的错误信息有时并不能完全解决问题。隐藏的错误可能并不会让 LaTeX 报错，但会造成错误的结果，复杂的错误即使产生报错信息也可能让人很难理解。说到底，排查错误还需要作者本人的理解和努力。下面我们就来看看对 LaTeX 文件做进一步调试分析的方法。

7.2.1 调试命令

调试分析的首要任务是定位造成问题的代码。对于简单错误这只需要查看第一个报错信息的文件名和行号，或者在输出结果中寻找不正确的地方。但还有一些来源更隐蔽的问题，比如命令重定义、宏包冲突、命令的错误定义等，显示出错误的地方就往往不是产生错误的源头了。这个时候可以使用排除法，逐步去掉不影响错误的内容，最终把错误定位在一小段代码上。如果采用二分法，每次排除掉一半内容，那么最多试验几十次，总可以找到出问题的地方。

使用排除法并不真的需要把要排除的内容删掉。如果文档按章节分成好多个文件，那么使用 `\includeonly` 命令（参见 2.3.3 节）就可以选择需要保留的章节。在单个文件的文档中，则可以使用 `\end{document}` 命令来限制编译范围，LaTeX 会忽略 `document` 后面的部分（参见 1.2.2 节）。在被 `\include` 引入的子文件中，可以使用 `\endinput` 命令忽略后面的所有内容，结束当前文件的编译；这个命令也可以用于调试自己编写的宏包。

除了文档末尾的内容，一般还需要去掉文档中间的大块内容。有的 TeX 编辑器支持将选中的文本行注释掉或恢复的功能，例如 WinEdt 在选中一段文字后点鼠标右键就有添加和删除注释的选项，而 TeXworks 则在“格式”菜单中有相应的命令（见图 7.1）。如果使用的编辑器支持这种功能，就可以用这种方式去掉要忽略的内容。

*本节内容初次阅读可略过。

7

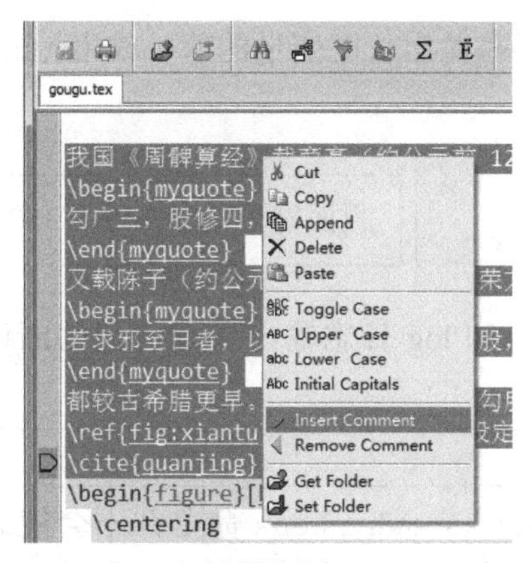

(a) WinEdt

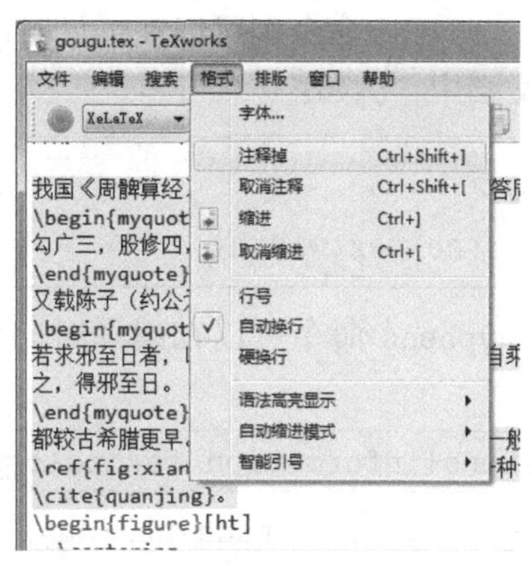

(b) TeXworks

图 7.1　在编辑器中注释选中的内容

如果编辑器并不支持区段注释的功能，也可以使用 verbatim 宏包提供的 comment 环境进行大段的注释。comment 环境就像 verbatim 环境一样工作，它会忽略掉环境中的任何内容，即使其中有语法错误[①]。

显示当前状态也是调试时经常需要的功能。当命令冲突或是定义出错时，可以使用 \show 来显示这个命令当前的定义，它会在编译时把命令的定义输出到屏幕上，并且暂停编译。例如使用

```
\newcommand\Emph[1]{\textbf{\textit{#1}}}
\show\Emph
```

7-2-1

将在编译时显示如下的提示信息：

```
> \Emph=\long macro:
#1->\textbf {\textit {#1}}.
l.n \show\Emph
?
```

这条提示信息显示出当前 \Emph 命令的定义，就好像一条错误信息一样。

与 \show 命令类似，也可以使用 \meaning 命令把要测试的定义输出到文档中，此时注意最好使用打字机字体，如：

```
\newcommand\Emph[1]{\textbf{\textit{#1}}}
\texttt{\meaning\Emph}
```

```
\long macro:#1->\textbf
{\textit {#1}}
```

7-2-2

① 有的人会选择使用原始的 TEX 条件指令 \iffalse 和 \fi 来暂时去掉不需要的部分，但这不能忽略语法错误（参见 8.1.1 节）。

使用 \showthe 命令则可以在编译时向屏幕输出长度变量的值，或用 \the 命令把值输出到文档中，例如：

7-2-3

```
版面宽度是：
\texttt{\the\textwidth}
```

版面宽度是：142.99606pt

\showhyphens 命令可以在编译时向屏幕和 log 日志输出单词可能的断词点，例如使用

7-2-4

```
\showhyphens{information technology}
```

将得到 in-for-ma-tion tech-nol-ogy。不过 \showhyphens 命令并不会使编译停下来，必须在 log 日志中仔细寻找才能发现输出的信息，这时可以人工制造一个错误让 TEX 停下来。

盒子溢出虽然会产生警告，但在输出文档中并不能眼看出在哪里溢出、溢出了多少。使用文档类的全局选项 draft（参见 2.4.1 节）就可以在盒子溢出的地方显示一个黑块，方便在校稿时引起注意：

This is a long \command, ▮
too bad.

当问题出现在计数器、交叉引用、章节图表的标题、文献列表、索引项等地方时，往往在第一次编译时并不会报错，而是在错误的内容写入辅助文件、目录、文献、索引等地方时才会显现。有时文档本身并没有错误，只是对标题作了修改，或是删除或更换了有关标题、目录、文献格式的宏包，前后不匹配的辅助文件内容也会造成各种虚假的错误信息。在这种情况下，为了避免各种辅助文件因为编译时间的延迟造成问题，应该首先删除可能造成问题的辅助文件（WinEdt、TeXworks 等编辑器也都有相应的专门命令），再编译排错。

还有的时候，为了避免麻烦，还可能希望 LATEX 不输出任何辅助文件，这时可以使用 \nofiles 命令，禁止 LATEX 写文件。这也可以用在手工修改辅助文件的情况，此时我们不希望 LATEX 对手工修改的辅助再做变动。不过这个命令会使章节目录、交叉引用等无法更新，应该只在文档定稿后慎重使用。

7.2.2 更多调试工具

除了 TEX 和 LATEX 本身的调试命令之外，许多第三方的宏包也提供了不少用于调试 TEX 文档的工具，尤其是在制作自己的宏包模板或编写大型文档时，这些工具更为有用。

7

首先是对文档整体进行检查的工具。2.3.3 节介绍的 syntonly 宏包提供的 \syntaxonly 命令，可以只编译检查不实际输出，这可以用来检查语法错误。而命令行工具 lacheck 则可以检查一些 LaTeX 文档的常见问题，它可以像 latex 命令一样运行，然后输出一些修改建议。例如，使用 lacheck 处理例 7-1-1 将检查出未能正确配对的分组或环境（假设文件名为 error.tex）：

```
"error.tex", line 7: <- unmatched "\end{equation}"
"error.tex", line 6: -> unmatched "{"
"error.tex", line 8: <- unmatched "\end{document}"
"error.tex", line 5: -> unmatched "\begin{equation}"
"error.tex", line 79: <- unmatched "end of file error.tex"
"error.tex", line 2: -> unmatched "\begin{document}"
```

使用 pdflatex 或 lualatex 的编译程序时，可以设置

```
\draftmode=1
```

7-2-5

只做编译，不实际输出 PDF 文件，可以达到类似 syntaxonly 宏包的效果。也可以给编译程序加 -draftmode 选项完成同样的工作。

使用 \show 命令可以显示 TeX 命令的定义，但使用 \show 不能直接显示 LaTeX 环境的定义，而且对于一些特殊定义的健壮命令（参见 8.1.2 节）也不能显示出有意义的结果。例如，使用 \show\cdots 将得到 macro:->\protect \cdots，即被保护起来的命令，但仍然不知道其内容。为了解决这些问题，可以使用 show2e 宏包[198] 提供的 \showcmd、\showcs 和 \showenv 命令。\showcmd 的用法与标准的 \show 相同，不过它可以正确显示受 \protect 保护的健壮命令的内容；\showcs 与 \showcmd 相同，只是它的参数是不带反斜线的命令的名字。例如，使用 \showcmd\cdots 或 \showcs{cdots} 编译时就可以得到正确的定义（会停下来两次显示）：

```
> \cdots=macro:
->\protect \cdots  .
<argument> \cdots
l.n \showcs{cdots}
?
> \cdots =\long macro:
->\mathinner {\cdotp \cdotp \cdotp }.
<argument> \cdots
l.n \showcs{cdots}
```

7

```
?
```

这相当于说 \cdots 的定义就是[33]

```
\DeclareRobustCommand\cdots{\mathinner{\cdotp\cdotp\cdotp}}
```

show2e 宏包的命令 \showenv{⟨环境名⟩} 则可以显示环境的定义，它是把环境分解为前后两个命令来显示的（这也是 LaTeX 内部环境的实现方式）。例如，使用 \showenv{quote} 就可以得到 quote 环境的定义[139]：

```
> \quote=\long macro:
->\list {}{\rightmargin \leftmargin }\item \relax .
<argument> \quote
l.n \showenv{quote}
?
> \endquote=\long macro:
->\endlist .
<recently read> \endquote
l.n \showenv{quote}
?
```

这说明在标准文档类中的 quote 环境实际上是由一个 list 环境实现的，相当于：

```
\newenvironment{quote}%
  {\begin{list}{}{\rightmargin=\leftmargin}
    \item\relax}%
  {\end{list}}
```

当然，show2e 的功能主要是为了了解繁杂的宏包对命令定义的影响，或是测试自定义的命令。如果只是为了参考标准 LaTeX 2_ε 及其文档类中命令、环境的原始定义，查看带有注释说明的文档 Braams et al. [33]、Lamport et al. [139] 更为方便。

使用 layout 宏包[157] 提供的 \layout 命令可以显示文档的页面设置参数，这在图 2.4 中我们已经看到了。如果需要更为详细的参数信息，还可以使用加强的 layouts 宏包，它除了可以显示页面尺寸，还可以显示浮动体、列表环境、章节标题、脚注、目录、字体盒子等多方面的信息，例如表 7.1。但注意使用一些格式宏包可能会重定义 LaTeX 中的参数和实现参数，使 layouts 的功能失效。layouts 的详细用法可以参见宏包文档 Wilson [285]，这里就不详细介绍了。

使用 showkeys 宏包可以在文档中显示所有交叉引用和参考文献的标签信息，方便调试。而使用 refcheck 宏包则除了会显示标签信息，还可以寻找从未被引用过的“无

表 7.1 本书使用的浮动体参数，由 layouts 宏包的 \floatvalues 命令得到

Actual float layout values.

\floatsep = 12.0pt plus 2.0pt minus 2.0pt	\textfloatsep = 10.0pt plus 3.0pt
\intextsep = 6.0pt plus 3.0pt	
topfig rule thickness = ??	botfig rule thickness = ??
\topnumber = 2	\topfraction = .7
\bottomnumber = 1	\bottomfraction = .3
\totalnumber = 3	\textfraction = 0.2
\dblfloatsep = 12.0pt plus 2.0pt minus 2.0pt	\dbltextfloatsep = 20.0pt plus 2.0pt minus 4.0pt
\dbltopnumber = 2	\dbltopfraction = .7
\dblfloatpagefraction = .5	\floatpagefraction = 0.7
1em = 10.54pt	1ex = 4.743pt

用”标签，以及编号但没有标签的公式。showidx 宏包则可以在页边显示出本页所有的索引项，方便调试时查找。本书的写作就从这些工具中得益不少。你可以参见宏包文档 Braams et al. [32]、Carlisle and Høgholm [51]、Motygin [175] 了解更多的内容。

使用 trace 宏包[160] 可以详细地显示命令的参数传递与展开过程，它提供了命令 \traceon 和 \traceoff 命令来打开或关闭跟踪调试功能，例如使用下面的命令：

```
% 导言区 \usepackage{trace}
\newcommand\test[2]{(#1-#2)}
\traceon
\test{a}{b}
\traceoff
```

7-2-6

我们将在编译的输出窗口和 .log 日志文件中得到 \test 命令的内部展开说明以及一大堆其他内容：

```
\test #1#2->(#1-#2)
#1<-a
#2<-b
{the character (}
{horizontal mode: the character (}
{blank space  }
...........
```

借助这种命令跟踪的功能可以获知命令在使用过程中的详细细节，这对于编写调试复杂的宏命令是非常有用的。但要小心，使用 \traceon 除了可以显示我们关心的命令定义和参数情况，同时也会输出大量的无关信息，因此应该尽量把调试的内容局限在很小的范围内。如果输出的内容过多（如调试绘图宏包的指令就可能输出数以 MB 计的调试信息），可以给宏包添加 logonly 选项，把结果只输出到日志文件中。

使用 nag 宏包[232] 可以检查文档中的一些常见的误用法，特别是在 LaTeX 2.09 中陈旧的用法。这些误用和过时的用法及其对应的正确用法，可参见 Trettin [267]。nag 宏包通过在文档开头用

7-2-7

```
\usepackage[l2tabu, orthodox]{nag}
```

来调用。使用后，每当使用了不良的用法时，就会在编译时报错提示。

最后介绍两个用来辅助文档设计的宏包。lipsum 宏包[98] 提供了 \lipsum 命令，可以输出大段被称为“Lorem ipsum”的拉丁语文字，用来为版式设计、排版效果预览提供素材。\lipsum 可以带可选的数字参数，表示选择输出的段落（共有 150 段）。例如，我们输出前两段无意义文字，来测试 Charter 字体在单倍行距下的效果：

7-2-8

```
% \usepackage{lipsum}
\linespread{1}\usefont{T1}{bch}{m}{n}
\lipsum[1-2]
```

Lorem ipsum dolor sit amet, consectetuer adipiscing elit. Ut purus elit, vestibulum ut, placerat ac, adipiscing vitae, felis. Curabitur dictum gravida mauris. Nam arcu libero, nonummy eget, consectetuer id, vulputate a, magna. Donec vehicula augue eu neque. Pellentesque habitant morbi tristique senectus et netus et malesuada fames ac turpis egestas. Mauris ut leo. Cras viverra metus rhoncus sem. Nulla et lectus vestibulum urna fringilla ultrices. Phasellus eu tellus sit amet tortor gravida placerat. Integer sapien est, iaculis in, pretium quis, viverra ac, nunc. Praesent eget sem vel leo ultrices bibendum. Aenean faucibus. Morbi dolor nulla, malesuada eu, pulvinar at, mollis ac, nulla. Curabitur auctor semper nulla. Donec varius orci eget risus. Duis nibh mi, congue eu, accumsan eleifend, sagittis quis, diam. Duis eget orci sit amet orci dignissim rutrum.

Nam dui ligula, fringilla a, euismod sodales, sollicitudin vel, wisi. Morbi auctor lorem non justo. Nam lacus libero, pretium at, lobortis vitae, ultricies et, tellus. Donec aliquet, tortor sed accumsan bibendum, erat ligula aliquet magna, vitae ornare odio metus a mi. Morbi ac orci et nisl hendrerit mollis. Suspendisse ut massa. Cras nec ante. Pellentesque a nulla. Cum sociis natoque penatibus et magnis dis parturient montes, nascetur ridiculus mus. Aliquam tincidunt urna. Nulla ullamcorper vestibulum turpis. Pellentesque cursus luctus mauris.

类似地，blindtext 宏包[148] 也提供了类似的功能，虽然它没有 lipsum 文字数量多，但除了标准的“Lorem ipsum”，还可以输出德文、法文和英文的测试文字，以及数学公式、列表项、章节标题等，对科技文章的设计更具参考价值。

7.3　提问的智慧

当你费尽力气也无法从错误中恢复时，当你绞尽脑汁也无法得到预想的排版结果时，那么向其他人提问就成了解决问题最强力的一招。互联网上关于 TEX 的大大小小的论坛、邮件列表里，每天都有成百上千的 TEX 用户在相互交流，解决问题。大多数的 TEX 社区都是免费开放的自由环境，任何人都可以参与其中。通过互联网提问也就成为最重要的解决疑难问题的方式。

聪明的提问方式可以最大限度地增加问题被解答的机会，这不仅关乎必要的礼貌，更需要认真的态度、准确的信息和清晰的表达。下面就来简单说说如何有效地提问，一个更为详细的提问说明可以参见 Raymond [203]。

7.3.1　提问之前

因为遇到问题的我们自己正是对需求和实际情况最了解的人，也是最关注问题的人，所以在提问之前，最好首先尝试自己解决问题。仔细检查源代码和计算机的错误信息，在书籍和文档中查找相关的章节，看看诸如 UK TUG [270]、吴凌云 [308] 这样的常见问题集，特别是在网络上好好搜索一下。类似命令名称拼写错误、不知道某个罕见的符号用什么方式输出，或是不了解用什么宏包排版计算机算法的问题，都可以直接在资料中找到。而即使问题还得不到解决，做出的努力可以帮助我们理解问题。

提问之前先选好提问的地方，问题通常发在有关 TEX/LATEX 的邮件列表或公共论坛上。一般性的应用问题可以发在人数较多的论坛或回答社区上，同时选择合适的版面与分类，而有关具体软件的问题（如 MiKTEX 的配置问题）则可以发在更专门的社区与电子邮件列表中。表 7.2 列出了一些常见的提问去处，但最好不要把同一个问题在几个地方张贴。

提问主要的准备工作是准备提问所需要的材料。如果要提出的问题是有关 TEX 相关软件安装、运行的，那么在提问前应该查看所使用的软件版本、操作系统环境，并记录下具体的操作，保留好日志文件等；如果要问的是如何使用 LATEX 实现某种效果，那么最好找到或者设法做出这种效果的图片；如果要问的是有关 LATEX 代码的问题，那么最好做一个最小工作示例文件，可以方便地再现遇到的问题。

表 7.2 常见的 LaTeX 相关中英文论坛、社区、邮件列表

社区	网址
CTeX 论坛	http://bbs.ctex.org/
水木社区 TeX 版	http://www.newsmth.net/nForum/board/TeX
ChinaTeX 论坛	http://bbs.chinatex.org/
LaTeX Community	http://www.latex-community.org/forum/
TeX Stack Exchange	http://tex.stackexchange.com
comp.text.tex	http://groups.google.com/group/comp.text.tex/topics
texhax	http://tug.org/mailman/listinfo/texhax
TeX Live	http://tug.org/mailman/listinfo/tex-live
MiKTeX	http://lists.sourceforge.net/lists/listinfo/miktex-users

7.3.2 最小工作示例

所有问题中最常遇到的是有关 LaTeX 代码的问题，即一段代码不能编译或编译得到了错误的结果，而提出这类问题最好的方式就是配合一个最小工作示例（Minimal Working Example）。

简而言之，最小工作示例就是一个精简到最小长度的、可以说明所需问题的 TeX 源文件。一方面，最小工作示例应该是一个完整的、可以直接编译的文件，利用示例可以方便地再现遇到的问题，不需要添加额外的代码；另一方面，示例文件应该尽可能地短小，不包含额外的文件，也没有与问题无关的文字代码干扰对错误的分析。

一个典型的最小工作示例代码不应超过 10 行：

```
\documentclass{article}
\usepackage{amsmath}
\begin{document}
\[
  \cases{ a & b \cr
          c & d \cr}
\]
\end{document}
```

7-3-1

例 7-3-1 展示了在 amsmath 宏包下使用来自 Plain TeX 的旧命令 \cases 时发生的错误。如果不使用 amsmath 宏包，这个文件会顺利地编译通过，得到正确的结果。但使用 amsmath 宏包后，就会产生如下错误：

```
! Package amsmath Error: Old form `\cases' should be \begin{cases}.
```

这说明旧命令 \cases 应该被 amsmath 提供的 cases 环境所取代。

我们来审视例 7-3-1，正文除了一个有关 \cases 命令的公式外，没有任何多余的内容，公式本身也被简化为只有几个简单的字母，导言区也仅仅调用了 amsmath 宏包，没有多余的设置影响判断。使用这个例子，即使没有编译错误信息的帮助，仅凭这两部分内容，也很容易看出 amsmath 宏包与 \cases 环境无法一起使用，问题立即被定位到很小的范围之内，这正是最小工作示例的作用。

类似例 7-3-1，更专业的最小工作示例则可以是这样的：

```
\documentclass{minimal}
\usepackage{amsmath}
\listfiles
\begin{document}
\[
  \cases{ a & b \cr
          c & d \cr}
\]
\end{document}
```

7-3-2

在例 7-3-2 中，我们把文档类由 article 替换成了 minimal，这是一个比 article 更为简单的文档类，事实上它没有什么实际的内容，只是提供了一个干净的 LaTeX 2_ε 内核状态，这样可以避免由文档类中的设置带来的问题。例 7-3-2 与例 7-3-1 的另一个区别是前者在导言区使用了 \listfiles 命令，\listfiles 命令在编译后会在屏幕输出和 .log 日志文件中列出编译文档用到的所有文件和版本号。例如，在忽略所有错误后，编译例 7-3-2 将得到如下的列表：

```
 *File List*
minimal.cls    2001/05/25 Standard LaTeX minimal class
amsmath.sty    2000/07/18 v2.13 AMS math features
amstext.sty    2000/06/29 v2.01
 amsgen.sty    1999/11/30 v2.0
 amsbsy.sty    1999/11/29 v1.2d
 amsopn.sty    1999/12/14 v2.01 operator names
 ***********
```

7

这个文件列表将有助于发现因为宏包新旧版本造成的问题，也可以借助它找出隐藏在所用宏包中的错误。

最小工作示例可以像编写一般文档一样，从一个空的框架开始：

```
\documentclass{minimal}
\begin{document}
\end{document}
```

只在需要说明问题的地方添加新的文字、宏包或设置，或者更改所使用的文档类。有问题的代码往往来自已有的实际文档，可以把这部分代码复制到这个框架中，并对内容进行删减，最后得到需要的例子。

如果遇到有关浮动体的问题，可以使用简单的文字或一个占位的标尺盒子（参见 2.2.8 节）来代替图表内容，如写

```
\begin{figure}
  \rule{4cm}{3cm}
  \caption{标题}
\end{figure}
```

来代替一个实际占用 4 cm × 3 cm 的图形。也可以给 graphicx 宏包添加 demo 选项，此时文中所有的 \includegraphics 命令会忽略文件名，使用一个类似上面的标尺盒子占位。

如果需要大段的文字，可以使用 lipsum 宏包（参见 7.2.2 节）产生，或使用简单重复的文字。

另一种生成最小工作示例的方式是在原来的文档复本上进行删减，通过不断减小多余的内容得到一个简明的例子。这种方式适合使用了较多宏包的复杂文档，可能需要经过反复实验确定必需的内容。

在提问时给出一个最小工作示例会使问题非常容易得到答复。如果在示例中使用了一些宏包，那么可以同时给出由 \listfiles 命令生成的文件列表。编译中如果出现错误信息，那么应该把第一个错误信息按原来的格式完整地贴出来。为完整起见，如果提问的论坛还支持文件附件，可以把最小工作示例的源文件和编译生成的 .log 日志等各种辅助文件打包附在问题后面，以方便他人检查测试。

制作最小工作示例不仅对于回答问题的人有用，对于遇到问题的提问者也是一种把问题搞清楚的手段。有时，在做出示例文件之后，问题的解决方式也会变得显而易见了。

7.3.3 坏问题 · 好问题

下面，我们举几个例子，对比说明草率的提问会如何让人错失良机，而深思熟虑的好问题则很容易得到有用的回复。

坏问题

Latex 总是出现错误

Latex 总是出现错误，编译不了，转换无法得到 PDF 文件！请大虾帮忙！

这个问题的标题过于宽泛，因为大部分 LaTeX 的问题都会出现错误，但从标题中却看不出是哪方面错误，在求助论坛中这样的标题很难引起人的注意。相比粗疏的标题，这个问题的正文更让人摸不到头脑。几乎没有任何具体情况说明，从这样简略的内容中别人是不可能给出什么有益的帮助的。

好问题

pdflatex 命令编译错误，提示无法找到 cyberb30 字体

刚刚按照说明，在 Windows 下面安装了 TeX Live 2011，使用 pdflatex 命令编译一个简单的文件，编译中间没有停止，但在最后出现下面的错误信息：

```
!pdfTeX error: pdflatex.exe (file cyberb30): Font cyberb30 at 600 not found
 ==> Fatal error occurred, no output PDF file produced!
```

编译后也没有生成 PDF 文件。使用的代码是从《某某书》上看到的最简单的中文例子，经过检查应该没有问题：

```
\documentclass{article}
\usepackage{CJK}
\begin{document}
\begin{CJK*}{UTF8}{song}
  中文文档。
\end{CJK*}
\end{document}
```

错误信息好像是说 pdfTeX 没有找到“cyberb30”字体，但在网上也查不到这个错误是什么意思。请问这是怎么回事？

这个问题首先就给出一个明确的标题，说明遇到的主要问题是在使用 pdfLaTeX 时提示找不到 cyberb30 字体，具有类似经验的人只要看到这个标题就能确定问题的大致范围。问题的正文部分并不长，但内容很丰富。一开始说明了所使用的操作系统、TeX 发行版，给出了具体操作和主要错误信息，以及没有生成 PDF 文件的结果。然后不仅贴出了生成错误的完整代码（这同时也是一个最小工作示例），还指出了代码的来源，非常方便其他人重现这个问题。在最后说明提问者试图理解错误信息并搜索类似的问题未果，一方面点出他作出的努力，另一方面列举已经失败的尝试对回答问题的人也会有所帮助。这样的提问眉目清晰，内容详细，不需要口称“大虾”帮忙，也不难得到有用的回复[①]。

坏问题

求数学建模竞赛模板，在线等！急！

如题。

这个问题本身并不复杂，不需要很长的说明，但也应该说清楚竞赛的背景和要求，空白的正文更会显得提问很草率。对于这种资源类的请求，最好能给出已经检索、试用过的内容，这可以避免重复的信息，也表现出提问者对问题的努力。另外，即使真的时间压力较大，使用“在线等！”“急！”的字样也无济于事，语气太强反而可能让其他人不快。与之对应，提问时也不需要低声下气地求告，把问题描述清楚更为有效。

同样的问题，如果改成这样就好多了：

好问题

哪里有适合今年全国大学生数学建模竞赛的模板？

竞赛说明和论文格式规范见 `http://www.mcm.edu.cn/`。官方提供了一个 Word 使用的模板，在论坛上还能找到去年和前年的两个模板（链接）。不过今年的格式有一些变化，请问现在有没有更新的模板？再过两天就要开赛了，如果没有新模板，那么原来的模板应该怎么做修改？

这个问题清楚地说明了具体是哪个建模竞赛，并给出了格式要求的链接，还说明了已有的模板以及旧模板不能使用的原因。这样的问题其他人回答起来会比较方便，而且即使没有现成的新模板，也很有可能得到关于修改旧模板以适应现有格式的帮助。

7

坏问题

一段源码，放在一起就是报错，非常奇怪

```
This is XeTeX, Version 3.1415926-2.3-0.9997.5 (Web2C 2011)
 restricted \write18 enabled.
entering extended mode
(./thesis.tex
LaTeX2e <2011/06/27>
Babel <v3.8m> and hyphenation patterns for english, dumylang, nohyphenation, ge
```

① 该问题的原因是 TeX Live 2011 并没有直接为 pdfTeX 等引擎安装 CJK 宏包所用的 Windows 中文字体映射，而需要调用 zhmetrics 提供的宏文件 `zhwinfonts.tex` 引入相应的实际字体映射。在新的通用发行版中 CJK 字体与 CTeX 套装等经过单独配置的发行版有所不同。不直接用 CJK 宏包，而使用 ctex 宏包或文档类是最方便的解决方式。

```
rman-x-2011-07-01, ngerman-x-2011-07-01, afrikaans, ancientgreek, ibycus, arabi
c, armenian, basque, bulgarian, catalan, pinyin, coptic, croatian, czech, danis
h, dutch, ukenglish, usenglishmax, esperanto, estonian, ethiopic, farsi, finnis
h, french, galician, german, ngerman, swissgerman, monogreek, greek, hungarian,
 icelandic, assamese, bengali, gujarati, hindi, kannada, malayalam, marathi, or
iya, panjabi, tamil, telugu, indonesian, interlingua, irish, italian, kurmanji,
 lao, latin, latvian, lithuanian, mongolian, mongolianlmc, bokmal, nynorsk, pol
ish, portuguese, romanian, russian, sanskrit, serbian, serbianc, slovak, sloven
ian, spanish, swedish, turkish, turkmen, ukrainian, uppersorbian, welsh, loaded
.
(c:/texlive/2011/texmf-dist/tex/latex/ctex/ctexbook.cls
Document Class: ctexbook 2012/01/07 v1.03 ctexbook document class
…………（后面是上百行占几屏幕的 log 文件）…………

%%%%%%%%%%%%%%%%%%%%%%%%%%%%%%

\documentclass[fancyhdr,twoside,cs4size,UTF8]{ctexbook}
\usepackage{XXX-thesis-fonts}
\usepackage{XXX-thesis-sections}
\usepackage{XXX-thesis-figures}
\usepackage{XXX-thesis-environments}
\usepackage{ccmap} %PDFLaTeX制作可查找/复制/粘贴的PDF文件
\usepackage[top=2.54cm,bottom=2.54cm,left=3cm,right=3cm]{geometry}
\usepackage{color,xcolor}
\usepackage[titles]{tocloft}%
\renewcommand\cftfigpresnum{图}
\renewcommand\cfttabpresnum{表}
\begin{document}
\input{XXX-thesis-cover}
…………（后面是上百行占几屏幕的代码和屏幕输出截图）…………
```

提问时最容易出现的问题是提供信息不足，但反过来，像这个例子一样直接给出大量日志信息和几百行不加删节和论坛排版的源代码，却没有问题本身的详细描述，信息过量，同样是糟糕的提问方式。尽管问题中给出的代码和日志信息可能已经足够找出错误，但这样不加删节并且格式难看的大段代码，很难让人有阅读下去的愿望。在完整的 LaTeX 源代码和日志中，绝大多数是对解决问题无关的信息，而且在 HTML 网页特别是论坛中，源代码中的部分特别符号直接粘贴出来可能会走样，把内容直接发在网页上对测试排错非常不便。

解决这种问题的最好办法就是制作最小工作示例。即使因为使用模板等问题无法将代码缩减到非常简短的几行，也应该尽量删节自己的正文部分，只在网页上直接贴出出现错误的前后的几行源代码与第一次出现的错误信息，同时使用文件附件的方式给出完整的测试示例。除此以外，还要加上清楚的标题和必要的正文文字说明。

好问题

编译论文出现 Missing \begin{document}. 错误

使用某某学校的论文模板（链接）写论文，只是填写模板，并没有使用特别的代码。经过删减发现这样简单的代码就会出错：

```
\documentclass[fancyhdr,twoside,cs4size,UTF8]{ctexbook}
\usepackage{XXX-thesis-fonts}
\usepackage{XXX-thesis-sections}
\usepackage{XXX-thesis-figures}
\usepackage{XXX-thesis-environments}
\begin{document}
论文
\end{document}
```

编译后出现错误

```
! LaTeX Error: Missing \begin{document}.

See the LaTeX manual or LaTeX Companion for explanation.
Type  H <return>  for immediate help.
...

l.906 \xeCJK@setmacro@define@key{ItalicFont}

?
```

详细的模板代码和编译的日志文件已经打包为附件 thesis.zip。模板的代码很复杂，也看不懂，请问这是出了什么问题？

不同的人遇到的问题可能千千万万，提问的方式也不尽相同。不过，只要态度认真，提问内容清晰完整，再加上适当的礼貌，在互联网上都不难得到帮助。

本章注记

Knuth [126] 的第 27 章和 Lamport [136] 的第 8 章是关于 TeX 和 LaTeX 错误与警告信息的基本参考。两书也对如何理解错误信息、定位和调试代码给出了有益的讨论。

与常见的程序设计语言不同，TeX 没有专门的调试器，所有排错工作主要依赖程序本身输出的结果和日志。与编译程序的交互消息与日志是初学者经常忽略的重要信息。

最小工作示例并非 TeX 语言所专有，各种计算机语言相关的问题都可以使用这种方式表述。有关 TEX 文件的最小工作示例，在 Faulhammer [73]、Talbot [246]、UK TUG [271] 中有比本书 7.3.2 节更为详细的阐述。

本书关于在互联网社区提问的建议主要限于内容组织而非社区礼仪，在不同的社区可能会有各自不同的要求和风格。Raymond [203] 给出了更为一般也更为详尽的关于提问的建议。

第8章

LaTeX 无极限

看到这里可以松一口气了，关于 LaTeX 的基本内容可以告一段落了。只要熟悉了前面几章的内容，你可以向任何人说你已经会使用 LaTeX 了，剩下的更多的就是实践和经验。

不过，关于 LaTeX 的论题并不止于此，当你对排版各种形式的文档都自信满满的时候，试着考虑一下这些问题：

- 那些完成神奇功能的各种宏包里面到底有些什么？比如说，shortvrb 宏包可以使用简单的一对竖线代替 \verb 命令，这是怎么做到的？\verb 命令本身又是怎么回事？
- 用 LaTeX 完成一件工作有时太复杂了，能不能把我的 Excel 电子表格直接输出为漂亮的排版结果呢？
- LaTeX 是很好，可怎么在网页中使用 LaTeX 公式呢？Office 办公软件能不能也使用 LaTeX 编辑呢？
- 从哪里能知道 titlesec、footmisc、mathtools 这些稀奇古怪的宏包是干什么的？如果遇到一个闻所未闻的棘手问题，又该到哪里寻找答案？

本章后面的内容就将试着回答这些问题。

尽管对于多数性急的读者来说，这本书已经很长了，但它还是没能涵盖现代 LaTeX 所触及的方方面面。另外，TeX 问世已经有 30 多年了，与之相关的软件开发却一刻也没有停止，TeX/LaTeX 的用户和应用都在不断扩大。LaTeX 是没有边界和极限的，所以下面的内容也只能是管中窥豹，略见一斑了。

8.1 宏编辑浅说

在 2.4.5 节中我们已经看到了在 LaTeX 中如何定义简单的宏，下面我们将继续这个话题，一探 TeX 宏所能达到的程度。

8.1.1 从 LaTeX 到 TeX

*

我们知道，所谓 LaTeX，本身就是运行于基本 TeX 之上的一集宏，这些宏经过预编译就得到了 LaTeX 格式（format）。当运行 latex、pdflatex、xelatex 等命令时，实际就是调用相应的 TeX 引擎来使用 LaTeX 格式。类似地，高德纳最早发布的 Plain TeX 也是一种较简单的 TeX 格式。LaTeX 的所有功能都是来自基本的 TeX，因此要深入了解宏，就不能不回到原始的 TeX。LaTeX 也重新实现了一些 Plain TeX 中原有的宏，可以在 LaTeX 中使用。因此，讲述基本 TeX（primitive TeX）和 Plain TeX 的 [1、126] 等书籍通常也是 LaTeX 的进阶参考读物。

在 TeX 中定义命令的语句有 \def、\gdef、\edef 和 \xdef，其中 \def 是最基本的，它们的语法格式是类似的：

\def⟨命令模板⟩**{**⟨定义⟩**}**

这里，⟨命令模板⟩ 是一个以被定义的命令名开头的形式，里面可以使用 #1、#2 这样的参数格式，例如：

```
\def\testsentence{This is a test.}
\def\Emph#1{\textbf{#1}}
```

8-1-1

就相当于在 LaTeX 中定义了：

```
\newcommand\testsentence{This is a test.}
\newcommand\Emph[1]{\textbf{#1}}
```

8

不过 LaTeX 的 \newcommand 提供方便的可选参数功能，并且会事先检查命令是否已经定义。由于 \def 不检查命令以前的定义，因此有些人习惯用它代替安全但罗嗦的 \providecommand 和 \renewcommand 来重定义已有的命令。不过 \def 命令更重要的用途是借助多变的命令模板得到不同寻常的命令语法，如：

*本节内容初次阅读可略过。

8-1-2

```
\def\exchange(#1,#2){#2 and #1}
\exchange(left,right)
```

right and left

\gdef 与 \def 的用法相同，只是它得到的宏是全局的，不受分组的影响。因此可以用它在一个环境里面定义宏而在环境外面使用。\gdef 实际上是 \global\def 的简写，\global 用在定义前表示定义是全局的，它也可以用在 \setlength、\let 等命令前面表示全局的修改。

\edef 也用来定义宏，只是它会首先完全展开定义中的内容，然后把展开的结果作为命令的定义，而 \def 命令就只是把后面花括号里面的内容直接作为命令的定义，例如：

8-1-3

```
\def\multi#1{(#1,#1)}
\edef\multi#1{[\multi{#1}, \multi{#1}]}
\multi{X}
```

[(X,X), (X,X)]

这里，第一次定义 \multi 命令时使用的是普通的定义，第二次定义 \multi 时递归使用了 \multi 原来的定义。第二次如果使用 \def，那么定义因为会无穷嵌套下去而会发生错误，但改用 \edef 就可以在展开前一次定义的结果以后再给宏赋值，避免这个错误。

\xdef 相当于 \global\edef，就是全局的展开定义。

为了使错误更容易检查，使用 \def 等命令自定义的宏参数中默认不允许分段，如果需要允许在参数分段，需要在 \def 前加 \long。在 LaTeX 中，\newcommand 的参数是允许分段的，而 \newcommand* 定义的命令参数就不允许。

\let 命令是另一个重要的宏定义命令，它可以让一个宏的定义等于另一个宏当前的定义，其语法格式如下：

\let⟨宏⟩**=**⟨宏⟩　　（等号 = 可以省略）

它经常用来在重定义一个宏之前保存这个宏原来的定义，例如：

8

8-1-4

```
\let\oldemph=\emph
\renewcommand\emph[1]{\textbf{#1}}
An \emph{important} command
```

An **important** command

这样，使用 \emph 命令就可以达到粗体强调的效果，但同时仍然可以使用 \oldemph 得到原来 \emph 的效果。\let 的功能不能使用 \def 代替，因为 \def 的宏定义完成的只是记号的代换，如果试图 \def\otheremph{\emph} 这样的定义来保存 \emph 的定义的话，使用 \otheremph 的地方会被代替为 \emph，当 \emph 后来被改变时，\otheremph 也会随着变化，不能满足要求。特别地，\let 命令经常被用来在原来定义的基础上对宏重定义，如让 \emph 增加放大的功能如下：

```
\let\oldemph=\emph
\renewcommand\emph[1]{%
  \oldemph{\Large #1}}
An \emph{important} command
```

An *important* command

8-1-5

TeX 的另一个有用的宏功能是条件判断。条件判断的命令有好几个，其语法格式如下：

\if...⟨条件⟩ ⟨条件为真内容⟩ **\fi**
\if...⟨条件⟩ ⟨条件为真内容⟩ **\else** ⟨条件为假内容⟩ **\fi**

其中 \if... 是条件判断的命令，可以替换为 \if、\ifx、\ifnum、\ifdim 等不同的条件类型。

最常用的是 \ifnum 和 \ifdim，它们分别用来测试整数或长度的表达式。整数表达式中可以使用常数和 LaTeX 计数器 \value{⟨计数器⟩}，长度表达式中也可以使用长度变量，表达式里面可以使用大于号、小于号或等号比较，例如：

```
\ifnum 0=1 不\fi 相等，
\ifnum \value{page}>100 大页码
  \else 小页码\fi，
\ifdim \linewidth<5cm 窄行\else 宽行\fi。
```

相等，大页码，宽行。

8-1-6

特别地，\ifodd 则可以测试整数是否为奇数，用于确定双面印刷的页面位置，即采用

```
\ifodd\value{page}奇数页\else 偶数页\fi
```

的方式。然而，由于 TeX 的分页算法，实际的页码只有在这一页完全输出后才能真正确定，直接利用 page 计数器可能在页面边界得到错误的结果。因此要可靠地得到某个位置的页码，需要使用对页码的交叉引用进行判断。changepage 宏包[288] 提供了 \checkoddpage 命令和 \ifoddpage 测试来实现自动的页码引用解决此问题：

```
% \usepackage{changepage}
\def\outside#1{%
  \checkoddpage % 设置自动交叉引用
  \ifoddpage    % 使用交叉引用并检查页码奇偶
    {\hfill #1$\rightarrow$}% 奇数页右侧
  \else
    {$\leftarrow$#1\hfill}% 偶数页左侧
  \fi}
\outside{\textsf{向外侧对齐}}
```

8-1-7

← 向外侧对齐

\iftrue 和 \iffalse 是永远为真和永远为假的判断语句。有些人习惯用 \iffalse ... \fi 代替大段的注释，不过最好慎用这种用法，因为如果被注释的文本中有 \else、不匹配的 \if... 或 \fi 等语句时就会出错，它们通常只用作定义更复杂的命令。自定义一个条件语句的命令是 \newif\if...，如用 \newif\ifFOO 就得到一个 \ifFOO 的判断，它没有条件参数，可以使用 \ifFOOtrue 来表示 \let\ifFOO\iftrue，而 \ifFOOfalse 来表示 \let\ifFOO\iffalse。这种自定义的条件判断在编写 LaTeX 宏包处理选项时会非常有用。

TeX 还有一个 \ifcase 语句，它类似于 C 语言的 switch 分支，可以对整数多做分支判断，其语法格式如下：

\ifcase⟨*数字*⟩
  ⟨*0 的内容*⟩ **\or**⟨*1 的内容*⟩ **\or**⟨*2 的内容*⟩ ...**\else**⟨*其他数字的内容*⟩
\fi

我们可以用它来定义一个简单的计数器输出格式[①]：

```
\def\bigchinese#1{%
  \ifcase\value{#1}%
    零\or 壹\or 贰\or 叁\or 肆\or 伍\or 陆\or 柒\or 捌\or 玖\else 溢出
  \fi}
\renewcommand\theenumi{\bigchinese{enumi}}
\begin{enumerate}\sffamily
```

① 下面的例子如果与 enumitem 宏包一起使用，需要用 \AddEnumerateCounter 声明新的列表计数器。

```
  \item 1 \item 2 \item 3
\end{enumerate}
```

8-1-8

壹. 1

贰. 2

叁. 3

\relax 命令什么也不做，它可以用来在宏定义中占一个语法上的位置，如代替空的分组占一个参数，或是分隔判断语句的条件与后面的数字，例如：

```
\ifnum 0=1\relax 0\else 1\fi
```

1

8-1-9

除了判断数字和长度，TeX 还有许多判断其他内容的语句，如测试字符和记号相同的 \if、\ifx，测试当前模式的 \ifmmode、\ifvmode、\ifhmode、\ifinner 等等，它们没有数字和长度的测试常用，可进一步参见 Knuth [126] 等书。

条件判断与嵌套定义配合使用，就很容易得到递归定义的宏。例如我们可以借用列表环境的计数器作为辅助的递归变量：

```
% 将参数 #2 输出 2^#1 次
\def\recur#1#2{%
  \ifnum #1=0\relax%
    #2 %
  \else
    \setcounter{enumi}{#1}%
    \addtocounter{enumi}{-1}%
    \recur{\value{enumi}}{#2 #2}%
  \fi}
\textsf{\recur0a\recur1b\recur2c\recur3d}
```

8-1-10

a b b c c c c d d d d d d d d

从这里也可以看出，TeX 理论上也具有像其他计算机语言一样的计算能力，要实现复杂的算法也是可能的。当然用 TeX 做计算和算法语法烦琐而低效，一般并不经常使用。

使用 TeX 语句做复杂的条件判断需要小心谨慎，要写出正确的递归算法更非易事。LaTeX 的 ifthen 宏包[47] 提供了 \ifthenelse 命令和 \whiledo 命令，可以使用 LaTeX 惯用的语法更方便地实现条件判断和循环（即尾递归）的功能。不过 ifthen 处理表达式的效率较低，在嵌套时也容易出问题，过去的宏包作者们就更偏爱直接使用原始的 TEX 语句，现在则可以改用以 ε-TEX 实现的 xifthen 宏包[178]（语法与 ifthen 相类），或使用 etoolbox 宏包[146] 提供的 \newtoggle、\settoggle、\iftoggle 等语句代替原始的 \newif、\ifFOOtrue、\ifFOOfalse、\ifFOO 测试，用它的 \ifnumcomp、\ifnumodd、\ifdimcomp 代替原始的 \ifnum、\ifodd、\ifdim 实现带数字和长度计算的测试，进而用 \ifboolexpr 和 \whileboolexpr 语句来实现布尔表达式的判断和循环语句。详细的用法和完整的命令列表参见宏包的手册，这里举两个带计算和布尔表达式的复杂判断、循环的例子：

```
% \usepackage{etoolbox}
\sffamily
\ifnumcomp{\value{page}+1}>{10*10}{大页码}{小页码},
\ifboolexpr{not test {\ifnumodd{\value{page}}}
            and test {\ifdimcomp{\linewidth}>{5cm+20pt/2}}}%
  {是}{不是}%
偶数页宽行。
```

8-1-11

大页码，是偶数页宽行。

```
% \usepackage{etoolbox}
\begin{math}
\setcounter{enumi}{1}
\whileboolexpr{not test {\ifnumcomp{\value{enumi}}>{30}}}%
{
  \mathsf{\theenumi}\rightarrow
  \stepcounter{enumi}
}
\cdots
\end{math}
```

8 8-1-12

$\mathsf{1} \rightarrow \mathsf{2} \rightarrow \mathsf{3} \rightarrow \mathsf{4} \rightarrow \mathsf{5} \rightarrow \mathsf{6} \rightarrow \mathsf{7} \rightarrow \mathsf{8} \rightarrow \mathsf{9} \rightarrow \mathsf{10} \rightarrow \mathsf{11} \rightarrow \mathsf{12} \rightarrow \mathsf{13} \rightarrow \mathsf{14} \rightarrow \mathsf{15} \rightarrow \mathsf{16} \rightarrow \mathsf{17} \rightarrow \mathsf{18} \rightarrow \mathsf{19} \rightarrow \mathsf{20} \rightarrow \mathsf{21} \rightarrow \mathsf{22} \rightarrow \mathsf{23} \rightarrow \mathsf{24} \rightarrow \mathsf{25} \rightarrow \mathsf{26} \rightarrow \mathsf{27} \rightarrow \mathsf{28} \rightarrow \mathsf{29} \rightarrow \mathsf{30} \rightarrow \cdots$

在书写复杂的 TEX 宏定义或条件、循环语句时，可以使用适当的分行和缩进，让代码比较整齐。TEX 代码的书写风格并没有一定的要求，花括号不单独占一行、缩进 2 格的风格是最常见的，不过也有人喜欢其他风格。不过，正如前面一些例子所展示的，在定义命令、使用条件判断和循环时，需要特别注意不要在命令中加入太多的空格，在行末适时地使用注释符可以去掉行末多余的空格。

TeX 中字符的意义并非一成不变，每个字符的都有一个类别，用所谓的“类别码”（category code）区分，表示它是转义符（通常的 \）、分组的括号、数学环境、表格对齐、参数、上下标、空格、字母、其他、活动符（通常的 ~）、注释符等等[126, Chapter 7]。字符的类别码可以使用 \catcode 命令来显示和设置。利用这种方式，可以完全改变 TeX 的语法。像 \verb 这类命令就是通过修改字符平常的类别完成的。在 LaTeX 中，最常用的是把字符定义为像 ~ 一样的活动符，然后把字符直接定义为命令，例如，我们用双引号表示加粗命令：

```
\catcode`\"=\active
\def"#1"{\textbf{#1}}
An "important" usage.
```

An **important** usage.

8-1-13

这里 `\" 就是字符 " 的编码 34（不同的数字表示法参见 2.1.2 节），而 \active 则是活动符的类别码 13。

在 LaTeX 中有关字符类别的一种常见用法是将字符 @ 在字母类别和其他类别之间转换。当 @ 是字母时就可以在命令名中使用 @，相当于一个不同于正常文档的名字空间，因而在 LaTeX 的内部命令及宏包编写时经常会遇到。可以用 \makeatletter 和 \makeatother 命令分别让 @ 成为字母或特殊符号，这经常用于修改内部命令的定义，例如[204]：

```
\makeatletter
\setlength\@fpsep{1cm}% 浮动页中不同浮动体间距
\makeatother
```

8-1-14

练 习

8.1 重定义 \cite 命令，让引用的编号或文字使用粗体显示（一般的引用格式设置参见 3.3.3 节）。

8.2 查看文档 [47] 和 [178]，使用 xifthen 宏包重写例 8-1-11 和例 8-1-12。

8.3 绘图宏包 PSTricks 和 TikZ 都设计了更为强大的循环命令，前者是 multido 宏包的 \multido，后者是 pgffor 宏包的 \foreach。查看文档 Tantau [252]、Zandt [300]，看看它们有什么特别之处。

8

8.4（参见 2.2.3.3 节）有时在希望 enumerate 列表的数字标签带一个星号，但又不妨碍正常的计数和引用，例如表示比较困难的习题，试编写代码实现这一功能。

8.5 尝试自己定义一个类似 bicaption 宏包 \bicaption 的 \mybicaption 命令，语法格式如下：

```
\mybicaption{⟨中文标题⟩}{⟨英文标题⟩}
```

用它完成双语标题排版。为简单起见，不考虑用于图表目录的短标题和具体的格式。

8.1.2 编写自己的宏包和文档类

如果你已经熟悉了 TEX 宏和 LATEX 的各种功能，那么编写自己的宏包也就水到渠成了。所谓宏包就是把许多宏定义汇集在一起的结果，最简单的宏包就是一个简单的 TEX 源文件，里面是你所写的宏定义：

```
% 最简单的宏包
% boldemph.tex
\newcommand\Emph[1]{\textbf{#1}}
```

使用这种简单的宏包也很简单，只要在正文中使用 \input{boldemph} 就可以了。

不过，这种定义方式有许多缺点，比如，如果多次使用 \input 引用同样的文件，那么就会产生命令、计数器、盒子等变量重定义的错误，代码中如果有计算还可能发生其他隐藏的错误。这样的简单文件功能也很简单，比如我们不能给宏包增加选项，不能向宏包代码中所引用的宏包传递参数等等。

LATEX 的宏包文件有一些命名约定，大部分宏包提供的格式文件使用 .sty 作为文件后缀名（如 amsmath.sty），而文档类文件使用 .cls 作为文件后缀名。使用 \usepackage 和 \documentclass 命令时，会自动给文件名加上约定的后缀。因而编写宏包也应该遵守这种约定，让用户可以按正常的方式引用。

仅仅改变文件名并不能解决问题，LATEX 2_ε 提供了一系列专用的命令，可以以标准的格式创建宏包和文档类，解决重复定义、名字空间、参数定义和传递等问题，这方面的定义可以参见 The LATEX3 Project [256] 或中文译文 The LATEX3 Project [255]，这里仅仅略举几例，做一个粗浅的介绍。

LATEX 宏包专用命令一般使用单词首字母大写的命令，要标识一个文档类或宏包的开头，可以使用：

*本节内容初次阅读可略过。

8

\ProvidesClass{⟨文档类名⟩}[⟨发布信息⟩]
\ProvidesPackage{⟨宏包名⟩}[⟨发布信息⟩]

可选的 ⟨发布信息⟩ 的内容是 YYYY/MM/DD 格式的日期加上一个空格和进一步的描述。继续前面最简单的例子：

```
% boldmath.sty
\ProvidesPackage{boldmath}[2010/10/10 v1.0 emphasis using bold font]
\newcommand\Emph[1]{\textbf{#1}}
```

8-1-15

使用这种方法定义的宏包就可以使用 `\usepackage{boldmath}` 来引入，并且编译时会在屏幕和 `.log` 文件输出类似

Package: boldmath 2010/10/10 v1.0 emphasis using bold font

的诊断信息。即使多次使用 `\usepackage` 引用这个宏包，也不会产生错误，因为 LaTeX 会记录已经引用的宏包，引用只在第一次时生效。

在宏包或文档类中，应该用

\LoadClass[⟨选项⟩]{⟨文档类名⟩}[⟨日期⟩]
\RequirePackage[⟨选项⟩]{⟨宏包名⟩}[⟨日期⟩]

来代替 `\documentclass` 和 `\usepackage`，以此在原有文档类或宏包的基础上增加新的内容。⟨日期⟩ 会要求引入的宏包日期比要求的日期新。例如，我们基于 article 定义一个简单的文档类：

```
% myarticle.cls
\ProvidesClass{myarticle}[2010/10/10 v1.0]
\LoadClass[a4paper,11pt]{article}
\RequirePackage{boldemph}[2010/10/10]
```

8-1-16

这样，自定义的文档类 myarticle 就同时具有了前面 boldemph 的功能了。

`\DeclareOption` 命令可以声明一个宏包或类的选项，例如：

```
\DeclareOption{hyperref}{%
  \RequirePackage{hyperref}%
}
```

8-1-17

要让全部或指定的部分选项生效，可以使用

```
\ProcessOptions
\ExecuteOptions{⟨选项列表⟩}
```

执行选项声明中的代码，通常需要把它们放在合适的位置。

\AtEndOfClass、\AtEndOfPackage 命令可以在当前文档类或宏包末尾插入代码，而命令 \AtBeginDocument、\AtEndDocument 则用来在 document 环境前后插入代码。例如，我们要在自定义的文档末尾添加一个标志图片，就可以在 myarticle.cls 中使用

8-1-18

```
\AtEndDocument{%
  \begin{center}
    \includegraphics{logo.pdf}
  \end{center}}
```

部分 LaTeX 命令的参数是所谓活动参数（moving argument），在活动参数中使用一些命令会造成错误，这称为脆弱命令（fragile command）。标准 LaTeX 命令中的活动参数包括[136, C.1.3]：

- 会写目录、辅助文件的命令参数。例如分节命令 \section、图表标题命令 \caption 等。
- 会在屏幕上显示提示信息的命令参数。
- 改变页眉的 \markright、\markboth 命令。章节命令会在内部使用 \markright、\markboth 命令，所以也是活动参数。
- \bibitem 的可选参数。
- \thanks 命令的参数。
- array 与 tabular 环境中 @ 列格式的参数。

而脆弱命令是指那些使用特殊展开方式的命令，所有带有可选参数的命令都是脆弱的①。脆弱命令在活动参数中出错实际上是因为活动参数中的脆弱命令在需要之前就先被展开了。

在脆弱命令前使用 \protect 可以延迟命令的展开，起到“保护”脆弱命令的效果。虽然可以在使用时加 \protect 进行保护，但这对于用户来说非常不便，容易出错。LaTeX 2_ε 提供了 \DeclareRobustCommand 命令，它可以代替 \newcommand 或 \renewcommand 命令，直接定义“健壮”（不脆弱）的命令。不过，延迟展开技术会使命令变得复杂，也可能带来一些其他问题，因此应该只为真正脆弱的命令使用 \protect 或 \DeclareRobustCommand 处理。

① 使用特殊的方式（如 xparse 宏包）也可以定义健壮的带可选参数的命令，但由这种方法定义的命令在识别可选参数时有不便之处，一般很少使用。

8

在 .sty 和 .cls 文件中，字符 @ 被看做字母类别而不是其他类别（参见 2.4.5 节），因此，不需要使用 \makeatletter，就可以直接在宏包中使用名称带有 @ 的命令，这可以是 LaTeX 2ε 的内部命令，也可以是自己定义的不希望用户使用的内部命令。有关 LaTeX 2ε 内部定义可以参见 Braams et al. [33]、Lamport et al. [139]，宏包的内部命令通常使用 \宏包名@命令名 的命名约定，以免与其他宏包发生冲突，例如：

```
% 在 boldemph.sty 中，给 emph 增加加粗的功能
\let\boldmath@oldemph\emph
\def\emph#1{\textbf{\boldemph@oldemph{#1}}}
```

8-1-19

还有许多其他专门为方便编写用户宏包而设计的宏包，2.4.5 节提到的 ifthen 宏包就是一例，它与编写宏包文档的 doc 宏包、实现 TeX 文学编程的 DocStrip 宏包、修正部分内核 BUG 的 fixltx2e 宏包等都是随 LaTeX 内核提供的工具宏包。随图形包提供的有 keyval 宏包[44]，可以实现类似 graphicx 宏包那样的 ⟨*key*⟩=⟨*value*⟩ 的语法。tools 套件中，除了有 bm、longtable 这样的用户宏包，也有如 afterpage、calc、xspace、array 这些主要用于编写宏的工具。Oberdiek 制作的 oberdierk[183] 套件也是包含了许多对于宏包编写者实用的工具等等。限于篇幅，这里只简单介绍一下 keyval 的使用。

keyval 宏包主要提供两个命令，一个是定义选项的 \define@key 命令，一个是使用选项的 \setkeys 命令：

\define@key{⟨选项族⟩**}{**⟨选项⟩**}[**⟨默认值⟩**]{**⟨代码⟩**}**
\setkeys{⟨选项族⟩**}{**⟨键值对⟩**}**

\define@key 是一个带有 @ 的宏，这表明它只用在宏包和文档类的编写之中。对于特定的宏包，可以定义自己的选项族，如 graphicx 宏包使用的是 Gin 选项族，每个选项族下面可以有不同的选项（即键），例如 graphicx 的 width、height、angle 选项，选项可以有自己的默认值。\define@key 就是定义特定选项族的选项，选项可以执行预定的代码，在所定义的代码中用 #1 指代选项的值。

\setkeys 命令则用来使指定族中的选项生效，例如：

```
\setkeys{Gin}{width=5cm}
```

这个命令可以让 Gin 族中的 width 选项中定义的代码生效。

下面举一个例子说明 \define@key 和 \setkeys 的用法。

```
% 通常是在某 .sty 或 .cls 中
% \RequirePackage{keyval}
% 定义 text 族的 emph 选项，控制 \emph 命令的定义
```

8

```
\let\text@emph=\emph
\define@key{text}{emph}[\text@emph]{%
  \let\emph=#1}
\newcommand\settext[1]{%
  \setkeys{text}{#1}}

% 在 .tex 文件中使用
\begin{quotation}
\settext{emph=\textbf}  % 粗体
An \emph{important} example.

\settext{emph}  % 默认的格式
An \emph{important} example.
\end{quotation}
```

8-1-20

An **important** example.

An *important* example.

自己编写的宏包或文档类使用起来就和其他宏包一样，通常可以把它与 TEX 源文件放在同一目录编译，如果写的宏包自己要反复使用，那么可以把它安装到你的 TEX 发行版中。对于单独由宏定义构成的宏包或文档类，只需要把文件放在 TDS 目录树的 /tex/latex/yourname/ 目录下，然后运行 texhash 命令刷新文件名数据库。TDS 目录树经常被称做 texmf，指代最初的 TEX 和 METAFONT 系统。常见的 TEX 发行版都有不止一个 TDS 目录树，通常有一个给用户使用的目录树。在 TEX Live 中在安装目录下面以 texmf-local 为根的目录下，在 CTEX 套装中在安装目录下面以 UserData 为根的目录下，在 CTEX 套装和 TEX Live 中的典型目录是：

```
C:/CTEX/UserData/tex/latex/yourname/
C:/texlive/texmf-local/tex/latex/yourname/
```

实际的目录当然应该以具体情况为准。

有关宏包和文档类的编写就介绍这些。事实上，编写宏包或文档类更重要的还是里面的具体内容。这可以像上面的让 \emph 使用粗体的例子一样很简单，也可能需要全面的 LATEX 背景知识和深入的 TEX 宏编写能力，甚至具体引擎使用的 PostScript、PDF、JavaScript 程序功能。但无论是简是繁，编写新的宏包或文档类总是为了使用，如果你写出了好的代码，那么也请在自己使用之余，把它提交给 CTAN 共享，或是在网络社区中与大家讨论。这正是 TeX 社区的发展至今的动力所在。

练 习

8.6 参考 lipsum 或 blindtext 宏包（参见 7.2.2 节），设计一个中文的测试文字宏包。仔细考虑宏包需要实现的功能、使用方法，如何设计一个具有足够覆盖面的测试？

8.7 编写宏包或文档类最好能对已有的工具多做一些了解。查看宏包手册，本节提到的其他工具宏包都有什么作用？查看更多的工具，例如 etoolbox, xstring, fp 又是做什么的？再搜索网络，如果要给自定义的宏包增加类似 keyval 提供的键值型语法的选项，都可以使用什么工具？

8.2 外部工具举隅

在第 3 章中，我们已经看到一些文献和索引的辅助工具，如 BibTeX、Makeindex、JabRef 等。而在 5.5.3 节中则见到了与 TeX 结合紧密的两种绘图语言 METAPOST 和 Asymptote。实际上，还有许多在 TeX 之外的软件可以与 TeX 做交互，它们有的可以根据自身的功能可以生成 TeX 代码，有的可以将 TeX 用在网页、Office 文档等其他地方。下面，我们就分别来举一些这类软件的例子。

8.2.1 自动代码生成

并非所有 LaTeX 代码都需要我们手工输入，一些专门的软件可以编辑公式、图表，并转换为 LaTeX 代码的形式，还有一些工具甚至可以将不同格式的文档整个转换为 LaTeX 文档，下面我们就来看看这类工具。

8.2.1.1 生成公式代码

数学公式是 TeX 的强项，但录入复杂的数学公式却往往令人犯难。试想手工输入下面这样的公式：

$$\begin{aligned}(1+7x+6y+5z)^6 \mod 13 = {} & 12x^6+6x^5y+5x^5z+x^5+11x^4y^2+x^4yz+8x^4y+8x^4z^2+\\ & 11x^4z+5x^4+7x^3y^3+11x^3y^2z+10x^3y^2+7x^3yz^2+\\ & 8x^3yz+6x^3y+7x^3z^3+12x^3z^2+5x^3z+9x^3+11x^2y^4+\\ & 2x^2y^3z+3x^2y^3+9x^2y^2z^2+x^2y^2z+4x^2y^2+5x^2yz^3+\end{aligned}$$

8

$$3x^2yz^2 + 11x^2yz + 12x^2y + 7x^2z^4 + 3x^2z^3 + 10x^2z^2 + 10x^2z + 7x^2 + 6xy^5 + 12xy^4z + 5xy^4 + 7xy^3z^2 + 8xy^3z + 6xy^3 + 8xy^2z^3 + 10xy^2z^2 + 2xy^2z + xy^2 + 12xyz^4 + 7xyz^3 + 6xyz^2 + 6xyz + 12xy + 2xz^5 + 2xz^4 + 6xz^3 + 9xz^2 + 10xz + 3x + 12y^6 + 8y^5z + 12y^5 + 8y^4z^2 + 11y^4z + 5y^4 + 6y^3z^3 + y^3z^2 + 8y^3z + 4y^3 + 7y^2z^4 + 3y^2z^3 + 10y^2z^2 + 10y^2z + 7y^2 + 11yz^5 + 11yz^4 + 7yz^3 + 4yz^2 + 3yz + 10y + 12z^6 + 4z^5 + 2z^4 + 4z^3 + 11z^2 + 4z + 1$$

尽管公式本身并没有复杂的结构，但如果文章中需要许多这样的公式，要不出错地输入它们无疑将成为一场恶梦。

实际上，这类复杂的公式通常本身就是使用计算机代数系统计算得到的，所以也可以直接使用这类数学软件生成相应的 LaTeX 代码。例如，上面式子右半边可以由 Mathematica 软件①的下面命令生成：

```
TeXForm[Expand[(1 + 7x + 6y + 5z)^6, Modulus -> 13]]
```

类似地，数学软件 Maple②、Maxima③、MATLAB④等也都有类似的命令或函数，可以用 TeX 格式输出其符号运算的结果，而 Mathematica、Maple 等甚至还可以将自身的带格式的文档转换成完整的 LaTeX 源代码。

8.2.1.2 生成图形代码

Gnuplot⑤是一个开源的函数与数据作图软件，它不仅可以输出许多格式的矢量或点阵图片，或在屏幕上直接显示作图的结果，也可以输出使用 LaTeX 画图或排版文字标签的绘图代码。在 gnuplot 中，支持多种与 LaTeX 相关的输出终端格式[283]，如 `latex` 终端格式会将所有图形用 `picture` 环境描点画出，输出为一个 `.tex` 文件，不过这种过时输出格式效果很差，切合实用的是 `epslatex`、`mp`、`pstricks` 和 `tikz` 等终端。其中 `epslatex` 终端会将图形本身输出为 EPS 文件，而将文字标签和插图的代码都写进一个 `.tex` 文件中，可以在文档中直接用 `\input` 命令导入这个文件得到排版良好的图形，而 `mp`、`pstricks`、`tikz` 终端则可以直接输出 METAPOST、PSTricks 或 TikZ 的绘图代码。

举一个在 `epslatex` 终端下使用 gnuplot 画正弦函数图的例子。

8

① http://www.wolfram.com/mathematica/
② http://www.maplesoft.com/products/maple/
③ http://maxima.sourceforge.net/
④ http://www.mathworks.com/products/matlab/
⑤ http://www.gnuplot.info/

```
set terminal epslatex size 8cm,4cm
set output 'sine-epslatex.tex'
set size 1,1
set xlabel '$x$'
set ylabel '$y$'
set xtics ('$-\uppi$' -pi, '$-\frac12\uppi$' -pi/2, 0, \
'$\frac12\uppi$' pi/2, '$\uppi$' pi)
set ytics (-1, 0, 1)
set format y "$%g$"
plot [-pi:pi] [-1:1] sin(x) title '$\sin x$'
```

8-2-1

使用 gnuplot 处理上述代码后，在正文中只要使用 \input{sine-epslatex} 就可以得到这幅图形了，如：

```
\begin{figure}[htbp]
  \centering
  \input{sine-epslatex}
\end{figure}
```

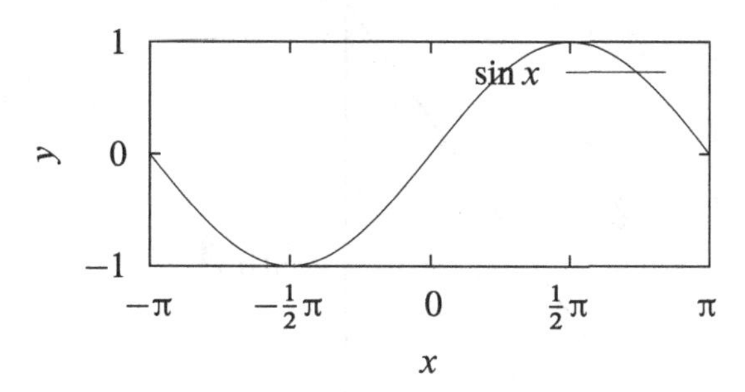

类似 gnuplot，还有一些绘图语言支持 LaTeX 代码的输出，如统计软件 R[①]就有一个 tikzDevice-package 包，可以将 R 绘制的统计图形转换成 TikZ 代码。

并非只有绘图语言可以生成 LaTeX 的图形代码，有一些图形界面的绘图软件也支持这种功能。TpX[②]（见图 8.1）就是一款在 Windows 下运行的小型矢量作图工具，它可以使用 LaTeX 代码作为文字标签，除了生成 EPS 或 PDF 格式的图片，还会生成一个后缀为 .TpX 的文件。.TpX 文件的内容实际就是 figure 环境中插图和文字标注的 LaTeX 源

① http://www.r-project.org/

② http://tpx.sourceforge.net/

代码，以及以注释方式存放的 TpX 程序绘图信息，只要直接用 `\input` 导入这个 `.TpX` 文件，就可以完成 LaTeX 文档的插图（见图 8.2）。也可以选择让 TpX 生成 TikZ 的代码，保存到 `.TpX` 文件中。如果需要，也可以手工修改 `.TpX` 文件中自动生成的代码，如添加图片的标题等。

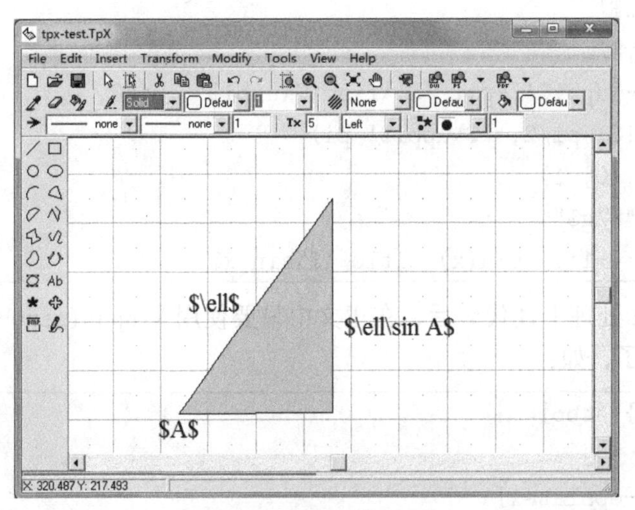

图 8.1　TpX 程序界面

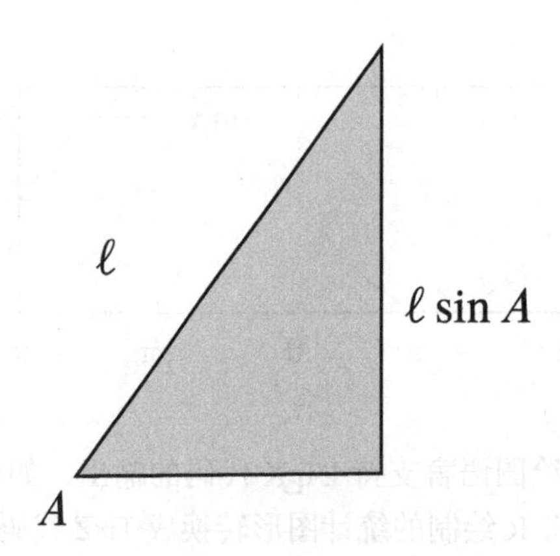

图 8.2　TpX 生成的图片

与 TpX 功能类似的软件还有 Ipe①、Jpgfdraw②等，也都支持生成包含 LaTeX 的图片。

① http://ipe7.sourceforge.net/
② http://theoval.cmp.uea.ac.uk/~nlct/jpgfdraw/

GeoGebra[①]是一个主要面向初等代数与几何的动态数学软件，尤其适合绘制初等几何图形。可以使用 GeoGebra 方便地绘制函数平面几何图形或初等函数的图形，并导出为图片或 PSTricks 或 TikZ 代码。

8.2.1.3 生成表格代码

直接编写不直观的 LaTeX 代码制作表格是一件麻烦事，特别是当表格庞大、内容复杂时，仅是数清楚表格的行列位置就让人颇为头疼，更不必说电子表格工具强大的计算功能了。能否将微软的 Excel 这样专门的电子表格软件用于生成 LaTeX 的表格代码呢？Excel 的 VBA 插件 Excel2LaTeX[②]就解决了这个问题，见图 8.3。

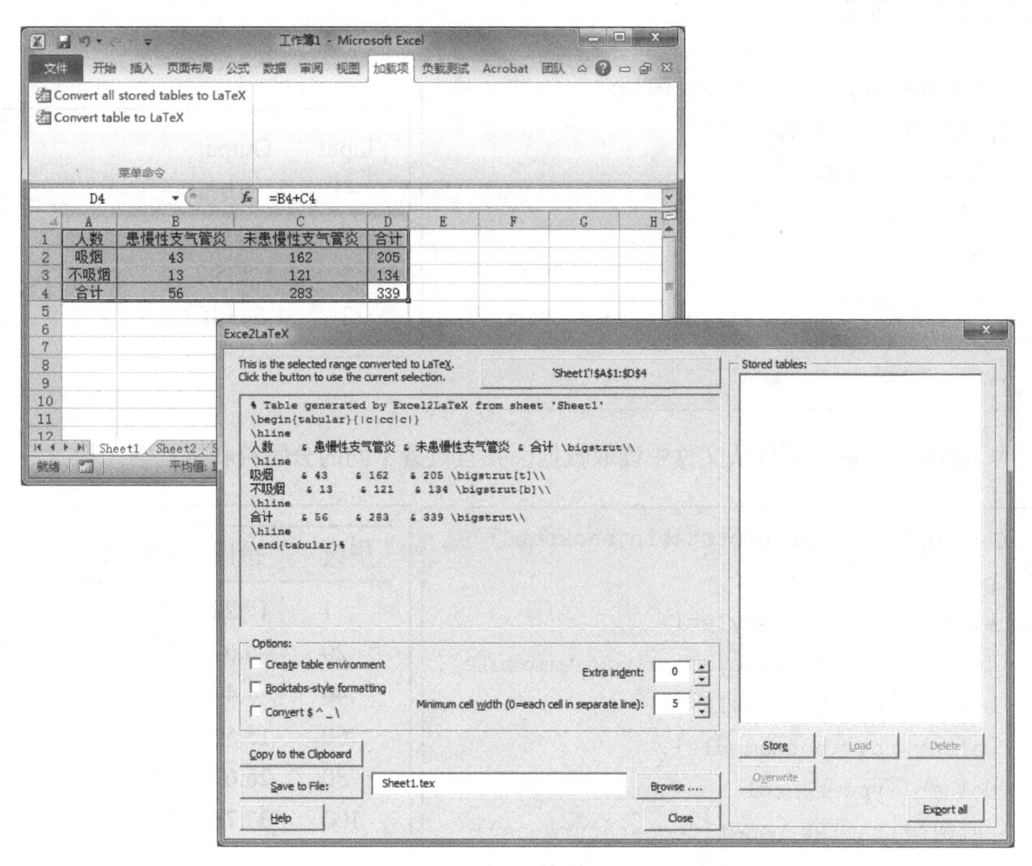

图 8.3 使用 Excel2LaTeX 插件生成 LaTeX 表格代码

① http://www.geogebra.org/cms/

② CTAN://support/excel2latex/

类似地，OpenOffice.org 或 LibreOffice 的 Calc 电子表格，也有类似的插件 Calc2LaTeX①可以用于 LaTeX 表格代码的生成。

有时候，需要用从计算机数据库或实验记录数据生成数据表，这些数据表格式相对固定，但表格的数量很多，每个表格的数据量也很大，此时手工编写表格代码或者把表格内容导入 Excel 等方式就不再适合，最好的办法定义好表格格式，直接由原始数据自动生成表格。熟悉编程的读者可以自己编写程序完成这项工作，不过更方便的方式是直接使用宏包。

pgfplotstable 宏包[76] 是 pgfplots 绘图包的一个子宏包，它可以将空格或逗号分隔的纯文本转换为表格输出，同时可以对数字进行简单的格式化。文本可以直接写在 TeX 源文件中，例如：

8-2-2

```
% \usepackage{pgfplotstable}
\pgfplotstabletypeset{
  Input Output
  -1    10
  0     1500
  1     1235.7
  2     1.53e6
}
```

Input	Output
-1	10
0	1,500
1	1,235.7
2	$1.53 \cdot 10^6$

pgfplotstable 也可以从文件中读取数据，并且设置不同的分隔符和格式等，如：

8-2-3

```
% \usepackage{pgfplotstable,booktabs}
\pgfplotstableset{
 every head row/.style={
  before row=\toprule,after row=\midrule},
 every last row/.style={
  after row=\bottomrule},
 column type=r, col sep=comma}
\pgfplotstabletypeset{temperature.csv}
```

华氏	摄氏	开尔文
1	-17.22	255.93
20	-6.67	266.48
40	4.44	277.59
60	15.56	288.71
80	26.67	299.82
100	37.78	310.93

其中数据文件 temperature.csv 是标准的逗号分隔值（CSV）格式，内容是：

① http://extensions.services.openoffice.org/project/calc2latex

8

```
华氏,摄氏,开尔文
1,-17.22222222,255.9277778
20,-6.666666667,266.4833333
40,4.444444444,277.5944444
60,15.55555556,288.7055556
80,26.66666667,299.8166667
100,37.77777778,310.9277778
```

这种方式对于需要输入大量数据表格无疑是非常有用的，更多的各种格式选项可参见宏包手册。

另一个可以类似的宏包是 datatool[248]，它可以对数据文件进行各种操作，也包括读取数据文件制表，这里不再赘述。

8.2.1.4 生成完整的 TeX 文档

TeXmacs①是一种“所见即所得”的字处理软件（见图 8.4）。TeXmacs 的设计受到 TeX 和 Emacs 影响，其文档组织结构与 LaTeX 十分相近，正文和数学公式使用的字体也是 TeX 默认的 Computer Modern 字体，输出的 PDF 英文文档几乎可与 TeX 乱真。尽管 TeXmacs 实际上是以 XML 语言组织文档结构的，软件的使用也完全不依赖 TeX，不过可以使用它来导出 LaTeX 源代码。由于其“所见即所得”特性，用 TeXmacs 编写简单的文稿，特别是包含较多数学公式推导的内容比较直观，但注意 TeXmacs 导出的 TeX 源代码可能需要对导言区进行一些修改才能正常使用。

LyX②是一种半“所见即所得”（LyX 自称其为“所见即所想”）的文档写作系统（见图 8.5）。LyX 自身使用的文档格式与 LaTeX 也不相同。相比 TeXmacs，LyX 与 TeX 的关系就更紧密。LyX 的 PDF 输出实际是先把文档转换成 LaTeX 源文件，然后调用 TeX 编译程序得到的，因此输出 LaTeX 源文件也是 LyX 的基本功能，而且其源代码的正确性也更好。因此，也有人把 LyX 当做 LaTeX 编辑器使用。LyX 有为 ctex 的文档类定制的配置文件，能输出标准的中文文档；beamer 文档类也专门为 LyX 作了配置文件，可以直观地使用 LyX 制作演示文档。LyX 编辑的效果只是半“所见即所得”的，显示数学公式、图表比较直观方便，但与最终的 PDF 输出仍有差距。

8

① http://www.texmacs.org/
② http://www.lyx.org/

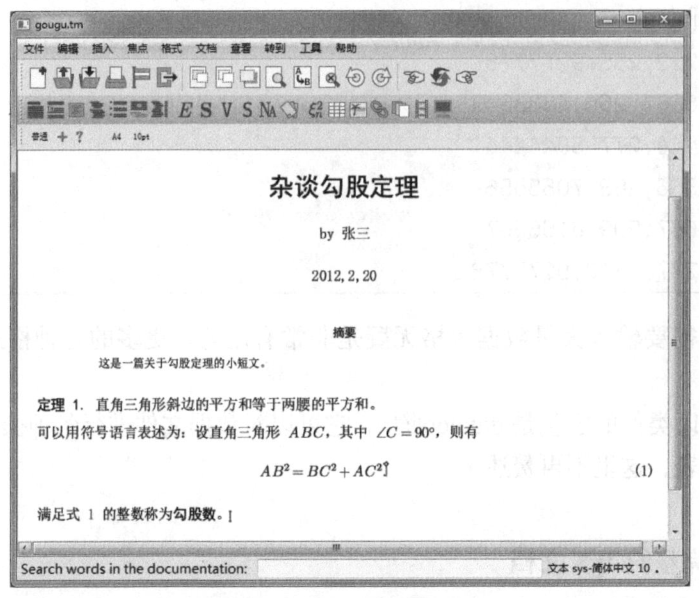

图 8.4 $\mathrm{T_EX_{MACS}}$ 程序界面

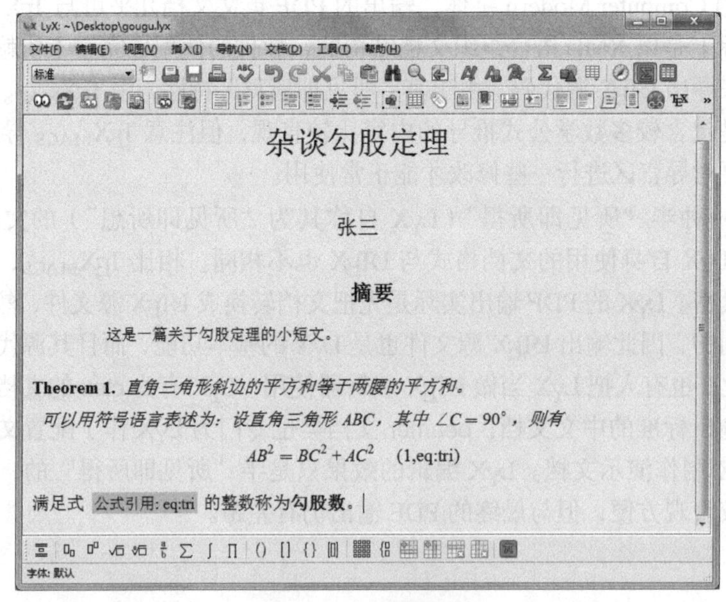

图 8.5 LyX 程序界面

前面介绍的 TeXmacs 和 LyX 都是深受 TeX 影响的开源文档处理软件，即使是与 TeX 相差甚远的商业字处理系统，如微软的 Word，也有专门的转换工具可以生成 LaTeX 源代码，如 docx2tex①，不过这类转换工具的效果一般都不是很好。

Pandoc②是一款通用的文档格式转换器，特别适用于将各种标记格式转换为其他格式。Pandoc 支持的输入格式主要是 markdown 标记语言③，也可以使用 reStructuredText、textile、HTML 或 LaTeX 的子集，而输出的格式则涵盖了包括 HTML、MediaWiki、HTML、RTF、PDF、docx、纯文本等各种常见格式，其中 PDF 格式是调用 TeX 编译得到的。借助 Pandoc 可以使用 markdown 语法只写一份文档，然后分别转换为 HTML 网页、Word 文稿、PDF 文档或 LaTeX 源文件等几种格式。也可以将 Pandoc 作为 LaTeX 到 HTML 的转换器使用。

Markdown 语言格式简单，书写方便。例如，编写下面的 markdown 代码：

```
C 语言的循环语句
================

C 语言可以使用 `for` 循环语句，例如计算 $s = \sum_k k^2$：

    int s = 0;
    for (int k = 1; k < 10; ++k)
        s += k * k;
```

8-2-4

然后在命令行下使用

```
pandoc -f markdown -t latex 文件名
```

转换，就可以得到这样的 LaTeX 代码：

```
\section{C 语言的循环语句}

C 语言可以使用 \texttt{for} 循环语句，例如计算 $s = \sum_k k^2$：

\begin{verbatim}
int s = 0;
for (int k = 1; k < 10; ++k)
```

① http://docx2tex.codeplex.com/
② http://johnmacfarlane.net/pandoc/
③ http://daringfireball.net/projects/markdown/

```
  s += k * k;
\end{verbatim}
```

而只要把命令行参数 `-t latex` 改成 `-t html` 就能得到正确的 HTML 源代码。在 Linux 环境中，可以用 markdown 来代替传统的 GNU texinfo 格式，读者不妨一试。

8.2.2 在其他地方使用 LaTeX

TeX 一直在数学公式方面占有重要的地位，不少软件都借用 TeX 的符号和语法描述数学公式，有的甚至直接调用 TeX 来处理数学公式，下面我们就来看看这方面的软件。

微软的 Word、PowerPoint 等 Office 办公软件都有自己的数学公式编辑功能。Word 2007 以后的版本，其数学公式使用的是 Unicode 数学字体，既可以用鼠标选取数学结构和符号录入，也可以使用 Unicode 纯文本的方式录入公式[223]。使用文本方式输入时，多数数学符号的 TeX 格式，以及表示上下标的 _ 和 ^ 都可以使用。例如，在 Word 的公式编辑环境中，输入 `\int_a^b␣` 后就可以得到 $\int_a^b$ 的效果，熟悉后这会比在符号表中检索符号点击输入要更为高效。

在 Windows 下广为使用的 MathType 公式编辑器①，对 LaTeX 语法的支持更为全面，除了在可视化界面输入时可以用 TeX 代码录入公式，而且可以直接导入现有的完整 TeX 公式代码，或是将 MathType 中的公式导出为合法的 TeX 公式代码。

MathType 输入的 TeX 语法支持默认是关闭的，需要在 Workspace Preferences 设置中勾选"Allow TeX language entry from keyboard"选项才能直接在文档中使用 TeX 代码。在 Word 中则可以直接输入 LaTeX 代码，然后使用 MathType 插件的功能，将 LaTeX 代码转换为数学公式。

MathType 软件只是支持与 TeX 类似的语法，而微软 Office 的一个第三方插件 Aurora②则可以直接调用真正的 TeX 编译程序得到数学公式，然后以图形的方式嵌入 Office 文档。

在网页中显示数学公式，其标准方式是 MathML③。不过 MathML 语言十分烦琐，手工输入非常不便，因此有不少专门的转换器可以完成从 TeX 公式代码到 MathML 的转换。数学软件 Mathematica、公式编辑软件 MathType 等都可以完成类似的工作。

在网页上显示数学公式，最成熟的技术当属 MathJax④，它使用 JavaScript 代码在浏览器端实时将 TeX 公式代码转换为适当格式的文字或图像。MathJax 具有多种模式，可

① http://www.dessci.com/en/products/mathtype/
② http://elevatorlady.ca/
③ http://www.w3.org/Math/
④ http://www.mathjax.org/

以直接按 MathML 以不大精确的文字排列显示公式；也可以使用精确方式，使用专门的数学符号字体显示数学公式，或者将每个数学符号用小图片组合成完整的公式。

练 习

8.8 有不少从完整的 LaTeX 源文档转换为网页的工具，如 LaTeX2HTML[①]、TeX4ht[②]、TeX2page[③] 以及前面介绍的 Pandoc 等，这些工具都可以将格式简单的 LaTeX 文档转换成网页形式。试用其中的一种或几种，看看这些软件能保留多少 LaTeX 文档的格式，数学公式的转换又有怎样的效果。

8.3 LaTeX 资源寻找

有关 LaTeX 的资源有很多，大体上可以分成两类：一类是安装 TeX 发行版软件后就保存在计算机上的离线资源，主要是各种相关文档；另一类则是在互联网上的在线资源，包括下载网站、用户社区、在线工具等。不过 TeX/LaTeX 相关的资源数量极多，内容也比较分散，本节就对这些内容做一概览。

8.3.1 再探 TeX 发行版

在 1.1.1.1 节和 1.1.1.2 节我们已经看到 MiKTeX 和 TeX Live 的安装和基本使用，现在来进一步了解 TeX 发行版中有哪些内容。

首先要介绍的是在 TeX 发行版中查看文档的方法。在 TeX 发行版中，可执行程序只占很小的空间，发行版的大部分是由数以千计的宏包、字体等软件包构成的，而这些软件包的文档（通常是 PDF 格式）就占了一半的空间。绝大多数文档都分类保存在 TEXMF 树的 `doc` 目录下，如 TeX Live 2011 中 ctex 宏包的文档 [58] 就保存在 `texlive/2011/texmf-dist/doc/latex/ctex/` 路径下。MiKTeX 和 TeX Live 都提供了一个叫 texdoc 的命令行工具来查找文档，其基本用法是：

texdoc ⟨关键字⟩

例如，要找出符号表 Pakin [192]，就可以在命令行下（Windows 也可以在系统的“运行”窗口中）使用命令

① http://www.latex2html.org/
② http://www.tug.org/tex4ht/
③ http://evalwhen.com/tex2page/

8

```
texdoc symbols-a4
```

或者

```
texdoc comprehensive
```

调出。

TeX Live 的文档获取工具多一些，除了命令行下的 texdoc，也可以使用开始菜单的 TeXdoc GUI 完成类似的搜索（见图 1.5，非 Windows 可以用 `texdoctk` 命令调出窗口），或是查看开始菜单的“TeX Live documentation”目录（即安装目录下面的 `doc.html`）。

CTeX 套装在开始菜单下只列出了个别的常用文档，大部分文档还需要用 texdoc 等工具调出。

有时，使用 texdoc 并不能找出我们所有需要的文档。例如，beamer 的文档目录中，除了有文档类的说明手册 [253]，还有许多示例和模板保存在 TDS 结构的 `doc/latex/beamer/examples` 和 `doc/latex/beamer/solutions` 等目录中，就需要我们手工进入对应的路径中查看和使用了。

那么，什么是 TDS？TDS 全称 TeX Directory Structure，即 TeX 目录结构，即 TeX 发行版的文件组织结构。大部分 TeX 发行版都将自身的文件组织成相近的路径结构，这个结构被称为 TDS。TDS 也被称为 TEXMF 树，这是 TeX 和 METAFONT 的合称。很多系统的 TDS 结构都以 `texmf` 或类似的词作为 TEXMF 树的根目录名，如在 TeX Live 系统中，安装目录下的 `texmf`, `texmf-dist`, `texmf-var` 等就是几个不同的 TEXMF 树，而 CTeX 套装安装目录下的 `MiKTeX`, `CTeX`, `UserData` 等目录也是几个 TEXMF 树的根（参见 1.1.1.1 节）。

下面举例说明经常访问的部分 TDS 目录结构，更详细的说明见 [269]。

`tex/` 保存 TeX 宏，即被 TeX 编译引擎读入的文件。其下按编译的格式进行分类，每一子目录下按包名称进行分类，如：

- **`context/`** 用于 ConTeXt 格式。
- **`generic/`** 通用于各种格式，例如 pgf 宏包、PSTricks 宏包都是各种格式通用的，其主要宏代码就在这个目录下面。
- **`latex/`** 用于 LaTeX 格式，绝大部分 LaTeX 宏包的宏代码都在这个目录下，例如：
  - **`base/`** LaTeX 的基本宏文件，例如标准文档类 article 的代码就在里面。
  - **`graphics/`** LaTeX 的基本图形宏，如 graphics、graphicx、color、lscape 的代码就在里面。
  - **`ctex/`** 整个 ctex 包的宏代码。
- **`plain/`** 用于 Plain TeX 格式。

8

xetex/ 用于 XeTeX 引擎的各种格式。

xelatex/ 用于 XeTeX 引擎的 LaTeX 格式，即 XeLaTeX 格式，例如 xeCJK 的代码就在这个目录里面。

doc/ 各类用户文档。与 `tex` 目录类似，它也使用进行编译的格式分类，每一格式下按包名称分类。这是最常用的目录，如：

generic/ 通用于各种格式。例如 pgf 宏包、PSTricks 宏包的文档就分别在下面的 `pgf/` 和 `pstricks/` 子目录。

latex/ 用于 LaTeX 格式。绝大部分 LaTeX 宏包的文档都在这个目录下，例如：

base/ LaTeX 的基本格式的文档，如 LaTeX 2_ε NFSS 说明 `fntguide.pdf`、标准文档类的源代码说明 `classes.pdf` 就在里面。

graphics/ 包括 LaTeX 的基本图形包的文档，如 `grfguide.pdf`。

ctex/ 里面有整个 ctex 包的文档 `ctex.pdf`、文档源代码 `ctex.tex` 和几个测试文件。

beamer/ 里面的 `doc/` 子目录有 beamer 的手册 `beameruserguide.pdf` 和各个主题的示例；`examples/` 子目录有示例；`solutions/` 子目录还有几个模板。

plain/ Plain TeX 格式包的文档。

xetex/ XeTeX 引擎的各种格式下包的文档。

xelatex/ XeLaTeX 格式下各种包的文档，例如 xeCJK 包的文档 `xeCJK.pdf` 就在 `xecjk/` 子目录下。

source/ 源代码。包括部分程序的源代码和各种宏包与文档的源代码。

fonts/ 字体相关的文件，其子目录按字体的格式进行分类。

scripts/ 可执行脚本。

metafont/ METAFONT 的宏（不包括字体）。

metapost/ METAPOST 的宏文件。

bibtex/ BibTeX 的格式文件、公用数据库等。

⟨程序⟩/ 其他程序相关的文件，如 `dvips/`、`ttf2tfm/` 等目录。

⟨实现⟩/ 不同 TeX 发行版实现专有的文件，如 `miktex/`、`web2c/` 等目录。

8

熟悉 TDS 结构可以帮助我们快速找到使用 texdoc 等简单工具不易找出的文档。有些复杂的宏包（例如 amsmath、hyperref）可能带有多个不同内容的文档，有的宏包或文档类（例如 biblatex、beamer）则带有详细的 `.tex` 示例文件，都需要直接进入 TEXMF 树下的相应目录翻阅。

练 习

8.9 在你的计算机上找出英国 TeX 用户组（UK TUG）编写的常见问题集 UK TUG [270]。

8.10 moderncv 是一个流行的 LaTeX 个人简历文档类，试找出该文档类的示例模板。

8.11 TeX 系统的各种文档也都可以在互联网上找到，为什么还需要把文档都保存在本地？只从网络上查找文档有什么问题？

8.3.2 互联网上的 LaTeX

最后，毫无疑问，互联网是有关 LaTeX 最为庞大的资源库。差不多所有有关 TeX/LaTeX 的内容都可以在互联网上找到。不过这些内容有的相对集中，也有一些广为分散，需要一定的检索技巧和积累。

8.3.2.1 CTAN

首先值得一提的是 CTAN，全称是 the Comprehensive TeX Archive Network，即 TeX 综合资料网，或者说是 TeX 资料大全。它是由志愿者建立，镜像服务器遍布世界各地的 TeX 资源下载网站。关于 TeX 的各种非商业发行版、工具软件、宏包、字体、文档资料，差不多都可以在 CTAN 上找到，而且 CTAN 也是大部分宏包唯一的发布网站。

现在，CTAN 的两个主结点分别由德国和英国的 TeX 用户组织所维护[①]，主结点的 web 界面为：

```
http://dante.ctan.org/tex-archive/
http://www.tex.ac.uk/tex-archive/
```

CTAN 在世界各地有许多镜像服务器，与两个主结点保持同步，可以使用 HTTP、FTP 或是 rsync 协议下载网站内容。在每个 CTAN 站点上都可以找到完整的镜像列表。为了方便使用，域名

```
http://mirror.ctan.org/
```

是一个自动的镜像选择器，它会自动选择最近的镜像服务器。不过，国内的教育网用户不方便直接连接国外的网站，则可以直接使用表 8.1 中列出的国内镜像服务器。TeX 发行版在安装和更新时也可能需要指定国内的镜像服务器。

① 以前还有美国的一个主结点，即现在 TUG 的 CTAN 结点。

8

表 8.1 中国大陆地区的 CTAN 镜像服务器（截止至 2012 年 3 月）

所属	协议与地址
CTeX 网站	ftp://ftp.ctex.org/mirrors/CTAN/
（中科院）	http://ftp.ctex.org/mirrors/CTAN/
	rsync://ftp.ctex.org/mirrors/CTAN/
北京交通大学	http://mirror.bjtu.edu.cn/CTAN/
	rsync://mirror.bjtu.edu.cn/CTAN/
东北大学	http://mirror.neu.edu.cn/CTAN/
青岛大学	http://mirror.qdu.edu.cn/CTAN/
中国科技大学	ftp://mirrors.ustc.edu.cn/CTAN/
	http://mirrors.ustc.edu.cn/CTAN/
	rsync://mirrors.ustc.edu.cn/CTAN/
厦门大学	http://mirrors.xmu.edu.cn/CTAN/
	ftp://mirrors.xmu.edu.cn/CTAN/
	rsync://mirrors.xmu.edu.cn/CTAN/

CTAN 主要用于下载与 TeX 相关的资料，在 CTAN 的 web 页面上有整个网站整体目录结构的介绍和完整的文件列表，在网站

```
http://tug.ctan.org/search.html
```

中可以进行搜索。特别有用的则是在每个 CTAN 页面 `help/Catalogue/` 路径下的 TeX Catalogue Online，它是 CTAN 的宏包和工具总目，对 CTAN 中的 4000 多个项目都一一按字母序和 CTAN 目录结构给出了简要的介绍，对部分项目还有分类简介。

8.3.2.2 TeX 用户组织

TUG，全称 TeX Users Group，是一个国际性的 TeX 用户组织，主页为：

```
http://tug.org/
```

TUG 的宗旨是鼓励和推广 TeX 及相关软件的应用，维护其功能和易用性，促进高质量电子文档制备工作的革新。如 TeX Live 发行版、TeXworks 编辑器、Inconsolata 字体就是由 TUG 资助开发维护的，TUG 也定期会举办一些 TeX 方面的学术会议。加入 TUG 成为会员需交纳会费，以获得 TUGboat 期刊、TeX Collection software 软件包、一些电子书籍等权益。不过，TUG 网站提供的绝大多数内容都是免费开放的。

TUGboat 是由 TUG 主办的专业期刊，期刊向会员发放，不过匿名用户在 http://tug.org/TUGboat/ 上可以免费下载 TUGboat 大约一年前的电子版文章。TUGboat 的质量很高，内容从初级到高级，TeX 许多重要的新技术、新进展都会在 TUGboat 上亮相，里面的一些技术总结和技巧说明也很值得参考。

The PracTeX Journal 则是由 TUG 主办的电子版期刊，每年两期，内容偏向实用，有很多实用的小文章。所有用户都可以从 http://tug.org/pracjourn/ 免费获取。

TUG（通常与地区用户组一起）每年还会组织 TeX 的泛欧洲年度会议，多数会议报告还在相应的网页上下载，会议信息见 http://www.tug.org/meetings.html。

除了 TUG，其他国家也有一些地区性的 TeX 用户组织。影响较大的如英国的 UK TUG (http://uk.tug.org/) 与德国的 DANTE (http://www.dante.de/)，在中国目前最大的组织则是 CTeX 社区（http://www.ctex.org）。在 http://tug.org/usergroups.html 有世界各地 TeX 用户组织的列表。

Baskerville 是英国用户组织 UK TUG 的年刊，可以在 http://uk.tug.org/baskerville/ 下载其电子版本。其他一些国家用户组织的部分出版物可见 http://www.tug.org/pubs.html。

8.3.2.3 在线社区与独立网站

常见的 LaTeX 相关中英文论坛、社区、邮件列表（同表 7.2）

社区	网址
CTeX 论坛	http://bbs.ctex.org/
水木社区 TeX 版	http://www.newsmth.net/nForum/board/TeX
ChinaTeX 论坛	http://bbs.chinatex.org/
LaTeX Community	http://www.latex-community.org/forum/
TeX Stack Exchange	http://tex.stackexchange.com
comp.text.tex	http://groups.google.com/group/comp.text.tex/topics
texhax	http://tug.org/mailman/listinfo/texhax
TeX Live	http://tug.org/mailman/listinfo/tex-live
MiKTeX	http://lists.sourceforge.net/lists/listinfo/miktex-users

除了前述的 TUG 与各地的类似组织，也有一些其他的在线 TeX 社区，这包括网上论坛、问答网站、讨论组、电子邮件列表。在 7.3 节的表 7.2 中已经列举了这类可以交互问答的网站，现重新在这里列出。

其中，CTeX 论坛是依附于 CTeX 网站的中文 TeX 论坛，也是目前国内最活跃的中文 TeX 社区。LaTeX Community 是 LaTeX 系统的大本营，有关 LaTeX 内核的开发、进展都可以在这个网站上找到，其附属的论坛也是最重要的英文交互社区之一。TeX Stack Exchange 则是 2009 年新成立的一个 TeX 回答网站，现已成为最为活跃的 TeX 社区之一。

除了交互式的社区，一些独立的网站、博客也有一定的参考价值。这类网站数量很多，各自分散，可以随时使用 Google 等搜索引擎来查找相关的信息，这里只列举几个实用的例子：

• Detexify 是一个在线的符号识别系统（见图 8.6）：

  `http://detexify.kirelabs.org/classify.html`

  可以在网站上使用鼠标写出符号，然后网站后台的程序会根据图片识别所写的符号，并给出符号的命令和所需要的宏包。Detexify 支持所有 Pakin [192] 中的符号。

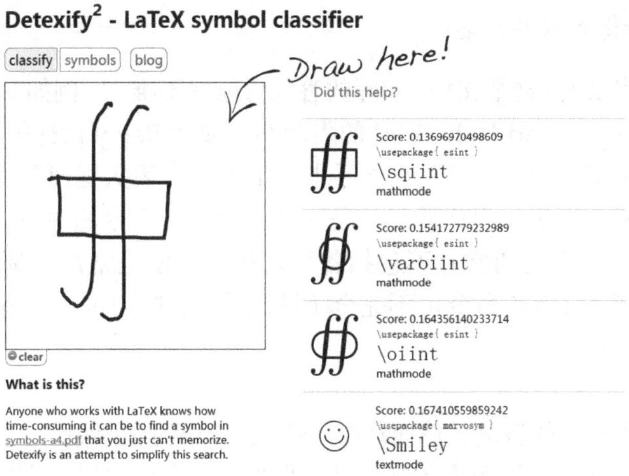

图 8.6　Detexify 符号识别网页

• CodeCogs 提供了一个在线 LaTeX 公式编辑器：

  `http://www.codecogs.com/latex/eqneditor.php`

  可以在其网站上书写 LaTeX 的数学环境代码，网站将为代码实时生成图片，可以将图片用在其他不支持数学公式输入的网站中。

• ScribTeX 是一个完备的在线 LaTeX 编辑器：

  `http://www.scribtex.com/`

  该网站提供在线 LaTeX 文档的编辑和编译功能，即使在本地没有安装 TeX 系统，也可以用这个网站来编写和编译 LaTeX 的文档。

- latexlab.org 是另一个基于 Google Docs 的在线 LaTeX 编辑器：

  `http://docs.latexlab.org/`

  与 ScribTeX 类似，它也以 web 页面提供 LaTeX 文档的编辑和编译功能。

练习

8.12 在 CTeX 的 CTAN 镜像中找到苹果 Mac 系统上的发行版 MacTeX 的安装文件、UK TUG [270] 的可视化版本 Visual FAQ，以及 tagging 宏包的位置。

到哪里找所有命令的说明？

每位初学者都在渴求一本《LaTeX 命令大全》，里面写着所有常见的或是鲜为人知的各种命令的语法和说明。当他们向长期使用 LaTeX 的经年老手寻求帮助时，可能会得到两种答案：

1. 去看某书的附录/去看某文档。实际的答复可能并不唯一，例如 Lamport [136] 的附录 C，Kopka and Daly [134] 的附录 H，或者 Berry [23] 等。

   这些的确都是简洁实用的命令手册，值得放在手头随时翻看或是从计算机上调出检索。不过如果你要找的是一个包含所有命令的说明，那么很快可能就会失望了，它们通常并不包括各种宏包（即使是常用的那些）的命令，对于一些生僻的 LaTeX 命令也不完全（试试看 `\AtBeginDvi`，这是供编写宏包用的命令[256]）。
2. 没有。

   这是一个现实的答复，然而却令人恼火。长期使用 LaTeX，迟早有一天会意识到这是真的。不过令人欣慰的是，那些不完全的书籍、文档、手册已经足敷使用了，而且也会比真正完全的“命令大全”实用。

如果这还不能打消你追寻完全列表的念头，那么下面将列出一个可以确实包含所有命令的文档清单。

- 所有的 TeX 原始命令：Knuth [126]，Knuth [124]。前者当然是关于 TeX 和 Plain TeX 的最重要的文档，后者则是 TeX 程序的源代码及说明。
- 所有的 LaTeX 2$_\varepsilon$ 命令：Braams et al. [33]。这其实是 LaTeX 2$_\varepsilon$ 的源代码，包括所有的基本 LaTeX 命令及说明。
- 基本文档类的命令：Lamport et al. [139]。这其实是 LaTeX 2$_\varepsilon$ 几个基本文档类的源代码。基本文档类中定义的命令通常也被认为是基本 LaTeX 命令。

- 特定 TeX 引擎的命令：参考 ε-TeX、pdfTeX、XeTeX 等 TeX 引擎的手册，即 Breitenlohner [34]、Thành et al. [263]、Robertson [209] 等。
- 其他用到的宏包文档或源代码。是的，必须看每个宏包单独的文档或源代码。

你会发现 LaTeX 命令多得超出你的想象，本书索引其实就是一个并不完全的列表。没有人能记住所有这些东西，但最好做好随时能够查到每个命令的准备。

本章注记

有关 TeX 宏语言的深入知识，除了 Knuth [126] 外，还可以参见 Eijkhout [69]、Salomon [222]。

编写 LaTeX 宏包时，LaTeX 2ε 及标准文档类的源代码说明 Braams et al. [33]、Lamport et al. [139] 是最为重要的参考。除此之外，LaTeX3 项目已经完成了下一代 LaTeX 即 LaTeX3 的编程语法与基本编程框架，如 fontspec、xfrac 就使用了这种语法。可以通过 expl3 宏包使用新的 LaTeX3 编程语法，参见 [258、259]。

要使用 LaTeX 生成 Web 网页，可以参见专著 Goossens and Rahtz [85]。

8

部分习题答案

1.1 需要注意的一些事项：

(1) 在保存中文文件时，应该注意文件的编码为 UTF-8。在 Linux 等系统中，UTF-8 编码是大部分文本编辑器的默认值，但在 Windows 系统中，则需要在保存时加以选择。

(2) 在命令行下编译源文件时，要注意文件的路径。如在 Windows 系统中，文件保存在 `D:\test\` 目录，进入命令行时则在 `C:\Users\xxx` 目录，则应该先使用

```
D:
cd \test
```

进入源文件所在目录，然后运行（假设源文件为 `test.tex`）

```
xelatex test
```

进行编译。

(3) 如果命令行编译时出现"xelatex 不是正确的命令"之类的错误，则应该检查安装，可能是因为系统环境的 `PATH` 变量没有正确设置。

(4) 在 Windows 中重复编译时，应该关闭已经由 Adobe Reader 打开的 PDF 文档，否则 PDF 文件会被锁定而不能更新。

1.3 首先在第 1 节的 `\section` 命令后面定义标签

```
\section{勾股定理在古代}
\label{sec:ancient}
```

然后在第 2 节用 `\ref` 命令引用

```
第 \ref{sec:ancient} 节所说毕达哥拉斯
学派得到的三元数组就是勾股数。
```

这里的标签 `sec:ancient` 只要不用个别特殊符号，可以任取，但最好与此节的内容相关，特别是不要使用编号本身作为标签，否则就失去自动编号的意义了。

1.4《杂谈勾股定理》的例子以及书中其他编号的代码，可以在 CTeX 论坛上下载，或联系出版方索取。

2.1 如下：

```
caf\'e \qquad G\"odel \qquad
```

```
Anton\'\i{}n Dvo\v{r}\'ak \qquad
\O{}ster Vr\aa \qquad
K\i{}rka\u{g}a\c{c}
```

2.2 这是因为反斜线这个符号实际文章中很少用到，把 \\ 这样一个短命令分配给它太浪费了，不如让 \\ 表示应用更为广泛的换行，用 \\ 表示换行也具有一定的直观性。

\textbackslash 是一个描述性的名称，意谓“正文中的反斜线”。为什么不使用 \backslash 这样一个更短的名称呢？这是因为在数学模式中用 \backslash 表示定界符反斜线。相比文本模式中反斜线，数学模式中的反斜线相对更常用一些，因而使用较短的命令。

2.3 通过设置下画线格式，可以把高亮强调实现为一种特别粗的黄色下画线。高亮的命令 \hl 可定义如下：

```
% \usepackage{ulem, xcolor}
\newcommand\hl{\bgroup\markoverwith
  {\textcolor{yellow}{\rule[-.5ex]{2pt}{2.5ex}}}\ULon}
```

2.4 thmtools 使用 \declaretheorem 命令来声明新定理环境。在引入 thmtools 前使用 amsthm 宏包，即表示为 amsthm 提供界面。现重写例 2-2-39 的定理声明部分如下：

```
% 导言区
\usepackage{amsthm,thmtools}
\usepackage{ctexcap}
\declaretheoremstyle[
  headfont=\sffamily\bfseries,
  bodyfont=\normalfont,
  headformat=swapnumber,
  postheadspace=\newline
]{defstyle}
\declaretheorem[name=定义,style=defstyle,numberwithin=chapter]
  {definition}
```

如果使用 ntheorem 宏包配合 thmtools 宏包，则更方便一些，这里不再赘述。

2.5 这里给出 clrscode 宏包的解法，这比较简单，与使用 tabbing 环境也比较相近。

```
\begin{codebox}
\Procname{$\proc{BinSearch}(A, x, L, H)$}
```

```
\li \While $L\le H$ \RComment $L$ 与$H$ 是左右分点
\li   \Do $M \gets \lfloor(L+H)/2\rfloor$ \RComment $M$ 是中间分点
\li     \If $x > A[M]$
\li       \Then $H \gets M-1$
\li     \ElseIf $x < A[M]$
\li       \Then $H \gets M+1$
\li     \ElseNoIf \RComment 找到 $x$，返回位置
\li       $j \gets M$
\li       \Return $j$
      \End
    \End
\li $j \gets 0$
\li \Return $j$
\end{codebox}
```

8-1

BinSearch(A, x, L, H)

1 **while** $L \le H$ ▷ L 与 H 是左右分点
2 **do** $M \leftarrow \lfloor (L+H)/2 \rfloor$ ▷ M 是中间分点
3 **if** $x > A[M]$
4 **then** $H \leftarrow M - 1$
5 **elseif** $x < A[M]$
6 **then** $H \leftarrow M + 1$
7 **else** ▷ 找到 x，返回位置
8 $j \leftarrow M$
9 **return** j
10 $j \leftarrow 0$
11 **return** j

2.6 下面的代码仅供参考：

```
\usepackage[raggedright]{titlesec}
\titleformat*{\section}%
           {\LARGE\sffamily}
\renewcommand\thesection{%
  \arabic{section}}
```

```
\titlelabel{\Large\bfseries
  \hspace{1pc}\S\thetitle---}
```

2.8 这是因为宏是以 \ 开头、紧接一串字母表示的，\LaTeX2e 中的 2 是数字不是字母，因而只能表示在命令 \LaTeX 后加上了 2e，得到“LaTeX2e”。

2.9 一个简单的定义如下：

```
\newcounter{clist}
\renewcommand\theclist{%
  \chinese{clist}}
\newenvironment{clist}
  {\begin{list}{（\theclist）}{%
     \usecounter{clist}%
     \settowidth\labelwidth{（数字）}%
     \setlength\itemindent\labelwidth
     \setlength\listparindent{2em}}}%
  {\end{list}}
```

当然，实际排版时，类似的工作使用 enumitem 宏包通常更为方便。

注意计数器的名称与环境的名称并不冲突，可以同名。LaTeX 的章节、图表计数器就与环境同名，这里使用相同的名字通常更为方便。

3.1 有关 TeX 及电子排版的各种文献，可以在 CTAN 的 /info/biblio/ 目录下找到相关的文献数据库。Knuth [126] 可以在 CTAN:/info/biblio/texbook1.bib 文件中找到。编译这个目录下 .ltx 结尾的文件，可以得到排版好的所有的文献列表。

3.2 以下条目是使用 Google Scholar 搜索得到的：

```
@article{hoare1961algorithm,
  title={{Algorithm 64: Quicksort}},
  author={Hoare, CAR},
  journal={Communications of the ACM},
  volume={4},
  number={7},
  pages={321},
  year={1961},
  publisher={ACM}
}
```

或者是 1962 年在“The Computer Journal”上的文章：

```
@article{hoare1962quicksort,
  title={{Quicksort}},
  author={Hoare, C.A.R.},
  journal={The Computer Journal},
  volume={5},
  number={1},
  pages={10},
  year={1962},
  publisher={Br Computer Soc}
}
```

3.4 JabRef 具有搜索功能，不过不大准确。点击年代一栏让 JabRef 直接按时间排序，就可以看到最早的一篇是 Knuth 于 1978 年在 Stanford 大学计算机科学系做的报告“TAU EPSILON CHI. A System for Technical Text”（不要忘了 TEX 得名于 τεχ 这三个希腊字母）。

3.7 AMS（美国数学学会）提供的文档类是 amsart, amsproc 和 amsbook，并提供了配套的 amsplain 和 amsalpha 格式文件。参见 American Mathematical Society [9]。

APS（美国物理学会）与 AIP（美国物理联合会）提供的 LATEX 文档类是 reftex4-1，并提供了专门的 BIBTEX 格式。其中 \bibliographystyle 命令已经由文档类设置好，使用时只需要添加合适的文档类选项。参见 American Physical Society [11]。

ACM（美国计算机学会）的期刊“ACM Transactions”提供的模板使用的 BIBTEX 格式是 acmtrans，参见 Lamport et al. [138]。也可以在 ACM 的网站

http://www.acm.org/publications/latex_style/

寻找相关信息。

IEEE Transactions 提供的模板是 IEEEtran 文档类，使用同名的 BIBTEX 格式及类似的一系列格式。关于此文献格式可参见 Shell [235]。

3.9 是的，不要手工排版参考文献，直接处理 thebibliography 环境一般总是不必要的。即使是在参考文献列表很短，或是其中的文献使用一次的情况下，例如排版个人简历，也应该使用 BIBTEX 进行处理。BIBTEX 是一种内容与格式分离的处理方式，而且有许多辅助工具管理文件，这意味着当要对参考文献的内容或格式做修改时，自动化的方法更方便，也更不易出错。而且，在多数情况下，BIBTEX 的排版质量比在 thebibliography 环境中信手涂鸦更高。

仍然有少数情形我们需要直接与 .bbl 文件和里面的 thebibliography 环境打交道，有时是因为设计不良的 .bst 格式文件要求我们对个别地方进行手动修改，有时是因为要对中文文献做进一步的排序（目前 BIBTEX 程序对汉字排序的能力仅限于汉字按编码直接排序），还有时是因为向他人发布文档或进行投稿时，需要把文献列表的内容事先准备好，不能现场用 BIBTEX 生成。在所有这些情况中，BIBTEX 也都是一个预处理器，应该由它先生成 .bbl 文件，进行必要的修改后，注释掉正文中的 \bibliography 命令，把它换成对 .bbl 文件的 \input 命令，完成最终文献列表的制作。

3.10 例如，生成的 testgls.gls 文件如下：

```
\begin{theglossary}

  \item \LaTeX：基于 \TeX{} 的文档处理系统。\dotfill 1
  \item Makeindex：索引排序程序。\dotfill 2

\end{theglossary}
```

3.11 nomencl 宏包已经有十多年历史，经历了好几个版本，目前的功能已经相当完备。宏包文档 Veytsman et al. [275] 提供了完整的英文示例和详细的功能说明。

(1) 基本的命令是 \nomenclature、\makenomenclature 和 \printnomenclature，分别对应于原有的 \index、\makeindex 和 \printindex 命令。此外宏包还提供了其他一些选项与命令，用于控制格式。

(2) \nomenclature 命令接受两个参数，分别是词条名及其解释，前面还可以带一个可选参数用于排序。\makenomenclature 和 \printnomenclature 的用法与 \makeindex、\printindex 相同。一个简单的完整示例如下：

```
\documentclass{ctexart}
\usepackage{nomencl}
\makenomenclature
\renewcommand\nomname{术语表} % 重定义输出的术语表名
\begin{document}
\nomenclature{$E$}{能量。}
\nomenclature{$m$}{质量。}
\nomenclature{$\mathrm{c}$}{真空中的光速。}
\[ E = m \mathrm{c}^2 \]
\printnomenclature
\end{document}
```

(3) 编译过程与生成索引类似，在第一次编译后，要求使用

makeindex ⟨*jobname*⟩ -s nomencl.ist -o ⟨*jobname*⟩.nls

进行处理，然后进行第二次编译，生成术语表，其中 ⟨*jobname*⟩ 是文档的主文件名（没有扩展名）。

3.12 可以改用 \printglossary 命令，并增加可选项设置完成此功能：

```
\printglossary[title=词汇表]
```

4.1 \overbrace 和 \underbrace 等命令可以嵌套，但本身不能交错。一个得到这种效果基本想法是分别生成两个括号。这需要一点技巧：先为一部分公式的幻影（phantom）加括号，为另一部分加括号，然后使用重叠（overlap）的盒子把两部分合在一起。这是一个综合利用幻影和重叠的例子：

```
\[
  a+ \rlap{$\overbrace{\phantom{b+c+d}}^m$} b+ \underbrace{c+d+e}_n +f
\]
```

4.2 注意这里的三个字母都是常数，应该使用数学直立体。

```
% \usepackage{upgreek}
\begin{equation}
\mathrm{e}^{\uppi\mathrm{i}} + 1 = 0
\end{equation}
```

按 ISO/TC 12 [114]、Thompson and Taylor [261]，科技文档对数量和单位的输出格式有严格的要求，一些 LaTeX 的格式指南（如 Beccari [20]）也探讨了如何使用 LaTeX 实现规范的科技文档。而这方面最为重要的工具，就是 Wright 的 siunitx 宏包[298]，它可以使用自然的语法输出符合规范的 SI 单位与数值，并提供了丰富的格式控制功能。查阅文档 Wright [298]，熟悉 \num, \ang, \si, \SI 等命令的用法。

4.3 注意首先要加载 amssymb 或其他有 $\mathcal{AMS}$ 符号的数学字体包，注意花括号的输入。为防止与公式下标混淆，这里句末使用的是中文全角的点型句号。

```
空集 $\varnothing$ 的基数是 $0$，自然数
集 $\mathbb{N} = \{1,2,3,\ldots\}$ 的
基数是 $\aleph_0$，则实数集
$\mathbb{R}$ 的基数 $\#\mathbb{R} =
\aleph_1 = 2^{\aleph_0}$.
```

4.4 看起来由 `$\bm M^{\mathrm T}$` 得到的 $\boldsymbol{M}^{\mathrm T}$ 更顺眼一些。矩阵经常被排成粗体的，但这并非必须，经常与应用的场景有关。有些格式规范还会要求使用无衬线体的大写字母（如 M）来表示矩阵。如果使用粗体，由 `\bm` 得到的粗斜体比 `\mathbf` 得到的直立粗体要更合适。上标的 T 是 transpose（转置）一词的首字母，并非以变量 T 为上标，所以又应该用 `\mathrm` 得到的直立体。可以把这种转置写成一个宏：

```
\newcommand\trans{^{\mathrm T}}
```

有个别作者喜欢符号用 $\top$（`\top`）作为上标表示转置，但这并没有道理。

简单地使用 `$M'$` 得到矩阵转置 M' 的记法也很普遍，不过这种记法不是很清晰，因而并不推荐使用。

4.5 $\Re$（`\Re`）和 $\Im$（`\Im`）是复数的实部（real part）与虚部（imaginary part）的符号，∂（`\partial`）是偏微分（partial difference）的符号，∞（`\infty`）是无穷大（infinity）的符号。数学符号的命令一般取符号名称或其缩写、变形。又如电导单位姆欧 $\mho$（`\mho`）是把电阻单位欧姆（Ω，ohm）倒过来，所以其命令也取 ohm 这三个字母的逆序。

理解记忆常用数学符号的命令是在 LaTeX 中快速输入数学公式的关键，也能避免使用形状相近而意义迥然的错误符号。大部分数学符号的命令都是十分自然的，因而也并不难记。如果过分依赖 WinEdt、TeXmaker 等编辑器的图形符号面板用鼠标输入符号，会大大影响文档录入的速度，在熟练后应该尽量少用鼠标输入符号。

4.6 把积分微元定义为单独的命令，如在导言区使用本节的定义

```
\DeclareMathOperator\dif{d\!}
```

从而公式可以这样排版：

```
\begin{equation}\label{eq:gaussbonnet}
\oint_C \kappa_g \dif s
  + \iint_D K \dif\sigma
  = 2\uppi - \sum_{i=1}^n \alpha_i.
\end{equation}
```

4.7 概率 Pr 用预定义的命令 `\Pr`，期望和方差需要自行定义。其中期望 E 是单字符的算子，直接用 `\mathrm{E}`。为此可在导言区做如下定义：

```
\DeclareMathOperator{\Var}{Var}
\newcommand\E{\mathrm{E}}
```

4.9 下面是用 `gather` 环境得到的，也可以使用 `align` 环境。

```
\begin{subequations}\label{eq:linear}
\begin{gather}
a_{11} x + a_{12} y + a_{13} z = A \\
a_{21} x + a_{22} y + a_{23} z = B \\
a_{31} x + a_{32} y + a_{33} z = C
\end{gather}
\end{subequations}
```

4.10 可以使用 split 环境完成，也可以使用 breqn 宏包提供的 dmath 环境。

4.11 使用 cases 环境。

4.12 split 环境和 aligned 环境都可以在数学环境中让几行公式对齐，但 split 环境是将公式拆成多行，得到的结果充满整行，也不能对齐多列公式。aligned 环境则生成一个公式块，块的宽度与公式本身相同，而且可以对齐多列公式。

在使用中，一般按意义区分，分割长等式时使用 split 环境，而将 aligned 环境用在需要组成公式块的地方。不过，从功能上也可以用 aligned 环境代替 split 环境。

4.13 \addtag 命令可以如下定义：

```
\newcommand\addtag{\refstepcounter{equation}\tag{\theequation}}
```

从而公式 (4.32) 可以写作：

```
\begin{align*}
  A(n) &= 1 + 2 + \dots + n \\
    &= \frac12 ((1 + 2 + \dots + n) + (n + (n-1) + \dots + 1)) \\
    &= \frac12 n(n+1) \addtag \label{eq:natsum}
\end{align*}
```

为了正确处理交叉引用，equation 计数器的自增要使用 \refstepcounter 而非 \stepcounter。如果需要交叉引用，要注意将 \label 命令放在 \addtag 命令的后面。

5.1 由于有竖线，所以使用 array 环境，这里使用 @{} 去掉了左右两边多余的间距：

```
\[
\left(
\begin{array}{@{}ccc|c@{}}
  a_{11} & a_{12} & a_{13} & b_1 \\
  a_{21} & a_{22} & a_{23} & b_2 \\
```

```
  a_{31} & a_{32} & a_{33} & b_3 \\
\end{array}
\right)
\]
```

5.2 本题的表格可以这样得到：

```
\begin{tabular}{|c|cc|c|}
  \hline
  人数 & 患慢性支气管炎 & 未患慢性支气管炎 & 合计 \\
  \hline
  吸烟 & 43 & 162 & 205 \\
  不吸烟 & 13 & 121 & 134 \\
  \hline
  合计 & 56 & 283 & 339 \\
  \hline
\end{tabular}
```

表格格式的选择并没有一定的规则。

为了数据项清晰，数据经常使用右对齐（整数或固定精度数据）或按小数点对齐，长的文字则经常使用左对齐或可换行的定长对齐，短文字则多使用居中对齐。本例中数据项比较简单，长度也很一致，则可以简单地使用居中对齐，使表头与数据排列得更清楚。

对于表格线，给每行每列都加上繁密的表格线未必是好的做法，只有给手工填写的表格需要这样做。很多情况下只在表头使用表线会更清晰。科技文章中还经常使用一种只有横线，没有竖线的风格，其代表是简洁明快的三线表（参见 5.1.5 节），在有些时候也使用无线的表格，或是用色块代替表线（参见 5.4 节）。

5.3 表 5.1 可以这样得到：

```
% \usepackage{booktabs}
% \usepackage{siunitx}
\begin{tabular}{S[separate-uncertainty]}
  \toprule
  {数量} \\
  \midrule
  -2147483648 \\
```

```
  3.14159265 \\
  2.99792458e8 \\
  3.55(2) \\
  \bottomrule
\end{tabular}
```

5.4 有缺项的表行不会排印出来，因而省略后面的几列就可以排出梯形表格。最下面的一行没有垂直的表线，可以逐一用 \multicolumn 命令处理，这里定义了 \MC 命令来简化代码。整个表格的代码如下：

```
\newcommand\MC[1]{\multicolumn{1}{c}{#1}}
\begin{tabular}{c|c|c|c|}
\cline{2-2}
张家村 & 三里 \\
\cline{2-3}
李家屯 & 六里 & 三里 \\
\cline{2-4}
王家庄 & 五里 & 八里 & 七里 \\
\cline{2-4}
\MC{} & \MC{赵镇} & \MC{张家村} & \MC{李家屯} \\
\end{tabular}
```

如果变更题目要求，改为右上梯形的表格，就需要对前面几行用 \multicolumn 命令合并为空列了，代码比这里稍麻烦一些，不妨一试。

5.5 考虑命令的可选参数，可以这样定义：

```
\newcommand\makecell[2][c]{%
  \begin{tabular}{@{}#1@{}} #2 \end{tabular}}
```

注意这里的定义使用 @{} 消除了表列两边的多余间距。当然，在 makecell 宏包中的定义还要比这复杂一些。

不过事实上，在 LaTeX 中原本已经定义了一个 \makecell 命令的类似物，即 \shortstack[⟨对齐⟩]{⟨内容⟩} 命令。\shortstack 的语法和效果都和 \makecell 差不多，不过只能指定水平对齐方式，垂直方向固定为底部对齐，这往往和制表要求不同。虽然 \shortstack 原本主要是为 LaTeX 绘图设计的[136]，但也不妨用在表格中。

5.6 如果可以独立完成这个表格，那么在 LaTeX 中绘制各种结构复杂表格就不会再有障碍了。

这里的实现综合使用了 multirow、makecell、diagbox 等宏包的功能，字号和间距做了一些微调，或许你还会有更好的代码。

```
\begin{tabular}{|*{3}{c|}*{5}{r|}}
\hline
\multirowcell{2}{摩擦副\\配对材料} &\multicolumn{2}{c|}{\multirow{2}*{%
  \diagbox[width=10em,height=2\normalbaselineskip]
    {锁紧结构}{锁紧力矩\\[-1ex]\small$\mathrm{N \cdot m}$}}}
  & \multicolumn{5}{c|}{供油压力（MPa）} \\ \cline{4-8}
& \multicolumn{2}{c|}{} & 2 & 5 & 7 & 10 & 12 \\ \hline
\multirow{5}*{调制钢} & \multirowcell{5}{摩\\擦\\锥}
& $\theta=60^\circ$, 单槽& 1.3 & 2.6 & 2.9 & 3.5 & 3.8 \\ \cline{3-8}
&& $\theta=60^\circ$, 双槽& 1.8 & 3.4 & 3.7 & 4.5 & 5.2 \\ \cline{3-8}
&& $\theta=64^\circ$, 双槽& 1.2 & 2.6 & 2.9 & 3.4 & 3.7 \\ \cline{3-8}
&& $\theta=36^\circ$, 双槽& 1.5 & 3.3 & 4.3 & 4.4 & 4.6 \\ \cline{3-8}
&& $\theta=20^\circ$, 双槽& 1.6 & 3.3 & 3.8 & 5.0 & 5.5 \\ \hline
\multirow{2}*{H62} & \multicolumn{2}{c|}{内摩擦环}
& 1.6 & 2.9 & 4.0 & 4.6 & 5.1 \\ \cline{2-8}
& \multicolumn{2}{c|}{外摩擦环}
& 7.6 & 8.6 & 9.5 & 10.5 & 11.7 \\
\hline
\end{tabular}
```

5.7 仅使用 array 并不能简单地做到直接设置表格整行的字体。不过，UK TUG [270] 给出了一种半自动的解法：定义两种新的列格式符，其中 ^ 格式符在每一列前面使用，让预设的行格式生效；而 $ 格式符则在放在第一列前面，清空预设的行格式。示例代码如下：

```
% 导言区
% \usepackage{array}
\newcolumntype{$}{>{\global\let\currentrowstyle\relax}}
\newcolumntype{^}{>{\currentrowstyle}}
\newcommand\rowstyle[1]{\gdef\currentrowstyle{#1}%
  #1\ignorespaces}
% 正文使用
\begin{tabular}{|$c|^c|^c|}
```

```
\hline
\rowstyle{\bfseries}
姓名 & 得分 & 额外加分 \\
\hline
张三 & 85 & $+7$ \\
\rowstyle{\itshape}
李四 & 82 & 0 \\
王五 & 70 & $-2$ \\
\hline
\end{tabular}
```

姓名	**得分**	**额外加分**
张三	85	$+7$
李四	*82*	*0*
王五	70	-2

其中 \global、\let、\gdef 等命令参见 8.1.1 节。

5.8 参考如下代码：

```
% \usepackage{blkarray}
\[
\begin{blockarray}{cccc}
 & 1 & 2 & \\
\begin{block}{c[cc]c}
1 & \alpha & \beta & \leftarrow i\\
2 & \gamma & \delta & \\
\end{block}
 & & \uparrow & \\
 & & j & \\
\end{blockarray}
\]
```

5.9 与使用 \DeclareCaptionLabelSeparator 声明新的标签分隔符类似，这里需要使用 \DeclareCaptionFont 命令声明新的标题字体选项值，然后再使用这个选项值。

```
\setCJKfamilyfont{li}{隶书}
\usepackage{caption}
```

```
\DeclareCaptionFont{lishu}{\CJKfamily{li}}
\captionsetup{font=lishu}
```

5.10 hyperref 会使交叉引用具有超链接，但图表标题的超链接会链接到标题的位置，而不是通常我们希望的浮动体开头位置。设置 `hypcap=true` 可以解决这个问题，让图表标题有超链接指向浮动环境开始的位置。

5.11 直接使用 `\textcolor` 或 `\color` 命令就可以了。例如要设置表列的文字颜色，则可以使用类似

```
\begin{tabular}{>{\color{red}}c}
```

这样的列格式说明。不过没有简单的方式对整行的文字做颜色设置，如果需要此功能，可以使用 tabu 宏包提供的 `\rowfont` 命令，在 `tabu` 环境中进行设置，参见 Chervet [54]。

5.12 图形是在 4×4 的矩阵上完成的。注意在箭头挖洞以产生遮挡效果，并调整矩阵元素的间距：

```
\[  \xymatrix@=1em{
 A'\ar[rr]\ar[rd] && B'\ar[dd]|\hole \ar[rd] & \\
 & A\ar[rr] && B\ar[dd] \\
 C'\ar[uu] \ar[rd] && D'\ar[ll]|\hole \ar[rd] & \\
 & C\ar[uu] && D\ar[ll]
}  \]
```

5.13 提示：METAPOST 并不直接提供画函数图像的命令，正弦曲线需要使用循环语句描点画出。

5.14 不使用 latexmp 宏包时，注意要写清楚完整的导言区，编译命令也必须加上 `-tex=latex` 的选项，不过只需要编译一遍。

```
% 带有中文 LaTeX 标签的 MetaPost 文件
% 使用 mpost -tex=latex 或 mptopdf --latex 命令编译
verbatimtex
\documentclass{article}
\usepackage{amssymb}
\usepackage{CJK}
\AtBeginDocument{\begin{CJK}{UTF8}{gbsn}}
\AtEndDocument{\end{CJK}}
\begin{document}
```

```
etex
beginfig(1);
draw fullcircle scaled 2cm;
label.rt(btex $\Lleftarrow$ 单位圆 etex, (1cm,0));
endfig;
end.
```

5.16 在配置 TeXworks 编辑器时，注意使用 `-f pdf` 选项将输出格式设置为 PDF 图像，以方便预览。WinEdt 也可以增加相关的菜单和按钮，不过配置文件的设置会略为麻烦，比较简单的方式是把不常用的菜单按钮（如 METAFONT）的编译命令改成 `asy`。

5.17 提示：画正弦函数图像需要使用 Asymptote 的 graph 模块，其他部分可以直接计算坐标画出，比较简单。

5.18 Asymptote 可以使用 pdfTEX 和 XƎTEX 的全部功能来输出文字，例如可以在源文件开始处设置使用 xeCJK 处理中文：

```
settings.tex = "xelatex";   // 相当于编译命令选项 -tex xelatex
usepackage("xeCJK");
texpreamble("\setCJKmainfont{SimSun}");
```

6.1 在 beamer 中定理和图表环境默认都不会编号，同一帧内的图表环境也不会浮动到另一帧去。除此之外，各种环境的分行、缩进、字体、颜色等都有变化。

在 beamer 中，正文中的西文和数学字体会改为在大屏幕上更为清晰的无衬线体。不过如果要让中文字体符合这种风格，还必须要自己设置。我们会在 6.2 节继续这个话题。

6.2 三角形的绘制还是比较简单的，使用 TikZ 绘图也方便统一文字格式：

```
\begin{tikzpicture}[scale=0.5,font=\small]
\draw[thick] (0,0) node[left] {$A$}
  -- (4,0) node[right] {$C$}
  -- (4,3) node[above right] {$B$} -- cycle;
\draw (3.5,0) |- (4,0.5);
\end{tikzpicture}
```

6.4 biblatex 的使用方法和传统 LaTeX 下的 BibTeX 完全不同。这里给一个例子：

```
1 \documentclass{beamer}
2 \usetheme{Bergen}
```

```
3  \usepackage[noindent,UTF8]{ctexcap}
4  \usepackage[style=authoryear,block=par]{biblatex}
5  \addbibresource{math.bib}
6  \begin{document}
7  \begin{frame}{引用示例}
8    \cite{Kline}, \cite{quanjing}
9  \end{frame}
10 \begin{frame}{参考文献}
11 \nocite{Shiye}
12 \printbibliography
13 \end{frame}
14 \end{document}
```

biblatex 原来的示例文件都是针对普通文档类的，在 beamer 中虽然用法大致相同，但在某些主题下会导致文献左边的缩进过小，如果使用这种方式，最好加以调整。

6.5 字号选项包括：8pt、9pt、10pt 或别名 smaller、11pt（默认）、12pt 或别名 bigger、14pt、17pt、20pt。

beamer 幻灯片主要是在投影仪或计算机屏幕上显示的，beamer 主要依靠设置得很小的纸张（默认 12.8 cm × 9.6 cm）使文字在大屏幕上比较大的，以 pt 为单位的字号并没有直观的对应。由于 beamer 主要面向学术演讲，需要的文字较多，所以默认的字号设置显得比微软 PowerPoint 等软件要小一些，大约 17pt 的选项才相当于 PowerPoint 的默认字号。

6.6 beamer 预定义的主题保存在 TEX 发行版 TDS 结构的 tex/latex/beamer/themes/ 目录下：

- 一般主题使用 beamertheme⟨名称⟩.sty；
- 内部主题使用 beamerinnertheme⟨名称⟩.sty；
- 外部主题使用 beameroutertheme⟨名称⟩.sty；
- 色彩主题使用 beamercolortheme⟨名称⟩.sty。

例如，预定义的 Darmstadt 主题的定义就是：

```
% beamerthemeDarmstadt.sty 内容
\mode<presentation>

\useoutertheme{smoothbars}
```

```
\useinnertheme[shadow=true]{rounded}
\usecolortheme{orchid}
\usecolortheme{whale}

\setbeamerfont{block title}{size={}}


\mode<all>
```

不难据此编写自己的主题。

6.7 假设背景图文件是 foo.png，在导言区使用

```
\setbeamertemplate{background}{\includegraphics{foo.png}}
```

即可。这里，需要注意图片的宽度和高度应该符合页面尺寸 \paperwidth 与 \paperheight（参见 2.4.2 节）。

6.9 beamer 中的页码只随 frame 环境变化，即页码每帧递增。在帧内使用多个步骤的覆盖，并不影响页码，也不影响帧标题、侧面或顶部的导航目录等内容。

当使用覆盖时，同一帧的内容可以在 PDF 文件中占用许多 PDF 页面。在每帧底部的几个导航按钮中，最左面的一组按钮 ◂□▸ 用于逐步骤前后跳转，相当于普通的 PDF 翻页。其后的一组按钮 ◂▭▸ 就用于进入前一帧和后一帧。后面的两组按钮 ◂≡▸ 和 ◂≡▸ 则用于前后小节（subsection）和节（section）的跳转。最后的三个按钮 ↶○↷ 分别是上一步、搜索和下一步。

8.1 可以把 \cite 命令的定义先保存起来，然后在旧定义的基础上附加新内容：

```
\let\oldcite\cite
\renewcommand\cite[2][]{\textbf{\oldcite[#1]{#2}}}
```

8.2 二者代码非常相近，例 8-1-11 可重写为：

```
\ifthenelse{\cnttest{\value{page}+1}>{10*10}}{大页码}{小页码},
\ifthenelse{\NOT \isodd{\value{page}}
            \AND \dimtest{\linewidth}>{5cm+20pt/2}}%
{是}{不是}%
偶数页宽行。
```

例 8-1-12 可重写为：

```
\begin{math}
\setcounter{enumi}{1}
```

```
\whiledo{\cnttest{\value{enumi}}{<=}{30}}%
{
  \theenumi\rightarrow
  \stepcounter{enumi}
}
\cdots
\end{math}
```

8.4 设计的用户界面应该尽量方便好用。一种方式是定义一个 `\staritem` 命令，它与 `\item` 类似产生一个新的条目，但输出编号时加一个星号；另一种方式是在普通的 `\item` 前面加一个命令开关，打开这个开关时就输出星号条目，这种方式不会影响编辑器对 LaTeX 源代码中 `\item` 的解析。

下面我们同时实现上面的两种界面。参见 2.2.3.3 节，只要临时修改 `\labelenumi` 等宏，就可以改变标签的输出格式。为了方便使用，在前面使用 `\putstartrue` 打开开关，`\labelenumi` 在输出星号后自动关闭开关，相关宏可以定义为：

```
% 定义输出星号的开关
\newif\ifputstar
% 如果开关打开，输出一个星号并关闭开关
\DeclareRobustCommand\putstar{%
  \ifputstar\rlap{*}\global\putstarfalse\fi}
% 修改第一级标签格式
\renewcommand\labelenumi{\theenumi\putstar.}
% 把界面 1 定义为界面 2 的简写形式
\newcommand\staritem{\putstartrue\item}
```

于是可以像下面来使用这个定义：

```
\begin{enumerate}
\item 普通
\putstartrue\item 困难
\staritem 困难
\item 普通
\end{enumerate}
```

如果使用了 enumitem 宏包，就不能再直接定义 `\labelenumi` 了，可以把对它的重定义改为：

```
\setlist[enumerate,1]{label=\arabic*\putstar.}
```

8.5 如果只需要为一种浮动体（如 figure 环境）设置，那么一个非常简单的实现是：

```
\usepackage{caption}
\captionsetup[figure]{name=图}
\newcommand\mybicaption[2]{%
  \caption{#1}
  \captionsetup{name=Figure}\ContinuedFloat
  \vspace{-10pt}\caption{#2}}
```

这个定义就是简单地输出两次标题，前一次使用中文，然后临时修改一下标签名，再使用 \ContinuedFloat 阻止编号增加，用 \vspace 去掉多余的垂直间距，然后再输出一次英文标题。

当然，这种简单的定义有很多值得改进之处。首先是可以利用条件判断解决标签语言的自动切换问题，标签与标题的间隔符也可以随语言的变化而修改，最好还是把双语标题作为一个单独的特殊格式标题输出，而不是两个标题，这样可以更方便地处理编号和多余的间距问题，也能防止出现图表目录混乱或是与 float 宏包的自定义浮动体不兼容。这些改进用到了 caption 宏包更多的格式定义命令，完整定义如下：

```
\usepackage{caption}
\usepackage{etoolbox}
% 中英文的判断开关，默认是中文
\newtoggle{zhcap}\toggletrue{zhcap}
% 定义双语输出格式，其中 #1 是标签编号，#2 是标签与标题的间隔符，
% #3 是标题；标准的 plain 格式的定义是 #1#2#3\par
\DeclareCaptionFormat{bilingual}{%
  \toggletrue{zhcap}#1#2#3\par
  \togglefalse{zhcap}#1#2#3\par}
% 定义双语间隔符
\DeclareCaptionLabelSeparator{bicolon}{\iftoggle{zhcap}{：}{: }}
% 定义双语标题命令，把命令放在分组里面，可避免影响其他标题
\newcommand\mybicaption[2]{{%
  \captionsetup{format=bilingual,labelsep=bicolon}%
  \caption[#1]{\iftoggle{zhcap}{#1}{#2}}%
```

```
}}
% 为每种浮动体定义双语标签名
\captionsetup[figure]{name=\iftoggle{zhcap}{图}{Figure}}
\captionsetup[table]{name=\iftoggle{zhcap}{表}{Table}}
```

这里的实现思路与 bicaption 宏包也不相同，有兴趣的读者可以自己查看宏包中的定义方式。

8.6 这是一个弹性很大的设计，可以简单到只包含一段纯文本文件用于 `\input` 命令，也可以是具有复杂用户界面的强大工具。

简单的实现可以参考 lipsum 包，只要在定义几个包含大量文字的宏就可以了。但实用的工具则至少应该能选择文字的长度，那么就需要使用计数和循环等功能。

全面的测试则应该像 blindtext 宏包一样，给出章节标题、文字列表、中西文混排、数学公式等多方面的内容。对于汉语测试，不同字符集和编码（如 GB2312、GBK、UTF-8）也是需要考虑的问题，全面的汉字标点、标点压缩也应该纳入考虑范围。但是，作为格式测试包，工具本身不应该对标准文档类的格式做多少修改，或提供方便的接口控制测试内容各部分的格式。

8.7 尽管并非总能用到，但用于编写宏包的工具宏包非常多。特别是有一些工具看上去使用简单，实际实现的代码却非常晦涩复杂，值得注意的是，题目中提到的几个就是这类工具。etoolbox[146] 是通用的工具包，为 ε-TeX 的一些扩展功能提供了方便的界面，同时也提供了不少其他类似的工具，除了之前介绍的有关判断、循环的功能外，还有关于宏定义、展开、文档钩子等多方面的工具，非常实用；xstring[254] 提供了许多关于字符串的测试和操作；fp[158] 则提供了复杂的定点数值计算功能。另外，不要把 etoolbox 宏包和 etextools[53] 宏包混淆，后者也是基于 ε-TeX 功能的实用工具宏包，不过处理的问题更为高深，如代码展开、字符类别码等。

keyval 的功能非常简单，对其进行扩充或改进的工具有很多，oberdierk 套件中的 kvoptions[185] 就专门用于宏包或文档类的键值语法选项。除此之外，被广为使用的 xkeyval[6] 宏包全面扩充了 keyval 的功能；附属于 pgf 的 pgfkeys[252] 配合 pgfopts[297] 宏包，也成为键值语法较轻量级的扩展实现；基于 LaTeX3 语法的 l3keys2e[257] 也可以完成这项工作。

8.9 如果知道 UK TUG [270] 的文件名 `newfaq.pdf`，可以在命令行输入：

```
texdoc newfaq
```

来调出这个文档。TeX Live 的 texdoc 程序功能更多一些，使用 `-s` 选项可以进行字符串搜索，因此用

```
texdoc -s faq
```

可以列出所有路径和文件名中包含 faq 字样的包，在其中找到这个文件。

如果对 [270] 的名称难以确定，也可以直接进入 TeX 发行版的安装目录，然后在 TEXMF 树的 doc/ 下寻找。不同的发行版中同一个文档的位置可能略有不同，如在 CTeX 套装中文档在安装目录的 MiKTeX/doc/uk-tex-faq/ 路径下，而在 TeX Live 中则在 texmf-dist/doc/generic/FAQ-en/ 路径下。

8.10 运行 texdoc 程序，调出的是简历模板编译后的效果。要查看模板的代码，需要直接进入 moderncv 的文档路径 TEXFM/doc/latex/moderncv/examples/ 查看示例的代码 template.tex。

8.11 确实，安装在本机的所有的文档都可以在互联网上找到，TeX Live 在安装时甚至还提供了不安装文档和源代码的选项，用来节约磁盘空间。不过，使用 texdoc 之类的工具在本地打开文档更为高效。更重要的是，如果从网络上查找具体宏包的文档，就不能保证文档描述的宏包与本机的宏包代码版本相同，可能会引发不必要的错误。

8.12 搜索 CTAN 中的包可以使用 tug.ctan.org 搜索页面或 TeX Catalogue Online，也可以在 CTAN 服务器的根目录直接下载文件列表 FILES.byname 查找需要的内容。

MacTeX 在 http://ftp.ctex.org/mirrors/CTAN/systems/mac/mactex/，它实际上是 Mac OS 系统下对 TeX Live 打包得到的发行版。可以在 http://tug.org/mactex 中找到安装 MacTeX 的进一步信息。systems/ 目录是 CTAN 保存各种编译程序代码和发行版的地方，一些编辑器（如 WinEdt）也可以在这里找到。

Visual FAQ 在 http://ftp.ctex.org/mirrors/CTAN/info/visualFAQ/。CTAN 的 info/ 目录还包含许多其他有用的文档。

tagging 宏包在

```
http://ftp.ctex.org/mirrors/CTAN/macros/latex/contrib/tagging/
```

这个宏包来自 tex.stackexchange.com 上的一则讨论，它提供了一组命令来选择输出文档的一部分或几部分。与 tagging 类似，CTAN 上绝大多数 LaTeX 宏包都在 macros/latex/contrib/ 目录下。

参考文献

作为篇幅有限的入门书籍，本书不可能详细地介绍 LaTeX 的所有方面，但一个详细的参考文献列表可以带领读者深入可能的领域。本书每章后的注记也集中评述了一些重要的文献。

这里列出的是编写这本书所涉及的所有书籍、文章和电子文档，以供进一步查考对照使用。大部分文献都是电子文档，在后面给出了文档的 URL 地址或它在 CTAN 网站（参见 8.3.2 节）保存的位置，前者大多以 `http://` 表示，后者的地址以 `CTAN://` 开头。一些 TeX 工具包的文档更新很快，当阅读此书时，CTAN 网站上的文档版本可能与这里列出的略有出入，但一般不影响查阅使用。

[1] Paul W. Abrahams, Karl Berry, and Kathryn A. Hargreaves. *TeX for the Impatient*. Reading, MA, USA: Addison Wesley, 1990. ISBN 0-201-51375-7
`CTAN://info/impatient/book.pdf`

[2] Adobe Systems Incorporated. *PostScript Language Tutorial and Cookbook*. Addison-Wesley, 1985
`http://partners.adobe.com/public/developer/ps/sdk/sample/index_psbooks.html`

[3] Adobe Systems Incorporated. *PostScript language program design*. Addison-Wesley, 1988
`http://partners.adobe.com/public/developer/ps/sdk/sample/index_psbooks.html`

[4] Adobe Systems Incorporated. *PostScript Language Reference*. Addison-Wesley, third edition, 1999
`http://www.adobe.com/products/postscript/pdfs/PLRM.pdf`

[5] Adobe Systems Incorporated. *PDF Reference*. Addison-Wesley, sixth edition, 2006
`http://www.adobe.com/devnet/pdf/pdf_reference.html`

[6] Hendri Adriaens. *The xkeyval package*, version 2.6a, 2008
`CTAN://macros/latex/contrib/xkeyval/doc/xkeyval.pdf`

[7] American Mathematical Society. *User's Guide for the amsmath Package*, version 2.0, 2002
`CTAN://macros/latex/required/amslatex/math/amsldoc.pdf`

[8] American Mathematical Society. *User's Guide to AMSFonts Version 2.2d*, 2002
`CTAN://fonts/amsfonts/doc/amsfndoc.pdf`

[9] American Mathematical Society. *Instructions for Preparation of Papers and Monographs: AMS-LaTeX*, version 2.20, 2004
`CTAN://macros/latex/required/amslatex/amscls/doc/instr-l.pdf`

[10] American Mathematical Society. *Using the amsthm Package*, version 2.20, 2004
`CTAN://macros/latex/required/amslatex/amscls/doc/amsthdoc.pdf`

[11] American Physical Society. *REVTeX 4.1 Author's Guide*. 1 Research Road, Ridge, NY 11961, version 4.1, 2010
`CTAN://macros/latex/contrib/revtex/doc/latex/revtex/auguide/auguide4-1.pdf`

[12] Anonymous. *The Manual of Style*. Chicago, IL, USA: University of Chicago Press, third edition, 1911

[13] Donald Arseneau. *The cases package*, version 2.5, 2002
CTAN://macros/latex/contrib/cases/cases.pdf

[14] Donald Arseneau. *The wrapfig package*, version 3.6, 2003
CTAN://macros/latex/contrib/wrapfig/wrapfig-doc.pdf

[15] Donald Arseneau. *shapepar.sty*. Vancouver, Canada, version 2.1, 2006
CTAN://macros/latex/contrib/shapepar/shapepar.pdf

[16] Donald Arseneau. *chapterbib multiple bibliographies in LaTeX*, 2010
CTAN://macros/latex/contrib/cite/chapterbib.pdf

[17] Donald Arseneau. *The ulem package: underlining for emphasis*, 2010
CTAN://macros/latex/contrib/ulem/ulem.pdf

[18] Donald Arseneau. *The varwidth package*, version 0.92, 2010
CTAN://macros/latex/contrib/varwidth/varwidth-doc.pdf

[19] Donald Arseneau and Robin Fairbairns. *url.sty version 3.3*, 2010
CTAN://macros/latex/contrib/url/url.pdf

[20] Claudio Beccari. "Typesetting mathematics for science and technology according to ISO 31/XI". *TUGboat*, volume 18(1):pages 39–48, 1997
http://www.tug.org/TUGboat/Articles/tb18-1/tb54becc.pdf

[21] Claudio Beccari and Enrico Gregorio. *Package imakeidx*, version 1.0a, 2010
CTAN://macros/latex/contrib/imakeidx/imakeidx.pdf

[22] Karl Berry. *Fontname—Filenames for TeX fonts*, 2009
CTAN://info/fontname/

[23] Karl Berry. *LaTeX: Structured documents for TeX — unofficial LaTeX reference manual*, 2011
CTAN://info/latex2e-help-texinfo/latex2e.pdf

[24] Karl Berry. *TeX Live 指南——TeX Live 2011*, 2011. 江疆翻译
http://www.tug.org/texlive/doc/texlive-zh-cn/texlive-zh-cn.pdf

[25] Karl Berry. *TeX Live 指南——TeX Live 2012*, 2012. 江疆翻译
http://www.tug.org/texlive/doc/texlive-zh-cn/texlive-zh-cn.pdf

[26] Javier Bezos. *The accents Package*, version 1.3, 2006
CTAN://macros/latex/contrib/bezos/accents.pdf

[27] Javier Bezos. *The titlesec and titletoc Packages*, 2007
CTAN://macros/latex/contrib/titlesec/titlesec.pdf

[28] Javier Bezos. *Customizing lists with the enumitem package*, version 3.0, 2011
CTAN://macros/latex/contrib/enumitem/enumitem.pdf

[29] Achim Blumensath. *MnSymbol — A Math Symbol Font*, version 1.4, 2007
CTAN://fonts/mnsymbol/MnSymbol.pdf

[30] Michel Bovani. *Fourier-GUTenberg*, 2005
CTAN://fonts/fourier-GUT/doc/latex/fourier/fourier-doc-en.pdf

[31] Johannes Braams. *Babel, a multilingual package for use with LaTeX's standard document classes*. Kersengaarde 33, 2723 BP Zoetermeer, The Netherlands, version 3.7, 2009

CTAN://info/babel/babel.pdf

[32] Johannes Braams, David Carlisle, Alan Jeffrey, Leslie Lamport, Frank Mittelbach, Chris Rowley, and Rainer Schöpf. *Standard LaTeX 2ε packages makeidx and showidx*, 1994
CTAN://macros/latex/base/makeindx.dtx

[33] Johannes Braams, David Carlisle, Alan Jeffrey, Leslie Lamport, Frank Mittelbach, Chris Rowley, and Rainer Schöpf. *The LaTeX 2ε Sources*, 2009
CTAN://macros/latex/base/source2e.tex

[34] The NTS Team Peter Breitenlohner. *The ε-TeX manual*, version 2, 1998
CTAN://systems/e-tex/v2/doc/etex_man.pdf

[35] Robert Bringhurst. *The Element of Typographic Style*. Point Roberts, WA, USA and Vancouver, BC, Canada: Hartley & Marks Publishers, third edition, 2004

[36] D. P. Carlisle. *blkarray.sty*, version 0.05, 1999
CTAN://macros/latex/contrib/blkarray/blkarray.pdf

[37] D. P. Carlisle. *The lscape package*, version 3.01, 2001
CTAN://macros/latex/required/graphics/lscape.dtx

[38] D. P. Carlisle. *Packages in the 'graphics' bundle*. The LaTeX3 Project, 2005
CTAN://macros/latex/required/graphics/grfguide.pdf

[39] David Carlisle. *The delarray package*, version 1.01, 1994
CTAN://macros/latex/required/tools/delarray.pdf

[40] David Carlisle. *The hhline package*, version 2.03, 1994
CTAN://macros/latex/required/tools/hhline.pdf

[41] David Carlisle. *The xr package*, version 5.02, 1994
CTAN://macros/latex/required/tools/xr.pdf

[42] David Carlisle. *The afterpage package*, version 1.08, 1995
CTAN://macros/latex/required/tools/afterpage.pdf

[43] David Carlisle. *ltxtable: longtable meets tabularx*, 1995
CTAN://macros/latex/contrib/carlisle/ltxtable.pdf

[44] David Carlisle. *The keyval package*, version 1.13, 1999
CTAN://macros/latex/required/graphics/keyval.dtx

[45] David Carlisle. *The tabularx package*, version 2.07, 1999
CTAN://macros/latex/required/tools/tabularx.pdf

[46] David Carlisle. *The dcolumn package*, version 1.06, 2001
CTAN://macros/latex/required/tools/dcolumn.pdf

[47] David Carlisle. *The ifthen package*, version 1.1c, 2001
CTAN://macros/latex/base/ifthen.dtx

[48] David Carlisle. *The bm package*, version 1.1c, 2004
CTAN://macros/latex/required/tools/bm.pdf

[49] David Carlisle. *The longtable package*, version 4.11, 2004
CTAN://macros/latex/required/tools/longtable.pdf

[50] David Carlisle. *The colortbl package*, version 1.0a, 2012
CTAN://macros/latex/contrib/colortbl/colortbl.pdf

[51] David Carlisle and Morten Høgholm. *The showkeys package*, version 3.15, 2007
CTAN://macros/latex/required/tools/showkeys.pdf

[52] Pehong Chen and Michael A. Harrison. "Index Preparation and Processing". *Software—Practice and Experience*, volume 19(9):pages 897–915, 1988. ISSN 0038-0644. The LaTeX text of this paper is included in the makeindex software distribution.
CTAN://indexing/makeindex/paper/ind.pdf

[53] Florent Chervet. *The etextools macros: An ε-TeX package providing useful (purely expandable) tools for LaTeX Users and package Writers*, version 3.1415926, 2010
CTAN://macros/latex/contrib/etextools/etextools.pdf

[54] Florent Chervet. tabu *and* longtabu*: Flexible LaTeX tabulars*, version 2.1, 2011
CTAN://macros/latex/contrib/tabu/tabu.pdf

[55] Steven Douglas Cochran. *The Subfig Package*, version 1.3, 2005
CTAN://macros/latex/contrib/subfig/subfig.pdf

[56] Thomas H. Corman, Charles E. Leiserson, Ronald L. Rivest, and Clifford Stein. *Introduction to Algorithms*. Higher Education Press & The MIT Press, second edition, 2002. 有中译本
http://www.myoops.org/cocw/mit/Electrical-Engineering-and-Computer-Science/6-046JFall-2005/CourseHome/index.htm

[57] Thomas H. Cormen. *Using the clrscode Package in LaTeX 2ε*, 2003
CTAN://macros/latex/contrib/clrscode/clrscode.pdf

[58] ctex.org. *ctex 宏包说明*, version 1.02c, 2011
CTAN://language/chinese/ctex/doc/ctex.pdf

[59] Toby Cubitt. *The cleveref package*, version 0.17.8, 2011
CTAN://macros/latex/contrib/cleveref/cleveref.pdf

[60] Mats Dahlgren. *Welcome to the floatflt package!*, version 1.31, 1998
CTAN://macros/latex/contrib/floatflt/floatflt.pdf

[61] Patrick W. Daly. *Balancing the Two Columns of Text on the Last Page*, version 4.3, 1999
CTAN://macros/latex/contrib/preprint/balance.pdf

[62] Patrick W. Daly. *Customizing Bibliographic Style Files*, version 4.1, 2003. This paper describes program makebst
CTAN://macros/latex/contrib/custom-bib/makebst.pdf

[63] Patrick W. Daly. *A Master Bibliographic Style File for numerical, author-year, multilingual applications*, version 4.20, 2007
CTAN://macros/latex/contrib/custom-bib/merlin.pdf

[64] Patrick W. Daly. *Natural Sciences Citations and References (Author-Year and Numerical Schemes)*, version 8.31a, 2009
CTAN://macros/latex/contrib/natbib/natbib.pdf

[65] M.R.C. van Dongen. *LaTeX and Friends*. X.media.publishing. Berlin Heidelberg: Springer-Verlag, 2012.

ISBN 978-3-642-23815-4

[66] Michael Downes. *The amsxtra package*. American Mathematical Society, version 1.2c, 1999
CTAN://macros/latex/required/amslatex/math/amsxtra.dtx

[67] Michael Downes. *Technical notes on the amsmath package*. American Mathematical Society, 1999
CTAN://macros/latex/required/amslatex/math/technote.pdf

[68] Jean-Pierre F. Drucbert. *The minitoc package*, version 60, 2008
CTAN://macros/latex/contrib/minitoc/minitoc.pdf

[69] Victor Eijkhout. *TeX by Topic, A TeXnician's Reference*. Reading, Massachusett: Addison-Wesley, 1992. ISBN 0-201-56882-9
CTAN://info/texbytopic/TeXbyTopic.pdf

[70] Danie Els. *The refstyle package*, version 0.5, 2010
CTAN://macros/latex/contrib/refstyle/refstyle.pdf

[71] Robin Fairbairns. *footmisc — a portmanteau package for customising footnotes in LaTeX*, version 5.5a, 2009
CTAN://macros/latex/contrib/footmisc/footmisc.pdf

[72] Robin Fairbairns, Sebastian Rahtz, and Leonor Barroca. *A package for rotated objects in LaTeX*, version 2.16b, 2009
CTAN://macros/latex/contrib/rotating/rotating.pdf

[73] Christian Faulhammer. *What is a minimal working example?*, version 0.6, 2009
http://www.minimalbeispiel.de/mini-en.html

[74] Simon Fear. *Publication quality tables in LaTeX*, version 1.61803, 2005
CTAN://macros/latex/contrib/booktabs/booktabs.pdf

[75] Dr. Christian Feuersänger. *Manual for Package pgfplots: 2D/3D Plots in LaTeX*, version 1.5, 2011
CTAN://graphics/pgf/contrib/pgfplots/doc/latex/pgfplots/pgfplots.pdf

[76] Dr. Christian Feuersänger. *Manual for Package PgfplotsTable*, version 1.5.1, 2011
CTAN://graphics/pgf/contrib/pgfplots/doc/latex/pgfplots/pgfplotstable.pdf

[77] Claudio Fiandrino. *Beamer2Thesis 2.1, thesis theme for Beamer*, version 2.1, 2011
CTAN://macros/latex/contrib/beamer-contrib/themes/beamer2thesis/doc/basic_guide/beamer2thesis.pdf

[78] Christophe Fiorio. *algorithm2e.sty — package for algorithms*, version 4.01, 2009
CTAN://macros/latex/contrib/algorithm2e/algorithm2e.pdf

[79] Daniel Flipo. *Typesetting 'lettrines' in LaTeX 2ε documents*, version 1.62, 2007
CTAN://macros/latex/contrib/lettrine/doc/lettrine.pdf

[80] Bruno Le Floch. *{cprotect.sty}: \verbatim in \macro arguments*, version 1.0e, 2011
CTAN://macros/latex/contrib/cprotect/cprotect.pdf

[81] Melchior Franz. *The soul package*, version 2.19, 2003
CTAN://macros/latex/contrib/soul/soul.pdf

[82] Jeff Goldberg. *The lastpage package*, version 0.1b, 1994
CTAN://macros/latex/contrib/lastpage/lastpage.pdf

[83] Michel Goossens. "The LaTeX Graphics Companion: Supplementary material". Internet, 2008. Free complement to "The LATEX Graphics Companion", Second Edition.

http://xml.web.cern.ch/XML/lgc2/tlgc2extra.pdf

[84] Michel Goossens, Frank Mittelbach, Sebastian Rahtz, Denis Roegel, and Herbert Voss, editors. *The LaTeX graphics companion*. Addison-Wesley series on tools and techniques for computer typesetting. Reading, MA, USA: Addison-Wesley, second edition, 2008. ISBN 0-321-50892-0

[85] Michel Goossens and Sebastian Rahtz. *The LaTeX Web companion: integrating TeX, HTML, and XML*. Tools and Techniques for Computer Typesetting. Reading, MA, USA: Addison-Wesley Longman, 1999. ISBN 0-201-43311-7. With Eitan M. Gurari and Ross Moore and Robert S. Sutor.

[86] Michel Goossens and Sebastian Rahtz. "The XeTeX Companion—TeX meets OpenType and Unicode", 2010. Free complement to The LaTeX Graphics Companion, Second Edition

http://xml.web.cern.ch/XML/lgc2/xetexmain.pdf

[87] Ronald L. Graham, Donald E. Knuth, and Oren Patashnik. *Concrete Mathematics—A Foundation for Computer Science*. Reading, Massachusett: Addison-Wesley, second edition, 1994

[88] Alexander Grahn. *The movie15 Package*, 2009

CTAN://macros/latex/contrib/movie15/doc/movie15.pdf

[89] Alexander Grahn. *The media9 Package*, version 0.3, 2012

CTAN://macros/latex/contrib/media9/doc/media9.pdf

[90] George Andrew Grätzer. *More Math Into LaTeX*. Berlin, Germany / Heidelberg, Germany / London, UK / etc.: Springer-Verlag, fourth edition, 2007

[91] Enrico Gregorio. *The gmp package*, version 1.0, 2011

CTAN://macros/latex/contrib/gmp/gmp.pdf

[92] Hubert Gässlein, Rolf Niepraschk, and Josef Tkadlec. *The pict2e package*, version 0.2y, 2011

CTAN://macros/latex/contrib/pict2e/pict2e.pdf

[93] Hans Hagen. *METAFUN*, version preliminary, 2002

http://www.pragma-ade.com/general/manuals/metafun-p.pdf

[94] Andy Hammerlindl, John Bowman, and Tom Prince. *Asymptote 中的常见问题（FAQ）*, version 1.57, 2009. 官方 FAQ 原文见 http://asymptote.sourceforge.net/FAQ/index.html，goodluck@bbs.ctex.org 译

CTAN://info/asymptote-faq-zh-cn/asymptote-faq-zh-cn.pdf

[95] Andy Hammerlindl, John Bowman, and Tom Prince. *Asymptote: the Vector Graphics Language*, version 2.02, 2010

CTAN://graphics/asymptote/doc/asymptote.pdf

[96] Andy Hammerlindl, John Bowman, and Tom Prince. *Asymptote: 矢量绘图语言*, version 1.91, 2010. 原题《Asymptote: the Vector Graphics Language》，这是原文档的第 3 至 6 章，刘海洋译

http://code.google.com/p/asy4cn/

[97] Thorsten Hansen. *The bibunits Package*, version 2.4, 2004

CTAN://macros/latex/contrib/bibunits/bibunits.pdf

[98] Patrick Happel. *lipsum — access to 150 paragraphs of Lorem ipsum dummy text*, version 1.1, 2011

CTAN://macros/latex/contrib/lipsum/lipsum.pdf

[99] Yannis Haralambous. *My humble additions to (La)TEX mathematics*, 1996
CTAN://macros/latex/contrib/yhmath/yhmath.pdf

[100] Stephen G. Hartke. *A Survey of Free Math Fonts for TEX and LATEX*, 2006
CTAN://info/Free_Math_Font_Survey

[101] André Heck. *Learning METAPOST by Doing*, 2005
http://staff.science.uva.nl/~heck/Courses/mptut.pdf

[102] Troy Henderson and Stephan Hennig. *A Beginner's Guide to METAPOST for Creating High-Quality Graphics*, 2011
CTAN://graphics/metapost/base/tutorial/mpintro.pdf

[103] Martin Hensel. *The mhchem Bundle*, version 3.07, 2007
CTAN://macros/latex/contrib/mhchem/mhchem.pdf

[104] Torsten Hilbrich. *A package for using the bbm fonts in math environment*, version 1.2, 1999
CTAN://macros/latex/contrib/bbm/bbm.pdf

[105] John D. Hobby and the MetaPost development team. *METAPOST: A User's Manual*, version 1.005, 2008
CTAN://graphics/metapost/base/manual/mpman.pdf

[106] John D. Hobby and the MetaPost development team. *METAPOST: A User's Manual*, version 1.504, 2011
CTAN://graphics/metapost/base/manual/mpman.pdf

[107] Don Hosek and H.-Martin Münch. *The morefloats package*, version 1.0d, 2011
CTAN://macros/latex/contrib/morefloats/morefloats.pdf

[108] Morten Høgholm. *The dblfloatfix package*, version 1.0, 2003
CTAN://macros/latex/contrib/dblfloatfix/dblfloatfix.pdf

[109] Morten Høgholm. *The breqn package*, version 0.98a, 2008
CTAN://macros/latex/contrib/mh/breqn.pdf

[110] Morten Høgholm. *The mathtools package*, version 1.06, 2008
CTAN://macros/latex/contrib/mh/mathtools.pdf

[111] Morten Høgholm. *The xfrac package*, version 0.3, 2010
CTAN://macros/latex/contrib/mh/xfrac.pdf

[112] Indian TEX Users Group. *LATEX Tutorials: A Primer*. Trivandrum, India, 2003
http://www.tug.org.in/tutorials.html

[113] Paul Isambert and Paul Gaborit. *The ocgx package*, version 0.2, 2012
CTAN://macros/latex/contrib/ocgx/ocgx-manual-en.pdf

[114] ISO/TC 12. "International Standard 31: Quantities and units". 1992
http://www.iso.org/iso/iso_catalogue/catalogue_tc/catalogue_tc_browse.htm?commid=46202

[115] Alan Jeffrey. *The bbold symbol font*, 2002
CTAN://fonts/bbold/bbold.pdf

[116] Alan Jeffrey and Frank Mittelbach. *inputenc.sty*, version 1.1d, 2008
CTAN://macros/latex/base/inputenc.dtx

[117] Szász János. *The algorithmicx package*, version 1.2, 2005
CTAN://macros/latex/contrib/algorithmicx/algorithmicx.pdf

[118] Palle Jørgensen. "The LaTeX Font Catalogue". 2012
http://www.tug.dk/FontCatalogue/

[119] Roger Kehr and Joachim Schrod. *xindy Manual*, version 2.2, 2004

[120] Dr. Uwe Kern. *Extending LaTeX's color facilities: the xcolor package*, version 2.11, 2007
CTAN://macros/latex/contrib/xcolor/xcolor.pdf

[121] Vafa Khalighi. *The mpgraphics Package*, version 0.2, 2011
CTAN://macros/latex/contrib/mpgraphics/mpgraphics.pdf

[122] Ki-Joo Kim. *Beamer v3.0 Guide*, 2004
http://www.geocities.ws/kijoo2000/beamer_guide.pdf

[123] kmc. *XeTeX about:fonts—XeTeX 字体调用简介*, 2008
http://bbs.ctex.org/forum.php?mod=viewthread&tid=43244

[124] Donald Ervin Knuth. *TeX: The Program, Computers & Typesetting*, volume B. Addison-Wesley, 1986. ISBN 0-201-13437-3. 即 TeX 的源代码及说明，TeX Live 等发行版上有编译好的 PDF 版本
CTAN://systems/knuth/dist/tex/tex.web

[125] Donald Ervin Knuth. *The METAFONTbook, Computers & Typesetting*, volume C. Addison Wesley, 1986

[126] Donald Ervin Knuth. *The TeXbook, Computers & Typesetting*, volume A. Addison-Wesley, 1986

[127] Donald Ervin Knuth. *Fundamental Algorithms, The Art of Computer Programming*, volume 1. Addison-Wesley, third edition, 1997. ISBN 0-201-89683-4

[128] Donald Ervin Knuth. *Seminumerical Algorithms, The Art of Computer Programming*, volume 2. Addison-Wesley, third edition, 1997. ISBN 0-201-89684-2

[129] Donald Ervin Knuth. *Sorting and Searching, The Art of Computer Programming*, volume 3. Addison-Wesley, second edition, 1998. ISBN 0-201-89685-0

[130] Donald Ervin Knuth. *Digital Typography*, chapter 1, page 5. Stanford, CA, USA: CSLI Publications, 1999

[131] Markus Kohm. *Usage of LuaTeX module luaindex and LuaLaTeX Package luaindex for Generating Indexes*, version 0.1b, 2011
CTAN://macros/luatex/latex/luaindex/luaindex.pdf

[132] Markus Kohm. *Non-Floating Margin Notes with marginnote Package*, version 1.1i, 2012
CTAN://macros/latex/contrib/marginnote/marginnote.pdf

[133] Markus Kohm and Jens-Uwe-Morawski. *The Guide: KOMA-Script*, version 2.98, 2010
CTAN://macros/latex/contrib/koma-script/scrguien.pdf

[134] Helmut Kopka and Patrick W. Daly. *A guide to LaTeX: and Electronic Publishing*. Tools and Techniques for Computer Typesetting. Harlow: Addison-Wesley, fourth edition, 2004

[135] Olaf Kummer. *The Doublestroke Font V1.111*, 2006

CTAN://fonts/doublestroke/dsdoc.pdf

[136] Leslie Lamport. *LaTeX: A Document Preparation System*. Reading, Massachusett: Addison-Wesley, 2nd edition, 1994

[137] Leslie Lamport. "My Writings". Internet web page, 2012
http://research.microsoft.com/en-us/um/people/lamport/pubs/pubs.html#latex

[138] Leslie Lamport, Andrew W. Appel, and John Tang Boyland. "Preparing Articles for the ACM Transactions with LaTeX". *ACM Transactions on Document Formatting*, volume 8(1):pages 111–123, 1999
CTAN://biblio/bibtex/contrib/acmtrans/acmtr2e.pdf

[139] Leslie Lamport, Frank Mittelbach, and Johannes Braams. *Standard Document Classes for LaTeX version 2e*, version 1.4h, 2007
CTAN://macros/latex/base/classes.dtx

[140] Olga Lapko. *The floatrow package*, version 0.3b, 2009
CTAN://macros/latex/contrib/floatrow/floatrow.pdf

[141] Olga Lapko. *The makecell package*, version 0.1e, 2009
CTAN://macros/latex/contrib/makecell/makecell.pdf

[142] LaTeX3 Project Team. *LaTeX 2ε font selection*, 2005
CTAN://macros/latex/doc/fntguide.pdf

[143] LaTeX3 Project Team. *LaTeX 2ε for authors*, 2005
CTAN://macros/latex/doc/usrguide.pdf

[144] John Lavagnino. *The endnotes package*, 2003
CTAN://macros/latex/contrib/endnotes/endnotes.pdf

[145] Philipp Lehman. *The biblatex Package: Programmable Bibliographies and Citations*, version 1.1b, 2011
CTAN://macros/latex/contrib/biblatex/doc/biblatex.pdf

[146] Philipp Lehman. *The etoolbox Package: An ε-TeX Toolbox for Class and Package Authors*, version 2.1, 2011
CTAN://macros/latex/contrib/etoolbox/etoolbox.pdf

[147] Werner Lemberg. *CJK*, version 4.8.2, 2008
CTAN://language/chinese/CJK/cjk-4.8.2/doc/CJK.txt

[148] Knut Lickert. *Blindtext.sty: Creating dummy text/Blindtext erzeugen*, version 1.9c, 2009
CTAN://macros/latex/contrib/blindtext/blindtext.pdf

[149] Anselm Lingnau. *An Improved Environment for Floats*, version 1.3d, 2001
CTAN://macros/latex/contrib/float/float.pdf

[150] LuaTeX-ja 项目团队. *LuaTeX-ja 宏包*, 2012
CTAN://macros/luatex/generic/luatexja/doc/luatexja-zh.pdf

[151] Dan Luecking. *The mathdots package*, version 0.8, 2006
CTAN:/macros/generic/mathdots/mathdots.pdf

[152] Nicolas Markey. *Tame the BeaST—The B to X of BibTeX*, version 1.4, 2009
CTAN://info/bibtex/tamethebeast/ttb_en.pdf

[153] Wolfgang May and Andreas Schedler. *An Extension of the LaTeX-Theorem Evironment*, version 1.25, 2005

CTAN://macros/latex/contrib/ntheorem/ntheorem.pdf

[154] Robert Mařík. *The ocgtools package*, version 0.8a, 2010

CTAN://macros/latex/contrib/ocgtools/ocgtools.pdf

[155] Robert Mařík. *The fancytooltips package, the fancy-preview script*, version 1.12, 2012

CTAN://macros/latex/contrib/fancytooltips/fancytooltips.pdf

[156] James Darrell McCauley and Jeff Goldberg. *The endfloat package*, version 2.4i, 1995

CTAN://macros/latex/contrib/endfloat/endfloat.pdf

[157] Kent McPherson. *Displaying page layout variables*, 2000. Converted for LaTeX 2_ε by Johannes Braams and modified by Hideo Umeki

CTAN://macros/latex/required/tools/layout.pdf

[158] Michael Mehlich. *fp-package*, version 0.8, 1999

CTAN://macros/latex/contrib/fp/README

[159] Frank Mittelbach. *An Extension of the LaTeX theorem environment*, version 2.2c, 1995

CTAN://macros/latex/required/tools/theorem.pdf

[160] Frank Mittelbach. *The trace package*. LaTeX3 project, version 1.1c, 2003

CTAN://macros/latex/required/tools/trace.pdf

[161] Frank Mittelbach. *The doc and shortvrb Packages*, version 2.1d, 2006

CTAN://macros/latex/base/doc.dtx

[162] Frank Mittelbach. *An environment for multicolumn output*, version 1.6, 2008

CTAN://macros/latex/required/tools/multicol.pdf

[163] Frank Mittelbach and David Carlisle. *A new implementation of LaTeX's* `tabular` *and* `array` *environment*, version 2.4c, 2008

CTAN://macros/latex/required/tools/array.pdf

[164] Frank Mittelbach, David Carlisle, Chris Rowley, and Walter Schmidt. *The fixltx2e and fix-cm packages*, version 1.1m, 2006

CTAN://macros/latex/base/fixltx2e.dtx

[165] Frank Mittelbach, Denys Duchier, Johannes Braams, Marcin Woliński, and Mark Wooding. *The DocStrip program*, version 2.5d, 2005

CTAN://macros/latex/base/docstrip.dtx

[166] Frank Mittelbach and Michel Goossens. *The LaTeX Companion*. Tools and Techniques for Computer Typesetting. Boston: Addison-Wesley, second edition, 2004

[167] Frank Mittelbach, Schöpf, Michael Downes, and David M. Jones. *The amsmath package*, version 2.13, 2000

CTAN://macros/latex/required/amslatex/math/amsmath.dtx

[168] Frank Mittelbach and Rainer Schöpf. *The file syntonly.dtx for use with LaTeX 2_ε. It contains the code for syntonly.sty*, version 2.1e, 1999

CTAN://macros/latex/base/syntonly.dtx

[169] FRANK MITTELBACH and RAINER SCHÖPF. *The file* `cmfonts.fdd` *for use with LaTeX 2ε*, 1999
CTAN://macros/latex/base/cmfonts.fdd

[170] FRANK MITTELBACH, RAINER SCHÖPF, MICHAEL DOWNES, and DAVID M. JONES. *The eucal and euscript packages*, version 3.00, 2009
CTAN://fonts/amsfonts/doc/euscript.pdf

[171] FRANK MITTELBACH, RAINER SCHÖPF, MICHAEL DOWNES, and DAVID M. JONES. *The eufrak package*, version 3.00, 2009
CTAN://fonts/amsfonts/doc/eufrak.pdf

[172] JENS-UWE MORAWSKI. *latexMP*, version 1.2, 2005
CTAN://graphics/metapost/contrib/macros/latexmp/doc/latexmp.pdf

[173] LAPO FILIPPO MORI. "Tables in LaTeX 2ε: Packages and Methods". *The PracTeX Journal*, volume 1, 2007
http://tug.org/pracjourn/2007-1/mori/mori.pdf

[174] BROOKS MOSES. *The Listings Package*, version 1.4, 2007
CTAN://macros/latex/contrib/listings/listings.pdf

[175] OLEG MOTYGIN. *Refcheck for LaTeX 2ε*, version 1.9, 2004
CTAN://macros/latex/contrib/refcheck/refdemo.pdf

[176] HIROSHI NAKASHIMA. *The arydshln package*, version 1.71, 2004
CTAN://macros/latex/contrib/arydshln/arydshln-man.pdf

[177] FLORÊNCIO NEVES. *The tikz-cd package*, version 0.2b, 2012
CTAN://graphics/pgf/contrib/tikz-cd/tikz-cd-doc.pdf

[178] JOSSELIN NOIREL. *The xifthen package*, version 1.3, 2009
CTAN://macros/latex/contrib/xifthen/xifthen.pdf

[179] HEIKO OBERDIEK. *PDF information and navigation elements with hyperref, pdfTeX, and thumbpdf*, 1999
CTAN://macros/latex/contrib/hyperref/doc/slides.pdf

[180] HEIKO OBERDIEK. *The transparent package*, version 1.0, 2007
CTAN://macros/latex/contrib/oberdiek/transparent.pdf

[181] HEIKO OBERDIEK. *The pdflscape package*, version 0.10, 2008
CTAN://macros/latex/contrib/oberdiek/pdflscape.pdf

[182] HEIKO OBERDIEK. *The bmpsize package*, version 1.6, 2009
CTAN://macros/latex/contrib/oberdiek/bmpsize.pdf

[183] HEIKO OBERDIEK. *CTAN:macros/latex/contrib/oberdiek/*, 2010
CTAN://macros/latex/contrib/oberdiek/oberdiek.pdf

[184] HEIKO OBERDIEK. *The epstopdf package*, version 2.5, 2010
CTAN://macros/latex/contrib/oberdiek/epstopdf.pdf

[185] HEIKO OBERDIEK. *The kvoptions package*, version 3.7, 2010
CTAN://macros/latex/contrib/oberdiek/kvoptions.pdf

[186] HEIKO OBERDIEK. *The zref package*, version 2.17, 2010
CTAN://macros/latex/contrib/oberdiek/zref.pdf

[187] TOBIAS OETIKER, HUBERT PARTL, IRENE HYNA, and ELISABETH SCHLEGL. *一份不太简短的LaTeX 2ε 介绍——或 112 分钟学会LaTeX 2ε*, version 4.20, 2006. 中文 TeX 学会译
CTAN://info/lshort/chinese/

[188] TOBIAS OETIKER, HUBERT PARTL, IRENE HYNA, and ELISABETH SCHLEGL. *The Not So Short Introduction to LaTeX 2ε—Or LaTeX 2ε in 150 minutes*, version 4.27, 2009
CTAN://info/lshort/

[189] THORSTEN OHL. *EMP: Encapsulated METAPOST for LaTeX*, version 1.10, 1997
CTAN://macros/latex/contrib/emp/emp.pdf

[190] PIET VAN OOSTRUM. *Page layout in LaTeX*. Dept. of Computer Science Utrecht University, 2004
CTAN://macros/latex/contrib/fancyhdr/fancyhdr.pdf

[191] PIET VAN OOSTRUM, ØYSTEIN BACHE, and JERRY LEICHTER. *The multirow, bigstrut and bigdelim packages*, 2010
CTAN://macros/latex/contrib/multirow/doc/multirow.pdf

[192] SCOTT PAKIN. *The Comprehensive LaTeX Symbol List*, 2009
CTAN://info/symbols/comprehensive/

[193] OREN PATASHNIK. *BibTeXing*, 1988
CTAN://biblio/bibtex/contrib/doc/btxdoc.pdf

[194] OREN PATASHNIK. *Designing BibTeX Styles*, 1988
CTAN://biblio/bibtex/contrib/doc/btxhak.pdf

[195] OREN PATASHNIK. btxbst.doc, version 0.99b, 1988
CTAN://biblio/bibtex/distribs/doc/btxbst.doc

[196] PAUL PICHAUREAU. *The mathdesign package*, 2006
CTAN://fonts/mathdesign/mathdesign-doc.pdf

[197] WOLFGANG PUTSCHÖGL. *The commath LaTeX package*, version 0.3, 2006
CTAN://macros/latex/contrib/commath/commath.pdf

[198] MANUEL PÉGOURIÉ-GONNARD. *The show2e package*, version 1.0, 2008
CTAN://macros/latex/contrib/show2e/show2e.pdf

[199] MANUEL PÉGOURIÉ-GONNARD. *The luacode package*, version 1.2a, 2012
CTAN://macros/luatex/latex/luacode/luacode.pdf

[200] SEBASTIAN RAHTZ. *Section name references in LaTeX*, version 2.40, 2010
CTAN://macros/latex/contrib/hyperref/nameref.pdf

[201] SEBASTIAN RAHTZ and HEIKO OBERDIEK. *Hypertext marks in LaTeX: a manual for hyperref*, version v6.81a, 2010
CTAN://macros/latex/contrib/hyperref/doc/manual.pdf

[202] PHILIP G. RATCLIFFE. *The tensor package for LaTeX 2ε*. Dipartimento di Fisica e Matematica Università degli Studi dell'Insubria—Como, version 2.1, 2004
CTAN://macros/latex/contrib/tensor/tensor.pdf

[203] ERIC STEVEN RAYMOND. 提问的智慧, version 3.6, 2008. 王刚译，原题《How To Ask Questions The Smart Way》，见 http://www.catb.org/~esr/faqs/smart-questions.html

http://www.beiww.com/doc/oss/smart-questions.html

[204] Keith Reckdahl. *LaTeX 2_ε 插图指南*, version 2.0, 1997. 原题《Using Import graphics in LaTeX 2_ε》, 王磊译，又见 http://www.ctex.org/documents/latex/graphics/index.html
http://bbs.ctex.org/forum.php?mod=viewthread&tid=30039

[205] Keith Reckdahl. *Using Imported Graphics in LaTeX and pdfLaTeX*, version 3.0.1, 2006
CTAN://info/epslatex/english/epslatex.pdf

[206] Clea F. Rees. *venturisadf*, 2008
CTAN://fonts/venturisadf/doc/fonts/venturisadf/venturisadf.pdf

[207] Axel Reichert. *units.sty — nicefrac.sty*, 1998
CTAN://macros/latex/contrib/units/units.pdf

[208] River Valley Technologies. *grid.sty — Manual and Examples*, version 1.0, 2009
CTAN://macros/latex/contrib/grid/grid.pdf

[209] Will Robertson. *The XeTeX reference guide*, 2010
CTAN://info/xetexref/XeTeX-reference.pdf

[210] Will Robertson. *Every symbol (most symbols) defined by unicode-math*, 2012
CTAN://macros/latex/contrib/unicode-math/unimath-symbols.pdf

[211] Will Robertson and Johannes Grosse. *The auto-pst-pdf package*, version 0.6, 2009
CTAN://macros/latex/contrib/auto-pst-pdf/auto-pst-pdf.pdf

[212] Will Robertson and Khaled Hosny. *The fontspec package*, version 2.1a, 2010
CTAN://macros/latex/contrib/fontspec/fontspec.pdf

[213] Will Robertson, Philipp Stephani, and Khaled Hosny. *Experimental Unicode mathematical typesetting: The unicode-math package*, version 0.7a, 2012
CTAN://macros/latex/contrib/unicode-math/unicode-math.pdf

[214] Rick P. C. Rodgers. *Makeindex(1)—Manual Page*. UCSF School of Pharmacy, 1991
CTAN://indexing/makeindex/doc/manpages.dvi

[215] Dominique Rodriguez, Michael Sharpe, and Herbert Voss. *pstricks-add: additionals Macros for pstricks*, version 3.54, 2011
CTAN://graphics/pstricks/contrib/pstricks-add/pstricks-add-doc.pdf

[216] Denis Roegel. *The METAOBJ tutorial and reference manual*, version 0.82, 2002
CTAN://graphics/metapost/contrib/macros/metaobj/doc/momanual.pdf

[217] Kristoffer H. Rose. *XY-pic User's Guide*, version 3.8.6, 2011
CTAN://macros/generic/diagrams/xypic/xy-3.8.6/doc/xyguide.pdf

[218] Kristoffer H. Rose and Ross Moore. *XY-pic Reference Manual*, version 3.8.6, 2011
CTAN://macros/generic/diagrams/xypic/xy-3.8.6/doc/xyrefer.pdf

[219] Young Ryu. *The PX Fonts*, 2000
CTAN://fonts/pxfonts/doc/pxfontsdoc.pdf

[220] Young Ryu. *The TX Fonts*, 2000
CTAN://fonts/txfonts/doc/txfontsdoc.pdf

[221] Luis Rández and Juan I. Montijano. *The Ticking Digital Clock tdclock package*, version 2.2, 2009

CTAN://macros/latex/contrib/tdclock/tdclock-doc.pdf

[222] David Salomon. *The Advanced TEXbook*. Berlin, Germany / Heidelberg, Germany / London, UK / etc.: Springer-Verlag, 1995. ISBN 0-387-94556-3

http://www.davidsalomon.name/tatb.advertis/tatbAd.html

[223] Murray Sargent, III. "Unicode Nearly Plain-Text Encoding of Mathematics Version 3". Technical report, Publisher Text Services, Microsoft Corporation, 2010. Unicode Technical Note 28

http://www.unicode.org/notes/tn28/UTN28-PlainTextMath-v3.pdf

[224] Bernd Schandl. *paralist: Extended List Environments*, version 2.3b, 2002

CTAN://macros/latex/contrib/paralist/paralist.pdf

[225] Martin Scharrer. *The standalone Class and Package*, version 0.4a, 2011

CTAN://macros/latex/contrib/standalone/standalone.pdf

[226] Christian Schenk. *MiKTEX 2.9 Manual*, version 2.9.4282, 2011

CTAN://systems/win32/miktex/doc/2.9/miktex.pdf

[227] R Schlicht. *The microtype package: An interface to the micro-typographic extensions of pdfTEX*, version 2.4, 2010

CTAN://macros/latex/contrib/microtype/microtype.pdf

[228] Walter Schmidt. *The upgreek package for LATEX 2ε*, version 2.0, 2003

CTAN://macros/latex/contrib/was/upgreek.dtx

[229] Walter Schmidt. *Using common PostScript fonts with LATEX*, version 9.2, 2004

CTAN://macros/latex/required/psnfss/

[230] Martin Schröder. *The ragged2e-package*, version 2.1, 2009

CTAN://macros/latex/contrib/ms/ragged2e.pdf

[231] Dr. Ulrich M. Schwarz. *Thmtools Users' Guide*, version 62, 2011

CTAN://macros/latex/exptl/thmtools/thmtools.pdf

[232] Ulrich Michael Schwarz. *The nag package*, version 0.7, 2011

CTAN://macros/latex/contrib/nag/nag.pdf

[233] Rainer Schöpf, Bernd Raichle, and Chris Rowley. *A New Implementation of LATEX's verbatim and verbatim* Environments*, 2001

CTAN://macros/latex/required/tools/verbatim.pdf

[234] Tom Sgouros and Stefan Ulrich. *mparhack.sty*, version 1.4, 2005

CTAN://macros/latex/contrib/mparhack/mparhack.pdf

[235] Michael Shell. *How to Use the IEEEtran BibTEX Style*, 2008

CTAN://macros/latex/contrib/IEEEtran/bibtex/IEEEtran_bst_HOWTO.pdf

[236] Michael Shell and David Hoadley. *BibTEX Tips and FAQ*, version 1.1, 2007

CTAN://bibtex/contrib/doc/btxFAQ.pdf

[237] Axel Sommerfeldt. *The rotfloat package*, version 1.2, 2004

CTAN://macros/latex/contrib/rotfloat/rotfloat.pdf

[238] Axel Sommerfeldt. *Customizing captions of floating environments using the caption package*, version 3.1h, 2008

CTAN://macros/latex/contrib/caption/caption-eng.pdf

[239] Axel Sommerfeldt. *The subcaption package*, version 1.0b, 2008
CTAN://macros/latex/contrib/caption/subcaption.pdf

[240] Axel Sommerfeldt. *The bicaption package*, version 1.0a, 2011
CTAN://macros/latex/contrib/caption/bicaption.pdf

[241] Axel Sommerfeldt. *The newfloat package*, version 1.0, 2011
CTAN://macros/latex/contrib/caption/newfloat.pdf

[242] Friedhelm Sowa. *Beispiele zu picinpar.sty*, version 1.2a, 1993
CTAN://macros/latex209/contrib/picinpar/picinpar-de.pdf

[243] D. P. Story. *The AcroTEX eDucation Bundle (AeB)*, 2011
CTAN://macros/latex/contrib/acrotex/doc/aeb_man.pdf

[244] Wenchang Sun and Werner Lemberg. *CJKfntef.sty*, version 4.8.2, 2008
CTAN://language/chinese/CJK/cjk-4.8.2/texinput/CJKfntef.sty

[245] Apostolos Syropoulos. *Writing Greek with the greek option of the babel package*. GR-67100 Xanthi, GREECE, 1997
CTAN://macros/latex/required/babel/greek.dtx

[246] Nicola Talbot. *Creating a LaTeX Minimal Example*, version 1.1, 2008
http://theoval.cmp.uea.ac.uk/~nlct/latex/minexample/minexample.pdf

[247] Nicola L. C. Talbot. *Creating Flow Frames for Posters, Brochures or Magazines using flowfram.sty*, version 1.13, 2010
CTAN://macros/latex/contrib/flowfram/ffuserguide.pdf

[248] Nicola L.C. Talbot. *datatool v 2.03: Databases and data manipulation*, version 2.03, 2009
CTAN://macros/latex/contrib/datatool/datatool.pdf

[249] Nicola L.C. Talbot. *The glossaries package: a guide for beginners*, 2010
CTAN://macros/latex/contrib/glossaries/glossariesbegin.pdf

[250] Nicola L.C. Talbot. *glossaries.sty v2.07: LaTeX 2ε Package to Assist Generating Glossaries*, version 2.07, 2010
CTAN://macros/latex/contrib/glossaries/glossaries.pdf

[251] Nicola L.C. Talbot. *Upgrading from the glossary package to the glossaries package*, 2010
CTAN://macros/latex/contrib/glossaries/glossary2glossaries.pdf

[252] Till Tantau. *The TikZ & PGF Packages*. Institut für Theoretische Informatik Universität zu Lübeck, version 2.10, 2010
CTAN://graphics/pgf/base/doc/generic/pgf/pgfmanual.pdf

[253] Till Tantau, Joseph Wright, and Vedran Miletić. *The beamer class*, version 3.20, 2012
CTAN://macros/latex/contrib/beamer/doc/beameruserguide.pdf

[254] Christian Tellechea. *xstring: User's manual*, version 1.5d, 2010
CTAN://macros/latex/contrib/xstring/xstring_doc_en.pdf

[255] The LaTeX3 Project. 写给LaTeX 2ε 类与宏包的作者, 1999. 原题《LaTeX 2ε for class and package writers》, laughcry（laughcry2002@163.com）译

http://bbs.ctex.org/forum.php?mod=viewthread&tid=12852

[256] The LaTeX3 Project. *LaTeX 2ε for class and package writers*, 2006
CTAN:/macros/latex/doc/clsguide.pdf

[257] The LaTeX3 Project. *The l3keys2e package: Parsing LaTeX3 keyvals as LaTeX 2ε package options*, version 2076, 2010
CTAN://macros/latex/contrib/xpackages/l3keys2e.pdf

[258] The LaTeX3 Project. *The LaTeX3 Sources*, 2012
CTAN://macros/latex/contrib/l3kernel/source3.pdf

[259] The LaTeX3 Project. *The expl3 package and LaTeX3 programming*, version 3471, 2012
CTAN://macros/latex/contrib/l3kernel/expl3.pdf

[260] The LaTeX3 Project. *The xtemplate package: Prototype document functions*, version 4205, 2012
CTAN://macros/latex/contrib/l3packages/xtemplate.pdf

[261] Ambler Thompson and Barry N. Taylor. *NIST Special Publication 811: Guide for the Use of the International System of Units (SI)*. Gaithersburg: National Institute of Standards and Technology, 2008
http://physics.nist.gov/cuu/pdf/sp811.pdf

[262] Kresten Krab Thorup, Frank Jensen, and Chris Rowley. *The calc package—Infix notation arithmetic in LaTeX*, 2007
CTAN://macros/latex/required/tools/calc.pdf

[263] Hàn Thế Thành, Sebastian Rahtz, Hans Hagen, Hartmut Henkel, Paweł Jackowski, and Martin Schröder. *The pdfTeX user manual*, version 1.675, 2007
CTAN://systems/pdftex/pdftex-a.pdf

[264] Thomas Titz. *The idxlayout package*, version 0.4c, 2010
CTAN://macros/latex/contrib/idxlayout/idxlayout.pdf

[265] Geoffrey Tobin. *setspace.sty*, version 6.7, 2000
CTAN://macros/latex/contrib/setspace/setspace.sty

[266] Arno Trautmann. *An overview of TeX, its children and their friends ...*, version 0.1e, 2011
CTAN://info/tex-overview/tex-overview.pdf

[267] Mark Trettin. *An essential guide to LaTeX 2ε usage—Obsolete commands and packages*, version 1.8.5.7, 2007. English translation by Jürgen Fenn
CTAN://info/l2tabu/english/l2tabuen.pdf

[268] TUG India. *PSTricks Tutorial*, 2009
http://sarovar.org/projects/pstricks/

[269] TUG Working Group on a TeX Directory Structure (TWG-TDS). *A Directory Structure for TeX Files*, version 1.1, 2004
CTAN://tds/

[270] UK TUG. *The UK TeX FAQ: Your 444 Questions Answered*, version 3.20, 2010
CTAN://help/uk-tex-faq/newfaq.pdf

[271] UK TUG. *How to make a "minimum example" — The UK List of TeX Frequently Asked Questions*, version 3.24, 2011

http://www.tex.ac.uk/cgi-bin/texfaq2html?label=minxampl

[272] Hideo Umeki. *The geometry package*, version 5.3, 2010
CTAN://macros/latex/contrib/geometry/geometry.pdf

[273] Casper Ti. Vector. *biblatex 参考文献和引用样式：caspervector*, version 0.1.4, 2012. 这个宏包是配合北京大学论文模板 pkuthss[274] 制做的，可以单独使用，作者刘玙
CTAN://macros/latex/contrib/biblatex-contrib/biblatex-caspervector/doc/readme.pdf

[274] Casper Ti. Vector. *北京大学论文文档模版 pkuthss*, version 1.4 beta2, 2012
CTAN://macros/latex/contrib/pkuthss/doc/pkuthss.pdf

[275] Boris Veytsman, Bernd Schandl, Lee Netherton, and CV Radhakrishnan. *nomencl: A Package to Create a Nomenclature*, version 4.2, 2005
CTAN://macros/latex/contrib/nomencl/nomencl.pdf

[276] Ulrik Vieth. "OpenType Math Illuminated". *TUGboat*, volume 30(1):pages 22–31, 2009
http://www.tug.org/TUGboat/tb30-1/tb94vieth.pdf

[277] Ulrik Vieth. "The state of OpenType math typesetting". Technical report, EuroBachoTEX 2011, 2011
http://www.gust.org.pl/bachotex/2011-en/presentations/Vieth_1_2011

[278] Vladimir Volovich, Werner Lemberg, and LATEX3 Project Team. *Cyrillic languages support in LATEX*, 1999
CTAN://macros/latex/doc/cyrguide.pdf

[279] Herbert Voss. *PSTricks - 2008: new macros and bugfixes for the basic packages pstricks, pst-plot, pst-tree, and pst-node*, 2008
CTAN://graphics/pstricks/base/doc/pst-news08.pdf

[280] Herbert Voss. *Math mode*, version 2.43, 2009
CTAN://info/math/voss/mathmode/Mathmode.pdf

[281] Herbert Voss. *PSTricks: Graphics and PostScript for TeX and LaTeX*. UIT Cambridge Ltd., 2011

[282] Strunk William, Jr. and Edward A. Tenney. *The Elements of Style*. Boston et al: Allyn and Bacon, fourth edition, 2000

[283] Thomas Williams and Colin Kelley. *gnuplot 4.4: An Interactive Plotting Program*, version 4.4, 2010
http://www.gnuplot.info/docs_4.4/gnuplot.pdf

[284] Peter Wilson. *The hyphenat package*. Herries Press, version 2.3b, 2004
CTAN://macros/latex/contrib/hyphenat/hyphenat.pdf

[285] Peter Wilson. *The layouts package: User manual*. Herries Press, version 2.6d, 2004
CTAN://macros/latex/contrib/layouts/layman.pdf

[286] Peter Wilson. *The appendix package*. Herries Press, version 1.2b, 2009
CTAN://macros/latex/contrib/appendix/appendix.pdf

[287] Peter Wilson. *The ccaption package*. Herries Press, version 3.2b, 2009
CTAN://macros/latex/contrib/ccaption/ccaption.pdf

[288] Peter Wilson. *The changepage and chngpage packages*. Herries Press, version 1.2b and 1.0c, 2009
CTAN://macros/latex/contrib/changepage/changepage.pdf

[289] Peter Wilson. *The chngcntr package*, version 1.0a, 2009
CTAN://macros/latex/contrib/chngcntr/chngcntr.pdf

[290] Peter Wilson. *The fonttable package*. Herries Press, version 1.6, 2009
CTAN://macros/latex/contrib/fonttable/fonttable.pdf

[291] Peter Wilson. *The titling package*. Herries Press, version 2.1d, 2009
CTAN://macros/latex/contrib/titling/titling.pdf

[292] Peter Wilson. *The tocbibind package*. Herries Press, version 1.5j, 2009
CTAN://macros/latex/contrib/tocbibind/tocbibind.pdf

[293] Peter Wilson. *The tocloft package*. Herries Press, version 2.3d, 2009
CTAN://macros/latex/contrib/tocloft/tocloft.pdf

[294] Peter Wilson. *The Memoir Class for Configurable Typesetting User Guide*. The Herries Press, eighth edition, 2010
CTAN://macros/latex/contrib/memoir/memman.pdf

[295] Peter Wilson. *The xtab package*. Herries Press, version 2.3e, 2010
CTAN://macros/latex/contrib/xtab/xtab.pdf

[296] Peter Wilson and Alan Hoenig. *Making cutouts in paragraphs*, version 0.1, 2010
CTAN://macros/latex/contrib/cutwin/cutwin.pdf

[297] Joseph Wright. *pgfopts — LaTeX package options with pgfkeys*, version 2.0, 2010
CTAN://macros/latex/contrib/pgfopts/pgfopts.pdf

[298] Joseph Wright. *siunitx — A comprehensive (SI) units package*, version 2.1n, 2011
CTAN://macros/latex/contrib/siunitx/siunitx.pdf

[299] Timothy Van Zandt. *PSTricks: PostScript macros for Generic TeX*, version 97, 2003
CTAN://graphics/pstricks/base/doc/pstricks-doc.pdf

[300] Timothy Van Zandt. *Documentation for multido.tex, version 1.42: A loop macro for Generic TeX*, version 1.42, 2010
CTAN://macros/generic/multido/multido-doc.pdf

[301] Timothy Van Zandt. *The 'fancyvrb' package: Fancy Verbatims in LaTeX*, version 2.8, 2010
CTAN://macros/latex/contrib/fancyvrb/fancyvrb.pdf

[302] Timothy Van Zandt, Michael Sharpe, and Herbert Voss. *pst-node: Nodes and node connections*, version 1.20, 2011
CTAN://graphics/pstricks/contrib/pst-node/pst-node-doc.pdf

[303] Timothy Van Zandt and Herbert Voss. *pst-plot: plotting data and functions*, version 1.30, 2011
CTAN://graphics/pstricks/contrib/pst-plot/pst-plot-doc.pdf

[304] F. A. Zhang. *Notes on asy*, version r34, 2010
http://code.google.com/p/asy4cn/

[305] 刘海洋. *Asymptote 范例教程*, 版本 r29, 2010
http://code.google.com/p/asy4cn/

[306] 刘海洋. *diagbox 宏包：制做斜线表头*, 版本 2.0, 2011
CTAN://macros/latex/contrib/diagbox/diagbox.pdf

[307] 刘海洋. *zhmCJK 宏包*, 版本 0.8, 2012
CTAN://language/chinese/zhmcjk/zhmCJK.pdf

[308] 吴凌云. *CTeX FAQ*（常见问题集）, 版本 0.4 beta (89), 2007
CTAN://info/ctex-faq/ctex-faq.pdf

[309] 吴凯. *GBT7714-2005.bst：利用 BibTeX 生成符合 GB/T 7714-2005 的参考文献*, 版本 1 beta 3, 2006

[310] 孙文昌. *xeCJK 宏包*, 版本 2.3.14, 2010
CTAN://macros/xetex/latex/xecjk/xeCJK.pdf

[311] 张林波. *CCT 的 LaTeX 中文文档类*, 2003
ftp://ftp.cc.ac.cn/pub/cct/CCTLaTeX.tex

[312] 张林波. *关于新版 CCT 的说明*. 中国科学院数学与系统科学研究院, 2008
ftp://ftp.cc.ac.cn/pub/cct/README.pdf

[313] 盖鹤麟（Gai, Helin）. *The LaTeX Mathematics Companion*. Trinity College of Arts and Sciences, Duke University, 2006
http://www.duke.edu/~hg9/ctex/Math.pdf

[314] 福井玲（Fukui, Rei）. *TIPA Manual*, version 1.3, 2004
CTAN://fonts/tipa/tipaman.pdf

[315] 薛瑞尼. *ThuThesis：清华大学学位论文模板*. 清华大学计算机系高性能所, 版本 4.5.1, 2009
CTAN://macros/latex/contrib/thuthesis/thuthesis.pdf

[316] 许元, 宋翊涵, 和黄小雨. *SEUThesis 宏包——东南大学学位论文 LaTeX 模板*, 版本 2.0.0, 2010
CTAN://macros/latex/contrib/seuthesis/seuthesis.pdf

[317] 陈志杰, 赵书钦, 李树钧, 和万福永, 编辑. *LaTeX 入门与提高*. 北京: 高等教育出版社, 第二版, 2006

[318] 黄新刚（Alpha Huang）. *LaTeX Notes*, 版本 1.20, 2008
CTAN://info/latex-notes-zh-cn/latex-notes-zh-cn.pdf

索引

符号

A

D

E

N

O

V

W

X

Z

電子工業出版社 PUBLISHING HOUSE OF ELECTRONICS INDUSTRY http://www.phei.com.cn
Broadview® WWW.BROADVIEW.COM.CN
博文视点 · IT出版旗舰品牌

博文视点精品图书展台

专业典藏

移动开发

大数据 · 云计算 · 物联网

数据库

Web开发

程序设计

软件工程

办公精品

网络营销

電子工業出版社 PUBLISHING HOUSE OF ELECTRONICS INDUSTRY http://www.phei.com.cn Broadview® WWW.BROADVIEW.COM.CN 博文视点 · IT出版旗舰品牌

博文视点诚邀精锐作者加盟

十载耕耘奠定专业地位

以书为证彰显卓越品质

《C++Primer（中文版）（第5版）》、《淘宝技术这十年》、《代码大全》、《Windows内核情景分析》、《加密与解密》、《编程之美》、《VC++深入详解》、《SEO实战密码》、《PPT演义》……

"圣经"级图书光耀夺目，被无数读者朋友奉为案头手册传世经典。

潘爱民、毛德操、张亚勤、张宏江、昝辉Zac、李刚、曹江华……

"明星"级作者济济一堂，他们的名字熠熠生辉，与IT业的蓬勃发展紧密相连。

十年的开拓、探索和励精图治，成就**博**古通今、**文**圆质方、**视**角独特、**点**石成金之计算机图书的风向标杆：博文视点。

"凤翱翔于千仞兮，非梧不栖"，博文视点欢迎更多才华横溢、锐意创新的作者朋友加盟，与大师并列于IT专业出版之巅。

英雄帖

江湖风云起，代有才人出。
IT界群雄并起，逐鹿中原。
博文视点诚邀天下技术英豪加入，
指点江山，激扬文字
传播信息技术，分享IT心得

• 专业的作者服务 •

博文视点自成立以来一直专注于IT专业技术图书的出版，拥有丰富的与技术图书作者合作的经验，并参照IT技术图书的特点，打造了一支高效运转、富有服务意识的编辑出版团队。我们始终坚持：

善待作者——我们会把出版流程整理得清晰简明，为作者提供优厚的稿酬服务，解除作者的顾虑，安心写作，展现出最好的作品。

尊重作者——我们尊重每一位作者的技术实力和生活习惯，并会参照作者实际的工作、生活节奏，量身制定写作计划，确保合作顺利进行。

提升作者——我们打造精品图书，更要打造知名作者。博文视点致力于通过图书提升作者的个人品牌和技术影响力，为作者的事业开拓带来更多的机会。

联系我们

博文视点官网：http://www.broadview.com.cn　　CSDN官方博客：http://blog.csdn.net/broadview2006/

投稿电话：010-51260888　88254368　　投稿邮箱：jsj@phei.com.cn